优质牧草鸭茅种质资源发掘及创新利用研究

张新全　主编

科学出版社

北　京

内 容 简 介

本书以四川农业大学、云南省草地动物科学研究院等单位牧草育种课题组多年鸭茅研究成果为核心素材合编而成，采用概述与专题研究相结合的方式，全面系统地介绍了鸭茅种质资源发掘及创新利用研究的理论、方法及最新成果。内容包括鸭茅起源、分类与分布，鸭茅种质资源评价，鸭茅种质资源遗传多样性评价，鸭茅种质创新及品种选育，鸭茅分子育种，鸭茅栽培管理技术等。本书可读性强、信息量大，可为草类植物育种、种业开发、饲草生产提供理论指导。

本书可作为草学、畜牧、园林、生态等相关专业教学、科研、生产工作者的参考书。

图书在版编目（CIP）数据

优质牧草鸭茅种质资源发掘及创新利用研究/张新全主编. —北京：科学出版社，2015.2

ISBN 978-7-03-043360-2

Ⅰ. ①优… Ⅱ. ①张… Ⅲ. ①鸭茅–种质资源–资源开发–研究 ②鸭茅–种质资源–资源利用–研究 Ⅳ. ①S543.024

中国版本图书馆 CIP 数据核字（2015）第 029980 号

责任编辑：杨 岭 孟 锐/责任校对：朱光兰
责任印制：余少力 / 封面设计：墨创文化

科学出版社 出版
北京东黄城根北街 16 号
邮政编码：100717
http://www.sciencep.com

四川煤田地质制图印刷厂 印刷
科学出版社发行 各地新华书店经销
*
2015 年 2 月第 一 版 开本：787×1092 1/16
2015 年 2 月第一次印刷 印张：30 1/2
字数：563 000
定价：158.00 元
（如有印装质量问题，我社负责调换）

作者简介

张新全，1965 年 10 月出生，二级教授、博士生导师，国家牧草产业技术体系禾本科牧草育种岗位专家。现任四川农业大学动物科技学院副院长，曾任中国草学会副理事长、四川草学会理事长、全国草品种审定委员会委员，是四川省学术和技术带头人、《草业学报》和《草地学报》等刊物编委。2001 年被教育部、人事部授予"全国模范教师"称号，同年被评为"四川省有突出贡献的优秀专家"；2002 年获教育部"霍英东教育基金会第八届青年教师奖"；2004 年获"四川省青年科技奖"，2004 年入选教育部新世纪优秀人才支持计划；2009 年评为四川省教学名师，享受国务院政府特殊津贴。获省部级科技进步奖一等奖 3 项、二等奖 2 项、三等奖 1 项。选育国审草品种 12 个，其中主持选育国审草品种 5 个，鸭茅品种 2 个。

发表论文 260 多篇，以第一作者及通讯作者发表论文 200 多篇，其中有 50 篇为 SCI、EI 及 ISTP 收录。申请专利 20 项，获发明专利 4 项，实用新型专利 4 项。主编了《草坪草育种学》、《鸭茅种质资源描述规范和数据标准》、《禾本科优质牧草——黑麦草、鸭茅》，作为副主编编写了《饲草生产学》、《牧草及饲料作物栽培学》、《中国作物及其野生近缘植物》（饲用及绿肥作物篇），参编了《牧草及饲料作物育种学》、《草产品学》、《饲料生产手册》等。已指导 20 名博士、48 名硕士毕业。

《优质牧草鸭茅种质资源发掘及创新利用研究》
编写委员会

前　　言

随着世界性粮食安全问题的日益突出,世界上许多国家都在不断调整农业产业结构,大力发展节粮型草食畜牧业。近年来,随着人民生活水平的提高和农业产业结构的调整,我国畜牧业迅猛发展,但西南地区长期形成的高耗粮养殖模式,给粮食安全带来了巨大压力。据统计,西南地区天然草地面积为 $35.58 \times 10^6 \mathrm{hm}^2$,占该区土地总面积的 32.59%,天然草地的干草产草量一般为 $1500 \sim 2500 \mathrm{kg/hm}^2$,产量低、品质差,加之过去盲目利用导致其退化严重。西南地区天然草地的产出完全不能满足草食畜牧业的发展需求。

草食畜牧业要健康发展,农牧民要增收,根本出路在于大力发展高效优质的人工草地。但凡畜牧业发达的国家,无一不重视优质高产人工草地的建植,据统计新西兰人工草地占总草地面积的 60%,加拿大为 24%,美国为 9.5%,澳大利亚为 5.8%。从国内外市场需求方面来看,饲草饲料开发利用的潜在市场很大,西南地区优质饲草种子供应近 80%依赖进口。因此,大力开发利用优质牧草资源,建立人工草地,促进西南地区畜牧业健康发展势在必行。

国家中长期科技发展规划将"加强农村动植物高产高效新品种创制,加快发展牧区畜牧业和草地保护技术"作为核心关键技术。我国自然条件复杂,生态类型多样,牧草资源十分丰富,草地饲用植物达 6700 余种,分属 246 科 1545 属。它们由于突变、基因交流、隔离和生态遗传分化,经过自然选择和人工选择积累了丰富的遗传基因和遗传变异,是牧草及农作物改良所用的重要原始材料,是农业自然资源的重要组成部分,是农业可持续发展的重要物质基础或生产资料,也是植物育种的重要基因源。

此外,牧草种质资源在保持水土、防风固沙、涵养水源、美化环境、净化空气、维护生物多样性和生态平衡中发挥着重要作用,是发展草地畜牧业的重要物质基础,因此,充分利用我国丰富的牧草和草原野生植物(即乡土草)资源,发掘和创制抗逆、优质、高产的草类植物新种质,培育适应不同生态区域的草类植物新品种,发挥其改良退化农田、恢复草地功能,调整农业结构,建立草地农业系统中不可替代的作用,是保障国家食品安全和生态安全的重要措施之一。

鸭茅(*Dactylis glomerata*)又名鸡脚草、果园草,隶属于禾本科鸭茅属(*Dactylis*),是世界著名的多年生牧草,具有草质柔嫩、高产、优质、耐阴且适应性强等优点,在北美洲、欧洲、大洋洲及日本北部等地大量种植。目前鸭茅已在我国的四川、重庆、贵州、云南、湖北、湖南、甘肃、新疆及黑龙江等地被大量用于草地畜牧业及生态环境治理,并取得了良好的经济和生态效益。四川农业大学牧草育种团队多年从事鸭茅种质资源研究,在鸭茅种质资源收集、综合评价、遗传多样性研究、遗传连锁图谱构建、QTL 分析及新品种选育等方面取得了一系列突出成果,其中课题组培育的'宝兴'鸭茅,产量和营养价值高,是西南地区发展草地畜牧业、石漠化治理的主推牧草品种,先后获得农业部育草基金专项、中央财政专项国家牧草种子基地建设项目等资助,并进行规模化繁种、推广及应用；鸭茅的分子标记遗传多样性评价、遗传连锁图谱构建和 QTL 分析等基础研究成果国际领先。

　　本书是主要以四川农业大学牧草育种课题组多年鸭茅研究成果为素材撰写的一部学术专著，采用概述与专题研究相结合的方式，全面系统地介绍了鸭茅种质资源发掘及创新利用研究的最新成果，是张新全、钟声、彭燕、黄琳凯、谢文刚、曾兵、梁小玉、季杨及 Alan Stewart 等共同努力编写的结果。各章编写分工如下，张新全（前言、第二章、第三章、第五章），钟声（第一章、第四章），Alan Stewart（第一章），彭燕（第二章），季杨（第二章），黄琳凯（第四章、第五章），谢文刚（第一章、第三章、第五章），曾兵和梁小玉（第六章）。全书由张新全教授提出内容设计，由钟声、彭燕、曾兵、黄琳凯、谢文刚等对各章节分别负责编写，并进行认真审校、修改和补充。同时感谢参加编写工作的专家和师生，他们是白史且、马啸、刘伟、范彦、闫艳红、万刚、马迎梅、王新宇、许文志、严海东、严德飞、张艳、罗登、赵一帆、赵欣欣、高杨、蒋林峰、蒋晓梅、路小凡。本书可作为畜牧、草学、生态等相关专业教学、科研、生产工作者的参考。

　　本书的编写和出版得到 973 课题"多基因聚合创制多年生饲草种质的生物学基础研究"（2014CB138705）、国家现代牧草产业技术体系（CARS-35-05）、国家自然科学基金"鸭茅高密度遗传连锁图谱的构建及开花基因定位"（NSFC31372363）、"鸭茅种子高产性状的遗传分析与抗落粒性的分子标记"（NSFC31360579）及云南省重点新产品开发计划"鸭茅新品种选育"（2012BB010）等资助。

　　鉴于编者水平有限，书中难免有一些不足之处，敬请读者予以指正。

编　者

2014 年 10 月于成都

目　　录

第一章　鸭茅起源、分类与分布

第一节　鸭茅的起源与分布

鸭茅又名鸡脚草或果园草，隶属于禾本科鸭茅属（*Dactylis*），全属仅一个种，即鸭茅（*Dactylis glomerata*）。鸭茅具有叶多高产、耐阴、适应性强、适口性好、营养价值高等优点，可用于青饲、调制干草或青贮，是世界四大分布广泛的禾本科牧草之一，全球每年约生产 14 000t 鸭茅种子，占世界温带牧草种子的 3.3%（Bondesen，2007）。

鸭茅原产于欧洲、北非和亚洲温带地区，主要分布在欧洲中部和大西洋及地中海沿岸、俄罗斯欧洲部分（北极除外）、高加索（最南端除外）、俄罗斯西伯利亚西部（北极除外）和西伯利亚东部（叶尼塞河的南部和安加拉河流域）及远东地区（萨哈林岛、千岛群岛、堪察加半岛和乌苏里江等地区）、中亚（东北部）、斯堪的纳维亚、小亚细亚、伊朗西北部和蒙古（图 1-1），现在世界温带地区均有种植和分布。鸭茅是英国、芬兰、德国重要的栽培牧草，18 世纪 60 年代被美国引入并进行栽培，目前已成为美国大面积栽培的牧草之一，几乎在美国所有的州都有分布（图 1-2）。

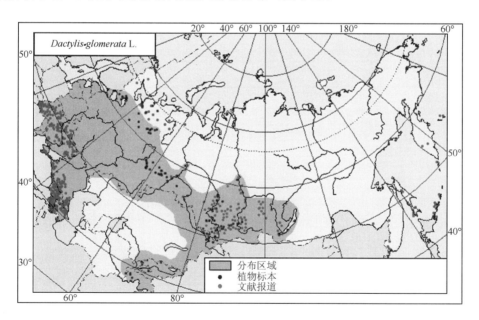

图 1-1　鸭茅在欧洲、中亚及远东地区的分布

图片来源：http://www.agroatlas.ru/en/content/related/*Dactylis_glomerata*/map/

本章负责人：谢文刚　Alan Stewart　钟　声

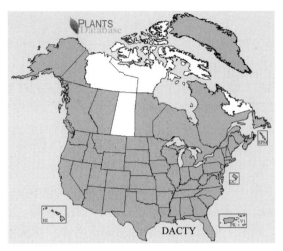

A 鸭茅在北美分布图

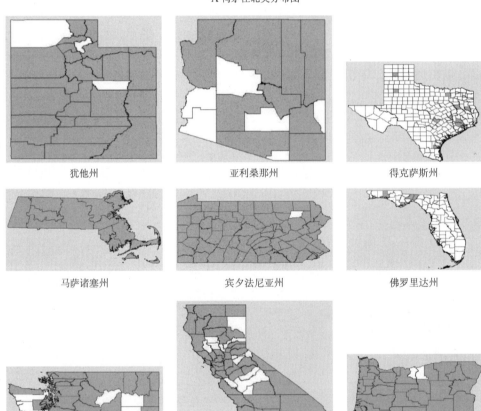

犹他州　　　　　　亚利桑那州　　　　　　得克萨斯州

马萨诸塞州　　　　宾夕法尼亚州　　　　　佛罗里达州

华盛顿州　　　　　加利福尼亚州　　　　　俄勒冈州

B 鸭茅在美国部分州的分布

图 1-2　鸭茅在北美的分布图

图片来源：http://plants.usda.gov/java/profile?symbol=DACTY

　　我国是鸭茅起源地之一,野生鸭茅资源丰富,全国 26 个区域已发现有野生鸭茅生长。它们主要分布于四川的峨眉山、二郎山、邛崃山脉、岷山,云贵的乌蒙山、高黎贡山,新疆天山山脉海拔 1600～3100m 的森林边缘、灌丛及山坡草地,并散见于大兴安岭东南坡地(图 1-3)(彭燕和张新全,2003)。栽培鸭茅除驯化当地野生种外,多引自丹麦、美国、澳大利亚等国。目前,鸭茅在青海、甘肃、陕西、山西、河南、吉林、江苏、湖北、四川及新疆等省(自治区、直辖市)均有栽培,已成为西南区草地畜牧业、混播草地及石漠化治理的骨干草种(图 1-4),刘牧兼用,各种畜禽喜食,并取得了良好的经济和生态效益,展示了广阔的利用前景。

▲野生鸭茅主要分布区域

图 1-3　中国鸭茅分布示意图

林下种植鸭茅　　　　石漠化地区鸭茅混播草地　　　　鸭茅草地
　　　　　　　　　　　　生态治理

图 1-4　鸭茅栽培利用

第二节 鸭茅的形态特征及生物学特性

1 鸭茅的形态特征

鸭茅系禾本科鸭茅属多年生草本植物，根系发达，疏丛型，茎基部扁平，光滑，高1～1.3m。幼叶在芽中成折叠状，横切面成"V"形。基叶众多，叶片长而软，叶面及边缘粗糙。无叶耳，叶舌明显，膜质。叶鞘封闭，压扁成龙骨状。叶色蓝绿或浓绿色。圆锥花序，长8～15cm。小穗着生在穗轴的一侧，密集成球状，簇生于穗轴顶端，形似鸡足，故又名鸡脚草。每小穗含3～5朵花，异花授粉。两颖不等长，外稃背部突起成龙骨状，顶端有短芒（图1-5）。种子较小，千粒重1.0g左右。

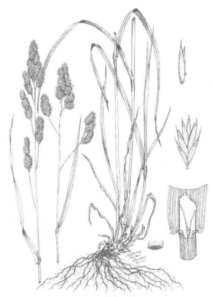

A 鸭茅形态特征

四倍体鸭茅

二倍体鸭茅

B 不同倍性的鸭茅形态比较

图1-5 鸭茅形态特征

2 鸭茅的生物学特性

鸭茅喜温和湿润气候，最适生长温度为 10～28℃。昼夜温度变化大对其生长有影响，昼温 22℃，夜温 12℃ 最宜生长。鸭茅耐热性差，高于 28℃ 生长显著受阻。鸭茅耐阴，在果树下生长良好，因此又称"果园草"。生长在光线缺乏的地方，在入射光线 33% 被阻断长达 3 年的情况下，对产量和存活无致命的影响，而白三叶在同样的情况下仅 2 年即死亡。增强光照强度和增加光照持续期，均可增加产量、分蘖和养分的积累。鸭茅的抗寒能力及越冬性较强，在山西中南部地区可以越冬。但生长发育对低温反应敏感，6℃ 时即停止生长。耐热性一般，在广西越夏困难。

鸭茅虽然在各种土壤上皆能生长，但湿润肥沃的黏土或黏壤土最为适宜，在较瘠薄和干燥土壤上也能生长，但在沙土上生长不良。鸭茅需水，但不耐水淹；耐旱，其耐旱性强于猫尾草；略能耐酸，不耐盐碱；对氮肥反应敏感。

在良好的条件下，鸭茅是长寿命的多年生牧草，一般可存活 6～8 年，多者可达 15 年，以第 2、第 3 年产草量最高。在几种主要多年生禾本科牧草中，鸭茅苗期生长最慢。南京、武昌、雅安 9 月下旬秋播者，越冬时植株小而分蘖少，叶尖部分常受冻凋枯。次年 4 月中旬迅速生长并开始抽穗，抽穗前叶多而长，草丛展开，形成厚软草层。5 月上、中旬盛花，6 月中旬结实成熟。3 月下旬春播者，生长很慢，7 月上旬个别抽穗，一般不能开花结实。鸭茅再生能力强，放牧或割草以后，恢复很迅速。早期收割，其再生新枝的 66% 是从残茬长出，34% 从分蘖节及茎基部节上的腋芽长出。其干草和第一茬青草产量较无芒雀麦或猫尾草稍低，但在盛夏时，高于上述两种草，其再生草产量占总产量的 33%～66%。

第三节 鸭茅亚种及分类

根据染色体倍数，鸭茅主要有二倍体、四倍体和六倍体 3 种类型，不同倍性常能同域共生，形态特征也相似（Stebbins and Zohary，1959）。生产商普遍使用的鸭茅品种多为四倍体。关于鸭茅亚种的分类，一直缺少一个统一的标准。随着鸭茅分类及系谱关系研究的不断深入，Stewat 和 Euison（2010）基于最新的研究成果对鸭茅亚种进行了归类，其中二倍体鸭茅包含 17 个亚种，四倍体鸭茅包含 6 个亚种（表 1-1）。

表 1-1 鸭茅亚种分类

倍性	亚种名		
二倍体（2n=14）	*himalayensis*	*lusitanica*	*smithii*
	sinensis	*izcoi*	*metlesicsii*
	altaica	*woronowii*	*juncinella*
	aschersoniana	*hyrcana*	*ibizensis*
	parthiana	*mairei*	*judaica*
	reichenbachii	*santai*	
四倍体（2n=28）	*glomerata*	*hispanica*	*oceanica*
	slovenica	*marina*	*hylodes*

Jogan（2002）认为鸭茅是一个多种复合体的单型属。研究认为同源多倍体的基因剂量远比二倍体大，这对同源多倍体的生长发育有一定的影响。对二倍体和四倍体鸭茅的生物学特性的研究发现，二者在生长发育时间、速度上存在显著差异，二倍体鸭茅前期生长缓慢，后期生长迅速；而在产草量、再生性、茎叶比方面，四倍体均优于二倍体；抗逆性方面，二者表现相似（张新全等，1994）。有关六倍体鸭茅的报道很少，Jones 等（1961）研究发现，六倍体鸭茅的植株形态与鸭茅亚种 *hispanica* 相似。

根据鸭茅的形态及起源地，又可将鸭茅分为欧洲型和地中海型两种类型，其中地中海型又可分为亚热带气候区和地中海气候区两种。欧洲型鸭茅叶片宽大，植株长势旺，属于夏季生长型，冬季低温是限制其生长的一个重要因素。地中海型鸭茅株型相对较小，叶片窄，在潮湿多雨的冬季生长旺盛，夏季的高温干旱是限制其生长的主要因素（Lumaret，1988）。

1　二倍体鸭茅类型

目前几乎所有的二倍体居群都分布在一个有限的地理区域内，这些居群常被描述为亚种，有时甚至被认为是一个独立的种，但目前尚无统一的定论。有学者认为二倍体鸭茅可能起源于中国，然后扩散到葡萄牙、北非和几乎所有北大西洋岛屿，如加那利群岛和佛得角群岛等。

1.1　二倍体鸭茅的起源

现代分子生物学技术的发展为揭示鸭茅起源奠定了重要基础。大量研究表明鸭茅物种起源于二倍体，多倍体是不同比例二倍体鸭茅的同源化。二倍体的核内转录间隔区序列（ITS）和叶绿体 *trnL* 内含子序列研究证实了这一论断，即鸭茅的祖先为来源于中亚的二倍体鸭茅（图 1-6），该祖先可能与鸭茅亚种 *Dactylis glomerata* subsp. *altaica* 相似。

目前已发现在二倍体鸭茅世系中存在 2～7 个 ITS 突变和 0～1 个叶绿体 *trnL* 内含子突变，这有助于推测鸭茅世系的起始分化时间。ITS 和叶绿体序列突变率取决于许多因素，包括有效的居群大小、一年或多年生习性和育种体系。对一年生禾本科物种而言，如大麦、玉米，每 23 000 年可能会发生一个 ITS 突变（Zurawski et al.，1984），而多年生草本植物突变率更低，与梯牧草相似，大约每 30 000 年发生一个突变（Stewart et al.，2008）。叶绿体基因组 *trnL* 内含子突变率通常低 3～8 倍，在水稻和玉米中每 200 000 年发生一个突变（Yamane et al.，2006），而对于变化最快的梯牧草世系大约是每 90 000 年发生一个突变（Stewart et al.，2008）。鸭茅突变率表明第一次系谱分化发生在 60 000～210 000 年前。*Lamarckia* 是与鸭茅属亲缘关系最近的属之一，金穗草（*L. aurea*）与鸭茅有 28 个以上的 ITS 序列突变和 1～2 个叶绿体 *trnL* 内含子差异（图 1-6）。因为金穗草是一年生植物，所以这些变异表明，它与鸭茅血统分化时间在 200 000～750 000 年前。

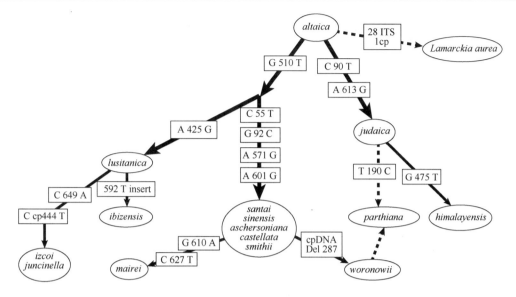

图1-6 ITS 和叶绿体 *trnL* 内含子序列揭示的二倍体鸭茅分子系谱关系

数字表示在 ITS 或叶绿体（cp）序列中的突变

从分子信息看，鸭茅属第一次分子系谱分化为 *judaica*、*himalayensis* 和 *parthiana*。这与中亚鸭茅起源情况一致，早期的地理分割，使得鸭茅祖先 *judaica*、*himalayensis* 和 *parthiana* 在西亚的南部区域广泛分布，其余的二倍体祖先则分布在该区域的西北部。随后其余的二倍体发生第二次分化，形成了西班牙的 *lusitanica*、*izcoi*、*juncinella* 几个亚种，*ibizensis* 从这个群体里分离出来形成另一个亚种。这与欧亚温带温暖的间冰期时期高加索山脉森林区向葡萄牙延伸的时期相一致，发生在 75 000～150 000 年前，当时气候条件使温带森林面积在欧洲继续扩展，这也为鸭茅扩大分布区域，发生系谱分化提供契机。

几个亚种 *aschersoniana*、*santai*、*castellata*、*smithii* 和 *sinensis* 的分子特征证实欧洲型鸭茅迁移至北非然后到中国。而 *woronowii* 和 *mairei* 也来源于这个群体。由于其分子基础没有明显的不同，因此推测它们可能是相对较近的迁徙，其可能发生的时间不会早于最后一个间冰期。欧洲的冰河期迫使欧洲的大量物种向南迁徙去寻找低纬度或低海拔的地区作为庇护所（Hewitt，1999），这使得鸭茅扩大其分布范围进入了广阔的北非草原。

鸭茅亚种 *woronowii* 和 *aschersoniana* 有相似的类黄酮组分，并且有一个分子序列也来源于 *aschersoniana*，但其表型特征和其他旱生型的地中海型鸭茅更相似。它可能起源于有 *aschersoniana* 分布的森林边缘，这使它成为间冰期第一个适应较为干旱草地条件的旱地型鸭茅。

亚种 *smithii* 的祖先从北非迁徙 100km 到达加那利群岛，并随着鸟类的迁徙跨越 1500km 的距离到达佛得角群岛。Stebbins 认为 *smithii* 可能是与 *aschersoniana* 同样古老的类型，又或许是通过北非迁移而来的新类型（Stebbins and Zohary，1959），虽然现代分子数据更多的支持 *smithii* 是通过北非来的新物种。Sahuquillo 和 Lumaret（1999）利用叶绿体分子标记研究发现四倍体鸭茅通过北非到达加那利群岛，这同时也通过形态特征、同工酶等标记得到印证。

间冰期以后全球气候变得温和，北非干旱草原面积缩小，留下了一些鸭茅残余居群，如分布在阿尔及利亚 Kerrata 峡谷的 *mairei*，阿尔及利亚和摩洛哥的 *santai* 和 *castellata*，以及分布在加那利群岛和佛得角群岛的 *smithii*。

随着北欧冰期范围的缩小，北温带型鸭茅从它们的冰期避难所向更高海拔和纬度的地方迁徙。*aschersoniana* 的欧洲祖先逃离高加索区域的庇护所，开始在北欧重新开始新的繁衍，甚至向东延伸到达中国，成为新的亚种 *sinensis*。同时四倍体鸭茅此时也在大量繁衍扩展生长区域，成功地覆盖欧洲北部地区，抑制了残存二倍体的扩张。

现代的分子研究结果已阐明二倍体可能的迁徙路径（图 1-7）。但目前还不能从佛得角群岛获得 *hyrcana*、*reichenbachii* 或者 *smithii* 的植物样本，以明确它们的起源。

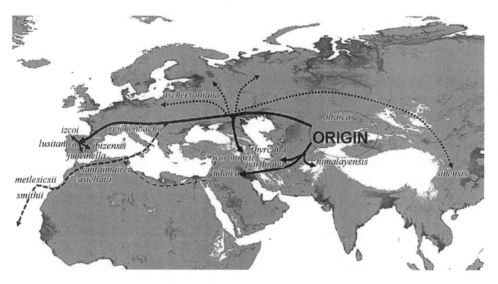

图 1-7 基于分子研究结果揭示的二倍体鸭茅可能的迁徙路径

黑色线表示冰期以前；短横线表示冰期的北非；虚线表示后冰期、北欧和中国

1.2 二倍体亚种

1.2.1 *D. glomerata* subsp. *himalayensis* Domin

D. glomerata subsp. *himalayensis* Domin 分布于喜马拉雅山脉西面海拔 1800～4000m 的寒温带森林区域。

1.2.2 *D. glomerata* subsp. *sinensis* Camus

D. glomerata subsp. *sinensis* Camus 分布在四川、湖北、贵州、新疆和云南等地海拔

1000～3800m 的寒温带森林区域。虽然一些学者已将这些中国类型的鸭茅纳入 *himalayenesis*（Stebbins and Zohary，1959；Borrill，1977），但分子生物学研究表明它们在遗传背景上与 *himalayensis* 存在明显差异（Lumaret，1987），认为这些分布于中国的二倍体鸭茅是 *sinensis*。

1.2.3 *D. glomerata* subsp. *altaica*（Bess.）Domin

D. glomerata subsp. *altaica*（Bess.）Domin 分布在哈萨克斯坦阿拉套（Alatau）山脉。ITS 序列分析表明，从该区域采集的样品是所有其他二倍体鸭茅类型的祖先。目前在基因库里还没有该亚种的相关收集，因此今后应加强对该类型的优先收集。

1.2.4 *D. glomerata* subsp. *aschersoniana*（Graebn）Thell

D. glomerata subsp. *aschersoniana*（Graebn）Thell 大都分布在高加索山脉的落叶林地带，范围遍及中欧，北到瑞士，东到俄罗斯西部，南到南斯拉夫和马其顿北部。这是从高加索庇护所来的物种，在欧洲重新开拓生长区域时的典型分布（Hewitt，1999）。*aschersoniana* 和 *himalayensis* 的习性相似，都分布在大陆性气候高海拔的寒温带森林地区，形态特征、生化特征（Lumaret，1988）、同工酶（Lumaret，1988）和 DNA 分子水平（Tuna et al.，2007）研究表明二者有相似的遗传背景。该亚种具有较好的生产利用潜力（Stuczynski，1992）。据不完全统计，目前至少有一个商业品种 'Tosca'（捷克共和国培育）是利用该亚种培育而成的（Míka et al.，1999）。

1.2.5 *D. glomerata* subsp. *parthiana* Parker et Borrill.

D. glomerata subsp. *parthiana* Parker et Borrill.分布在伊朗厄尔布尔士山脉北坡海拔 1600～1900m 湿润的橡木林带。在低海拔地区，其分布区域也常有 *woronowii* 及一些杂交后代的分布（Borrill and Carroll，1969）。Parker 和 Borrill（1968）研究表明，通过人工杂交获得的这两个亚种的杂种后代是完全可育的。分子研究结果进一步证实在 Genebank 里有一份杂交种质，它包含有 *himalayensis* 类型的 ITS 序列和 *woronowii* 类型的叶绿体序列。类黄酮等生化信息也表明这两个亚种有作为杂交亲本的可能性（Ardouin et al.，1985）。电泳谱带也比其他亚种具有更多的变异性（Lumaret，1988）。目前尚不能完全肯定这份基因库的 *parthiana* 种质是否是杂交种，而在高海拔地区收集的材料可能更纯。

1.2.6 *D. glomerata* subsp. *reichenbachii*（Dalla Torre et Sarnth）Stebbins et Zohary

D. glomerata subsp. *reichenbachii*（Dalla Torre et Sarnth）Stebbins et Zohary 分布在欧洲阿尔卑斯和法国中南部以白云石土壤为主的草地区域上（Speranza and Cristofolini，1987）。虽然目前还没有获得用于分子分析的样品，但黄酮类等生化研究将该亚种归于 *aschersoniana* 和 *lusitanica* 之间（Fiasson et al.，1987），然而同工酶研究认为该亚种与 *aschersoniana* 和 *himalayensis* 更接近（Lumaret，1988）。Stebbins 和 Zohary（1959）指出该类型具有 *woronowii* 和 *aschersoniana* 高度变异的特征，可能是欧洲原始温带森林植物

的土壤残留种类。

1.2.7 *D. glomerata* subsp. *lusitanica* Stebbins et Zohary

D. glomerata subsp. *lusitanica* Stebbins et Zohary 仅见于辛特拉山地和葡萄牙中南部的其他几个地方（Stebbins and Zohary, 1959），可能是温带森林区一个残余的温带森林物种。

1.2.8 *D. glomerata* subsp. *izcoi* Ortiz et Rodriguez-Oubina

D. glomerata subsp. *izcoi* Ortiz et Rodriguez-Oubina 常被称为 "Galician diploid（加利西亚二倍体）"，这种温带形式的二倍体分布在西班牙加利西亚，长期存在于海拔 400～650m 的森林生境中（Ortiz and Rodriguez-Oubina, 1993；Lindner et al., 2004）。有研究指出它与 *juncinella* 分子基础最相似，推测二者一定发展于伊比利亚半岛相同的复杂冰河期避难所的居群（Gómez and Lunt, 2006）。英国的商用鸭茅品种 'Conrad' 是二倍体 *izcoi* 类型（Borrill, 1977）。

1.2.9 *D. glomerata* subsp. *woronowii*（Ovcz.）Stebbins et Zohary

D. glomerata subsp. *woronowii*（Ovcz.）Stebbins et Zohary 是分布于伊朗和土库曼斯坦草地上的旱生型种类。它常分布在伊朗厄尔布尔士山脉 1500m 左右干燥裸露的石灰岩层上（Borrill and Carroll, 1969）。四倍体在这一区域常同域共生（Doroszewska, 1963）。

1.2.10 *D. glomerata* subsp. *hyrcana* Tzvelev

D. glomerata subsp. *hyrcana* Tzvelev 是阿塞拜疆和伊朗塔利什平原海拔 200～300m 区域落叶林带特有的亚种（Tzvelev, 1983）。由于目前还未收集到该亚种的样本，因此尚不清楚该亚种与其他亚种的亲缘关系。不过由于其生境是 *woronowii* 生长范围的延伸，推测它可能与 *woronowii* 具有较近的关系。

1.2.11 *D. glomerata* subsp. *mairei* Stebbins et Zohary

D. glomerata subsp. *mairei* Stebbins et Zohary 仅有限地分布于阿尔及利亚 Kerrata 峡谷石灰质悬崖的阴暗处，该区域相对年降雨量 1100～2000mm（Stebbins and Zohary, 1959）。极有可能自上一个间冰期以来，由于北非草原面积的缩小，其分布范围逐渐缩小（Borrill and Lindner, 1971）。分子、同工酶、类黄酮等数据表明该亚种与 *castellata*、*santai*、*smithii* 和 *woronowii* 有较近的亲缘关系。该形式的鸭茅是自上个间冰期以来广泛分布于北非草原的残余二倍体。

1.2.12 *D. glomerata* subsp. *santai* Stebbins et Zohary 和 *castellata*

D. glomerata subsp. *santai* Stebbins et Zohary 和 *castellata* 出现在西阿尔及利亚到西摩洛哥的泰勒阿特拉斯山脉海拔 150～1500m 的区域，属湿润半湿润气候区（Amirouche and Misset, 2007）。类黄酮类植物化学数据和同工酶数据不能将二者区分开来，通过形态比较它们可能并不属于两个独立的亚种（Lumaret, 1988；Amirouche and Misset，2007）。用 *castellata* 和 *santai* 来命名只是为了更清晰明确地表明其地理来源，*castellata* 来自阿尔及利亚，*santai* 来自摩洛哥。摩洛哥形式的 *santai* 表现出邻近 *ibizensis* 二倍体的特征，杂种 ITS 序列分析表明有邻近的南部西班牙形式的鸭茅的基因渗入。

1.2.13　*D. glomerata* subsp. *smithii*

D. glomerata subsp. *smithii* 生长在加那利群岛海拔 100～700m 的潮湿地带。它有着与众不同的生长习性，分支茎上有多个节（Stebbins and Zohary，1959）。目前由于该区域建筑面积的扩大，其生境范围已缩小。这种形式的鸭茅在佛得角群岛海拔 1200m 的地方几乎已绝迹。同工酶研究表明 *smithii* 和 *mairei*、*santai* 和 *castellata* 在聚类上靠近，有较近的亲缘关系（Lumaret，1988）。

smithii 在特征上存在最明显的分化。它的生境属于亚热带，这对其形态特征和类黄酮类化学成分有很大的影响（Ardouin et al.，1985）。其开花习性已经改变，因此它几乎不需要春化作用诱导开花，而其蔓延的习性可能是由于缺乏顶端优势。

1.2.14　*D. glomerata* subsp. *metlesicsii* Schönfelder et D. Ludwig

D. glomerata subsp. *metlesicsii* Schönfelder et D. Ludwig 生长在加那利群岛高海拔地区，可能是 *smithii* 的高海拔类型（Schönfelder and Ludwig，1996），或者源于迁徙到加那利群岛的单独一支。目前没有获得这种类型的样品用于实验分析。虽然其物种状态尚被质疑，但这种类型已作为濒危物种列入了西班牙红色名单。酚类化合物分析表明来自大加那利岛高海拔的四倍体和该区域低海拔的类型有很多不同（Jay and Lumaret，1995）。这表明二倍体的 *metlesicsii* 可能和低海拔的 *smithii* 有极大的不同。

1.2.15　*D. glomerata* subsp. *juncinella*（Bory）Boiss

D. glomerata subsp. *juncinella*（Bory）Boiss 分布在西班牙 Sierra Nevada 草原海拔 2200～2900m 的亚高山和高山草本带。类黄酮化学成分表明它与 *lusitanica*、*ibizensis* 相似，与 *izcoi* 不同（Ardouin et al.，1985）。杂交研究表明它与 *ibizensis* 有较近的关系，与 *smithii* 有一定的亲缘关系（Hu and Timothy，1971）。

1.2.16　*D. glomerata* subsp. *ibizensis* Gandoger

D. glomerata subsp. *ibizensis* Gandoger 又名 *nestorii*，在大多数文献里最为熟知的还是 *ibizensis*。它分布在西班牙附近的巴利阿里岛，来源于原来的西班牙类型，但也具有北非 *mairei* 的一些分子特征。在该区域也分布着一些四倍体形式（Castro et al.，2007）。

1.2.17　*D. glomerata* subsp. *judaica* Stebbins et Zohary

D. glomerata subsp. *judaica* Stebbins et Zohary 和 *lebanotica* 分布在以色列山区地带，

而 *lebanotica* 出现在黎巴嫩也可能在叙利亚。分类上的不同让人疑惑，但不同的名字表明了不同的地理来源。它具有夏季休眠的地中海型生长模式，然而分子研究表明它是从温带 *himalayensis* 祖先发展而来。*judaica* 异质性的黄酮类成分表明一些个体具有"温带的"酚醛树脂类物质（Ardouin et al.，1985）。这种异质性可能与温带模式（Lumaret，1984，1986）和地中海表型之间的进化滞后有关（Borrill，1978）。

2 四倍体鸭茅类型

四倍体几乎存在于该物种的所有分布区域，包含单个二倍体亚种所形成的全部同源四倍体，四倍体常比它们的二倍体形式更具有选择优势。

2.1 四倍体的起源

鸭茅四倍体化的进程开始于鸭茅属形成之初。在二倍体居群中常出现未减半的配子体，并且二倍体和四倍体间也存在基因流，二者形成的三倍体通常高度不育且生活力低（Lumaret and Barrientos，1990；Lumaret et al.，1992）。早期的四倍体极有可能是一个二倍体居群染色体组加倍而形成的同源四倍体，和二倍体居群相比可能没有任何选择优势。但在上一个间冰期时期，二倍体和四倍体同时进入更适宜生长的地区，期间一些四倍体能从与生态类型多样的二倍体居群的基因交流中获益。由于杂交四倍体获得了更多的遗传变异，杂种优势明显，能成功地完成物种进化（Stebbins，1971）。根据 Soltis D E 和 Soltis P S（1993）报道，四倍体和二倍体相比有更多的多态性位点，四倍体为 0.8，二倍体为 0.7；四倍体有更高的异质性，为 0.43，二倍体为 0.17；在每个位点上四倍体有更多的等位基因，四倍体为 2.36，二倍体为 1.51。具有杂种优势的四倍体在后冰期能大面积地扩展生长区域，占据主导优势，这对于今天该物种的发展和繁荣有持续的贡献（Lumaret，1986）。

同源四倍体和二倍体常能同域共生（Borrill and Lindner，1971；Lumaret et al.，1989）。然而基于多个二倍体居群发展而来的杂交四倍体分布更为广泛。大量的报道认为几乎所有的二倍体与同源四倍体有同域共生的关系，或者至少四倍体主要来源于单个的二倍体。通常这种同域共生主要由于其占据不同生态位（Maceira et al.，1993）。

从分类学看，四倍体亚种包括了分布最广泛的亚种 *glomerata*，植株高大且喜钙的亚种 *slovenica*，旱生型亚种 *hispanica*，海岸型亚种 *marina* 和 *oceanica*，悬崖生长型亚种 *hylodes*。但是四倍体发展成一个复杂的物种，其形态特征在相互独立的不同的渐变群体中存在变异（Speranza and Cristofolini，1986）。

2.2 四倍体亚种

2.2.1 *D. glomerata* subsp. *glomerata*

D. glomerata subsp. *glomerata* 是温带森林区域分布面积最广的四倍体，也是农业生产中广泛使用的鸭茅类型。Stebbins 和 Zohary（1959）表明该亚种可能形成于 *aschersoniana* 和 *woronowii* 的杂交，因为人工杂交后代表现出这两个亚种的中间类型，与亚种 *glomerata*

极为相似。实践证明，目前该亚种在欧洲、亚洲温带地区有广泛的应用前景。

Stebbins 也注意到由于 *reichenbachii* 和 *woronowii* 在许多特征上相似，据此推测一些 *glomerata* 可能是由共同分布于阿尔卑斯山脉的 *reichenbachii* 和 *aschersoniana* 的杂交种发展而来。

Domin（1943）指出亚种 *glomerata* 主要的分布区是在北欧，第二个重要分布区域是在阿尔及利亚和摩洛哥的温带森林地区。但是在这两个分布地区的两种类型的鸭茅，其各自的二倍体祖先可能不同。

虽然通常认为亚种 *glomerata* 是夏季生长型，*hispanica* 为夏季休眠型。然而在法国的朗格多克-鲁西荣地中海气候区域也发现了夏季休眠型的 *glomerata*（Mousset，1995）。

2.2.2　*D. glomerata* subsp. *slovenica*

D. glomerata subsp. *slovenica* 多分布于中欧海拔 600～1300m 的地区，常生长在石灰石和白云石土壤上（图 1-8）（Mizianty，1997）。该亚种最显著的特征是植株高大，可高达 1.5m（Domin，1943）。二倍体亚种 *aschersoniana* 对该亚种的形成可能起了重要作用，因为从形态上看，它们都很高大，其余特征也基本相似，叶缘无毛或毛少（Mizianty and Cenci，1995）。

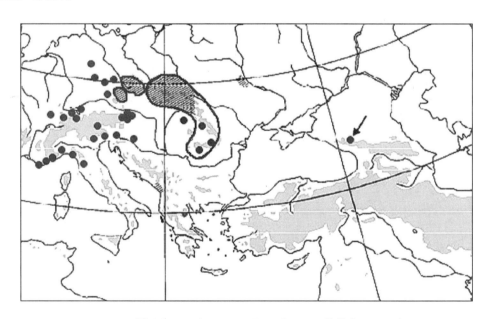

图 1-8　*D. glomerata* subsp. *slovenica* 的分布

2.2.3　*D. glomerata* subsp. *hispanica*（Roth）Nyman

D. glomerata subsp. *hispanica*（Roth）Nyman 广泛分布在地中海区域从伊比利亚半岛到克里米亚和高加索。该亚种耐干旱、植株低矮、小穗紧密且分枝少（Speranza and Cristofolini，1986），具有开花早、夏季休眠生长的特性，抗旱性强。在法国的朗格多克-

鲁西荣地中海气候区域的夏季休眠型鸭茅多为 *hispanica* 和 *glomerata* 的杂交种，或渗入这两个亚种基因的杂交种（Lumaret，1986）。

目前许多生产上使用的夏季休眠品种包括'Uplands'、'Sendace'、'Berber'、'Kasba'、'Jana'（意大利）、'Medly'（法国）、'Perouvia'和'Chrysopigi'（希腊），是由收集于地中海的 *hispanica* 类型的种质资源培育而成。该类型的种质资源具有培育成适应地中海气候的鸭茅品种的巨大潜力。

2.2.4 *D. glomerata* subsp. *marina*（Borrill）Greuter

D. glomerata subsp. *marina*（Borrill）Greuter 分布在欧洲西南部的地中海海岸悬崖边和大西洋岛屿。*marina* 叶片边缘光滑无锯齿，叶片呈绿灰色，这些特征使该亚种特别适应海岸地区的气候和生长条件（图 1-9）（Borrill，1961）。光滑的叶边缘能增强适口性（van Dijk，1961），同时提高了消化率。由于这些特征，*marina* 很受植物育种家青睐，但截至目前尚未有任何来源于 *marina* 的品种问世，原因可能是 *marina* 产量较低。

marina 的形成和起源与二倍体 *smithii* 和 *ibizensis* 有关（Borrill，1961），但其叶片光滑、绿灰色的特性表明 *marina* 也可能形成于不同地理来源的材料。

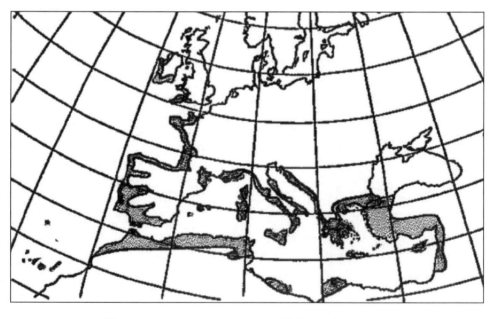

图 1-9 *D. glomerata* subsp. *marina* 的分布（阴影部分）

2.2.5 *D. glomerata* subsp. *oceanica* G. Guignard

D. glomerata subsp. *oceanica* G. Guignard 生长在法国东海岸、大西洋和法国西北海峡地区（Guignard，1985）。该种类型的亚种常被看作 *marina* 类型在北欧分布的延伸和扩展。但是，地中海的 *marina* 类型具有 *hispanica* 的特征而 *oceanica* 具有许多 *glomerata*

的特征。在沿康沃尔郡和爱尔兰海岸也发现了一些与 *oceanica* 相似的类型（Lumaret，1988）。

2.2.6 *D. glomerata* subsp. *hylodes* P. F. Parker

D. glomerata subsp. *hylodes* P. F. Parker 仅少量分布在马德拉岛的内陆悬崖、加那利群岛和佛得角群岛等地（Parker，1972）。该亚种与二倍体亚种 *smithii* 有很近的亲缘关系，具有持久性好、木质茎和叶片具小乳突等特性。Parker（1972）指出该亚种的杂合性和多倍性使其具有更广的生理功能，因而比 *smithii* 具有更广的地理分布范围。分子研究结果表明这些四倍体来源于 *smithii* 和西班牙二倍体。

3　六倍体鸭茅

据报道六倍体居群分布在利比亚和埃及西部的有限区域内（Jones et al.，1961；Jones，1962）。关于这些多倍体生态型的起源目前尚不明确。在邻近加利西亚蓬特韦德拉海岸发现了两个六倍体植株，但这可能是在当地四倍体居群里特殊的个体，而非一个自我维持的六倍体居群（Horjales et al.，1995）。

4　气候变迁与鸭茅亚种的形成

全球气候的变迁使鸭茅出现分化以适应不同的气候区域，如干旱的条件和温暖的亚热带气候条件。最古老的二倍体类型如 *altaica*、*himalayensis* 和 *aschersoniana* 适应于温带森林边缘，而它们的衍生亚种 *woronowii* 发展出旱生的特征因而扩展到中亚和西亚的干旱草原地带。这些旱生特性也是生长在地中海干旱区的四倍体亚种 *hispanica* 的典型特征，包括绿灰色的小叶片、分蘖和小的花序。另外旱生型的 *judaica* 从原来的温带 *himalayensis* 类型进化成了地中海类型。

海边生长类型 *marina* 和 *oceanica* 进化出绿灰色的特点，就 *marina* 而言还有乳突状的表皮。而那些海岸悬崖类型（*hylodes*、*smithii*）则有分枝习性。

5　鸭茅基因资源

5.1　基因组大小

有报道指出在法国和意大利，鸭茅自然居群基因组大小与海拔呈负相关，即基因组大小随海拔的升高而降低，降低幅度可高达 30%（Reeves et al.，1998）。伊比利亚南部、北非、加那利群岛的二倍体鸭茅和伊比利亚北部、欧洲、中东和中亚的二倍体鸭茅相比，DNA 量降低大约 15%（Tuna et al.，2007）。

5.2　基因资源

从植物改良角度，可将植物基因资源依次划分为首要（primary）、次级（secondary）、第三级（tertiary）和第四级（quaternary）基因库。

5.2.1 首要基因库

首要基因库（primary gene pool）主要指品种和适应农业生产利用区域的优异品系。这是育种者确保有效育种需要拥有的首要基因资源，尽管二倍体 *izcoi* 和 *aschersoniana* 已经在商业市场上使用，但这类基因资源主要以四倍体类型为主。在鸭茅育种项目中这些资源常被育种者有效地利用，他们收集的材料代表了该类基因库大部分资源。但由于鸭茅育种项目的减少，使该类基因库的维持面临很大的威胁。

5.2.2 次级基因库

次级基因库（secondary gene pool）主要是指分布在欧洲、亚洲和北非的鸭茅主要栽培区域以外的四倍体居群。育种者收集并开发利用这些资源，但在重要性上它们比首要基因库略逊一筹，因为它们对农业生产环境的适应性稍差。通常这些资源存在于自然界或种质资源基因库中。随着全球气候变暖和人类活动导致的栖息地的改变，许多野生的居群正面临着威胁。

次级基因库包含了与二倍体同域共生的四倍体居群。澳大利亚品种 'Porto' 和西班牙品种 'Adac 1' 是从四倍体自然居群培育而成的，该居群受 *lusitanica* 的影响较大。另外许多品种由西班牙加利西亚省的四倍体亚种 *izcoi* 发展而来，如 'Grasslands Wana'（新西兰品种 '草地瓦纳'）、'Cambria'（英国）、'Artibro'（西班牙）。其他的一些品种也有可能是从其他四倍体鸭茅资源发展而来的。许多二倍体居群的四倍体形式为育种者提供了大量的资源。虽然目前许多资源被收集，但它们很少被鉴定为是残余二倍体居群的四倍体形式。

5.2.3 第三级基因库

第三级基因库（tertiary gene pool）主要包括来自其他倍性水平的居群，其基因资源对现有的育种项目也有帮助。这些居群主要包括二倍体、六倍体，它们也能用于四倍体育种。育种者已通过将二倍体 *lusitanica* 杂交，再将杂交后代通过秋水仙碱加倍而创造了四倍体材料，如英国的商业品种 'Saborto' 和 'Calder' 及新西兰的品种 'Grasslands Kara' 就是利用这种方式培育而成。通常第三级基因库的资源很少被育种家使用。但由于二倍体资源是现代四倍体材料的重要基础，二倍体资源蕴藏了大量的基因资源。目前随着气候的变暖及人类活动导致的自然栖息地改变，大量的资源正遭受数量减少或濒临灭绝的危险，因此收集和保护现有的资源十分重要。

5.2.4 第四级基因库

第四级基因库（quaternary gene pool）主要包括鸭茅属以外的一些种，这些材料可为育种提供基因资源。但仅部分种被用于和鸭茅属杂交，如多花黑麦草（*Lolium multiflorum*）（Oertel et al.，1996）、高羊茅（*Festuca arundinacea*）（Matzk，1981）、梯牧草（*Phleum pratense*）（Nakazumi et al.，1997），通过将谷类作物如小麦、大麦和黑麦与鸭茅授粉杂交也成功获得了胚胎（Zenkteler and Nitzsche，1984）。但由于其育性极低，这些杂交种在育种项目中没有完全被利用，也没有显示出极大的生长优势。

6　基因组学资源

Bushman 等（2007）和 Robins 等（2008）利用鸭茅的 4 类组织（冷胁迫的叶冠、白花的幼苗、盐/干旱胁迫的嫩芽和盐/干旱胁迫的幼根）开发了鸭茅表达序列标签（EST）。通过将多 EST 文库开发的 SSR 标记与水稻染色体序列进行同源比对，可预测这些标记在鸭茅染色体上的具体位置。同时，这些 EST 文库的序列信息将有助于发现和鉴定单核苷酸多态性（SNP）。美国农业部牧草与草原研究实验室（USDA-ARS FRRL）正执行一个大规模的鸭茅改良项目，他们利用遗传关联作图群体筛选与重要性状（如抗寒、抗旱、抗盐）紧密联系的分子标记，并结合田间农艺性状评价筛选抗寒、抗冻、抗旱及抗盐的优异种质。他们的目标是鉴定表型关联，开发和利用分子标记，加快抗寒、抗冻、抗旱及抗盐性分子标记辅助育种进程。

7　保护策略

随着鸭茅原始生境的减少和气候变暖,许多二倍体类型的鸭茅资源面临严峻的威胁。不幸的是目前多个国际种质资源基因库中没有收集到或少量收集了部分二倍体鸭茅，许多不同地理来源的种质类型没有被收集或由于种质数量有限而不能代表该类型（表 1-2）。如 altaica、hyrcana、metlesicsii、reichenbachii 和 smithii（佛得角群岛）资源严重缺失，另外难以获得中国以外的二倍体亚种 sinensis。因此，收集和保持二倍体居群的同源四倍体，如 smithii、woronowii、izcoi、reichenbachii 和 mairei 及其他一些二倍体类型十分重要。国际间应开展大范围的鸭茅育种项目，完善鸭茅资源收集，同时注意异地保存。在国际种质资源库中应保存每份材料的种子。充分评价和利用现有种质资源、基因和基因组资源，同时利用分子技术手段开展分子标记辅助育种，以确保培育足够的鸭茅品种，满足生产。

表 1-2　欧洲、北美和新西兰收集的二倍体种质

二倍体居群	种质数	收集紧迫性
altaica	0	紧急
aschersoniana	26	低
castellata	3	高
himalayensis	4	高
hyrcana	0	紧急
nestorii=ibizensis	2	高
izcoi	40	低
judaica	10	中等
juncinella	4	高
lusitanica	11	中等
mairei	10	中等

二倍体居群	种质数	收集紧迫性
metlesicsii	0	紧急
parthiana	3	高
reichenbachii	0	高
santai	9	中等
sinensis	0	紧急
smithii（加那利群岛）	10	中等
smithii（佛得角群岛）	0	紧急
woronowii	21	低

注：这些资源类型可能在不同资源库里存在重复

第四节　中国西南横断山区的野生鸭茅资源

鸭茅是温带著名牧草，具有耐阴、耐旱、耐贫瘠和持久性强等优点（希斯等，1992），是中国温带及南方中高海拔地区生态建设中的骨干草种（钟声和匡崇义，2002）。鸭茅起源于北半球，包括欧亚大陆和北非等地（Loticato and Rumball，1994）。自然界中的野生鸭茅主要有四倍体和二倍体两种类型，两种倍性都包含多个亚种（van Dijk，1959；Loticato and Rumball，1994；Gauthier et al.，1999；Mika et al.，2002），相同倍性不同亚种间普遍能够自由杂交（Loticato and Rumball，1994；Gauthier et al.，1999；Mika et al.，2002）。根据起源、形态及发育特征，野生鸭茅又可进一步细分为欧洲型和地中海型，前者为夏季生长、冬季休眠型，后者则正好相反。目前世界上广泛栽培的主要是起源于欧洲的四倍体鸭茅亚种（Loticato and Rumball，1994），二倍体鸭茅亚种栽培利用较少。但作为育种材料，国外已培育了许多品种（van Dijk，1959；Loticato and Rumball，1994；Mika et al.，2002）。中国是鸭茅的起源地之一，但迄今为止，我国仅有少数几个野生鸭茅栽培品种，新品种培育及登记尚为空白。对国外鸭茅栽培品种及种子的严重依赖，已成为中国西南中高海拔地区草地生态建设中的重要不利因素。本节仅对横断山区野生鸭茅资源的主要类型、特点、分类、分布及研究利用现状作专题讨论，为加快该地区野生鸭茅资源的开发利用提供借鉴。

1　横断山区野生鸭茅资源的主要类型及分布

中国西南横断山区野生鸭茅资源分布广泛（彭燕和张新全，2003）。核型研究结果表明，横断山区野生鸭茅有二倍体和四倍体两种类型。二倍体为喜马拉雅鸭茅亚种（*Dactylis glomerata* subsp. *himalayensis*），四倍体为鸭茅亚种（*Dactylis glomerata* subsp. *glomerata*）。喜马拉雅鸭茅亚种主要分布于喜马拉雅山脉地区，包括印度、巴基斯坦和中国西部（Guignard et al.，1991）。依据作者近 10 年来的考察结果，喜马拉雅鸭茅在中国西南主要分布于青藏高原边缘及横断山脉地区，包括西藏、青海、四川、云南、贵州、重庆及湖北等地（图 1-10），低于北纬 25° 的我国南方地区尚未发现。喜马拉雅鸭茅在中国分布的海拔范围可达 1000～4500m，气候范围可达寒温带至中亚热气候带。但以海拔 1800～3500m 寒温带至中温带的林缘、疏林和草地上较常见。在各种植被类型中，基本上以伴生种形式出现，未发现由喜马拉雅鸭茅作为建群种或优势种形成的天然草地。从大范围角度看，喜马拉雅鸭茅在自然分布区域内展现出连续分布的特点。但受人为活动的干预及植被的破坏，以及横断山区复杂多样的地形及气候等因素的影响，喜马拉雅鸭茅在局部地区存在间断分布、独立进化的趋势。鸭茅亚种在中国西南分布范围总体来说较喜马拉雅鸭茅更为广泛，但海拔分布范围较喜马拉雅鸭茅稍低，通常情况下为 800～3500m；多呈点状或小范围内连续分布，地域性特征不如喜马拉雅鸭茅强；多出现于人为活动频繁的路边、草地或农田，局部地段可以成为优势种。在海拔 1500～3500m 的中温带至寒温带，经常可以观察到两个鸭茅亚种混生，但尚未观察到二者通过自然杂交产生过渡类型的确切证据。

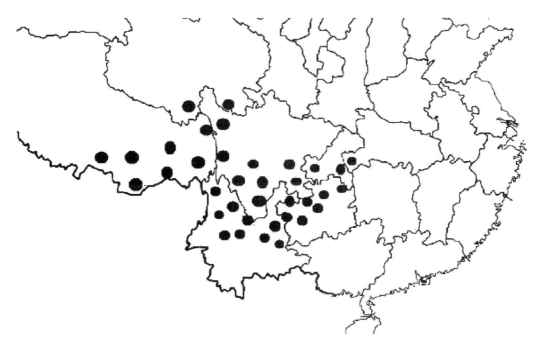

图 1-10　喜马拉雅鸭茅在国内的主要分布区域示意图

2　两个鸭茅亚种的主要差异

横断山区的两个鸭茅亚种无论是外形特征还是生长发育均存在明显差异，尤其是花序（图 1-11）和小穗被毛特征（图 1-12）差异使得二者较容易区别。此外，相同条件下喜马拉雅鸭茅亚种的叶片气孔也明显较鸭茅亚种小。二者生长发育的主要差异表现在：喜马拉雅鸭茅亚种开始分蘖的时间通常比鸭茅亚种晚 1～2 周，第 1 分蘖通常出现在第 3

片叶的叶腋处，而鸭茅亚种第 1 分蘖则通常出现在第 2 片叶的叶腋处；喜马拉雅鸭茅亚种在自然分布区域通常表现为早熟，整个生育期较鸭茅亚种短 2 个月以上，但在亚热带异地种植时，喜马拉雅鸭茅亚种的生育期则更长。

图 1-11　喜马拉雅鸭茅亚种(左)与鸭茅亚种(右)　　图 1-12　喜马拉雅鸭茅亚种（左）与鸭茅亚种
　　　　　　的花序形态　　　　　　　　　　　　　　　　　　（右）及杂交后代（中）的小穗特征

3　中国对横断山区野生鸭茅资源的研究与利用

尽管文献对中国西南横断山区野生鸭茅资源早有记载，但中国从牧草资源研究与利用角度开展工作则是近 20 多年的事。1994 年，四川农业大学张新全等在中国首次报道了横断山区野生鸭茅资源的核型，证实了野生二倍体的存在。周自玮等（2001）进一步证实野生二倍体鸭茅中存在 2A 和 2B 两种类型。从生物学特性及主要农艺性状角度的研究结果表明，喜马拉雅鸭茅亚种与鸭茅亚种在生长发育时间、速度上明显不同，喜马拉雅鸭茅亚种前期生长缓慢，后期生长迅速；但从产草量、再生性、茎叶比等主要农艺性状角度分析，喜马拉雅鸭茅亚种没有直接栽培利用价值，但也是重要的育种材料（钟声和杜逸，1997）。遗传学研究结果表明，喜马拉雅鸭茅亚种之间同源性较高，遗传差异较小；与四倍体栽培种相比较，喜马拉雅鸭茅亚种在核型、花粉数量、种子千粒重、酯酶和过氧化物酶等方面都有很大差异（帅素容等，1997）；从分子水平分析，横断山区野生鸭茅遗传变异及染色体倍性与地理分布密切相关（范彦等，2006；彭燕等，2006，2007）。用秋水仙碱处理萌动种子，获得了混倍体喜马拉雅鸭茅（同一植株根尖中二倍体细胞和四倍体细胞混存），混倍体鸭茅的形态学特征及生长发育均与二倍体无明显差异（钟声等，2006）。从混倍体鸭茅自然传粉后代中，获得了喜马拉雅鸭茅的同源四倍体。从开发利用角度来看，中国西南地区鸭茅亚种目前登记了 3 个栽培品种，但在实际生产中推广应用范围不大。喜马拉雅鸭茅亚种作为育种材料，从利用角度来看目前所开展的工作较少。主要原因是同源四倍体的气孔和种子均较二倍体大，但形态、发育与二倍体差异较小（钟声和段新慧，2006）。以喜马拉雅鸭茅亚种的同源四倍体为母本，与横断山区的鸭茅亚种杂交，获得的杂交 F_1 为四倍体，其形态学特征及物候发育均介于亲本之间，早期生长与四倍体鸭茅亚种相当，优于喜马拉雅鸭茅亚种，繁殖性能与喜马拉雅鸭茅亚种相近，强于鸭茅亚种，分蘖、再生性及干物质产量均强于喜马拉雅鸭茅亚种，但明显不如鸭茅亚种（钟声，2006）。以喜马拉雅鸭茅亚种为母本，与横断山区鸭茅亚种进行杂交，获得了杂交三倍体后代，所获三倍体后代小穗被毛特征介于亲本之间（图 1-12），但高度不育，其早期生长、分蘖、再生等明显优于母本二倍体。杂交三倍体开放传粉后代倍性复杂，混倍体、四倍体和五倍体都有（钟声，2006）。上述表明横断山区的两个鸭茅亚种存在自然杂交的可能性，但自然状态下，尚未观察到二者自然杂交形成的过渡类型后代，这一现象值得关注。

4　讨论

4.1　横断山区两个鸭茅亚种的可能来源

国外普遍依据野生鸭茅的自然分布地区、染色体倍性特征及形态特征等的差异，在鸭茅种以下分出许多亚种（Loticato and Rumball，1994；Gauthier et al.，1999；Mika et al.，2002）。依据《中国植物志》记载，中国鸭茅属含 1 个种、2 个亚种。其中，鸭茅亚种分布于中国西南、西北诸省区，在河北、河南、山东、江苏等省有栽培或因引种而逸为野生，喜马拉雅鸭茅亚种分布于西藏吉隆。作者查阅了中国农业科学院草原研究所 20 世纪 80 年代在中国西南的西藏自治区、贵州省等地采集的鸭茅标本（均只定了种名，未定亚种名），结果多数为喜马拉雅鸭茅亚种，从采集人对少数标本特别注明"有纤毛"（即原亚种）这一特点分析，考察者当年见到的更多的应当是喜马拉雅鸭茅。20 世纪 80 年代，中国科学院植物研究所的刘亦先生曾帮助将四川省草原研究所采自凉山州的鸭茅亚种定名为'纤毛'鸭茅（*Dactylis ciliaris* Liu et Tang）新种（汤孝宗和刘洪先，1982），这一文献报道从另一个方面也可以作为一个佐证，即鸭茅亚种当年在四川分布范围并不广泛。20 世纪 90 年代，作者在对滇西北、滇东北及滇中等地牧草资源考察时，采集到的鸭茅资源绝大多数为喜马拉雅鸭茅亚种，有鸭茅亚种分布的地区都有人工播种的确切证据。近年来，在中国西南横断山区广泛搜集到鸭茅亚种，无论是原采集地还是异地种植的生长表现，鸭茅亚种的生长活力与竞争能力均强于喜马拉雅鸭茅。基于上述理由，作者认为横断山区的两个鸭茅亚种中，喜马拉雅鸭茅亚种为土著种，鸭茅亚种属外来驯化种的可能性较大。由于二者在生态适应范围具有较大的重叠性且喜马拉雅鸭茅亚种的竞争能力明显不如鸭茅亚种。因此，关注中国西南横断山区喜马拉雅鸭茅亚种的保护显得非常必要。

4.2　两个鸭茅亚种的利用途径

横断山区的鸭茅亚种农艺性状普遍较优，许多野生类型可以直接栽培利用；同时，鸭茅亚种还存在丰富的变异类型，因此也是一种理想的育种选育材料。喜马拉雅鸭茅亚种没有直接栽培利用价值，但从繁殖特性角度考虑，其在云南省的结实性明显强于鸭茅亚种，可以为解决云南省鸭茅亚种栽培品种结实性差、种子生产困难等问题提供育种中间材料。

鸭茅小穗密集，小花细小，人工去雄困难。鸭茅亚种不同栽培品间形态及发育特征极相似，利用天然杂交面临杂交真实性鉴定方面的困难。研究结果显示，以喜马拉雅鸭茅亚种诱导所获同源四倍体为母本时，与鸭茅亚种的杂交后代在种子萌芽后前20d的生长速度、拔节始期的分蘖数和株丛大小、花序形态特征等方面与母本存在巨大差异，田间观测中较易识别。同时，杂交后代个体间在苗期生长、分蘖、再生、干物质产量、繁殖及抗病性等方面均存在较大差异，为育种提供了广泛的选择范围（钟声等，2006；钟声和段新慧，2006）。故在育种实践中，喜马拉雅鸭茅亚种是较好的育种材料。

参考文献

范彦，曾兵，张新全，等.2006.中国野生鸭茅遗传多样性的ISSR研究.草业学报，15（5）：103-108

皇甫江云，毛凤显，卢欣石.2012.中国西南地区的草地资源分析.草业学报，21（1）：75-82

彭燕，张新全.2003.鸭茅种质资源多样性研究进展.植物遗传资源学报，4（2）：179-183

彭燕，张新全，刘金平，等.2006.野生鸭茅种质遗传多样性的AFLP分析.遗传，28（7）：845-850

彭燕，张新全，曾兵.2007.野生鸭茅植物学形态特征变异研究.草业学报，16（2）：69-75

全国草品种审定委员会.2008.中国审定登记草品种集（1999—2006）.北京：中国农业出版社：23-26

帅素容，张新全，杜逸.1997.二倍体和四倍体野生鸭茅遗传特性比较研究.草地学报，5（4）：261-268

汤孝宗，刘洪先.1982.禾本科新种——纤毛鸭茅.四川草原，（2）：30

希斯ME，巴恩斯RF，梅特卡夫DS，等.1992.牧草——草地农业科学.4版.黄文惠，苏加楷，张玉发译.北京：农业出版社

张新全，杜逸，郑德成.1996.鸭茅二倍体和四倍体生物学特性的研究.四川农业大学学报，14（2）：202-206

张新全，杜逸，郑德成，等.1994.鸭茅染色体核型分析.中国草地，（3）：55-57

中国植物志编辑委员会.2001.中国植物志.北京：科学出版社：88

钟声.2006.鸭茅不同倍性杂交及后代发育特性的初步研究.西南农业学报，19（6）：1034-1038

钟声.2007.野生鸭茅杂交后代农艺性状的初步研究.草业学报，16（1）：69-74

钟声，杜逸.1997.二倍体鸭茅农艺性状的初步研究.草地学报，5（1）：54-61

钟声，段新慧.2006.云南野生二倍体鸭茅同源四倍体形态及发育特性.草地学报，14（1）：92-94

钟声，段新慧，周自玮.2006.二倍体鸭茅染色体加倍的研究.中国草地学报，28（4）：91-95

钟声，匡崇义.2002.波特鸭茅在云南省的引种研究.草食家畜，（2）：44-46

周自玮，奎嘉祥，钟声，等.2001.云南野生鸭茅的核型分析.草业科学，17（6）：11-14

Amirouche N，Misset M T. 2007. Morphological variation and distribution of cytotypes in the diploid-tetraploid complex of the genus *Dactylis* L.（Poaceae）from Algeria. Plant Syst Evol，264：157-174

Apiron D，Zohary D. 1961. Chlorophyll lethal in natural populations of the orchardgrass（*Dactylis glomerata* L.）. A case of balanced polymorphism in plants. Genetics，46：393-399

Ardouin P，Fiasson J L，Jay M，et al. 1985. Chemical diversification within *Dactylis glomerata* L. polyploidy complex（Graminaceae）. *In*：Jacquard P，Heim G，Antonovics J. Proceedings of the NATO Symposium on Genetic Differentiation and Dispersal in Plants. vol G5. Basel，Switzerland：Springer

Bondesen O B. 2007. Seed production and seed trade in a globalised world，seed production in the northern light. Proceedings of the 6th International Herbage Seed Conference. Norway：9-12

Borrill M. 1961. Patterns of morphological variation in diploid and tetraploid *Dactylis*. Bot J Linn Soc，56：441-459

Borrill M. 1978. Evolution and genetic resources in cocksfoot. Annu Rep Welsh Plant Breed Stat，1977：190-209

Borrill M，Carroll C P. 1969. A chromosome atlas of the genus *Dactylis*（part two）. Cytologia，34：6-17

Borrill M，Lindner R. 1971. Diploid-Tetraploid sympatry in *Dactylis*（Gramineae）. New Phytol，70：1111-1124

Bushman B S，Larson S R，Wang R，et al. 2007. New genomic resources for pasture and range grasses. Poster Presentation，5th International Symposium on the Molecular Breeding of Forage and Turf. Sapporo，Japan：Springer

Castro M，Fraga P，Torres N，et al. 2007. Cytotaxonomical observations on flowering plants from the Balearic Islands. Ann Bot Fenn，44：409-415

Cho M J，Choi H W，Lemaux P G. 2001. Transformed T0 orchardgrass（*Dactylis glomerata* L.）plants produced from highly regenerative tissues derived from mature seeds. Plant Cell Rep，20：318-324

Czerepanov S K. 1981. Sosudistye Rasteniia SSSR. Leningrad：Nauka，Leningradskoe Otdnie（In Russian）

Domin K. 1943. Monografica studie o rodu *Dactylis* L. Acta Bot Bohem，14：3-147

Doroszewska A A. 1963. An investigation on the diploid and tetraploid forms of *Dactylis glomerata* L. subsp. *woronowii*（Ovczinn.）Stebbins et Zohary. Acta Soc Bot Pol，32：113-130

Fiasson J L，Ardouin P，Jay M. 1987. A phylogenetic groundplan of the specific complex *Dactylis glomerata*. Biochem Syst Ecol，15：225-230

Gauthier P，Lumaret R，Bédécarrats A. 1999. Genetic introgression between tetraploid *Dactylis glomerata* subsp. *reichenbachii* and *glomerata* in the French Alps. Insight from morphological and allozyme variation. Plant System atics and Evolution，214：219-234

Gómez A，Lunt D H. 2006. Refugia within refugia：patterns of phylogeographic concordance in the Iberian Peninsula. *In*：Weiss S，Ferrand N. Phylogeography of Southern European Refugia. The Netherlands：Springer：155-188

Guignard G，Fujimoto F，Yamaguchi H. 1991. Studies on genetic resources of the genus *Dactylis*. Characteristics of several subspecies and CHIAS chromosome image analysis of subsp. *himalayensis* Domin. Bulletin of the National Grassland Research Institute，45：11-23

Guignard G. 1985. *Dactylis glomerata* ssp. *oceanica*，a new taxon of the Atlantic coast. Bull Soc Bot France Let Bot，132：341-346

Hewitt G M. 1999. Post glacial recolonisation of European biota. Biol J Linn Soc，68：87-112

Horjales M，Redondo N，Pérez B，et al. 1995. Presencia en Galicia de *Dactylis glomerata* L. hexaploide. Bol Soc Brot，67：223-230

Hu W L，Timothy D H. 1971. Cytological studies of four diploid *Dactylis* subspecies，their hybrids and induced tetraploid hybrids. Crop Sci，11：203-207

Jay M，Lumaret R. 1995. Variation in the subtropical group of *Dactylis glomerata* L. 2. Evidence from phenolic compound patterns. Biochem Syst Ecol，23：523-531

Jogan J. 2002. Systematics and Chorology of Cocksfoot Group（*Dactylis glomerata* agg.）in Slovenia. Slovenia：Doctoral Dissert，Univ of Llubljana

Jones K，Carroll C P，Borrill M. 1961. A chromosome atlas of the genus *Dactylis*. Cytologia，26：333-343

Jones K. 1962. Chromosomal status，gene exchange and evolution in *Dactylis*. Genetica，32：272-295

Lewis E J. 1975. An alternate technique for the production of amphidiploids. Annu Rep Welsh Plant Breed Stn，1974：15

Lindner R，Lema M，García A. 2004. Extended genetic resources of *Dactylis glomerata* subsp. *izcoi* in Galicia（northwest Spain）. Genet Resour Crop Evol，51：437-442

Loticato S，Rumball W. 1994. Past and present improvement of cocksfoot（*Dactylis glomerata* L.）in Australia and New Zealand. New Zealand Journal of Agricultural Research，37（2）：379-390

Lumaret R，Barrientos E. 1990. Phylogenetic relationships and gene flow between sympatric diploid and tetraploid plants of *Dactylis glomerata*（Gramineae）. Plant Syst Evol，169：81-96

Lumaret R，Bowman C M，Dyer T A. 1989. Autotetraploidy in *Dactylis glomerata* L.：further evidence from studies of chloroplast DNA variation. Theor Appl Genet，78：393-399

Lumaret R，Bretagnolle F，Maceira N O. 1992. 2n gamete frequency and bilateral polyploidization in *Dactylis glomerata*. *In*：Mariana A，Tavoletti S. Gametes with Somatic Chromosome Number in the Evolution and Breeding of Polyploid

Polysomic Species: Achievements and Perspectives. Perugia, Italy: Forage Plant Breeding Institute: 15-21

Lumaret R. 1984. The role of polyploidy in the adaptive significance of polymorphism at the GOT 1 locus in the *Dactylis glomerata* complex. Heredity, 52: 153-169

Lumaret R. 1986. Doubled duplication of the structural gene for cytosolic phosphoglucose isomerase in the *Dactylis glomerata* L. polyploid complex. Mol Biol Evol, 3: 499-521

Lumaret R. 1987. Differential degree in genetic divergence as a consequence of a long isolation in a diploid entity of *Dactylis glomerata* L. from the Guizhou region (China). Presentation to the 2nd symposium Paleoenvironment East Asia, Hong Kong

Lumaret R. 1988. Cytology, genetics and evolution in the genus *Dactylis*. Crit Rev Plant Sci, 7: 55-91

Maceira N O, Jacquard P, Lumaret R. 1993. Competition between diploid and derivative autotetraploid *Dactylis glomerata* L. from Galicia. Implications for the establishment of novel polyploid populations. New Phytol, 124: 321-328

Matzk F. 1981. Successful crosses between *Festuca arundinacea* Schreb. and *Dactylis glomerata* L. Theor Appl Genet, 60: 119-122

Míka V, Kohoutek A, Odstrilov V. 2002. Characteristics of important diploid and tetraploid sub species of *Dactylis* from point of view of he forage crop production. Rostlinna Vyroba, 48 (6): 243-248

Míka V, Kohoutek A, Smrz J. 1999. *Dactylis polygama*, a nonaggressive cocksfoot for grass/clover mixtures. Grassland ecology V. Proceedings of the 5th ecological conference, Banská Bystrica, Slovakia

Mizianty M, Cenci C A. 1995. *Dactylis glomerata* L. subsp. *slovenica* (Dom.) Dom. (Gramineae), a new taxon to Italy. Webbia, 50: 45-50

Mizianty M. 1991. Biosystematic studies on *Dactylis* (Poaceae). 2. Original research. 2.2. Cytological differentiation of the genus in Poland. Fragm Flor Geobot, 36: 301-320

Mizianty M. 1997. Distribution of *Dactylis glomerata* subsp. *slovenica* (Poaceae) in Europe. Fragm Flor Geobot, 42: 207-213

Mousset C. 1995. Les dactyles ou le genre *Dactylis*. In: Prosperi J M, Balfourier F, Guy P. Ressources Génétiques des Graminées Fourragéres et à Gazon. Paris, France: INRA-BRG: 28-52

Nakazumi H, Furuya M, Shimokouji H, et al. 1997. Wide hybridization between timothy (*Phleum pratense* L.) and orchardgrass (*Dactylis glomerata* L.). Bull Hokkaido Prefectural Agric Exp Stn (Jpn), 72: 11-16

Oertel C, Fuchs J, Matzk F. 1996. Successful hybridization between *Lolium* and *Dactylis*. Plant Breed, 115: 101-105

Ortiz S, Rodriguez-Oubiña J. 1993. *Dactylis glomerata* subsp. *izcoi*, a new subspecies from Galicia NW Iberian peninsula. Ann Bot Fenn, 30: 305-311

Parker P F, Borrill M. 1968. Studies in *Dactylis*. 1 Fertility relationships in some diploid subspecies. New Phytol, 67: 649-662

Parker P F. 1972. Studies in *Dactylis* II natural variation, distribution, and systematics of the *Dactylis smithii* Link. Complex in Madeira and other Atlantic Islands. New Phytol, 72: 371-378

Reeves G, Francis D, Davies M S, et al. 1998. Genome size is negatively correlated with altitude in natural populations of *Dactylis glomerata*. Ann Bot, 82 (suppl A): 99-105

Robins J G, Bushman B S, Jensen K B. 2008. New genomic resources for orchardgrass. Proceedings of the 27th EUCARPIA symposium on improvement of fodder crops and amenity grasses, 19-23 Aug 2007, Copenhagen, Denmark

Sahuquillo E, Lumaret R. 1999. Chloroplast DNA variation in *Dactylis glomerata* L. taxa endemic to the Macaronesian islands. Mol Ecol, 8: 1797-1803

Schönfelder P, Ludwig D. 1996. *Dactylis metlesicsii* (Poaceae), eine neue Art der Gebirgsvegetation von Tenerife, Kanariische Inseln. Willdenowia, 26: 217-223

Soltis D E, Soltis P S. 1993. Molecular data and the dynamic nature of polyploidy. Crit Rev Plant Sci, 12: 243-273

Speranza M，Cristofolini G. 1986. The genus *Dactylis* in Italy.1. The tetraploid entities. Webbia，39：379-396

Speranza M，Cristofolini G. 1987. The genus *Dactylis* in Italy. 2. The diploid entities. Webbia，41：213-224

Stebbins G L. 1971. Chromosomal Evolution in Higher Plants. London，UK：Edward Arnold

Stebbins G L，Zohary D. 1959. Cytogenetic and evolutionary studies in the genus *Dactylis*. I Morphological，distribution and inter relationships of the diploid subspecies. Univ Calif Publ Bot，31：1-40

Stewart A V，Ellison N W. 2010. The genus *Dactylis*，wealth of wild species role in plant genome elucidation and improvement. Vol. 2. New York：Springner

Stewart A V，Joachimiak A，Ellison N. 2008. Genomic and geographic origins of timothy（*Phleum* sp.）based on ITS and chloroplast sequences. *In*：Yamada T，Spangenberg G. Proceedings of the 5th international symposium on the molecular breeding of forage and turf，1-6 July 2007，Sapporo，Japan

Stuczynski M. 1992. Estimation of suitability of the Ascherson's cocksfoot（*Dactylis aschersoniana* Graebn.）for field cultivation. Plant Breed Acclim Seed Prod，36：7-42

Tuna M，Teykin E，Buyukbaser A，et al. 2007. Nuclear DNA variation in the grass genus *Dactylis* L. Poster presentation，5th international symposium molecular breeding of forage and turf，1-6 Jul 2007，Sapporo，Japan

Tyler B，Borrill M. 1983. The use of wild species in forage grass breeding. Genetika，15：387-396

Tzvelev N N. 1983. Grasses of the Soviet Union. New Delhi，India：Amerind Publishing

van Dijk G E. 1959. Breeding for quality in cocksfoot（*Dactylis glomerata* L.）. Euphytica，8：58-68

van Dijk G E. 1961. The inheritance of harsh leaves in tetraploid cocksfoot. Euphytica，13：305-313

Wetschnig W. 1991. Karyotype morphology of some diploid subspecies of *Dactylis glomerata* L.（Poaceae）. Phyton Horn，31：35-55

Williams E，Barclay P C. 1972. Transmission of B-chromosomes in *Dactylis*. NZ J Bot，10：573-584

Yamane K，Yano K，Kawahara T. 2006. Pattern and rate of indel evolution inferred from whole chloroplast intergenic regions in sugarcane，maize and rice. DNA Res，13：197-204

Zenkteler M，Nitzsche W. 1984. Wide hybridization experiments in cereals. Theor Appl Genet，68：311-315

Zurawski G，Clegg M T，Brown H D. 1984. The nature of nucleotide sequence divergence between barley and maize chloroplast DNA. Genetics，106：735-749

第二章 鸭茅种质资源评价

引　言

种质资源评价是发掘优良性状、筛选优异种质，选育新品种的重要环节。为此，世界上许多国家和国际组织都十分重视鸭茅种质资源的广泛收集、研究和开发利用。四川农业大学自20世纪70年代末80年代初开始野生鸭茅种质资源的调查、收集和研究，收集了国内野生鸭茅种质资源近百份，国外鸭茅种质资源600余份，并从形态学、农艺性状、抗逆性等方面对鸭茅种质进行了综合评价，不仅为鸭茅新品种选育奠定了材料基础，而且相关研究结果也为鸭茅种质资源的深入研究提供了重要参考。

1　鸭茅种质形态特征变异

国外研究认为，鸭茅原亚种 *D. glomerata* subsp. *glomerata* 圆锥花序的形状在栽培中不会发生变化，是区别鸭茅品种的主要特征（Mizianty，1994，1996）；不同生态型鸭茅开花期植株的高度变异最大，而抽穗、开花期差异较小，鸭茅起源地对其形态特征没有影响（Schmidt，1985）。Falcinelli 等（1983）研究了源自意大利北部、中部、南部不同区域及 2～1550m 不同海拔的鸭茅居群，结果发现北部区域的居群表现为植株高，叶形大，颜色浅，圆锥花序大而开展，花药紫色，外稃边缘粗糙；而南方居群则表现为植株矮小，最后节间实心，花序紧缩，花药白色，叶缘具毛，外稃具小芒的特点；中部居群介于两者之间；野生鸭茅二倍体居群内和居群间各特性变异较小，而四倍体居群内和居群间变异较大（Lindner et al.，1999a）。

国内研究表明，鸭茅种质资源植物学形态特征存在广泛变异，且形态特征各性状间显著相关。其中，种子千粒重、花序宽度、叶长、节间长度、旗叶长度变异较大，而茎粗、叶宽、种子长度变异相对较小（彭燕等，2007；徐倩等，2011）；就不同倍性鸭茅种质而言，二倍体与四倍体鸭茅的植株相似，但二倍体植株在开花期的株高显著高于四倍体，四倍体植株花序直立，二倍体花序小穗梗细弱，花序表现为下垂（钟声等，1997）；二倍体小花和种子比四倍体小，孕穗期叶量少于四倍体（钟声等，1998）；在我国云南德钦、中甸发现的野生鸭茅二倍体居群比其他地方发现的有较多的分枝和小花数，其植株也更高大，基生叶更发达（周自玮等，2000）。

2　鸭茅种质生长发育特性

成熟的新鲜鸭茅种子或贮藏时间较长的陈旧种子发芽率都较低，采用除去内、外

本章负责人：张新全　彭　燕　季　杨

秽，变温、冷冻处理，或用 PEG 和 GA$_3$ 处理等方法可以提高种子发芽率（刘长娥和何剑，1999；梁小玉和张新全，2005）；鸭茅适宜日均温低于 25℃，土壤田间持水量 78%～84%，土壤肥力较高（含 N 量为 60～80mg/kg 土，NPK 比率为 6：1：2）的生境，短日照、低温和高肥力有利于诱导和促进鸭茅开花（Buhring and Neubert，1977；Ikegaya et al.，1983）。

国外有研究认为，四倍体鸭茅比二倍体开花早，开花期短，在夏季干旱前完成开花全过程，并产生更多的分蘖、花序和种子，而二倍体在冬季和早春产叶量更高，延迟数周开花，在整个干旱期开花（Lumaret，1987；Bretagnolle and Thompson，1996）。鸭茅早熟品种的植株高度、干物质产量比晚熟品种高，开花期提早 10d 左右；但晚熟品种的季节性产量比早熟品种分布均衡；它们的营养价值差异不显著（Seo and Shin，1997）；而来自我国横断山区的二倍体野生鸭茅却具有营养生长期比四倍体长，生殖生长期比四倍体短的特点（张新全等，1996；钟声等，1997），表明我国野生鸭茅资源有其独特之处。国内野生鸭茅四倍体的生育期比二倍体短（钟声等，1998）；早熟型鸭茅在拔节期前后进入生长高峰期，具有营养生长期比中、晚熟型短，而生殖生长期比中、晚熟型长的特点，晚熟型在孕穗期生长速度最快，成熟期株高显著高于早、中熟型（彭燕等，2008）。

3 鸭茅农艺性状

在我国亚热带气候条件下，鸭茅全年有两个产草高峰，产量主要集中在春季和夏初，占全年可利用干物质总产的 75%以上，秋季所占比例不大，全年供草时间 7 个月左右，再生草在全年干物质产量组成中所占比例大；国内四倍体鸭茅具有粗蛋白、粗脂肪含量高，粗纤维含量相对低的特点，营养价值较高。二倍体鸭茅全年干物质和粗蛋白产量显著低于四倍体，粗纤维含量与相同物候期的四倍体差异不大，而比相同生长天数的四倍体则差异明显，表明其纤维化程度比四倍体慢（钟声等，1998）；刈割对鸭茅营养有直接的影响，刈割后再生草的蛋白质含量较初次刈割材料有明显的下降，纤维含量有显著升高，营养价值有所降低，鸭茅适时刈割能有效保留蛋白质含量，控制纤维含量在相对低的水平，其再生草依然具有较高的营养水平和利用价值（裴彩霞等，2004；Tsuneo et al.，1997）。

4 鸭茅抗逆特性

鸭茅抗旱、耐阴、耐热、耐盐性较差而抗寒性及抗病性则因产地不同而差异显著。

4.1 抗寒性

鸭茅抗寒性与起源密切相关，世界范围内不同区域的鸭茅，其抗寒性大小的排序为俄罗斯和挪威—瑞典及日本＞东欧—欧洲中部＞法国；抗寒性与抗秆锈病、晚秋生长呈显著负相关，鸭茅对低温的生理响应表现为快速合成聚果糖，且叶基的含量显著高于叶片（Pollock and Rnggles，1976）；在鸭茅幼苗抗寒阶段，质膜中不饱和脂肪酸的增加量较其他膜系统明显减少，质膜中固醇与磷脂的比率变化很小，而磷脂与蛋白质的比率和它的多肽成分会发生较大变化（Yoshida and Uemura，1984）。

4.2 抗旱性

鸭茅在与长期干旱生境的协同进化中，通过降低气孔频率，提高叶表面蜡质密度，降低呼吸速率等适应特性而逃避干旱（Ashenden，1978），或通过半休眠适应夏季干旱，即表现为夏季分蘖密度大，叶基含有高水平的可溶性碳水化合物和高浓度的果糖，在生长季节对灌溉敏感，一旦恢复灌水，鸭茅生长也迅速恢复（Volaire et al.，1995）。鸭茅抗旱品种的生长表现为：茎生长速度更缓慢，较高的根系活力和根系生长量。生理变化表现为：具有更高的渗透压调节能力，从死亡叶片中输出可溶性碳水化合物的能力更高，更低水平的脯氨酸量和金属离子含量，而 P 的含量提高；维持较高的光合面积和光合速率，更积极、更持久地清除活性氧的能力。经萌芽期或苗期鉴定，国产鸭茅品种（系）'宝兴'、'滇北'、01-101、01-103 和引进品种（'斯巴达'）抗旱性较强（高杨等，2007）。

4.3 抗病性

鸭茅易感锈病，在高温高湿气候条件下，发病的概率非常大。在国内湖北地区鸭茅锈病始发期为4月上旬，5月下旬和10月中旬为盛发期（梅鹃和别治法，1991），四川及重庆地区发病高峰在4月中下旬，在抽穗—开花阶段前，以叶锈病和条锈病为主，抽穗后，锈病症状多出现在花序轴上，以秆锈病为主。国外报道，源自意大利的鸭茅生态型比丹麦的更抗锈病，其中，欧洲南部的鸭茅对黑锈病具有最大的抗性（Ittu and Kellner，1977，1980）。在国内鸭茅种质中，Sau02-106、Sau02-107、Sau90-130、Sau02-115 4份鸭茅无论是叶片还是茎秆对锈病都具有一定的抗性（曾兵等，2010），而且还从国外的种质中发现了抗锈病的材料（严海东等，2013）。

4.4 耐盐性

鸭茅的耐盐性较苇状羊茅、多年生黑麦草（*Lolium perenne*）均差，属最差的一类（孙小芳等，2000）。进一步研究表明，耐盐性的强弱与特殊离子效应和渗透压调节有关，其中 Na^+ 的积累、K^+/Na^+ 比和 Ca^{2+}/Na^+ 与盐导致生长降低有关。在盐胁迫下，耐盐性强的鸭茅品种比耐盐性弱的品种有更高的相对含水量和渗透势下降率；可溶性碳水化合物、甜菜碱和细胞液中的 K^+ 显著增加。同时也会积累更多的 Ca^{2+}、Mg^{2+}，但 Na^+ 的积累较少（Saneoka and Nagasaka，2001）。与抗盐性较强的苇状羊茅相比，随盐胁迫的增加，鸭茅质膜的伤害程度大于苇状羊茅；鸭茅叶片中 Na^+/K^+ 比增加幅度大于高羊茅，超氧化物歧化酶（SOD）、过氧化氢酶（CAT）活性的增长率及类胡萝卜素的相对含量小于苇状羊茅（高远辉等，1995b）。

综上所述，鸭茅生长发育及抗逆性能表现出丰富的多元化特征，不同染色体倍性和生态型鸭茅种质的形态、生长及抗逆性存在较大差异，因此，从广泛的鸭茅种质资源中筛选优良的基因具有极大的可能性。

第一节　野生鸭茅植物学形态特征变异研究

我国野生鸭茅资源主要分布于新疆伊犁河谷、西南地区、江西、湖南、大兴安岭等地海拔 1000～3000m 及以上的森林边缘、灌丛及山坡草地（潘全山和张新全，2000），并且二倍体和四倍体同时存在（张新全等，1994）。张新全、钟声等对二倍体和四倍体鸭茅的生物学特性和农艺性状的初步研究表明，它们之间存在明显差异，四倍体开发利用潜力比二倍体大（张新全等，1996a，1996b；钟声等，1997）。由于我国复杂多样的气候、地形、土壤等生态条件，使得我国野生鸭茅资源拥有丰富的遗传变异特性和优良的基因资源，与国外引进的鸭茅品种相比，在抗逆性、抗病力、适应性等方面具有较强优势，从而具有较大的研究、开发利用潜力。然而以前相关研究仅局限于分布地域较窄的少量种质（钟声等，1998；Baker，1972），对较广泛范围内的鸭茅资源尚未见有研究报道。本研究以来自野生鸭茅主要分布区的 25 个居群植物为材料，系统研究和评价它们在植物形态学特征方面的遗传多样性，为初步筛选优良种质，进行农艺性状及育种学研究提供科学理论依据。

1　材料与方法

1.1　试验区概况

试验地位于四川农业大学教学科研园区内的草业科学系科研基地。地处北纬 30°08′，东经 103°00′，海拔 620m，年均气温 16.2℃，极端高温 37.7℃，极端低温–3℃，年降雨量 1774.3mm，年均相对湿度 79%，年均日照时数 1039.6h，日均温≥5℃的积温 5770.2℃。紫色土，土壤 pH 5.46，有机质含量为 1.46%，速效氮、磷、钾含量分别为 100.63mg/kg、4.73mg/kg、338.24mg/kg。

1.2　试验材料

以'宝兴'鸭茅（*D. glomerata* cv. Baoxing）和'安巴'鸭茅（*D. glomerata* cv. Anba）两品种为对照，25 份野生居群分别采自四川、云南、贵州、新疆、江西，还包括源自美国的两份材料，共计 27 份（表 2-1）。

表 2-1　供试鸭茅资源及其来源

序号	种源编号	采集地点	海拔/m	备注
1	Sau91-2	中国四川宝兴	2100	cv. Baoxing
2	Sau90-70	中国四川康定县城郊	2680	
3	Sau90-130	中国四川茂县土门岭	2030	
4	Sau91-1	中国四川汉源泥巴山	2000	

续表

序号	种源编号	采集地点	海拔/m	备注
5	Sau91-7	中国四川汉源皇木	1950	
6	Sau91-103	中国四川越西小相岭	2530	
7	Sau02-105	中国四川达州	1050	
8	Sau02-106	中国四川宝兴薄子沟	2760	
9	Sau02-107	中国四川宝兴夹金山	2700	
10	Sau02-108	中国四川宝兴和平沟	2500	
11	Sau02-109	中国四川宝兴烧鸡窝	3200	
12	Sau02-111	中国云南中甸三坝	2360	
13	Sau02-112	中国云南中甸	2700	
14	Sau02-113	中国云南德钦	3300	
15	Sau02-114	中国云南曲靖	2300	
16	Sau02-115	中国云南德钦	3400	
17	Sau02-116	中国云南昆明	1900	
18	Sau79-9	中国江西庐山	1100	
19	Sau02-101	中国贵州毕节	1470	
20	Sau02-102	中国贵州织金	1390	
21	Sau02-103	中国贵州纳雍	1820	
22	Sau02-104	中国贵州水城	1750	
23	Sau01-101	中国贵州毕节	—	
24	Sau01-103	美国纽约林缘	—	
25	Sau01-104	美国纽约熊山	—	
26	安巴	丹麦	—	cv. Anba
27	Sau02411	中国新疆天山	—	

注："—"表示数据缺失

1.3 研究内容与方法

对供试材料于2003年9月初进行盆钵育苗,待幼苗长到3片叶龄以上时(40d左右),将幼苗移栽于试验小区,小区面积1m×1m,每小区6株,株行距30cm×50cm,重复3次,随机区组排列,试验地实行统一管理。

在性状选取中,主要选择了在分类学中认为比较保守的花序各部性状,虽然这些性状仍存在一定的表型可塑性,但相对于营养器官的性状则更为稳定。在整个生育期观测的指标如下。①营养器官性状：叶长、叶宽、株高、节间长度、茎粗、旗叶长度、旗叶宽度、穗叶距。②花序性状：花序形状、花序长度、花序宽度。③穗部性状：小穗长度、小穗宽度。④小花性状：雄蕊长度、花药长度、花药宽度。⑤种子性状：种子长度、种子宽度、千粒重。测定时每项指标重复 10 次。

1.4　数据处理

利用 Excel 和 SPSS 软件对观测性状的变异程度、变异规律及性状间相关关系进行统计和聚类分析。

2　结果与分析

2.1　鸭茅植物形态学特征变异分析

在供试鸭茅的19个植物形态学特征中，千粒重变异幅度最大，为0.28～1.12g，变异系数高达42.91%；其次为旗叶长度和花序形状，两者变异系数分别为30.76%和30.18%；穗叶距、花药宽度、旗叶宽度、雄蕊长度、花药长度、节间长度、花序宽度的变异系数也较高，分别为25.81%、23.23%、23.10%、22.25%、21.62%、21.53%、21.10%；变异系数相对较高的还有小穗宽度、叶长、种子宽度、小穗长度，分别为18.61%、17.99%、17.39%、16.88%，而花序长度、株高、茎粗、叶宽、种子长度变异较小，变异系数分别为14.21%、13.34%、12.87%、12.65%、10.61%。由此可见，通过对鸭茅不同居群形态特征的系统评价，容易选育出功能叶（旗叶长度、旗叶宽度）发达，雄性生殖器官（雄蕊长度、花药长度、花药宽度）发达及结种性能（小穗长度、小穗宽度、千粒重）较好的鸭茅种源，而株型（株高、茎粗）则难以改良；同时表明叶部差异主要表现在叶长，而叶宽的变异较小，种子性状差异主要在于种子宽度、种子长度的变异很小（表2-2）。

将试验结果与张新全等（1996a，1996b）和钟声等（1997）对四川和江西野生鸭茅形态特征的研究加以比较分析，可以看出，本试验的鸭茅花序形状也有直立和下垂两种，而千粒重的变异范围（0.28～1.12g）更大，最小种子的体积仅为最大种子的 1/4，以前的研究结论为二倍体种子千粒重只有四倍体的一半，由此表明，鸭茅广泛的地理分布与其形态特征变异密切相关。

2.2　鸭茅植物形态学特征的相关分析

如表 2-3 所示，供试鸭茅植物形态学特征间存在明显相关性。其中，营养器官各性状间，叶长与叶宽、穗叶距呈显著负相关，相关系数分别为−0.412*、−0.509**，与茎粗、旗叶长、宽呈显著正相关性，系数分别为 0.410*、0.771**、0.495**；而叶宽与茎粗、旗叶长度呈显著负相关，系数分别为−0.395*、−0.409；茎粗与旗叶长度呈极显著正相关，与穗叶距呈显著负相关，系数分别为 0.517**、−0.404*；旗叶长度与旗叶宽度呈极显著正相关，与穗叶距呈极显著负相关，系数分别为 0.675**、−0.631**。表明叶片窄长的鸭茅，旗叶长而宽，穗叶距短，茎秆粗壮，反之亦然。

表 2-2 供试鸭茅种源植物学形态特性及其变异

编号	叶长 LI/cm	叶宽 Lw/cm	株高 Ph/cm	节间长度 Il/cm	茎粗 Id/cm	花序形状 Ifs	花序长度 Ifl/cm	花序宽度 Ifw/cm	小穗长度 Sl/cm	小穗宽度 Sw/cm	种子长度 Ls/cm	种子宽度 Ws/cm	千粒重 Tsw/g	雄蕊长度 Stl/cm	花药长度 Al/cm	花药宽度 Aw/cm	旗叶长度 Fll/cm	旗叶宽度 Flw/cm	穗叶距 Dbfi/cm
1	52.00	0.95	131.13	6.91	0.19	1.00	29.33	15.80	0.81	0.31	0.28	0.09	1.12	0.71	0.26	0.05	36.27	1.65	18.35
2	59.98	1.15	75.93	5.49	0.23	1.00	31.09	11.39	0.97	0.36	0.26	0.07	0.86	0.57	0.19	0.06	41.23	1.32	9.94
3	41.99	1.42	99.26	5.58	0.18	2.00	23.49	15.33	0.66	0.26	0.25	0.06	0.40	0.39	0.17	0.03	22.54	1.06	14.52
4	44.48	1.27	114.06	5.18	0.19	2.00	26.77	17.13	0.63	0.22	0.20	0.06	0.32	0.55	0.19	0.06	24.45	1.12	14.74
5	54.00	1.18	111.83	3.79	0.20	1.00	21.28	9.25	0.94	0.36	0.26	0.09	0.76	0.69	0.32	0.06	40.15	1.08	8.98
6	35.35	1.16	96.86	4.63	0.15	2.00	25.16	15.22	0.55	0.29	0.25	0.06	0.47	0.68	0.21	0.04	20.85	0.86	14.25
7	50.90	1.00	125.49	7.96	0.20	1.00	29.67	17.69	0.80	0.21	0.28	0.09	1.12	0.74	0.25	0.04	39.17	1.57	15.72
8	40.58	1.33	117.45	5.49	0.17	2.00	29.77	16.90	0.64	0.36	0.23	0.07	0.28	0.47	0.19	0.03	19.64	1.02	13.21
9	39.71	1.26	113.02	4.15	0.19	2.00	23.34	18.39	0.66	0.27	0.23	0.06	0.45	0.44	0.15	0.03	29.26	1.19	17.86
10	35.04	1.13	105.29	4.18	0.16	2.00	20.41	15.26	0.67	0.23	0.24	0.07	0.43	0.50	0.19	0.05	20.80	0.93	15.42
11	37.51	1.36	111.83	4.63	0.20	2.00	27.33	19.02	0.63	0.21	0.24	0.07	0.38	0.56	0.16	0.04	24.58	0.98	16.05
12	41.54	1.32	122.35	4.56	0.16	2.00	22.91	18.69	0.63	0.30	0.21	0.05	0.39	0.57	0.17	0.04	23.41	0.96	12.38
13	29.88	1.10	98.30	6.21	0.19	2.00	21.52	12.20	0.63	0.24	0.25	0.06	0.38	0.45	0.16	0.04	21.08	0.78	13.35
14	33.97	1.37	126.82	8.18	0.20	2.00	26.33	18.36	0.71	0.30	0.24	0.06	0.35	0.46	0.14	0.04	21.36	0.82	19.04
15	34.62	1.30	109.10	7.03	0.20	2.00	26.68	13.18	0.73	0.37	0.23	0.06	0.40	0.48	0.17	0.05	21.52	0.77	17.88
16	37.27	1.45	99.39	3.76	0.17	2.00	19.60	16.18	0.70	0.24	0.26	0.07	0.83	0.52	0.19	0.04	18.27	1.00	14.24
17	44.41	1.33	124.13	4.02	0.20	1.00	25.96	10.87	0.75	0.35	0.26	0.08	0.72	0.61	0.19	0.05	39.56	1.06	10.57
18	57.64	1.09	106.17	5.83	0.19	1.00	28.69	12.26	0.74	0.27	0.26	0.08	0.93	0.85	0.17	0.05	47.34	1.23	8.34
19	43.66	1.52	94.25	6.03	0.13	2.00	22.40	14.83	0.68	0.26	0.21	0.07	0.45	0.53	0.18	0.04	29.03	1.00	15.24
20	45.47	1.43	109.07	5.16	0.17	2.00	23.78	16.05	0.60	0.21	0.22	0.06	0.55	0.55	0.20	0.04	22.38	0.73	17.89
21	39.50	1.56	96.04	5.13	0.17	2.00	23.86	17.30	0.65	0.27	0.23	0.06	0.36	0.61	0.21	0.04	34.05	1.15	17.82
22	42.73	1.33	105.47	4.98	0.14	2.00	22.88	14.72	0.65	0.27	0.22	0.06	0.62	0.68	0.21	0.04	19.49	0.80	17.32

续表

编号	叶长 Ll/cm	叶宽 Lw/cm	株高 Ph/cm	节间长度 Il/cm	茎粗 Id/cm	花序形状 Ifs	花序长度 Ifl/cm	花序宽度 Ifw/cm	小穗长度 Sl/cm	小穗宽度 Sw/cm	种子长度 Ls/cm	种子宽度 Ws/cm	千粒重 Tsw/g	雄蕊长度 Stl/cm	花药长度 Al/cm	花药宽度 Aw/cm	旗叶长度 Fll/cm	旗叶宽度 Flw/cm	穗叶距 Dbfi/cm
23	45.04	1.24	99.93	6.00	0.22	1.00	27.64	13.46	0.89	0.29	0.29	0.09	1.00	0.50	0.20	0.05	40.78	1.59	6.38
24	50.07	1.13	104.96	6.13	0.18	1.00	18.03	7.38	0.94	0.30	0.29	0.09	0.90	0.63	0.23	0.06	36.56	1.03	14.21
25	42.18	1.05	97.91	5.42	0.18	1.00	24.23	14.55	1.02	0.36	0.29	0.08	0.92	0.58	0.26	0.07	36.82	1.13	10.95
26	55.59	1.17	72.38	4.49	0.21	1.00	26.62	9.96	0.74	0.24	0.29	0.08	0.80	0.89	0.30	0.05	46.34	1.13	6.77
27	35.65	1.46	91.54	4.79	0.16	2.00	31.96	18.17	0.80	0.21	0.25	0.06	0.48	0.41	0.15	0.03	34.43	1.47	14.38
平均数	43.36	1.26	105.92	5.40	0.18	1.63	25.21	14.80	0.73	0.28	0.25	0.07	0.62	0.58	0.20	0.05	30.05	1.09	13.92
最小值	29.88	0.95	72.38	3.76	0.13	1.00	18.03	7.38	0.55	0.21	0.20	0.05	0.28	0.39	0.14	0.03	18.27	0.73	6.38
最大值	59.98	1.56	131.13	8.18	0.23	2.00	31.96	19.02	1.02	0.37	0.29	0.09	1.12	0.89	0.32	0.07	47.34	1.65	19.04
标准差	7.80	0.16	14.13	1.16	0.02	0.49	3.58	3.12	0.12	0.05	0.03	0.012	0.25	0.13	0.04	0.01	9.24	0.25	3.59
变异系数 CV/%	17.99	12.65	13.34	21.53	12.87	30.18	14.21	21.10	16.88	18.86	10.61	17.39	42.91	21.62	22.25	23.23	30.76	23.10	25.81

注：花序形状中，1.00 表示花序直立，2.00 表示花序下垂；Ll（叶长）. leaf length; Lw（叶宽）. leaf width; Ph（株高）. plant height; Il（节间长度）. intermode length; Id（茎粗）. internode diameter; Ifs（花序形状）. inflorescence shape; Ifl（花序长度）. inflorescence length; Ifw（花序宽度）. inflorescence width; Sl（小穗长度）. spikelet length; Sw（小穗宽度）. spikelet width; Ls（种子长度）. length of seed; Ws（种子宽度）. width of seed; Tsw（千粒重）. thousand seed weight; Stl（雄蕊长度）. stamen length; Al（花药长度）. anther length; Aw（花药宽度）. anther width; Fll（旗叶长度）. flag leaf length; Flw（旗叶宽度）. flag leaf width; Dbfi（穗叶距）. distant between flag leaf and inflorescence

表2-3 鸭茅源植物学性状间的相关关系

项目	叶长 Ll	叶宽 Lw	株高 Ph	节间长度 Il	茎粗 Id	花序形状 Ifs	花序长度 Ifl	花序宽度 Ifw	小穗长度 Sl	小穗宽度 Sw	种子长 Ls	种子宽度 Ws	千粒重 Tsw	雄蕊长度 Stl	花药长度 Al	花药宽度 Aw	旗叶长度 Fll	旗叶宽度 Flw
叶宽 Lw	-0.412*																	
株高 Ph	-0.147	-0.127																
节间长度 Il	0.029	-0.260	0.297															
茎粗 Id	0.410*	-0.395*	-0.009	0.227														
花序形状 Ifs	-0.783**	0.648**	0.052	-0.140	-0.580**													
花序长度 Ifl	0.264	-0.139	0.030	0.330	0.398*	-0.227												
花序宽度 Ifw	-0.502**	0.374	0.365	0.083	-0.314	0.635**	0.258											
小穗长度 Sl	0.537**	-0.447*	-0.174	0.158	0.482*	-0.794**	0.130	-0.527**										
小穗宽度 Sw	0.199	-0.202	0.108	0.070	0.254	-0.370	0.071	-0.409*	0.482*									
种子长度 Ls	0.412*	-0.599**	-0.196	0.158	0.502**	-0.804**	0.118	-0.514**	0.704**	0.188								
种子宽度 Ws	0.620**	-0.575**	0.083	0.157	0.425*	-0.870**	0.093	-0.538**	0.696**	0.220	0.788**							
千粒重 Tsw	0.687**	-0.613**	-0.025	0.181	0.388*	-0.872**	0.156	-0.440*	0.704**	0.149	0.801**	0.829**						
雄蕊长度 Stl	0.687**	-0.482*	-0.070	-0.022	0.135	-0.615**	0.112	-0.406*	0.183	0.013	0.392*	0.515**	0.584**					

续表

项目	叶长 Ll	叶宽 Lw	株高 Ph	节间长度 Il	茎粗 Id	花序形状 Ifs	花序长度 Ifl	花序宽度 Ifw	小穗长度 Sl	小穗宽度 Sw	种子长度 Ls	种子宽度 Ws	千粒重 Tsw	雄蕊长度 Stl	花药长度 Al	花药宽度 Aw	旗叶长度 Fll	旗叶宽度 Flw
花药长度 Al	0.576**	-0.470*	-0.113	-0.107	0.168	-0.642**	-0.100	-0.491**	0.487**	0.222	0.537**	0.662**	0.586**	0.669**				
花药宽度 Aw	0.483*	-0.529**	-0.126	0.011	0.395*	-0.655**	-0.094	-0.600**	0.683**	0.415*	0.410*	0.522**	0.495**	0.395*	0.537**			
旗叶长度 Fll	0.771**	-0.409*	-0.230	0.044	0.517**	-0.877**	0.350	-0.505**	0.682**	0.186	0.650**	0.706**	0.705**	0.597**	0.502**	0.480*		
旗叶宽度 Flw	0.495**	-0.352	0.016	0.182	0.381	-0.587**	0.563**	0.045	0.518**	-.0028	0.529**	0.578**	0.636**	0.217	0.268	0.124	0.675**	
穗茎距 Dbfi	-0.509**	0.297	0.425*	0.300	-0.404*	0.630**	-0.133	0.582**	-0.471*	-0.255	-0.506**	-0.471*	-0.424*	-0.371	-0.367	-0.433*	-0.631**	-0.294

注：*表示 P=0.05 水平相关；**表示 P=0.01 水平相关

在生殖器官的各性状之间，花序形状与花序宽度呈极显著正相关，系数为0.635**，与小穗长度，种子长、宽，千粒重，雄蕊长，花药长、宽，均呈极显著负相关，系数分别为−0.794**、−0.804**、−0.870**、−0.872**、−0.615**、−0.642**、−0.655**；小穗长度与小穗宽度，种子长、宽，千粒重，花药长、宽，均呈显著或极显著正相关，系数分别为0.482*、0.704**、0.696**、0.704**、0.487**、0.683**；而且种子长、宽，千粒重各性状之间，种子性状与雄蕊性状之间，以及雄蕊各性状之间皆呈极显著正相关。由此说明，花序直立的鸭茅，表现为花序紧缩，雄蕊较长，花药长而宽，种子饱满，千粒重较重，而花序下垂的鸭茅表现为花序疏散。即花序直立的鸭茅，具有雄性生殖器官发育良好，结种性能强的特点，花序下垂的鸭茅则正好相反。同时也从生物进化的侧面说明前者可能在自然界中具有更强的适应能力。

综合营养器官与生殖器官的相关关系可见，营养器官表现为叶片长而窄，茎秆粗壮的鸭茅，旗叶较长，花序直立、紧缩，雄性生殖器官发达，结种性能好，从而表明，通过鸭茅形态特征的早期选择可以获得结种性能较好的种源。

2.3 聚类分析

对供试的27份鸭茅依据19个植物学形态特性进行聚类分析，结果表明可将其分为3个类群，即花序下垂舒展型、花序直立舒展型和花序直立紧缩型。

在花序下垂舒展型的17份材料中，有4份来自贵州，7份来自四川，5份来自云南，1份来自新疆。它们最大的共性是花序形状皆表现为下垂、舒展，与其他组相比，叶片短而宽，植株较高，节间短，茎秆纤细，旗叶小型，与穗部之间的距离较长，雄蕊较短，花药小型，小穗短而细，种子细小。而其余10份花序表现为直立的材料可分为两个类群，第一类群包括2份材料，皆源自四川，其中1份为对照——'宝兴'鸭茅，另1份来自达州，其主要特点是叶片窄长，植株高大，节间长，茎秆粗壮，花序较舒展，花药较长，小穗较长，旗叶长而宽，与穗部之间的距离亦较长，千粒重最大。第二类群包括8份材料，2份来自四川，云南、江西、贵州各1份，美国2份及对照——'安巴'鸭茅，它们主要表现为叶片长而宽，节间短，茎秆粗壮，花序紧缩，小穗长而宽，种子长而宽，千粒重较重，花药较宽，旗叶较长，宽度中等，穗叶距较短（表2-4，图2-1）。

3 讨论与结论

1）野生鸭茅不同种源植物学形态特征存在广泛变异。其中，千粒重变异最大，旗叶长度和花序形状次之，而花序长度、株高、茎粗、叶宽、种子长度变异较小。千粒重反映种子的大小，是构成种子产量的重要因素。种子大小在物种间存在极大的差异，轻的仅10^{-6}g，重的可达27kg，然而某一物种种子的平均质量是基本恒定的，即属于该物种的一个固定特征（Baker，1972），有研究报道，种子大小与种群的生境有关，是种子对其形成和萌发条件长期适应的结果，并对后代植株繁殖器官具有显著影响，小粒种子形成的植株，其繁殖器官较小（从而产生较少的种子）且变异较大，而大粒种子形成的植株，其繁殖器官较大（从而能产生较多的种子）且变异幅度较小（Baker，1972；

表 2-4 鸭茅三大类群的形态学特征

形态类型	观测项目	叶长 Ll/cm	叶宽 Lw/cm	株高 Ph/cm	节间长度 Il/cm	茎粗 Id/cm	花序长度 Ifl/cm	花序宽度 Ifw/cm	小穗长度 Sl/cm	小穗宽度 Sw/cm	种子长度 Ls/cm	种子宽度 Ws/cm	千粒重 Tsw/g	雄蕊长度 Stl/cm	花药长度 Al/cm	花药宽度 Aw/cm	旗叶长度 Fll/cm	旗叶宽度 Flw/cm	穗叶距 Dbfi/cm
花序下垂舒展型	平均值	38.76	1.34	126.48	5.27	0.17	24.6	16.29	0.66	0.27	0.23	0.06	0.44	0.52	0.18	0.04	23.95	0.98	15.62
	变异范围	29.88~45.5	1.10~1.56	91.54~126.82	4.15~8.18	0.13~0.20	19.6~31.96	12.2~19.02	0.55~0.80	0.21~0.37	0.20~0.26	0.05~0.07	0.28~0.83	0.39~0.68	0.14~0.21	0.03~0.06	18.27~34.4	0.73~1.47	12.4~19.04
花序直立舒展型	平均值	51.45	0.98	128.31	7.44	0.20	29.5	16.75	0.81	0.26	0.28	0.09	1.12	0.73	0.26	0.04	37.72	1.61	17.04
	最小值	50.90	0.95	125.49	6.91	0.19	29.33	15.80	0.80	0.21	0.28	0.09	1.12	0.71	0.26	0.05	36.27	1.57	15.72
	最大值	52.00	1.00	131.13	7.96	0.20	29.67	17.69	0.81	0.31	0.28	0.09	1.12	0.74	0.25	0.04	39.17	1.65	18.39
花序直立紧缩型	平均值	51.11	1.17	99.16	5.15	0.20	25.44	11.14	0.87	0.32	0.28	0.08	0.86	0.67	0.23	0.05	41.09	1.20	9.52
	变异范围	42.2~59.98	1.05~1.3	72.38~124.13	3.79~6.13	0.18~0.23	18.2~31.09	7.38~14.55	0.74~1.02	0.24~0.36	0.26~0.29	0.07~0.09	0.72~1.00	0.50~0.89	0.17~0.32	0.05~0.07	36.8~47.34	1.06~1.59	6.38~14.21

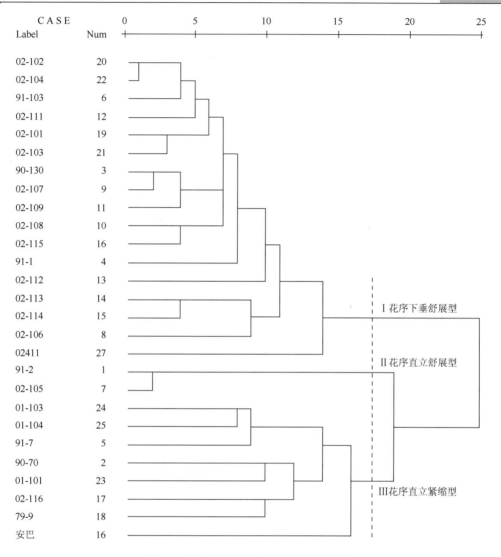

图 2-1 鸭茅种质资源形态学性状聚类图

Stebbins，1950；Chen，1994；Liu et al.，1998；闫巧玲等，2005；宋俊双等，2005；刘志民等，2005）。因此在野生鸭茅不同种源中，种子平均质量的较大差异，可能与分布生境的多样化有关，也反映了野生鸭茅可能存在适应环境的多样策略。

2）野生鸭茅植物形态学特征各性状间显著相关。在营养器官各性状之间，叶片窄长的鸭茅，旗叶长而宽，穗叶距短，茎秆粗壮，反之亦然；在生殖器官各性状之间，花序直立的鸭茅，具有生殖器官发育良好，结种性能强的特点，花序下垂的鸭茅则正好相反；在营养器官与生殖器官性状间也存在显著关系，即营养器官表现为叶片长而窄，茎秆粗壮的鸭茅，旗叶较长，花序直立、紧缩，生殖器官发达，结种性能好。

3）植物形态学特征聚类的结果可将野生鸭茅种源划分为 3 个类群。其中源自不同地域的花序下垂的鸭茅全部聚为一类，能与两个对照品种聚为同类的皆为花序直立的鸭茅。

其中，来自达州的一份鸭茅与对照品种——'宝兴'鸭茅植物学特性最为相近，聚为一类，表明它也具有较大的开发潜力；而其他源自不同地域的材料及一份国外品种聚为同类，表明原产地对野生鸭茅形态特征没有明显影响。结合以前的研究报道（张新全等，1994，1996；钟声等，1997，1998）可以推断，引起野生鸭茅形态差异的可能主要是由于染色体倍性的不同，即二倍体和四倍体之间的差异。同时，是否可以推断，花序直立的鸭茅皆为四倍体，花序下垂的皆为二倍体，虽有待进一步研究，但此结果与国外的研究报道（Lindner and Garcia，1997a）非常相似，即野生鸭茅二倍体居群内和居群间各特性变异较小，而四倍体居群内和居群间变异较大。

4）从形态学进化的角度，结合以前的研究成果及试验中观测到的其他农艺性状来看，花序直立的鸭茅具有更大的开发利用潜力。

第二节　鸭茅二倍体和四倍体生物学特性的研究

鸭茅属全世界有 5 种，中国仅有 1 种，Borril 认为温带鸭茅二倍体有 5 个亚种，亚热带有 4 个亚种；Cooper 等认为中国西部的鸭茅，有二倍体分布（耿以礼，1959；西蒙兹，1987；怀特和库帕，1989）。作者通过对我国西南区种质资源研究，发现有二倍体鸭茅广泛分布（张新全等，1994）。为了进一步确定和研究二倍体鸭茅，找出其在染色体鉴定基础上的差异表现，以明确它们在分类学中的地位和利用价值，作者开展了本课题的研究，旨在从生育期和农艺性状等方面比较鸭茅二倍体和四倍体。

1　材料和方法

1.1　供试材料

供试的 10 个鸭茅系历年采集和引进的，种植已 2～3 年及以上，现暂以产地命名，其主要情况列入表 2-5。

表 2-5　10 种鸭茅名录及来源

饲草名称	资源编号	染色体数（2n）	产地或来源
荷兰鸭茅	75-118	28	1979 年引自荷兰
丹麦 1 号鸭茅	79-14	28	1979 年引自丹麦
丹麦 2 号鸭茅	79-15	28	1979 年引自丹麦
庐山鸭茅	79-9	28	1979 年采自中国江西庐山
硗碛鸭茅	91-2	28	1991 年采自中国四川宝兴硗碛
皇木鸭茅	91-7	14	1991 年采自中国四川汉源皇木
泥巴山鸭茅	91-1	14	1991 年采自中国四川汉源泥巴山
越西鸭茅	91-103	14	1991 年采自中国四川越西
康定鸭茅	90-70	14	1990 年采自中国四川康定
茂县鸭茅	90-130	14	1990 年采自中国四川茂县

1.2 试验地概况

试验地在雅安市南郊四川农业大学饲草种圃内,位于东经 103°、北纬 30°、海拔 620m 处;紫色土,pH 6.5～7.0,年均气温 16.2℃,年降水量 1774.3mm,相对湿度 79%,日照 1039.6h。

试验设计按顺序排列,重复 3 次,小区面积 2m×1.5m,行距 30cm。重复间、小区间及四周走道宽均为 30cm。

1.3 研究内容

1.3.1 田间观察项目

田间观察物候期、抗逆性。抗逆性主要是耐热、耐旱、耐湿、抗倒伏和抗病虫害。

1.3.2 农艺性状的测定

伴随鸭茅的不同生育期,进行株高的测量。分次测量不同鸭茅在同等刈割强度下干重、鲜重、茎叶比。第二次测产后每隔 10d 每小区随机选取 30cm×30cm 的样方测定再生苗数和株高。茎叶比的测定是在产草量测定的同时,取代表性草样 250g,将茎叶分开,花序计入茎部分,待风干后测重,再计算比值。

2 结果与分析

2.1 物候期

10 种鸭茅均为 1992 年 10 月 13 日播种,二倍体鸭茅播种至出苗平均需 22d,四倍体仅需 11d。到拔节期二者差异就更大,二倍体平均需 194.4d,四倍体则为 140d,比前者早 54d。在此之后情况相反,拔节后的二倍体植株平均仅 13d 就很快进入孕穗期,四倍体植株完成这一时期却需 44d。孕穗以后的各个生育期,它们所需的时间相差不大,具体数据详见表 2-6。

表 2-6 主要物候期

编号	79-118	79-14	79-15	79-9	91-2	91-7	91-1	91-103	90-70	90-130
名称	荷兰鸭茅	丹麦1号鸭茅	丹麦2号鸭茅	庐山鸭茅	硗碛鸭茅	皇木鸭茅	泥巴山鸭茅	越西鸭茅	康定鸭茅	茂县鸭茅
染色体数	$2n=28$	$2n=28$	$2n=28$	$2n=28$	$2n=28$	$2n=14$	$2n=14$	$2n=14$	$2n=14$	$2n=14$
播种期（月-日）	10-13	10-13	10-13	10-13	10-13	10-13	10-13	10-13	10-13	10-13
出苗期（月-日）	10-24	10-24	10-24	10-24	10-24	11-4	11-4	11-4	11-4	11-4
拔节期（月-日）	3-1	3-3	3-1	3-1	3-1	4-15	4-17	4-17	4-27	5-1
孕穗期（月-日）	4-15	4-17	4-15	4-9	4-3	5-11	5-3	4-28	5-3	5-21
抽穗期（月-日）	4-27	4-27	4-23	4-23	4-15	4-17	5-17	5-15	5-11	5-25
开花期（月-日）	5-1	5-1	5-7	5-6	4-22	5-29	5-20	5-28	5-28	6-4
完熟期（月-日）	5-24	5-24	5-25	5-25	5-15	6-17	6-20	6-18	6-19	6-20
生育期/d	225	225	226	226	215	248	251	249	250	251

2.2　抗逆性

总的来说，鸭茅耐寒性中等，适于冷凉气候生长。耐热性差，高于28℃生长显著受阻，耐旱，这可能与它发达的根系有关，不太耐渍水和潮湿土壤。鸭茅是耐阴植物，在光照不足的地方能够生长，但在光照充足的地区与遮阴的地方长得一样好。鸭茅的土壤条件以湿润肥沃的黏土为最好，在黏性但排水良好的水稻土也能生长，沙土不宜。对氮肥反应极为敏感。略耐酸，不耐碱。鸭茅病虫害较少，但通过观察，不同来源的鸭茅在抽穗开花后都有不同程度的钻心虫危害，影响结实和产量，以四倍体略为严重。病害以锈病和褐斑病为主，但二倍体和四倍体都只有轻微表现，没有构成危害。

2.3　株高动态

从表2-7可以看出，随着生育期的不同，鸭茅二倍体和四倍体的株高生长表现出不同程度的差异。两种鸭茅到达拔节期时株高相差不大，二倍体平均为69.18cm，四倍体平均为60.44cm，但达到这一高度二者所需的时间相差54d。拔节到孕穗，四倍体平均株高从60.44cm增加到107.88cm，经历了43.8d，二倍体平均株高从69.18cm增加到97.48cm，经历了13d；在这段时间内，从生长势来说，二倍体和四倍体相似，但从持续时间看，四倍体为二倍体的3倍多。在以后的各个生育阶段情况刚好相反，四倍体的生长势在进入生殖生长后逐渐减弱，而二倍体在这一时期，节间伸长却很快，植株迅速生长，到开花盛期，群体平均株高超过四倍体植株。

表2-7　不同鸭茅各生育期株高动态

编号	饲草名称	染色体数	拔节期/cm	孕穗期/cm	抽穗期/cm	开花期/cm
79-118	荷兰鸭茅	2n=28	63.9	109.8	124.7	125.5
79-14	丹麦1号鸭茅	2n=28	63.7	117.4	129.0	129.2
79-15	丹麦2号鸭茅	2n=28	60.9	127.7	128.0	131.8
79-9	庐山鸭茅	2n=28	61.6	94.3	110.5	125.5
91-2	硗碛鸭茅	2n=28	52.1	90.2	109.5	125.2
91-7	皇木鸭茅	2n=14	80.0	97.8	118.5	136.4
91-1	泥巴山鸭茅	2n=14	61.6	64.0	83.0	135.6
91-103	越西鸭茅	2n=14	66.3	72.7	93.2	129.0
90-70	康定鸭茅	2n=14	71.0	72.4	85.6	133.5
90-130	茂县鸭茅	2n=14	67.0	84.6	107.1	124.9

2.4　鸭茅产草量、茎叶比及植株再生性

鸭茅的产量受很多环境因素的影响，其中温度、水分和营养状况是其主要制约因素。

从表2-8可以看出，生长前期由于鸭茅四倍体比二倍体生长迅速，故四倍体测产3次，二倍体测产仅两次。第一次只对四倍体鸭茅进行了刈割测产，测产日期为4月2日，除91-2处在孕穗期外，其余为拔节后期，留茬高度为6cm，四倍体各小区平均鲜草产量为11.2kg，此时所有二倍体鸭茅因处在幼苗期，均未拔节，所以未测产。第二次测产时

间为 5 月 6 日，此时四倍体鸭茅为第二次刈割，处于拔节期，二倍体鸭茅为第一次刈割，处于孕穗期。在同等刈割强度下，四倍体平均鲜草产量为 8.7kg，其中 79-14 为最高，为 12.8kg，79-15 最低，为 5.6kg；二倍体鸭茅平均鲜草产量为 5.3kg，其中第一次刈割 91-1 最高，为 6.2kg，最低为 90-130，仅 3.0kg。第三次测产时间是 6 月 10 日，此时四倍体鸭茅为第三次刈割，处于拔节期，二倍体鸭茅为第二次刈割，处于抽穗期，在同等刈割强度下，四倍体平均鲜草产量为 2.94kg，二倍体平均鲜草产量为 1.2kg。第二次测产时，四倍体鸭茅的茎叶比（风干）平均为 1∶2.5，二倍体平均为 13∶21；第三次测产时四倍体鸭茅茎叶比平均为 1∶23，二倍体平均为 6∶8。

表 2-8　产量与茎叶比

饲草	编号	79-118	79-14	79-15	79-9	91-2	91-7	91-1	91-103	90-70	90-130
	名称	荷兰鸭茅	丹麦1号鸭茅	丹麦2号鸭茅	庐山鸭茅	硗碛鸭茅	皇木鸭茅	泥巴山鸭茅	越西鸭茅	康定鸭茅	茂县鸭茅
	染色体数	2n=28	2n=28	2n=28	2n=28	2n=28	2n=14	2n=14	2n=14	2n=14	2n=14
第一次刈割	鲜重/kg	11.0	11.4	10.0	10.8	13.0	5.9	6.2	5.5	6.0	3.0
	干重/kg	1.54	1.59	1.39	1.49	1.82	0.81	0.87	0.77	0.73	0.42
时间（月-日）		4-2	4-2	4-2	4-2	4-2	5-6	5-6	5-4	5-5	5-6
第二次刈割	鲜重/kg	12.4	12.8	5.6	6.2	6.3	1.55	0.86	2.3	1.26	0.85
	干重/kg	1.74	1.79	0.78	0.87	0.88	0.42	0.17	0.58	0.30	0.17
时间（月-日）		5-4	5-5	5-6	5-5	6-6	6-10	8-10	6-10	6-10	8-10
茎叶比（风干）		10∶25	10∶25	10∶25	10∶25	10∶25	19∶22	14∶25	18∶20	10∶28	16∶24
第三次刈割	鲜重/kg	3.54	3.54	2.00	2.75	2.84					
	干重/kg	0.71	0.72	0.46	0.64	0.67					
时间（月-日）		8-10	4-10	6-10	6-10	6-10					
茎叶比（风干）		1∶30	2∶29	2∶33	1∶35	2∶32					

第二次（5 月 6 日）刈割后再生苗数的统计表明：二倍体和四倍体依次分别平均为 157.2 株、213.2 株（5 月 16 日）；186.7 株、324.6 株（5 月 26 日）；218 株、333.4 株（6 月 5 日）。同期测定的再生苗株高也表现出同样的趋势，即四倍体鸭茅从再生苗数和高度上都超过二倍体鸭茅。

3　讨论

对于鸭茅生物学特性的研究，国内外均有一些报道，但对二倍体和四倍体的比较研究极少。作者通过比较研究发现，从播种到拔节，鸭茅四倍体比二倍体少 54d，拔节后二倍体鸭茅很快进入孕穗期，开始生殖生长；四倍体鸭茅在孕穗前生长很快，达到完熟时高度的 85.3%，而二倍体鸭茅在孕穗后生长很快，孕穗前仅为完熟期株高的 57%。四倍体鸭茅的这些特性对牧草的生产利用是非常有利的，在气候凉爽，适宜鸭茅分蘖生长的 3～4 月，长时期旺盛的营养生长，势必将提高其产草量，而且抽穗前草质优良。二倍体植株匆匆进入生殖生长，植株很快纤维化，以后气温逐渐上升，错过了植株的最佳生长环境，产量和质量都受到一定影响。同时刈割后的鸭茅二倍体和四倍体相比较，前者在 1 个月左右（5 月 6 日至 6 月 10 日）很快进入抽穗期，而四倍体鸭茅仅达到拔节期。

鉴于此，在指导生产时，应把握住二倍体鸭茅的刈割时间，以免错过最佳利用期，影响牧草质量。此外，二倍体和四倍体的叶量相比，四倍体基生叶量、茎叶比、旗叶长宽均明显优于二倍体；对再生苗数和再生苗株高的测量也表现一致。另外，四倍体植株基生叶丰富，叶片长，但又易倒伏，大量的叶片伏于地面，若阴雨连绵，易发生病虫害或腐烂。

对二倍体鸭茅生育期，单株生长动态和农艺性状的观察研究，还发现它们都不同程度地表现出野生型，这可能是因为它们采自野生环境，且采回当地种植仅 3 年左右。所以为了进一步研究二倍体和四倍体的差异，可将其驯化后再试验，为开发利用我国鸭茅资源提供可靠信息。

第三节　野生鸭茅发育特性多样性研究

牧草生长发育特性与其利用价值、适应能力及系统进化等密切相关，一直以来为牧草科学研究的重要内容，尤其在牧草品种生育特性方面进行了较为广泛的研究（张永亮，2000；孙建军等，2003，2004；郭彦军和黄建国，2006），而针对野生鸭茅的相关研究较少。

国外有研究认为，四倍体鸭茅比二倍体开花早，开花期短，在夏季干旱前完成开花全过程，并产生更多的分蘖、花序和种子，二倍体在冬季和早春产叶量更高，延迟数周开花，在整个干旱期开花（Lumaret，1987；Bretagnolle and Thompson，1996）。来自我国横断山区的二倍体野生鸭茅却具有营养生长期比四倍体长，生殖生长期比四倍体短的特点（张新全等，1996；钟声等，1997，1998），表明我国野生鸭茅资源有其独特之处。栽培鸭茅根据开花期的不同，可划分为早、中、晚熟品种（Volaire and Lelievre，1997；Seo and Shin，1997；中山贞夫，1999），其中早熟品种的植株高度、干物质产量比晚熟品种高，开花期提早 10d 左右；但晚熟品种的季节性产量比早熟品种分布均衡，它们的营养价值差异不显著（Seo and Shin，1997）。由此可见，鸭茅生长、发育特性的研究对于研究其起源和进化及培育满足不同生产需求的栽培品种都具有重要意义。本研究以来自野生鸭茅主要分布区的 35 份资源为试材，系统研究其生长、发育特性，为初步筛选优良种质，进行农艺性状及育种学研究提供科学理论依据。

1　材料与方法

1.1　试验区概况

试验地位于四川农业大学教学科研园区内的草业科学系科研基地。地处北纬 30°08′，东经 103°00′，海拔 620m，年均气温 16.2℃，极端高温 37.7℃，极端低温-3℃，年降雨量 1774.3mm，年均相对湿度 79%，年均日照时数 1039.6h，日均温≥5℃的积温 5770.2℃。紫色土，土壤 pH 5.46，有机质含量为 1.46%，速效氮、磷、钾含量分别为 100.63mg/kg、4.73mg/kg、338.24mg/kg。

1.2　试验材料

35 份野生鸭茅由四川农业大学草业科学系从我国野生鸭茅主要分布区和国外采集

和收集而得。其中，10 份来自四川，6 份来自云南，5 份来自贵州，11 份来自新疆，1 份来自江西，2 份来自美国，以及国内外对照品种各 1 个，共 37 份（表 2-9）。

表 2-9　供试鸭茅资源及其来源

序号	资源编号	产地及来源	序号	资源编号	产地及来源
1	02-101	中国贵州毕节	20	02106	中国新疆
2	00850	中国新疆	21	02-109	中国四川宝兴
3	02-115	中国云南德钦	22	91-7	中国四川汉源
4	02-107	中国四川宝兴	23	安巴（cv. Anba）	丹麦
5	02-106	中国四川宝兴	24	91-103	中国四川越西
6	90-130	中国四川茂县	25	02207	中国新疆
7	01-104	美国纽约	26	01032	中国新疆
8	01-101	中国贵州毕节	27	02-104	中国贵州水城
9	02-103	中国贵州纳雍	28	02-108	中国四川宝兴
10	79-9	中国江西庐山	29	02-102	中国贵州织金
11	00849	中国新疆	30	02-105	中国四川达州
12	02104	中国新疆	31	02-111	中国云南中甸
13	02138	中国新疆	32	02271	中国新疆
14	90-70	中国四川康定	33	01-103	美国纽约
15	02-116	中国云南昆明	34	02240	中国新疆
16	91-1	中国四川汉源	35	02-112	中国云南中甸
17	02411	中国新疆	36	02-113	中国云南德钦
18	宝兴（cv. Baoxing）	中国四川宝兴	37	02-114	中国云南曲靖
19	02068	中国新疆			

注：产地为新疆的 11 份材料由中国农业科学院提供

1.3　研究内容与方法

对供试材料于 2003 年 9 月初进行盆钵育苗，待幼苗长到 3 片叶龄以上时（40d 左右），将幼苗移栽于试验小区，小区面积 1m×1m，每小区 6 株，株行距 30cm×50cm，重复 3 次，随机区组排列，试验地实行统一管理。在整个生长期进行物候期的观测，每 10d 测定一次株高，同时观测花序形态。

1.4　数据处理

利用 SPSS 和 Excel 软件对数据进行统计和聚类分析。

2　结果与分析

2.1　发育特性聚类分析

秋播鸭茅在苗期，即播种当年的秋、冬季生长缓慢，进入第二年春季后生长速度开始加快，但不同种源进入生长高峰的时间及完成生育期所需时间呈现明显差异，根据不同时期生长速度的快慢进行聚类，结合其完成生育期的长短（表 2-10）可将供试鸭茅划分为早熟型、中熟型、晚熟型和缓慢生长型4个类群（图2-2）。其中，Ⅰ类群为早熟型，包括02-116、02-105、79-9、01-101、01-103、01-104、90-70、91-7及两份对照在内共计10份种质，其生长特点为：进入生长高峰期的时间早，即早期生长速度快，完成生育期所需时间较短，圆锥花序形态表现为直立型。Ⅱ类群为中熟型，包括02-104、02-102、02-114等16份种质，其生长特性介于早熟型和晚熟型之间，圆锥花序形态表现为下垂型。Ⅲ类群为缓慢生长型，包括00849、02068、02106等10份种质，全部源自新疆，在整个生长期间的生长速度较为缓慢，且在试验区只有营养生长，而无生殖生长。Ⅳ类群为晚熟型，只有02-111一份种质，表现为进入生长高峰期的时间晚，完成生育期所需时间较长，圆锥花序形态亦表现为下垂型。

表2-10　供试鸭茅物候期（日-月）

编号	出苗期	拔节期	抽穗期	开花期	完熟期	成熟期株高/cm	生育期/d
02-101	17-9*	1-4	26-4	18-5	15-6	94.25	268
00850	17-9*	—	—	—	—	—	—
02-115	17-9*	5-4	5-5	18-5	15-6	99.39	268
02-107	17-9*	3-4	9-5	26-5	22-6	113.02	278
02-106	17-9*	1-4	9-5	21-5	15-6	117.45	268
90-130	17-9*	1-4	5-5	21-5	15-6	99.26	268
01-104	13-9*	1-4	8-4	27-4	1-6	97.91	257
01-101	13-9*	20-3	2-4	11-4	20-5	99.93	246
02-103	17-9*	24-3	16-4	30-4	15-6	96.04	268
79-9	13-9*	20-3	1-4	11-4	20-5	106.17	246
00849	17-9*	—	—	—	—	—	—
02104	17-9*	—	—	—	—	—	—
02138	17-9*	—	—	—	—	—	—
90-70	13-9*	24-3	8-4	1-5	1-6	93.89	257
02-116	13-9*	20-3	8-4	27-4	1-6	124.13	257
91-1	17-9*	1-4	5-5	21-5	15-6	114.06	268
02411	17-9*	24-3	5-4	26-4	26-5	91.54	248
宝兴	13-9*	9-3	24-3	2-4	9-5	131.13	235
02068	17-9*	—	—	—	—	—	—
02106	17-9*	—	—	—	—	—	—
02-109	17-9*	2-4	1-5	17-5	15-6	111.83	268
91-7	13-9*	27-3	8-4	27-4	1-6	86.92	257
安巴	13-9*	27-3	8-4	27-4	1-6	72.38	257
91-103	17-9*	5-4	8-5	26-5	15-6	96.86	268
02207	17-9*	—	—	—	—	—	—
01032	17-9*	—	—	—	—	—	—
02-104	17-9*	5-4	5-5	17-5	15-6	105.47	268
02-108	17-9*	5-4	9-5	26-5	15-6	105.29	268
02-102	17-9*	2-4	1-5	17-5	15-6	109.07	268

续表

编号	出苗期	拔节期	抽穗期	开花期	完熟期	成熟期株高/cm	生育期/d
02-105	13-9*	9-3	24-3	2-4	9-5	125.49	235
02-111	17-9*	12-4	25-5	10-6	3-7	122.35	289
02271	17-9*	—	—	—	—	—	—
01-103	13-9*	24-3	1-4	11-4	20-5	104.96	246
02240	17-9*	—	—	—	—	—	—
02-112	17-9*	12-4	8-5	21-5	15-6	98.30	268
02-113	17-9*	2-4	1-5	21-5	15-6	126.82	268

注：播种期为 2003 年 9 月 8 日，*为 2003 年，其余为 2004 年，"—"表示无生殖生长

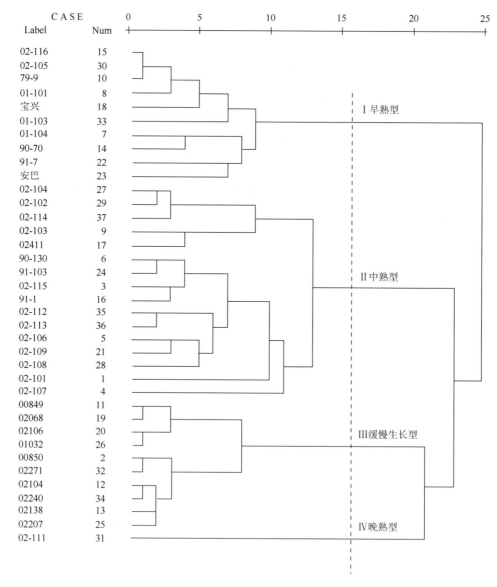

图 2-2　野生鸭茅发育特性聚类图

2.2　不同发育型鸭茅生长动态

4 种不同生长型鸭茅生长动态如图 2-3 所示，缓慢生长型的日平均生长速度皆较低，无明显的生长高峰期；早熟型生长高峰期为 2 月 28 日至 4 月 2 日，平均生长速度大于1.00cm/d，其中 3 月 10~20 日生长最快，速度为 1.93cm/d，由物候观测结果可知，此阶段为拔节期前后的营养生长期；晚熟型生长高峰期为 5 月 9 日至 6 月 8 日，此阶段为孕穗以后的生殖生长期；中熟型的生长高峰期为 4 月 19~28 日，为拔节期—开花期，延续时间较长，其中 5 月 9~18 日生长最快，速度高达 2.14cm/d。

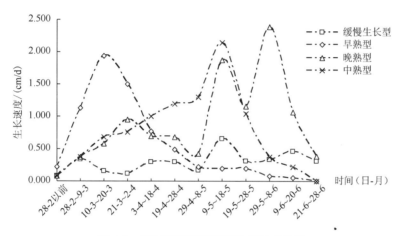

图 2-3　不同发育特性鸭茅生长动态曲线

2.3　生育期

由表 2-10、表 2-11 可见，供试鸭茅种质的生育期最短的仅为 235d，最长的为 289d，前后相差 54d。早熟型进入拔节、孕穗、开花的时间早，完成生育期所需时间短，平均为249d，其中出苗—拔节及拔节—孕穗所需时间分别为 188d、11d，即营养生长期 199d，而从孕穗—完熟所需的生殖生长期为 50d，其中从孕穗—开花、开花—成熟所需时间分别为 14d、36d；晚熟型生育期为 289d，完成营养生长和生殖生长分别为 251d 和 38d，其中出苗—拔节、拔节—孕穗分别需 208d、43d，从孕穗—开花、开花—成熟所需时间分别为15d、23d；而中熟型完成营养生长和生殖生长分别为 227d 和 43d，其中出苗—拔节、拔节—孕穗分别需 198d、29d，从孕穗—开花、开花—成熟所需时间分别为 16d、27d。由此可见，早熟型具有营养生长期比中、晚熟型短，而生殖生长期比中、晚熟型长的特点。

表 2-11　不同发育型鸭茅各生育期平均所需天数（单位：d）

生育类型	出苗—拔节期	拔节—孕穗期	孕穗—开花期	开花—成熟期	生育天数
早熟型	188	11	14	36	249
中熟型	198	29	16	27	270
晚熟型	208	43	15	23	289

2.4 植株高度

不同生育型鸭茅不同时间平均株高见表 2-12，由于缓慢生长型的鸭茅不能进入拔节期，其最大株高仅为 47.76cm；在其余 3 类中，随成熟期的延迟，平均最大株高呈增加趋势，早熟型为 104.29cm，中熟型为 105.48cm，晚熟型为 122.35cm，方差分析表明，晚熟型与早、中熟型之间株高差异显著（$P<0.05$），早熟型与中熟型之间株高差异不显著（$P>0.05$）。

表 2-12　不同发育型鸭茅不同时期平均株高（单位：cm）

生育类型 ＼ 日期（日-月）	28-2	9-3	21-3	2-4	18-4	28-4	8-5	18-5	28-5	8-6	2-6	28-6
早熟型	31.81	43.07	62.45	71.39	92.02	96.87	99.06	101.03	103.00	103.81	104.29	—
晚熟型	15.73	19.92	23.00	32.96	43.25	50.48	53.60	72.72	84.29	108.35	115.77	122.35
中熟型	11.70	15.31	21.43	28.92	42.31	55.60	67.79	88.80	99.51	103.23	105.48	—
缓慢生长型	11.72	15.04	16.54	17.99	22.41	25.41	27.08	33.64	36.74	40.01	44.63	47.76

注："—"表示株高不再增加

3　讨论与结论

1）供试鸭茅种质发育特性呈现多样性变异。聚类结果可将其分为 4 个类群：第Ⅰ类群为早熟型，进入生长高峰期的时间早，即早期生长速度快，完成生育期所需时间较短，平均为 249d；第Ⅲ类为缓慢生长型，其表现为整个生长期间，生长速度较为缓慢，且在试验区只有营养生长，而无生殖生长；第Ⅱ类为中熟型，其生长特性介于早熟型和晚熟型之间，完成整个生育期平均需 270d；第Ⅳ类为晚熟型，进入生长高峰期的时间晚，即前期生长缓慢，后期生长加快，完成生育期所需时间较长，共需 289d。

2）不同发育型鸭茅生长动态具有明显差异。早熟型在营养生长期的拔节前后，生长速度最快，而中、晚熟型则是在生殖阶段生长速度最快，即早熟型具有营养生长期比中、晚熟型短，而生殖生长期比中、晚熟型长的特点。

3）不同发育型鸭茅成熟期平均最大株高为晚熟型显著（$P<0.05$）高于早、中熟型，早熟型与中熟型之间株高差异不显著（$P>0.05$）。

4）张新全、钟声等研究表明，二倍体鸭茅具有前期生长迟缓，后期生长迅速，生育期较长的特点，四倍体则是前期生长迅速，生育期较短。本研究结果显示，从生育特性看，早熟型和分蘖能力强和最强型具有与四倍体相似的特征，而中、晚熟型和分蘖能力较强型与二倍体特征相似，结合花序形状的观测，早熟型全部为直立花序，而中、晚熟型和分蘖能力较强型皆为下垂花序。由此可以推断，鸭茅生育特性可能与染色体倍数密切相关，但由于生境条件各异，又呈现多样性分化的趋势，从而也表明我国野生鸭茅种质遗传多样性丰富，值得深入研究和开发。

5）在供试的 11 份新疆鸭茅种质中，除 02411 能正常开花结实，其余皆表现为生长极缓慢，其原因有待进一步探究。

第四节　鸭茅两个栽培品种农艺性状的对比研究

鸭茅具有耐阴、耐旱、耐贫瘠和持久性强等优点，在我国西部地区生态环境治理及草地畜牧业建设中具有不可替代的作用，优良鸭茅品种匮乏已成为我国西部中高海拔地区草地生态建设中的重要不利因素。'波特'鸭茅为澳大利亚培育（Mika et al.，2002），云南省草地动物科学研究院（原云南省肉牛和牧草研究中心）于 20 世纪 80 年代引进，是云南省迄今为止推广应用最成功的温带禾本科牧草品种之一（钟声和匡崇义，2002），在云南省寒温带至中亚热带累计推广种植已达数万公顷。为了进一步明确'波特'鸭茅在云南亚热带地区的生长表现及农艺价值，为该品种在国内开发利用提供依据，以国内登记地方品种'宝兴'鸭茅为对照，于 2007～2008 年开展了本项研究。

1　材料和方法

1.1　研究材料

'波特'鸭茅（*Dactylis glomerata* cv. Porto）于 1984 年引自澳大利亚。'宝兴'鸭茅（*Dactylis glomerata* cv. Baoxing）于 1999 年由四川农业大学张新全提供。材料均在昆明小哨云南省草地动物科学研究院牧草资源圃中种植保种。本次所用材料均为 2006 年所收种子。

1.2　研究内容及方法

采用实验室育苗，单株移栽，两个品种相间种植，株间距 40cm×40cm，每个品种各种 50 株，共 100 株。对材料进行编号，田间观测及管理措施相同。

1.2.1　植物形态学特征

开花期进行观测，每个指标重复观测 20 次。主要观测指标：株高（测定自然高度），分蘖数，基生叶长、宽，旗叶长、宽，穗叶距（旗叶基部与花序分枝基部之间的距离），生殖枝所占比例，花序长、宽等。

1.2.2　主要农艺性状

主要农艺性状观测：苗期长势，出苗后两个月观测，记录株高、分蘖数、叶片数；生长速度，每 10d 测量一次拉伸状态下的最大高度，重复 10 次，取平均值；分蘖及再生率，根据植株生长情况，本试验共进行了 6 次刈割处理，刈割时间分别为 2007 年 7 月、8 月、9 月、10 月、12 月，以及 2008 年 4 月。统计单株分蘖数，重复 10 次，取平均单株分蘖数，计算相邻两次刈割的比值，得出再生率；生殖枝数及比例，刈割前统计单株生殖枝数，重复 10 次。取单株平均生殖枝数与平均单株分蘖数的比值，得出生殖枝比例。干物质产量连续观测了两年，其中，2007 年模拟放牧利用方式，2008 年模拟刈割干草利用方式；测单株鲜重、干重，计算干鲜比和平均单株干物质产量。

1.2.3 营养价值

按拔节、抽穗、开花期分别采样，测定粗蛋白、粗纤维、粗灰分、范氏纤维；对拔节期样本，测定主要矿物营养元素。

1.3 试验地概况

试验地设在昆明市小哨云南省草地动物科学研究院，地处 25°21′N 和 102°58′E，海拔 1960m，年均温 13.4℃，年降水量 990mm，年蒸发量 2384mm，年日照数 2617.4h，无霜期为 301d，土壤为石灰母质的山地红壤，pH 5.5～5.7，有机质含量为 2.18%～3.44%，全氮 0.10%～0.66%，全磷 0.0485%～0.052%，全钾 1.82%～2.36%，每 100g 土壤含速效磷 0.034mg、速效钾 9.7mg、速效硫 1.128mg、水解氮 5.68mg。

2 结果及分析

2.1 植物形态特征

观测结果见表 2-13。从表中可见，'波特'鸭茅和'宝兴'鸭茅植株形态特征许多方面均存在较明显差异。总体说来，'波特'鸭茅具有分蘖能力强，叶片宽大，花序紧缩等特征。'宝兴'鸭茅植株更高，分蘖稍差，花序较开展等特征。

表 2-13 两个品种植物形态学差异

品种	株高/cm	分蘖	基生叶长/cm	基生叶宽/cm	节间距/cm	花序长/cm	花序宽/cm	穗叶距/cm	一级分枝张角/(°)	旗叶长/cm	旗叶宽/cm	维管束数	生殖枝数
波特	74.1	75.4	60.0	0.9	18.5	17.0	10.3	28.0	18.5	36.7	0.8	35.7	1.6
宝兴	86.6	44.8	53.9	0.8	23.7	15.0	11.5	20.4	82.5	27.1	0.7	26.0	4.6

2.2 农艺性状

2.2.1 苗期长势

观测结果见表 2-14。从表中可见，两个品种苗期生长均较缓慢，出苗两个月后的株高、叶片数和分蘖能力差异不显著。

表 2-14 两个品种苗期长势

品种	叶片数	株高/cm	分蘖
宝兴	6.6	36.3	0.33
波特	5.8	38.2	0.14

2.2.2 分蘖及再生性

观测结果见表 2-15。从表中可见，在整个生长季节内，两个品种营养期多次刈割状态下，'波特'鸭茅的分蘖再生性均强于'宝兴'鸭茅，达到了显著（$P<0.05$）或极显著

差异（$P<0.01$）。表明'波特'鸭茅的耐牧性强于'宝兴'鸭茅。

表 2-15　两个品种的再生性差异

	第1刈		第2刈		第3刈		第4刈		第5刈		第6刈	
	分蘖数	再生率/%	分蘖数	再生率/%	分蘖数	再生率/%	分蘖数	再生率/%	分蘖数	再生率/%	分蘖数	再生率/%
宝兴	35.8a	76.17	44.8A	125.14	44.4A	99.11	45.4a	102.25	—	—	42a	92.52
波特	49.2b	69.69	75.40B	153.25	62.40B	82.76	69.20b	110.90	—	—	64.20b	92.77

注：表中小写字母不同表示在5%水平上存在显著差异，大写字母不同表示在1%水平上有显著差异；"—"表示分蘖/再生已停止

2.2.3 再生速度

测定结果见表 2-16。从表中可见，两个品种营养期多次刈割状态下的刈后再生速度及再生模式均较为接近。其中，刈后头 10d 生长速度最快，以后随时间延长，生长速度逐渐降低。随着刈割次数的增加及雨季的结束，生长速度逐渐降低。

表 2-16　供试鸭茅的生长速度（单位：cm/d）

	第1刈			第2刈			第3刈			第4刈			第5刈			第6刈			
	1~10d	11~20d	21~30d	1~10d	11~20d	21~30d	1~10d	11~20d	21~30d	1~10d	11~20d	21~30d	1~10d	11~20d	21~30d	1~10d	11~20d	21~30d	30~40d
宝兴	3.8	2.8	1.0	2.9	2.6	1.4	2.1	2.8	1.2	2.4	1.8	0.8	1.2	0.2	0.0	0.3	0.0	0.2	0.3
波特	3.7	2.7	1.3	3.2	2.7	1.0.	2.3	2.7	0.8	2.6	1.6	0.5	0.9	0.3	0.1	0.3	0.0	0.3	0.3

2.2.4 干物质产量

测定结果见表 2-17。从表中可见，两个品种牧草产量主要集中于 6~8 月，这与云南气候特征相符合。从两个品种差异比较来看，在模拟放牧利用条件下，'波特'鸭茅全年总产比'宝兴'鸭茅高 18.81%，差异显著（$P<0.05$），从产量的季节分布差异考虑，'波特'鸭茅第 1 刈（7 月）和第 4 刈（10 月）的干物质产量显著（$P<0.05$）或极显著（$P<0.01$）高于'宝兴'鸭茅，其他各次刈割差异不显著。考虑到两个品种的再生速度相近，故造成两品种产量差异的主要原因可能与二者的分蘖再生性差异有关。模式刈干草利用条件下两个品种各次刈割的干物质产量差异均不显著。从两种利用方式的产量比较来看，两个品种表现相似，即刈割干草利用产量均明显高于放牧利用，其中'波特'鸭茅刈割干草利用产量比放牧利用高 71%，'宝兴'鸭茅高 105%。上述表明，'波特'鸭茅比'宝兴'鸭茅更适合放牧利用。

表 2-17　供试鸭茅各次干物质平均产量（单位：g/株）

年份	编号	4月	7月	8月	9月	10月	12月	总产
2007	宝兴	—	18.61a	20.57a	6.88a	3.77A	1.94a	51.77a
	波特	—	24.76b	18.97a	8.50a	6.48B	2.80a	61.51b
2008	宝兴	2.47a	—	55.3a	—	34.0a	14.4a	106.17a
	波特	3.23a	—	59.3a	—	30.8a	11.9a	105.23a

注：表中小写字母不同表示在 5%水平上存在显著差异，大写字母不同表示在 1%水平上有显著差异；"—"表示没有刈割

2.2.5 营养价值

不同物候期常规养分，拔节期矿物元素差异测定结果见表 2-18、表 2-19。本次测定结果为两个品种的粗蛋白含量较以前测定偏低，估计与采样（采样于种植次年开始，枯草含量多，采样时未剔除枯草部分）及未施氮肥等因素有关。从两个品种相互比较可以看出，相同'宝兴'鸭茅的干物质和中性洗涤纤维含量均低于同一物候期的'波特'鸭茅，而酸洗木质素则高于同期'波特'鸭茅。其他组分二者间没有规律性差异。

表 2-18 两个品种营养成分

物候	品种	干鲜比/%	粗蛋白/%	粗脂肪/%	粗灰分/%	中性洗涤纤维/%	酸性洗涤纤维/%	半纤维素/%	酸洗木质素/%
拔节期	宝兴	14.13	14.12	4.79	11.2	50.68	29.0	21.68	5.12
	波特	17.63	14.04	4.66	10.64	56.7	31.93	24.77	4.1
抽穗期	宝兴	17.21	8.78	4.45	10.73	57.5	34.65	22.85	7.55
	波特	22.71	10.52	3.75	12.75	60.2	37.81	22.39	6.71
盛花期	宝兴	19.2	8.27	4.3	12.17	59.47	40.48	18.99	8.97
	波特	24.34	7.02	3.32	10.63	61.27	38.8	22.47	8.73

表 2-19 拔节期矿物元素差异

	含量/%					含量/ppm				
	P	K	Ca	Mg	S	Na	Cu	Zn	Mn	B
宝兴鸭茅	0.21	2.4	0.28	0.18	0.19	25	7	11	100	6
波特鸭茅	0.51	3.8	0.36	0.22	0.25	20	14	19	120	8

3 讨论与结论

1）两个品种植物形态学特征存在一定差异，相同农艺条件下，'波特'鸭茅由于分蘖能力更强，叶片宽大，形成的株丛较大，'宝兴'鸭茅株丛稍小，但开花期株高更高。花序外形特征上，二者也存在一定差异，其中'波特'鸭茅花序较紧凑，'宝兴'鸭茅花序较开展。

2）农艺性状比较结果表明，两个品种苗期长势及刈后再生速度没有显著差异，刈割干草或制作青贮时，二者的干物质产量也没有显著差异，但'波特'鸭茅分蘖再生性优于'宝兴'鸭茅，故在营养期多次刈割条件下干物质产量显著高于'宝兴'鸭茅，表明'波特'鸭茅较'宝兴'鸭茅更适于放牧利用。

3）两个品种营养成分也存在一定差异，'宝兴'鸭茅干物质含量、酸性洗涤纤维含量均低于同期'波特'鸭茅，但酸洗木质素含量略高于'波特'鸭茅。从木质素含量角度考虑，'波特'鸭茅的消化率可能略优于'宝兴'鸭茅。

第五节　鸭茅混合四倍体农艺性状的初步研究

鸭茅建植速度快，长势旺盛，产草量高，叶量丰富，草质柔嫩，富含营养物质，各种家畜均喜食。鸭茅具有显著的耐阴性，在果树或高秆作物下种植能获得较好的效果，在我国果品产区大有发展前途（王栋，1989；希斯等，1992）。我国西部横断山区野生鸭茅资源十分丰富，但野生鸭茅以二倍体为主，主要农艺性状与鸭茅四倍体栽培品种存在较大差异（张新全等，1994；钟声等，1997；周自玮等，2000）。为了探索横断山区野生鸭茅资源的利用途径，对横断山区野生二倍体鸭茅进行了染色体加倍研究，经染色体倍性鉴定，鸭茅加倍成功植株均为混倍体（即植株体内体细胞染色体数 $2n=14$ 和 $2n=28$ 的细胞共存）。从进一步开发利用角度考虑，对混倍体和二倍体鸭茅的主要农艺性状进行了对比研究。

1　材料和方法

1.1　试验材料

野生二倍体鸭茅为滇中朗目山，海拔 1800～2200m 的野生种。其染色体核型公式为 $2n=14=10m+4sm$（SAT）（钟声等，1997）。混倍体为 2002 年利用秋水仙碱加倍并通过细胞学鉴定的 11 个混倍体单株。

1.2　研究方法

采用单株种植，株距 50cm，确保每个单株有充足的生长空间；采用相同的、较高标准的土壤和农艺措施，以保证所有单株在优越环境条件下，充分展示其固有的特征、特性；物候观察在植物生长缓慢时期每周进行一次，进入旺盛生长后每两天进行一次；早期生长速度每周测定一次；分蘖能力拔节始期测定；干物质产量拔节始期第 1 次刈割，以后每两个月测定一次；刈割后的再生能力在每次刈割后均测定；繁殖性能种子成熟后每个单株取 5 个花序进行测定，用平均值表示。

2　结果及分析

2.1　形态特征

混倍体植株由于秋水仙碱的影响，用药后长出的第 1 片真叶明显比二倍体对照宽，但以后与对照无明显差异。其他物候期二倍体与混倍体无明显差异。

2.2　生长发育

观测结果见表 2-20。从表中可见，第 10 周二倍体株高平均数明显比混倍体大，开花期株高二倍体比混倍体略高，物候发育二者无明显差异。从变异系数来看，混倍体内部变异范围较大，甚至大于与二倍体间的差异。

表 2-20   混倍体与二倍体生长发育差异

	10 周株高/cm	10 周分蘖数	至拔节天数/d	至开花天数/d	开花期株高/cm
二倍体	37	1	100	130	77
变化范围	31～45	0～1	95～106	105～147	67～104
变异系数 CV/%	21.79	43.57	6.14	6.17	11.14
混倍体	21	1	101	132	73
变化范围	8～52	0～2	92～110	118～142	66～81
变异系数 CV/%	72.88	89.44	5.64	5.89	6.48

2.3   前期生长速度

测定速度见表 2-21。从表中可见，混倍体当年早期生长速度明显比二倍体慢。主要原因可能是秋水仙碱药害。次年二者差异不显著。

表 2-21   二倍体与混倍体的早期生长速度（株高）（单位：cm）

		1 周	2 周	3 周	4 周	5 周	6 周	7 周	8 周
当年	二倍体	3.96	5.88	7.09	10.1	12.8	20.7	28.9	38.1
	混倍体	1.4	3.3	5.1	6.9	9.5	12.8	15.4	23.1
次年	二倍体	8.7	17.2	19.8	21	27.6	31.1	—	—
	混倍体	10.4	18.1	20.4	22.7	28.6	31.8	—	—

注："—"表示此时鸭茅已停止生长

2.4   分蘖及再生能力

测定结果见表 2-22。从表中可见，无论是拔节始期、开花始期还是分蘖期刈后的再生能力，二倍体与混倍体间差异均不明显。

表 2-22   二倍体与混倍体的分蘖及再生能力

	拔节始期单株分蘖数	开花始期单株分蘖数	分蘖刈后/%		
			再生 1	再生 2	再生 3
二倍体	10	21.4	119.7	127.2	109.9
混倍体	9.7	19.8	112.4	131.1	107.3

2.5   干物质产量

只测定了播种当年，结果见表 2-23。从表中可见，第 1 刈的干物质产量，混倍体显著低于二倍体（可能是秋水仙碱药害的缘故），第 2、第 3 刈及年总产，二者无明显差异。

表 2-23　二倍体与混倍体的干物质产量（单位：g/单株）

	第 1 刈	第 2 刈	第 3 刈	年总产
二倍体	0.85A	2.67b	2.48c	6.0d
混倍体	0.46B	2.55b	2.32c	5.33d

注：表中不同小写字母 a、b、c、d 表示同一行数据间差异显著（$P<0.05$）；不同大写字母 A、B 表示同一列数据间差异显著（$P<0.05$）

2.6　繁殖特性

测定结果见表 2-24。从表中可见，混倍体的繁殖能力比二倍体略低，但二者差异极小。

表 2-24　二倍体与混倍体的繁殖性能（5 个花序平均）

	生殖枝	占总枝条/%	孕实种子/粒	孕实率/%	千粒重/g	发芽率/%
二倍体	4.5	28.6	296	51.78	0.6	85.3
混倍体	4.1	27.4	288	50.47	0.6	84.1

3　讨论

1）受混倍体材料的限制，本研究样本数较少。

2）有限的样本观测结果表明，混倍体在处理当年，受秋水仙碱药害的影响，早期生长发育比二倍体缓慢，其他时期的植株形态学特征和主要农艺性状，都与二倍体无明显差异。

3）混倍体作为珍贵的育种基础材料，进一步研究重点应放在纯合四倍体株系筛选上。

4）由于混倍体与二倍体形态特征相近，因此，利用其与四倍体栽培种形态特征的较大差异，探索混倍体与四倍体栽培种直接杂交利用的可能性及杂交后代的选择鉴定具有一定意义。

第六节　野生四倍体鸭茅农艺性状的初步研究

鸭茅在欧洲一些国家如英国、德国、芬兰的饲草栽培中也占有重要的地位（王栋，1989；贾慎修，1985）。我国有十分丰富的鸭茅资源，已在全国发现的野生鸭茅生长地有 26 个，在横断山区还发现二倍体鸭茅和四倍体鸭茅同时存在（吴启进，1986），可以说我国是鸭茅产地的宝库之一。鸭茅的优质、高产、耐热、耐阴性等特点，尤其对我国南方高海拔地区有良好的生态适应性，以及与在南方表现较佳的多种豆科牧草的优良共生性对改良南方草山草坡发展草食畜有十分重要的意义。为了从饲用角度开发利用我国的鸭茅资源，于 1994 年 10 月至 1995 年 12 月对张新全核型分析确定的两份四倍体鸭茅资源材料进行了农艺、饲用性状的研究。

1 材料与方法

1.1 试验地概况

试验地位于雅安市郊，地理坐标为东经 103°，北纬 30°8′，海拔 620m，紫色土，土质黏重，土壤偏酸，pH 为 6.5。年平均气温为 16.2℃，平均相对湿度为 79%，平均日照时数为 1039.6h，年均降雨量 1774.3mm。

1.2 供试材料

'庐山'鸭茅，编号 79-9，染色体数为 28，于 1979 年 9 月采自江西庐山海拔 1100m 处，试验前已在雅安驯化种植了 15 年，很适应当地气候条件。'宝兴'鸭茅，资源编号 91-2，染色体数 28，于 1991 年 2 月采自宝兴县硗碛乡海拔 2100m 处，试验前已在雅安驯化种植 3 年，表现良好。

1.3 方法

设 4 个重复，其中 3 个用于孕穗期测产，1 个用于分蘖期株高 35cm 左右刈割，采用随机区组排列，小区面积 1m×2m，小区间隔 30cm，保护行宽 50cm，选用鸭茅 91-2 作保护材料，人工翻地并施腐熟鸭粪 4500kg/hm²，P_2O_5 和 K_2O 各 150kg/hm² 作基肥，间隔 25cm 开沟条播，小区用种量均为 3g，分蘖、拔节各施尿素（含氮 46%）100kg/hm²、250kg/hm² 作追肥，刈后施用尿素 100kg/hm² 作追肥。物候观测和收种小区为 1992 年播种的保种小区，小区面积 3m²，两重复，间隔排列，拔节期施尿素 150kg/hm² 作追肥。

2 结果与分析

2.1 生物学特性

2.1.1 物候及完熟期株高

两者的主要物候期见表 2-25，两者原生地点虽然相距很远，但同地栽培的各物候期出现时间差异极小，其拔节至完熟期都集中在 4～6 月，气温 16.2～24.1℃，上年播种与生长多年在物候上无差异，表明鸭茅具有温带禾草在亚热带生长的典型特征。完熟期株高 79-9 比 91-2 略低，但差异不显著（$P>0.05$）。

表 2-25　主要物候期（日-月）

编号	播期	出苗期	拔节期	孕穗期	开花期	成熟期	完熟期株高/cm	生育天数/d
79-9	19-10*	31-10*	10-4	15-4	5-5	3-6	130.4	228
91-2	19-10*	31-10*	30-3	13-4	30-4	1-6	133.8	225

注：*表示 1993 年，其余为 1994 年

2.1.2 种子产量及特点

79-9 种子产量可达 315kg/hm²，其千粒重为 0.65g，室内发芽率 76%，田间发芽率 43%；91-2 种子产量 405kg/hm²，千粒重 0.96g，室内发芽率 78%，田间发芽率 48%，表明两份材料种子产量、发芽率均较高，均可通过种子繁殖大面积推广。

2.1.3 生长及再生速度

两者播种当年生长缓慢，进入拔节后生长迅速，全生育期内两者生长速度基本一致。刈后在 3～6 月气温 16～24℃时，两者的再生速度均相当迅速，日平均可达 2cm 以上，但越夏后 9～11 月再生速度缓慢，日平均仅 0.8cm。

2.1.4 分蘖能力及孕穗期茎叶比

两份材料的单株分蘖能力均强，其中 79-9 在拔节期单株分蘖数（10 株）平均为 22.8，完熟期达 51.1；91-2 在拔节期为 17.0，完熟期达 47.3，两者经统计分析差异不显著（$P>0.05$）。79-9 孕穗期茎叶（茎：叶）鲜重比为 1：1.42，干重比为 1：1.95；91-2 分别为 1：1.36 和 1：1.70，表明两者在此经济利用期的叶量均非常丰富。

2.1.5 抗逆性

两者在全生育期及再生草期间均未观察到严重病害，均能以青绿状态越夏，材料间无差异，均表现出较强的抗湿热能力。

2.2 鲜草、干物质及粗蛋白产量

2.2.1 分蘖期及再生草

测定结果见表 2-26，从表中看出两者在模拟放牧利用时（分蘖期多次刈割），鲜草、干物质和粗蛋白产量均很高；其再生草干重在全年产量组成中所占比例大，79-9 为 83.5%，91-2 为 81.7%，表明两者在此利用状态下再生能力均很强，适于放牧利用。

表 2-26 不同收获方式的产量组成（单位：kg/hm²）

项目	79-9		91-2		项目	79-9		91-2	
	鲜草	干物质	鲜草	干物质		鲜草	干物质	鲜草	干物质
分蘖期	13 236	1 853	14 522	2 280	孕穗期	34 676	5 895	37 873	6 855
再生草	44 747	9 397	467 890	10 200	再生草	46 928	9 855	48 377	9 240
年总产	57 983	11 250	61 311	12 480	年总产	81 604	15 750	86 248	16 095
粗蛋白年产	2 135		2 198		粗蛋白年产	2 205		2 295	

2.2.2 孕穗期及再生草

测定结果见表 2-26，两者孕穗期及全年鲜草、干物质产量经统计分析差异不显著（$P>0.05$）。再生草在全年干物质产量组成中所占比例大，79-9 为 62.5%，91-2 为 57.4%，表明两者在收干草利用条件下再生能力也很强。

2.2.3　干物质产量的季节分布

从全年可利用干物质的季节分布来看，无论是模拟放牧还是收干草利用，两者同多数温带牛草在亚热带生长一样，全年有两个产草高峰，但产量主要集中在春季和夏初，占全年可利用干物质总产的75%以上，秋季所占比例不大，全年供草时间7个月左右，缺草5个月左右，因此在亚热带气候条件下季节供草失衡这一矛盾仍较突出，在利用上应与热带饲草相互调剂，实现全年供草相对均衡。

2.3　常规养分

两者各次刈割，其常规养分百分含量见表2-27。从表中可以看出，两者均具有粗蛋白、粗脂肪含量高，粗纤维含量相对低的特点，营养价值较高。

表 2-27　化学成分组成

材料	采样时间	物候期	水分/%	占干物质/%					
				粗蛋白 CP	粗脂肪 EE	粗纤维 CF	无氮浸出物 NFE	灰分 ASH
	1995-3-25	分蘖期	4.61	22.54	6.20	21.86	36.99	12.41
	1995-4-17	孕穗期	5.37	13.91	4.89	30.86	38.04	12.30
	1995-4-17	分蘖期	4.25	21.33	5.86	24.42	36.64	11.75*
79-9	1995-5-11	分蘖期	5.18	14.64	5.37	29.56	38.57	11.80*
	1995-6-5	分蘖期	5.36	16.83	3.94	28.98	38.57	11.68*
	1995-5-11	分蘖期	5.41	15.82	5.38	26.88	39.23	12.69**
	1995-6-8	分蘖期	6.65	16.77	4.00	27.73	39.28	11.87**
	1995-3-25	分蘖期	6.67	21.09	5.79	23.78	38.00	11.34
	1995-4-17	孕穗期	5.91	13.21	5.04	30.64	39.14	11.97
	1995-4-17	分蘖期	7.70	21.06	5.31	26.83	34.41	13.39*
91-2	1995-5-11	分蘖期	5.58	16.40	4.78	27.04	33.54	12.66*
	1995-6-5	分蘖期	6.83	18.27	3.66	30.19	34.80	13.09*
	1995-5-11	分蘖期	5.34	17.17	5.06	26.99	33.22	12.22**
	1995-6-8	分蘖期	6.94	19.21	3.66	27.82	37.98	11.32**

注：*表示分蘖期刈后再生草，**表示孕穗期刈后再生草

2.3.1　粗蛋白变化

分蘖期79-9达22.54%，91-2为21.09%，进入孕穗期两者都迅速降低，79-9降至13.91%，降低了8.63%，91-2降至13.21%，降低了7.88%，刈后再生草适时刈割粗蛋白含量均接近或超过15%，这样的含量对牲畜的生长发育是很有益的。

2.3.2　粗纤维变化

分蘖期粗纤维含量79-9为21.86%，91-2为23.78%，进入孕穗期则迅速升高，79-9

升至 30.86%，上升了 9%，91-2 上升至 30.64%，上升了 6.86%，刘后再生草为 25%～30%，表明再生草适时刈割，粗纤维含量均可控制在相对低的水平。

3　讨论

1）鸭茅具有广泛的生态适应性，在横断山进行饲草资源搜集时发现野生鸭茅分布的范围很广，不同生长地的气候差异极大，在气温−12.5～37.7℃，年降雨 804.5～1774.3mm 的生境范围内均能发现野生鸭茅存在。此次试验所用的两份材料 79-9 来自江西庐山海拔 1100m 处，在气候类型上属亚热带，91-2 来自宝兴硗碛海拔 2100m 的地方，气候类型上属温带，但两者同地种植，无论是物候发育、抗逆性还是饲草产量均无明显差异，再一次表明了四倍体鸭茅有较强的生态适应能力，在南方有广阔的开发利用前景。

2）就两份材料本身，尽管现在还无法证实其是野生还是栽培品种逸生，但多年的驯化栽培表明，它们能适应亚热带的气候条件，从产量、再生性、营养物质含量及抗逆性来看，直接利用也不失为优良饲草。只是在南方"多熟制"作物种植条件下，进行大面积推广还值得进一步讨论。首先它是多年生禾草，无法像一年生牧草那样可灵活地同其他作物进行间、套、轮作，充分利用土壤和水热资源，提高经济效益；其次，两者的产量和某些饲用性状也不及推广种植的'广益'和'重高'两个牛鞭草品种。在四川盆周山区或南方一些高海拔的地方及一些零星的田边地角、果园、疏林下，可能很有栽培前途，应展开进一步的研究。

3）从解决饲料蛋白质资源来看，两份材料单位面积的粗蛋白产量非常高，平均达 2250kg/hm²，相当于含粗蛋白 40% 的黄豆 5625kg，为现在黄豆单产的 2～3 倍，这不仅是一重要的蛋白质饲料资源，也为解决蛋白质饲料严重不足这一问题提供了从禾草中开发的新思路。

第七节　二倍体鸭茅农艺性状的初步研究

自然界存在鸭茅二倍体、四倍体和六倍体类型。二倍体在世界许多地区均有分布（张新全，1992；怀特和库帕，1989；Stuczynskl，1992；Lumaret，1987；Qrtiz，1993）。国外曾对二倍体鸭茅的分布和生境因子，物候和部分农艺性状，形态，组织解剖，矿物质含量和变温处理对种子发芽的影响，以及二倍体与四倍体杂交及诱导加倍等方面进行了研究（怀特和库帕，1989；Stuczynskl，1992；Lumaret，1987；Qrtiz，1993；Mika，1980）。20 世纪 50 年代我国分类学者曾报道西南、西北分布有 Dactylis glomerata 的一个种（耿以礼，1959）。以后陆续在二郎山、卜踏山、庐山、高黎贡山、云贵乌蒙山、大娄山、大小凉山、大小相岭、邓蛛山、新疆伊犁河谷、神农架及三峡地区发现野生鸭茅（尹少华，1990；汤宗孝，1984，1987；杜逸，1982；吴启进，1986；周兆琼，1994；颜济和杜逸，1957），曾引起人们对开发本地种质资源的重视，并对野生鸭茅的营养成分，种子和栽培技术等方面进行研究（汤宗孝，1984；杜逸，1982）。在国内 1992 年正式报道我国横断山区广泛分布二倍体鸭茅（张新全，1992）。为了开发利用饲草资源，作者于 1994 年 10 月至 1995 年 12 月对张新全核型分析确定的二倍体与四倍体鸭茅进行了农艺和饲用性状的研究。

1 材料与方法

1.1 自然概况

试验地位于雅安市郊,地处北纬 30°8′,东经 103°,海拔 620m。紫色土,土壤 pH 6.5。年均气温 16.7℃,极端最高温 37.7℃,极端最低温−3℃,平均相对湿度 79%,平均日照时数 1039.6h,年均降雨 1774.3mm,日均温>5℃的积温 5770.2℃。

1.2 供试材料

供试材料为当年引种圃的成熟种子(表 2-28)。除'庐山'鸭茅外,其余均来源于横断山脉。横断山脉北高南低,受印度洋季风影响干湿季明显,山高谷深,地形多样,为野生植物提供了较适宜的生态环境。野生鸭茅在海拔 1600~2800m,年均气温 7.1~10.9℃的湿润地区分布较多。

表 2-28 材料及来源

暂定名	编号	染色体	来源
庐山鸭茅	79-9	28	1997 年采用自江西庐山,海拔 1100m
宝兴鸭茅	91-2	28	1992 年采自四川宝兴,海拔 2100m
康定鸭茅	90-70	14	1990 年采自跑马山,海拔 2700m
茂县鸭茅	90-130	14	1990 年采自土门岭,海拔 2030m
泥巴山鸭茅	91-1	14	1991 年采自汉源泥巴山,海拔 2000m
皇木鸭茅	91-7	14	1991 年采自汉源皇木,海拔 1950m
越西鸭茅	91-103	14	1991 年采自越西小相岭,海拔 2530m

1.3 试验设计

1)试验共设 4 个重复,其中 3 个用于孕穗期测产,1 个用于分蘖期测产(在拔节始期刈割),采用随机区组排列,小区面积 2m²(1m×2m),小区间隔 30cm,保护行宽 50cm,以鸭茅 91-2 作保护行材料。人工翻地,开沟条播,行距 25cm。

2)小区播种量按千粒重和田间发芽率确定,其中:79-9 和 91-2 各 3g,90-70 3.4g,90-130 4.0g,91-1 5.2g,91-7 6.5g,91-103 7.5g。

3)施腐熟鸭粪 4500kg/hm²,P_2O_5 和 K_2O 各 150kg/hm² 作基肥,人工翻地。孕穗期刈割的小区在分蘖期、拔节期分别施尿素(含氮 46%)100kg/hm² 和 250kg/hm² 作追肥。每次刈后均施 100kg/hm² 尿素作追肥。

4)物候观测和收种小区为 1992 年播种的保种小区,每种材料重复两次,小区面积 3m²,间隔排列,于拔节期施用 150kg/hm² 尿素作追肥。

2 结果与分析

2.1 形态特征

二倍体与四倍体鸭茅的植株相似,但二倍体的植株在开花期株高显著高于四倍体

（$P<0.01$）。二倍体植株花序小穗梗较细弱，抽穗后花序即向下弯曲，而四倍体花序则挺直。小花和种子的体积只有四倍体的一半。

2.2　物候期

从表 2-29 可见二倍体和四倍体鸭茅的物候期存在明显差异。其出苗期比四倍体晚4d，拔节期晚41d，但从拔节到孕穗期平均比四倍体少 8d，从开花到成熟期比四倍体少10d，全生育期比四倍体长 26d，即二倍体具有营养生长期比四倍体体长，生殖生长期比四倍体短的特点。

表 2-29　物候期观察（1994-10-19 播种）（日-月）

染色体倍数	编号	出苗	拔节	孕穗	开花	成熟	成熟期株高/cm	生育天数/d
四倍体	79-9	31-10*	1-4	15-4	5-5	3-6	133.8	228
	91-2	31-10*	30-3	13-4	30-4	1-6	130.5	225
二倍体	90-70	4-11*	9-5	15-5	4-6	26-6	149.1	251
	90-130	4-11*	11-5	20-5	8-6	30-6	145.6	254
	91-1	4-11*	11-5	18-5	8-6	28-6	145.8	253
	91-7	4-11*	17-5	25-5	10-6	28-6	136.9	253
	91-103	4-11*	15-5	20-5	8-6	27-6	150.5	252

注：*为 1994 年，其余为 1995 年

2.3　前期生长速度

从表 2-30 可以看出，二倍体鸭茅的生长速度明显低于四倍体，播后两个月，株高尚不及四倍体的 1/2，越冬后至孕穗期前，株高尚不及后者的 1/4。

表 2-30　二倍体与四倍体不同时间平均株高（单位：cm）

日期（日-月）	18-11*	18-12*	25-2	11-3	23-3	4-1	8-4	15-4
四倍体	5.0	11.5	16.3	23.7	43.0	61.0	75.3	95.7
二倍体	2.7	5.0	5.3	6.8	9.4	12.7	18.4	21.0

注：*为 1994 年，其余为 1995 年

2.4　分蘖能力

从表 2-31 可以看出：二倍体鸭茅在拔节期除 90-70 外，其余的单株分蘖数均超过 10，在完熟期均超过 20，其单株分蘖能力虽强，但明显低于四倍体。

表 2-31　单株平均分蘖数（10 株平均）

物候期	四倍体			二倍体					
	79-91	91-2	平均	90-70	90-130	91-1	91-7	91-103	平均
拔节	22.8	17.0	19.9	7.3	12.3	10.6	12.9	12	11.0
完熟	51.1	47.7	40.4	21.4	32.3	22.4	32	29.3	27.5

2.5 种子产量及其特点

从表 2-32 中可以看出，二倍体鸭茅的种子产量虽较高，但低于四倍体，前者的千粒重，室内和田间发芽率均低于后者。不同来源的二倍体鸭茅之间差异显著。

表 2-32 种子产量及其特点

项目	四倍体		二倍体				
	79-9	91-2	90-70	90-130	91-1	91-7	91-103
种子产量/（kg/hm^2）	315	405	300	270	255	255	270
纯净度/%	88	94	95	92	88	90	94
千粒重/g	0.625	0.960	0.400	0.300	0.392	0.300	0.302
室内发芽率/%	72	87	45	28	6	34	19
田间发芽率/%	45	48	16	15	11	10	8

2.6 越夏情况

定点统计结果见表 2-33。在雅安的气候条件下，二倍体鸭茅越夏的存苗率显著低于四倍体（$P<0.01$），二倍体鸭茅间也存在一定差异，其中 91-1 与 90-130、91-103 间差异显著（$P<0.05$）。热带湿润气候地区，7 月平均气温 25.3℃，极端高温 37.7℃。供试材料主要来自横断山海拔 1900m 以上地区，属温带气候类型，7 月平均气温 15～20℃，极端高温 28～32℃。来源于横断山区的四倍体和二倍体材料在雅安市种植驯化的时间接近，但抗热能力差异显著。四倍体 79-9 来自庐山海拔 1100m 地区，与 91-2 地理位置相距较远，且已在雅安驯化栽培长达 15 年，但在越夏方面的差异不显著（$P>0.05$），说明四倍体比二倍体材料更具抗热性，也表明四倍体鸭茅比二倍体具有更强的生态适应能力。

表 2-33 越夏存苗率（1995-7-1～1995-10-1）

编号	四倍体		二倍体				
	79-9	91-2	90-70	90-130	91-1	91-7	91-103
存苗率/%	58	55	8.3	2.7	17	7	2.3

2.7 孕穗期茎叶比

表 2-34 的数据表明，二倍体鸭茅在孕穗期的叶量低于四倍体，二倍体鸭茅间亦有差异，但不如与四倍体间差异显著。

表 2-34 孕穗期茎叶比（叶重/茎重）

	四倍体		二倍体				
	79-9	91-2	90-70	90-130	91-1	91-7	91-103
鲜物质	1.42	1.36	0.90	0.80	0.90	1.06	1.02
干物质	1.95	1.70	1.24	0.96	1.12	1.24	1.14

2.8　干物质和粗蛋白产量

以两种收获方式进行测试，一种模拟放牧条件，植株仍处于分蘖期，当株高达 35cm 时进行第一次刈割；另一种模拟刈草条件，进入孕穗期时进行第一次刈割，其再生草均在株高 40cm 时刈割。这时植株仍处于分蘖期。两种测试结果见表 2-35。分蘖期第 1 次刈割，二倍体与四倍体鸭茅间干物质年总量差异极显著（$P<0.01$），前者 3579kg/hm^2，粗蛋白年均产量 570.4kg/hm^2，分别为后者的 30% 和 26.3%，孕穗期干物质产量在二倍体鸭茅之间差异不显著（$P>0.05$），与四倍体比较则差异显著（$P<0.05$），二倍体鸭茅低于四倍体。孕穗期及其再生草的干物质年总产二倍体鸭茅平均为 3730kg/hm^2，粗蛋白 619.6kg/hm^2 分别为四倍体的 23.90% 和 27.5%。以产草量的季节分布分析，四倍体鸭茅在全年有两个高峰，主要集中在春季和夏初，而秋季所占比例较小。二倍体也主要集中在春季和夏初，而越夏后生长极度缓慢，其再生草期难以利用。因此，不仅产草量显著低于四倍体，而且季节性缺草矛盾更加突出。

表 2-35　干物质和粗蛋白产量（1994-10～1995-11）（单位：kg/hm^2）

项目	四倍体		二倍体				
	79-9	91-2	90-70	90-130	91-1	91-7	91-103
分蘖期干物质	1 853	2 280	2 085	2 186	1 615	1 283	1 515
再生草干物质	9 397	10 200	1 665	2 134	2 252	1 447	1 613
年总产	11 250	12 480	3 750	4 320	3 967	2 730	3 128
粗蛋白年产	2 136	2 198	600	641	681	450	480
孕穗期干物质	5 859	6 255	4 650	3 300	3 855	3 900	3 945
再生草干物质	9 855	9 240	—	—	—	—	—
年总产	15 714	15 495	4 650	3 300	2 855	3 900	3 945
粗蛋白年产	2 205	2 295	647	528	647	626	650

注："—"表示无刈割

2.9　常规养分分析

常规养分分析结果见表 2-36，在分蘖期，二倍体鸭茅的粗蛋白含量显著低于四倍体，平均低 8.17%，孕穗期除 90-70 外，其余的均明显高于四倍体；二者之间在分蘖期后再生草无规律性差异。此外，二倍体在孕穗期粗蛋白含量普遍高于分蘖期是此次试验中的一个特殊现象，是否由施肥或是其他原因造成尚需进一步研究。粗纤维在分蘖期二倍体平均为 24.12%，比同物候期的四倍体均值高 1.32%，但与生长日数相同的四倍体比，这时四倍体已提前 27d 进入孕穗期，其粗纤维含量为 30.75%，比二倍体均值高 6.63%；进入孕穗期，除二倍体 90-70 外，其余均比四倍体略低，平均值低 0.46%，考虑二倍体进入孕穗期比四倍体延迟了 40d，这说明无论在拔节前还是抽穗期以前，二倍体粗纤维化速度均比四倍体慢。

表 2-36　化学成分组成

物候期	编号	采样时间	水分/%	占干物质/%				
				粗蛋白 CP	粗脂肪 EE	粗纤维 CF	无氮浸出物 NFE	灰分 ASH
分蘖期	79-9	1995-3-25	4.61	22.54	6.20	21.86	36.99	12.41
	91-2	1995-3-25	6.67	21.09	5.79	23.78	38.00	11.34
	90-70	1995-5-11	5.19	13.55	5.88	25.29	42.74	12.54
	90-130	1995-5-11	4.54	13.15	5.73	23.84	42.74	11.82
	91-1	1995-5-17	4.69	13.32	5.98	23.75	45.46	12.30
	91-7	1995-5-17	4.45	15.03	4.70	22.79	44.66	11.47
	91-103	1995-5-17	4.17	13.19	4.83	24.92	45.13	11.30
孕穗期	79-9	1995-4-17	5.37	13.91	4.89	30.86	38.04	12.03
	91-2	1995-4-17	5.81	13.21	5.04	30.64	39.14	11.97
	90-70	1995-5-23	4.66	13.90	4.27	30.80	39.21	11.82
	90-130	1995-5-25	4.39	15.98	4.77	30.54	36.26	12.45
	91-1	1995-5-30	4.91	16.77	5.13	29.87	37.39	12.03
	91-7	1995-3-25	4.74	16.02	4.59	29.97	37.39	12.03
	91-103	1995-5-30	4.11	16.48	5.06	30.28	36.49	11.69
分蘖期 再生草	79-9	1995-6-5	5.36	16.83	3.94	28.98	38.57	11.68
	91-2	1995-6-5	6.83	18.27	3.66	30.19	34.80	13.08
	90-70	1995-6-5	6.18	19.87	5.68	25.53	36.79	12.13
	90-130	1995-6-5	5.49	16.56	5.85	26.90	38.46	12.23
	91-1	1995-6-12	7.07	20.66	5.71	28.45	33.06	12.12
	91-7	1995-6-12	5.93	17.73	5.29	27.46	38.24	11.28
	91-103	1995-6-12	6.84	17.43	4.59	29.73	36.60	11.74

3　讨论与结论

1）二倍体与四倍体鸭茅在生物学形态及部分农艺性状存在明显差异，主要表现在二倍体的小花和种子比四倍体小，千粒重只有四倍体的 1/2，孕穗期叶量少于四倍体，抗热及越夏后自然更新的能力低于四倍体，完熟期株高比四倍体高，二倍体小穗梗细弱，弯曲下垂，而四倍体则挺直。

2）二倍体鸭茅的生育期比四倍体长，在不同物候发育阶段与四倍体有较大差异，表现在出苗后到拔节的日期比四倍体延迟时间长达 50d。拔节以后的发育则比四倍体迅速，二倍体具有前期生长发育迟缓，后期迅速的特点。

3）二倍体鸭茅由于前期发育过于迟缓，抗杂草竞争能力相当差。

4）在分蘖期或孕穗期第一次刈割，二倍体鸭茅全年干物质和粗蛋白产量均显著低于四倍体，因此在亚热带气候条件下不可直接利用。

5）二倍体鸭茅粗纤维含量与相同物候期的四倍体差异不大，但比相同生长天数的四倍体差异明显，可见其纤维化程度比四倍体慢。

6）国外曾进行过二倍体与四倍体鸭茅的物候及形态特征研究，结果表明，两者花序和种子特征相似，分蘖情况相近，但二倍体的生育期和花期比四倍体长（Lumaret，1987）。横断山区发现的二倍体野生鸭茅显然有其独特之处，对于研究鸭茅的起源和进化无疑是有益的。

7）野生二倍体鸭茅具有前期生长缓慢，纤维积累慢，生长期长等优点，在实践中可以作为育种的材料，亦可作为品种驯化材料。

第八节　鸭茅的营养价值评定

评价牧草营养价值的主要指标有常规营养成分、消化率、随意采食量和牧草的分级指数（GI）等。影响牧草营养价值的因素很多，较重要的除动物方面的因素外，就是牧草在养分和品质特性方面的因素。不同牧草品种、不同成熟阶段、不同土壤类型和农艺措施、不同加工和存贮条件等因素均会使牧草的营养价值发生较大的变化。然而，由于牧草的种类繁多，全部用消化和代谢试验来测定一些重要的营养指标既不经济，也不可行，通行的做法是实测饲料常规营养成分含量。

鸭茅作为优良的冬性牧草，叶量丰富、草质柔嫩，牛、羊、马、兔等均喜食，近年来已越来越受到人们的重视，是西南区石漠化治理、退耕还草，建立粮-草、草-草、林-草复合植被等生态工程及草场建设的重要草种。营养价值的好坏，是牧草质量的重要组成部分，是评价牧草利用价值高低的主要指标之一。不同的收获时期和利用频度都会对牧草的营养价值产生影响。本试验在生产性能研究的基础上，对 5 份鸭茅新品系的营养价值及变化情况进行了评价。

1　材料与方法

1.1　供试材料

以 '宝兴' 鸭茅为对照，对 5 份鸭茅材料（表 2-37）的营养价值进行评价，其中 YA02-116、YA01-101 为野生材料；02123、01071 为国外品种；YA01-103 为国外野生种。

表 2-37　试验鸭茅材料及来源

序号	品系编号	产地/来源	染色体数（$2n$）
1	YA02-116	中国云南昆明	28
2	YA01-101	中国贵州毕节	28
3	02123	中国湖北畜牧所	28
4	01071	中国西安植物园	28
5	YA01-103	美国纽约	28
6	YA91-2	美国纽约	28

1.2　试验环境概述

试验于 2007 年 3～6 月在四川农业大学农场进行。地处 30°08′N, 103°00′E, 海拔 620m, 年均气温 16.2℃, 极端高温 37.7℃, 极端低温-3℃, 年降雨量 1774.3mm, 年均相对湿度 79%, 年均日照时数 1039.6h, 日均温≥5℃的积温 5770.2℃。紫色石灰土, 土壤 pH 5.46, 有机质含量为 1.46%, 速效氮、磷、钾含量分别为 100.63mg/kg、4.73mg/kg、338.24mg/kg。

1.3　试验方法

分别于 3 月下旬、5 月上旬及 6 月中旬 3 次适时刈割取样, 将所得地上可食部分烘干粉碎 (分别从 3 个重复小区中采样, 刈割时间相隔 40d 左右)。将同品系的 3 个重复小区材料, 分别取干草粉样 20g, 相互混合充分后备用 (易永艳等, 2006)。

按照试验要求, 取等量草粉样品, 采用 SLQ-6 型纤维测定仪及 KDN-2C 粗蛋白测定仪对供试材料的粗蛋白、酸性洗涤纤维、中性洗涤纤维及可溶性碳水化合物的单位百分含量进行测定 (张丽英, 2003), 试验设 3 次重复。

1.4　数据处理

用 Excel 软件处理数据并制作图表, 采用 SPSS 11.5 统计软件进行分析 (黄润龙, 2004)。

2　结果与分析

2.1　不同刈割时期各鸭茅材料营养成分变化情况

2.1.1　水分含量变化特点

如表 2-38 所示, 供试期间鸭茅材料的水分含量为 58.167%～72.639%, 平均含水量相对较高的是'宝兴'(YA91-2) 和 01071; 材料 YA01-103 及 YA01-101 含水量相对较低, 各材料间水分差异不显著。不同刈割时期含水量以第 1 次刈割时最高, 其再生草含水量均出现明显下降, 呈极显著性差异。其中以 YA02-116、YA01-103 下降为最, 第 2 次刈割再生草含水量分别较第 1 次下降了 18.074% 和 18.093%; YA01-101 下降较小, 为 11.227%。第 3 次刈割再生草含水量较第 2 次有所上升, 但变幅较小, 仅 YA02-116 升幅达 17.148%, 含水量变化较大, 可见其水分调控能力较其他材料弱。由于植物体内水分分配受环境影响较大, 试验期间地方性干旱的发生, 可能是导致第 2 次刈割再生草水分含量显著下降的主要原因。

表 2-38　不同刈割时期鸭茅水分含量 (单位: %)

编号	第 1 次刈割含水量	第 2 次刈割含水量	第 3 次刈割含水量	平均
YA02-116	71.000	58.167	68.142	65.769aA
02123	72.370	61.155	64.481	66.002aA
01071	70.680	62.430	65.795	66.302aA
YA91-2	72.282	60.142	67.021	66.482aA

续表

编号	第1次刈割含水量	第2次刈割含水量	第3次刈割含水量	平均
YA01-103	72.639	59.497	63.902	65.346aA
YA01-101	70.818	62.867	62.645	65.443aA
含水量动态变化	71.632aA	60.710cC	65.331bB	65.891

注：小写字母表示0.05水平差异显著；大写字母表示0.01水平差异显著

2.1.2　粗蛋白含量变化特点

粗蛋白含量是衡量牧草品质优劣的重要指标，粗蛋白的高低决定了牧草可用价值的高低（万素梅等，2004）。试验期间，供试鸭茅材料的粗蛋白含量为11.811%～22.875%（表2-39）。其中YA02-116、YA91-2、YA01-101平均粗蛋白含量相对较高，分别达到16.879%、17.489%、17.296%，与其他材料呈显著性差异，与01071达极显著性差异。动态方面，以第1次刈割材料粗蛋白最高，YA02-116、YA91-2、YA01-101粗蛋白含量分别达到22.875%、20.871%和20.046%，有极高的利用价值。但第2次刈割的再生草粗蛋白含量下降明显，与第1次刈割材料差异达极显著。其中YA02-116和02123分别下降达39.532%和35.318%。第3次刈割再生草粗蛋白含量较第2次有所回升，但差异不显著。说明刈割能显著影响鸭茅的粗蛋白含量，从而影响其营养价值。试验中刈割后再生草的粗蛋白含量较首次刈割材料有所下降，营养价值有所降低。

表2-39　不同刈割时期鸭茅粗蛋白含量（单位：%）

编号	第1次刈割粗蛋白含量	第2次刈割粗蛋白含量	第3次刈割粗蛋白含量	平均
YA02-116	22.875	13.832	13.931	16.879aAB
02123	18.26	11.811	13.787	14.619bAB
01071	17.124	12.018	12.455	13.866bB
YA91-2	20.871	14.712	16.885	17.489aA
YA01-103	17.085	13.025	13.225	14.445bAB
YA01-101	20.046	15.604	16.238	17.296aA
粗蛋白动态变化	19.377aA	13.500bB	14.420bB	15.766

注：小写字母表示0.05水平差异显著；大写字母表示0.01水平差异显著

2.1.3　酸性及中性洗涤纤维变化特点

和蛋白质一样，纤维含量也是衡量牧草品质的重要指标。纤维含量如果过高，负面作用是很大的。例如，纤维不仅本身消化率低，而且影响其他营养物质的吸收，降低牧草的可利用能值。如表2-40、表2-41所示，供试鸭茅材料的酸性洗涤纤维为20.414%～35.629%，02123及YA01-101含量较高，仅27.263%、27.262%，与YA02-116、YA01-103差异达极显著水平。中性洗涤纤维含量为43.615%～63.404%，以YA01-101

含量最低，为 52.057%，与 02123、01071、YA01-103 差异达极显著。YA02-116 和对照'宝兴'鸭茅中性洗涤纤维含量也相对较低。纤维含量动态变化方面，中性、酸性洗涤纤维均以第 1 次刈割时含量最低；第 2 次刈割的再生草纤维含量均较第 1 次刈割时达极显著增加；第 3 次刈割再生草纤维含量也均较第 2 次刈割再生草有所减少，差异达极显著。可能是由于第 2 次刈割时材料已经进入了孕穗期，导致纤维素含量显著增加。另外再生草生长期间正遇地区性干旱，也间接促进了纤维的增加。可见，鸭茅的纤维素含量与其刈割程度有明显关系，再生草纤维素百分含量较首次刈割材料高，可利用价值下降。

表 2-40　不同刈割时期鸭茅酸性洗涤纤维（ADF）含量（单位：%）

编号	第 1 次刈割 ADF 含量	第 2 次刈割 ADF 含量	第 3 次刈割 ADF 含量	平均
YA02-116	28.769	35.629	32.386	32.261aA
02123	20.414	32.890	28.484	27.263cC
01071	25.478	33.747	30.742	29.989abABC
YA91-2	22.698	33.419	29.091	28.403bcBC
YA01-103	27.313	35.208	32.239	31.587aAB
YA01-101	21.667	33.315	26.804	27.262cC
ADF 动态变化	24.390cC	34.035aA	29.958bB	29.461

注：小写字母表示 0.05 水平差异显著；大写字母表示 0.01 水平差异显著

表 2-41　不同刈割时期鸭茅中性洗涤纤维（NDF）含量（单位：%）

编号	第 1 次刈割 NDF 含量	第 2 次刈割 NDF 含量	第 3 次刈割 NDF 含量	平均
YA02-116	43.615	60.879	60.288	54.927abAB
02123	47.634	63.404	59.317	56.785aA
01071	49.016	62.199	60.454	57.223aA
YA91-2	47.291	60.608	59.829	55.909aAB
YA01-103	48.028	61.835	60.785	56.883aA
YA01-101	45.488	57.668	53.014	52.057bB
NDF 动态变化	46.845cB	61.099aA	58.948bA	55.631

注：小写字母表示 0.05 水平差异显著；大写字母表示 0.01 水平差异显著

2.1.4　可溶性碳水化合物含量变化特点

可溶性碳水化合物（WSC）的水平与牧草初期生长、刈割后再生及抗逆性等方面都密切相关（何玮等，2006）。研究牧草 WSC 的含量水平，分布部位及其变化趋势不仅能了解牧草在不同环境条件下的自身调节机制，同时也是衡量牧草品质和确定牧草利用时间、方式的好方法，因此对合理利用和管理草地具有重要的现实意义。

消化率是衡量牧草品质的重要指标之一，大量试验证明，WSC 含量和牧草的消化率密切相关，WSC 含量较高的牧草的消化率较高，即 WSC 含量较高的牧草品质较好（何玮等，2006）。如表 2-42 所示，01071、YA01-103 的 WSC 含量较低，为 6.883%、6.878%，与 YA02-116 差异显著，与对照 YA91-2（'宝兴'）差异达极显著。在 WSC 含量动态变化方面，呈先升后降的趋势，以第 2 次刈割的再生草含量最高，与其他时期刈割材料达极显著差异。有研究认为在牧草营养生长期 WSC 的含量是随着植株的生长而增加的，并在开花期达到最高（Gonzalez et al., 1990）。本试验第 2 次刈割再生草发育较充分，基本进入孕穗期，WSC 得到充分的积累，因此含量较高。

表 2-42　不同刈割时期鸭茅可溶性碳水化合物（WSC）含量（单位：%）

编号	第 1 次刈割 WSC 含量	第 2 次刈割 WSC 含量	第 3 次刈割 WSC 含量	平均
YA02-116	7.654	8.424	7.119	7.732aAB
02123	6.971	8.804	6.239	7.338abAB
01071	6.871	8.003	5.775	6.883bB
YA91-2	8.072	8.61	7.028	7.903aA
YA01-103	6.374	7.879	6.381	6.878bB
YA01-101	7.056	8.752	6.160	7.323abAB
动态变化	7.166bB	8.412aA	6.450cC	7.343

注：小写字母表示 0.05 水平差异显著；大写字母表示 0.01 水平差异显著

2.2　不同鸭茅材料营养成分的隶属函数分析

按照隶属函数法，将供试 6 个鸭茅材料的营养价值进行综合分析（魏永胜等，2005）。如表 2-43 所示，YA02-116、YA01-101 及对照 YA91-2 营养价值较其他材料高，其中 YA01-101 营养价值更是高于对照 YA91-2（'宝兴'）41.98%。营养价值分别为 YA01-101＞YA91-2＞YA02-116＞02123＞YA01-103＞01071。

表 2-43　鸭茅各营养指标隶属函数值

编号	$Z(1)$	$Z(2)$	$Z(3)$	$Z(4)$	$Z(5)$	S
YA02-116	0.627	0.832	0.000	0.444	0.833	0.547
02123	0.422	0.208	1.000	0.085	0.449	0.433
01071	0.159	0.000	0.454	0.000	0.005	0.124
YA91-2	0.000	1.000	0.772	0.254	1.000	0.605
YA01-103	1.000	0.160	0.135	0.066	0.000	0.272
YA01-101	0.914	0.947	1.000	1.000	0.434	0.859

注：$Z(1)$、$Z(2)$、$Z(3)$、$Z(4)$、$Z(5)$ 分别表示含水量、粗蛋白、酸性洗涤纤维、中性洗涤纤维、可溶性碳水化合物；S 代表隶属函数平均值

3　讨论与结论

1）牧草的营养价值主要取决于蛋白质、纤维含量的多少，蛋白质含量越高，纤维含

量越低，牧草的营养价值就越高。从本试验看，刈割对鸭茅营养有直接的影响。刈割后再生草的蛋白质含量较初次刈割材料有明显的下降，纤维含量有显著升高，营养价值有所降低。有研究认为，鸭茅适时刈割能有效保留蛋白质含量，控制纤维含量在相对低的水平，其再生草依然具有较高的营养水平和利用价值（裴彩霞等，2004；Tsuneo et al.，1997）。但在本试验中，再生草营养价值下降明显，可能是由于再生草生长期间干旱环境胁迫，影响其正常生长所致。而刈割时期相隔较长，再生草发育较为充分，营养价值随生育期的推移逐渐下降（Belanger and McQueen，1996），也是造成本试验再生草营养价值偏低的原因之一。所以对再生鸭茅的收获一定要充分掌握适时刈割的原则，可考虑将第 1 茬草的刈割时间适当提前，以获取较高营养品质的鸭茅。

2）对植物的营养成分难以用单一指标进行评价。隶属函数分析法提供了一条在多指标测定基础上对材料特性进行综合评价的途径，可以克服仅少数指标进行评价的不足，使结果更客观（赵天宏等，2003）。本试验通过对 6 份鸭茅材料的 5 个营养指标的隶属函数分析，结果表明 YA02-116、YA01-101 及对照 YA91-2 营养价值较其他材料高，可开发价值较大。为鸭茅新品种的进一步选育工作提供了理论依据和参考材料。

3）对牧草营养价值的评价是一个较为复杂的问题，除了养分含量外，还有适口性、消化率等因素的影响（李禄军等，2006）。因此，本试验结果仍然存在一定的局限性，需要进一步的研究证实。

第九节　鸭茅种子萌发对渗透胁迫响应与耐旱性评价

种子萌发是鸭茅生活史中的关键阶段，也是衡量鸭茅耐旱性强弱的重要时期，直接关系到鸭茅的出苗及整齐度问题。因此，研究鸭茅不同品种（系）的耐旱性并筛选耐旱能力强的鸭茅品种（系）对于有效利用干旱及半干旱土地，实现优质、高产、稳产具有重要的现实意义。利用 PEG 高渗溶液模拟干旱胁迫已成为鉴定农作物抗旱性的重要手段，并已得到广泛应用（Michel and Kaufmann，1973）。有研究者利用 PEG 模拟干旱胁迫方法鉴定草地早熟禾（Perdomo et al.，1996；Bonos and Murphy，1999）、高羊茅（Huang and Gao，1999）、鸭茅、小麦（Morgan，1992）、玉米（Mohammadkhani and Heidari，2008）。不同 PEG 浓度进行牧草的抗旱综合性评价相关报道较少，尤其针对南方主要推广的鸭茅种质资源的抗旱性评价尚未见相关报道。本研究以不同高渗透溶液模拟水分胁迫对鸭茅材料的种子萌发期进行鉴定和分析，明确各参试材料对干旱胁迫的响应能力，以期筛选出鸭茅萌发期耐旱性的主要鉴定指标和耐旱性较强的鸭茅品种，为鸭茅品种萌芽期耐旱性鉴定提供理论依据和生产实践指导。

1　材料与方法

1.1　供试材料

供试材料 9 份，均为目前国内南方地区主推品种（系），其中国外引进鸭茅种质 5 份，国内种质 4 份（新品系 1 份）。种子由四川农业大学草业科学系提供（表 2-44）。

表 2-44 材料编号及来源

材料编号	来源	品种（系）名
YA91-2	中国四川农业大学	宝兴
YA01998	中国云南	01998
YA02685	中国四川古蔺	古蔺
YA10-1	丹麦	金牛
YA09-2	美国	德娜塔
YA02123	中国湖北省畜牧兽医研究所	波特
YA05-262	中国四川达州	川东
YA12-1	丹麦	斯巴达
YA02-116	中国四川农业大学	滇北

1.2 试验方法

选用 PEG6000 渗透试剂模拟水分胁迫。配制浓度分别为 5%、10%、13%（−0.1mol/L Pa、−0.2mol/L Pa、−0.3mol/L Pa）的 3 种 PEG6000 胁迫溶液。精选均匀饱满种子，称重，消毒，经 6% 的次氯酸钠溶液消毒 5min 后，用蒸馏水冲洗干净，双层滤纸做发芽床。每个培养皿放 100 粒种子为一组，分别注入 10mL 不同浓度的 PEG6000 胁迫溶液，以去离子水作为对照，共 4 个处理，每个处理 3 次重复。置于变温光照培养箱中进行发芽试验，培养箱内昼温度为 24℃，夜温度为 18℃，光照时间 8h。

从种子置床之日起开始观察，以胚根突破种皮 1mm 作为发芽标准，将供试材料中第 1 粒种子发芽之日作为该处理发芽的开始期，以后每隔 2d 定时记载发芽种子数，当连续 4d 不再有种子发芽时作为发芽试验结束期，并在第 3 天调查发芽势，第 8 天调查发芽率。试验结束后，随机选取 20 株幼苗，分别测量胚芽长、胚根长，同时称量胚芽、胚根与籽粒（剩余部分）鲜重，后将其置于烘箱中烘至恒重后称干重，测定有关项目。

1.3 测定项目及方法

1.3.1 萌发抗旱指数的测定

萌发抗旱指数（germination drought resistance index，GDRI）=渗透胁迫下萌发指数/对照萌发指数 PI，其中，萌发指数=（1.00）nd2+（0.75）nd4+（0.50）nd6+（0.25）nd8。nd2、nd4、nd6、nd8 分别为第 2、第 4、第 6、第 8 天的种子萌发率（Bouslama and Schapaugh，1984）。

1.3.2 活力抗旱指数测定

活力抗旱指数=水分胁迫下种子活力指数 / 对照种子活力指数，活力指数（VI）=PI×SX。其中 SX 为第 8 天芽平均长度（张健等，2007）。

1.3.3 相对发芽势及相对发芽率

相对发芽势（率）=处理发芽势（率）/对照发芽势（率）×100%

1.3.4 相对胚芽长及相对胚根长

相对胚芽（根）长=处理胚芽（根）长/对照胚芽（根）长×100%

1.3.5 渗透胁迫对贮藏物质转运效率的影响

每份材料随机选取 20 株幼苗，同时称量胚芽、胚根与籽粒（剩余部分）鲜重，后将其置于烘箱中烘至恒重后称干重。

贮藏物质运转率（%）=（芽+根）干重/（芽+根+种子）干重×100%

1.4 数据处理

1.4.1 不同材料耐旱性综合评价

利用模糊数学中求隶属函数的方法（Nunez and Calvo，2000）进行综合评价。过程如下。首先求出各供试材料的各测定指标在不同 PEG 浓度下的隶属值，隶属值计算公式为

$$X'_{fg}=（X_{fg}-X_{gmin}）/（X_{gmax}-X_{gmin}）$$

式中，X'_{fg} 为 f 材料 g 指标在某一 PEG 浓度下的抗旱隶属值，X_{fg} 为 f 材料 g 指标在该 PEG 浓度下的测定值，X_{gmax} 为该 PEG 浓度下 g 指标测定的最大值，X_{gmin} 为该 PEG 浓度下 g 指标中的最小值。然后把 g 指标在各 PEG 浓度下的隶属值累加，求其平均值，该平均值即为 f 材料 g 指标的耐旱隶属值。最后将 f 材料各指标的耐旱隶属值累加求其平均值，该平均值即为 f 材料耐旱隶属值总平均值大小，耐旱隶属总平均值越大耐旱性越强（牛瑞明等，2011）。

1.4.2 数据处理

为减少各材料间固有的差异，采用性状相对值进行耐旱性的综合评价。

性状相对值（%）=渗透胁迫条件下各性状测定值/对照各性状测定值×100%

利用 Excel 进行数据计算，应用 SPSS 16.0 软件进行差异显著性分析和相关性分析。

2 结果与分析

2.1 渗透胁迫对鸭茅种子萌发抗旱指数的影响

随着干旱胁迫程度的加重，不同材料的萌发抗旱指数逐渐降低。高浓度胁迫对萌发抗旱指数影响较大，5%、10%和13% 3 种浓度胁迫下的萌发抗旱指数存在显著差异（表2-45）。

表2-45 不同浓度 PEG 胁迫下鸭茅种子的萌发特性

PEG 浓度/%	萌发抗旱指数 GDRI	活力抗旱指数 VI	相对发芽势 RGV	相对发芽率 RGR	相对胚芽长 REBL	相对胚根长 RRL
5	0.871a	2.426a	1.008a	0.850a	0.946a	0.967a
10	0.616b	1.346b	0.655b	0.523b	0.681b	0.648b
13	0.247c	0.266c	0.322c	0.175c	0.335c	0.358c

注：同一列不同字母表示 0.05 水平差异显著，下同

'宝兴'鸭茅的平均萌发抗旱指数为0.727，为所有参试材料中最高，其次是'斯巴达'和02-116，3份材料的平均萌发抗旱指数显著高于其他材料（P<0.05）；'金牛'、'古蔺'、'川东'、'德娜塔'、'波特'、01998的平均萌发指数为0.496～0.578，其中'波特'的萌发抗旱指数最低，为0.496（表2-46）。

表2-46　PEG胁迫下不同鸭茅种子的萌发特性

材料名称	萌发抗旱指数 GDRI	活力抗旱指数 VI	相对发芽势 RGV	相对发芽率 RGR	相对胚芽长 REBL	相对胚根长 RRL
宝兴	0.727d	2.317d	0.920b	0.652b	0.737c	0.786c
02-116	0.642bcd	2.102c	1.025b	0.624b	0.777c	0.775c
斯巴达	0.670cd	1.957c	1.013b	0.619b	0.743c	0.736c
德娜塔	0.526ab	0.933a	0.486a	0.438a	0.582abc	0.604abc
古蔺	0.519ab	0.903a	0.597a	0.489a	0.684bc	0.659bc
川东	0.504a	0.790a	0.454a	0.454a	0.599abc	0.623abc
波特	0.496a	0.713a	0.417a	0.421a	0.600abc	0.572abc
01998	0.539ab	1.125b	0.510a	0.438a	0.481a	0.504a
金牛	0.578abc	1.274b	0.535a	0.510a	0.680bc	0.660bc

2.2　渗透胁迫对活力抗旱指数的影响

随胁迫浓度增加，不同材料的活力抗旱指数逐渐降低，5%、10%和13% 3种浓度胁迫下的活力抗旱指数存在显著差异（表2-45）。不同材料的活力抗旱指数测定表明，'宝兴'的平均活力抗旱指数最高，为2.317，且与其余材料存在显著差异（P<0.05），其次是02-116、'斯巴达'，'金牛'、01998较低，依次为'德娜塔'、'古蔺'、'川东'，'波特'的活力抗旱指数最低（表2-46）。

2.3　渗透胁迫对相对发芽势和相对发芽率的影响

低浓度5% PEG胁迫下，对发芽势和发芽率影响较小，随胁迫浓度升高，相对发芽势和相对发芽率均在下降，高浓度10% PEG和13% PEG胁迫下相对发芽势和相对发芽率值与5% PEG胁迫下存在显著性差异（表2-45）。相对发芽势结果表明，02-116的相对发芽势值最高，'斯巴达'和'宝兴'的相对发芽势值较高，'波特'的相对发芽势值最低。轻微水分胁迫提高了02-116和'斯巴达'（RGV：1.025和1.013，均超过对照RGV：1）2个材料的发芽势，且高浓度胁迫对02-116、'斯巴达'和'宝兴'发芽势影响较小，因此水分胁迫对02-116、'斯巴达'和'宝兴'的发芽势影响较小（表2-46）。

相对发芽率数值表明，在供试材料中，'宝兴'的发芽率最高，水分胁迫对其发芽率影响较小，其次是02-116、'斯巴达'，相对较高，'波特'最低。不同PEG（0%、5%、10%、13%）浓度处理的发芽率分别为77%、80%、48%、16%。由此可见，低浓度PEG胁迫可提高种子的发芽率（表2-45）。

2.4 渗透胁迫对相对胚根长和相对胚芽长的影响

如表 2-45 所示，在 PEG 渗透胁迫处理下，胚根与胚芽的生长均受到明显抑制，并且胚根与胚芽生长受抑制程度与种子萌发抗旱指数间存在较好的一致性。相对胚根长和相对胚芽长的结果表明，'宝兴'、02-116 和'斯巴达'具有较长的胚根和胚芽，01998 的胚根和胚芽均最短（表 2-46）。这表明在渗透胁迫下根芽生长能力强的品种一般抗旱性也较强。

2.5 耐旱性综合评价及各性状相对值的相关性分析

利用模糊数学中隶属函数方法，对以上 9 个不同试验材料的萌发抗旱指数、活力抗旱指数、相对发芽势、相对发芽率、相对胚芽长、相对胚根长 6 个测定指标进行隶属函数值计算，得出 9 个鸭茅材料耐旱隶属函数总平均值范围为 0.139～0.935。'宝兴'总平均值最高，其次为 02-116 和'斯巴达'，总平均值分别为 0.935、0.883、0.824，而 01998 平均值最低，为 0.139（表 2-47）。结果表明，'宝兴'具有较高的抗旱性，而 01998 抗旱性相对较差。

表 2-47 耐旱指标隶属值及耐旱性综合评价

材料名称	萌发抗旱指数 GDRI	活力抗旱指数 VI	相对发芽势 RGV	相对发芽率 RGR	相对胚芽长 REBL	相对胚根长 RRL	平均值	耐旱名次
宝兴	1.000	1.000	0.855	1.000	0.823	0.929	0.935	1
02-116	0.705	0.830	0.981	0.898	0.973	0.910	0.883	2
斯巴达	0.790	0.741	0.909	0.819	0.883	0.801	0.824	3
德娜塔	0.381	0.140	0.155	0.152	0.372	0.424	0.271	7
古蔺	0.305	0.149	0.353	0.393	0.725	0.599	0.421	5
川东	0.284	0.080	0.145	0.245	0.484	0.537	0.296	6
波特	0.253	0.025	0.126	0.091	0.470	0.341	0.218	8
01998	0.330	0.198	0.156	0.147	0.000	0.000	0.139	9
金牛	0.524	0.353	0.275	0.425	0.696	0.605	0.480	4

对模拟干旱胁迫下供试材料的萌发抗旱指数、活力抗旱指数、相对发芽势、相对发芽率、相对胚芽长、相对胚根长的相对值进行了相关性分析，以上 6 个指标性状间的相关性都达到了显著和极显著水平（表 2-48）。结果表明，以上 6 个指标在鸭茅种子萌发期间可作为抗旱性鉴定的重要指标。

表 2-48 干旱胁迫下各性状的相关系数

指标	萌发抗旱指数 GDRI	活力抗旱指数 VI	相对发芽势 RGV	相对发芽率 RGR	相对胚根长 RRL	相对胚芽长 REBL
GDRI	1					
VI	0.981**	1				
RGV	0.898**	0.940**	1			

续表

指标	萌发抗旱 指数 GDRI	活力抗旱 指数 VI	相对发芽 势 RGV	相对发芽 率 RGR	相对胚根 长 RRL	相对胚芽长 REBL
RGR	0.957**	0.966**	0.958**	1		
RRL	0.661*	0.660*	0.716*	0.800**	1	
REBL	0.584*	0.601*	0.719*	0.763**	0.945**	1

注：*和**分别表示 5%和 1%的显著水平

2.6　胚根干重、胚芽干重和贮藏物质转运效率与鸭茅萌芽期抗旱性关系

在干旱胁迫条件下（表 2-49），胚根和胚芽的干重都明显地受到抑制，且不同鸭茅品种间差异比较明显。经相关分析结果表明，具有高 GDRI 值的种子胚根干重受胁迫后下降的幅度较小，胚根干重与种子萌发抗旱指数相关性呈显著性差异（$r=0.741$，$n=9$），同时胚芽干重降幅也相对较小，与 GDRI 值呈极显著性差异（$r=0.88$，$n=9$）。种子萌发期贮藏物质转运效率的研究结果表明（表 2-50），种子萌发抗旱指数高的品种，贮藏物质运转效率也较高，贮藏物质运转效率与种子萌发抗旱指数相关性呈极显著水平（$r=0.92$，$n=9$）。干旱胁迫大大降低了贮藏物质的运转效率，种子萌发抗旱指数低的品种所受影响明显增加，这与品种间受抑制程度的变化趋势大体一致。

表 2-49　渗透胁迫对胚根和胚芽干重的影响

品种	胚根干重/g				胚芽干重/g			
	对照	5% PEG	10% PEG	13% PEG	对照	5% PEG	10% PEG	13% PEG
宝兴	0.003 1	0.002 2	0.001 9	0.001 5	0.003 06	0.030 6	0.002 60	0.001 8
02-116	0.004 0	0.002 0	0.001 8	0.001 2	0.002 56	0.025 6	0.002 56	0.001 5
斯巴达	0.002 7	0.002 5	0.002 2	0.001 3	0.002 03	0.020 3	0.002 33	0.001 1
德娜塔	0.002 6	0.002 1	0.001 5	0.000 5	0.002 23	0.022 3	0.001 43	0.000 8
古蔺	0.002 6	0.002 3	0.001 8	0.000 9	0.002 06	0.020 6	0.001 96	0.001 0
川东	0.002 4	0.002 0	0.001 7	0.000 5	0.002 26	0.022 6	0.001 86	0.001 0
波特	0.002 4	0.002 0	0.001 5	0.000 0	0.002 26	0.022 6	0.001 56	0.000 0
01998	0.002 6	0.002 2	0.001 6	0.000 0	0.002 50	0.025 0	0.001 71	0.000 0
金牛	0.003 0	0.002 3	0.001 8	0.000 7	0.002 56	0.025 6	0.002 13	0.001 2

表 2-50　渗透胁迫对贮藏物质转运效率的影响

品种	对照	渗透胁迫 5% PEG	渗透胁迫 10% PEG	渗透胁迫 13% PEG
宝兴	60.345	37.951	37.19	33.000
02-116	61.594	33.382	32.881	30.337
斯巴达	58.000	39.289	36.444	28.571
德娜塔	56.989	32.003	24.155	18.310
古蔺	54.737	29.144	29.936	25.333

续表

品种	对照	渗透胁迫 5% PEG	渗透胁迫 10% PEG	渗透胁迫 13% PEG
川东	53.261	28.476	27.259	19.481
波特	51.579	30.299	23.795	0.000
1998	56.989	33.813	26.459	0.000
金牛	57.391	33.151	31.116	21.839

2.7 综合聚类分析

采用离差平方和-平方欧式距离法进行聚类分析并对参试的 9 个材料依据 9 个抗旱指标相对值进行综合抗旱性评价。结果表明在欧氏距离为 8 时，可将 9 份鸭茅种质材料划分为 2 个抗旱等级，相对抗旱的是 '宝兴'、02-116、'斯巴达'、'金牛'、'古蔺'，相对敏感的是 '川东'、'德娜塔'、'波特'、01998（图 2-4）。综合聚类方法与模糊数学中隶属函数方法结果基本一致。

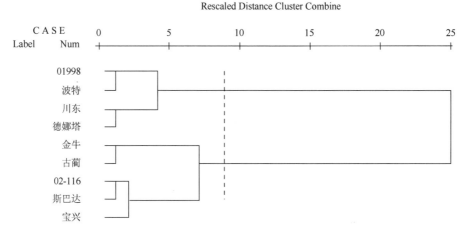

图 2-4　9 份鸭茅种质材料抗旱性聚类树状图

3　讨论

PEG 模拟干旱胁迫是通过调节溶液的渗透压来达到限制水分进入种子内的目的。众多研究表明，利用 PEG 模拟干旱胁迫，鉴定不同材料的耐旱性是一种比较可靠、快速的方法。但是 PEG 最佳胁迫浓度在不同的植物中也不同。杨剑平等（2003）研究认为，大豆萌芽期抗旱性鉴定最佳 PEG 溶液为 20%。王贺正等（2004）研究表明，25% 的 PEG 溶液浓度是鉴定水稻种质萌芽期的抗旱性最佳浓度。在本节预备试验中，设计浓度分别为 0%、5%、10%、13%、15%、20% 的 PEG 溶液测定种子发芽率，结果表明，在 5% PEG 处理时，9 种鸭茅的发芽率、发芽势、种子萌发指数均高于对照，表明低浓度胁迫对胚根和胚芽的影响较小，而且对种子萌发特性具有促进作用。浓度为 10% PEG 和 13% PEG

处理的种子萌发基本都受到不同程度的抑制，其中 13% PEG 处理的种子，在保证各材料均有发芽现象的情况下发芽率降低程度最低；15% 处理下，只有'宝兴'、02-116、'斯巴达'有发芽现象，发芽率均不超过 20%。而 20% PEG 胁迫处理下的种子几乎没有发芽，这可能是因为 20% PEG 浓度超过植株所能承受的胁迫强度，从而抑制植株生长，甚至死亡。因此综合考虑认为 13% PEG 溶液浓度胁迫处理 8d 可作为研究鸭茅萌芽期抗旱性鉴定的水分胁迫最佳模拟浓度。

萌发抗旱指数、活力抗旱指数、相对发芽率、相对发芽势、相对胚根长、相对胚芽长作为植物种子在水分胁迫下的耐旱指标，广泛用于鉴定水分胁迫下的耐旱性程度。本研究采用上述 6 个指标对 9 个鸭茅材料的耐旱性进行比较，不同指标间耐旱性顺序并不一致，这可能与种子萌发过程本身是一个极复杂的生理生化过程，抗旱性受多个因素影响有关，用单一抗旱性指标评价植物萌发期耐旱性具有一定的片面性（揭雨成等，2000）。许多研究表明采用模糊数学中求隶属函数值平均法和聚类分析可消除单因素评定的差异，全面反映植物的抗旱性（吕德彬和杨建平，1994）。吕德彬等利用多个生理性状隶属函数综合值评价小麦品种的抗旱性。胡标林对野生稻品种的抗旱指标函数的隶属值进行累加求其平均数，通过品种间比较以评定其抗旱性。本研究涉及的'宝兴'、02-116、01998 萌发期种子抗旱性能力与曾兵、高杨等的苗期抗旱能力具有较高的一致性。结合上述研究说明，萌芽期鉴定出的抗旱性较强的种质在苗期也具有较强的抗旱性。因此，耐旱性综合评价对于种子萌发期与苗期、全生育期抗旱性相关程度提供了一个理论参考。但是，植物萌发期耐旱性与其后期可能并不完全一致。因此，需要进行后期抗旱性鉴定，以充分反映不同植物或品种间的真实抗旱性。

种子萌发期贮藏物质转运效率的研究结果表明，贮藏物质转运效率与种子萌发抗旱指数与品种间受抑制程度的变化趋势大体一致。因此，种子萌发期贮藏物质转运效率可以作为鸭茅品种间抗旱性鉴定的一个重要指标，可用于大批量鸭茅品种耐旱性的快速评价。结合实际生产栽培来看，'宝兴'在南方地区广泛种植，表现了良好的抗旱性，01998 在生产栽培中最不耐旱，但水分充足条件下也表现出良好的生产性质，这与本研究的耐旱性评价结果一致（高杨等，2007）。本研究筛选出'宝兴'、02-116 等耐旱性较好的鸭茅品种（系），表现出较高的抗旱性，这些品种（系）为今后深入研究鸭茅耐旱机制和遗传特性及干旱与半干旱地的开发利用提供了良好的材料基础和种质资源。

第十节　鸭茅优异种质材料苗期抗旱性鉴定及综合评价

近年来，随着我国草业的发展，干旱已经成为了人工草地和半人工草地牧草生产与植被恢复的关键制约因素，是限制地区畜牧业发展的瓶颈。因此，提高牧草品种的耐旱性已经成为干旱及半干旱地区牧草生产亟待解决的问题之一（王颖等，2006）。目前，国内在鸭茅的植物学特性及利用、引种适应性评价（彭燕等，2007）、种质资源多样性（徐倩等，2011）等方面进行了研究和应用，但关于研究干旱胁迫对鸭茅生理特性影响的研究报道相对较少，主要集中在干旱胁迫条件下的生理变化（万刚等，2010；

王赞等，2008；高杨等，2007），模拟干旱胁迫-复水法对鸭毛生理响应机制研究尚未见报道。

本节利用光照培养箱模拟干旱胁迫-复水法，对收集的 9 份西南区主要栽培品种（系）在苗期生理生化等指标的变化进行了测定，比较不同干旱胁迫下鸭茅抗氧化酶活性，渗透调节物质积累和膜脂过氧化水平的响应水平，结合形态变化筛选出耐旱性强的种质材料，为鸭茅的抗旱品种选育，旱地资源开发利用，节水高产栽培提供基础理论依据。

1 材料和方法

1.1 试验材料

供试材料 9 份，均为四川农业大学近年选育的优良品种（系）及优异材料，其中国外引进鸭茅种质 5 份，国内种质 4 份（新品系 1 份）。种子由四川农业大学提供（表 2-51）。

表 2-51 材料编号及来源

材料编号	来源	品种（系）名
YA91-2	中国四川农业大学	宝兴
YA01998	中国云南	01998
YA02685	中国四川古蔺	古蔺
YA10-1	丹麦	金牛
YA09-2	美国	德娜塔
YA02123	中国湖北省畜牧兽医研究所	波特
YA05-262	中国四川达州	川东
YA12-1	丹麦	斯巴达
YA02-116	中国四川农业大学	滇北

1.2 试验设计

对参试品种（系）种子进行精选，选择均匀饱满种子，经 6%的次氯酸钠溶液消毒 5min 后，用蒸馏水冲洗 3～4 次，双层滤纸做发芽床，于 20℃光照培养箱中黑暗条件下催芽，当鸭茅出现第 2 片真叶时，选择健壮且长势一致的幼苗，定植于花盆（口径 16cm，底径 12cm，高 13cm）中，土壤的沙和黏土比例为 1∶1（V/V），装土量为 4kg。每盆定植幼苗 30 株，移栽后每两天浇灌 5.0mmol/L Hoagland 营养液，放入光照培养箱，温度设置为日夜 22℃/15℃（昼/夜），相对含水量 50%，光照 300μmol/（m^2·s），光周期 14h/10h（昼/夜）。待幼苗长出 4～5 片真叶时进行干旱处理，分别于停水当天（CK）和干旱胁迫 9d、18d、21d、24d 及复水后 6d 上午 10：00 时采样（叶片）测定生理生化指标，3 次重复。24d 时测定株高，10 次重复。

1.3　指标测定

土壤水分含水量（relative soil content）采用 TDR300 设备进行测定（李源，2007）。相对含水量（relative water content）采用烘干法测定（Topp，1980）；丙二醛（malondialdehyde，MDA）采用硫代巴比妥酸法测定（Barrs and Weatherley，1962）；电导率（electrolyte leakage，EL）采用电导仪测定（Dhindsa et al.，1981）；超氧化物歧化酶（superoxide dismutase，SOD）活性采用核黄素-NBT 法测定（Blum and Ebercon，1981）；过氧化氢酶（catalase，CAT）；过氧化物酶（guaiacol peroxidase，POD）活性测定用愈创木酚法（Giannopolities and Ries，1977）测定；游离脯氨酸（free proline）采用茚三酮比色法测定（Amalo et al.，1994）；可溶性碳水化合物含量采用蒽酮乙酸乙酯比色法测定（李合生，2000）；各生理生化指标的变化率=（$I_{24}-I_{CK}$）/I_{CK}，I_{24} 为各材料指标第 24 天测定值，I_{CK} 为各材料指标对照（CK）测定值。酶活性相对增加率=|（$I_{18}-I_{CK}$）/I_{CK}|，I_{18} 为各材料酶活性在第 18 天测定值，I_{CK} 为各材料酶活性对照（CK）测定值。株高为地上部分高度，用钢卷尺测量（精度 0.1cm）；差值=|F_6-I_{CK}|，F_6 为复水 6d 后各指标的测定值，I_{CK} 为各材料指标对照（CK）测定值。株高（绝对高度），用钢卷尺测量（精度 0.1cm）。

1.4　数据分析

采用 Excel 2003 进行数据统计及绘图；SPSS 17.0 软件进行单因素方差分析和 Duncan 多重比较（$P<0.05$）和相关性分析，SPSS 12.5 软件进行聚类分析。

2　结果与分析

2.1　干旱胁迫对叶片相对含水量（RWC）的影响

植物叶片相对含水量（RWC）是衡量叶片保水能力的一个常用指标，同时也反映植物在逆境胁迫下的水分亏缺状况。由表 2-52 可见，RWC 随着干旱胁迫时间的延长呈逐渐下降趋势。当胁迫到第 24 天时，其中以'宝兴'、02-116、'斯巴达'的 RWC 下降趋势相对平缓，变化率为 55.33%～60.52%，表现出较强的保水能力。01998 下降幅度最大，变化率为 72.93%，表现出较弱的保水能力。复水 6d 后，各种质材料的 RWC 均有不同程度的恢复，但均不能恢复到胁迫前的水平。其中'宝兴'、02-116 更接近胁迫前水平，差值较小，表现出较好的复水恢复能力；而 01998、'波特'的差值均较大，复水恢复能力相对较差。

表 2-52　干旱及复水对鸭茅种质材料含水量的变化

种质材料	干旱胁迫/d					复水/d	差值	变化率/%
	0	9	18	21	24	6		
宝兴	0.92bc	0.85bc	0.63ab	0.53b	0.41f	0.90	0.02	55.33
01998	0.93c	0.82ab	0.56a	0.41a	0.25a	0.82	0.11	72.93
古蔺	0.89a	0.81a	0.57ab	0.49ab	0.30abc	0.86	0.03	65.84

种质材料	干旱胁迫/d					复水/d	差值	变化率/%
	0	9	18	21	24	6		
金牛	0.94c	0.85c	0.65b	0.50ab	0.34cde	0.90	0.04	63.57
德娜塔	0.89a	0.82a	0.58ab	0.44ab	0.29abc	0.83	0.06	67.70
波特	0.89ab	0.82ab	0.56a	0.45ab	0.28ab	0.79	0.10	68.90
川东	0.89a	0.81a	0.58ab	0.51ab	0.32bcd	0.85	0.04	63.72
斯巴达	0.94c	0.85c	0.61ab	0.50ab	0.37def	0.86	0.07	60.52
02-116	0.94c	0.84bc	0.61ab	0.50ab	0.38ef	0.92	0.02	59.31

注：不同小写字母间差异显著（$P<0.05$）

2.2　干旱胁迫对叶片相对电导率（REC）的影响

电导率是评价植物细胞膜稳定性的一个重要指标，电导率的大小表示细胞膜透性的大小，从而反映细胞膜的受损程度。表 2-53 表明，随着干旱胁迫时间的延长，各材料叶片相对电导率呈逐渐上升趋势。在胁迫到第 24 天时，REC 上升幅度最大的是'古蔺'，变化率为 374.08%，表现出较弱的耐旱性；而'斯巴达'和'宝兴'在干旱胁迫期间维持较低的膜透性变化，变化率为 278.16%、300.68%，表现出较强的耐旱性。复水 6d 后，各材料的 REC 值急剧下降，但均没有恢复到胁迫前水平。其中'斯巴达'、'宝兴'、'金牛'更接近胁迫前水平，差值较小，表现出较好的复水恢复能力，而 01998 和'波特'的差值均较大，复水恢复能力相对较差。

表 2-53　干旱及复水对鸭茅种质材料电导率的变化

种质材料	干旱胁迫/d					复水/d	差值	变化率/%
	0	9	18	21	24	6		
宝兴	14.68ab	21.05ab	40.06a	51.57a	58.81a	21.62	6.94	300.68
01998	16.68b	31.66d	53.75c	64.36b	74.55c	34.28	17.60	347.01
古蔺	14.62ab	25.88bcd	44.49ab	57.96ab	69.33bc	27.44	12.82	374.08
金牛	15.16ab	22.26abc	46.37ab	54.63a	62.45ab	24.30	9.14	311.83
德娜塔	15.33ab	27.31cd	49.70bc	58.81ab	69.62bc	29.78	14.45	354.12
波特	16.95b	28.04cd	51.37bc	60.14ab	70.26bc	31.69	14.74	314.41
川东	15.85ab	28.29cd	46.16ab	55.30a	65.56ab	26.66	10.81	313.52
斯巴达	15.68ab	23.02abc	44.16ab	50.92a	59.28a	20.00	4.32	278.16
02-116	13.01a	19.71a	39.54a	52.25a	61.59ab	23.63	10.62	373.38

注：不同小写字母间差异显著（$P<0.05$）

2.3　干旱胁迫对丙二醛的（MDA）影响

丙二醛（MDA）是植物细胞膜脂过氧化伤害的主要产物之一，MDA 含量通常用于评价膜脂过氧化的程度。由表 2-54 可知，MDA 含量随着干旱胁迫时间的延长呈逐渐上升趋势。在干旱胁迫第 24 天，'宝兴'MDA 含量为 19.32mmol/g，相对变化率为 268.58%，其 MDA 含量和相对变化率均显著低于其他材料，表现出较强的抗旱能力。01998 和 '波特' 两个材料 MDA 整体上变化较大，其相对变化率分别为 506.63%、613.45%。复水 6d 后，各种质材料的 MDA 含量有不同程度的恢复，但都没有恢复到胁迫前的水平。其中，'宝兴' 的差值较小，表现出较好的复水恢复能力；01998 和 '波特' 的差值均较大，复水恢复能力相对较差。

表 2-54 干旱及复水对鸭茅种质材料丙二醛的变化（单位：mmol/g）

种质材料	干旱胁迫/d					复水/d	差值	变化率/%
	0	9	18	21	24	6		
宝兴	5.24a	8.10a	13.24a	15.80a	19.32a	7.28	2.04	268.58
01998	4.50a	13.43bc	21.06cd	24.95bc	27.28cd	17.62	13.12	506.63
古蔺	5.24a	9.54ab	14.49ab	19.96ab	23.99abc	14.11	8.87	357.81
金牛	5.48a	10.59ab	17.07abc	21.30abc	23.11abc	10.96	5.48	321.87
德娜塔	6.24a	11.64abc	18.40bc	23.47bc	26.28bcd	16.44	10.2	321.15
波特	4.24a	15.04c	24.34d	27.81c	30.26d	18.03	13.79	613.45
川东	5.84a	11.62abc	18.52bc	21.96abc	23.89abc	13.33	7.49	309.41
斯巴达	5.68a	10.02ab	14.49ab	16.25a	22.92ab	10.00	4.32	303.26
02-116	4.57a	8.38a	13.88a	15.58a	21.59abc	10.30	5.73	371.92

注：不同小写字母间差异显著（P<0.05）

2.4 干旱胁迫对叶片可溶性碳水化合物的影响

可溶性碳水化合物是很多非盐生植物的主要渗透调节剂之一，具有维持细胞膜稳定的作用（高俊风，2006）。由表 2-55 可见，随着干旱胁迫程度的加重，各材料的叶片可溶性碳水化合物逐渐升高。当干旱胁迫到 24d 时，其中'宝兴'、'斯巴达'的可溶性碳水化合物含量为最高，分别是 18.66mg/g、15.64mg/g，变化率分别为 140.82%、104.90%，变化较大。'波特'、01998 的可溶性碳水化合物含量最低，分别是 11.72mg/g 与 12.38mg/g，变化率分别为 75.49%、83.46%，变化较小。复水 6d 后，各种质材料的可溶性碳水化合物含量有不同程度的恢复，但均没有恢复到胁迫前的水平。其中'斯巴达'、'宝兴'的差值较小，表现出较好的复水恢复能力；'金牛'、'川东'和'德娜塔'的差值均较大，复水恢复能力相对较差。

表 2-55 干旱及复水对鸭茅种质材料可溶性碳水化合物的变化（单位：mg/g）

种质材料	干旱胁迫/d					复水/d	差值	变化率/%
	0	9	18	21	24	6		
宝兴	7.75a	9.63ab	12.03a	13.00ab	18.66c	9.44	1.69	140.82
01998	6.75a	7.97ab	9.58b	11.40a	12.38a	8.75	2.00	83.46
古蔺	6.42a	8.61ab	10.63b	12.11ab	14.39ab	9.75	3.33	124.31

续表

种质材料	干旱胁迫/d					复水/d	差值	变化率/%
	0	9	18	21	24	6		
金牛	5.75a	8.87ab	11.14ab	11.78ab	14.06ab	10.42	4.67	144.52
德娜塔	5.97a	7.12a	10.18b	12.24ab	13.05ab	9.97	4.00	118.59
波特	6.68a	8.36ab	9.96b	10.66a	11.72a	9.34	2.66	75.49
川东	6.52a	9.82ab	11.15ab	12.78ab	13.39ab	10.52	4.00	105.42
斯巴达	7.63a	10.77b	13.09a	15.00b	15.64b	8.96	1.33	104.90
02-116	6.44a	10.06b	12.14ab	14.00a	14.66ab	9.44	3.00	127.69

注：不同小写字母间差异显著（$P<0.05$）

2.5　干旱胁迫对叶片游离脯氨酸的影响

游离脯氨酸是植物体内较为重要的渗透调节物质。由表 2-56 可知，随着干旱胁迫时间的延长，叶片中游离脯氨酸呈逐渐增加的趋势。当干旱胁迫持续到第 24 天时，其中含量最高的是'宝兴'、02-116，分别是 250.89mg/g、248.25mg/g，显著高于其他参试材料；含量最低的是'波特'、01998、'德娜塔'，分别是 193.59mg/g、201.2mg/g、206.28mg/g。变化率最大的是'宝兴'、'波特'、'川东'，分别是 970.18%、934.50%、931.12%，变化率最小的是'金牛'、'德娜塔'，分别是 705.08%、782.31%。复水 6d 后，各种质材料的脯氨酸含量均有不同程度的恢复，其中'川东'、'古蔺'、'宝兴'的差值较小，表现出较好的复水恢复能力；'波特'的差值较大，复水恢复能力相对较差。

表 2-56　干旱及复水对鸭茅种质材料脯氨酸的变化（单位：mg/g）

种质材料	干旱胁迫/d					复水/d	差值	变化率/%
	0	9	18	21	24	6		
宝兴	23.44ab	43.42ab	159.63c	219.73d	250.89c	25.28	1.84	970.18
01998	21.71ab	45.97ab	126.26ab	169.18ab	201.20a	25.62	3.91	826.62
古蔺	22.38ab	46.21ab	127.82ab	186.63abcd	217.33ab	24.11	1.73	871.08
金牛	27.71b	38.93a	131.63ab	195.30bcd	223.11abc	31.30	3.59	705.08
德娜塔	23.38ab	48.31b	128.40ab	175.14abc	206.28a	26.44	3.08	782.31
波特	18.71a	45.04ab	121.00a	158.47a	193.59a	28.03	9.32	934.50
川东	21.71ab	48.29b	131.85ab	188.63abcd	223.89abc	23.33	1.62	931.12
斯巴达	23.05ab	50.02b	163.49c	209.58cd	240.95bc	25.33	2.28	945.49
02-116	25.05ab	48.38b	147.21bc	198.92bcd	248.25c	22.30	2.75	891.16

注：不同小写字母间差异显著（$P<0.05$）

2.6　干旱胁迫对叶片超氧化物歧化酶（SOD）的影响

SOD 是抵御活性氧伤害的"第一道防线"，SOD 活性越高，消除自由基及活性氧的能力越强，植物的抗逆性也越强（姜卫兵等，2002）。从表 2-57 可以看出，不同品种（系）

鸭茅材料 SOD 随着干旱胁迫的延长呈先上升后下降趋势，当干旱胁迫到第 24 天时，其中'宝兴'、02-116 的 SOD 活性为 241.90U/（g·min）和 231.90U/（g·min），显著高于其他参试材料，表现出较强的耐旱性；在整个干旱胁迫期间，'宝兴'、02-116 活性相对增加量最高，分别为 55.54%、51.60%。其余材料在干旱胁迫的 24d 时，SOD 活性维持在同一水平，差异不显著。复水 6d 后，各材料的 SOD 含量均有不同程度的恢复，其中'斯巴达'的差值较小，表现出较好的复水恢复能力；'古蔺'的差值较大，复水恢复能力相对较差。

表 2-57 干旱及复水对鸭茅种质材料超氧化物歧化酶的变化［单位：U/（g·min）］

种质材料	干旱胁迫/d					复水/d	差值	相对增加率/%
	0	9	18	21	24	6d		
宝兴	251.23a	341.70a	390.76c	330.21c	241.90b	258.32	17.50	55.54
01998	236.62a	302.64b	329.39a	279.85a	204.94a	224.94	11.70	39.20
古蔺	246.56a	319.22a	358.56abc	302.18abc	214.64a	224.64	21.90	45.43
金牛	245.53a	318.75a	366.23abc	305.52abc	227.35a	234.35	11.20	49.16
德娜塔	237.88a	312.08a	351.89abc	286.52ab	217.97a	231.31	6.60	47.93
波特	229.96a	307.22b	333.89ab	289.85ab	208.27a	238.27	11.70	39.15
川东	236.62a	324.23a	371.89bc	305.87abc	209.64a	230.64	5.90	47.17
斯巴达	253.33a	351.62a	369.56abc	312.54abc	225.35a	256.35	3.00	45.88
02-116	249.86a	344.96a	378.79c	321.54bc	231.90b	261.90	12.00	51.60

注：不同小写字母间差异显著（$P<0.05$）

2.7 干旱胁迫对叶片过氧化物酶（POD）的影响

POD 在植物应对干旱等胁迫过程中发挥着重要作用，主要清除不同细胞定位的 H_2O_2（邱真静等，2011），POD 活性越高，清除 H_2O_2 能力越强，植物的抗性也越强。从表 2-58 可知，当干旱胁迫到第 24 天时，'宝兴'、02-116 的 POD 仍然维持着较高的活性，分别为 693.76 U/（g·min）、658.56U/（g·min），显著高于其他试验材料。01998 和'波特'POD 活性最低，分别为 332.14U/（g·min）、345.48U/（g·min）。POD 活性相对增加量变化最大的为'宝兴'、02-116；变化最小的为 01998、'德娜塔'。复水 6d 后，各材料的 POD 含量均有不同程度的恢复，其中'宝兴'差值最小，复水恢复能力最强，01998 和'斯巴达'差值较大，复水恢复能力相对较差。

表 2-58 干旱及复水对鸭茅种质材料过氧化物酶的影响［单位：U/（g·min）］

种质材料	干旱胁迫/d					复水/d	相对增加率/%
	0	9	18	21	24	6	
宝兴	515.93ab	1087.01b	2795.42d	1528.97b	693.76d	778.71c	441.82
01998	543.68ab	896.94a	2083.24a	1206.99ab	332.14a	424.94a	283.17
古蔺	537.01ab	936.49ab	2381.83abc	1395.74ab	467.97ab	518.57a	343.53

续表

种质材料	干旱胁迫/d					复水/d	相对增加率/%
	0	9	18	21	24	6	
金牛	556.65ab	996.57ab	2566.83bcd	1399.28ab	504.02bc	589.57ab	361.12
德娜塔	562.21b	910.13a	2195.16ab	1279.28ab	484.64ab	501.57a	290.45
波特	526.27ab	876.80a	2248.49ab	1140.32a	345.48a	434.91a	327.25
川东	478.12a	963.24ab	2496.83bcd	1432.62ab	519.64bc	551.91ab	422.22
斯巴达	511.44ab	1073.92b	2687.21cd	1545.95b	592.02bcd	689.57bc	425.42
02-116	517.87ab	1023.25ab	2673.72cd	1479.28ab	658.56cd	737.41c	434.37

注：不同小写字母间差异显著（$P<0.05$）

2.8 干旱胁迫对叶片过氧化氢酶（CAT）的影响

CAT 作用于抗氧化保护的第二步，将 H_2O_2 转化为 H_2O 和 O_2，在植物应对干旱等胁迫过程中发挥着重要作用（Asada，1999）。由表 2-59 可知，干旱胁迫第 24 天时，'宝兴'、02-116 的 CAT 活性最高，分别为 91.54μmol/g、87.40μmol/g，变化率分别为 534.49%、627.91%，变化较大；01998、'波特'、'川东' 的 CAT 活性较低，分别为 62.45μmol/g、65.48μmol/g、68.64μmol/g，变化率分别为 471.86%、333.79%、483.98%，变化较小。复水 6d 后，各种质材料的可溶性碳水化合物含量有不同程度的恢复，其中'金牛'、'宝兴'差值较小，复水恢复能力最好，01998 差值较大，复水恢复能力较弱。

表 2-59 干旱及复水对鸭茅种质材料过氧化氢酶的影响［单位：μmol/（g·min）］

种质材料	干旱胁迫/d					复水/d	差值	相对增加率/%
	0	9	18	21	24	6		
宝兴	50.66ab	129.58de	321.41d	163.55d	91.54c	53.71	3.05	534.49
01998	43.10a	84.96a	246.49ab	121.89ab	62.45a	59.34	16.24	471.86
古蔺	55.35ab	112.91cd	279.82bcd	142.41bcd	77.10abc	58.57	3.22	405.58
金牛	55.99b	133.01e	293.16bcd	132.62abc	83.77abc	56.24	0.25	423.62
德娜塔	53.21ab	93.47ab	258.49abc	139.28cd	75.31abc	59.57	6.36	385.77
波特	49.60ab	86.80a	215.16a	110.32a	65.48ab	58.91	9.31	333.79
川东	45.12ab	106.24bc	263.49abc	132.51abc	68.64ab	52.91	7.79	483.98
斯巴达	49.11ab	136.58e	304.45cd	142.74bcd	80.35abc	58.57	9.46	519.93
02-116	43.66ab	119.58cde	317.78d	154.49cd	87.40bc	54.41	10.75	627.91

注：不同小写字母间差异显著（$P<0.05$）

2.9 干旱胁迫对株高（PH）的影响

干旱胁迫下植株形态会发生相应的变化，其中株高变化最直观（Hrishikesh et al.，2008）。随着干旱胁迫时间的延长，参试鸭茅材料生长速度均受到抑制，胁迫程度越重，抑制作用越显著。当干旱胁迫持续到第 24 天时，参试材料的株高与正常浇水的对照相比较，'宝兴'、'德娜塔'、02-116 株高较高，差值较小，其抗旱性能较强；而 01998、'波特'的株高较矮，胁迫导致差值较大，表明抗旱性能较弱（表 2-60）。

表 2-60 干旱胁迫下鸭茅种质材料株高的比较

种质材料	CK 株高/cm	胁迫株高/cm	差值/cm
宝兴	37.98	34.43	3.55abc
01998	35.67	27.33	8.34a
古蔺	34.77	30.12	4.65bc
金牛	35.43	30.65	4.78bc
德娜塔	36.66	32.87	3.79abc
波特	33.32	26.50	6.82ab
川东	35.65	31.36	4.29bc
斯巴达	38.34	32.50	5.84ab
02-116	37.54	33.65	3.89abc

注：不同小写字母间差异显著（$P<0.05$）

3 综合评价

3.1 抗旱指标相关性分析

由表 2-61 可知，鸭茅叶片保护酶活性和膜脂过氧化作用对干旱胁迫的反应呈正相关。在轻度干旱胁迫下，保护酶活性与膜脂过氧化作用相关系数达显著水平；在严重干旱胁迫条件下，保护酶主要测定指标与膜脂过氧化作用相关系数达极显著水平，各指标间密切相关。在复水 6d 后，保护酶活性 POD、CAT 与膜脂过氧化作用呈极显著正相关。

表 2-61 干旱胁迫下鸭茅叶片保护酶活性、膜脂过氧化作用的相关系数

相关因子	EL	MDA	SOD	POD	CAT
轻度干旱胁迫（第 9 天）	0.583**	0.277	0.297	0.468*	0.568**
中度干旱胁迫（第 18 天）	0.559**	0.391*	0.402*	0.465*	0.375
严重干旱胁迫（第 24 天）	0.819**	0.615**	0.422*	0.710**	0.514**
复水（第 6 天）	0.611**	0.76**	0.329	0.722**	0.551**

注：*表示显著相关（$P<0.05$），**表示极显著相关（$P<0.01$）

3.2 综合聚类分析

采用 SPSS 12.5 对供试的 9 个种质材料依据 9 个生理指标特性系统聚类来进行分析，结果表明在欧氏距离为 13 时，可将其大致分为 3 个抗旱等级，相对抗旱的是'宝兴'、02-116、'斯巴达'。它们主要的抗旱性指标均显著高于其他种质材料。中等抗旱的是'金牛'、'古蔺'、'川东'、'德娜塔'。相对敏感的是'波特'、01998。这两个材料在整个干旱胁迫期间表现出较高的膜脂过氧化水平及较低的保护酶活性和渗透调节物质的积累（图 2-5）。

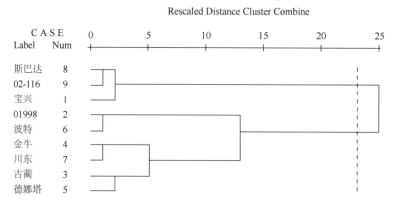

图 2-5 9 份鸭茅种质材料抗旱性聚类树状图

4 讨论与结论

干旱作为限制植物生长和发育的主要逆境因子之一，在植物受到干旱胁迫时，机体不同物质代谢都会随之发生变化来抵御干旱的侵袭，以最大限度减轻干旱胁迫造成的伤害，这些防御机制引起植物体内一系列生理生化的变化。植物叶片相对含水量（RWC）是反映植物在逆境胁迫下的水分亏缺状况，干旱胁迫下维持较高 RWC 水平的植物较耐旱，反之则不耐旱。细胞膜的透性变化在维持细胞的膨胀和生理功能中起着关键的作用，而电解质泄漏作为衡量膜透性大小的可靠指标，电解质泄漏值的增加通常被认为是细胞膜损坏或变质（林叶春等，2012），已被广泛用于评价植物抗旱性（Simon，1974；Blum and Ebercon，1981）。丙二醛（MDA）是膜脂过氧化作用的产物之一，具有很强的细胞毒性，被广泛地用作氧化损伤的分析（Rachmilevitch et al.，2006），高杨等研究表明，干旱胁迫条件下，鸭茅叶片丙二醛含量呈逐渐增加趋势，增幅小的品种抗旱性强，增幅较大的品种抗旱性较弱（王赞，2008）。渗透调节物质（脯氨酸、可溶性碳水化合物）的积累是植物适应干旱胁迫的主要生理机制，而且抗旱性强的品种积累量大于抗旱性弱的（Xu and Huang，2011）。SOD、POD、CAT 是抗氧化保护酶系统中的关键酶，植物对逆境的适应能力和抗性与保护酶的活性密切相关（Lima et al.，2002；Martino et al.，2003），曾兵等研究表明，不同品种的鸭茅保护酶活性随着干旱胁迫的加剧，呈现先升高后下降的趋势（Sundar et al.，2004）。本研究中，参试的鸭茅材料保护酶对干旱胁迫的响应方式和上述结果完全一致，各材料保护酶活性也呈先增加后降低的趋势。其中抗旱性强的材料保护酶活性相对增加值较大，复水后下降较快，而抗旱性弱的材料在一定限度胁迫下酶活性有所增加，相对增加值较小，严重胁迫下则大幅度下降，复水后则呈缓慢下降趋势。说明'宝兴'、02-116、'斯巴达'等材料在干旱及复水条件下具有更积极的抗氧化清除响应系统及更高的清除活性氧和修复的能力。

本研究中，鸭茅叶片保护酶活性和膜脂过氧化作用对干旱胁迫的反应呈正相关。葛体达等的研究也得出类似结果，即作物抗干旱逆境的能力与保护酶活性的大小及其防御功能是相关联的（韩建秋，2010）。在重度干旱胁迫下，保护酶活性与 MDA 含量呈显著正相关，即 SOD、POD 和 CAT 保护酶活性的下降与 MDA 大量积累密切相关。一方面由于干旱胁迫下植物机能受到过度损伤，合成 SOD、POD 和 CAT 的能力下降，使有害自由基积累或超过伤害阈值，导致鸭茅体内活性氧的形成和清除系统之间的平衡被打破，直接或间接促进膜脂过氧化反应使 MDA 含量增加，膜系统受损；另一方面，MDA 的积累反过来又抑制 SOD、POD 和 CAT 活性，降低保护酶系统的抗氧化作用，导致膜系统受损加重。这也许就是'宝兴'、02-116、'斯巴达'等材料在干旱条件下能够保持较好的细胞膜稳定性和较低 MDA 含量的主要原因。因此，在重度干旱胁迫条件下，各指标间呈显著正相关，表明保护酶活性的大小决定植物抗干旱能力的强弱。

可溶性碳水化合物、脯氨酸等作为植物体内重要的渗透调节物质。渗透调节物质的积累可以调节植物细胞内的渗透势，维持水分平衡，提高抗逆性（Martino et al.，2003）。植物上大量研究表明，抗旱性强的品种可溶性碳水化合物、游离氨基酸、脯氨酸等渗透调节物质的积累量要大于抗旱性弱的（Chaves et al.，2003）。在本试验中，各鸭茅材料的游离脯氨酸、可溶性碳水化合物含量都随着干旱胁迫时间的延长而增加，干旱最后一天各材料的渗透调节物质的含量均达到最大值。在干旱后期及复水过程中，'宝兴'、02-116、'斯巴达'的渗透调节物质含量显著高于其他各材料，可以推断'宝兴'、02-116、'斯巴达'自身的渗透调节能力要优于其他鸭茅材料。'宝兴'、02-116、'斯巴达'敏感的渗透调节模式，使得它能够在胁迫过程中始终保持较高的相对含水量，维持细胞生长、气孔开放和光合作用等生理过程的进行。

综上所述，本研究筛选出'宝兴'、02-116、'斯巴达'作为耐旱性较好的鸭茅品种（系），这些品种（系）为今后深入研究鸭茅耐旱机制和遗传特性及干旱与半干旱地的开发利用提供了良好的材料基础和种质资源。而抗旱性较弱的品种'波特'、01998，可作为研究抗旱生理机制的敏感型品种。

第十一节　干旱胁迫对鸭茅根系生长及叶片光合特性的影响

干旱胁迫常常影响植物生长发育，是造成植物生产严重损失的非生物胁迫之一（Boyer，1982）。苗期生长是鸭茅生长的关键阶段，干旱胁迫易导致越冬前生长受到抑制、难以壮苗、分蘖不足，并对后期生长带来一系列不可逆的负效应（Magnani et al.，2000），严重影响鸭茅的产量水平。根系作为植物吸收水分、养分及固定植株的器官，其根系活力、数量、干物质量直接影响地上部分的生长发育（Davies and Zhang，1991）和抗旱性的强弱（Yousfi et al.，2010）。叶片是光合作用的主要器官，是植物生长的基础，是植物生产力构成的最主要因素（Li et al.，2002）。但是，水分胁迫又是影响光合作用的主要原因（Chaves et al.，2009）。近年来，光合生态特性在鸭茅上的研究主要集中在群落光合生理生态特性，探讨草地混播组合的生态适应性（Sanderson and Elwinger，2002；Kevin and Jensen，2003），关于环境和水分等单一因素对叶片组织的影响研究较多（Jaleel et al.，2009；Suarez，2011），并且研究主要局限于单个器官或组织、单个耐旱环节，未研究各个环节之间的相互关系；将根系研究与叶片研究相结合来研究不同土壤水分胁迫对鸭茅光合生理特性的影响和抗旱阈值尚未见报道。

本研究以耐旱型的鸭茅材料'宝兴'和敏感型材料 01998 为试验材料，研究不同土壤相对含水量对根系与叶片光合生理的影响，分析不同土壤含水量胁迫下鸭茅根系水分吸收与叶片光合作用及植株生长的关系，揭示鸭茅对干旱胁迫的适应机制，以期为干旱、半干旱地区实施节水栽培和制定合理的减灾措施提供理论依据。

1　材料与方法

1.1　试验材料

供试鸭茅材料为 01998（敏感型材料）和'宝兴'（耐旱型材料）。精选均匀饱满种子，经 6%的次氯酸钠溶液消毒 5min 后，用蒸馏水冲洗 3～4 次，双层滤纸做发芽床，于 20℃光照培养箱中黑暗条件下催芽，当鸭茅出现第 2 片真叶时，选择健壮且长势一致的幼苗，定植于花盆（20cm×30cm）中，土壤的沙和黏土比例为 1:1（V/V），装土量为 4kg，土壤持水量为 31%。每盆定植幼苗 30 株，移栽后每两天浇灌 5.0mmol/L Hoagland 营养液，放入光照培养箱，温度设置为昼夜 22℃/15℃，相对含水量 50%，光照 300μmol/（m^2·s）PAR，光周期 14h/10h（昼/夜）。

1.2　试验设计

设置 6 个土壤水分处理：土壤相对含水量分别为 70%（CK）、50%、40%、30%、20% 和 10%，每处理 6 次重复。试验处理前保持土壤相对含水量在 70%左右，2d 修剪一次，保持 7cm 冠层高度，开始干旱处理后停止修剪。当土壤相对含水量从 70%（CK）分别降到 50%、40%、30%、20% 和 10%时，测定有关生理指标和光合作用参数。

1.3　测定项目与方法

1）植株生物量、根冠比和根系数量，每处理取 10 株幼苗，分为地上部与根系两部分，110℃杀青 10min，于 80℃烘干至恒量后分别称生物量。植株生物量=地上部生物量+根系生物量，根冠比=根系生物量/地上部生物量，根系数量为每个处理期根的数量总和。

2）叶片含水量采用烘干法，测定相对含水量（RWC）（%）=（鲜重–干重）/（饱和鲜重–干重）×100%（Barrs and Weatherley，1962）。

3）根系活力采用四氮唑法 TTC 还原法（Chen and Gusta，1983）。

4）叶片细胞质膜相对透性采用电解质外渗量法测定。将新鲜叶片用去离子水冲洗两次，并用滤纸擦干，放入盛有 15mL 去离子水的试管中，振荡 30min 后静置 20min，测定电导率 S_1，封管口放入高压锅煮 20min，冷却后再振荡 30min，静置 20min 后测定电导率 S_2，计算细胞质膜相对透性。

5）叶绿素含量测定采用比色法。取旗叶叶片，量取叶面积并剪成数段放入 50mL 丙酮：乙醇提取液（$V:V$=1:1），在 25℃黑暗条件下提取 24h，测定提取液在 663nm、645nm 处的吸光值（A），叶绿素总含量=（$8.02A_{663}+20.2A_{645}$）×V/M×1000（Li et al.，2002）。

6）按照试验设计，选取健康的旗叶，采用 Li-6400 便携式光合作用测定仪（LiCor Inc.，Lincoln，NE，USA）在每个处理期的 10:00～11:00 测定净光合速率（P_n）、蒸腾速率（T_r）、气孔导度（G_s）、胞间 CO_2 浓度（C_i）。

7）利用活体叶面积测量仪 TMJ 测定单株叶面积。

1.4　数据处理

采用 SPSS 17.0 和 SAS 软件进行数据分析。采用单因素方差分析法（Duncan 法）分析处理材料间的差异显著性（$P<0.05$），采用 Excel 2007 软件作图。

2　结果与分析

2.1　干旱胁迫对鸭茅幼苗根系生长的影响

由图 2-6 可知，干旱胁迫条件下随着土壤相对含水量（SWC）的下降，不同抗旱型的鸭茅幼苗根系活力均呈现出先增强后下降的趋势，土壤含水量从 70% 降到 30% 时，幼苗根系活力持续上升并达到最大值。土壤含水量从 50% 降到 30% 时，敏感型材料 01998 幼苗根系活力均高于对照，但差异不显著。而土壤含水量从 70% 降到 20% 期间，耐旱型品种'宝兴'幼苗根系活力一直高于对照，并且在土壤含水量为 50%→30% 显著高于对照。土壤相对含水量降到 20% 时，两个材料幼苗根系活力都开始急剧下降，但此时'宝兴'根系活力仍然高于 01998，表现出较强的抗旱性。

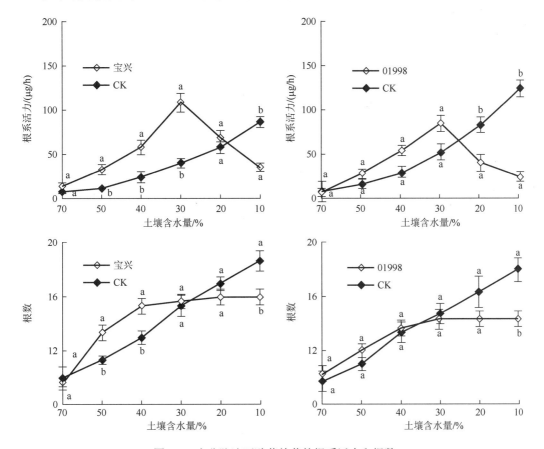

图 2-6　水分胁迫下鸭茅幼苗的根系活力和根数

不同小写字母表示处理间差异显著（$P<0.05$）

在整个试验期间，干旱胁迫显著降低了两个鸭茅材料根系数目。SWC 50%→40%干旱胁迫下，两个鸭茅材料根系数目均高于各自对照。其中，'宝兴'的生根能力明显高于对照。但随干旱胁迫时间的延长，两种试验材料的根系数目趋于平稳并逐渐低于对照。

2.2　干旱胁迫对鸭茅幼苗生长的影响

由表 2-62 可以看出，干旱胁迫抑制了鸭茅幼苗叶片的生长，土壤含水量为 10%时，干旱胁迫下 01998 的单株叶面积为对照的 56.9%，'宝兴'的单株叶面积为对照的 79.2%，差异均达显著水平；干旱胁迫下 01998 的地上部生物量和根系生物量均显著低于对照，而'宝兴'与对照差异不显著；干旱胁迫显著降低了 2 个材料幼苗的植株生物量，土壤含水量为 10%时，01998 的植株生物量为对照的 72.3%，'宝兴'为对照的 88.9%；干旱胁迫对 2 个材料幼苗的根冠比影响不显著。

表 2-62　干旱胁迫下鸭茅幼苗的叶面积、植株生物量和根冠比

材料	处理	叶面积/（cm²/株）	地上生物量/g	地下生物量/g	植株生物量/g	根冠比
宝兴	对照 CK	78.32±6.47a	0.54±0.03a	0.18±0.01a	0.72±0.05a	0.33±0.01a
	水分胁迫	62.01±4.02b	0.48±0.06a	0.16±0.02a	0.64±0.05a	0.32±0.01a
01998	对照 CK	86.01±8.17a	0.49±0.02a	0.16±0.02a	0.65±0.05a	0.33±0.01a
	水分胁迫	49.01±7.57b	0.35±0.06b	0.12±0.01b	0.47±0.05b	0.34±0.01a

注：不同小写字母表示处理间差异显著（$P<0.05$）

2.3　干旱胁迫对鸭茅幼苗叶片含水量和细胞质膜相对透性的影响

由图 2-7 可以看出，鸭茅幼苗叶片相对含水量随着土壤相对含水量的下降而下降。其中，敏感型 01998 的相对含水量在整个试验期间均低于'宝兴'。土壤相对含水量从 70%降到 30%时，其叶片相对含水量的变化无显著差异；而当土壤相对含水量为 20%时，01998 幼苗叶片相对含水量与'宝兴'比较显著下降（$P<0.05$），耐旱型材料'宝兴'仍保持较高水平，具有更强的保水能力。

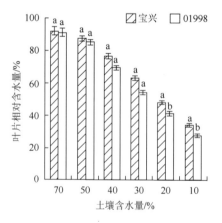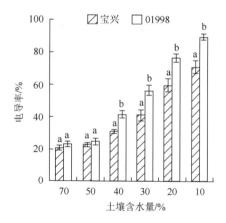

图 2-7　干旱条件下鸭茅幼苗叶片细胞质膜相对透性（电导率）和叶片相对含水量的变化

不同小写字母表示处理间差异显著（$P<0.05$）

随着土壤相对含水量的逐渐降低和时间的延长，2 种试材的叶片细胞质膜相对透性呈现逐渐上升的趋势。土壤相对含水量从 70%降到 50%时，2 个鸭茅材料叶片细胞质膜相对透性没有明显变化；土壤相对含水量从 40%降到 10%期间，'宝兴'叶片细胞质膜相对透性持续增加，而 01998 的细胞质膜相对透性呈急剧增加趋势，此阶段，01998 叶片细胞质膜相对透性显著高于'宝兴'，表明 01998 鸭茅幼苗细胞质膜受到的伤害更重。

2.4   干旱胁迫对鸭茅幼苗叶片叶绿素的影响

由图 2-8 可以看出，随土壤含水量的减少和时间的延长，不同耐旱型鸭茅幼苗叶片单位面积的叶绿素含量逐渐降低。干旱胁迫下，'宝兴'叶绿素含量的下降幅度较为稳定，为 $0.98mg/cm^2$，01998 叶绿素含量下降幅度较大，达 $1.32mg/cm^2$，说明 01998 叶绿体在干旱条件下的稳定性较差，抗旱性较弱。

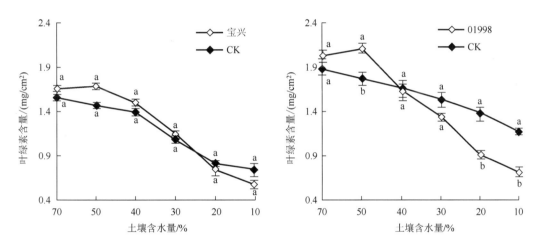

图 2-8   干旱胁迫下鸭茅幼苗叶片的叶绿素含量

不同小写字母表示处理间差异显著（$P<0.05$）

2.5   干旱胁迫对鸭茅幼苗叶片光合作用的影响

2.5.1   干旱胁迫条件下叶片净光合速率的变化

由图 2-9 可以看出，在干旱胁迫条件下，不同试材鸭茅幼苗叶片的净光合速率（P_n）显著低于处理前（SWC：70%）；随着胁迫时间的延长，土壤含水量降低，P_n 均急剧下降并逐渐趋于平稳。当土壤含水量从 70%降到 30%时，01998 的 P_n 显著低于'宝兴'；当土壤相对含水量低于 20%时，P_n 逐渐趋于平稳，但两个试材间的差异不显著。

2.5.2   干旱胁迫条件下叶片蒸腾速率的变化

干旱胁迫条件下，植物通过降低蒸腾速率来维持体内水分收支平衡，这是植物避旱的一种适应方式（Irigoyon，1992）。由图 2-9 可以看出，干旱处理前，两个材料的蒸腾速率（T_r）均处于较高水平；随着土壤相对含水量的下降，T_r 呈现出明显的下降趋势，且胁迫程度越高，其下降幅度越大；整个试验期间，品种 01998 和'宝兴'叶片的 T_r 平均降幅分别为 13% 和 31%，表明 01998 对干旱的敏感性高于'宝兴'；当土壤含水量低于 20% 时，'宝兴'的 T_r 显著低于 01998。

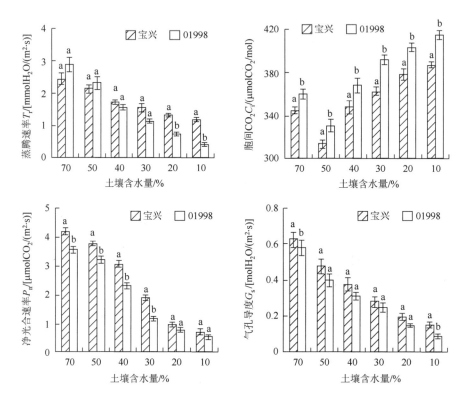

图 2-9　干旱胁迫下小麦幼苗叶片的光合参数

不同小写字母表示处理间差异显著（$P < 0.05$）

2.5.3　干旱胁迫条件下鸭茅叶片气孔导度的变化

由图 2-9 可以看出，当土壤含水量从 70% 下降到 10% 时，01998 和'宝兴'鸭茅材料幼苗叶片的气孔导度分别由 0.62molH$_2$O/（m^2·s）和 0.57molH$_2$O/（m^2·s）下降到 0.15molH$_2$O/（m^2·s）和 0.09molH$_2$O/（m^2·s）。在干旱胁迫期间，'宝兴'气孔导度值明显高于 01998。其中，在土壤相对含水量为 10% 时，'宝兴'G_s 值显著高于 01998，说明干旱胁迫诱导了鸭茅叶片气孔关闭，同时降低蒸腾以减少水分的散失。

2.5.4　干旱胁迫条件下鸭茅叶片胞间 CO$_2$ 浓度的变化

随着干旱胁迫的进行（土壤含水量从 70% 降到 50%），两种试材胞间 CO$_2$ 浓度（C_i）出现不同程度的下降，当土壤含水量低于 40% 时，又开始缓慢上升。这种趋势一直持续到干旱胁迫结束，且 01998 的 C_i 均显著高于'宝兴'。

3　讨论

　　根是植物活跃的吸收器官和合成器官，根系的生长状况与地上部分的生理代谢直接影响地上部分的光合反应及产量水平。干旱胁迫诱导根系迅速产生化学信号并向上传导促使叶片气孔关闭，减少蒸腾散失（Jia and Zhang，2008），通过自身形态变化和生理特征调整来适应胁迫后的水分环境（Asseng et al.，1998；Eapen et al.，2005）。本研究中，干旱胁迫通过降低生长速率和叶片衰老途径，减少叶面积，从而抑制鸭茅生长，导致生物量显著降低，这个结果与 Efeoglu 等（2009）研究一致；干旱胁迫初期 2 个鸭茅材料幼苗的根系活力均高于对照，提高根系活力有利于提高根系对水分吸收能力，这是一种对干旱胁迫的适应性反应。敏感型材料 01998 在土壤含水量为 30% 时根系活力停止升高，地上部分和根系生长均受到显著抑制；而耐旱型材料'宝兴'在干旱胁迫下维持根系活力能力显著优于 01998，根系生长受到的影响也相对较小，特别是根数和根系生物量在胁迫后期与对照无显著差异。这说明干旱条件下耐旱型材料可以维持较高的根系数量、生物量和根系活力，从而避免地上部生长过度受抑，减轻干旱的危害。

　　土壤干旱胁迫严重影响植物生长和代谢，其中对光合作用的影响尤为突出和重要（Munns，1993）。影响植物光合作用的因素可分为气孔因素和非气孔因素（Winter and Schromm，1986）。本研究中，随着土壤干旱胁迫程度的加剧，两个抗旱型鸭茅均表现出净光合速率、蒸腾速率降低，气孔导度下降表现出气孔阻力升高，由此与 Lakso（1979）得出的判断一致，气孔因素限制是干旱胁迫下植物光合速率下降的主要原因；而其他研究表明，干旱胁迫下净光合速率下降的主要原因来自非气孔因素限制，干旱胁迫导致叶肉细胞损伤、降低光合酶的活性（Bethke Paul and Drew，1992），光合作用表观量子效率下降使植物的光合速率降低（Lawlor and Cornic，2002）。判断气孔因素是否是导致光合速率下降的原因，不仅要看气孔导度的大小，还要分析胞间 CO_2 浓度的变化（Farquhar and Sharkey，1982）。当光合速率、气孔导度、胞间 CO_2 浓度均降低，则说明是气孔因素限制所致；如果当光合速率、气孔导度降低，而 CO_2 浓度升高，则表明导致光合速率下降的主要原因是叶肉细胞损伤，降低光合能力即非气孔因素限制。本研究中，不同土壤含水量胁迫下，2 个鸭茅随干旱胁迫加剧，叶片光合速率与气孔导度下降趋势相一致，胞间 CO_2 浓度呈先降后升的趋势，在土壤含水量为 50% 时，胞间 CO_2 有所下降，当土壤含水量低于 40% 时，光合速率和胞间 CO_2 浓度显著降低，而胞间 CO_2 却急剧升高，这在 01998 表现得尤为突出，说明 2 份鸭茅材料在轻度水分胁迫（SWC：70%→50%）时，光合作用所受影响以气孔限制为主，而在重度水分胁迫（SWC：40%→10%）时，CO_2 利用效率极低，以非气孔限制为主，同时，重度胁迫对 01998 的影响更为显著。因此，非气孔限制是鸭茅叶片 P_n 下降的主要原因。两个材料 P_n 的下降程度不一样，'宝兴'下降程度小于 01998，说明'宝兴'受到气孔限制和非气孔限制程度相对较小，表明'宝兴'比 01998 耐旱性更强。

　　干旱胁迫下土壤相对含水量从 70%（对照）降到 50% 时，虽然不同抗旱型鸭茅幼苗叶片相对含水量和气孔导度有所下降，叶片质膜相对透性变化幅度较小，但其根系数量和活力在逐渐上升，叶绿素含量均出现最高值，分别为 1.69mg/cm^2 和 2.01mg/cm^2。说明轻度干旱胁迫（SWC：70%→50%）促进根系活力的提高，叶片的叶绿素含量增加，根系活力的提高保证了体内新陈代谢所需水分，叶片中增多的叶绿素含量提高了有效光能的捕获率，从而增强了幼苗的净光合速率，促进了植株的健壮生长；土壤相对含水量从 40%降到 30%时，虽然幼苗叶片相对含水量继续下降，但仍在 50%以上，根系活力均达到最高值，而叶绿素含量、净光合速率和蒸腾速率持续下降，根系细胞质膜相对透性大幅上升。此时段表明，2 种幼苗的光合作用都受到一定程度的抑制；土壤相对含水量从 20%降到 10%时，叶片相对含水量下降到 50%以下，根系活力显著下降，叶片质膜相对透性大幅上升，气孔导度的明显下降（气孔因素）及叶肉细胞受到损失（非气孔因素）导致 CO_2 同化效率减弱，从而使幼苗净光合速率大幅下降。本研究表明，土壤相对含水量最好控制在 40%～50%，才能促进幼苗的健壮生长。

综上所述，干旱胁迫降低了鸭茅幼苗叶片的蒸腾速率，增加了气孔阻力，维持相对较高的光合速率。同时，提高根系活力和吸水能力，维持较高根系生物量、叶片含水量、叶面积和光合速率，以缓解干旱对生长的抑制。这是决定鸭茅耐旱性的关键因素。本研究中，土壤相对含水量在 40%～50%，更有利于不同抗旱型鸭茅幼苗的健壮生长。

第十二节 干旱胁迫对鸭茅根叶保护酶活性、渗透物质含量及膜脂过氧化作用的影响

植物的抗旱性主要表现在渗透调节物质的积累、膜脂成分的变化、自由基的清除作用，以及蛋白质的诱导形成激素调节等综合因素的结果（高暝等，2011）。干旱胁迫引起植物体内活性氧的产生和清除系统之间失衡，生物自由基的累积引起膜伤害和膜脂过氧化等，而植物体内一系列的抗氧化酶类和渗透调节物质（包括可溶性碳水化合物、可溶性蛋白质、游离脯氨酸等）组成的抗氧化防御系统以清除这些活性氧自由基（Sairam et al.，2011；孙彩霞等，2003），同时起到保护细胞内生物大分子结构的作用（Mustapha et al.，2009）。目前，关于研究干旱胁迫对鸭茅生理特性影响的研究报道很少，主要研究鸭茅叶片中渗透调节和抗氧化酶活性变化对水分胁迫的响应（王赞等，2008；高杨等，2007；李源等，2007）。干旱胁迫同时对鸭茅根系、叶片的渗透调节作用和抗氧化系统的保护作用进行的研究尚未见报道。本研究以 2 种不同鸭茅基因型为试验材料（耐旱型'宝兴'和敏感型 01998）（高杨等，2007），比较鸭茅根、叶抗氧化酶活性和渗透调节物质对干旱胁迫的响应，进一步完善鸭茅的抗旱机制，为鸭茅的抗旱品种选育和节水高产栽培提供理论依据。

1 材料与方法

1.1 试验材料

供试鸭茅材料为两个不同抗旱型的基因型材料（耐旱型'宝兴'和敏感型 01998）。

从四川农业大学草业科学系农场的资源圃采集已种植 2 年的供试材料，将采集的 2 个单株群体再各分成 36 株植株，为促使其再次分蘖和长出新根，保留约 4cm 株高和 2cm 的根系，定植于花盆（口径 16cm，地径 12cm，高 13cm）中。土壤的沙和黏土比例为 1∶1（V/V），装土量为 4kg，土壤持水量为 31%。移栽后每 5d 浇灌 5.0mmol/L Hoagland 营养液，室外培养 2 个月。待根系基本建成后移入光照培养箱培养，温度设置为 22℃/15℃（昼/夜），相对含水量 70%，光照 300μmol/（$m^2 \cdot s$），光周期 14h/10h（昼/夜）。

1.2　试验设计

试验共设 4 个处理，每个处理设 3 个重复，分别是叶片干旱处理、叶片浇水对照处理、根系干旱处理、根系浇水对照处理，其中根系的干旱处理和浇水对照在每个时间点上均有 3 个重复。试验处理前保持 7cm 冠层高度，保持土壤相对含水量在 70% 左右，开始干旱处理后停止浇水。对供试材料进行干旱处理 24d，分别于干旱处理的第 0、第 9、第 18、第 21、第 24 天上午 10：00 时采样测定各项生理指标。

1.3　测定指标与方法

在干旱处理的第 0、第 9、第 18、第 21、第 24 天分别取顶部第 1 片展开叶，并用纱布擦干。根部利用水冲法洗净，取根尖部位样品分别测定各项生理指标。

1）根系活力（root vitality）采用四氮唑法 TTC 还原法测定（Chen and Gusta，1983）。

2）相对含水量（relative water content，RWC）采用烘干法测定（Barrs and Weatherley，1962），相对含水量（RWC）（%）=（鲜重–干重）/（饱和鲜重–干重）×100%。

3）丙二醛（malondialdehyde，MDA）采用硫代巴比妥酸法测定（Dhindsa et al.，1981）。

4）电导率（electrolyte leakage，EL）采用电导仪测定（Blum and Ebercon，1981）。

5）超氧化物歧化酶（superoxide dismutase，SOD）活性采用核黄素-NBT 法测定（Giannopolities and Ries，1977）。

6）过氧化氢酶（catalase，CAT）、抗坏血酸过氧化物酶（ascorbate peroxidase，APX）活性采用紫外吸收法测定（Chance and Maehly，1955）。

7）过氧化物酶（guaiacol peroxidase，POD）活性测定用愈创木酚法（Amalo et al.，1994）测定。

8）游离脯氨酸（free proline）采用茚三酮比色法测定（李合生，2000）。

9）可溶性碳水化合物（soluble carbohydrate）含量采用蒽酮乙酸乙酯比色法测定（李合生，2000）。

10）可溶性蛋白质含量（soluble protein）利用考马斯亮蓝 G-250 法测定（高俊风，2006）。

1.4　数据分析

采用 Excel 2003 进行数据统计及绘图；SAS 8.1 软件进行数据分析，结果显著性分析用最小差异检验方法。

2 结果与分析

2.1 干旱胁迫对鸭茅叶片含水量及根系活力的影响

植物叶片相对含水量（RWC）是反映植物在逆境胁迫下的整体水分亏缺状况。由图 2-10A 可以看出，随着干旱时间的延长，2 种基因型的鸭茅相对含水量都呈逐步递减的趋势。其中，耐旱型品种'宝兴'的相对含水量在整个试验期间均高于敏感型材料 01998，并且在干旱第 21 天时显著高于 01998。

由图 2-10B 可知，不同耐旱型鸭茅根系活力均呈现出先增强后下降的趋势。干旱胁迫初期明显提高了 2 种不同耐旱型的鸭茅根系活力，但随着干旱时间的延长，干旱 18d 后，两个基因型材料均出现明显下降趋势，其中'宝兴'鸭茅的根系活力在整个试验期间均高于 01998，但差异不显著。

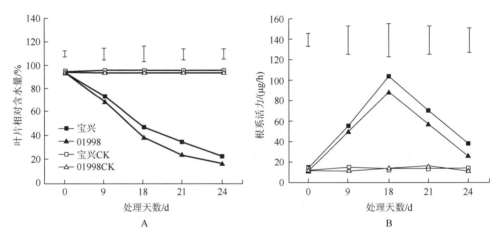

图 2-10 干旱胁迫下鸭茅叶片相对含水量和根系活力的变化

图中竖条表示最小显著差异（$P<0.05$）

2.2 干旱胁迫对根系及叶片细胞膜稳定性的影响

丙二醛（MDA）是植物细胞膜脂过氧化伤害的主要产物之一，MDA 含量通常用于评价膜脂过氧化的程度。从图 2-11A 可以看出，随着干旱胁迫时间的延长，根系和叶片 MDA 含量均呈逐渐增加的趋势，其中根系 MDA 含量相对增加量小于叶片 MDA 含量。在整个试验期间，耐旱型'宝兴'根系维持较低的 MDA 含量增加量，同时'宝兴'和 01998 的根系在不同胁迫时间处理下 MDA 含量差异均不显著；而'宝兴'叶片 MDA 含量在干旱胁迫处理第 18 天开始就一直显著低于 01998。

电导率是评价植物细胞膜稳定性的一个重要指标。由图 2-11B 可知，干旱处理条件下，不同基因型鸭茅电导率与丙二醛变化趋势类似，但根系电导率在干旱初期明显高于叶片。在整个试验期间，'宝兴'的根系和叶片的电导率均低于 01998，其中在干旱第 18 天到第 21 天期间，根系中'宝兴'电导率显著低于 01998。

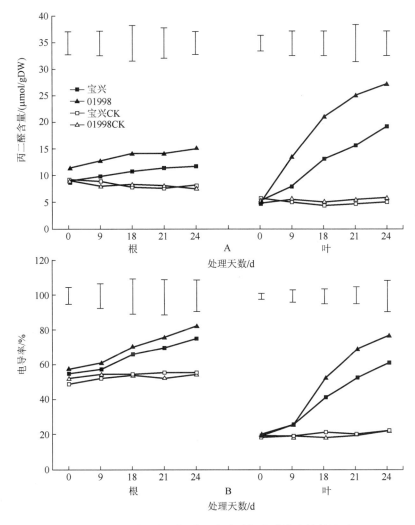

图 2-11　干旱胁迫下根系及叶片对细胞膜稳定性的影响

图中竖条表示最小显著差异（$P<0.05$）

2.3　干旱胁迫对根系及叶片中渗透调节物质的影响

游离脯氨酸和可溶性碳水化合物是植物体内较为重要的渗透调节物质。干旱胁迫初期，两个品种的根系和叶片中脯氨酸含量基本相同，都保持在相对较低的水平，而叶片中可溶性碳水化合物含量在胁迫初期显著高于根系（图 2-12A、B）。随着干旱胁迫时间的延长，根系及叶片中游离脯氨酸和可溶性碳水化合物含量均呈逐渐增加的趋势。在整个干旱处理期间，耐旱型品种'宝兴'的根系和叶片中游离脯氨酸含量和可溶性碳水化合物含量均高于 01998，其中叶片脯氨酸含量在干旱 18d 后显著高于敏感型材料 01998。

可溶性蛋白质作为另一种重要的有机渗透调节物质在缺水情况下起保水作用。随着干旱胁迫进程的推进，根系及叶片可溶性蛋白质含量逐渐升高，叶片可溶性蛋白质含量在胁迫后第 18 天达最大值，而根系则在第 9 天达最大值，之后皆开始降低，呈单峰曲线变化（图 2-12C）。叶片与根系比较，根系可溶性蛋白质含量相对变化量小于叶片。

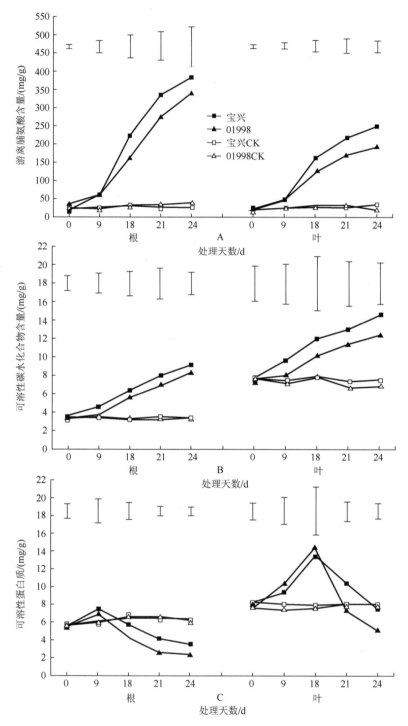

图 2-12　不同干旱胁迫对鸭茅根系和叶片脯氨酸、可溶性碳水化合物、可溶性蛋白质含量变化的影响

图中竖条表示最小显著差异（$P<0.05$）

2.4 干旱胁迫对根系及叶片保护酶活性变化的影响

2个鸭茅材料的根系及叶片 SOD 活性随着干旱时间的延长逐渐升高，并在干旱第 18 天达到最大值，干旱 18d 后急剧下降。与'宝兴'SOD 活性不同的是，干旱第 24 天的 01998 SOD 活性低于 0d 时的 SOD 活性（图 2-13A）。与 01998 比较，'宝兴'的根系和叶片在整个干旱处理阶段均维持着较高的 SOD 活性水平。其中，根系 SOD 活性在干旱第 9 和第 18 天显著高于 01998，而叶片 SOD 活性在干旱第 18 和第 21 天显著高于 01998。

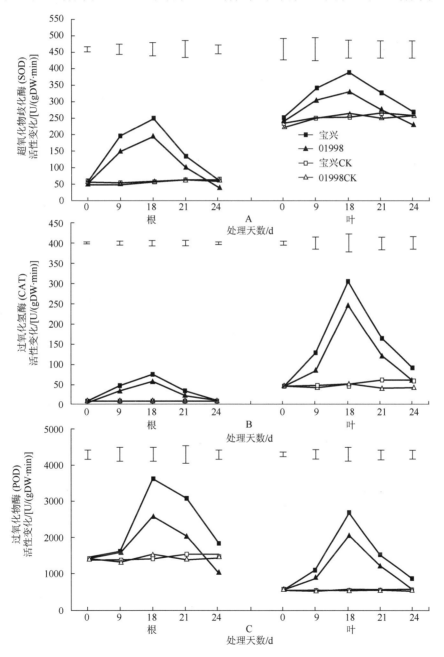

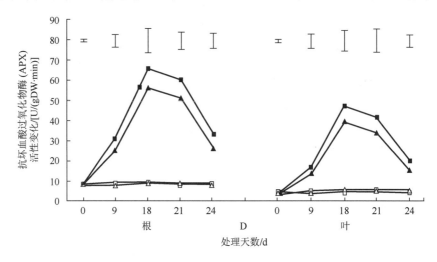

图 2-13　不同干旱处理对鸭茅保护酶系 SOD、CAT、POD、APX 活性变化的影响

图中竖条表示最小显著差异（$P<0.05$）

　　2 种鸭茅根系和叶片 CAT 活性在干旱胁迫条件下变化趋势一致，即随着干旱胁迫时间的延长，CAT 活性先上升后下降，只是根系 CAT 活性保持着较低的增长趋势，而叶片中 CAT 活性保持着较高的增长趋势。2 种鸭茅的根系及叶片 CAT 活性均在干旱第 18 天达到最大值，并在之后呈下降趋势（图 2-13B）。'宝兴'根系和叶片的 CAT 活性在整个干旱处理期间均高于 01998。其中，'宝兴'根系中 CAT 活性在干旱第 9 天到第 18 天期间显著高于 01998；而叶片中 CAT 活性在干旱第 9 天到第 21 天期间显著高于 01998。

　　2 种鸭茅在干旱 0d 时，与叶片中 POD 活性比较，根系中 POD 活性维持着较高的水平。在干旱胁迫初期，2 种鸭茅的根系及叶片 POD 活性保持较低的增长趋势，随着干旱时间的延长和程度的加重，二者的根系和叶片 POD 活性急剧上升，在干旱处理第 18 天时分别达到最大值；干旱处理 18d 后，2 种鸭茅根系和叶片 POD 活性均急剧下降，但'宝兴'根系和叶片 POD 活性在干旱第 18、第 21、第 24 天均显著高于 01998（图 2-13C）。

　　2 种鸭茅根系和叶片 APX 活性在干旱胁迫条件下变化趋势一致，即随着干旱胁迫时间的延长，APX 活性先上升后下降，2 种鸭茅的根系及叶片 APX 活性均在干旱第 18 天达到最大值，并在之后呈缓慢下降趋势（图 2-13D）。'宝兴'根系和叶片的 APX 活性在整个干旱处理期间均高于 01998，其中，在干旱第 21 天时，'宝兴'根系中 APX 显著高于 01998。

3　讨论

　　干旱是限制植物生长和发育最主要的逆境因子之一，干旱胁迫往往会造成植物体内大量活性氧的积累，这些活性氧导致膜脂过氧化水平增高，生成具有强氧化性的脂质过氧化物，其中丙二醛（MDA）是膜质过氧化作用的产物之一，具有很强的细胞毒性，被广泛地用作氧化损伤的分析（陈少裕，1989），许多研究都将 MDA 含量作为衡量植物耐旱性强弱的一个重要指标（刘晓军等，2011；邱真静等，2011；种培芳等，2011）。MDA 含量高低和细胞质膜透性变化是反映细胞膜脂过氧化作用强弱和质膜破坏程度的重要指标（陈少裕，1989）。因此，本试验结果表明，干旱胁迫下两个基因型的根系和叶片 MDA 含量呈现不断增加趋势，表明膜系统均受到一定损伤，随着干旱胁迫时间的延长而加剧；其中两个基因型的根系 MDA 含量在整个试验期间差异不显著，而两个基因型的叶片中 MDA 含量增幅较为明显，其中'宝兴'叶片 MDA 含量增幅较小，膜脂过氧化程度相对较低，膜透性随干旱程度增加的增幅也较小，表现出较强的耐旱性。Sharma 和 Zhou 等在小麦和白三叶的研究中得出同样结果（Sharma and Dubey，2005；Zhou et al.，2013），即干旱胁迫下根系中 MDA 含量增长幅度较小，膜脂过氧化程度低于叶片。表明叶片脂膜过氧化产物 MDA 累积幅度大，在干旱过程中叶片所受伤害重于根系。

　　渗透调节物质（脯氨酸、可溶性碳水化合物和可溶性蛋白质等）的积累是植物适应干旱胁迫的基本特征之一。这些物质的积累可以调节细胞内的渗透势，维持水分平衡，保护细胞内重要代谢活动所需的酶类活性，且一般认为抗旱性强的品种渗透调节能力较强（高杨等，2007；李源等，2007；Morgan et al.，1986）。本研究结果表明，随着干旱胁迫时间的延长，2 种不同基因型鸭茅根系及叶片的脯氨酸含量和可溶性碳水化合物含量逐渐增加。相较于敏感型材料 01998，耐旱型品种'宝兴'根系及叶片的脯氨酸含量和可溶性碳水化合物含量在整个干旱期间增幅更明显。表明'宝兴'根系及叶片内脯氨酸和可溶性碳水化合物响应干旱代谢系统更为敏感和快速，抗旱性更强。可溶性蛋白质含量是植物体代谢过程中蛋白质损伤的重要指标，其变化可以反映细胞内蛋白质合成、变性及降解等多方面的信息（邵世光等，2006）。康俊梅等（2005）对苜蓿（*Medicago sativa*）叶片的研究表明，干旱强度直接影响可溶性蛋白质含量变化，即随着胁迫强度的增加可溶性蛋白质呈现先增强后减弱的趋势。陈明涛等（2010）对刺槐、侧柏根尖可溶性蛋白质含量变化规律研究表明，轻度干旱胁迫导致可溶性蛋白质含量上升，而中度或重度干旱胁迫导致可溶性蛋白质含量下降，且胁迫程度越强，下降幅度越大。本试验中鸭茅根系及叶片的可溶性蛋白质变化规律与上述研究一致。韩蕊莲等（2013）研究结果指出，随着干旱时间的延长，胁迫程度的加重，植物体内的分解代谢大于合成代谢，导致可溶性蛋白质大量降解。这可能就是解释中度和重度胁迫条件下可溶性蛋白质含量减少现象的原因。鸭茅根系渗透调节物质与叶片相比，叶片中可溶性碳水化合物和可溶性蛋白质的含量高于根系，而根系中的游离氨基酸的相对增加量则大于叶片，这可能由于叶片是碳水化合物的主要产生部位，而根系则与合成氨基酸有关。

　　干旱胁迫是影响植物生长和代谢的主要逆境因子之一，干旱诱导植物细胞内活性氧的产生，与生物大分子发生氧化反应，生成具有强氧化性的膜脂过氧化物和各种小分子的降解物，导致膜脂过氧化、破坏膜的完整性、降低保护酶的活性。为了防御、减少氧化损害，植物需要合理调节体内抗氧化清除系统，SOD、CAT、POD、APX 就属于这一系统中的关键酶（Foyer and Noctor，2005）。SOD 作为重要的自由基清除酶，能催化·O_2 发生歧化作用而转化为 H_2O_2 和 O_2，从而减轻超氧阴离子对植物体的毒害作用（Bowler et al.，1992）；而产物 H_2O_2 可转化导致膜脂过氧化的活性氧 O_2^-。CAT、POD、APX 主要清除不同细胞定位的 H_2O_2，也就是 SOD 催化·O_2 的产物（Asada，1999）。因此需要 SOD、CAT、POD、APX 的协同作用，共同防御活性氧大量积累造成的氧胁迫毒害。本研究结果表明，随着干旱胁迫时间的延长，2 种鸭茅根系和叶片中 SOD、CAT、

POD、APX 活性呈现出一致的反应,即先增强后下降的趋势。在干旱胁迫第 0、第 9、第 18 天,2 种鸭茅的根系及叶片通过升高 SOD、CAT、POD、APX 活性来防止活性氧大量积累造成的氧胁迫毒害,其中'宝兴'的 SOD、CAT、POD、APX 活性明显高于 01998,表现出较强的抗旱能力。干旱 18d 后,2 种鸭茅根系及叶片中 4 种酶活性都急剧下降,表明此时鸭茅体内活性氧的形成和清除系统之间的平衡被打破。但是,在干旱胁迫第 24 天,'宝兴'鸭茅根系及叶片的 POD 活性显著高于 01998,表明重度干旱胁迫并没有减弱 POD 清除 H_2O_2 和单态氧的能力。说明'宝兴'鸭茅在干旱条件下抗氧化清除系统响应更积极、更持久,具有比 01998 更高的清除活性氧的能力。

第十三节　中国野生鸭茅种质资源锈病抗性研究

锈病是鸭茅栽培和种子生产中常见且危害较为严重的病害(唐一国,2003),严重影响牧草生产和其饲用品质(梅鹃和别治法,1991)。鸭茅对锈病的易感性已成为限制其被广泛利用的重要因素(李先芳,2000),抗锈病品种的选育已成为我国鸭茅育种的一个重要目标。

优良抗病基因的获得依赖于种质资源,国外也非常重视抗锈病资源的研究。如 Ittu 和 Kellner 从收集到的众多鸭茅生态型中发现,源自意大利的鸭茅生态型比丹麦的更抗锈病(Ittu and Kellner,1977)。同时通过大量品种(126 个)比较,发现欧洲南部的鸭茅对黑锈病具有最大的抗性,其中来自前苏联的 3 个品种对锈病的自然感病率不到 5%,并通过无性选择获得了抗性无性系(Ittu and Kellner,1980)。通过前期试验观测,多数国外引进鸭茅品种都易感染锈病。为此,本试验采用田间自然感病鉴定法,对中国野生鸭茅进行锈病的病情调查及抗病性分析,以评价不同野生种源的抗性差异,为抗病育种及病害防治提供依据。

1　材料与方法

1.1　试验材料

供试鸭茅种质资源共 40 份(表 2-63),其中国审品种 4 份,野生鸭茅 36 份。所有材料均种植于四川农业大学草业科学系试验基地内,每份建植 $1m^2$ 的资源圃小区,抗病观测在资源圃小区内进行。

表 2-63　供试鸭茅资源及其来源

序号	资源编号	资源采集地	序号	资源编号	资源采集地
1	Sau02-101	中国贵州毕节	6	Sau90-130	中国四川茂县
2	Sau00850	中国新疆	7	川东	中国四川达州
3	Sau02-115	中国云南德钦	8	Sau01-101	中国贵州毕节
4	Sau02-107	中国四川宝兴	9	Sau02-103	中国贵州纳雍
5	Sau02-106	中国四川宝兴	10	Sau79-9	中国江西庐山

序号	资源编号	资源采集地	序号	资源编号	资源采集地
11	Sau00849	中国新疆	26	Sau01032	中国新疆
12	Sau02104	中国新疆	27	Sau02-104	中国贵州水城
13	Sau02138	中国新疆	28	Sau02-108	中国四川宝兴
14	Sau90-70	中国四川康定	29	Sau02-102	中国贵州织金
15	Sau02-116	中国云南昆明	30	Sau02-105	中国四川达州
16	Sau91-1	中国四川汉源	31	Sau02-111	中国云南中甸
17	Sau02411	中国新疆	32	Sau02271	中国新疆
18	宝兴	中国四川宝兴	33	Sau01994	中国新疆
19	Sau02068	中国新疆	34	Sau02240	中国新疆
20	Sau02106	中国新疆	35	Sau02-112	中国云南中甸
21	Sau02-109	中国四川宝兴	36	Sau02-113	中国云南德钦
22	Sau91-7	中国四川汉源	37	Sau02-114	中国云南曲靖
23	安巴	丹麦	38	Sau01998	中国新疆
24	Sau91-103	中国四川越西	39	Sau02746	中国新疆
25	Sau02207	中国新疆	40	Sau02105	中国新疆

1.2　测定指标与方法

锈病调查记载标准参照 1995 由国家质量技术监督局颁发的《小麦条锈病测报调查规范》国家标准（王春梅，2002）和草坪病害调查（Saiga et al.，2000）制定。各项调查均在鸭茅锈病自然发生最严重的 4 月中旬进行，连续观测 2 年。

1.2.1　茎、叶感病率

发病率（%）=发病株（或器官）数/调查总株（或器官）数×100%，于小区随机选择植株，每小区调查 10 个生殖枝，20 片叶。

1.2.2　严重级别（严重度）

严重级别（严重度）指感病器官上锈菌夏孢子堆所占据的面积与器官总面积的百分比，用分级法表示，设 1%、5%、10%、20%、40%、60%、80%、100% 8 级，叶片未发病，记为 0，虽已发病，但严重程度低于 1%，记为"t"（微量）。调查时目测估计每个调查器官的发病严重程度，记载平均严重程度。平均严重程度=∑（平均严重程度级别×各级病器官数）/调查总器官数。

1.2.3　病情指数

病情指数表示发病普遍程度和严重程度的综合指标。病情指数=∑[病株（器官）数×严重度代表值]/总株（器官）数×最高一级严重度代表值×100%。

1.2.4　反应指数

反应指数是根据植株过敏性坏死反应情况和孢子堆产生情况划分的类型，综合观察小区发病状况，用以表示植株品种抗病程度，按0、0;、1、2、3、4等6个类型记载，各类型可附加＋或–号，以表示偏轻或偏重。反应型划分标准如下。0（免役型）：叶片上不产生任何可见斑状。0;（近免疫型）：叶片上产生小型枯死斑，不产生夏孢子堆。1（高度抗病性）：叶片上产生枯死条点或条斑，夏孢子堆很小，数目很少。2（中度抗病性）：夏孢子堆小到中等大小，较少，其周围叶组织枯死或显著褪绿。3（中度感病性）：夏孢子堆较大，较多，其周围叶组织有褪绿现象。4（高度感病性）：夏孢子堆大而多，周围不褪绿。

1.3 数据统计与分析

所有数据采用 Exceel 2003 和 SPSS 12.0 进行分析。

2 结果与分析

2.1 鸭茅锈病危害症状及发生规律

鸭茅锈病危害叶片、茎秆、叶鞘、花序柄、穗部。危害严重时，可导致叶片茎秆焦枯，穗部变褐甚至变黑。在试验区，锈病在鸭茅不同生长阶段皆可发生，但以春夏之交的4月中、下旬发生最为严重，然后是秋、冬季也可严重发生。此外，根据观察，锈病在高温高湿气候条件下，发生的概率也非常大。

2.2 鸭茅叶片对锈病的抗性分析

鸭茅叶片感染锈病情况如表 2-64 所示。

表 2-64 鸭茅叶片感染锈病状况

供试材料	叶片发病率/%	叶片病情指数	平均严重程度	反应指数
00850	33.33	11.25	0.90	2.64
02-115	43.75	11.56	0.91	2.08
02-107	40.28	12.15	0.92	2.23
79-9	48.89	18.30	1.42	3.14
00849	27.50	9.58	0.74	2.60
02104	26.94	8.54	0.66	2.39
02207	49.58	20.26	1.60	3.12
安巴	63.06	28.54	2.26	3.59
91-103	82.78	39.51	3.13	3.89
01032	60.28	25.31	2.00	3.33
01-103	53.61	23.37	1.82	3.27
02240	50.28	20.42	1.60	3.21
02-104	87.78	39.78	2.98	3.90
02-108	71.67	26.88	2.15	3.30
02-102	91.11	45.00	3.60	3.98
02-105	64.17	28.47	2.26	3.70

续表

供试材料	叶片发病率/%	叶片病情指数	平均严重程度	反应指数
02-111	55.83	19.20	1.32	2.88
02271	50.83	24.27	1.91	3.40
02106	46.39	16.74	1.33	2.69
02-109	64.72	25.24	2.00	3.25
91-7	72.50	35.52	2.73	3.83
02411	91.25	47.24	3.77	3.98
宝兴	81.39	36.91	2.92	3.76
02068	43.33	17.03	1.34	3.17
02-116	57.22	26.88	2.12	3.58
02-101	54.72	21.15	1.68	3.09
91-1	87.50	39.62	3.14	3.66
01-101	56.67	19.97	1.54	2.82
02-103	70.28	26.22	2.10	3.41
02-106	34.44	9.79	0.75	2.09
90-130	35.42	12.45	0.96	3.03
01-104	78.89	39.38	3.11	3.89
02138	31.94	9.90	0.76	2.48
90-70	23.33	6.60	0.50	2.13
02-112	56.25	21.09	1.69	2.95
02-114	92.50	52.19	4.16	4.00
02-113	98.33	63.54	5.08	4.00
平均值	58.89	25.40	2.00	3.20
最小值	23.33	6.60	0.50	2.08
最大值	98.33	63.54	5.08	4.00
标准误	20.83	13.50	1.08	0.59
变异系数 CV/%	35.37	53.15	54.00	18.44

在观测期间，叶片发病率为 23.33%～98.33%，病情指数为 6.60～63.54，平均严重程度为 0.50～5.08，反应指数为 2.08～4.00，变异系数分别为 35.37%、53.15%、54.00%、18.44%。表明病情指数和平均严重程度变异系数较高，野生鸭茅不同种源感染锈病后受害程度变异较大，叶片锈病总体表现为中度偏重发生，不同鸭茅叶片对锈病的抗性在中度抗病性到高度感病性之间。

根据发病率、病情指数、平均严重程度和反应指数进行综合聚类（图 2-14），可将鸭茅分为 4 个类群（表 2-65）。

表 2-65　不同抗锈病型鸭茅叶片感病严重程度

鸭茅叶片抗病类型		病叶率/%	病情指数	平均严重程度	反应指数
第Ⅰ类 中度感病型 MS	平均值	56.54	22.74	1.78	3.22
	最小值	43.33	16.74	1.32	2.69
	最大值	71.67	28.54	2.26	3.70

续表

鸭茅叶片抗病类型		病叶率/%	病情指数	平均严重程度	反应指数
第Ⅱ类 中度抗病型 MR	平均值	32.99	10.20	0.79	2.41
	最小值	23.33	6.60	0.50	2.08
	最大值	43.75	12.45	0.96	3.03
第Ⅲ类 高度感病型 HS	平均值	85.08	41.68	3.28	3.88
	最小值	72.50	35.52	2.74	3.66
	最大值	92.50	52.19	4.16	4.00
第Ⅳ类	极度感病型 EHS	98.33	63.54	5.08	4.00

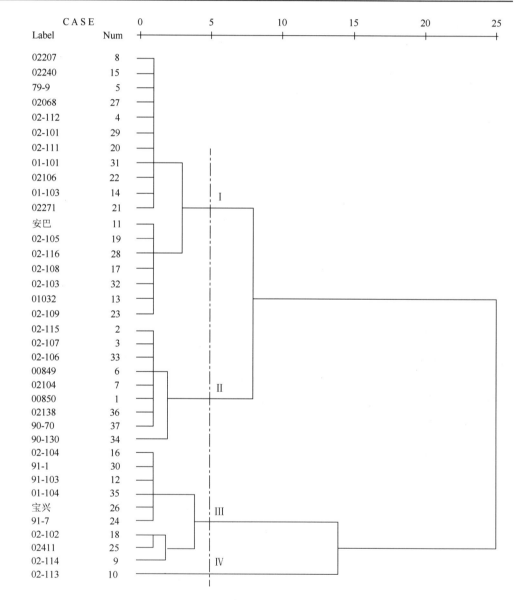

图 2-14　鸭茅叶片抗病聚类图

第Ⅰ类为中度感病型，包括02207、02240、79-9、02068、02-112、02-101、02-111、01-101、02106、01-103、02271、安巴、02-105、02-116、02-108、02-103、01032、02-109 共 18 份材料，其叶片发病率最大值为 71.67%、最小值 43.33%、平均为 56.54%，病情指数最大值为 28.54、最小值为 16.74、平均为 22.74，平均严重程度最大值为 2.26、最小值为 1.32、平均为 1.78，病情反应指数最大值为 3.70、最小值为 2.69、平均为 3.22。

第Ⅱ类为中度抗病型，包括02-115、02-107、02-106、00849、02104、00850、02138、90-70、90-130 共 9 份材料，其叶片发病率最大值为 43.75%、最小值为 23.33%、平均为 32.99%，病情指数最大值为 12.45、最小值为 6.60、平均为 10.20，平均严重程度最大值为 0.96、最小值为 0.50、平均为 0.79，病情反应指数最大值为 3.03、最小值为 2.08、平均为 2.41。

第Ⅲ类为高度感病型，包括02-104、91-1、91-103、01-104、宝兴、91-7、02-102、02411、02-114 共 9 份材料，其发病率最大值为 92.50%、最小值为 72.50%、平均为 85.08%，病情指数最大值为 52.19、最小值为 35.52、平均为 41.68，平均严重程度最大值为 4.16、最小值为 2.74、平均为 3.28，反应指数最大值为 4.00、最小值为 3.66、平均为 3.88。

第Ⅳ类为极度感病型，仅有02-113，其发病率、病情指数、平均严重程度、反应指数分别高达 98.33%、63.54、5.08 和 4.00。

对不同感、抗病类型鸭茅叶片锈病发病率、病情指数、平均严重程度、反应指数的方差分析和多重比较表明，除第Ⅳ类与第Ⅲ类的病情反应指数差异不显著外（$P>0.05$），其余指标在不同类型间差异都极显著（$P<0.01$）（表 2-65）。

2.3 鸭茅茎秆对锈病的抗性分析

与叶片感病相比较，鸭茅茎秆感染锈病变幅更大（表 2-66）。其发病率为 0～100%，病情指数为 0～62.50，平均严重程度为 0～5.00，反应指数为 1.00～4.00。即不同鸭茅茎秆感染锈病从轻度到重度皆有发生。

表 2-66 供试鸭茅茎秆感染锈病状况

供试鸭茅	茎秆发病率/%	茎秆病情指数	平均严重程度	反应指数
02-115	25.83	6.46	0.45	1.48
02-107	0.00	0.00	0.00	1.00
79-9	64.33	27.32	2.09	3.29
安巴	76.67	30.69	2.44	3.24
91-103	57.22	17.15	1.36	2.39
01-103	68.89	28.54	2.25	3.27
02-104	98.89	37.08	2.97	3.08
02-108	83.89	29.38	2.35	2.98
02-102	99.44	48.33	3.87	3.86

续表

供试鸭茅	茎秆发病率/%	茎秆病情指数	平均严重程度	反应指数
02-105	93.33	41.88	3.35	3.82
02-109	87.22	33.26	2.66	3.21
91-7	80.56	35.69	2.84	3.50
02411	91.67	41.35	3.29	3.53
宝兴	97.22	51.39	4.11	3.98
02-116	65.56	26.81	2.08	3.14
02-101	58.89	20.49	1.63	2.61
91-1	91.11	40.69	3.25	3.58
01-101	65.56	24.79	1.95	2.99
02-103	22.22	6.94	0.53	2.28
02-106	2.22	0.56	0.03	1.22
90-130	8.33	3.13	0.17	1.33
01-104	77.33	34.08	2.70	3.48
90-70	65.00	24.38	1.95	3.10
02-112	45.00	11.25	0.90	2.15
02-114	100.00	56.25	4.50	4.00
02-113	100.00	62.50	5.00	4.00
平均值	66.40	28.48	2.26	2.94
最小值	0.00	0.00	0.00	1.00
最大值	100.00	62.50	5.00	4.00
标准误	31.37	17.01	1.37	0.89
变异系数 CV/%	47.24	59.73	60.62	30.28

聚类分析表明(图2-15)，鸭茅茎秆感病分为3类：第Ⅰ类为高度感病型，包括02411、91-1、02-105、02-104、02-102、宝兴、02-114、02-113共8份材料，其茎秆发病率最大值为100.00%、最小值为91.11%、平均为96.46%，病情指数最大值为62.50、最小值为37.08、平均为47.43，平均严重程度最大值为5.00、最小值为2.97、平均为3.79，反应指数最大值为4.00、最小值为3.08、平均为3.73；第Ⅱ类为中度感病型，包括01-101、90-70、79-9、02-116、01-103、安巴、02-108、91-7、01-104、02-109、91-103、02-101、02-112共13份材料，其茎秆发病率最大值为87.22%、最小值为45.00%、平均为68.93%，病情指数最大值为35.69、最小值为11.25、平均为26.45，平均严重程度最大值为2.84、最小值为0.90、平均为2.09，反应指数最大值为3.50、最小值为2.15、平均为3.03；第Ⅲ类为中度—高度抗病型，包括02-107、02-106、90-130、02-115、02-103共5份材料，其茎秆发病率最大值为25.83%、最小值为0.00%、平均为11.72%，病情指数最大值为

6.94、最小值为 0.00、平均为 3.42，平均严重程度最大值为 0.53、最小值为 0.00、平均为 0.24，反应指数最大值为 2.28、最小值为 1.00，平均为 1.46（表 2-67）。

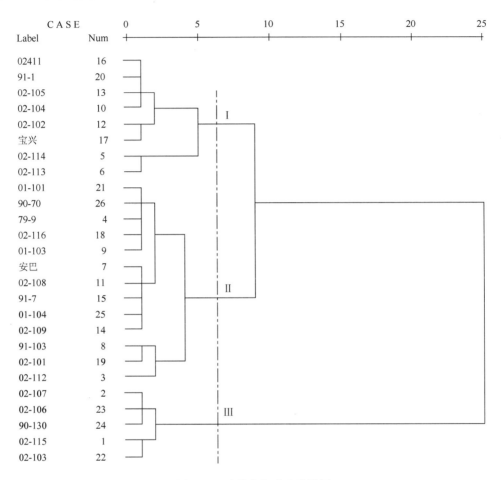

图 2-15　鸭茅茎秆感病聚类图

表 2-67　不同抗锈病型鸭茅茎秆感病严重程度

鸭茅茎秆抗病类型		病茎率/%	病情指数	平均严重程度	反应指数
第 I 类 高度感病型 HS	平均值	96.46	47.43	3.79	3.73
	最小值	91.11	37.08	2.97	3.08
	最大值	100.00	62.50	5.00	4.00
第 II 类 中度感病型 MS	平均值	68.93	26.45	2.09	3.03
	最小值	45.00	11.25	0.90	2.15
	最大值	87.22	35.69	2.84	3.50
第 III 类 中度—高度抗病型 MR—HR	平均值	11.72	3.42	0.24	1.46
	最小值	0.00	0.00	0.00	1.00
	最大值	25.83	6.94	0.53	2.28

　　方差分析和多重比较表明，鸭茅茎秆高度感病型、中度感病型的发病率和病情指数差异不显著（$P>0.05$），而中度—高度抗病型的发病率和病情指数与高度、中度感病型差异极显著（$P<0.01$）；3 种类型平均严重程度差异极显著（$P<0.01$），反应指数差异显著（$P<0.05$），且中度—高度抗病型与高度、中度感病型之间差异极显著（$P<0.01$）。

2.4　鸭茅叶片、茎秆感病综合分析

　　对鸭茅叶片和茎秆病情指数进行二维排序（以叶片病情指数为横坐标，茎秆病情指数为纵坐标），从叶片和茎秆病情指数平均值点上画出横纵两条线将图分成 4 个象限（图 2-16）。

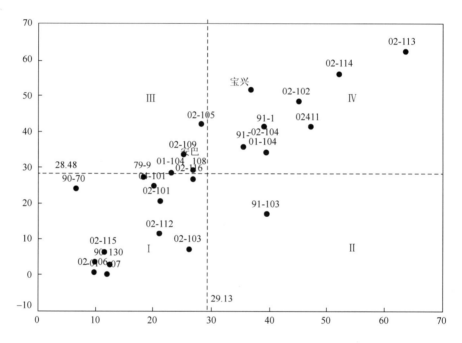

图 2-16　供试鸭茅叶片和茎秆病情指数的二维排序

　　象限Ⅰ：叶片和茎秆发病都较轻，包括 02-106、02-107、90-103、02-115、02-103、02-112、02-101、90-70、01-101、79-9、02-116、02-108，共计 12 份材料。

　　象限Ⅱ：叶片发病严重，而茎秆发病较轻，仅 91-103。

　　象限Ⅲ：叶片发病较轻，而茎秆发病较重，包括安巴、02-109、01-103、02-105，共计 4 份材料。

　　象限Ⅳ：叶片和茎秆发病都较重，包括 01-104、91-7、02-104、91-1、02411、02-102、宝兴、02-114、02-113，共计 9 份材料。

　　结合前面的聚类分析可知，象限Ⅰ的材料属中度感病—中度抗病的类型，其中02-106、02-107、90-130、02-115 4 份鸭茅无论是叶片还是茎秆都属于中度抗病类型，而供试材料中的两个作为对照的品种（‘宝兴’、‘安巴’）对锈病皆特别敏感，由此可见，野生鸭茅中蕴藏着较耐（抗）锈病的优良种质，可为抗病品种的选育提供宝贵的原材料。

3　讨论与结论

3.1　鸭茅资源抗病状况

供试鸭茅叶片锈病为中度偏重发生，不同鸭茅叶片对锈病的抗性在中度抗病性到高度感病性之间。其中02-115、02-107、02-106、00849、02104、00850、02138、90-70、90-130共9份材料感病较轻，表现为中度抗病型，其余材料表现为中度—高度感病型。与叶片感病相比较，鸭茅茎秆感染锈病变幅更大，从轻度到重度皆有发生。其中02-107、02-106、90-130、02-115、02-103共5份材料感病较轻，表现为中度—高度抗病型，其余材料表现为中度—高度感病型。对叶片、茎秆感病的综合分析表明，02-106、02-107、90-130、02-115 4份鸭茅无论是叶片还是茎秆都表现为中度抗病，具有较高的抗病育种价值。

3.2　鸭茅感病规律

根据梅娟等的报道，鸭茅在15～25℃、高温潮湿（有雾或露水）有利于锈病的发生。湖北省鸭茅病始发期为4月上旬，5月下旬和10月中旬为盛发期。4月气温回升快，湿度大，锈病以少数病株为中心向周围迅速发展，至5月下旬成为第一个高峰时期，6～8月温度过高时夏孢子大量死亡，锈病趋于稳定。9月气温下降，湿度增加，锈病又开始大量发生，至10月中旬形成第2个高峰期。以后随着气温下降，锈病病菌生长受到抑制，鸭茅分蘖增多，锈病逐渐减轻（梅鹃和别治法，1991）。通过作者观察发现四川及重庆地区鸭茅锈病的发病高峰在4月中旬，为此本研究观测选在这个阶段开展。此外，绵雨季节后连续出现高温日照天气为锈病最易发生的时段。在鸭茅进入抽穗—开花阶段前，感染的锈病以叶锈病和条锈病为主。待鸭茅抽穗后，锈病症状多出现在花序轴上，感染的锈病以秆锈病为主。因此，在生产栽培管理中，提前做好锈病的预防和防治对提高产量和利用价值十分必需。

栽培品种的抗病性具有一定的相对性，因为环境的变化和病菌变种的出现都可导致原来较抗病的品种易感，抗病品种的选育和栽培技术的提高是病害防治的基础，由于优良抗病基因的获得依赖于种质资源，如Ittu等从收集到的众多鸭茅生态型中，通过选择获得了抗黑锈病的种源（Ittu and Kellner，1977，1980），因此广泛收集野生资源对发现抗病优良基因具有重要意义。为此，本研究下一步的研究重点将放在广泛收集抗病资源和评价方面，特别是结合现代分子生物学方法，如采用分子标记分析不同抗病资源间遗传多样性和亲缘关系，为后续的分子标记抗锈病辅助育种和鸭茅锈病基因中的QTL定位打下坚实的基础。

第十四节　鸭茅种质资源对锈病的抗性评价及越夏情况的田间调查

目前我国自主育成鸭茅品种较少，而主要推广应用的国外引进鸭茅品种在我国亚热带高温高湿地区多表现为易感叶锈病菌（*Puccinia graminis* Pers.）、越夏困难（彭燕等，

2005）等现象，严重影响鸭茅的种子产量（梅鹃和别治法，1991；李先芳和丁红，2000）和品质（Saiga et al.，2000），并造成经济损失（雷玉明和张建文，2006；马敏芝和南志标，2011），已经成为鸭茅在我国亚热带地区种植生产的限制性因素。广泛的收集鸭茅种质资源，并在此基础上进行评价，筛选出优异种质资源，被认为是种质资源开发利用的有效途径之一。国外十分重视鸭茅抗锈病资源的研究，如 Miller 和 Carlson（1982）通过结合基因型与表型来选育抗锈病的鸭茅。Ittu 和 Kellner（1977，1980）发现来自意大利的鸭茅生态型比丹麦的更加抗锈病，同时对 126 份鸭茅品种比较，发现欧洲南部的鸭茅种质资源对黑锈病具有最大的抗性，并经过无性选择得到了抗性无性系。近年来，国内学者针对中国野生鸭茅分布地区及荣昌地区的部分种质资源抗锈病进行了一定研究，筛选出一些具有优良抗性的鸭茅种质资源，并揭示了鸭茅锈病的发病规律（曾兵等，2010；张伟等，2012）。前人研究多数仅以评价鸭茅抗锈病为主，而对于我国亚热带鸭茅越夏率及越夏率与抗锈病之间的关系方面的研究少见报道，具有一定的局限性。

本研究在对鸭茅种质资源广泛收集的基础之上，通过对来自于世界五大洲的鸭茅在我国亚热带地区抗锈病情况和越夏率情况的测定，初步对鸭茅抗锈病能力和越夏能力进行评价，筛选出强抗锈病、高越夏率的种质资源，以期为今后鸭茅品种选育提供重要的物质基础，并对锈病和越夏率之间的关系进行研究，探讨感染锈病是否为引起鸭茅越夏率低的主要原因。

1 材料与方法

1.1 试验地概况

试验地位于四川农业大学教学科研园区内的草业科学系科研基地，地处 30°08′N，103°00′E，海拔 620m，年均气温 16.2℃，极端高温 37.7℃，极端低温-3℃，年降雨量1774.3mm，年均相对湿度79%，年均日照时数1039.6h，日均温≥5℃的积温5770.2℃。紫色土，土壤 pH 5.46，有机质含量为 1.46%，速效氮、磷、钾含量分别为 100.63mg/kg、4.73mg/kg 和 338.24mg/kg。2011 年的具体气象资料如表 2-68 所示。

表 2-68　2011 年 5～9 月的气象资料

月份	最高气温/℃	最低气温/℃	月平均气温/℃	平均最高气温/℃	平均最低气温/℃
5	26	13	20		
6	30	17	24		
7	33	19	24	29.6	16.4
8	32	20	26		
9	27	13	20		

1.2 供试材料

供试鸭茅种质资源由四川农业大学草学系从我国野生鸭茅主要分布区采集和从国外

收集而得，来源包括亚洲、美洲、欧洲、大洋洲、非洲等鸭茅的自然分布区及栽培区，共计 258 份材料，其中，国审品种'宝兴'和'安巴'作为对照（表 2-69）。

表 2-69 供试鸭茅资源及其来源

编号	材料名称	材料来源地	编号	材料名称	材料来源地	编号	材料名称	材料来源地
1	00595	美国	35	02-107	中国宝兴	68	PI231517	摩洛哥
2	00937	美国	36	02-108	中国宝兴	69	PI265568	西班牙
3	01-103	美国	37	02-109	中国宝兴	70	PI265567	法国
4	02410	中国新疆	38	90-130	中国四川	71	PI277836	土耳其
5	01474	美国	35	02-107	中国宝兴	72	PI249732	希腊
6	01998	中国北京	39	90-70	中国康定	73	PI231550	希腊
7	01048	美国	40	91-1	中国汉源	74	PI231535	葡萄牙
8	98-101	美国	41	91-103	中国越西	75	PI231541	葡萄牙
9	98-102	美国	42	91-2	中国宝兴	76	PI224599	以色列
10	01473	澳大利亚	43	91-7	中国皇木	77	PI632497	突尼斯
11	01476	美国	44	川东	中国川东	78	PI316209	保加利亚
12	01822	丹麦	45	古蔺	中国古蔺	79	PI372621	德国
13	79-14	丹麦	46	宝兴	中国宝兴	80	PI283242	德国
14	79-15	丹麦	47	02-114	中国曲靖	81	PI237603	葡萄牙
15	01995	瑞典	48	02-115	中国德钦	82	PI237602	葡萄牙
16	01996	瑞典	49	02-116	中国昆明	83	PI295271	印度
17	02683	瑞典	50	2006-1	中国重庆	84	PI237610	伊朗
18	79-118	荷兰	51	2006-4	中国重庆	85	PI538922	俄罗斯
19	00737	荷兰	52	2006-5	中国重庆	86	PI237607	西班牙
20	02122	中国湖北	53	79-9	中国江西庐山	87	PI441034	英国
21	96011	西德	54	01071	中国西安	88	PI368880	阿尔及利亚
22	00947	日本	55	01076	中国西安	89	PI287804	西班牙
23	02681	加拿大	56	01436	中国江苏	90	PI418636	西班牙
24	01-101	中国贵州	57	01819	中国北京	91	PI318972	西班牙
25	安巴	丹麦	58	01823	中国北京	92	PI578566	西班牙
26	02-104	中国贵州	59	01824	中国北京	93	PI302886	西班牙
27	01175	中国贵州	60	01992	中国北京	94	PI287805	西班牙
28	02068	中国新疆	61	01993	中国北京	95	PI234475	西班牙
29	02106	中国新疆	62	01994	中国北京	96	PI302884	西班牙
30	02240	中国新疆	63	01997	中国北京	97	PI302892	西班牙
31	02271	中国新疆	64	楷模	中国新疆	98	PI610830	西班牙
32	02-110	中国宝兴	65	09 韩国	韩国	99	PI610822	西班牙
33	02-105	中国达州	66	XJ97-036	中国新疆	100	PI383637	土耳其
34	02-106	中国宝兴	67	GS-221	不详	101	PI172413	土耳其

续表

编号	材料名称	材料来源地	编号	材料名称	材料来源地	编号	材料名称	材料来源地
102	PI172418	土耳其	141	PI578649	罗马尼亚	180	PI273738	阿根廷
103	PI486305	土耳其	142	PI250960	塞黑	181	PI542783	立陶宛
104	PI180831	土耳其	143	PI250958	塞黑	182	PI231614	克罗地亚
105	PI173693	土耳其	144	PI504537	塞黑	183	PI231613	伊朗
106	PI172411	土耳其	145	PI578644	希腊	184	PI578653	伊朗
107	PI173692	土耳其	146	PI578594	希腊	185	PI380812	伊朗
108	PI172410	土耳其	147	PI231469	希腊	186	PI250928	伊朗
109	PI174200	土耳其	148	PI231470	利比亚	187	PI293445	伊朗
110	PI578651	以色列	149	PI231471	利比亚	188	PI308794	印度
111	PI253410	以色列	150	PI288997	利比亚	189	PI578654	印度
112	PI292587	以色列	151	PI288998	匈牙利	190	PI293443	印度
113	PI237590	以色列	152	PI289003	匈牙利	191	PI237585	印度
114	PI292590	以色列	153	PI235479	匈牙利	192	PI578603	塞浦路斯
115	PI418637	法国	154	PI235472	瑞士	193	PI419520	塞浦路斯
116	PI235281	法国	155	PI235471	瑞士	194	PI419517	日本
117	PI527490	法国	156	PI381630	瑞士	195	PI595166	日本
118	PI594977	法国	157	PI595083	瑞典	196	PI595173	中国新疆
119	PI577065	法国	158	PI348864	瑞典	197	PI269887	中国新疆
120	PI578611	葡萄牙	159	PI234440	比利时	198	PI269885	巴基斯坦
121	PI368878	葡萄牙	160	PI418667	比利时	199	PI253967	巴基斯坦
122	PI578591	葡萄牙	161	PI418666	挪威	200	PI223250	伊拉克
123	PI578587	葡萄牙	162	PI237175	荷兰	201	PI632580	阿富汗
124	PI611052	葡萄牙	163	PI305498	荷兰	202	PI237605	哈萨克斯坦
125	PI611053	俄罗斯	164	PI305497	波兰	203	PI231490	阿尔及利亚
126	PI325290	俄罗斯	165	PI384018	波兰	204	PI231480	阿尔及利亚
127	PI325291	俄罗斯	166	PI320557	波兰	205	PI632495	阿尔及利亚
128	PI325293	俄罗斯	167	PI399466	芬兰	206	PI632498	突尼斯
129	PI111536	俄罗斯	168	PI237268	芬兰	207	PI237586	突尼斯
130	PI315419	前苏联	169	PI196419	丹麦	208	PI201887	埃及
131	PI345603	前苏联	170	PI371948	丹麦	209	PI578667	埃及
132	PI370669	前苏联	171	PI634224	保加利亚	210	PI578668	美国
133	PI312450	前苏联	172	PI598424	保加利亚	211	PI578557	美国
134	PI251819	前苏联	173	PI598423	爱尔兰	212	PI278699	美国
135	PI251814	意大利	174	PI634311	爱尔兰	213	PI292749	加拿大
136	PI418659	意大利	175	PI273739	拉脱维亚	214	PI202281	加拿大
137	PI237974	意大利	176	PI237718	拉脱维亚	215	PI231727	智利
138	PI418672	意大利	177	PI642811	德国	216	PI308542	智利
139	PI311033	罗马尼亚	178	PI642810	乌克兰	217	PI578661	哥伦比亚
140	PI311042	罗马尼亚	179	PI222761	乌克兰	218	PI209885	牙买加

续表

编号	材料名称	材料来源地	编号	材料名称	材料来源地	编号	材料名称	材料来源地
219	PI285099	澳大利亚	233	ZXY06P-2042	中国北京	247	BTN New Zealand	新西兰
220	PI469234	澳大利亚	234	ZXY06P-2147	中国北京	248	Geneal Belgnaio	新西兰
221	PI189388	新西兰	235	ZXY06P-2199	中国北京	249	Akimidori	新西兰
222	PI598900	摩洛哥	236	ZXY06P-2240	中国北京	250	DG175 Italy	新西兰
223	PI632592	摩洛哥	237	ZXY06P-2393	中国北京	251	Glorus Sweden	新西兰
224	PI578634	摩洛哥	238	ZXY06P-2445	中国北京	252	California	新西兰
225	PI636530	摩洛哥	239	ZXY06P-2485	中国北京	253	Crown USA	新西兰
226	PI578635	摩洛哥	240	ZXY06P-2521	中国北京	254	Porto	新西兰
227	ZXY06P-2656	中国北京	241	*D. himalayensis* 90	新西兰	255	Oregon USA95	新西兰
228	ZXY06P-2599	中国北京	242	*lusitanica* PG49	新西兰	256	Oberon	新西兰
229	ZXY06P-1633	中国北京	243	*castellata*	新西兰	257	Rio Buneno	新西兰
230	ZXY06P-1709	中国北京	244	*judaica*	新西兰	258	PG311 Ecuador	新西兰
231	ZXY06P-1826	中国北京	245	*woronowii*	新西兰			
232	ZXY06P-1981	中国北京	246	*parthiana*	新西兰			

1.3　试验方法

试验于 2010 年 5 月至 2011 年 10 月在四川农业大学雅安校区动物科技学院草业科学试验地和实验室进行。所有鸭茅种质资源材料均种植于四川农业大学鸭茅种质资源圃。试验采用随机区组设计，各材料的小区面积为 $4m^2$（2m×2m），小区定株 10 株。2010 年 8～9 月进行育苗移栽，2011 年 9 月进行数据采集，期间无人工接种锈病菌。

1.4　测定指标与方法

1.4.1　抗锈病鉴定

参照曾兵等（2010）的方法对鸭茅抗锈病进行评价。对每份自然发病的鸭茅种质资源在田间存活的单株进行病情分级，病情分级标准如下。

0：无病状。

1：叶片上只有少数几个孢子堆。

3：孢子堆面积占叶面积的 10%以下。

5：孢子堆面积占叶面积的 10%～25%。

7：孢子堆面积占叶面积的 26%～50%。

9：孢子堆面积占叶面积的 50%以上。

病情指数的计算公式为

$$DI=\sum (s_i \times n_i) \times 100/9N$$

式中，DI 为病情指数；s_i 为发病级别；n_i 为相应发病级的植株数；i 为病情分级的各个级别；N 为调查总株数。

种质群体对锈病的抗性依据病情指数分为 6 级。

6：高抗（HR）（0≤DI＜15）。

5：抗病（R）（15≤DI＜30）。

4：中抗（MR）（30≤DI＜50）。

3：中感（MS）（50≤DI＜70）。

2：感病（S）（70≤DI＜80）。

1：高感（HS）（DI≥80）。

1.4.2 越夏率测定

于入夏前统计每个试验小区内鸭茅总株数，越夏后统计每小区存活株数，计算越夏率（%）。其计算公式为

$$越夏率（%）=（存活植株数/总株数）\times 100\%$$

1.4.3 抗锈病与越夏率关系测定

利用鸭茅抗锈病级数与越夏率计算两者之间的相关性系数。

1.5 数据处理

用 Excel 2010 软件处理数据并制作图表，采用 SPSS 19.0 统计软件中相关性分析进行显著性检验。

2 结果与分析

2.1 鸭茅种质资源抗锈病评价

如表 2-70 和图 2-17 所示，高感材料共 38 份，占所有供试鸭茅材料的 15%；感病材料共 77 份，占所有供试鸭茅材料的 30%；中感材料共 51 份，占所有供试鸭茅材料的 20%；抗病材料共 24 份，占所有供试鸭茅材料的 9%；中抗材料共 19 份，占所有供试鸭茅材料的 7%；高抗材料共 49 份，占所有供试鸭茅材料的 19%。其中所有感病材料共 166 份，占供试材料的 64%，超过了供试鸭茅的半数，说明鸭茅材料容易感染锈病。但其中高抗鸭茅材料占供试材料的 19%，说明供试材料中有很多抗锈病的优秀鸭茅种质资源，可以种植于锈病发病率较高的地区，并且这些材料多来自于

低纬度地区。

表 2-70 鸭茅抗锈病、越夏率情况

材料名称	抗锈病	越夏率/%	材料名称	抗锈病	越夏率/%	材料名称	抗锈病	越夏率/%
00595	MS	100.00	90-130	HS	66.70	PI231541	R	80.00
00937	HS	100.00	90-70	S	100.00	PI224599	MS	87.50
01-103	HS	100.00	91-1	HR	80.00	PI632497	HS	0
02410	HS	100.00	91-103	S	100.00	PI316209	HS	50.00
01474	MS	100.00	91-2	S	80.00	PI372621	MS	40.00
01998	MS	80.00	91-7	HS	10.00	PI283242	S	33.30
01048	MS	100.00	川东	HS	60.00	PI237603	S	70.00
98-101	HS	100.00	古蔺	S	90.00	PI237602	R	66.70
98-102	HR	90.00	宝兴	S	100.00	PI295271	HR	60.00
01473	HR	88.90	02-114	HR	90.00	PI237610	S	40.00
01476	MS	100.00	02-115	HR	80.00	PI538922	HR	20.00
01822	HR	40.00	02-116	R	80.00	PI237607	MS	40.00
79-14	R	100.00	2006-1	HR	33.30	PI441034	HR	80.00
79-15	HS	100.00	2006-4	HR	75.00	PI368880	HR	50.00
01995	MR	100.00	2006-5	MS	100.00	PI287804	HS	90.00
01996	MS	100.00	79-9	MS	90.00	PI418636	S	30.00
02683	MR	83.30	01071	S	80.00	PI318972	HS	25.00
79-118	HS	62.50	01076	HR	80.00	PI578566	HS	66.70
00737	HR	20.00	01436	HR	80.00	PI302886	HS	33.30
02122	HR	100.00	01819	HS	75.00	PI287805	MS	0
96011	S	75.00	01823	S	87.50	PI234475	MS	20.00
00947	HR	100.00	01824	HR	100.00	PI302884	HS	55.60
02681	HS	100.00	01992	S	40.00	PI302892	HS	20.00
01-101	HS	10.00	01993	HR	50.00	PI610830	HR	40.00
安巴	S	30.00	01994	MS	50.00	PI610822	HR	87.50
02-104	HR	100.00	01997	HR	30.00	PI383637	S	77.80
01175	MR	100.00	楷模	S	100.00	PI172413	MR	88.90
02068	S	100.00	09 韩国	MS	0	PI172418	MR	80.00
02106	HS	100.00	XJ97-036	S	0	PI486305	HS	37.50
02240	MS	0	GS-221	S	0	PI180831	S	33.30
02271	MS	20.00	PI231517	HS	77.80	PI173693	HR	20.00
02-110	HR	100.00	PI265568	MS	100.00	PI172411	R	80.00
02-105	HS	100.00	PI265567	HS	60.00	PI173692	S	87.50
02-106	HS	100.00	PI277836	HS	30.00	PI172410	MS	77.80
02-107	MR	90.00	PI249732	S	80.00	PI174200	MR	70.00
02-108	S	70.00	PI231550	S	14.30	PI578651	HS	11.10
02-109	R	50.00	PI231535	S	25.00	PI253410	S	30.00

材料名称	抗锈病	越夏率/%	材料名称	抗锈病	越夏率/%	材料名称	抗锈病	越夏率/%
PI292587	HS	20.00	PI235479	S	90.00	PI419517	S	90.00
PI237590	HR	80.00	PI235472	R	40.00	PI595166	S	100.00
PI292590	S	100.00	PI235471	MS	80.00	PI595173	S	50.00
PI418637	MS	100.00	PI381630	S	90.00	PI269887	MS	100.00
PI235281	S	40.00	PI595083	MR	90.00	PI269885	HR	100.00
PI527490	S	70.00	PI348864	MR	100.00	PI253967	MR	70.00
PI594977	S	50.00	PI234440	MS	100.00	PI223250	MS	50.00
PI577065	MS	70.00	PI418667	S	90.00	PI632580	S	37.50
PI578611	MS	80.00	PI418666	R	55.60	PI237605	HS	100.00
PI368878	S	66.70	PI237175	S	80.00	PI231490	S	80.00
PI578591	HS	50.00	PI305498	MS	100.00	PI231480	S	100.00
PI578587	R	70.00	PI305497	R	90.00	PI632495	MS	100.00
PI611052	MR	77.80	PI384018	HR	80.00	PI632498	S	0
PI611053	MR	80.00	PI320557	MS	80.00	PI237586	R	100.00
PI325290	HS	80.00	PI399466	R	70.00	PI201887	S	50.00
PI325291	S	88.90	PI237268	R	90.00	PI578667	HR	60.00
PI325293	HR	100.00	PI196419	S	80.00	PI578668	S	100.00
PI111536	S	100.00	PI371948	R	80.00	PI578557	S	100.00
PI315419	MS	37.50	PI634224	MS	90.00	PI278699	MR	70.00
PI345603	HS	70.00	PI598424	R	20.00	PI292749	MR	100.00
PI370669	MS	80.00	PI598423	HR	90.00	PI202281	S	90.00
PI312450	HR	100.00	PI634311	S	40.00	PI231727	R	88.90
PI251819	S	80.00	PI273739	S	90.00	PI308542	S	100.00
PI251814	S	100.00	PI237718	MS	40.00	PI578661	S	50.00
PI418659	S	72.70	PI642811	S	90.00	PI209885	MR	100.00
PI237974	R	90.00	PI642810	S	80.00	PI285099	S	90.000
PI418672	R	70.00	PI222761	MS	100.00	PI469234	HR	80.00
PI311033	MS	90.00	PI273738	S	66.70	PI189388	MS	90.00
PI311042	HS	75.00	PI542783	MS	77.80	PI598900	MS	83.30
PI578649	MS	100.00	PI231614	S	100.00	PI632592	MS	100.00
PI250960	S	100.00	PI231613	R	100.00	PI578634	S	100.00
PI250958	MS	90.00	PI578653	MS	70.00	PI636530	MS	60.00
PI504537	MR	90.00	PI380812	R	100.00	PI578635	HS	50.00
PI578644	MS	90.00	PI250928	HS	100.00	ZXY06P-2656	MS	83.30
PI578594	S	55.60	PI293445	S	100.00	ZXY06P-2599	S	33.30
PI231469	HS	66.70	PI308794	HR	100.00	ZXY06P-1633	HR	100.00
PI231470	S	90.00	PI578654	S	100.00	ZXY06P-1709	MR	16.70
PI231471	HR	100.00	PI293443	S	100.00	ZXY06P-1826	R	83.30
PI288997	S	90.00	PI237585	S	80.00	ZXY06P-1981	HR	75.00
PI288998	MR	100.00	PI578603	MS	90.00	ZXY06P-2042	HR	80.00
PI289003	S	60.00	PI419520	MS	100.00	ZXY06P-2147	HR	80.00

续表

材料名称	抗锈病	越夏率/%	材料名称	抗锈病	越夏率/%	材料名称	抗锈病	越夏率/%
ZXY06P-2199	HR	100.00	*castellata*	HR	100.00	Glorus Sweden	R	50.00
ZXY06P-2240	R	100.00	*judaica*	R	100.00	California	HR	100.00
ZXY06P-2393	S	83.30	*woronowii*	HR	100.00	Crown USA	MS	66.70
ZXY06P-2445	HR	0	*parthiana*	HR	80.00	Porto	MS	100.00
ZXY06P-2485	S	100.00	BTN New Zealand	HR	37.50	Oregon USA95	R	33.30
ZXY06P-2521	S	100.00	Geneal Belgnaio	MS	80.00	Oberon	HR	80.00
D. himalayensis 90	S	100.00	Akimidori	MS	33.30	Rio Buneno	HR	40.00
lusitanica PG49	S	25.00	DG175 Italy	MR	100.00	PG311 Ecuador	HR	83.30

注：HR 代表高抗；R 代表抗病；MR 代表中抗；MS 代表中感；S 代表感病；HS 代表高感

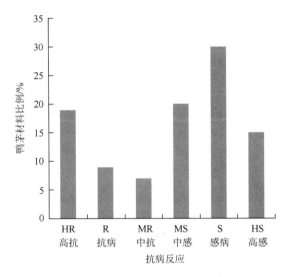

图 2-17 供试材料的抗锈病分析

2.2 鸭茅越夏情况分析

如表 2-70 和图 2-18 所示，越夏率为 100% 的鸭茅种质资源共 78 份，占所有供试鸭茅材料的 30%；而越夏率超过 60%（包括越夏率为 100% 的材料）的鸭茅种质资源共 191份，占所有供试鸭茅材料的 74%。越夏率低于 60% 的鸭茅材料仅占 26%，而不能成功越夏的鸭茅材料则更少，仅有 8 份，只占所有供试鸭茅材料的 3%，并且这些不能成功越夏的鸭茅材料大部分为国外材料。越夏率为 100% 的鸭茅种质资源，一定程度上说明其耐热性较好，可以种植于气温较高、发病率较少的地区。

2.3 鸭茅抗锈病与越夏情况评价

由表 2-69 可知，来自于某一些地区的鸭茅材料越夏率普遍较高，如来自美国，中国贵州、宝兴等地区的材料，可为鸭茅品种的选育提供优良种质资源。抗锈病级别为高抗，越夏率为 100% 的优秀鸭茅种质资源有 02122、00947、02-104、02-110、01824、PI325293、

PI312450、PI231471、PI308794、PI269885、ZXY06P-1633、ZXY06P-2199、*castellata*、*woronowii*、California，共 15 个种质资源。这些抗锈病能力强、越夏率高的鸭茅种质资源可为鸭茅育种提供重要的物质支撑，部分优秀材料可直接应用于生产。2 个国审品种'宝兴'和'安巴'，是生产中广泛应用的品种，生产性能较好，但在本试验的所有材料中处于感病（S）状态，并且'安巴'的越夏率为 30%，说明可以用育种研究的方法选育出较抗锈病、越夏率较高的品种来代替目前应用广泛的易感锈病、越夏率低的鸭茅品种。

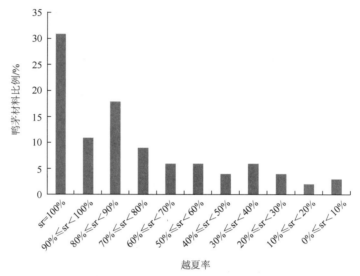

图 2-18　供试材料越夏率分析

sr 为越夏率

2.4　鸭茅抗锈病与越夏率的相关性

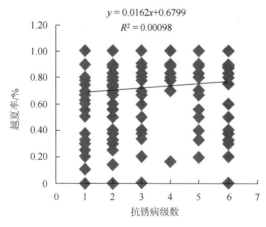

$y = 0.0162x + 0.6799$

$R^2 = 0.00098$

图 2-19　鸭茅抗锈病与越夏率相关性分析

6. 高抗；5. 抗病；4. 中抗；3. 中感；2. 感病；1. 高感

鸭茅抗锈病与越夏率的相关性分析如图 2-19 所示，统计分析显示相关系数 $r=0.09876$，表明抗锈病与越夏率呈正相关，相关系数的显著性 $P=0.115$，表明这种相关性不显著（$P>0.05$），抗锈病能力强的鸭茅种质资源，越夏率不一定高。

3　讨论与结论

1）本研究发现鸭茅抗锈病与越夏率无明显相关性（$r=0.09876$，$P>0.05$），说明鸭茅越夏率低的种质资源可能不适应高温高湿的生态环境条件。高温高湿是影响我国南方及过渡气候带牧草品质及产量的重要限制性因素。高温会对植物造成热损伤，进一步诱发氧化胁迫，使得植物光合作用受抑制，细胞膜受损，细胞老化和死亡（Xu et al.，2006；张巨明等，2007）。植物一系列的生理及生化反应在高温下会发生变化，包括膜结构及功能的改变，组织含水量，整个基因表达，蛋白质、脂质及初级和次级代谢组成的变化（Shinozaki and Dennis，2003）。鸭茅是冷季型草，对高温尤为敏感，耐热性较差，故鸭茅越夏率低的主要因素可能是部分鸭茅种质资源不适应我国亚热带高温高湿的生态环境。

2）在本试验地区的夏季，丰富的降雨量使得水分表现充足，但258份鸭茅材料受到了高温的影响，不同程度地出现萎蔫枯黄现象。越夏率较高的鸭茅材料抗湿热能力强、耐热性高；7～8月逐渐枯黄直至死亡，越夏率低的鸭茅材料抗湿热能力弱、耐热性弱。在试验过程中观察到越夏后，越夏率为50%或以下的鸭茅种质资源高达64个，不能越夏的种质资源8个，鸭茅减少的株数较多，这是严重影响其产量的一个不利因素，与其他学者的报道一致（匡崇义等，2005）。由表2-68可知，2011年试验地平均气温达22.8℃，平均最高气温高达29.6℃，说明气温较高，适合评价鸭茅越夏率，能得出较为准确的数据。

3）对鸭茅的抗锈病和越夏率的相关性进行分析，发现两者之间相关性不明显（$r=0.09876$，$P>0.05$），说明感染锈病不是引起鸭茅种质资源越夏率低的主要原因。越夏率高的鸭茅，其抗锈病能力不一定好。所以在鸭茅优良种质资源选育的过程中，要结合鸭茅的抗锈病情况和越夏率情况，综合分析鸭茅种质资源的优劣，对选育抗锈病能力强与高越夏率的鸭茅起到重要作用。

4）试验的258份鸭茅材料中，所有感病材料共166份，占供试材料的64%，与曾兵等对35份野生鸭茅材料进行抗锈病分析的研究相比较，感病材料占供试材料的80%，超过了供试鸭茅的半数，与本研究结果较为一致，说明鸭茅易感染锈病，筛选鸭茅抗锈病品种尤为重要。因此，本试验筛选出了02122、00947、02-104、02-110、01824、PI325293、PI312450、PI231471、PI308794、PI269885、ZXY06P-1633、ZXY06P-2199、*castellata*、*woronowii*、California 15个优良的种质资源，为亚热带地区鸭茅育种提供重要的物质基础，这些优良材料也可直接应用于生产。

参考文献

白宝璋，汤学军. 1993. 植物生理学测试技术. 北京：中国科学技术出版社：156-157

陈贵，胡文玉. 1991. 提取植物体内MDA的溶剂及MDA作为衰老指标的探讨. 植物生理学通讯，27（1）：44

陈明涛，赵忠，权金娥. 2010. 干旱对4种苗木根尖可溶性蛋白组分和含量的影响. 西北植物学报，30（6）：1157-1165

陈少裕. 1989. 膜脂过氧化与植物逆境胁迫. 植物学通报，6（4）：211-217

杜逸. 1982. 南方草山资源考察报告及笔记. 中国农科院兰州畜牧所，草与畜（专刊），（1）：20

杜逸. 1986. 四川饲草饲用作物品种资源名录. 成都：四川民族出版社：60-64

富新年，王赞，高洪文，等. 2012. 国外引进鸭茅种质形态变异研究. 草地学报，20（2）：358-362

高俊风. 2006. 植物生理学实验指导. 北京：高等教育出版社

高暝，李毅，种培芳，等. 2011. 渗透胁迫下不同地理种源白刺的生理响应. 草业学报，20（3）：99-107

高杨，张新全，谢文刚. 2007. 干旱胁迫下鸭茅新品系抗旱性研究. 湖北农业科学，46（6）：981-984

高杨，张新全，谢文刚. 2009. 鸭茅的营养价值评定. 草地学报，17（2）：222-226

高远辉, 李卫军, 何永革, 等. 1995a. Na$_2$SO$_4$胁迫对四种抗盐性不同牧草膜脂过氧化物和活性氧清除系统的影响. 植物生态学报, 19 (2): 192-196

高远辉, 李卫军, 吐尔逊娜依, 等. 1995b. Na$_2$SO$_4$胁迫对苇状羊茅和鸭茅Na$^+$、K$^+$吸收与分配的影响. 中国草地, 5: 43-48

耿以礼. 1959. 中国主要植物图说——禾本科. 北京: 科学出版社

郭彦军, 黄建国. 2006. 紫花苜蓿在酸性土壤中的生长表现. 草业学报, 15 (1): 84-89

郭振飞, 卢少云, 李宝盛, 等. 1997. 不同耐旱性水稻幼苗对氧化胁迫的反应. 植物学报, 39 (8): 748-752

韩建秋. 2010. 水分胁迫对白三叶叶片脂质过氧化作用及保护酶活性的影响. 安徽农业科学, 38 (23): 12325-12327

韩蕊莲, 李丽霞, 梁宗锁. 2003. 干旱胁迫下沙棘叶片细胞膜透性与渗透调节物质研究. 西北植物学报, 23 (1): 23-27

韩瑞宏, 卢欣石, 高桂娟, 等. 2006. 紫花苜蓿抗旱性主成分及隶属函数分析. 草地学报, 14 (2): 142-146

何玮, 张新全, 杨春华. 2006. 刈割次数、施肥量及混播比例对牛鞭草和白三叶混播草地牧草品质的影响. 草业科学, 23 (4): 39-42

胡标林, 余守武, 万勇. 2007. 东乡普通野生稻全生育期抗旱性鉴定. 作物学报, 33 (3): 425-432

怀特R O, 库帕J P. 1989. 禾本科牧草. 段道军译. 北京: 农业出版社

黄润龙. 2004. 数据统计与分析技术——SPSS软件实用教程. 北京: 高等教育出版社: 232-258

黄文惠, 夏亦芥. 1989. 鸭茅和苇状羊茅品种比较试验报告. 牧草与饲料, (4): 36-39

贾慎修. 1985. 中国饲用植物志. 1卷. 北京: 农业出版社: 69-73

季杨, 张新全, 彭燕, 等. 2013. 干旱胁迫对鸭茅幼苗根系生长及光合特性的影响. 应用生态学报, 24 (10): 2763-2769

姜卫兵, 高光林, 俞开锦, 等. 2002. 水分胁迫对果树光合作用及同化代谢的影响研究进展. 果树学报, 19 (6): 416-420

揭雨成, 黄丕生, 李宗道. 2000. 苎麻基因型抗旱性差异及其早期鉴定研究. 作物学报, 26 (6): 942-946

康俊梅, 杨青川, 樊奋成. 2005. 干旱对苜蓿叶片可溶性蛋白的影响. 草地学报, 13 (3): 199-202

匡崇义, 薛世明, 吕兴琼, 等. 2005. 十五鸭茅品种在云南不同气候带的品比试验研究. 四川草原, 11: 1-5

雷玉明, 张建文. 2006. 草本植物三种真菌新病害. 草地学报, 14 (3): 284-286

李合生. 2000. 植物生理生化实验原理和技术. 北京: 高等教育出版社

李禄军, 车克均, 蒋志荣. 2006. 三树种抗旱性的灰色关联分析. 防护林科技, 11 (6): 26-27, 79

李先芳, 丁红. 2000. 鸭茅生物学特性及栽培技术. 河南林业科技, 20 (3): 24-25

李源, 师尚礼, 孙桂芝, 等. 2007. 干旱胁迫下鸭茅苗期抗旱性生理研究. 中国草地学报, 29 (2): 35-40

李智念, 王光明, 曾之文. 2003. 植物干旱胁迫中的ABA研究. 干旱地区农业研究, 21 (2): 99-104

梁小玉, 张新全. 2005. PEG渗透处理改善鸭茅种子活力的研究. 植物遗传资源学报, 6 (3): 330-334

林叶春, 曾昭海, 郭来春, 等. 2012. 裸燕麦不同生育时期对干旱胁迫后复水的响应. 麦类作物学报, 32 (2): 284-288

刘长娥, 何剑. 1999. 对鸭茅种子发芽条件的探讨. 种子, 6: 63

刘金平, 张新全, 游明鸿, 等. 2006. 西南地区扁穗牛鞭草种质资源抗锈病能力初步研究. 草业学报, 15 (4): 1-3

刘晓军, 洪光宇, 袁志诚, 等. 2011. 干热胁迫下两种苇状羊茅对不同水肥处理的响应机理. 草业学报, 20 (1): 46-54

刘志民, 蒋德明, 闫巧玲, 等. 2005. 科尔沁草原主要草地植物传播生物学简析. 草业学报, 14 (6): 23-33

卢少云, 陈斯曼, 陈斯飞, 等. 2003. ABA、多效唑和烯效唑提高狗牙根抗旱性的效应. 草业学报, 12 (3): 100-104

吕德彬, 杨建平. 1994. 水分胁迫下不同小麦品种抗性反应与产量表现的相关研究. 河南农业大学学报, 28 (3): 230-235

吕凤山, 侯建华. 1994. 稻抗旱性主要指标的研究. 华北农学报, 9 (4): 7-12

马敏芝, 南志标. 2011. 内生真菌对感染锈病黑麦草生长和生理的影响. 草业学报, 20 (6): 150-156

马宗仁, 刘荣堂. 1993. 牧草抗旱生理学. 兰州: 兰州大学出版社: 12

梅鹃, 别治法. 1991. 种用鸭茅锈病的防治. 中国草地, (2): 76

牛瑞明, 王燕, 吴桂丽, 等. 2011. 裸燕麦种子萌发对模拟干旱胁迫的响应及其耐旱性综合评价. 麦类作物学报, 31 (4): 753-756

潘全山, 张新全. 2000. 禾本科优质牧草——黑麦草、鸭茅. 北京: 台海出版社: 103

裴彩霞，董宽虎，范华. 2004. 不同干燥方法对鸭茅营养成分及其损失的影响. 草地学报，12（30）：227-230

彭燕，张新全. 2003. 鸭茅种质资源多样性研究进展. 植物遗传资源学报，4（2）：179-183

彭燕，张新全. 2005. 鸭茅生理生态及育种学研究进展. 草业学报，14（4）：8-14

彭燕，张新全，曾兵. 2007. 野生鸭茅植物学形态特征变异研究. 草业学报，（2）：69-75

彭燕，张新全，曾兵. 2008. 野生鸭茅生育特性多样性研究. 安徽农业科学，36（13）：5368-5370，5419

邱真静，李毅，种培芳. 2011. PEG 胁迫对不同地理种源沙拐枣生理特性的影响. 草业学报，20（3）：108-114

邵世光，阎斌伦，许云华，等. 2006. Cd^{2+} 对条斑紫菜的胁迫作用. 河南师范大学学报（自然科学版），34（2）：113-116

石永红，万里强，刘建宁，等. 2010. 多年生黑麦草抗旱性主成分及隶属函数分析. 草地学报，18（5）：669-672

宋俊双，高洪文，王赟，等. 2005. 三种锦鸡儿植物表型多样性分析. 草业学报，14（3）：123-130

孙彩霞，刘志刚，荆艳东. 2003. 水分胁迫对玉米叶片关键防御酶系活性及其同工酶的影响. 玉米科学，11（1）：63-66

孙建军，王彦荣，李世雄. 2003. 草地早熟禾不同品种生长与分蘖特性的研究. 草业学报，12（4）：20-25

孙建军，王彦荣，余玲. 2004. 紫花苜蓿生长特性及产量性状相关性研究. 草业学报，13（4）：80-86

孙小芳，江海东，林峰，等. 2000. NaCl 胁迫下禾本科草坪草和牧草萌发特性的研究. 中国草地，6：26-29

汤宗孝. 1984. 禾本科新种——纤毛鸭茅. 四川草原，（4）：31-38

汤宗孝. 1987. 横断山地区饲用植物的区系组成特点. 中国草地，7（3）：7-11

唐一国. 2003. 鸭茅的栽培技术及利用. 四川草原，（5）：59

田新会，杜文华，曹致中. 2003. 猫尾草不同品种的最佳刈割时期. 草业科学，20（9）：12-15

万刚，张新全，刘伟，等. 2010. 鸭茅栽培品种与野生材料遗传多样性比较的 SSR 分析. 草业学报，19（6）：187-196

万素梅，胡守林，张波，等. 2004. 不同紫花苜蓿品种产草量及营养成分研究. 西北农业学报，13（1）：14-17

王春梅. 2002. 草坪病虫害防治. 延吉市：延边大学出版社：65-67

王栋. 1989. 牧草学各论. 南京：江苏科学技术出版社：73-76

王贺正，马均，李旭毅，等. 2004. 水稻种质芽期抗旱性和抗旱性鉴定指标的筛选研究. 西南农业学报，17（5）：594-599

王俊卿. 2000. 施肥水平和刈割制度对鸭茅生产性能的影响. 草原与草坪，（1）：29-31

王绍唐. 1986. 植物生理学实验指导. 西安：陕西科技出版社：35-36

王颖，穆春生，王靖. 2006. 松嫩草地主要豆科牧草种子萌发期耐旱性差异研究. 中国草地学报，28（1）：712

王赟，高洪文，孙桂芝，等. 2008. PEG 渗透胁迫下鸭茅种子萌发特性及抗旱性鉴定. 中国草地学报，30（1）：50-55

魏永胜，梁宗锁，山仑，等. 2005. 利用隶属函数值法评价苜蓿抗旱性. 草业科学，33（6）：33-36

吴启进. 1986. 贵州省主要野生牧草图谱. 贵阳：贵州人民出版社

西蒙兹 N W. 1987. 作物进化. 赵伟军译. 北京：农业出版社

希斯 M E，巴恩斯 R F，梅尔卡夫 D S. 1992. 牧草——草地农业科学. 黄文惠，苏加楷，张玉发译. 北京：农业出版社

熊庆娥. 2003. 植物生理学实验教程. 成都：四川科学技术出版社：76-77

徐倩，才宏伟，王赟文. 2011. 16 个国外鸭茅种质材料引种与初步评价. 草业科学，28（04）：597-602

闫巧玲，刘志民，李荣平，等. 2005. 科尔沁沙地 75 种植物结种量种子形态和植物生活型关系研究. 草业学报，14（4）：21-28

严海东，张新全，曾兵，等. 2013. 鸭茅种质资源对锈病的抗性评价及越夏情况的田间调查. 草地学报，21（4）：720-728

严学兵，周禾，王堃，等. 2005. 披碱草属植物形态多样性及其主成分分析. 草地学报，13（2）：111-116

颜济，杜逸. 1957. 四川省宝兴县高山区农作制调查报告. 四川农学院，山地农业科学：30

杨剑平，陈学珍，王文平，等. 2003. 大豆实验室 PEG 模拟干旱体系的建立. 中国农学通报，19（3）：65-68

易永艳，江生泉，李德荣. 2006. 百喜草不同生育期营养成分变化及动态研究. 江西农业大学学报，28（5）：658-661

尹少华. 1990. 神农架山峡地区牧草种质资源考察报告. 湖北畜牧兽医，（2）：29-32

于万里，张博. 2012. 新疆昭苏野生黄花苜蓿果实形态变异研究. 草业学报，21（2）：249-255

于忠禾. 1995. 寒地鸭茅引种初探. 草业科学，12（4）：23-25

余健. 2010. 中国旱情态势及防控对策. 西北农业学报，19（7）：154-158

曾兵，兰英，伍莲. 2010. 中国野生鸭茅种质资源锈病抗性研究. 植物遗传资源学报，11（3）：278-283

曾兵，张新全，范彦，等. 2006a. 鸭茅种质资源遗传多样性的 ISSR 研究. 遗传，28（9）：1093-1100

曾兵，张新全，兰英. 2007. 鸭茅 ISSR 反应体系的建立与优化（简报）. 草地学报，15（3）：290-292

曾兵，张新全，彭燕，等. 2005. 鸭茅 RAPD 分子标记反应体系优化. 安徽农业科学，（7）：1151-1153

曾兵，张新全，彭燕，等. 2006b. 优良牧草鸭茅的温室抗旱性研究. 湖北农业科学，45（1）：103-106

张健，池宝亮，黄学芳，等. 2007. 以活力抗旱指数作为玉米萌芽期抗旱性评价指标的初探. 华北农学报，22（1）：22-25

张巨明，解新明，董朝霞. 2007. 高温胁迫下冷季型草坪草的耐热性评价. 草业科学，24（2）：105-109

张丽英. 2003. 饲料分析及饲料质量检测技术. 北京：中国农业大学出版社：49-73

张瑞珍，何光武，张新跃，等. 2011. 川西北高寒牧区鸭茅产草量年际动态研究. 草地学报，19（6）：1055-1059

张彤，齐麟. 2005. 植物抗旱机理研究进展. 湖北农业科学，4：107-110

张伟，张巧丽，肖丽，等. 2012. 荣昌地区不同鸭茅种质资源锈病抗性研究. 安徽农业科学，40（22）：11280-11282

张新全. 1992. 几种禾草染色体核型和开花习性的研究. 雅安：四川农业大学硕士学位论文

张新全，杜逸，蒲朝龙，等. 2002. 宝兴鸭茅品种的选育及应用. 中国草地，24（1）：22-27

张新全，杜逸，郑德成. 1996a. 鸭茅二倍体和四倍体生物学特性的研究. 四川农业大学学报，14（2）：202-206

张新全，杜逸，郑德成. 1996b. 鸭茅二倍体和四倍体 PMC 减数分裂，花粉育性及结实性的研究. 中国草地，（6）：38-40

张新全，杜逸，郑德成，等. 1994. 鸭茅染色体核型分析. 中国草地，（3）：55-57

张永亮. 2000. 秋季不同播期紫羊茅生长动态及其模拟. 草业学报，9（1）：69-72

张志良. 1990. 植物生理学实验指导. 北京：高等教育出版社

赵天宏，沈秀瑛，杨德光，等. 2003. 灰色关联度分析在玉米抗旱生理指标鉴定中的应用. 辽宁农业科学，（1）：1-4

中山贞夫. 1999. 寒地型牧草品种的特性及栽培方法. 国外畜牧学——草原与牧草，（1）：4

钟声. 2007. 野生鸭茅杂交后代农艺性状的初步研究. 草业学报，16（1）：69-74

钟声，杜逸，郑德成，等. 1997. 二倍体鸭茅农艺性状的初步研究. 草地学报，（1）：54-61

钟声，杜逸，郑德成，等. 1998. 野生四倍体鸭茅农艺性状的初步研究. 草业科学，（2）：20-23

钟声，匡崇义. 2002. 波特鸭茅在云南省的引种研究. 草食家畜，（2）：44-46

种培芳，苏世平，李毅. 2011. 4 种地理种群红砂的抗性综合评价. 草业学报，20（5）：26-33

周兆琼. 1994. 优良牧草引种试验研究. 云南畜牧兽医，（3）：7-10

周自玮，奎嘉祥，钟声，等. 2000. 云南野生鸭茅的核型研究. 草业科学，（6）：11-14

Amalo K，Chen G X，Asade K. 1994. Separate assays specific for ascorbate peroxidase and guaiacol peroxidase and for the chloroplastic and cytosolic isozymes of ascorbate peroxidase implants. Plant Cell Physiology，35（3）：497-504

Amirouche N，Misset M T. 2007. Morphological variation and distribution of cytotypes in the diploid-tetraploid complex of the genus *Dactylis* L.（Poaceae）from Algeria. Plant Systematics and Evolution，264（3-4）：157-174

Asada K. 1999. The water-water cycle in chloroplast: scavenging of active oxygens and dissipation of excess photons. Annu Rev Plant Physiol Plant Mol Biol，50：601-639

Ashenden T W. 1978. Drought avoidance in sand dune populations of *Dactylis glomerata*. Journal of Ecology，66：943-951

Asseng S，Ritchie J T，Smucker A J M，et al. 1998. Root growth and water up take during water deficit and recovering in wheat. Plant and Soil，201：265-273

Atienza S G，Satovic Z，Petersen K K，et al. 2003. Identification of QTLs influencing agronomic traits in *Miscanthus sinensis* Anderss. I. Total height，flag-leaf height and stem diameter. Theoretical and Applied Genetics，107（1）：123-129

Baker H G. 1972. Seed weight in relation to environmental conditions in California. Ecology，53（6）：997-1010

Barrs H D，Weatherley P E. 1962. A re-examination of the relative turgidity techniques for estimating water deficits in leaves. Australian Journal of Biological Sciences，15：413-428

Belanger G，McQueen R E. 1996. Digestibility and cell wall concentration of early and late maturing timothy cultivars. Can J Plant Sci，76：107-112

Bethke Paul C, Drew M C. 1992. Stomatal and nonstomatal components to inhibition of photosynthesis in leaves of *Capsicum annuum* during progressive exposure to NaCl salinity. Plant Physil, 99: 219-226

Blum A, Ebercon A. 1981. Cell membrane stability as a measure of drought and heat tolerance in wheat. Crop Science, 21: 43-47

Bonos S A, Murphy J A.1999. Growth response and performance of Kentucky bluegrass under summer stress. Crop Science, 39 (3): 770-774

Bouslama M, Schapaugh W T. 1984. Stress tolerance in soybeans. Ⅰ. Evaluation of three screening techniques for heat and drought tolerance. Crop Science, 24 (5): 933-937

Bowler C, Van C W, Van M M, et al. 1994. Super oxide dismutase in plants. Crit Rev in Plant Sci, (13): 199-218

Bowler C, van Montagu M, Inzé D. 1992. Superoxide dismutase and stress tolerance. Ann Rev Plant Mol Biol, 43: 83-116

Boyer J S. 1982. Plant productivity and environment. Science, 218: 443-448

Bretagnolle F, Thompson J D. 1996. An experimental study of ecological differences in winter growth between sympatric diploid and autotetraploid *Dactylis glomerata*. Journal of Ecology Oxford, 84: 343-351

Buhring J, Neubert K. 1977. Results of accelerated raising of complete generations of forage grasses(*Lolium perenne* L. and *Dactylis glomerata* L.) under artificial climatic conditions. Proceedings of the 13th International Grassland Congress. Leipzig. Sectional Papers, Sections 1-2

Bushman B S, Larson S R, Tuna M, et al. 2011. Orchardgrass (*Dactylis glomerata* L.) EST and SSR marker development, annotation, and transferability. Theoretical and Applied Genetics, 123: 119-129

Casler M D, Fales S L, McElroy A R. 2000. Genetic progress from 40 years of orchardgrass breeding in North America measured under hay management. Crop Science, 40 (4): 1019-1025

Chance B, Maehly A C. 1995. Assay of catalase and peroxidase. Methods in Enzymology, 2: 764-775

Chaves M M, Flexas J, Pinheiro C. 2009. Photosynthesis under drought and salt stress: regulation mechanisms from whole plant to cell. Annals of Botany, 103: 551-560

Chaves M M, Maroco J P, Pereira J S. 2003. Understanding plant responses to drought-from genes to the whole plant. Funct Plant Biol, 30: 239-264

Chen T H H, Gusta L V. 1983. Abscisic acid-induced freezing resistance in cultured plant cells. Plant Physiology, 73: 71-75

Chen X Y. 1994. A preliminary study on the morphological variation of seeds of cyclobalnopsis glauca population of Huangshan. Seed, (5): 16-19

Davies W J, Zhang J. 1993. Root signals and the regulation of growth and development of plants in drying soil. Annual Review of Plant Physiology and Plant Molecular Biology, 42: 55-76

Dhindsa R S, Dhindsa P P, Thorpe T A. 1981. Leaf senescence: correlated with increased leaves of membrane permeability and lipid peroxidation, and decreased levels of superoxide dismutase and catalase. Journal of Experimental Botany, 32: 93-101

Durand J, Surprenant J. 1993. Relationship between morphology and quality in timothy. Can J Plant Sci, 73: 803-814

Eapen D, Barroso M L, Ponce G, et al. 2005. Hydrotropism: root growth responses to water. Trends Plant Sci, 10 (1): 44-50

Efeoglu B, Ekmekci Y, Cicek N. 2009. Physiological responses of three maize cultivars to drought stress and recovery. South African J Bot, 75: 34-42

Falcinelli M, Cenci C A, Negri V. 1983. An assessment of *Dactylis glomerata* L. ecotypes. Ⅰ. *Botanical characteristics*. Rivista di Agronomia, 17: 305-313

Farquhar G D, Sharkey T D. 1982. Stomatal conductance and photosynthesis. Ann Rev Physiol, 33: 317-345

Foyer C H, Noctor G. 2005. Oxidant adn antioxidant signalling in plants: a reevaluaiton of teh concept of oxidative stress in a physiological context. Plant Cell Environ, 28: 1056-1071

Gao J F. 2006. Plant Physiology Experiment Technology. Beijing: Advanced Education Press

Gauthier P, Lumaret R, Bedecarrals A. 1998. Ecotypic differentiation and coexistence of two parapatric tetraploid subspecies of cocksfoot (*Dactylis glomerata*) in the Alps. New Phytologist, 139 (4): 741-750

Giannopolities C N, Ries S K. 1977. Superoxide dismutase: Ⅰ. Occurrence in higher plants. Plant Physiology, 59: 309-314

Gonzalez B, Boucaud J, Salette J, et al. 1990. Fructan and cryoprotection in ryegrass (*Lolium perenne* L.). New Phytologist, 115: 319-323

Hrishikesh U, Sanjib K P, Biman K D. 2008. Variation of physiological and antioxidative responses in tea cultivars subjected to elevated water stress followed by rehydration recovery. Acta Physiologiae Plantarum, 30: 457-468

Huang B, Gao H. 1999. Physiological responses of diverse tall fescue cultivars to drought stress. Hort Science, 34 (5): 897-901

Ikegaya F, Sato S, Kawabata S. 1983. Control of flowering of cocksfoot (*Dactylis glomerata* L.) Ⅹ. Influence of floral induction of main stem on heading behaviour of lateral tiller buds and its difference among genotypes. Journal of Japanese Society of Grassland Science, 29: 9-16

Ikegaya F. 1982. Control of flowering of Orchardgrss (*Dactylis glomerata*) Ⅴ. Reversal of floral-induction by high temperature. Jounal of Japanese Society of Grassland Science, 28 (2): 265-271

Inosenmtsev U V. 1972. Flowering in cookfoot in leningrad province. Byulleten Vseaoyuznogo Ordena Lenina Institute Raa tenievodstvaim. N. I. Vavol'ova, 22: 54-61

Irigoyon J J, Emerich D W. 1992. Water stress induced changes in concentrations of praline and total sduble sugars in nodulated alfalfa (*Medicago sativa*) plants. Physiologia Plantarum, 84: 55-60

Ittu M, Kellner E. 1977. Studies on the response to black rust of varieties of cocksfoot. Analele Institutului de Cercetari pentru Cereale si Plante Tehnice, 42: 23-29

Ittu M, Kellner E. 1980. Sources of resistance to black rust (*Puccinia graminis* Pers.) in cocksfoot (*Dactylis glomerata* L.). Probleme de Genetica Teoretica si Aplicata, 12 (6): 511-517

Jaleel C A, Manivannan P, Wahid A, et al. 2009. Droughtstress in plants: a review on morphological characteristics and pigments composition. International Journal of Agriculture & Botany, 1: 100-105

Jia W S, Zhang J H. 2008. Stomatal movements and long-distance signaling in plants. Plant Signaling and Behavior, 3: 772-777

Jochner S, Ziello C, Böck A, et al. 2012. Spatio-temporal investigation of flowering dates and pollen counts in the topographically complex Zugspitze area on the German-Austrian border. Aerobiologia, 28 (4): 541-556

Kevin B, Jensen B. 2003. Forage nutritional characteris-tics of orchardgrass and perennial ryegrass at five irriga-tion levels. Agronomy Journal, 95: 668-675

Lakso A N. 1979. Seasonal changes in stomatal responses to leaf water potential in apple. Hart Sci, 104: 58-60

Lawlor D W, Cornic G. 2002. Photosynthetic carbon assimilation and associated metabolism in relation to water deficits in higher plants. Plant Cell and Environment, 25: 275-294

Li H S. 2000. Principles and Techniques of Plant Physiology and Biochemical Experiment. Beijing: Higher Education Press

Li Z W, Cai Q G, Tang Z H. 2002. Crop productivity model and its application. Chinese Journal of Appiied Ecology, 13 (9): 1174-1178

Lima A L S, Damatta FM, Pinheiro H A, et al. 2002. Photochemical responses and oxidative stress in two clones of *Coffea canephora* underwater deficit conditions. Environmental and Experimental Botany, 47: 239-247

Lindner R, Garcia A. 1997. Genetic differences between natural populations of diploid and tetraploid *Dactylis glomerata* ssp. *izcoi*. Grass and Forage Science, 52: 291-297

Lindner R, Garcia A. 1997. Geographic distribution and genetic resources of *Dactylis* in Galicia (Northwest Spain). Genetic Resources and Crop Evolution, 44: 499-507

Lindner R, Garcia A, Velasco P. 1999a. Differences between diploid and tetraploid karyotypes of *Dactylis glomerata* subsp. *izcoi*. Caryologia, 52: 147-149

Lindner R, Lema M, Garcia A. 1999b. Ecotypic differences and performance of the genetic resources of cocksfoot (*Dactylis glomerata* L.) in north-west Spain. Grass and Forage Science, 54 (4): 336-346

Liu C J. 1997. Geographical distribution of genetic variation in *Stylosanthes scabra* revealed by RAPD analysis. Euphytica, 98 (1-2): 21-27

Liu W D, Han J F, Duan S S. 1998. Effect of seed size on the reproductive body and yield in winter wheat. Seed, (2): 11-13

Loticato S, Rumball W. 1994. Past and present improvement of cocksfoot (Dactylis glomerata L.) in Australia and New Zealand. New Zealand Journal of Agricultural Research, 37: 379-390

Lumaret R. 1987. Polyploidy and habits differentiation in Dactylis glomerata L. from Galicia (Spain). Oecologia, 173 (3): 436-446

Magnani F, Mencuccini M, Grace J. 2000. Age-related decline in stand productivity: the role of structural acclimation under hydraulic constraints. Plant, Cell and Environment, 23: 251-263

Martino C D, Delfine S, Pizzuto R, et al. 2003. Free amino acids and glycine betaine in leaf osmoregulation spinach responding to increasing salt stress. New Phytologist, 158: 455-463

Michel B E, Kaufmann M R. 1973. The osmotic potential of polyethylene glycol 6000. Plant Physiology, 51 (5): 914-916

Míka V, Kohoutek A, Odstrčilová V. 2002. Characteristics of important diploid and tetraploid subspecies of Dactylis from point of view of the forage crop production. Rostlinná Výroba, 48 (6): 243-248

Mika V. 1980. The content of mineral substances in grasses. Obsah Mineral Nlch Latek, (8): 100-110

Miller T L, Carlson I T. 1982. Breeding for rust resistance in orchardgrass by phenotypic and phenotypic-genotypic selection. Crop Science, 22 (6): 1218-1221

Miller T L. 1976. Evaluation of material selected for rust resistance in orchardgrass, Dactylis glomerata. Dissertation Abstracts International, 36 (7): 3159

Mizianty M. 1994. Biosystematic studies on Dactylis (Poaceae). 5. Variability of Dactylis glomerata subsp. glomerata in Poland. Fragmenta Floristica et Geobotanica, 39: 235-254

Mizianty M. 1996. Comparative studies on Polish and Bulgarian populations of Dactylis glomerata subsp. glomerata (Poaceae). Fragmenta Floristica et Geobotanica, 41: 411-418

Mohammadkhani N, Heidari R. 2008. Drought-induced accumulation of soluble sugars and proline in two maize varieties. World Applied Sciences Journal, 3 (3): 448-453

Morgan J M, Hare R A, Fletcher R J. 1986. Genetic variation in osmoregulation in bread and durum wheat and its relationship grain yield a range of field environment. Aust J Agric Res, 37: 449-459

Morgan J M. 1992. Osmotic components and properties associated with genotypic differences in osmoregulation in wheat. Functional Plant Biology, 19 (1): 67-76

Munns R. 1993. Physiological processes limiting plant growth in saline soils: some dogmas and hypothese. Plant Cell Environ, 16: 15-24

Mustapha E, Ahmadou M V, Hahib K. 2009. Osmoregulation and osmoprotection in the leaf cells of two olive cultivars subjected to severe water deficit. Acta Physiologiae Plantarum, 31: 711-721

Nunez M R, Calvo L. 2000. Effect of high temperatures on seed germination of Pinussylvestris and Pinushalepensis. Forest Ecology and Management, 131 (1): 183-190

Perdomo P, Murphy J A, Berkowitz G A. 1996. Physiological changes associated with performance of Kentucky bluegrass cultivars during summer stress. Hort Science, 31 (7): 1182-1186

Pollock C J, Ruggles P A. 1976. Cold-induced fructosan synthesis in leaves of Dactylis glomerata. Phytochemistry, 15: 1643-1646

Qrtiz S. 1993. Dactylic glomerata subsp. izcoi. A new subspecies from Galicia NW Lberian Peninsula. Annales Botanici Fennici, 130 (4): 305-311

Rachmilevitch S, DaCosta M, Huang B. 2006. Physiological and biochemical indicators for stress tolerance. In: Huang B. Plant Environment Interactions. New York: CRC Press: 321-356

Saiga S, Hojito S, Mizuno K, et al. 2000. Varietal differences in palatability of orchardgrass (Dactylis glomerata L.) and breeding for palatability and quality. Japan Agricultural Research Quarterly, 34: 55-62

Sairam R K, Vasanthan B, Ajay A. 2011. Calcium regulates gladiolus flower senescence by influencing antioxidative enzymes activity. Acta Physiologiae Plantarum, 33: 1897-1904

Sanderson M A，Elwinger G F. 2002. Plant density and envi-ronment effects on orchardgrass-white clover mixtures. Crop Science，42：2055-2063

Saneoka H，Nagasaka C. 2001. Responses to salinity of orchardgrass (*Dactylis glomerata* L.) cultivars differing in salt tolerance. Grassland Science，47：39-44

Schmidt J. 1985. Analysis of variability among ecotypes of cocksfoot (*Dactylis glomerata* L.) on the basis of material from a grass collection. Biuletyn Instytutu Hodowlii Aklimatyzacji Roslin，158：117-121

Seo S，Shin D E. 1997. Growth characteristics，yield，and nutritive value of early- and late maturing cultivars of orchardgrass (*Dactylis glomerata* L.). Journal of the Korean Society of Grassland Science，17：27-34

Sharma P，Dubey R S. 2005. Drought induces oxidative stress and enhances the activities of antioxidant enzyme in growing rice seedling. Plant Growth Regul，46：209-221

Shinozaki K，Dennis E S. 2003. Cell signaling and gene regulation：global analyses of signal transductionand gene expression profiles. Current Opinion in Plant Biology，6：405-409

Simon E W. 1974. Phospholipids and plant membrane permeability. New Phytol，73：377-420

Speranza M. 1987. The genus *Dactylic* L. in Italy. 2. The diploid entities. Webbia，41（2）：213-224

Stebbins G L. 1950. Variation and Evolution in Plants. New YorK：Columbia University Press

Stuczynskl M. 1992. Ocena przydatosci kupkowki A schersona (*Dactylic aschersoniana* Graebn.) do uprawy Polowej. Hodowla Roslin，Aklimatyzaciai Nasiennictwo，36（3-4）：7-42

Suarez N. 2011. Comparative leaf anatomy and pressure volume analysis in plants of Ipomoea pescaprae experimenting saline and/ or drought stress. International Journal of Botany，7：53-62

Sugiyama S. 2002. Geographical distribution and phenotypic differentiation in populations of *Dactylis glomerata* L. in Japan. Plant Ecology，169（2）：295-305

Sundar D，Perianayaguy B，Reddy A R. 2004. Localization of antioxidant enzymes in the cellular compartments of sorghum leaves. Plant Growth Regulation，44（2）：157-163

Topp G C. 1980. Electromagnetic detennination of soil water content：measurements in coaxial transmission lines. Water Resources Researeh，16：574-582

Tsuneo K，Tomoko O A，Tadashi K，et al. 1997. Relationship between the date of cutting and nutritive value of timothy hay in Northern Tohoku District. Grassland Science，43（2）：168-170

Volaire F，Lelievre F. 1997. Production，persistence，and water-soluble carbohydrate accumulation in 21 contrasting populations of *Dactylis glomerata* L. subjected to severe drought in the south of France. Australian Journal of Agricultural Research，48（7）：933-944

Volaire F，Thomas H. 1995. Effects of drought on water relations，mineral uptake，water-soluble carbohydrate accumulation and survival of two contrasting populations of cocksfoot (*Dactylis glomerata* L.). Annals of Botany，75（5）：513-524

Winter K，Schromm M J. 1986. Analysis of stomatal and nonstomatal components in the environmental control of CO_2 exchanges in leaves of wehwitschia mirabilis. Plant Physiol，82：173-178

Xie W G，Zhang X Q，Cai H W，et al. 2010. Genetic diversity analysis and transferability of cereal EST-SSR markers to orchardgrass (*Dactylis glomerata* L.). Biochemical Systematics and Ecology，38（4）：740-749

Xie W，Robins J G，Bushman B S. 2012. A genetic linkage map of tetraploid orchardgrass (*Dactylis glomerata* L.) and quantitative trait loci for heading date. Genome，55（5）：360-369

Xu L X，Huang B R. 2011. Antioxidant enzyme activities and gene expression patterns in leaves of Kentucky bluegrass in response to drought and post-drought recovery. J Am Soc Hort Sci，136：247-255

Xu S，Li J，Zhang X，et al. 2006. Effects of heat acclimation pretreatment on changes of membrane lipid peroxidation，antioxidant metabolites，and ultrastructure of chloroplasts in two cool season turfgrass species under heat stress. Environmental and Experimental Botany，56（3）：274-285

Yoshida S，Uemura M. 1984. Protein and lipid compositions of isolated plasma membranes from orchard grass (*Dactylis glomerata* L.) and changes during cold acclimation. Plant Physiology，75：31-37

Yousfi N，Slama I，Ghnaya T，et al. 2010. Effects of water deficit stress on growth，water relations and osmolyte accumulation in *Medicago truncatula* and *M. laciniata* populations. Comptes Rendus Biologies，333：205-213

Zeng B，Zhang X Q，Lan Y，et al. 2008. Evaluation of genetic diversity and relationships in orchardgrass (*Dactylis glomerata* L.) germplasm based on SRAP markers. Canadian Journal of Plant Science，88（1）：53-60

Zhou L，Yan P，Xiao M. 2013. Different response on drought tolerance and post-drought recovery between the small-leafed and the large-leafed white clover (*Trifolium repens* L.) associated with antioxidative enzyme protection and lignin metabolism. Acta Physiol Plant，35：213-222

第三章　鸭茅种质资源遗传多样性评价

引　言

遗传多样性是指种内不同种群之间或一个种群内不同个体间的遗传变异，是生物多样性的基础（Nei，1973）。遗传多样性研究为了解物种群体遗传结构、多态性水平、物种起源、品种分类、亲本选配、品种保护等提供依据，也是保护和利用种质资源的重要基础。植物遗传多样性的研究主要是通过遗传标记的多态性来反映。遗传标记是指与目标性状紧密连锁，同该性状共同分离且易于识别的可遗传的等位基因变异，可通过某些形态特征、特异的蛋白质、同工酶或特异的 DNA 片段作为目的基因直接或间接的形式来标记。传统的遗传标记主要包括形态标记、组织细胞标记、生化标记与免疫学标记等。这些标记是基因表达的产物，易受环境影响，具有较大局限性；而 DNA 标记是植物 DNA 水平上遗传多样性的直接反映，已经广泛应用于植物的种质资源研究、遗传图谱构建、目的基因定位和分子标记辅助育种等各个方面（方宣均等，2001）。

1　禾本科牧草分子遗传多样性研究进展

目前 DNA 分子标记技术已应用于大多数禾本科牧草，如黑麦草属（*Lolium*）、鸭茅属（*Dactylis*）、羊茅属（*Festuca*）、赖草属（*Leymus*）、披碱草属（*Elymus*）的种内、种间、属间的进化和亲缘关系分析（刘公社和张卫东，2003）；所用标记主要有 RFLP、RAPD、ISSR、SRAP、AFLP 等常规标记，也有基于序列开发的新型标记如 SNP、rDNA IST 等标记。例如，Hand 等（2012）利用位于叶绿体基因组的 *matK* 基因序列、核糖体 DNA 内部转录间隔区序列（rDNA IST）和 SSR 标记对全球 1040 份高羊茅和草地羊茅的分子特征进行了研究，证实了不同倍性水平和其他近缘物种中存在高羊茅亚种，34 对 SSR 标记揭示出 6 倍体高羊茅群体内部的遗传多样性水平，种质遗传变异信息为发掘与优良的目标农艺性状相关的等位基因和品种改良奠定基础。Diekmann 等（2012）从 14 个禾本科植物的叶绿体基因组中筛选单核苷酸微卫星重复区域，设计出新的叶绿体微卫星标记（chloroplast simple sequence repeat，cpSSR），检测并证实了其在黑麦草和其他禾本科植物的遗传多样性分析、品种鉴定中具有很好的应用前景。DNA 分子标记所提供的遗传多样性和遗传变异信息为牧草资源的保护、利用、优良基因的发掘、新种质筛选和品种选育奠定了重要基础。

2　鸭茅分子遗传多样性研究进展

截至目前，有关鸭茅种质资源分子水平多样性研究已有大量报道。除同工酶研究外

本章负责人：张新全　谢文刚

（Glaszmann et al.，1982；Lumaret and Barrientos，1990），也有显性标记（如 RAPD、ISSR、SRAP 等）、共显性标记（如 SSR 和 EST-SSR 等）及 ITS 序列（Catalan et al.，2004）的报道。研究内容多集中在鸭茅居群遗传多样性研究，也有不同倍性鸭茅种质遗传变异的比较研究。这些研究利用不同手段从不同层面揭示了鸭茅遗传多样性，为鸭茅育种提供了重要的基础信息。

自然界鸭茅居群多以二倍体和四倍体两种类型存在，不同类型常能同域共生。但由于受地理环境影响，其居群遗传基础往往存在差异，但各居群间也存在基因交流。Trejo-Calzada 和 O'Connell（2005）利用 RFLP 标记研究了以色列干旱地区 6 个鸭茅居群的遗传多样性，结果表明来自南部干旱区的居群比北部的居群有更高水平的遗传多样性，居群间存在较高水平的基因流。Tuna 和 Sabanc（2004）对土耳其特雷斯地区的 57 个鸭茅自然居群的倍性和遗传多样性进行了研究。研究结果显示，供试材料多为四倍体，二倍体居群较少，聚类分析表明不同自然居群间有明显的基因交流。

鸭茅遗传多样性水平与海拔、气候、倍性水平有一定相关性。Reeves 等（1997）用 AFLP 标记研究了法国和意大利的鸭茅居群，发现生长于不同海拔的鸭茅居群间存在遗传多样性。彭燕等（2006）使用 AFLP 对国内 35 份鸭茅野生材料（以'宝兴'和'Anba'品种为对照）的遗传多样性进行评估。聚类分析显示鸭茅遗传多样性与染色体倍性密切相关，而且野生鸭茅的遗传变异与地理分布有显著相关，鸭茅聚类与倍性水平和形态特征也具有相关性。曾兵（2007）用 RAPD、ISSR、SRAP、SSR 等分子标记对来自 4 大洲 7 个国家的 45 份鸭茅材料进行了遗传多样性分析，从不同层次系统揭示其遗传信息，结果表明鸭茅种质资源遗传多样性较为丰富，遗传变异与广泛的地理分布和染色体倍性密切相关，来自特殊生境的材料具有独特的遗传背景，可为育种研究提供特殊的基因资源。不同倍性的鸭茅居群在遗传多样性方面存在差异，四倍体居群比二倍体居群具有更丰富的遗传变异。Metin 等（2004）使用 RAPD 对土耳其北部地区野生鸭茅自然居群的遗传变异情况研究发现：四倍体鸭茅居群比二倍体鸭茅居群遗传变异更丰富。张新全、帅素容等对我国亚热带地区的二倍体和四倍体鸭茅的酯酶和过氧化物酶检测也显示了相似的结果。即同一生育期、同一酶在二倍体和四倍体中共有的酶带很少，二者在酯酶和过氧化物酶同工酶位点的基因有本质的差异，四倍体内不同材料间也有一定的差异，而二倍体各材料间差异较小。

SSR 标记作为一种新型的分子标记具有共显性、遗传方式简单、多态性好、操作简便、重复性好、稳定可靠等特点，广泛应用于遗传图谱构建，种质鉴定和分子标记辅助育种等研究领域。目前 SSR 分子标记已在水稻、小麦、玉米、油菜等作物和黑麦草（Studer et al.，2012）、披碱草（李永祥等，2005）、柱花草（蒋昌顺等，2004）、高羊茅（Saha et al.，2005）、剪股颖（Rotter et al.，2009）等草种有报道。以往鸭茅 SSR 研究多是利用同源物种的 EST-SSR 标记，利用范围和效率有限（曾兵等，2009；Litrico et al.，2009；Xie et al.，2010）。随着鸭茅基因组 SSR 标记（Hirata et al.，2011）和 EST-SSR 标记（Bushman et al.，2011）开发，SSR 分子标记技术已在鸭茅遗传多样性研究（Xie et al.，2009，2010）、遗传图谱构建（Song et al.，2011；Xie et al.，2011，2012）和 QTL 分析（Xie et al.，2010）等领域显示出广阔的应用前景。

第一节 鸭茅种质遗传变异及亲缘关系的 SSR 分析

遗传多样性主要指种内不同居群之间或同一居群不同个体之间遗传差异的总和，一个物种的遗传多样性越丰富其对环境的适应能力越强，进化潜力越大（施立明，1990）。遗传多样性的研究对于了解物种的起源、遗传分化及资源的合理利用与开发具有重要意义。国外对鸭茅的遗传和育种领域主要集中在居群的遗传结构和生态型的分化，并通过形态标记、细胞学标记、同工酶生化标记等方法，对鸭茅种质间遗传多样性进行了研究（Sahuquillo and Lumaret，1995；Reeves et al.，1998；Sugiyama，2003）。分子标记技术因其简单、快捷、受环境影响小和可重复性强等优点，被广泛应用在牧草遗传研究中。目前，国内外已采用 AFLP（Peng et al.，2008）、RAPD（Kolliker et al.，1999）、ISSR（曾兵等，2006a）、SRAP（Zeng et al.，2008）等分子标记对鸭茅种质进行了遗传多样性研究，结果显示鸭茅资源存在着丰富的遗传变异，蕴藏着优异的基因资源。

简单序列重复（simple sequence repeat，简称 SSR）又称微卫星 DNA，是建立在 PCR 基础上的新型 DNA 指纹标记，以 1~6 个碱基为基本单元的串联重复序列，在植物基因组中广泛分布（Saghai-Maroof et al.，1984）。由于 SSR 标记具有共显性、遗传方式简单、多态性好、操作简便、重复性好、稳定可靠等特点，广泛应用于遗传图谱构建，种质鉴定和分子标记辅助育种等研究领域。目前已开展 SSR 标记研究的作物有水稻、小麦、玉米、油菜等。而在草业上 SSR 应用不多，仅见于披碱草、柱花草、紫花苜蓿等少数草种（蒋昌顺等，2004；李永祥等，2005；刘志鹏等，2006）。本研究利用 SSR 标记技术对来自 5 大洲的 53 份鸭茅种质进行遗传多样性研究，不仅将填补 SSR 标记技术在鸭茅资源遗传研究领域的空白，而且有利于鸭茅种质资源保护和利用，为快速培育适应不同生态地区的栽培品种打下基础。

1 材料和方法

1.1 供试材料

供试材料为来自世界 5 大洲 22 个国家的 53 份鸭茅种质，均为四川农业大学草学系从我国鸭茅主要分布区（云南、四川、贵州等地）采集和国外收集所得（表 3-1）。同时按照材料的地理来源将其分为中国、亚洲其他地区、北欧、东欧、南欧、非洲、美洲、大洋洲共 8 个地理类群。

表 3-1 供试材料及其来源

序号	材料编号	产地及来源	序号	材料编号	产地及来源
1	YA01-1	中国贵州毕节	6	YA02-116	中国云南昆明
2	YA02-101	中国贵州毕节	7	YA90-70	中国四川康定
3	YA02-105	中国四川达洲	8	YA90-130	中国四川茂县
4	YA02-106	中国四川宝兴	9	YA79-9	中国江西庐山
5	YA02-111	中国云南中甸	10	YA2006-3	中国重庆巫溪

续表

序号	材料编号	产地及来源	序号	材料编号	产地及来源
11	YA2006-4	中国重庆巫山	33	PI504537	希腊
12	PI277836	土耳其	34	PI578594	希腊
13	PI383637	土耳其	35	PI237974	意大利
14	PI172418	土耳其	36	PI251819	意大利
15	PI173693	土耳其	37	PI231535	葡萄牙
16	PI172410	土耳其	38	PI237603	葡萄牙
17	PI295271	印度	39	PI318972	西班牙
18	PI293445	印度	40	PI302886	西班牙
19	PI223250	阿富汗	41	PI610813	西班牙
20	PI632580	哈萨克斯坦	42	PI237607	西班牙
21	PI578654	印度	43	PI209885	澳大利亚
22	安巴	丹麦	44	PI285099	澳大利亚
23	PI237268	丹麦	45	PI469234	新西兰
24	PI320557	芬兰	46	PI578667	美国
25	PI418667	挪威	47	PI578557	美国
26	01996	瑞典	48	PI202281	智利
27	02123	瑞典	49	PI598874	摩洛哥
28	PI418672	罗马尼亚	50	PI578635	摩洛哥
29	PI311033	罗马尼亚	51	PI231517	摩洛哥
30	PI316209	保加利亚	52	PI578634	摩洛哥
31	PI538920	俄罗斯	53	PI237586	埃及
32	PI538922	俄罗斯			

注：后续图中的材料编号与该表一致

所用的 100 对鸭茅 SSR 引物序列由日本草地畜产种子协会饲料作物研究所才宏伟教授提供，由上海生工生物技术有限公司合成。PCR 所用的 Mg^{2+}、*Taq* 酶、dNTP、buffer 均购自博瑞克生物技术公司。

1.2 方法

1.2.1 基因组 DNA 提取

每份材料随机选取 25 个生长良好的单株的幼嫩叶片等量混合，采用 Saghai-Maroof 等（1984）的 CTAB 方法提取 DNA。通过 0.8%琼脂糖凝胶电泳和紫外分光光度计检测 DNA 的浓度和纯度，合格的样品于 4℃冰箱保存备用。

1.2.2 SSR 反应体系的建立及优化

利用正交设计 L16（4^4），对 Mg^{2+} 浓度、dNTP、引物浓度、*Taq* 酶浓度进行 4 因素 4 水平的正交试验，并在 Thermo Hybaid PCR 仪上进行引物最佳退火温度的筛选。最终获得适合于鸭茅 SSR 分析的 15μL 优化反应体系：模板 DNA 10ng/μL，dNTP 240μmol/L，引物浓度 0.4μmol/L，*Taq* 酶 1.0U，Mg^{2+} 2.5mmol/L。PCR 反应程序为：94℃预变性 4min，94℃变性 30s，48～52℃变性 30s，72℃延伸 1min，共 35 个循环，72℃10min，4℃保存。

1.2.3 SSR 引物的筛选

选取经电泳检测质量较高且田间试验性状差异较大的材料 DNA（分别为 00850、02123、'宝兴'、'安巴'）作模板，从 100 对引物中筛选出多态性高的引物，再对全部材料进行 PCR 扩增。

1.2.4 PCR 扩增及电泳

PCR 扩增在 Thermo Hybaid PCR 仪上进行。扩增产物在 6%聚丙烯酰胺凝胶上（丙烯酰胺：甲叉=19：1，7.5mol/L 尿素，1×TBE 缓冲液）进行检测。样孔中每样品点样 10μL，以博瑞克公司的 D1500 Marker 为对照，先在北京六一电泳仪厂的 DYY-6C 电泳仪上进行 200V 恒定电压下 30min 的预电泳，然后在 400V 恒定电压下电泳 2h，再用 0.1%的 $AgNO_3$ 进行银染色和在 NaOH 液中显色，凝胶在灯光下用数码相机照相保存以供分析。

1.2.5 数据统计及分析

对获得的清晰可重复的 DNA 条带进行统计，在相同迁移位置上将稳定出现的条带的有或无量化为 1 和 0 进行统计，构成 0，1 矩阵。

据表征矩阵，统计 SSR 扩增产物的条带总数和多态性条带数量，计算多态性位点率（P）和引物多态性信息含量（PIC）（Roldan-Ruiz et al.，2000），$PIC_i=2f_i(1-f_i)$，其中 PIC_i 表示引物"i"的多态性信息含量，"f_i"表示有带所占的频率，"$1-f_i$"表示无带所占的频率。在哈-温（Hardy-Weinberg）平衡的基础上，计算各种质材料 Nei 基因多样性指数（车永和等，2004），利用 NTSYS-pc 2.10 软件计算 Dice 遗传相似性系数（GS），根据 UPGMA 法（Rohlf，1994）进行聚类分系和主成分分析（PCoA）。

2 结果与分析

2.1 供试材料 SSR 扩增产物的多态性分析

从 100 对引物中筛选出 15 对条带清晰、多态性好的引物（表 3-2），用于 53 份材料的 PCR 扩增（图 3-1）。15 对引物在 53 份鸭茅材料中共检测到 127 个等位基因，每个位点的等位基因为 5～12 个，平均为 8.5 个，多态性位点率平均为 95.21%；多态性信息含量（PIC）范围为 0.30（A04C24）到 0.44（A01F24），平均为 0.36；表明供试鸭茅种质间 SSR 变异大，多态性高，存在丰富的遗传多样性（表 3-3）。

表 3-2 用于鸭茅 SSR 分析的引物序列

引物编号	引物序列（5'—3'）	引物编号	引物序列（5'—3'）
A01B10	TCTTCCTTGGAAAACATCAA ACTTGCTTACACGGTATCATG	A01E02	AGCTGTGGAGAAAAAAATGA GATGCCATTAAGTTCAAAATG
A01C20	AACCAGTTGTTGATCTGCTT TACGATATGTGCGTGTTGAT	A01F24	AAAATGTTTTATTCTCAGCCC TGCAAGATGGAATGCTCT

引物编号	引物序列（5'—3'）	引物编号	引物序列（5'—3'）
A01I13	ATGCTGTTTGATCACAGTCA GTTGGACTGCCATTACTAGC	A03N16	AACGCAACGTCTATGGTTAT ACACGCACCCACACATAC
A01K14	AAGGATGGCCTGATCTTC GCAGAGGTCTTTCTCTTGG	A04C24	AGCAACATATCTTACTGCAATG ATCAAACTCGAAAAGTTGTCA
A02A10	AGGTTACCGATAGTAAGTGGG AGGGGATGGTTGGTTAGTAT	A04O08	AGAGGTTAGATGGATGTAGGC ATAGACCCATAGCATGTTGG
A02I05	GCAAATGTCCACACCATT CTACCACAGCGACATCAAG	B01A02	TTCTCCATTAAGCCTCCAG CAGCGAGTCCTTGTCGAC
A03C05	TAAGAATCGATCCTCCCG ACCTTCTTCCACTCCGTC	B01C15	GTCGATTGATGGTGTACGTA TCTAGTGCTACTTGTATGCACC
A03K22	AGACTCTAGGGTGGCACAC GTAGCACGCTAACGAGAGAT		

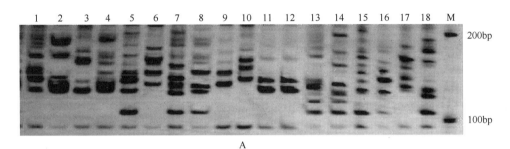

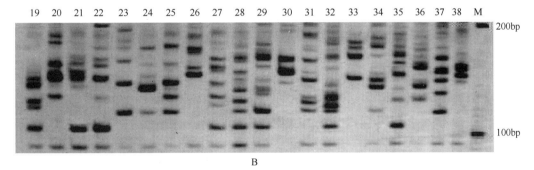

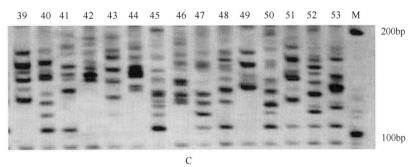

图 3-1　引物 A03K22 对 1-53 鸭茅材料 DNA 的扩增结果

A. 1～18 号 DNA 的扩增结果；B. 19～38 号 DNA 的扩增结果；C. 39～53 号 DNA 的扩增结果

表3-3　15对SSR引物对53份鸭茅材料的扩增结果

引物编号	等位基因数	多态性位点数	多态性位点率（P）/%	多态性信息含量（PIC）
A01B10	11	11	100.00	0.35
A01C20	7	6	85.71	0.32
A01E02	9	9	100.00	0.39
A01F24	6	6	100.00	0.44
A01I13	10	10	100.00	0.31
A01K14	8	7	87.50	0.39
A02A10	5	4	80.00	0.31
A02I05	11	11	100.00	0.41
A03C05	8	8	100.00	0.43
A03K22	12	12	100.00	0.37
A03N16	10	10	100.00	0.31
A04C24	6	5	83.33	0.30
A04O08	5	5	100.00	0.33
B01A02	7	7	100.00	0.42
B01C15	12	11	91.67	0.37
总和	127	122		
平均	8.5	8.1	95.21	0.36

2.2　供试材料的遗传多样性分析

2.2.1　供试鸭茅种质间亲缘关系分析

对扩增结果采用 Nei-Li 相似系数（GS）计算方法，得到供试材料遗传相似性矩阵，以此为依据分析材料间亲缘关系。53 份材料间的 GS 值范围为 0.43～0.94，平均 GS 值为 0.63。其中 YA2006-3（10 号）和 YA2006-4（11 号）遗传相似系数最大，为 0.94，表明二者亲缘关系最近。材料 PI469234（45 号）和 PI578635（50 号）的遗传相似系数最小，为 0.43，表明二者的亲缘关系最远。通过对 53 份供试材料 GS 频率分布比较可以看出，GS 值在 0.55～0.70 的分布较多，共占 89.11%，说明大部分供试材料相对遗传距离较大（图 3-2）。由遗传相似系数分析可知，供试鸭茅材料具有丰富的遗传多样性。

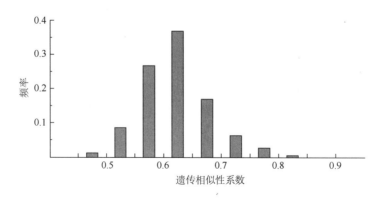

图 3-2　供试材料遗传相似系数（GS）的分布

2.2.2 供试材料各地理类群的遗传多样性指数

地理类群的遗传相似系数分析表明，8 个地理类群的 GS 值为 0.73～0.91，中国类群和东欧类群的遗传相似性系数最大为 0.91，它们间的亲缘关系最近。中国类群和大洋洲类群的遗传相似系数最小为 0.73，表明两类群的亲缘关系最远。由此可见，全球 5 大洲不同地理类群的鸭茅遗传多样性较为丰富。

从多态性位点率（P）和香农信息多样性指数（I）两个遗传多样性参数来看，8 个类群遗传多样性水平从高到低的顺序为：亚洲其他地区＞南欧＞中国＞东欧＞非洲＞北欧＞美洲＞大洋洲。其中亚洲（P，90.55%；I，0.4329）和欧洲（P，86.61%；I，0.4107）鸭茅种质遗传多样性更为丰富（表 3-4）。

表 3-4 鸭茅不同地理类群遗传多样性指数

类群	多态性位点数	香农信息多样性指数（I）	多态性位点率（P）/%
中国	88	0.3520	69.29
亚洲其他地区	97	0.3824	76.38
北欧	61	0.2585	48.03
南欧	94	0.3618	74.02
东欧	78	0.3290	61.42
亚洲	115	0.4329	90.55
欧洲	110	0.4107	86.61
美洲	56	0.2525	44.09
大洋洲	48	0.2156	37.80
非洲	74	0.3167	58.27

2.3 供试材料基于 Nei-Li（Dice）遗传相似性的聚类分析

基于遗传相似系数，利用 UPGMA 法对供试材料进行聚类分析（图 3-3）。在 GS=0.64 处可把 53 份鸭茅材料聚为 5 类，来自相同洲的材料能准确地聚为同一类。来自亚洲的 21 份材料聚为 I 类，其中中国的材料聚为一个大类，来自重庆的 YA2006-3（10 号）和 YA2006-4（11 号），亲缘关系最近能最先聚在一起，且这两份材料田间表现为出苗晚，花序下垂，完成生育期所需时间长。来自土耳其的 5 份（12～16 号）材料、印度的 3 份材料和来自阿富汗和哈萨克斯坦的材料聚为另一大类。

来自欧洲的 21 份聚为 II 类，其中丹麦、芬兰、挪威、瑞典的 6 份（22～27 号）材料聚为一类，这 4 国地处北欧，同属温带气候；来自地中海沿岸国家：意大利、西班牙、葡萄牙的 8 份（35～42 号）材料聚为一类，其余材料聚为一类。地中海沿岸地区属典型的地中海型气候类型，夏季炎热干燥，冬季温和多雨，且该区多为山脉和高原，海岸线曲折具有相似的生态地理环境，由此可见，来自相同或相似地理和气候类型的材料能聚在一起，这为聚类提供了合理性。

来自美国的两份材料 PI578667（46 号）和 PI578557（47 号）及来自智利的 PI20

2281（48 号）聚为Ⅲ类，它们同属于美洲大陆。来自非洲摩洛哥的 4 份材料和埃及的 1 份材料，聚为Ⅳ类；来自大洋洲的 3 份材料和其余材料差异最为明显，最后聚为第Ⅴ类。

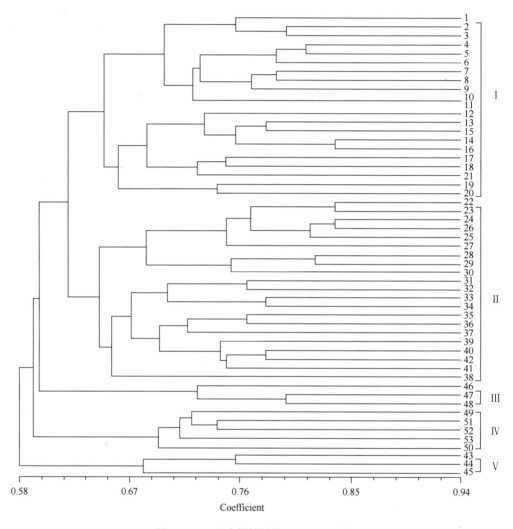

图 3-3　53 份鸭茅材料的 UPGMA 聚类

从聚类结果可以看出，相同或相似地理来源和气候类型的材料能基本聚在一起，说明遗传多样性与地理来源和气候类型有一定的关系。

2.4　鸭茅主成分分析

对 53 份鸭茅的 SSR 标记的原始矩阵进行主成分分析，前 3 个主成分所能解释的遗传变异分别为 18.25%、10.32% 和 9.56%，对 53 份种质作前 3 个主成分的三维排序图（图 3-4），位置靠近者表示关系密切，远离者表示关系疏远，将位置靠近的鸭茅材料归为一类，可将供试材料分成 5 类，结果表明，主成分分析结果与聚类结果基本一致，同一地区的大部分材料基本能聚在一起。

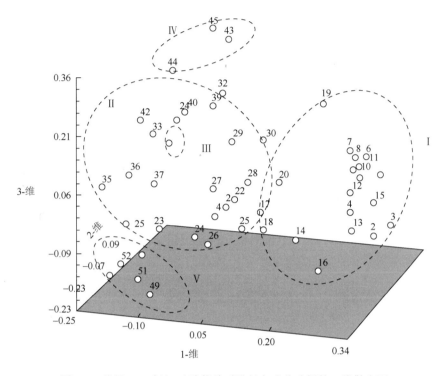

图 3-4　依据 SSR 标记对鸭茅种质进行主成分分析的三维散点图

3　讨论

3.1　SSR 标记对鸭茅遗传多样性研究的有效性

本研究利用 SSR 标记技术分析了世界 5 大洲 53 份鸭茅种质的遗传多样性关系。15 对引物在 53 份鸭茅基因组 DNA 中检测到 127 个等位基因，多态性位点率为 95.21%，从分子水平上证明了世界鸭茅资源具有丰富的遗传多样性。本研究中，鸭茅的 SSR 标记表现出的多态性，高于彭燕等（2006）用 AFLP 技术对 37 份鸭茅种质研究的多态性（84.0%），也高于曾兵等（2006a）利用 ISSR 和 Zeng 等（2008）利用 SRAP 技术对鸭茅的遗传多样性研究所报道的结果，两种标记多态性分别为：86.3% 和 84.38%，这些差异可能是由于材料和研究方法的不同造成的。本研究所用材料地理来源更为广泛，遍布世界 5 大洲。不同地区土壤的酸碱度、积温和日照时数等生态环境因子可能存在明显的差异，这些生态因子对鸭茅形成长期的自然选择，加上自然突变、人为选择等其他因素，使得鸭茅在形态特征、生态类型、生理适应性和基因等方面保持了较大的变异度和丰富的多样性。更进一步说明了 SSR 技术可有效地检测鸭茅种质的遗传变异，可作为鸭茅新品种选育的早期选择及分子标记辅助育种的有力工具。

3.2 鸭茅种质遗传变异与地理来源的相关性分析

遗传变异和地理环境之间的关系一直是植物种群遗传学研究中普遍关注的问题，多数研究认为种质的地理分布与分子标记间存在相关性（Wilson et al.，2001）。这在此项研究中也得到了证明，本研究利用 15 对引物对 53 份鸭茅种质资源进行了 SSR 统计分析和聚类分析，发现鸭茅材料间存在着较高的遗传分化。通过聚类分析把 53 份材料分为 5 大类群，揭示了 5 个与地理起源密切相关的遗传多样性资源群。各组内聚类除个别材料外均呈现出一定的地域相关性。从供试材料的聚类图可以看出，相似生态环境或地理来源鸭茅种质能聚为一类，主要表现在来自不同洲的材料能明显区分开来；欧洲的材料基本可按北欧、东欧和南欧聚类。这可能是由于鸭茅材料在进化过程中受到自然选择的结果使得个体中所发生的不定向变异造成群体遗传结构的定向变异，这样经过长时间的进化演变，同一地区的大部分材料的基因型可能趋于相似。但聚类也并非完全符合地域性的分布规律，如来自俄罗斯的材料和希腊的材料能聚在一起，葡萄牙的两份材料没能聚在一起。造成上述这种聚类划分的现象可能有以下 4 方面的原因。一是本研究所用材料来自地域广阔、生境复杂多样的 5 大洲，各地理类群在海拔高度、经纬度、土壤类型和气候特征等方面存在差异，多样的生境可能阻碍了种质间的基因漂移从而造成较大的遗传差异，但在大的地理条件下如果存在相同或相似的生境条件，相同或相似的选择压力和生存环境导致远距离间也可能会产生遗传变异。二是可能发生了基因突变，物种在进化过程中，有个别的基因发生了变异，且该突变体能较好地适应当地的环境，这个变异基因就能得到保存。三是自然因素和人类活动造成的，风力输送、江河冲刷、鸟类和人类交通工具的携带等都可能使其转入异地扩展繁殖。四是鸭茅为异花授粉植物，花粉串粉可能导致了天然杂交。

3.3 鸭茅资源遗传多样性分析

遗传多样性指数是反映材料多样性的重要指标。遗传多样性丰富，说明种质类型多样遗传差异较大，在品种选育及改良中有更多可选择和利用的基因。鉴于鸭茅是异花授粉植物，同一种质内普遍存在遗传基因杂合的状态，即品种内个体间的遗传基因不同，对于这类异花授粉植物的分子标记多态性分析，一般要求在同一种质中取一定数量的代表性单株，混合提取基因组 DNA，先建成一个有代表性的"DNA 池"，以保证材料的代表性及试验数据的准确性。

有关鸭茅遗传多样性的研究，国内外已在形态标记、细胞学标记、同工酶生化标记、分子标记方面有较多报道。Kolliker 等用 RAPD 方法研究了鸭茅、羊茅、多年生黑麦草的基因变异性，结果表明，鸭茅和多年生黑麦草之间变异性相似，而羊茅的变异性低于前两者，而且鸭茅（85.1%）和多年生黑麦草（82.4%）的种内变异也比羊茅（64.6%）高（Kolliker et al.，1999）。Reeves 等（1998）的研究表明，源自法国和意大利的鸭茅居群，其基因组大小与海拔呈负相关，并用 AFLP 方法揭示了生长于不同海拔的鸭茅居群间存在遗传多样性。曾兵等（2006）采用 ISSR 分子标记技术对来自国内及亚洲、欧洲、美洲 9 个国家共 50 份鸭茅品种（系）进行遗传多样性研究，说明世界鸭茅资源具有较丰富的遗传多样性。为全面地了解和获得世界范围内鸭茅资源的遗传变异信息，本研究更为广泛地进行了材料收集，所用材料来自世界 5 大洲，代表了不同的生态类型和特殊的地域类群，并首次利用 SSR 标记对鸭茅遗传多样性进行研究，获得了世界鸭茅资源的遗传变异及亲缘关系的重要信息。这一研究结果将为今后制定世界范围内鸭茅资源遗传多样性原位保护措施、保护范围、保护地点、遗传资源的收集，以及鸭茅品种改良中亲本选择、发掘新的抗病、抗逆基因提供重要参考。目前国内仅选育完成了 3 个国家登记的鸭茅品种：'宝兴'、'古蔺'、'川东'，它们均为四川野生鸭茅资源人工驯化选育而成，3 个品种具有较高的遗传相似性，遗传基础狭窄，一定程度上限制了其在大范围的推广应用。本研究结果表明，全世界鸭茅种质资源具有丰富的遗传多样性，其中亚洲和欧洲及非洲鸭茅资源的遗传多样性较为丰富，大洋洲的鸭茅资源与其他地区的材料遗传差异明显，因此应加快对这些地区的资源收集、整理、保护和利用的力度，利用杂交等育种手段，选用来自各地遗传多样性丰富的鸭茅，挖掘独特而优良的基因资源开展育种工作，培育出更多适应不同生态条件，具有优良农艺性状的鸭茅品种。

第二节　鸭茅栽培品种与野生材料遗传多样性比较的 SSR 分析

目前，随着不同植物 SSR 引物的开发，SSR 技术在草业研究中的应用逐渐增多，如黑麦草（Inoue et al.，2004）、高羊茅（Mian et al.，2005）、结缕草（宣继萍等，2008）、鸭茅（谢文刚等，2009）、紫花苜蓿（Touil et al.，2008）等均有 SSR 研究的报道。

本研究利用 SSR 标记技术对 6 个鸭茅栽培品种，2 个鸭茅新品系及二倍体、四倍体野生鸭茅和鸭茅亚种共 23 份材料进行遗传多样性分析，比较品种与野生材料之间的遗传差异，为下一步鸭茅育种配制杂交组合提供理论基础，以期尽快培育出适应不同生态区域的栽培品种。

1　材料与方法

1.1　材料

供试材料共 23 份，包括 6 个鸭茅栽培品种、2 个鸭茅新品系、3 个四倍体野生鸭茅、6 个二倍体野生鸭茅和 6 个鸭茅亚种。所有材料均为四川农业大学草学系从我国和国外采集和收集而来（表 3-5）。所有材料利用培养皿发芽后，2 周后移栽于直径 30cm 的塑料盆中。

表 3-5　供试鸭茅材料名称及来源

序号	材料编号	倍性水平	产地及来源	备注
1	宝兴	28	中国四川宝兴	国产品种
2	川东	28	中国四川达州	国产品种
3	安巴	28	丹麦	引进品种

续表

序号	材料编号	倍性水平	产地及来源	备注
4	古蔺	28	中国四川古蔺	国产品种
5	楷模	28	百绿	引进品种
6	波特	28	中国云南省肉牛和牧草研究中心	引进品种
7	02123	28	中国湖北畜牧所	品系
8	01076	28	中国西安植物园	品系
9	YA2009-1	28	中国湖北神农架	野生材料
10	YA02-116	28	中国云南昆明	野生材料
11	YA00850	28	中国新疆	野生材料
12	YA02-102	14	中国贵州织金	野生材料
13	YA02-107	14	中国四川宝兴	野生材料
14	YA02-115	14	中国云南德钦	野生材料
15	YA90-130	14	中国四川茂县	野生材料
16	YA01175	14	中国贵州	野生材料
17	YA01996	14	瑞典	野生材料
18	PI231535	28	葡萄牙	鸭茅亚种
19	PI277836	28	土耳其	鸭茅亚种
20	PI295271	28	印度	鸭茅亚种
21	PI316209	28	保加利亚	鸭茅亚种
22	PI237603	28	葡萄牙	鸭茅亚种
23	PI237607	28	西班牙	鸭茅亚种

注：后续图中的材料编号与该表一致

1.2　方法

1.2.1　基因组 DNA 的提取

每份材料随机取 15 个单株的幼嫩叶片，等量混合，采用 CTAB 法提取 DNA。通过 0.8% 的琼脂糖凝胶电泳和紫外分光光度计检测 DNA 的浓度和纯度，保存于 4℃ 冰箱，使用前用蒸馏水将 DNA 稀释至 10ng/μL。

1.2.2　SSR 反应体系及 PCR

采用 29 对 SSR 引物并从中筛选出 25 对多态性较好的引物（表 3-6），引物由上海生工生物技术服务有限公司合成。PCR 所用的 Mg^{2+}、Taq 酶、dNTP、buffer 均购自博瑞克生物技术公司。鸭茅 SSR 优化反应体系为 15μL：模板 DNA10ng/μL，dNTP 240μmol/L，引物浓度 0.4μmol/L，Taq 酶 1.0U，Mg^{2+} 2.5mmol/L。PCR 反应在 Thermo Hybaid PCR 仪

上进行，反应程序为：94℃预变性 4min，94℃变性 30s，52℃变性 30s，72℃延伸 1min，共 35 个循环，72℃下 10min，4℃保存。

表3-6　鸭茅 SSR 分析的引物序列

引物编号	引物序列（5′—3′）	引物编号	引物序列（5′—3′）
A01E02	AGCTGTGGAGAAAAAAATGA GATGCCATTAAGTTCAAAATG	B01A05	GAGAGCGGCAGAGTTATTC AAAGGTCGATATCTCTATTCCA
A01K14	AAGGATGGCCTGATCTTC GCAGAGGTCTTTCTCTTGG	B01C15	GTCGATTGATGGTGTACGTA TCTAGTGCTACTTGTATGCACC
A01B10	TCTTCCTTGGAAAACATCAA ACTTGCTTACACGGTATCATG	A01E14	ACCCGTTTTCTATCTCCAG GTTCTAGCGTCGTGAGGG
A02B24	GACGAGGCATGTTTGTTG CTCTATAAAACCCATGAGCG	A03M21	TTCTACAGCTTGCACTGATG AAGTGGACAGTTGACACTCC
A02G09	TACACGAGAGGGCAGATACT CGTAACTTGAATCTTCCAGG	A04C24	AGCAACATATCTTACTGCAATG ATCAAACTCGAAAAGTTGTCA
A02I05	GCAAATGTCCACACCATT CTACCACAGCGACATCAAG	A02N22	AAACATGTCGTGGTCGTC ATCATTTGTTATGCCGGTAG
A03K22	AGACTCTAGGGTGGCACAC GTAGCACGCTAACGAGAGAT	A03B16	TCTGGAATCTCTCTGAAATCA ATCTTGACCCTGATGTTCTG
A04O08	AGAGGTTAGATGGATGTAGGC ATAGACCCATAGCATGTTGG	A03C05	TAAGAATCGATCCTCCCG ACCTTCTTCCACTCCGTC
B01B19	AGAAGTTGGCCTGTCTCC CTCTTCCTTCCTCCTTGG	A01F24	AAAATGTTTATTCTCAGCCC TGCAAGATGGAATGCTCT
B01E09	ACAACTCACAAACTCAAGAACA GTGGACTCGGAGGAGAAG	A02A10	AGGTTACCGATAGTAAGTGGG AGGGGATGGTTGGTTAGTAT
A01I11	CATCGTAATGACTGCTAGTCC ACAGATCCATCGGTGGTT	B01C11	GCCATGTAACCAGAATCCTA TGTTTGTGCATAGATCAAGC
B01D10	GGGAGATCTCAGTGGAGG CCGTGATAACTCATAAACAGC	A02J20	TCCAATGTTACACACATAGCA TGTGTGCGATTTTCTGTG
B01F08	ATTAGTCCGTGTCTCCCAC TTATCGAGACCTCCAGGAG		

1.2.3 电泳及扩增产物检测

电泳仪为北京六一电泳仪厂的 DYY-6C 电泳仪，扩增产物在 6%聚丙烯酰胺凝胶上

（丙烯酰胺：甲叉=19：1，7.5mol/L 尿素，1×TBE 缓冲液）电泳。每个点样孔中上样量为 10μL，以博瑞克生物技术公司的 100bp Ladder 为对照。电泳先在 200V 恒定电压下预电泳 30min，然后在 400V 恒定电压下电泳 2h，然后利用 0.1% 的 $AgNO_3$ 进行银染，在 NaOH 显影液中显色，凝胶利用数码相机照相保存以供分析。

1.3 数据统计及分析

对获得的清晰的 DNA 条带进行统计，在相同迁移位置，有带记为 1，无带记为 0，构成 0，1 矩阵。根据表征矩阵统计 SSR 扩增产物的条带总数和多态性条带总数，计算引物多态性信息含量（PIC），$PIC_i=2f_i(1-f_i)$，式中 PIC_i 表示引物 i 的多态性信息含量，f_i 表示有带所占的频率，$1-f_i$ 表示无带所占的频率。

遗传相似系数（genetic similarity，GS）按公式 $GS=2N_{ij}(N_i+N_j)$ 计算，其中，N_{ij} 表示两基因型各自的条带数目；遗传距离（genetic distance，GD）按公式 GD=1−GS 计算；根据 UMPGA（unweighted pair group method arithmetic averages）法进行聚类分析和主成分分析。以上数据统计在 NTSYS-pc 2.1 软件下进行。

将 23 份材料划分为 4 个不同的类群，分别为品种类群（6 份）与野生材料类群（17 份）、二倍体类群（6 份）与四倍体类群（17 份），利用 POPGENE 1.31 计算这 4 个群体内部的 Nei's 遗传多样性指数（H）和 Shannon 信息多样性指数（I），用于分析品种与野生材料、二倍体与四倍体内部的遗传多样性及它们之间的遗传差异比较。

2 结果与分析

2.1 SSR 标记多态性分析

从 29 对引物中筛选出了在 23 份供试材料中扩增出条带清晰、多态性好的 25 对引物。25 对引物共扩增出 251 个条带，平均每对引物扩增 10.04 个条带，不同引物扩增条带数目变幅为 5（B01A05）～14（A01K14、A01B10、A01E14）个条带，多态性条带比率为 100%（图 3-5）。多态性信息含量（PIC）最小值为 0.24（A01E14），最大值为 0.42（A01F24、A03B16），平均值为 0.33，25 对引物在供试材料上扩增产物的多态性较好，表明 23 份供试材料间存在丰富的遗传多样性（表 3-7）。

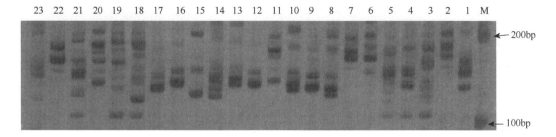

图 3-5　引物 A01K14 在 23 份供试鸭茅中扩增的结果

表 3-7　SSR 标记引物扩增结果

引物编号	条带数	多态性比率/%	多态性信息含量（PIC）	引物编号	条带数	多态性比率/%	多态性信息含量（PIC）
A01E02	11	100	0.40	B01C15	10	100	0.33
A01K14	14	100	0.36	A01E14	14	100	0.24
A01B10	14	100	0.26	A03M21	12	100	0.36
A02B24	11	100	0.35	A04C24	9	100	0.37
A02G09	12	100	0.40	A02N22	10	100	0.32
A02I05	12	100	0.41	A03B16	6	100	0.42
A03K22	7	100	0.37	A03C05	12	100	0.32
A04O08	12	100	0.34	A01F24	6	100	0.42
B01B19	10	100	0.33	B01F08	8	100	0.26
B01E09	11	100	0.40	B01C11	11	100	0.25
B10D10	6	100	0.26	A02A10	13	100	0.30
A01I11	9	100	0.26	总计	251	—	—
A02J20	6	100	0.38	平均	10.04	100	0.33
B01A05	5	100	0.35				

2.2　供试鸭茅种质遗传距离（GD）分析

根据表征矩阵利用 NTSYS-pc 2.1 采用 Nei-Li 计算遗传距离（GD）的方法，得到遗传距离矩阵，用于分析 23 份供试鸭茅亲缘关系的远近。23 份鸭茅遗传距离范围为 0.1065～0.6061，平均遗传距离为 0.3870，其中 YA02-102 与 YA02-107 之间遗传距离最小，YA00850 与 PI316209 之间遗传距离最大，总体上呈现为地理来源较远的材料之间遗传距离大，地理来源近的材料之间遗传距离小，23 份材料间遗传差异较大。但品种内部之间的遗传距离较小，平均遗传距离为 0.3088，低于所有 23 份材料之间遗传距离的平均水平，'宝兴'和'波特'之间遗传距离最大为 0.4761，而'楷模'和'古蔺'之间遗传距离最小为 0.1954，6 个品种之间遗传多样性较小。

2.3　基于 Nei-Li（Dice）遗传相似系数的聚类分析

基于遗传相似系数，利用 UMPGA 法对 23 份材料进行聚类分析（图 3-6）。在相似系数为 0.65 时基本能将来自国内和国外的材料聚为两大类，即 6 个品种、2 个品系和国内收集的野生四倍体和二倍体聚为一大类 I；来自国外的 6 个鸭茅亚种与 YA02-115 聚为另一大类 II，国内材料与国外材料其地理来源较远，遗传差异较大，分别聚为两个大类，材料的聚类体现出一定的地理相关性。在第一个大类 I 中，在相似系数为 0.67 时，'波特'与 02123 聚为亚类 I，而剩下的 14 份材料聚为亚类 II，说明'波特'、02123 与其他国内材料之间遗传差异较大，由于 02123 为'波特'培育成为品种前的品系，因此它们之间遗传基础非常接近。在亚类 II 中，相似系数为 0.71 时能够将二倍体和四倍体材料大致的分为两个子类，即 5 个品种（'宝兴'、'川东'、'安巴'、'古蔺'、'楷模'）与

01076 和 YA02-116 聚为子类Ⅰ；5 个二倍体（YA02-102、YA02-107、YA01175、YA01996、YA90-130）与 YA2009-1 和 YA00850 聚为子类Ⅱ，基本上反映了二倍体与四倍体之间的遗传差异。5 个品种在相似系数为 0.74 时能够聚在一起，说明了 5 个品种之间遗传差异较小，而 5 个二倍体在相似系数 0.77 时聚为一类，其染色体数目较四倍体鸭茅少了一倍，在进化过程中，遗传变异较四倍体少，相互间亲缘关系更近。

从聚类分析的结果来看，不同地理来源的材料能够大致地分开，二倍体与四倍体材料也能够分别聚为两类，进一步表明遗传多样性与地理来源有密切的关系，同时不同倍性材料在进化过程中，可能是由于突变率不一样，造成了不同倍性材料遗传多样性的差异。

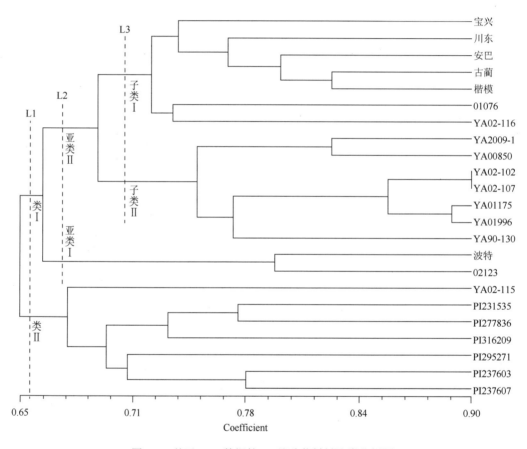

图 3-6 基于 SSR 数据的 23 份鸭茅材料聚类分析图

2.4 主成分分析

基于遗传相似系数的主成分分析，各材料在主成分分析二维图上的远近关系可以直观地反映它们之间的亲缘关系。利用原始矩阵数据对 23 份鸭茅材料进行主成分分析，前 3 个主成分对遗传变异的贡献率分别为 15.15%、11.50% 和 8.19%（图 3-7）。主成分结果与聚类分析结果基本一致，品种、二倍体和亚种分别聚在一起，整体上体现出相近地理来源与相同倍性水平材料聚为一类。

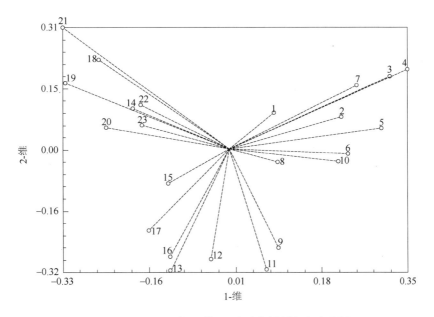

图 3-7　基于 SSR 标记的 23 份鸭茅材料主成分分析

2.5　鸭茅类群的遗传多样性比较

将 23 份鸭茅材料划分为品种类群（6 份）与野生材料类群（17 份）、二倍体类群（6 份）与四倍体类群（17 份），比较它们之间的遗传多样性（表 3-8）。品种类群多态位点为 117，多态位点率为 59.09%，而野生材料的多态位点为 193，多态位点率为 94.47%，品种类群的遗传多样性较野生材料类群明显要低。从 Nei's 遗传多样性和 Shannon 信息多样性指数来看，品种类群分别是 0.1763 和 0.2742；野生材料类群为 0.1930 和 0.3262，也表明了两个类群的遗传多样性差异较大。从不同倍性水平来看，二倍体类群由于染色体数较四倍体少了一倍，其在遗传多样性上明显要低于四倍体类群，二倍体类群多态位点、多态位点率、Nei's 遗传多样性、Shannon 信息多样性指数分别为 99、50.00%、0.1302 和 0.2098，二倍体类群种质内部遗传变异较小，而四倍体类群则分别为 193、97.47%、0.2129 和 0.3526，种质内部变异较大，具有更为丰富的多态性。

表 3-8　不同类群遗传多样性指数

类群	多态位点	多态位点率/%	Nei's 遗传多样性	Shannon 信息多样性指数
品种	117	59.09	0.1763	0.2742
野生材料	193	97.47	0.1930	0.3262
二倍体	99	50.00	0.1302	0.2098
四倍体	193	97.47	0.2129	0.3526

3 讨论

3.1 SSR 标记的多态性

SSR 标记具有多态性高、共显性、重复性好等优点，较其他分子标记（RFLP、AFLP、RAPD 等）能够检测到更多的等位基因，是用于植物种质资源遗传多样性研究非常有效的一种分子标记。本研究利用 SSR 对 23 份鸭茅材料进行扩增，其多态位点率为 100%，而彭燕等（2007）利用 AFLP 对 37 份野生鸭茅遗传多样性研究的多态位点率为 84.0%，曾兵利用 SRAP（Zeng et al.，2008）和 ISSR（曾兵等，2006a）对鸭茅种质遗传多样性研究的多态性分别为 84.38% 和 86.3%，谢文刚等（2009a）利用 SSR 对 53 份野生鸭茅的遗传多样性研究多态性为 95.21%，由此可以看出 SSR 是一种多态性非常高的分子标记，可用于区别亲缘关系较近的种质之间的遗传差异。

SSR 标记的应用常受到引物开发的限制，本研究中的引物序列由日本草地畜产种子协会饲料作物研究所才宏伟教授针对鸭茅开发设计，在此之前，曾兵等（2009）利用筛选出的 20 对小麦 SSR 引物对鸭茅种质资源遗传多样性进行了研究，试验结果表明 20 对小麦 SSR 引物扩增出 295 个条带，多态性条带为 187 条，多态性条带比率为 61.15%，说明了近缘物种引物在鸭茅 SSR 研究中利用的可行性，但是其多态性明显要低于针对鸭茅开发的引物。因此，加快 SSR 鸭茅引物的设计和开发，有助于深入开展 SSR 技术在鸭茅研究中的应用，如利用 SSR 标记构建鸭茅遗传连锁图谱、QTL 定位等。

3.2 鸭茅品种遗传基础及新品种选育

本研究表明，23 份鸭茅遗传距离范围为 0.1065～0.6061，平均遗传距离为 0.3870，6 个品种之间的平均遗传距离为 0.3088，低于所有 23 份材料之间遗传距离的平均水平，'宝兴' 和 '波特' 之间遗传距离最大为 0.4761，而 '楷模' 和 '古蔺' 之间遗传距离最小为 0.1954，揭示了鸭茅品种遗传基础狭窄。聚类分析中，在相似系数 0.74 时所有品种（'波特' 除外）聚类在一起，主成分分析与聚类分析结果一致，进一步说明了品种内部的遗传多样性较小。这与曾兵的研究结果一致，他认为由于国产 3 个品种（'宝兴'、'川东'、'古蔺'）均为四川采集的野生材料栽培驯化而来，相似的遗传背景和相同的育种方式决定了其遗传亲缘关系必然较高。对于另外 2 个国外引进的鸭茅品种（'安巴'、'楷模'），它们能够与国内品种聚类在一起，可能的原因有：一是引种到中国后，为适应不同生态环境一些基因发生了突变并得以保留；二是由于鸭茅是异花授粉植物，不同品种之间发生串粉。

总的来说，目前在中国推广应用的鸭茅品种数量少，遗传基础狭窄，不能够满足中国不同生态条件下对不同鸭茅品种的需求，有必要开展鸭茅新品种的选育，丰富鸭茅品种的遗传多样性。品种与野生材料类群多态位点率分别为 59.09% 和 94.47%，表明野生材料中有着较高的遗传多样性，具有很高的利用价值，尤其是 6 份鸭茅亚种材料来自国外，从聚类图上可以看到，这 6 个亚种与来自国内的材料分别聚为Ⅰ类和Ⅱ类，亚种与来自国内的材料遗传差异很大。因此，结合这 23 份材料的遗传距离、农艺性状等，大量开展杂交和远缘杂交，有可能从中筛选出具有优异性状的杂交后代，用于鸭茅新品种的培育。

3.3　不同倍性鸭茅材料遗传多样性及其利用

鸭茅在自然界中存在二倍体和四倍体两种形式，四倍体的形成一般是由于受环境因素的影响，二倍体自然加倍而成。本研究中，所有二倍体（YA02-115 除外）在相似系数为 0.77 时聚为一类，而与其他四倍体材料分开；对二倍体类群与四倍体类群遗传多样性的比较表明，二倍体类群的多态位点、多态位点率、Nei's 遗传多样性和 Shannon 信息多样性指数分别为 99、50.00%、0.1302 和 0.2098，而四倍体类群则分别为 193、97.47%、0.2129 和 0.3526，二倍体类群遗传多样性明显低于四倍体类群。谢文刚等（2009b）对中国西南地区鸭茅种质遗传变异的 SSR 分析表明，二倍性类群 Shannon 信息多样性指数为 0.3153，低于四倍体类群的 0.4117，四倍体较二倍体具有更丰富的遗传多样性，本研究也印证了这一结论。

张新全等（1996）对鸭茅二倍体和四倍体生物学特性研究表明，二倍体鸭茅前期生长缓慢，后期生长迅速，与四倍体相反；在产草量、再生性、茎叶比方面，四倍体均优于二倍体。虽然二倍体鸭茅在农艺性状上逊于四倍体鸭茅，但是二倍体鸭茅常常携带一些稀有等位基因，可能决定一些重要的性状（如抗病或抗旱等），钟声（2007）利用秋水仙碱对野生二倍体鸭茅进行加倍获得了同源四倍体，将其与野生四倍体杂交，在杂交后代中发现了生长速度、繁殖特性和抗病性均强于双亲的材料；他还对二倍体和四倍体鸭茅杂交进行了研究，认为三倍体是一种非常宝贵的育种材料。所以，加强对野生二倍体和四倍体鸭茅种质资源的收集、保存和利用，是培育鸭茅新品种的关键。

4　结论

SSR 标记是一种用于鸭茅遗传多样性研究非常有效的工具。目前，在我国推广和应用的鸭茅栽培品种，遗传基础狭窄，但是野生鸭茅材料遗传多样性丰富，应该充分发掘和利用，用于拓宽鸭茅品种的遗传基础，以培育出适应我国不同生态地区的品种。二倍体和四倍体鸭茅遗传差异明显，但是具有一定的同源性，二倍体和四倍体鸭茅都是非常宝贵的种质资源，应该加强对我国广泛分布的野生二倍体和四倍体鸭茅资源的收集、保存和利用。

第三节　鸭茅品种的 SCoT 遗传变异分析

目标起始密码子多态性（start codon targeted polymorphism，SCoT），是基于相关扩增多态性（sequence-related amplified polymorphism，SRAP）（李杰勤等，2013）的一种新型目的基因分子标记技术，其产生的显性多态性偏向候选功能基因区（韩国辉等，2011），主要依据植物基因中 ATG 翻译起始位点侧翼序列的保守性而设计（Collard and

Mackill，2009；何庆元等，2012）。另外，较高退火温度的设计有助于减少假阳性扩增的可能性（Luo et al.，2010）。与其他标记相比，SCoT 标记结合了简单重复序列间区（inter simple sequence repeat，ISSR）（曾汉元等，2013；曾亮等，2013）和随机扩增多态性 DNA（randomly amplified polymorphic DNA，RAPD）的优点，具引物通用性，稳定性好，重复性好等优点，同时能有效产生相关性状多态，更好地反映物种遗传多样性和亲缘关系（熊发前等，2010）。自 2009 年开发以来，已有其用于葡萄（*Vitis vinifera*）（Guo et al.，2012）、芒果（*Mangifera indica*）（Luo et al.，2012）、花生（*Arachis hypogaea*）（Xiong et al.，2011）、土豆（*Solanum tuberosum*）（Gorji et al.，2011）等农作物和植物的相关研究报道。但就牧草研究领域，目前仅有 SCoT 标记用于苜蓿（*Medicago sativa*）（何庆元等，2012）种质遗传分析的少量报道。

到 2014 年，我国审定登记鸭茅品种仅为 9 个，且只有'宝兴'、'川东'、'古蔺'、'滇北' 4 个品种通过野生栽培驯化而来，其余 5 个皆为引进品种，国内鸭茅品种遗传基础相对狭窄，引进品种普遍表现出在当地抗性低、适应性差等缺点，难以满足我国生态治理和畜牧业发展的需求。采用不同的育种方法，综合选育利用我国丰富的鸭茅种质资源已经刻不容缓。而纵观全球，国外通过不同的选育目标和育种方式已获得近 500 个鸭茅品种，品种适应性强。采用不同的技术手段开展鸭茅种质遗传研究，对于鸭茅育种具有重要意义。同时，国内外学者对鸭茅的研究已从形态学（钟声，2007）、细胞学（张新全等，1996a，1996b）、同工酶（帅素容等，1998）深入到分子水平。分子标记因不受环境影响、效率快、分辨率高等优点被广泛应用。谢文刚等（2009b）利用简单重复序列（simple sequence repeat，SSR）对 11 份鸭茅种质的 110 个单株遗传分析表明，我国西南地区鸭茅种质遗传多样性丰富，其遗传变异主要存在于种质内和地理区域内；Peng 等（2008）利用扩增片段长度多态性（amplified fragment length polymorphism，AFLP）对 32 份鸭茅分析表明，鸭茅遗传多样性与染色体倍性、地理分布等显著相关；万刚等（2010）对 23 份鸭茅二倍体、四倍体 SSR 研究表明，四倍体较二倍体遗传多样性更为丰富，是鸭茅品种选育的优良材料。这些研究主要集中于鸭茅野生材料、栽培驯化品种等的研究，但对于鸭茅国内栽培驯化品种与引进品种的遗传变异对比研究，国内外均未有报道。了解我国现有鸭茅栽培驯化品种的遗传背景和变异，有助于保证我国鸭茅种质资源的合理利用和丰富我国鸭茅野生驯化、栽培驯化品种的遗传多样性。

本研究首次利用 SCoT 标记技术对来自世界 4 大洲的 32 个鸭茅品种进行遗传变异分析，比较栽培驯化品种与引进品种之间的遗传差异，以期为进一步加快我国鸭茅育种进程和针对性提高鸭茅品种生态适应能力及利用价值等提供理论依据。

1 材料与方法

1.1 试验材料

供试材料为 32 个鸭茅品种，包括 8 个国内栽培驯化品种（系）和 24 个国外引进品种，均为四川农业大学草业科学系从国内及国外采集和收集而来（表3-9），于 2012 年 9 月种植于四川农业大学雅安草业科学试验基地。

表 3-9　供试鸭茅材料名称及来源

序号	材料编号	产地及来源	备注
1	Krasnodarskaya	俄罗斯	引进品种
2	Chinook	罗马尼亚	引进品种
3	Frode	瑞典	引进品种
4	Nika	波兰	引进品种
5	Georgikon	匈牙利	引进品种
6	Weihenstephaner	德国	引进品种
7	Asta	立陶宛	引进品种
8	Hawk	美国	引进品种
9	Oron	加拿大	引进品种
10	Gippsland	澳大利亚	引进品种
11	Akaroa	新西兰	引进品种
12	古蔺	中国四川古蔺	栽培驯化品种
13	宝兴	中国四川宝兴	栽培驯化品种
14	川东	中国四川达州	栽培驯化品种
15	安巴	丹麦	引进品种
16	波特	意大利	引进品种
17	德娜塔	德国	引进品种
18	草地瓦纳	新西兰	引进品种
19	楷模	西班牙	引进品种
20	大拿	斯洛伐克	引进品种
21	阿索斯	卢森堡	引进品种
22	金牛	德国	引进品种
23	远航	美国	引进品种
24	斯巴达	英国	引进品种
25	Cristobal	法国	引进品种
26	Intensiv	捷克	引进品种
27	Baraula	荷兰	引进品种
28	YA01-103	中国四川	栽培驯化新品系
29	YA02-116	中国云南寻甸	栽培驯化新品系
30	YA79-9	中国江西庐山	栽培驯化新品系
31	YA01175	中国贵州独山	栽培驯化新品系
32	YA01472	中国重庆巫山	栽培驯化新品系

注：后续图中的材料编号与该表一致

1.2　方法

1.2.1　DNA 提取

每份种质随机选取 25 个单株的幼嫩叶片等量混合，采用 Doyle 等（1990）的十六烷基三甲基溴化铵（cetyl trimethyl ammonium bromide，CTAB）法提取 DNA，并用 1%琼脂糖凝胶电泳和紫外分光光度计分别检测其 DNA 的纯度和浓度，合格的样品保存于-20℃低温冰箱，试验开始时，取出部分按照其测得浓度稀释至 10ng/μL，4℃冰箱保存备用。

1.2.2　SCoT 引物筛选

所用 80 个 SCoT 引物由澳大利亚 Collard 和 Mackill（2009）（SCoT1～SCoT36）及中国广西农业大学 Luo 等（2010）（SCoT37～SCoT80）提供，引物由上海生工生物技术有限公司合成。PCR 所用 Mix 混合液（含有 10×PCR buffer、Mg^{2+}、dNTPs）和 Taq 酶均购自天根科技生化公司。采用田间形态差异较大的 4 个品种，即栽培驯化品种'宝兴'、引进品种'安巴'、'Chinook'和新品系 YA01472，对引物进行预先筛选，从中选取扩增条带清晰且重复性较好的 22 个 SCoT 引物，用于供试 32 个鸭茅品种的进一步 PCR 扩增（表 3-10）。

表 3-10　用于鸭茅 SCoT 分析的引物序列

引物序号	引物序列（5'—3'）	鸟嘌呤和胞嘧啶含量/%	引物序号	引物序列（5'—3'）	鸟嘌呤和胞嘧啶含量/%
6	CAACAATGGCTACCACGC	50	36	GCAACAATGGCTACCACC	36
8	CAACAATGGCTACCACGT	56	40	CAATGGCTACCACTACAG	50
9	CAACAATGGCTACCAGCA	56	44	CAATGGCTACCATTAGCC	50
11	AAGCAATGGCTACCACCA	50	45	ACAATGGCTACCACTGAC	50
12	ACGACATGGCGACCAACG	50	54	ACAATGGCTACCACCAGC	56
20	ACCATGGCTACCACGCG	56	59	ACAATGGCTACCACCATC	50
23	CACCATGGCTACCACCAG	56	60	ACAATGGCTACCACCACA	50
26	ACCATGGCTACCACCGTC	50	61	CAACAATGGCTACCACCG	56
28	CCATGGCTACCACCGCCA	50	62	ACCATGGCTACCACGGAG	61
29	CCATGGCTACCACCGGCC	56	63	ACCATGGCTACCACGGGC	67
30	CCATGGCTACCACCGGCG	50	65	ACCATGGCTACCACGGCA	61

1.2.3　SCoT-PCR 扩增

本试验 PCR 程序参考植物水稻（*Oryza sativa*）（Collard and Mackill，2009）和牧草苜蓿（何庆元等，2012）并有所改动，扩增体系优化为 15μL：包括 DNA 模板 1μL（10 ng/μL），引物 1.5μL（10pmol/μL），Mix 混合液 7.5μL，Taq 酶 0.4μL（2.5U/μL），ddH₂O 4.6μL。PCR 反应程序为：94℃预变性 3min，94℃变性 50s，50℃退火 1min，72℃延伸 2min，36 个循环，72℃延伸 5min，最后冷却至 4℃保存。PCR 扩增产物在含 0.05/（μL/mL）Gelred（10 000×水溶液）的 1.8%琼脂糖凝胶中电泳，待溴酚蓝电泳至凝胶尾端约 1cm 时停止电泳，需 2.5～3.0h。电泳完毕观察，再用凝胶成像系统拍照。

1.2.4　数据分析

SCoT 是显性标记，对获得的清晰可重复的 DNA 条带进行统计，在相同迁移位置上将稳定出现的条带的有或无赋值为 1 和 0 进行统计，构成原始数据矩阵。利用软件 Excel 2007 和 POPGENE 1.31（Yeh et al.，1999）计算多态性条带比率（percentage of polymorphic bands，PPB），Nei's 遗传多样性指数（Nei's gene diversity，H）（Nei，1973）和 Shannon 信息多样性指数（Shannon's information index of diversity，I）。利用 WINAMOVA 1.55 对国内栽培驯化品种与引进品种的遗传变异进行分子方差分析（analysis of molecular variance，AMOVA）（Excoffier et al.，1992）。POPGENE 和 AMOVA 数据输入文件均由软件 DCFA1.1（张富民等，2002）生成。利用软件 FreeTree（Pavlicek et al.，1999）基于 Nei-Li（Nei and Li，1979）遗传相似系数（genetic similarity，GS）的不加权成对群算术平均法（UPGMA）计算各品种的遗传距离（genetic distance，GD），按公式 GD=1−GS 计算。采用 Dendroscope 3（Huson and Scornavacca，2012）构建各品种的聚类树，利用 NTSYS-pc 2.1（Rohlf，2000）进行鸭茅品种的主成分分析（principal coordinate analysis，PCoA）。

2　结果与分析

2.1　SCoT 标记多态性分析

22 个引物共扩增出 308 条清晰可辨条带，扩增片段大小为 250～2000bp，大部分集中在 250～1500bp（图 3-8），平均每个引物扩增条带数为 14 条，条带变化为 9 条（SCoT8、SCoT9 和 SCoT20）到 19 条（SCoT40），其中，多态性谱带 245 条，平均每个引物扩增多态性条带数为 11.14 条，多态性条带比率（PPB）为 79.55%，多态性条带变化为 5 条（SCoT9、SCoT11 和 SCoT12）到 18 条（SCoT65），表明 SCoT 标记能检测到较多的遗传位点，获得多态性较好的 PCR 结果（表 3-11）。

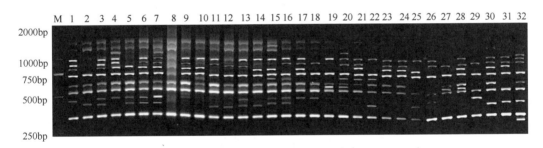

图 3-8　引物 SCoT 23 对鸭茅品种的扩增结果

表 3-11　SCoT 标记的扩增结果

引物序号	扩增条带数	多态性带数	多态性条带比率/%
6	10	6	60.00
8	9	7	77.78
9	9	5	55.56
11	10	5	50.00

续表

引物序号	扩增条带数	多态性带数	多态性条带比率/%
12	10	5	50.00
20	9	6	66.67
23	17	11	64.71
26	18	16	88.89
28	14	11	78.57
29	17	11	64.71
30	15	12	80.00
36	11	9	81.82
40	19	17	89.47
44	16	12	75.00
45	17	16	94.12
54	13	13	100.00
59	15	14	93.33
60	14	13	92.86
61	18	11	61.11
62	15	14	93.33
63	14	13	92.86
65	18	18	100.00
总计	308	245	
平均	14	11.14	79.55

2.2 供试鸭茅品种遗传距离（GD）分析

根据 0，1 原始数据表征矩阵，利用软件 Freetree（Pavlicek et al.，1999）基于 Nei-Li 遗传相似系数得到供试鸭茅品种的遗传距离，用于分析其相互之间的亲缘关系。32 份鸭茅品种遗传距离范围为 0.0251~0.3157，平均遗传距离为 0.1916，其中来自法国的'Cristobal'和来自捷克的'Intensiv'遗传距离最大，表明其之间的亲缘关系最远，来自匈牙利的'Georgikon'和来自波兰的'Nika'遗传距离最小，表明其亲缘关系最近。总体上遗传距离的差异呈现了不同供试鸭茅品种来源地的分布差异，品种间遗传差异较大。将所有品种按照育种背景划分为国内栽培驯化品种和国外引进品种，可以进一步分析 2 种选育背景下不同鸭茅品种之间的遗传分化和差异，结果发现栽培驯化品种内部的遗传距离范围为 0.0601~0.1802，平均遗传距离为 0.1242，其中'宝兴'和'川东'遗传距离最小，其都为国审栽培驯化品种，YA01472 和 YA02-116 遗传距离最大，其为鸭茅栽培驯化新品系，表明目前国内登记的鸭茅栽培驯化品种间遗传相似度较高，新品系 YA01472 和 YA02-116 遗传多样性较已经登记的栽培驯化品种（'宝兴'、'古蔺'、'川东'）有所提高；而引进品种内部的遗传距离范围为 0.0251～0.3157，平均遗传距离为 0.1952，可见国内栽培驯化品种的遗传多样性水平低于引进品种。

2.3 鸭茅类群的遗传变异比较分析

将 32 份鸭茅品种划分为栽培驯化品种类群和国外引进品种类群，比较它们之间的遗传变异。采用软件 AMOVA 1.55（Excoffier et al.，1992）分析其类群之间和之内的方差、方差分量及贡献率（表 3-12），采用 POPGENE version 1.32（Yeh et al.，1999）分析其类群的遗传多样性和反映其类群的等位基因丰富度和均匀程度（表 3-13）。分子方差分析（AMOVA）结果表明，16.32% 的遗传变异存在于两类群之间，两类群之内的遗传变异较高，占有 83.68%，2 个品种类群之间和之内的差异均极显著（$P<0.001$）。此外，供试鸭茅品种类群间的表型预测（Φ_{st}）值为 0.1630，也说明遗传结构的变异主要存在于品种类群之内。由表 3-13 可知，供试鸭茅品种基因多样性指数为 0.2646，Shannon 指数为 0.3983。其中引进品种的多态性条带（NPB），多态性条带比率（PPB），基因多样性指数（H），Shannon 指数（I）都高于栽培驯化品种，基本代表了鸭茅物种的整体遗传水平，与 2.2 中分析的遗传距离分析结果相符合，说明鸭茅引进品种较目前国内普遍存在的栽培驯化品种有更为丰富的遗传多样性和变异水平，这可能是国外品种选育方法和选育材料较为多元化的结果。

表 3-12 鸭茅品种分子变异方差分析

变异来源	自由度	偏差平方和	方差分量	方差分量百分率/%	显著性	PHIst 系数 Φ_{st}
类群间	1	130.635	7.63	16.32	<0.0010	0.1630
类群内	30	39.107	39.11	83.68	<0.0010	

表 3-13 2 种品种类群遗传多样性指数

品种类群	多态性条带	多态性条带比率/%	基因多样性指数 H	Shannon 指数 I
栽培驯化品种	135	43.83	0.1596	0.2383
国外引进品种	242	78.57	0.2642	0.3972
物种水平	245	79.55	0.2646	0.3983

2.4 基于 Nei-Li 遗传相似系数的聚类分析

利用 Freetree（Pavlicek et al.，1999）软件计算出各供试鸭茅品种间的 Nei's 遗传一致度和遗传距离的无偏估计值，然后用 Dendroscope 3（Huson and Scornavacca，2012）绘制 UPGMA 聚类图。总体看来，供试 32 份鸭茅品种主要可分为 6 类（图 3-9）。类群 Ⅰ 有 8 个品种（系），包括来自中国的 3 个栽培驯化品种（'宝兴'、'古蔺'、'川东'）和 5 个野生驯化新品系（YA79-9、YA01-103、YA02-116、YA01175、YA01472）；类群

Ⅱ包括 3 个品种，即来自大洋洲的‘Gippsland’、‘草地瓦纳’和‘Akaroa’；类群Ⅵ包括 8 个品种，即来自欧洲的‘Georgikon’、‘Nika’、‘Weihenstephaner’、‘金牛’、‘德娜塔’、‘大拿’、‘Asta’和‘Intensiv’；类群Ⅲ包括来自南美洲的 3 个品种（‘Hawk’、‘远航’、‘Oron’）及来自欧洲的 6 个品种（‘Krasnodarskaya’、‘Frode’、‘安巴’、‘波特’、‘斯巴达’、‘阿索斯’）；其余 2 个类群（Ⅳ和Ⅴ）包括了来自欧洲的其余供试鸭茅品种。由聚类分析可知，目前国内已经登记的鸭茅栽培驯化品种间具有一定的遗传相似度，遗传距离较近，3 个品种（‘古蔺’、‘宝兴’、‘川东’）育成登记时间分别为 1995 年、1999 年和 2003 年，可能由当时较为简单的选育方法、相似的生态地理环境等原因导致，而新品系 YA02-116 较之前栽培驯化品种有所改善，但遗传变异仍较为狭窄，这与前面的分析结果一致，可能是不同生境材料混合采样及选育过程中混合选择等原因造成的；而反观国外选育的品种，其大多数为综合品种，其同一来源的品种间存在较大的遗传距离和遗传差异，但总体上供试品种的聚类与地理分布存在一定的相关性，且其品种继承了更为丰富的遗传多样性和更为一致的群体一致性，利于品种的推广和应用。

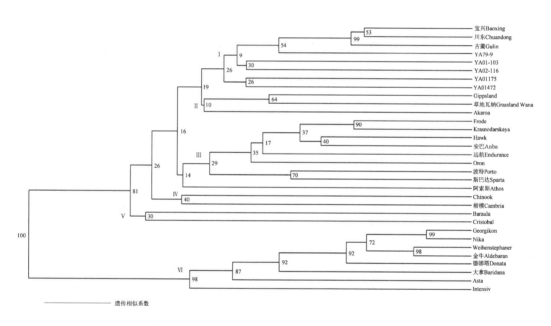

图 3-9 SCoT 标记对 32 份鸭茅品种亲缘关系聚类图

2.5 主成分分析

主成分分析（PCoA）可作为种质聚类分析结果的验证和对比，同时各种质在主成分分析二维或三维图上的远近关系可以更为直观地反映它们之间的亲缘关系和遗传差异。利用原始矩阵数据基于遗传相似系数（GS），用 NTSYS-pc 2.1（Rohlf，2000）软件对供试 32 份鸭茅品种进行主成分分析，前 3 个主成分所能解释的遗传变异为 46.08%，并根据第一、第三主成分进行作图（图 3-10）。主成分结果与聚类分析结果基本一致，整体上显示出国内的栽培驯化品种（系），尤其是 3 个国审鸭茅栽培驯化品种间亲缘关系较近，遗传丰富度和遗传变异水平较引进品种稍差，通过栽培驯化品种和引进品种遗传变异的对比，反思目前国内普遍使用的选育手段是否具有代表性、品种遗传一致度是否较好等问题，对于今后我国的鸭茅新品种选育工作和加快鸭茅育种进程具有一定的指导意义。

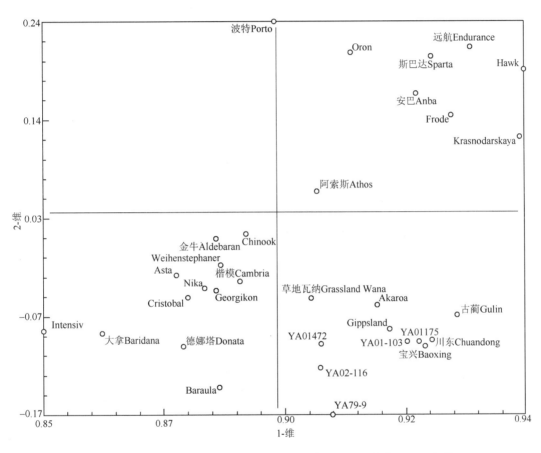

图 3-10　基于 SCoT 谱型的 32 份鸭茅品种主成分分析（'宝兴'、'川东'、'古蔺'、YA02-116、YA01472、YA01-103、YA79-9 和 YA01175 为国内鸭茅栽培驯化品种或品系）

3　讨论

3.1　SCoT 标记的多态性

SCoT 标记是一种基于翻译起始位点（translation initiation site，TIS）的目标分子标记新技术，具有操作简单、引物通用性、多态性高、成本低、重复性好等优点（韩国辉等，2011），其较多的基因组基因形成了较多的引物结合位点，且其单引物的设计，使得那些较近而又反向结合的引物结合位点之间的片段得以有效扩增。扩增不确定性的介于外显子与内含子之间，大幅度地提升了其引物的多态性（熊发前等，2010）。较其他分子标记（AFLP、ISSR、SSR、SRAP、RAPD 等），其与功能基因相关，更能反映相关功能性状多态（Xiong et al.，2011），是用于农作物、水果和牧草等植物种质资源鉴定、保护和利用，高密度遗传连锁图谱构建，分子标记辅助育种，基因定位和克隆等研究的非常有效的一种分子标记。

本研究首次将 SCoT 标记技术应用于鸭茅品种的 DNA 多态性鉴定，其能在鸭茅品种资源中检测出较丰富的遗传多态性，这与鸭茅品种资源间具有较丰富的表型性状多态性相一致。扩增平均多态性条带为 11.14 条，而谢文刚等（2009b）使用 SSR 标记对来自中国西南地区鸭茅的遗传多样性研究多态性条带为 6.8 条，Guo 等（2012）采用 SCoT 标记对 64 份葡萄品种研究的多态性条带为 7.7 条，可见 SCoT 标记能够产生较多的多态位点用于鸭茅遗传变异研究。另外，其多态性位点率为 79.55%，而 Luo 等（2010）采用 SCoT 标记对来自中国的 50 份芒果种质研究的多态性为 76.19%，Luo 等（2011）采用 ISSR 标记对 23 份芒果种质分析的多态性为 55.77%，熊发前等（2010）对花生属采用与功能基因相关的 SCoT 研究的多态性为 31.80%，韩国辉等（2011）对柑橘（*Citrus*）SCoT 研究的多态性为 54.80%，由此可知，SCoT 标记可以作为研究鸭茅遗传多样性的有效手段，其得到的分子标记极有可能是功能基因的一部分，是进一步开发特定功能基因标记和建立分子标记辅助育种技术体系的基础。

3.2 鸭茅栽培驯化品种与引进品种遗传差异

本研究采用 SCoT 标记技术开展鸭茅栽培驯化品种与引进品种的遗传变异比较，研究表明，国内鸭茅栽培驯化品种平均遗传距离为 0.1242，多态性条带为 135 条，基因多样性指数为 0.1596，Shannon 指数为 0.2383，而鸭茅引进品种的遗传多样性从以上几个水平都远高于栽培驯化品种，基本代表了鸭茅物种的遗传变异水平。从侧面揭示了目前国内鸭茅品种遗传基础狭窄的现状。通过分子方差分析表明，鸭茅栽培驯化品种和引进品种 2 个类群的遗传变异主要还是分布于类群内部，尤其是引进品种内部的不同鸭茅品种间具有更为丰富的遗传差异。聚类分析和主成分分析的结果基本一致，供试 32 个鸭茅品种主要可分为 6 类，其中来自国内的 8 个栽培驯化品种聚为类群 I，进一步印证了目前国内鸭茅栽培驯化品种内部遗传变异较小的瓶颈。这与万刚等（2010）的研究结果一致，认为 3 个国内栽培驯化品种（'宝兴'、'川东'、'古蔺'）间的遗传变异较为狭窄，可能是缘于 3 个鸭茅栽培驯化品种采集地相似的自然气候地理条件和较为传统的育种方式等原因。

总的来说，就鸭茅栽培驯化品种和引进品种的遗传分化而言，引进品种和国内栽培驯化品种间差异较大，引进品种的遗传多样性更为丰富，而栽培驯化品种相对来说整齐度差，品种结实性差，适应范围小。究其原因，可能是国外鸭茅育种家在育种方法和育种材料的选择上，较国内科研单位更为先进和合理，其针对性强，工作延续性强，选育时间长，品种性状更为稳定。目前采用较多的是选择在各方面性状表现较为优良的不同材料，让其自由传粉，经过多代选择和淘汰，并采取一定的育种手段，使优良基因得到稳定遗传，这样选育得到的品种具有较为丰富的遗传多样性和较大的生境适应能力，以及更为稳定的群体一致性。

3.3 鸭茅新品种选育及其利用

我国是鸭茅的主要起源地之一，具有包括二倍体、四倍体和六倍体的野生鸭茅分布地 26 个（Stebbins and Zohary，1959；彭燕和张新全，2003），大量的研究表明我国野生鸭茅种质资源遗传多样性丰富。谢文刚等（2009）对西南区鸭茅种质研究也表明我国鸭茅野生种质资源丰富，保持了较大的变异度和遗传多样性；万刚等（2010）对鸭茅栽培驯化品种与野生材料遗传多样性的 SSR 研究分析表明，我国目前推广应用的鸭茅栽培驯化品种少且遗传基础狭窄，而我国的野生鸭茅种质资源具有丰富的遗传多样性，可通过开展相关的杂交筛选等工作，选育出能够满足我国不同生态条件下的鸭茅品种。Peng 等（2008）和钟声（2007）的研究同样也证明了上述结论。本研究表明，鸭茅引进品种基因多样性指数等指标都高于栽培驯化品种。同时，目前国外已登记鸭茅品种达 500 个，在今后我国的鸭茅新品种选育策略上，应更多地针对于不同倍性、抗病、抗旱、叶量、适应性等特性进行杂交亲本材料选择，特别是在鸭茅易感的锈病等症状方面，选出在不同特性上表现突出和较弱的材料进行杂交，通过采用较为合理的育种方法，选育出适合我国不同生境生长的鸭茅新品种。另外，鸭茅为高度异花授粉植物（Bushman et al.，2011），天然的杂交会引起品种内部的分化，对于品种的有效隔离也是一个必不可少的保护措施。

第四节　利用小麦 SSR 标记分析鸭茅种质资源的遗传多样性

为了充分发掘我国鸭茅种质资源，提高牧草育种水平，对来自国内外鸭茅种质资源遗传多样性进行 SSR 分析。然而，引物的开发是 SSR 分析中的首要部分，国内外少有鸭茅 SSR 研究的资料且在 GenBank 等公共数据库上找不到关于鸭茅 DNA 的任何序列，较难开发设计 SSR 引物。Asya 和 Yujuni（1997）报道，在油菜中可使用同一科内（如拟南芥等）相近物种的 SSR 引物。Sun 等（1997）成功利用小麦 SSR 引物对披碱草属进行了种群遗传多样性分析。为此，本研究从目前 SSR 引物开发较多的小麦中寻找能用于鸭茅 SSR 标记的引物，通过筛选引物并对 SSR 体系优化，进行鸭茅种质资源遗传多样性 SSR 分析，研究了其在鸭茅上的通用性。

1 材料与方法

1.1 供试材料

如表 3-14 所示，45 份供试鸭茅（*Dactylis glomerata* L.）品种（系）除了 19 份材料来自我国（包括目前仅有的 3 个国家级鸭茅登记品种和 16 份来自我国野生鸭茅主要分布区域的生态型）外，还有来自美国 4 份、欧洲（丹麦、瑞典、荷兰、德国和英国）共 21 份和澳大利亚 1 份。所有供试鸭茅材料均种植在四川农业大学鸭茅种质资源圃。

此外中国春小麦为本试验的对照材料（CS），由四川省农业科学院作物研究所杨武云研究员提供。

表3-14　分子标记供试鸭茅品种（系）

序号	材料编号	材料来源地	品种（系）名
1	YA02-107	中国四川宝兴	野生材料
2	YA02-108	中国四川宝兴	野生材料
3	YA02-109	中国四川宝兴	野生材料
4	YA90-70	中国四川康定	野生材料
5	YA02-111	中国云南中甸	野生材料
6	YA02-106	中国四川宝兴	野生材料
7	YA90-130	中国四川茂县	野生材料
8	YA02-114	中国云南曲靖	野生材料
9	YA00850	中国新疆	野生材料
10	YA02-105	中国四川达州	野生材料
11	YA05-262	中国四川达州	川东
12	YA01-101	中国贵州毕节	野生材料
13	YA91-103	中国四川越西	野生材料
14	YA91-7	中国四川汉源	野生材料
15	YA02-101	中国贵州	野生材料
16	YA02-116	中国云南昆明	野生材料
17	YA79-9	中国江西庐山	野生材料
18	YA02-117	丹麦	安巴
19	YA02685	中国四川古蔺	古蔺
20	YA91-2	中国四川农业大学	宝兴
21	01071	中国西安植物园	Justus
22	79-118	荷兰	—
23	01822	丹麦	—
24	02123	中国湖北省畜牧兽医研究所	Portorn
25	01-104	美国纽约	—
26	00737	荷兰	—
27	02683	瑞典	—
28	01819	丹麦	Mucoli
29	96011	德国	—
30	01996	瑞典	Datuoce
31	01824	中国农业科学院畜牧所	PG693
32	01993	中国农业科学院畜牧所	Daketa

续表

序号	材料编号	材料来源地	品种（系）名
33	02684	英国	Sparta
34	01823	中国农业科学院畜牧所	2060
35	01995	瑞典	Dtus 2
36	01076	中国西安植物园	81-Justus
37	01767	中国湖北省畜牧兽医研究所	Trode
38	02682	瑞典	Tamus
39	02122	中国湖北省畜牧兽医研究所	Wana
40	01821	丹麦	P-6
41	02681	丹麦	—
42	01472	美国	—
43	YA 01-103	美国纽约	—
44	01475	澳大利亚	—
45	00937	美国	Zunuo

注："—"表示状态不详；21～45号鸭茅材料为中国农业科学院草原研究所基因库提供；后续图中的材料编号与该表一致

1.2 鸭茅基因组 DNA 的提取

取生长正常的鸭茅幼嫩植株的心叶采用 CTAB 法提取 DNA（Guo and Zheng，2005）。

1.3 鸭茅 SSR 反应体系的建立及优化

试验以小麦 SSR 的反应体系为基础（Marion and Victor，1998），对 SSR 的影响因素，如 Mg^{2+}、dNTP、TaqDNA 聚合酶、引物浓度、模板 DNA 等进行梯度试验（最终浓度或最终加入量），再进行 PCR 扩增分析。通过预备试验获得鸭茅 SSR 分子标记的 15μL 最优化反应体系（最终浓度），Mg^{2+} 为 2.5mmol/L、dNTPs 为 400μmol/L、TaqDNA 聚合酶为 1.0U、引物浓度为 2.5μmol/L、模板 DNA 量为 80ng。

PCR 反应在 Thermo Hybaid PCR 仪上进行，采用 touch down 程序（以退火温度为 55℃的引物为例）：第 1 步，94℃预变性 5min；第 2 步，94℃变性 1min，53～63℃、30s，72℃延伸 1min，共 11 个循环，每循环降温 1℃；第 3 步，94℃变性 1min，55℃、30s，72℃延伸 1min，共 30 个循环；第 4 步，72℃10min，然后在 4℃保存。

1.4 用于鸭茅 SSR 标记的小麦引物的筛选

供筛选的引物为小麦 A、B 和 D 染色体组引物（Marion and Victor，1998；Pestsova et al.，2000），由四川省农业科学院作物研究所杨武云研究员提供。选取 4 个经电泳检测质量较高且生境和田间试验性状表现差异较大材料的 DNA（分别为 YA91-2、YA00850、YA02-117 和 02123）开展鸭茅的引物筛选。从电泳图中选择条带清楚、多态性好的引物 20 对用作 SSR 研究（表 3-15）。

表 3-15　SSR 标记引物扩增结果

引物编号	扩增总数	多态带	多态性比率/%
XW63A	20	14	70.00
XW112B	11	8	72.73
xw149B	14	9	64.29
XW165A	11	8	72.73
XW295D	16	12	75.00
XW301D	14	7	50.00
XW344B	10	6	60.00
XW356A	30	23	76.67
XW359A	11	6	54.55
XW455D	22	20	90.91
XW473A	11	5	45.45
XW494A	10	5	50.00
XW498B	24	15	62.50
XW608D	14	10	71.43
XW666A	12	5	41.67
XD116D	10	6	60.00
XD130D	13	5	38.46
WMC41D	12	8	66.67
WMC112D	15	8	53.33
WMC121D	15	7	46.67
平均	14.75	9.35	61.15
总和	295	187	

1.5　鸭茅 SSR-PCR 扩增产物的检测

扩增产物采用 6% 的变性聚丙烯酰胺凝胶电泳分离和银染检测。在 PCR 产物中加入 1/2 体积的 loading buffer（98% 甲酰胺、10mmol/L EDTA、0.25% 溴酚蓝和 0.25% 二甲苯青），产物在 6% 聚丙烯酰胺凝胶上分离（丙烯酰胺：甲叉=19：1、7.5mol/L 尿素和 1×TBE 缓冲液）进行。样孔中每样品点样 16μL，以博瑞克公司的 D2000 Marker 为对照，先在北京六一电泳仪厂的 DYY-6C 电泳仪上进行 200V 恒定电压下 30min 预电泳，然后在 400V 恒定电压下电泳 2h，再用 0.1% AgNO$_3$ 银染，NaOH 液中显色，凝胶在灯光下用数码相机照相保存以供分析。

1.6　数据统计和分析

将 SSR 扩增产物每个条带视为一个位点，统计位点总数和多态位点数。按条带有或无分别赋值，有带记为 1，无带记为 0。按 Nei-Li 的方法计算材料间 GS（遗传相似系数）

值。计算公式为

$$GS=2N_{ij}（N_i+N_j）$$

式中，N_{ij} 为材料 i 和 j 共有的扩增片段数目，N_i 为材料 i 中出现的扩增片段数目，N_j 为材料 j 中出现的扩增片段数目。根据 GS 值按不加权成对群算术平均法（UPGMA）进行遗传相似性聚类，并依据遗传相似系数值进行主成分分析。统计分析在 NTSYS-pc 2.1 软件下进行。

2 结果和分析

2.1 SSR 标记多态性

供筛选引物为小麦 A、B 和 D 染色体组的 SSR 引物约 400 对，80%的引物对能从鸭茅基因组 DNA 中扩增出条带。通过对每组引物 100 对，总共 300 对的筛选，获得 20 对扩增效果清晰的引物，其中 A 染色体组引物 7 对，B 染色体组引物 4 对，D 染色体组引物 9 对。

用筛选出的小麦引物组合对 45 份鸭茅进行 PCR 扩增（图 3-11），共扩增出 295 条清晰的带，其中多态性带 187 条；平均每个引物的总扩增带数为 14.75 条，扩增条带数目变幅为 10~30 条，其中平均每个引物多态性带 9.35 条，变幅为 5~23 条，多态性条带比率（PPB）为 61.15%（表 3-15）。不同引物 PCR 扩增产物的多态性比率变幅为 46.67~90.91%，差异较大。SSR 引物所扩增出的鸭茅 DNA 片段长度大小为 50~2000bp。

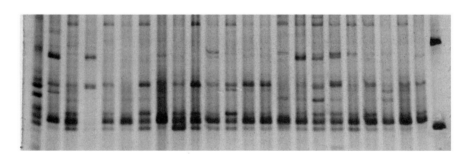

图 3-11 SSR 引物 XW455D 扩增的指纹图谱

2.2 遗传相似性分析

对扩增结果采用 Nei-Li 相似系数（GS）的计算方法，得到供试材料相似性矩阵。鸭茅 SSR 分析中各品种（系）的 GS 在 0.7848~0.9513，平均 GS 为 0.8638。SSR 遗传相似研究结果显示鸭茅种质资源的遗传多样性较丰富。对照小麦品种'中国春'与所有鸭茅种质的 GS 在 0.6122~0.6599，平均 GS 为 0.6358，即对照与鸭茅间 GS 的范围和平均值均远小于鸭茅种质资源间的 GS 范围和平均值。由相似系数矩阵可以看出，在 45 份鸭茅材料中，来自四川宝兴的 YA02-107（1 号）与 YA02-108（2 号）的遗传相似系数最大为 0.9513，相反，遗传系数最小的为 YA02-107 与来自澳大利亚的 01475（44 号）的 0.7848。

2.3 聚类分析

基于遗传相似系数,利用 UPGMA 法对供试材料进行聚类分析。从图 3-12 可以看到,'中国春'与所有鸭茅材料均保持相对较远的遗传距离,而所有鸭茅种质间的遗传亲缘关系相对较近,为此可以认为小麦的 SSR 引物成功地将鸭茅基因组 DNA 中的 SSR 片段进行了扩增,获得了鸭茅的遗传多样性信息。图 3-13 反映了鸭茅 SSR 标记的遗传距离聚类情况。根据聚类结果,可以在遗传系数为 0.8638 处将 45 份鸭茅材料分为 6 大类。国内所有材料和来自欧洲的 02123(24 号)聚为Ⅰ类,除去 02123 和 YA02-117(18 号),所有欧洲的材料能聚在Ⅱ类,来自美国的 01472(42 号)聚为Ⅲ类,其余 3 个来自美国的材料聚为Ⅳ类,编号为 YA02-117 的来自丹麦的品种'Anba'和来自澳大利亚的野生

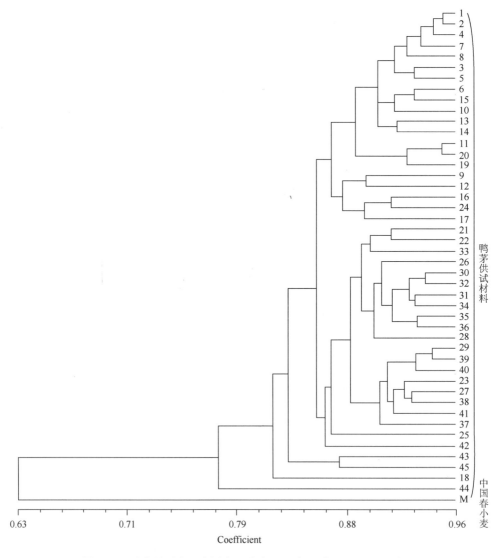

图 3-12　鸭茅种质和'中国春'小麦 SSR 标记的 UPGMA 聚类图

材料 01475（44 号）与其余材料差异非常明显，分别聚为Ⅴ类和Ⅵ类。SSR 的聚类结果与大部分材料的地理分布相符合，来自相似地理气候条件地区的材料遗传相似性均较高。

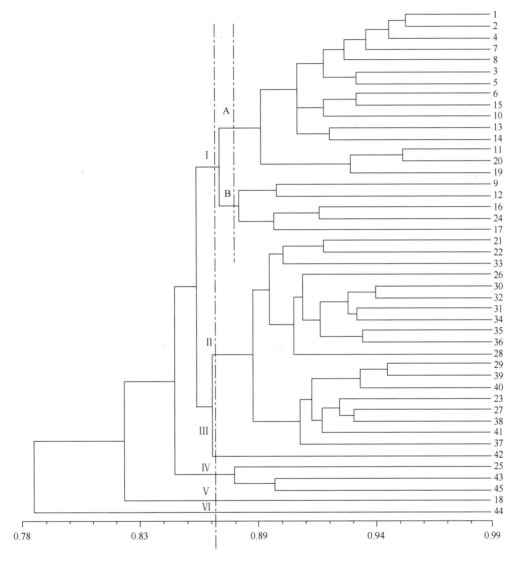

图 3-13　鸭茅种质 SSR 标记的 UPGMA 聚类图

　　所有材料除了聚为 6 个主要类群外，聚为Ⅰ类的材料又可聚为 A 和 B 两个亚类。A 亚类全为中国的材料；聚为 B 亚类的材料包括来自中国的 9 号、12 号、16 号、17 号 4 个材料和来自欧洲的 02123（24 号）材料；结合前期鸭茅种源的生长发育状况研究，发现 A 亚类材料多为早熟品种（系），而 B 亚类材料全为晚熟材料，尤其是 02123（24 号）材料，其生育期是所有供试鸭茅种质中最长的，牧草产量次高（仅次于 YA02-116），较对照'宝兴'鸭茅晚熟约 20d；YA02-116（16 号）材料生育期则是所有供试鸭茅种质中次长的，而牧草产量为最高。由此可见，鸭茅 SSR 聚类分析除与种源地理分布较好的符合外，还能反映鸭茅生态适应性特征，与其生长发育状况及生产性能相关。

研究还发现 A 亚类材料中，现仅有的 3 个国家级国内鸭茅登记品种'宝兴'（20 号）、'古蔺'（19 号）和'川东'（11 号）单独聚为一个小类群，其遗传聚类关系非常近，说明 3 个品种间遗传相似性较高。3 个品种间的遗传相似系数分别为 0.9503、0.9457 和 0.9081，其较高的遗传相似系数也充分说明了国产鸭茅品种的遗传基础较为狭窄。

2.4 主成分分析

基于遗传相似系数的主成分分析，各材料的位置分布可以更直观地反映其种源间的遗传亲缘关系，位置相靠近者表示关系密切，远离者表示关系疏远。鸭茅种质材料的主成分分析见图 3-14。图中显示所有鸭茅种源均和'中国春'小麦保持较远的距离，明确反映出其间较大的遗传差异。图 3-15 则详细展示了鸭茅种质资源间遗传距离，将位置靠近的鸭茅材料划归在一起，共得到 5 个主要类群，所有来自美国的 4 份材料能清楚地聚为Ⅲ类。其他材料分类与聚类分析结果一致，同一地区的大部分鸭茅材料聚在一起，主成分分析结果更直观地表明了不同鸭茅材料之间的亲缘关系，且与材料来源分布情况更统一，但主成分分析图中不能反映材料的生长发育及生产性能状况。

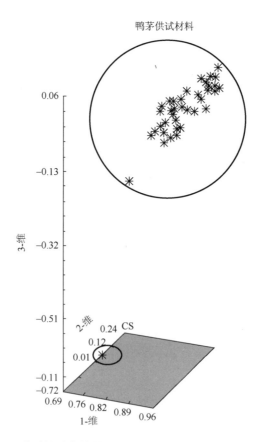

图 3-14 基于 SSR 谱型的鸭茅材料和对照材料'中国春'小麦（CS）主成分分析

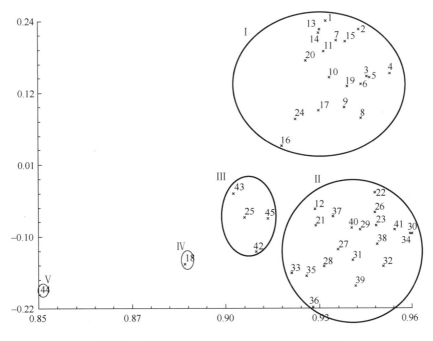

图 3-15　基于 SSR 谱型的鸭茅材料主成分分析

3　讨论

本研究将小麦 SSR 引物应用于鸭茅的 SSR 标记,80%的供筛选引物对能从鸭茅基因组 DNA 中扩增出条带,最终有 7%的引物对能获得多态性较好、扩增条带清晰的 PCR 电泳图谱,小麦 SSR 引物能用于鸭茅的 DNA 研究。

试验使用 20 对引物扩增出 295 个条带,多态性条带为 187 条,多态性条带比率为61.15%,SSR 揭示的鸭茅种质资源的遗传相似系数范围为 0.7848～0.9513。聚类分析的结果表明,供试材料可以明显划分为 6 大类,聚类结果与大部分材料的地理分布相符合。此外,聚类结果除了能反映鸭茅生态适应性特征,与其生长发育状况及生产性能相关,还清楚地揭示出国产鸭茅品种间遗传相似较高,其遗传基础较为狭窄。小麦的 SSR 引物在鸭茅 SSR 标记遗传多样研究中获得较理想的效果。因此,将小麦 SSR 引物用于检测鸭茅遗传多样性行之有效。

然而,研究结果显示鸭茅 SSR 标记 PCR 产物所获得的多态性比率仅为 61.65%,且所揭示的鸭茅种质的遗传变异不够多。结合所有引物扩增结果发现不同引物其多态性扩增情况差异较大,变异幅度为 46.67%～90.91%,可能还有一些较适合鸭茅 SSR 标记的小麦引物未被筛选出来,应进一步筛选小麦 SSR 引物,应用于鸭茅遗传多样性研究。

第五节　野生鸭茅种质遗传多样性的 AFLP 分析

AFLP 技术是由 Zabeau 和 Vos 等(1993)发展并首先应用于植物分子生物学的研究。

该技术综合了 RFLP 和 RAPD 技术的优点，具有稳定性好、重复性好、多态性检测效率高的特点，是当前检测种质资源遗传多样性、构建高密度连锁图谱、定位克隆基因、品种鉴定等的有力工具。本研究采用 AFLP 分子标记技术对 37 份鸭茅的基因组 DNA 进行了多态性扩增，旨在揭示鸭茅种质资源遗传多样性与地理分布特点和群体间的遗传关系，从而为中国鸭茅种质资源的收集、保护和新品种选育提供重要的理论依据。

1 材料和方法

1.1 供试材料

35 份野生鸭茅由四川农业大学草业科学系从我国野生鸭茅主要分布区和国外采集和收集而得。其中，10 份来自四川，6 份来自云南，5 份来自贵州，11 份来自新疆，1 份来自江西，2 份来自美国，以及国内外对照品种各 1 个，共计 37 份（表 3-16）。

表 3-16 供试材料及其来源

序号	资源编号	产地及来源	序号	资源编号	产地及来源
1	安巴（Anba）	丹麦	20	02-115	中国云南德钦
2	宝兴（Baoxing）	中国四川宝兴	21	02-116	中国云南昆明
3	01-103	美国纽约	22	01-101	中国贵州毕节
4	01-104	美国纽约	23	02-101	中国贵州毕节
5	79-9	中国江西庐山	24	02-102	中国贵州织金
6	90-70	中国四川康定	25	02-103	中国贵州纳雍
7	90-130	中国四川茂县	26	02-104	中国贵州水城
8	91-1	中国四川汉源	27	00849	中国新疆
9	91-7	中国四川汉源	28	00850	中国新疆
10	91-103	中国四川越西	29	01032	中国新疆
11	02-105	中国四川达州	30	02068	中国新疆
12	02-106	中国四川宝兴	31	02104	中国新疆
13	02-107	中国四川宝兴	32	02106	中国新疆
14	02-108	中国四川宝兴	33	02138	中国新疆
15	02-109	中国四川宝兴	34	02207	中国新疆
16	02-111	中国云南中甸	35	02240	中国新疆
17	02-112	中国云南中甸	36	02271	中国新疆
18	02-113	中国云南德钦	37	02411	中国新疆
19	02-114	中国云南曲靖			

1.2 基因组 DNA 提取

选取鸭茅健康幼叶，用 CTAB 法提取鸭茅基因组 DNA。通过 1%琼脂糖凝胶电泳和紫外线分光光度计检测 DNA 浓度和纯度；不合格 DNA 再次提纯，全部 DNA 浓度均调至 50～100ng/μL，于−20℃冰箱内保存备用。

1.3 AFLP 分析

*Eco*R I 和 *Mse* I 限制性内切酶由 MBI 公司生产，T4 DNA 连接酶为 Promega 公司产品，接头和引物由上海生工合成，dNTP、*Taq*DNA 聚合酶由北京天为时代公司生产。接头、引物碱基序列见表 3-17。

表 3-17 DNA 接头和 AFLP 引物的核苷酸序列

接头和引物	核苷酸序列
*Eco*R I adapter	5′-CTCGTAGACTGCGTACC-3′ 3′-CTGACGCATGGTTAA-5′
Mse I adapter	5′-GACGATGAGTCTGAG-3′ 3′-TACTCAGACTCAT-5′
E00	5′-GACTGCGTACCAATT A-3′
E00+3 primers	E00+CAT, E00+ACG, E00+CCA, E00+ACT, E00+AAG, E00+AAC, E00+AAG, E00+AGT
M00	5′-GATGAGTCCTGAGTA C-3′
M00+3 primers	M00+CAT, M00+CTA, M00+GCC, M00+ACG, M00+CTG, M00+CAG, M00+CCA, M00+CAA

1.3.1 DNA 酶切

反应体系 25μL，含 DNA 200～300ng，*Eco*R I（10U/μL）和 *Mse* I（10U/μL）各 3.0U，在 Thermo Hybaid PCR 仪上 37℃保温 4h，并在 1%琼脂糖上检测酶切产物，呈较淡的弥散带。

1.3.2 连接

在酶切反应液中加入 10μL 连接反应液，含 5pmol/μL *Eco*R I 和 *Mse* I 接头、1.0U T4 DNA 连接酶、置 PCR 仪上 25℃保温 3h。然后，于 70℃、15min 灭酶。连接反应液置入−20℃冰箱内贮存备用。

1.3.3 预扩增

反应体系 20μL，含 5μL 酶切连接 DNA 产物、1.6μL E00（25ng/μL）、1.6μL M00（25ng/μL）、1.6μL dNTP 混合液（2.5mmol/L）、1.6μL MgCl$_2$（25mmol/L）、2μL 10×buffer、0.4μL *Taq* 酶（2.5U/μL）和 ddH$_2$O 6.2μL。PCR 扩增反应在 Thermo Hybaid PCR 仪上进行，反应条件为：94℃预变性 2min；然后 94℃变性 1min，56℃退火 1min，72℃延伸 1min，26 个循环；72℃延伸 5min；预扩增产物在 1.0%琼脂糖上电泳检测，呈现较亮的弥散带，然后取 5μL 用 1×TEB 稀释 20 倍作为选择性扩增的模板，置入−20℃冰箱内贮存备用。

1.3.4 选择性扩增

反应体系 20μL，含 5μL 稀释 20 倍后的预扩增物、1.6μL E00+3 引物（25ng/μL）、1.6μL M00+3 引物（25ng/μL）、1.6μL dNTP 混合液（2.5mmol/L）、1.6μL MgCl$_2$（25mmol/L）、2μL 10×buffer、0.4μL *Taq* 酶（2.5U/μL）和 6.2μL ddH$_2$O。选择性扩增反应条件为：94℃预

变性 2min；94℃变性 30s，65℃（每循环降温 0.7℃）退火 30s，72℃延伸 1min，共 13 个循环；然后 94℃变性 30s，56℃退火 30s，72℃延长 1min，23 个循环；最后 72℃延伸 5min。

1.3.5 扩增产物的分离与检测

选扩产物中加入 1/2 体积的甲酰胺染料（98%的甲酰胺、10mmol 的 EDTA、0.25%的溴酚蓝和 0.25%的二甲苯腈 FF），然后 95℃变性 5min，并立即冰浴冷却。产物分离在 5%聚丙烯酰胺凝胶上（丙烯酰胺∶甲叉=20∶1，7.5mol/L 尿素，1×TBE 缓冲液）进行。1×TBE 缓冲液，80W 恒定功率下预电泳 30min，样孔中每样品点样 5～7μL，70W 恒定功率下电泳 2h，用银染方法检测结果。

1.4 数据处理

对扩增产物按条带有无分别赋值，有带记为 1，无带记为 0。统计每对引物扩增出的总条带和多态性条带，利用 NTSYS-pc 2.1 软件，按 Nei-Li 的方法计算 AFLP 扩增片段的遗传相似系数（GS）和遗传距离（GD），采用 EIGEN 方法进行主坐标分析，应用 UPGMA 方法聚类。

2 结果与分析

2.1 AFLP 选择性扩增结果

从 64 对引物组合中筛选出 9 对扩增条带清晰、分布均匀、多态性好的引物对 37 份鸭茅基因组 DNA 进行 AFLP 扩增，共得到 400 条清晰可辨条带。其中，共有带 64 条，多态性条带 336 条，多态性位点百分率为 84.0%，扩增的 DNA 片段大小为 100～2000bp。平均每对引物扩增出 44.4 条带，其中 37.3 条具有多态性（图 3-16，表 3-18），表明野生鸭茅种质间 AFLP 变异大、多态性高，存在丰富的遗传多样性。

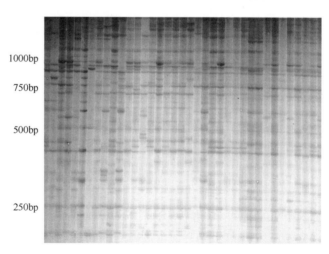

图 3-16 AFLP 引物 E-ACT+M-ACG 扩增的指纹图谱

表 3-18 对 AFLP 引物组合的扩增结果

引物对	总扩增带数	多态性扩增条数	多态位点百分率/%
E-CAT+M-CTA	36	34	94.4
E-ACG+M-CTA	45	37	82.2
E-CAT+M-CAA	34	22	64.7
E-CAT+M-CAT	45	36	80.0
E-CAT+M-GCC	49	31	63.3
E-CCA+M-ACG	42	40	95.2
E-AGT+M-ACG	50	44	88.0
E-ACT+M-ACG	45	42	93.3
E-AAG+M-ACG	54	50	92.6
总和	400	336	
平均	44.4	37.3	84.0

2.2 鸭茅种质资源的遗传距离

用 NTSYS-pc 2.1 得到种质间的 Dice 遗传相似系数（GS），计算 37 份材料间的遗传距离 GD（1–GS），变化范围为 0.0692～0.4214，平均值为 0.230。其中遗传距离最大的是来自四川的 91-1 与来自新疆的 02068，遗传距离最小的是来自云南的 02-113 和 02-114。以上结果表明，野生鸭茅种质资源间亲缘关系较近。

2.3 聚类分析

按 UPGMA 方法进行聚类分析，建立聚类分支树状图（图 3-17）。在相似系数 0.81 水平上将 37 份鸭茅种质分为 8 个类群。其中第 I 类包括两份对照（'宝兴'和'安巴'鸭茅），源自江西的 79-9，美国的 01-103、01-104，四川的 91-7 和 02-105，共 7 份种质，形态及农艺性状表现为花序直立、前期生长速度快、分蘖能力强、牧草产量高、完成生育期所需时间较短、种子较大、千粒重较重、生态适应能力较强；第 II 类的 9 份种质全部来自新疆，它们主要表现为生长极为缓慢，在试验区不能完成生育期；第 III 类包括 15 份种质，除 1 份新疆材料 00849 外，其余 14 份皆来自地理位置较近的四川（6 份）、贵州（4 份）和云南（4 份），它们的主要特点为花序下垂、前期生长速度缓慢、分蘖能力弱、牧草产量低，完成生育期所需时间较长、种子体积小、千粒重轻、生态适应能力较弱；而第 IV、第 VI、第 VII、第 VIII 类群皆只有 1 份种质，分别是源自云南的 02-115、02-116，源自四川的 90-130 和源自新疆的 02068，其中 02-115 显著区别于其他种质的特征为花序下垂，在供试材料中，节间最短，旗叶最短，而千粒重在花序下垂的材料中为最重；02-116 的显著特征是在供试材料中，牧草产量最高，在花序直立的种质中，千粒重最轻；90-130 在供试材料中表现为雄蕊最短、花药最窄；而 02068 则是生长速度最慢，在 11 份新疆种质中，叶片最宽；第 V 类包括两份种质，一份是源自四川康定的 90-70，另一份是来自贵州毕节的 01-101，它们表现为花序直立，和第 I 类具有相似的特征，在供试材料中，90-70 的茎秆最粗，01-101 的穗叶距最短。

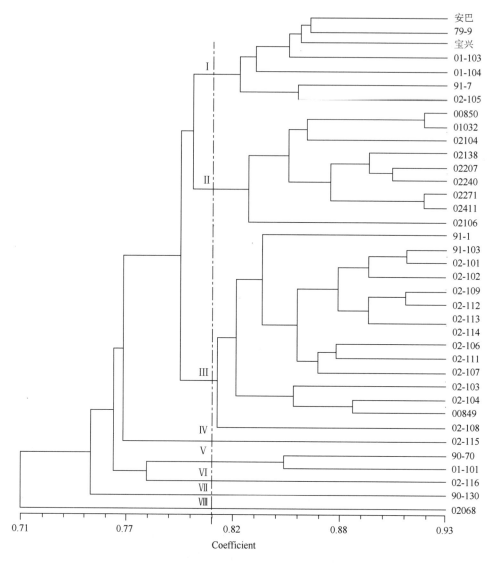

图 3-17　37 份鸭茅种质 AFLP 分析聚类数状图

2.4　主坐标分析

应用主坐标排序得到 37 份鸭茅种质遗传变异的二维排序图（图 3-18）。主成分分析结果表明，第一、第二主成分的贡献率分别为 28.42%、14.08%。从图 3-18 可知，A 组（共 10 份）包含了全部花序直立的材料，它们的主要特点是具有和四倍体鸭茅相似的生物学和农艺性状；B 组材料（共 13 份）皆源自西南地区，它们主要表现为花序下垂，具有和二倍体鸭茅相近的生物学和农艺性状；而 C 组包括了源自新疆的 11 份及来自四川的 1 份和贵州的 2 份，共 14 份材料。其中 A 组与 B 组、C 组间遗传距离较远，而 B 组与 C 组之间相对较近，各种质在二维图中的分布与 UPGMA 分类基本吻合。

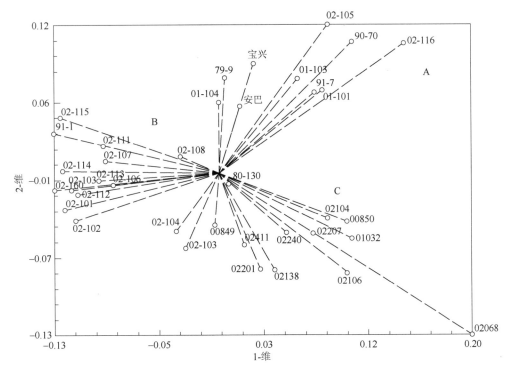

图 3-18　37 份鸭茅种质主坐标排序二维图

上述结果表明，鸭茅遗传多样性与染色体倍性密切相关。利用 AFLP 标记能够有效地区分形态和农艺性状差异较大的四倍体和二倍体鸭茅。同时，野生鸭茅的遗传变异与地理分布有显著相关。

3　讨论

3.1　AFLP 分析的有效性

在供试的 37 份种质中，已经作了核型分析的有 8 份，其中'宝兴'鸭茅、79-9 为四倍体；90-130、91-1、91-103、02-111、02-113、02-114 为二倍体（张新全等，1994；周自玮等，2000）。张新全等（1996b）和钟声等（1997）研究表明，四倍体与二倍体鸭茅在形态及部分农艺性状方面存在明显差异。结合田间形态和农艺性状的观测，本研究结果表明，AFLP 分子标记不仅能将二倍体和四倍体及其性状分别与之相近的种质彼此分开，而且还能将一些具有较特殊性状的种质如 02-115、02-116、90-130 等加以区分。由此可见，AFLP 技术能有效检测鸭茅种质的遗传变异，它可为进一步研究和利用野生鸭茅种质资源奠定基础，尤其在鸭茅新品种选育的早期选择及分子标记辅助育种方面具有重要意义。

3.2　野生鸭茅种质资源的遗传多样性

AFLP 标记结果表明，9 对引物可在 37 份鸭茅种质基因组 DNA 的 400 个位点扩增出条带，其中，336 个位点表现出多态性，多态比率达 84.0%，显示了不同产地野生鸭茅种质资源在 DNA 分子水平存在丰富的遗传多样性。帅素容等（1998）对二倍体和四倍体鸭茅不同生育期的酯酶和过氧化物酶同工酶研究表明，二倍体、四倍体各种质内同源性较高，遗传差异较小，二倍体与四倍体之间没有任何一条带是共有的，它们之间遗传差异显著；本研究的聚类和主坐标分析也表明，与四倍体性状相似的种质和与二倍体性状相似的种质首先分属不同类群，然后是地理分布相同或相近的种质聚在一起。如 11 份新疆鸭茅中有 9 份能聚为一类，且产于西南地区的鸭茅也基本能聚为一类。由此可见，野生鸭茅遗传多样性与染色体倍性及地理分布密切相关；同时也表明，由于我国野生鸭茅种质资源分布广泛，生存生境多样，可能存在地理位置相差较远的基因隔离现象和地理位置相近的基因流动现象。

3.3　野生鸭茅种质资源的亲缘关系

Lumaret 和 Barrientos（1990）用同工酶标记鸭茅种质，结果显示，二倍体和四倍体的基因之间有着极高的相似性，并认为自然界的鸭茅可能起源于各种比率杂交二倍体的同源化。本研究结果也表明，野生鸭茅种质资源间亲缘关系较近，遗传距离变化范围为 0.0692～0.4214，平均值为 0.230。

第六节　鸭茅种质资源遗传多样性的 SRAP 研究

相关序列扩增多态性（sequence-related amplified polymorphism，SRAP）是一种新型的基于 PCR 的标记系统，由美国加州大学蔬菜作物系 Li 与 Quiros 于 2001 年提出，也称基于序列扩增多态性（sequence-based amplified polymorphism，SBAP）（Ferriol et al.，2003a）。它最早是在芸薹属（Brassica）作物中开发出来，是一种新型的基于 PCR 的随机引物标记系统，除了方便可靠和经济外，还具有中等产量、高共显性、易于分离条带及易于测序等优点。

SRAP 的原理是利用独特的引物设计对开放阅读框（open reading frame，ORF）进行扩增，上游引物长 17bp，5′端的前 10bp 是一段填充序列，紧接着是 CCGG，它们组成核心序列及 3′端 3 个选择碱基，对外显子进行特异扩增，因为研究表明外显子一般处于富含 GC 区域。下游引物长 18bp，5′端的前 10～11bp 是一段填充序列，紧接着是 AATT，它们组成核心序列及 3′端 3 个选择碱基，对内含子区域、启动子区域进行特异扩增，因个体不同及物种的内含子、启动子与间隔长度不等而产生多态性。

SRAP 已在农作物和园艺作物上有了较多成功的应用，如笋瓜（Cucurbita maxima）（Ferriol et al.，2003）、西葫芦（Cucurbita pepo）（Ferriol et al.，2003b）、陆地棉（Gossypium hirsutum）（林忠旭等，2004）、桃（Amygdalus persica）（Potter and Southwick，2004）、甘蓝型油菜（Brassica napus）（文雁成等，2006）、小麦（Triticum aestivum）（王凤涛等，2009）、芝麻（Sesamum indicum）（车卓一等，2009）等的遗传多样性研究；黄瓜（Cucumis sativus）（Li et al.，2003）、羽衣甘蓝（Brassica oleracea var. acephala）等（Ho et al.，1997）分子遗传图谱的构建；番茄（Lycopersicon esculentum）（于拴仓等，2005）

等指纹图谱的绘制，拟南芥（*Arabidopsis thaliana*）和甘蓝（*Brassica oleracea*）的比较基因组研究及大白菜（*B. pekinensis*）、芹菜（*Apium graveolens*）、柿（*Diospyros kaki*）、黄瓜（Guo and Luo，2005；潘俊松等，2005）等的重要性状基因标记。但 SRAP 在草种质资源上的应用还非常少，目前只有美国内布拉斯加州立大学的 Budak 博士将其应用于野牛草（*Buchloe dactyloides*）遗传多样性分析（Budak et al.，2004）。SRAP 标记在牧草和草坪草遗传育种研究中具有非常广阔的应用前景。为此，本研究首次将其引入鸭茅的遗传多样性研究，以获得更全面的关于鸭茅遗传变异方面的信息，为鸭茅遗传育种服务。

1　材料与方法

1.1　供试材料

所有资源材料见表 3-19。鸭茅植株通过温室盆栽后取样。

表 3-19　分子标记供试鸭茅品种（系）

序号	材料编号	材料来源地	品种（系）名
1	YA02-107	中国四川宝兴	野生材料
2	YA02-108	中国四川宝兴	野生材料
3	YA02-109	中国四川宝兴	野生材料
4	YA90-70	中国四川康定	野生材料
5	YA02-111	中国云南中甸	野生材料
6	YA02-106	中国四川宝兴	野生材料
7	YA90-130	中国四川茂县	野生材料
8	YA02-114	中国云南曲靖	野生材料
9	YA00850	中国新疆	野生材料
10	YA02-105	中国四川达州	野生材料
11	YA05-262	中国四川达州	川东
12	YA01-101	中国贵州毕节	野生材料
13	YA91-103	中国四川越西	野生材料
14	YA91-7	中国四川汉源	野生材料
15	YA02-101	中国贵州	野生材料
16	YA02-116	中国云南昆明	野生材料
17	YA79-9	中国江西庐山	野生材料
18	YA02-117	丹麦	安巴
19	YA02685	中国四川古蔺	古蔺
20	YA91-2	中国四川农业大学	宝兴
21	01071	中国西安植物园	Justus
22	79-118	荷兰	—
23	01822	丹麦	—
24	02123	中国湖北省畜牧兽医研究所	Portorn

序号	材料编号	材料来源地	品种（系）名
25	01-104	美国纽约	—
26	00737	荷兰	—
27	02683	瑞典	—
28	01819	丹麦	Mucoli
29	96011	德国	—
30	01996	瑞典	Datuoce
31	01824	中国农业科学院畜牧所	PG693
32	01993	中国农业科学院畜牧所	Daketa
33	02684	英国	Sparta
34	01823	中国农业科学院畜牧所	2060
35	01995	瑞典	Dtus 2
36	01076	中国西安植物园	81-Justus
37	01767	中国湖北省畜牧兽医研究所	Trode
38	02682	瑞典	Tamus
39	02122	中国湖北省畜牧兽医研究所	Wana
40	01821	丹麦	P-6
41	02681	丹麦	—
42	01472	美国	—
43	YA01-103	美国纽约	
44	01475	澳大利亚	—
45	00937	美国	Zunuo

注：后续图中的材料编号与该表一致

1.2 鸭茅基因组 DNA 的提取

试验取生长正常的鸭茅幼嫩植株的心叶采用 CTAB 法提取鸭茅 DNA（Sun et al., 1997）。

1.3 鸭茅 SRAP 反应体系的建立及优化

本研究在鸭茅研究中没有任何可供借鉴的试验技术资料，同样需先做预备试验建立鸭茅的 SRAP 反应体系并进行优化。

试验以 Li 的反应体系为基础，对 SRAP 的影响因素，如 Mg^{2+}、dNTP、*Taq* 酶、引物浓度、模板 DNA 等进行了研究，对每个组分设置梯度（最终浓度或最终加入量），再进行 PCR 扩增分析。在研究每个影响因素时，严格控制其他条件，依据前期预备试验结果固定不变，确保试验的准确性和可比性。通过预备试验获得鸭茅 SRAP 分子标记的 25μL 最优化反应体系（最终浓度）：Mg^{2+} 为 1.6mmol/L、dNTP 为 200μmol/L、*Taq* 酶为 1.0U、引物浓度为 0.3μmol/L、模板 DNA 量为 60ng。

PCR 反应在 Thermo Hybaid PCR 仪上进行，程序同样依据 Li 的报道如下：94℃变性 1min；35℃退火 1min，72℃延伸 1min，5 个循环；94℃变性 1min，35℃退火 1min，

72℃延伸 1min，35 个循环；72℃延伸 10min；4℃保存。

1.4　鸭茅 SRAP 标记引物的设计和筛选

引物序列源自 Li 的报道，共有上游引物 12 条，下游引物 19 条，可自由组合为 228 对引物。部分引物筛选工作在四川省农业科学院作物研究所实验室开展并在杨武云研究员指导下进行。试验选取 4 个经电泳检测质量较高且生境和田间试验性状表现差异较大材料的 DNA（分别为 YA91-2、YA00850、YA02-117 和 02123）开展鸭茅的引物筛选工作。从电泳图中选择条带清楚、多态性好的引物用作 SRAP 研究，从中筛选出能产生清晰扩增产物、多态性较好的 21 对引物，筛选出的引物见表 3-20。

表 3-20　鸭茅 SRAP 标记引物序列

引物	序列（5′—3′）	引物	序列（5′—3′）
me10+em2	TGAGTCCAAACCGGTTG-3	me11+em9	TGAGTCCAAACCGGTGT
	GACTGCGTACGAATTTGC-3		GACTGCGTACGAATTCGA
me11+em14	TGAGTCCAAACCGGTGT	me2+em6	TGAGTCCAAACCGGAGC
	GACTGCGTACGAATTACG		GACTGCGTACGAATTGCA
me11+em15	TGAGTCCAAACCGGTGT	me8+em12	TGAGTCCAAACCGGTGC
	GACTGCGTACGAATTTAG		GACTGCGTACGAATTATG
me10+em10	TGAGTCCAAACCGGTTG	me1+em2	TGAGTCCAAACCGGATA
	GACTGCGTACGAATTCAG		GACTGCGTACGAATTTGC
me10+em9	TGAGTCCAAACCGGTTG	me2+em16	TGAGTCCAAACCGGAGC
	GACTGCGTACGAATTCGA		GACTGCGTACGAATTTCG
me10+em4	TGAGTCCAAACCGGTTG	me10+em14	TGAGTCCAAACCGGTTG
	GACTGCGTACGAATTTGA		GACTGCGTACGAATTACG
me10+em13	TGAGTCCAAACCGGTTG	me2+em2	TGAGTCCAAACCGGAGC
	GACTGCGTACGAATTAGC		GACTGCGTACGAATTTGC
me1+em4	TGAGTCCAAACCGGATA	me2+em14	TGAGTCCAAACCGGAGC
	GACTGCGTACGAATTTGA		GACTGCGTACGAATTACG
me2+em4	TGAGTCCAAACCGGAGC	me1+em3	TGAGTCCAAACCGGATA
	GACTGCGTACGAATTTGA		GACTGCGTACGAATTGAC
me10+em15	TGAGTCCAAACCGGTTG	me4+em4	TGAGTCCAAACCGGACC
	GACTGCGTACGAATTTAG		GACTGCGTACGAATTTGA
me11+em4	TGAGTCCAAACCGGTGT		
	GACTGCGTACGAATTTGA		

1.5　鸭茅 SRAP-PCR 扩增产物的检测

扩增产物采用 6%的变性聚丙烯酰胺凝胶电泳分离和银染检测（Sun et al.，1997）。在 PCR 产物中加入 1/2 体积的 loading buffer（98%甲酰胺，10mmol/L EDTA，0.25%溴酚蓝，0.25%二甲苯青），产物分离在 6%聚丙烯酰胺凝胶上（丙烯酰胺：甲叉=19：1，

7.5mol/L 尿素，1×TBE 缓冲液）进行。样孔中每样品点样 16μL，以博瑞克公司的 D2000 Marker 为对照，先在北京六一电泳仪厂的 DYY-6C 电泳仪上进行 200V 恒定电压下 30min 的预电泳，然后在 400V 恒定电压下电泳 2h，再用 0.1% 的 AgNO₃ 进行银染色和在 NaOH 液中显色，凝胶在灯光下用数码相机照相保存以供分析。

1.6 数据统计与分析

将 SRAP 扩增产物每个条带视为一个位点，统计位点总数和多态位点数。按条带有或无分别赋值，有带记为 1，无带记为 0。按 Nei-Li 的方法计算材料间遗传相似系数（GS）。计算公式为

$$GS = 2N_{ij}（N_i + N_j）$$

式中，N_{ij} 为材料 i 和 j 共有的扩增片段数目，N_i 为材料 i 中出现的扩增片段数目，N_j 为材料 j 中出现的扩增片段数目。根据 GS 值按不加权成对群算术平均法（UPGMA）进行遗传相似性聚类，并依据 GS 值进行主成分分析。统计分析在 NTSYS-pc 2.1 软件下进行。

2 结果与分析

2.1 SRAP 标记多态性

用 21 对筛选出的引物组合对 45 份鸭茅进行 PCR 扩增，共扩增出 438 条清晰的带，其中多态性带 363 条；平均每个引物的总扩增带数为 20.86 条，扩增条带数目变幅为 12～36 条，其中平均每个引物多态性带 17.29 条，变幅为 9～32 条，多态性条带比率（PPB）为 82.08%（表 3-21）。SRAP 引物所扩增出的鸭茅 DNA 片段长度大小为 50～2000bp。SRAP-PCR 扩增图片较为清晰，多态性较好，如图 3-19 所示。

表 3-21 SRAP 标记引物扩增结果

引物组合	扩增总数	多态带	多态性比率/%
me10+em2	20	17	85.00
me11+em14	18	15	83.33
me11+em15	21	16	76.19
me10+em10	22	18	81.82
me10+em9	22	17	77.27
me10+em4	25	23	92.00
me10+em13	15	13	86.67
me1+em4	36	32	88.89
me2+em4	22	20	90.91
me10+em15	17	13	76.47
me11+em4	19	15	78.95
me11+em9	20	16	80.00
me2+em6	24	20	83.33
me8+em12	20	16	80.00

续表

引物组合	扩增总数	多态带	多态性比率/%
me1+em2	16	12	75.00
me2+em16	17	13	76.47
me10+em14	12	9	75.00
me2+em2	34	29	85.29
me2+em14	27	23	85.19
me1+em3	18	16	88.89
me4+em4	13	10	76.92
平均	20.86	17.29	82.08
总和	438	363	

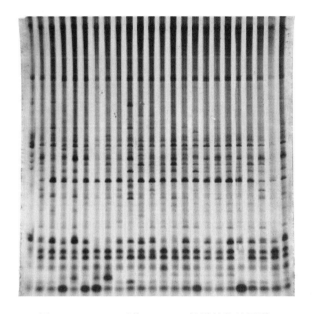

图 3-19 SRAP 引物 m2+e14 扩增的指纹图谱

2.2 遗传相似性分析

对扩增结果采用 Nei-Li 相似系数（GS）的计算方法，得到供试材料相似性矩阵。鸭茅 SRAP 分析中各品种（系）的 GS 值为 0.6248～0.9686，平均 GS 值为 0.7958。研究结果显示了鸭茅种质资源具有丰富的遗传多样性。

由相似系数矩阵可以看出，在 45 份鸭茅材料中，来自四川达州的 YA02-105（10 号）与四川农业大学培育的材料编号为 YA91-2 的品种'宝兴'（20 号）鸭茅材料的遗传相似系数最大为 0.9686，其次为来自四川宝兴夹金山的 YA02-107（1 号）与四川宝兴烧鸡窝的 YA02-109（3 号）鸭茅材料的遗传相似系数为 0.9254，其遗传距离次小，遗传相似性次大。相反的，遗传相似系数最小的为来自贵州的 02-101（15 号）与来自澳大利亚的 01475（44 号）的 0.6248。较低的遗传相似系数显示了来自不同地域和不同育种背景的鸭茅种质资源间丰富的遗传多样性。

在供试的 19 份来自国内的种质材料中，包括 16 份野生材料和 3 个国家级登记品种。16 份鸭茅生态型间的遗传相似系数范围为 0.7269～0.9686，这意味着它们间存在丰富的遗传变异。我国仅有的 3 个鸭茅品种'宝兴'（20 号）、'古蔺'（19 号）和'川东'（11 号）间的 GS 值范围为 0.8512～0.8863，显得非常狭小，说明其遗传相似性较高。

2.3 聚类分析

基于遗传相似系数，利用 UPGMA 法对供试材料进行聚类分析（图 3-20）。

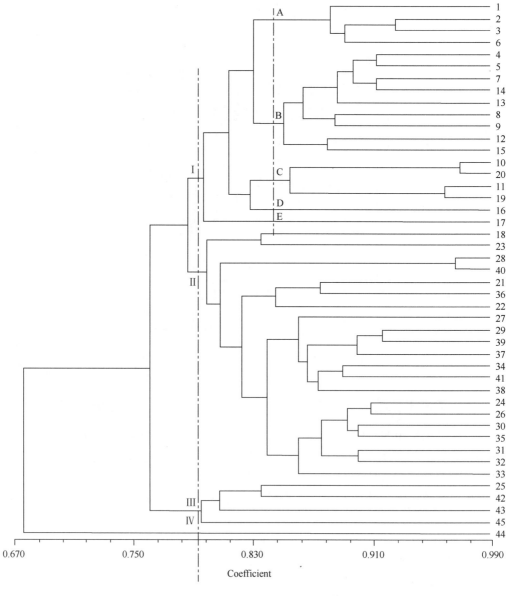

图 3-20　鸭茅 SRAP 标记的 UPGMA 聚类图

通过鸭茅 SRAP 分析做遗传距离聚类，可以在遗传系数为 0.7958 处将 45 份鸭茅材料分为 4 大类。国内所有材料全聚为 I 类，所有来欧洲的材料能聚在 II 类，聚为III类的全为来自美国的材料，来自澳大利亚的野生材料 01475（44 号）与其余材料差异非常明显聚为IV类。SRAP 的聚类结果与材料的地理分布非常符合，来自相似地理气候条件地区的材料遗传相似性均较高。

所有材料除了聚为 4 个主要类群外，聚为 I 类的来自中国的材料又可聚为 A～E 5 个亚类。材料序号为 1、2、3、6 的 4 个材料聚为 A 亚类；聚为 B 亚类的材料包括序号为 4、5、7、14、13、8、9、12、15 的共 9 个材料；10 号、20 号、11 号、19 号材料聚为 C 亚类；16 号和 17 号材料分别单独聚为 D 亚类和 E 亚类。结合四川农业大学鸭茅课题组以前已完成及现在正在开展的对所收集的鸭茅种质材料的染色体倍性分析，发现亚类的聚类划分恰好与染色体倍性状况相符合。B 亚类的材料均为二倍体鸭茅，A、C、D、E 亚类的材料则为四倍体鸭茅。

进一步分析发现，A 亚类的 4 份材料均采自四川省宝兴县，其聚类状况与地理分布非常一致，但 B 亚类材料却来自四川、云南、新疆等不同的省（自治区、直辖市），材料的地理分布不规范，C 亚类材料也同样如此。由此可见在中国这一地域范围内，染色体倍性状况是鸭茅种质聚类的首要影响因素，其次才是材料的地理分布状况。D、E 亚类的两份材料经田间农艺性状观察和生产性能评估发现其表现较好，尤其是 E 亚类的 17 号材料（YA02-116）鲜草产量最高且生态适应性非常好。即聚类关系能反映田间农艺性状和生产性能的差异。此外，聚类结果显示我国 3 个鸭茅品种的遗传距离非常相近，证明它们的遗传亲缘关系也较为相近。

2.4 主成分（PCA）分析

基于遗传相似系数，在 NTSYS-pc 2.1 软件上对不同鸭茅材料进行主成分分析，并根据第一、第二主成分进行作图，所形成的各野生鸭茅材料的位置分布如图 3-21 所示，位置相靠近者表示关系密切，远离者表示关系疏远。将位置靠近的鸭茅材料划归在一起，共得到 4 个主要类群。聚类结果表明主成分分析结果与聚类分析结果基本一致，同一地区的大部分鸭茅材料聚在一起，主成分分析结果更直观地表明了不同鸭茅材料之间的亲缘关系，但不能像聚类图一样将种质材料间的染色体倍性区分开来。

3 讨论

3.1 鸭茅 SRAP 标记的扩增多态性及遗传多样性分析

研究结果显示鸭茅 SRAP 标记扩增多态性较好，不同鸭茅种质资源遗传多样性较为丰富。

通过鸭茅的 SRAP 标记，每对引物组合的多态性带数为 17.29 条，高于 Budak 等（2004）对野牛草品种研究的 8 条多态性带数、Ferriol 等（2003b）对西葫芦种质研究的 5.8 条和林忠旭等（2004）对棉花研究的 5.14 条。而且不同研究中，扩增带的多态性比例差异较大，例如，Budak 等对野牛草的研究中为 95%，Ferriol 等对西葫芦和笋瓜的研

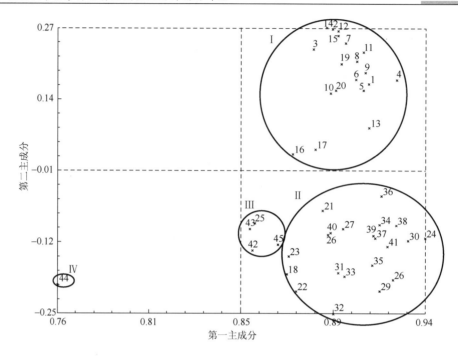

图 3-21　基于 SRAP 谱型的鸭茅材料主成分分析

究中为 72.7%，而本研究中为 82.08%，与上述研究相似。这可能与所研究的材料的类型有关。本遗传多样性研究使用的材料为普通鸭茅这一相同种，而 Budak 和 Ferriol 等的研究中所用的材料包括不同种间的、多种倍性的、遗传关系较远的不同种质资源。

　　遗传多样性分析显示来源广泛的鸭茅种质资源间存在着丰富的遗传变异。进一步分析发现鸭茅的遗传多样性与染色体倍性及地理分布密切相关；同时也表明，由于世界鸭茅种质资源分布广泛，生存生境多样，可能存在地理位置相差较远的基因隔离现象和地理位置相近的基因流动现象。国内鸭茅种质聚类情况分析表明，在相对较小的地理区域内，影响鸭茅遗传变异的主要因素是染色体倍性的差异，二倍体鸭茅和四倍体鸭茅各种质内同源性较高，遗传差异较小，但不同染色体材料间遗传差异则较显著，这一结论与帅素容等（1998）对二倍体和四倍体鸭茅不同生育期的酯酶和过氧化物酶同工酶研究所获得的结论和彭燕等（2006）对国内野生鸭茅种质资源遗传多样性的 AFLP 标记所获得的结论一致。

3.2　SRAP 在鸭茅遗传多样研究中的应用

　　本研究显示 SRAP 标记体系能较好地应用于鸭茅的遗传多样性分析。

　　相对于 RAPD 和 ISSR 在鸭茅上的应用，SRAP 标记的遗传相似性分析能检测到更多的遗传变异。此外，聚类分析不仅比前两种标记更能准确地反映材料的来源分布情况，而且能反映供试材料的染色体倍性差异。张新全、钟声等研究表明，四倍体与二倍体鸭茅在形态及部分农艺性状方面存在明显差异（张新全等，1996a；钟声等，1997）。结合田间形态和农艺性状的观测，本研究发现 SRAP 分子标记不仅能将二倍体和四倍体及其性状分别与之相近的种质彼此分开，而且还能将一些具有较特殊性状的种质如 02-116、79-9 加以区分，获得与鸭茅 AFLP 标记相似的分析效果。由此可见，SRAP 和 AFLP 标记体系一样能有效检测鸭茅种质的遗传变异，可为进一步研究和利用野生鸭茅种质资源奠定基础，尤其在鸭茅新品种选育的早期选择及分子标记辅助育种方面具有重要意义。

3.3 国内鸭茅品种遗传基础评估及对育种的建议

遗传多样性分析发现我国鸭茅品种具有较高的遗传相似性，这说明 3 个鸭茅品种的遗传基础较为狭窄。通过查看国内鸭茅品种的育种背景和方法不难获得合理的解释。目前国内仅选育完成国家登记鸭茅品种有 3 个：'宝兴'、'古蔺'和'川东'，它们均通过野生鸭茅资源人工驯化选育而成，且均育成于四川省。3 个品种的选育材料均来自气候地理条件较为相似的四川省境内。相似的遗传背景和相同的育种方式决定了其遗传亲缘关系必然较高。鉴于我国有广大的地区适合种植鸭茅，因此需要有适合不同生态条件下的具有多种遗传种质的鸭茅品种。为此，面对国内外如此丰富的种质资源，人们应该利用杂交等各种育种手段，选用来自各地遗传多样性丰富的鸭茅品系，开展大范围的鸭茅育种工作，以获得适应更广区域的鸭茅品种。

3.4 SRAP 标记特点及在草种质资源遗传多样研究中的发展前景

SRAP 技术有稳定、方便快捷、经济及可靠等优点，可以较好地应用于各种草种质资源遗传育种研究。

SRAP 标记是在总结已有的 DNA 分子标记的优缺点的基础上开发的一种新的基于 PCR 的 DNA 分子标记技术。该标记主要是对开放阅读框（ORF）进行扩增，提高了扩增结果与表现型的相关性。PCR 扩增不要求高纯度和高浓度 DNA 和不使用放射性同位素，不需要像 SSR 标记那样花费人力物力进行引物开发，比 RAPD 标记稳定。目前 SRAP 标记已经在农作物和园艺作物上得到成功应用。

SRAP 应用于草种质资源遗传育种研究最重要的特点是有以下几方面：①长达 17～18bp 的上下游两条引物的使用确保试验结果稳定性远高于使用较短单链引物的 RAPD 和 ISSR 标记；②SRAP 标记能获得与 AFLP 几乎一样丰富的遗传信息但试验方法更便捷；③有限数目的上下游引物可以通过不同组合形成更多的引物组合应用于研究，其试验成本得以大幅度降低；④基于 SRAP 自身引物设计的特点，引物 PCR 扩增成功率较 RAPD 和 ISSR 高，很少出现无扩增带的引物，其引物利用率较高。此外，引物可依据 SRAP 的原理自己设计，不需借助 Oligo 和 Primer 等专业引物设计软件，开发方便。SRAP 标记不需要预先掌握试验材料相关基因组信息，尤其适合大量目前遗传基础研究非常薄弱的草种质资源。综上所述，SRAP 技术以稳定、方便快捷、经济及可靠等优点可以较好地应用于各种草种质资源遗传育种研究，且必将拥有广阔的发展前景。

第七节 鸭茅种质资源遗传多样性的 ISSR 研究

简单序列重复区间扩增多态性（inter-simple sequence repeat，简称 ISSR）是由

Zietkiewicz 等（1994）创建的一种 DNA 标记技术。ISSR 技术的基本原理就是在 SSR 的 3′或 5′端加锚 1～4 个嘌呤或嘧啶碱基，然后以此为引物，对两侧具有反向排列 SSR 的一段 DNA 序列进行扩增，然后进行电泳、染色，根据谱带的有无及相对位置，来分析不同样品间 ISSR 标记的多态性（Williams et al.，1990）。

ISSR 目前已用于多种植物的研究，如大麦（*Hordeum vulgare*）（Davila et al.，1999）、欧洲落叶松（*Larix deciduas*）、日本落叶松（*L. kaempferi*）（Arcade et al.，2000）和欧洲栗（*Castanea sativa*）（Asasoli et al.，2001）等的遗传作图；玉米（*Zea mays*）、小麦（*Triticum aestivum*）（杜金昆等，2002）、土豆（*Solanum tuberosum*）、柑橘（*Citrus reticulata*）、羽扇豆（*Lupinus polyphylla*）、水稻（*Oryza sativa*）、葡萄（*Vitis vinifera*）等的种质资源研究；稻属（*Oryza*）、番薯（*Ipomoea batatas*）的遗传多样性研究（王建波，2002）。在草业科学研究领域的应用不是很多，只是在斑茅（*Saccharum arundinaceum*）（张木清等，2004）、仲彬草（*Kengyilia mutica*）（张利，2004）等少数草种质资源研究上有报道。

国外对鸭茅种质资源的研究已深入分子水平，但在分子标记方面可供查询借鉴的资料也不多，Reeves 等（1998）运用 AFLP 研究鸭茅野生居群的基因组大小与海拔的相关关系，此外，Kolliker 等（1999）用 RAPD 研究鸭茅的遗传变异性。本课题在以前研究基础上，采用 ISSR 对鸭茅种质资源遗传多样性进行研究，有利于丰富鸭茅种质资源的保护和利用，对利用分子标记作为育种辅助手段，快速培育适合不同生态地区栽培的品种有一定参考价值。

1 材料与方法

1.1 供试材料

试验有来自世界 4 大州的供试鸭茅品种（系）50 份（表 3-22）。

表 3-22 供试鸭茅品种（系）的名称及来源

序号	材料编号	材料来源地	品种（系）名
1	91-1	中国四川汉源	野生材料
2	02-107	中国四川宝兴	野生材料
3	02-108	中国四川宝兴	野生材料
4	02-109	中国四川宝兴	野生材料
5	90-70	中国四川康定	野生材料
6	02-111	中国云南中甸	野生材料
7	02-106	中国四川宝兴	野生材料
8	90-130	中国四川茂县	野生材料
9	02-114	中国云南曲靖	野生材料
10	02-116	中国云南昆明	野生材料
11	02-105	中国四川达州	野生材料
12	CD	中国四川达州	川东

续表

序号	材料编号	材料来源地	品种（系）名 .
13	01-101	中国贵州毕节	野生材料
14	91-103	中国四川越西	野生材料
15	91-7	中国四川汉源	野生材料
16	02-101	中国贵州	野生材料
17	00850	中国新疆	野生材料
18	02106	中国新疆	野生材料
19	79-9	中国江西庐山	野生材料
20	AB	丹麦	安巴
21	GL	中国四川古蔺	古蔺
22	BX	中国四川农业大学	宝兴
23	01071	中国西安植物园	Justus
24	79-118	荷兰	野生材料
25	01992	中国农业科学院畜牧兽医研究所	Botumas
26	01822	丹麦	野生材料
27	01474	美国	野生材料
28	02123	中国湖北省畜牧兽医研究所	Porto
29	01-104	美国纽约	野生材料
30	00737	荷兰	野生材料
31	02683	瑞典	野生材料
32	79-14	丹麦	Denmark No.1
33	96011	德国	野生材料
34	01996	瑞典	Datuoce
35	01824	中国农业科学院畜牧所	PG693
36	01993	中国农业科学院畜牧所	Daketa
37	02684	英国	Sparta
38	01823	中国农业科学院畜牧兽医研究所	2060
39	01995	瑞典	Dtus 2
40	01076	中国西安植物园	81-Justus
41	01767	中国湖北省畜牧兽医研究所	Trode
42	00947	日本	野生材料
43	02682	瑞典	Tamus
44	02122	中国湖北省畜牧兽医研究所	Wana
45	79-15	丹麦	Denmark No.2
46	02681	丹麦	野生材料
47	98-101	美国	Pocomac
48	98-102	美国	Tekapo
49	01475	澳大利亚	野生材料
50	00937	美国	Zunuo

注：后续图中的材料编号与该表一致

试验取生长正常的鸭茅幼嫩植株的心叶采用 CTAB 法提取鸭茅 DNA,以国内鸭茅品种'宝兴'鸭茅和国外'安巴'品种为对照,开展 ISSR 研究。

1.2 鸭茅 ISSR 反应体系的建立及优化

试验对 ISSR 的影响因素进行了研究,通过预备试验获得鸭茅 ISSR 分子标记的 20μL 最优化反应体系（最终浓度）：Mg^{2+} 为 1.6mmol/L、dNTP 为 250μmol/L、Taq 酶为 1.0U、引物浓度为 0.25μmol/L、模板 DNA 量为 100ng。

试验试用 3 个 ISSR 反应程序及反应体系,分别来自仲彬草（张利,2004）、五味子（孙岳,2003）、果蔗（王水琦,2003）的 ISSR 研究,开始预备试验,从中选择扩增效果最好的果蔗的扩增程序及反应体系用于试验。PCR 反应程序如下：第 1 步为,94℃变性 5min,1 个循环；第 2 步为,94℃变性 45s,52℃退火 1min,72℃延伸 1.5min,45 个循环；第 3 步为,72℃延伸 7min,然后在 4℃保存。

1.3 鸭茅 ISSR 引物的筛选

试验从哥伦比亚大学提供的 96 条常用 ISSR 引物序列中选出 66 条,交由上海生工生物工程技术服务有限公司合成,再选出 3 个质量较高且田间试验性状表现差异较大材料 20 号、21 号和 29 号的 DNA,对 66 条引物进行筛选,从而获得 12 条多态性好、扩增效果好的引物（表 3-23）,用于 ISSR 正式试验。

表 3-23 用于鸭茅 ISSR 分析的引物序列

引物	序列（5′—3′）	扩增总数	多态带	多态性比率/%
SG13	(GACA)₄	10	8	80.00
SG17	TAG ATC TGA TAT CTG AAT TCC C	10	9	90.00
SG18	AGA GTT GGT ACG TCTTGA TC	10	8	80.00
SG19	ACT ACG ACT (TG)₇	6	4	66.7
SG20	ACT TCC CCA CAG GTT AAC ACA	7	6	85.7
SG23	(CT)₈ AG A	8	7	87.5
SG39	(AG)₈ TC	13	12	92.3
SG40	(AC)₈ GCT	10	10	100
SG41	(GA)₈ GCC	9	7	77.8
SG62	ACTCGTACT (AG)₇	11	10	90.9
SG65	CGTAGTCGT (CA)₇	12	10	83.3
SG66	AGTCGTAGT (AC)₇	11	10	90.9
平均		9.75	8.41	86.3
总和		117	100	

1.4 PCR 扩增及电泳检测

PCR 扩增在 Thermo Hybaid PCR 仪上进行。PCR 反应完后向扩增产物中加入 3μL 的 6×loading buffer,然后用含 0.1% EB（溴化乙锭）的 1.5%琼脂糖凝胶电泳,以 Marker（λDNA/EcoR I +$Hind$III）为对照,然后在紫外成像系统照相并分析。

1.5　数据统计及分析

对获得的 DNA 条带进行统计，在相同迁移位置，有带记为 1，无带记为 0，依此构成遗传相似矩阵，遗传相似系数（genetic similarity，GS）按公式 GS=2N_{ij}（N_i+N_j）计算，其中 N_{ij} 表示两基因型各自的条带数目；遗传距离（genetic distance，GD）按公式 GD=1−GS 计算；聚类分析按 UPGMA 方法进行。以上数据统计在 NTSYS-pc 2.1 软件下进行。

2　结果与分析

2.1　鸭茅 ISSR 反应体系及 PCR 扩增与检测分析

鸭茅 ISSR 反应体系的构建借鉴了果蔗 ISSR 研究，但反应体系药品浓度经过了多次研究，作了较大的调整，PCR 扩增效果较好，再配以高分辨率的琼脂糖电泳检测，电泳图清晰多态性好，重现性好（图 3-22～图 3-24）。

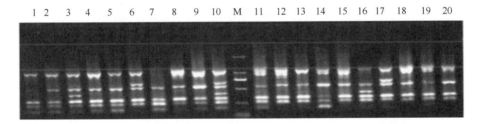

图 3-22　ISSR 的 SG13 号引物对 1～20 号 DNA 的 PCR 扩增电泳图

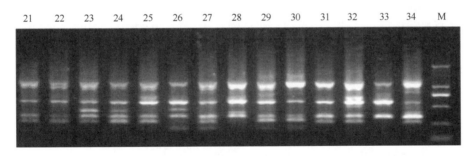

图 3-23　ISSR 的 SG13 号引物对 21～34 号 DNA 的 PCR 扩增电泳图

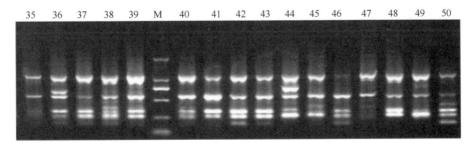

图 3-24　ISSR 的 SG13 号引物对 35～50 号 DNA 的 PCR 扩增电泳图

2.2 鸭茅 ISSR 的遗传多样性研究

2.2.1 扩增产物的多态性

12 个筛选出的引物中，有 8 个二核苷酸重复序列，其中（AG）重复序列出现两次，1 个四核苷酸重复序列，3 个其他引物。另外，通过与 Marker 的比较分析，鸭茅的 ISSR 扩增片断集中在 120～1800bp。鸭茅的 ISSR 研究所用 66 个引物中，5 种类型的引物数目相当，但获得的可用引物没有三核苷酸重复的引物。此外，在所选引物中，多态性最高的为（AG）$_n$ 重复序列引物 39 号和 62 号，每份材料可分别平均扩增出 12 和 10 条多态带，且多态性比率分别达 92.3% 和 90.9%。因此，如果对鸭茅进一步作 ISSR 研究，其引物首选二核苷酸重复序列类型的引物。12 个引物共扩增出 101 条重复性好、清晰的多态性条带；平均每个引物的扩增带数为 8.41 条，多态性条带比率（PPB）为 86.3%（表 3-23）。这也证明了 ISSR 能检测较多的遗传位点，能获得多态性较好的 PCR 结果。

2.2.2 供试材料的遗传关系

2.2.2.1 遗传相似性分析

对扩增结果采用 Nei-Li 相似系数（GS）的计算方法，得到供试材料相似性矩阵。鸭茅各品种（系）的 GS 值为 0.6116～0.9291，平均 GS 值为 0.8151。由相似系数矩阵可以看出，在 50 份鸭茅材料中，98-101（47 号）、98-102（48 号）、01475（49 号）与所有其他鸭茅材料的遗传相似系数均小于平均值 0.8151，其遗传距离均较大，遗传相似性较小，而遗传系数最小的为 01475（49 号）与 02-101（16 号），即 01475 与 02-101 的亲缘关系最小。对遗传相似性分析可知，鸭茅具有非常丰富的遗传多样性。此外，从来自我国的 21 份鸭茅材料分析可知，其遗传相似系数范围在 0.7500～0.9291，四川汉源的 91-7（15 号）与来自江西庐山的 79-9（19 号）的遗传系数最小为 0.7500，它们间的遗传亲缘关系最远。由此可见，国内鸭茅遗传多样性较为丰富。

2.2.2.2 聚类分析

基于遗传相似系数，利用 UPGMA 法对供试材料进行聚类分析（图 3-25）。

从聚类图可以把 50 份鸭茅品种（系）聚为 5 类，其中来自澳大利亚的野生材料 01475（49 号）与其余材料差异非常明显，单独聚为一类（Ⅰ类）；除了 01475 外，来自丹麦的'安巴'（20 号）也单独聚为一类（Ⅱ类）；来自美国的品种名为'Tekapo'的材料 98-102（48 号）、来自美国纽约熊山的野生材料 01-104（29 号）、来自美国的品种名为'朱诺'的 00937（50 号）、来自美国的品种名为'Pocomac'的材料 98-101（47 号）和来自美国的野生材料 01474（27 号）能较好地聚为一类（Ⅲ类）；除了'安巴'，所有来自丹麦的材料，包括品种'丹麦 1 号'（32 号）、品种'丹麦 2 号'（45 号）和野生材料 01822（26 号）能聚在一类（Ⅳ类），同时所有来自瑞典的材料，包括品种'塔木斯'（43 号）、品种'塔杜斯 2'（39 号）及野生材料 02683（31 号）能聚在Ⅳ类，此外两个来自荷兰的野生材料 00737、79-118 也聚在Ⅳ类，聚在Ⅳ类的还包括来自英国的品种'斯帕塔'、来自德国的野生材料96011（33号）及引自欧洲的品种'Trode'（41号）、'草地瓦纳'（44号）、2060（38号）、'Justus'（23号）、'81-Justus'（40号）、'波龙特'（28号）、'达客塔'（36号）、'PG693'（35号）、'达托斯'（34号）、'波托马斯'（25号），由此可以清楚知道，所有来自欧洲的品种（系）除了'安巴'均能聚在一起，即聚在Ⅳ类；另外，所有国内的材料和来自日本的野生材料00737聚为一类（Ⅴ类）。

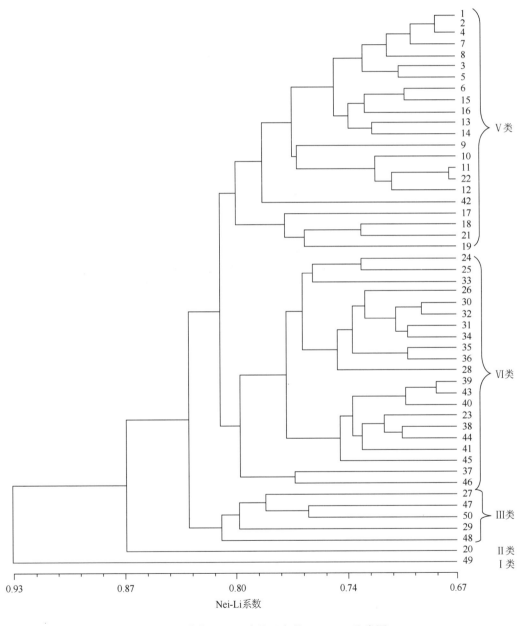

图 3-25　鸭茅 Nei-Li 遗传距离的 UPGMA 聚类图

从聚类结果可知，不仅来自相同洲的鸭茅材料能准确地聚在一起，而且除'安巴'外，全部来源于同一国家的材料能比较好地聚于同类。

2.2.2.3 主成分（PCA）分析

基于遗传相似系数，在 NTSYS-pc 2.1 软件上对不同鸭茅材料进行主成分分析，并根据第一、第二主成分进行作图，所形成的各野生鸭茅材料的位置分布如图 3-26 所示，位置相靠近者表示关系密切，远离者表示关系疏远。将位置靠近的鸭茅材料划归在一起，结果表明主成分分析结果与聚类分析结果基本一致，同一地区的大部分鸭茅材料聚在一起，主成分分析结果更直观地表明了不同鸭茅材料之间的亲缘关系。

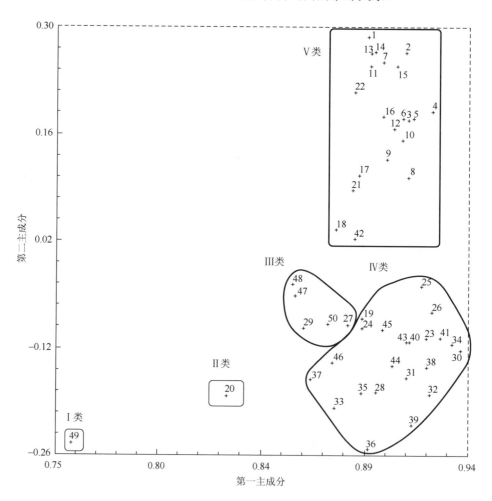

图 3-26 基于 ISSR 谱型的鸭茅材料主成分分析

3 讨论

本研究选取 4 个洲共 9 个国家的 50 份鸭茅材料进行 ISSR 分子标记多样性分析，结果表明，平均每个引物扩增的多态带数为 8.41 条，多态性条带比率（PPB）为 86.3%，材料间遗传相似系数范围为 0.6116～0.9291，从而在分子水平上证实了不同鸭茅之间差异较大，遗传多样性较丰富。由遗传相似性分析发现，中国和美国的鸭茅材料其遗传多样性较为丰富，来自大洋洲的澳大利亚鸭茅与世界其他地区鸭茅遗传差异非常大，而来自欧洲不同地区的鸭茅其亲缘关系相近，遗传差异较小。分析其原因，可能中国和美国及澳大利亚所辖地域广阔，其地理气候条件丰富，鸭茅的起源和进化状况差异较大，故遗传多样性较明显。反观来自欧洲的材料，因为欧洲地域不大且其地理气候条件非常相近，故鸭茅遗传差异不是很大。聚类分析及主成分分析表明，供试野生鸭茅材料呈现出较好的地域性分布规律，可能是由于鸭茅材料在进化过程中受到自然界选择淘汰，自然选择的结果使得个体中所发生的不定向变异造成群体遗传结构的定向变异，这样经过长时间的进化演变，同一地区的大部分鸭茅材料其基因型就可能趋于相似，如美国和我国的材料可分别聚为一类，来自欧洲的鸭茅材料除'安巴'外全聚为一类。聚类并非完全符合地域性分布规律，也有少数地方的鸭茅材料分散且无法归为一类，如来自欧洲的'安巴'单独聚在一类，其原因可能有两方面：一是基因突变，物种在进化过程中，有个别的基因发生变异，且发生变异后，若该突变体仍可较好地适应当地的环境，则可以使其基因型得以保存下来；二是由于花粉串粉而导致天然杂交，对于像鸭茅这样的异花受粉植物，这一点尤为可能。

4　建议

4.1　鸭茅种质资源保护

通过遗传聚类及主成分分析了解鸭茅遗传变异在地理上的分布格局对于制定科学的保护策略起着极为重要的作用。本研究已从分子水平上证实了全世界鸭茅遗传多样性较丰富，由此对鸭茅种质资源的收集保存整理提出了较高的要求，应尽可能早而完整地开展此项工作。鉴于中国和美国的鸭茅材料其遗传多样性较为丰富，而澳大利亚鸭茅与世界其他地区鸭茅遗传差异非常大，故在全世界范围内对鸭茅种质资源开展收集保存整理利用工作时，应以中国、美国和澳大利亚的鸭茅种质资源保护为重点，宜在这 3 个国家建立鸭茅种质资源保护区，避免优良种质资源的丧失。此外，鉴于鸭茅是异花授粉植物，对鸭茅种质资源的保护要求更高。在广泛收集种质资源的同时，一定要注意采取不同措施进行种质隔离，避免传粉引起种质资源混淆，妥善保存种质资源供充分利用，如采用玻板隔离温室保存盆栽鸭茅材料等。

4.2　ISSR 研究在鸭茅上的其他应用

从本研究可以看出，在鸭茅上利用 ISSR 研究其遗传多样性，可以获得清晰、重复性好而多态性高的电泳图谱，这也为利用 ISSR 构建鸭茅品种的指纹图谱（图 3-26），有效鉴别鸭茅品种，保护产权提供了较好的手段。这可以作为鸭茅 ISSR 研究的下一步方向。

第八节　二倍体和四倍体野生鸭茅遗传特性比较研究

怀特和库帕（1989）认为，中国西部鸭茅除四倍体外，尚有二倍体分布。张新全等（1994）研究我国西南地区鸭茅种质资源，发现有二倍体鸭茅广泛分布；以后义对其农艺学特性进行研究，获知所有四倍体鸭茅在产草量、再生性和抗逆性等方面均优于二倍体鸭茅。

尽管我国拥有丰富的野生鸭茅资源，且质优、高产、耐阴，对我国南方发展果林种草、开发草山草坡具有十分重要的意义，但国内目前主要进行引种观察或栽培试验，对野生鸭茅遗传性的研究极少，尤其是对二倍体鸭茅的研究更少。本研究试图从细胞遗传和生化遗传的角度，对我国亚热带地区几种二倍体和四倍体野生鸭茅的核型、减数分裂染色体配对行为及不同生育期的酯酶和过氧化物酶同工酶进行研究，以期确定其在分类学中的地位和利用价值，为鸭茅育种提供理论依据。

1　材料与方法

1.1　供试材料

7 个野生鸭茅系历年采集和引进的，各以其采集地命名，见表 3-24。供试材料在雅安市南郊四川农业大学草学系牧草基地已种植 2～3 年以上。

表 3-24　供试材料及其来源

供试材料	资源编号	染色体数（2n）	产地或来源
庐山鸭茅	79-9	28	江西庐山
宝兴鸭茅	91-2	28	四川宝兴
古蔺鸭茅	91-12	28	四川古蔺
皇木鸭茅	91-7	14	四川皇木
越西鸭茅	91-103	14	四川越西
康定鸭茅	90-70	14	四川康定
茂县鸭茅	90-130	14	四川茂县

1.2　核型分析

取鸭茅幼嫩叶，用 α-溴奈饱和溶液处理 3～4h，水洗后转入乙酸甲醇固定液中固定 12～24h，在 1mol/L HCl 中在 60℃下解离 10min 左右，水冲洗后先用 Shift 试剂染色 30～60min，再用 2% 的醋酸洋红复染，切取幼嫩叶少许压片。如染色过深，可适当分色。

1.3　减数分裂及花粉育性

取鸭茅处于减数分裂盛期的幼穗，用卡诺液Ⅱ（乙醇∶氯仿∶冰醋酸=6∶3∶1）固定，以醋酸洋红染色压片，观察并统计亲本花粉母细胞减数分裂中期Ⅰ染色体配对行为。

1.4 同工酶检测

取同一生育期的幼嫩叶或幼穗 1g，按 1：4 的比例加入 Tris-HCl 缓冲液（pH 6.7），冰浴研磨成匀浆，4000r/min 离心 15min，取上清液保存于冰箱中备用。采用垂直平板聚丙烯酰胺凝胶电泳法，分离胶浓度 7.2%，浓缩胶浓度 3.1%，凝胶厚度 1.5mm，加样 20μL，稳压 150V 电泳。酯酶染色采用固蓝染色法，过氧化物酶染色采用联苯胺法，均在 37℃恒温染色。染色后的胶板用 7%冰醋酸固定 5～10min，自来水冲洗几次，蒸馏水漂洗后记录、照相、制干板保存。

2 结果与分析

2.1 核型

对采自不同地方的 7 个野生鸭茅幼叶细胞染色体计数结果发现,我国亚热带地区存在二倍体（2n=2x=14）和四倍体（2n=4x=28）植株。皇木、越西、康定和茂县鸭茅是二倍体,2n=14 的细胞数均占观察细胞数的 85%以上,少数细胞为 2n=12 或 2n=16,但均未发现 2n=28 的细胞。据测量分析,4 个二倍体鸭茅有相同的核型,其 14 条染色体可配成 7 对,其中第 5、第 6 对为近中着丝粒染色体,其余为中部着丝粒染色体;染色体数目和核型见图 3-27A。

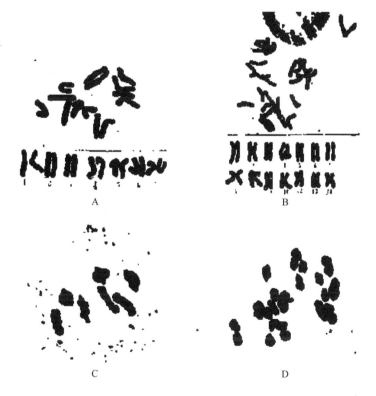

图 3-27 鸭茅二倍体和四倍体的细胞学

A. 二倍体鸭茅核型；B. 四倍体鸭茅核型；C. 二倍体鸭茅花粉母细胞减数分裂中期Ⅰ；D. 四倍体鸭茅花粉母细胞减数分裂中期Ⅰ

'庐山'、'宝兴'和'古蔺'鸭茅为四倍体，染色体数均为 $2n=28$，其核型相同。28条染色体可以配成 14 对，第 3、第 8、第 9、第 10、第 11、第 12、第 13 对染色体为近中着丝粒染色体，其余均为中部着丝粒染色体；染色体数目和核型见图 3-27B。

2.2 减数分裂染色体配对行为及花粉育性

7 个野生鸭茅花粉母细胞减数分裂中期 I（PMCs MI）染色体配对行为的观察结果表明：二倍体鸭茅 PMCs MI 平均构型为 4.55 环形 II+2.41 棒形 II+0.04 I（图 3-27C）。四倍体鸭茅 PMCs MI 平均构型为 0.64 环形 II+7.93 棒形 II+0.03 IV（图 3-27D）。二倍体和四倍体均能正常减数分裂，在后期 I、后期 II 均未见有落后染色体或染色体桥出现，四分体时期无微核出现。

二倍体鸭茅花粉可育性平均为 68.2%，其中，深染花粉 57.1%，浅染花粉为 11.1%，不育花粉平均为 31.8%，不育花粉中，圆空花粉为 29.0%，不规则花粉为 2.8%。四倍体鸭茅花粉可育性平均为 78.8%，其中，深染花粉为 67.6%，浅染花粉为 11.4%，不育花粉为 21.2%，不育花粉中，圆空花粉占 16.6%，不规则花粉占 4.6%。此外，二倍体花粉数量明显少于四倍体。结实性统计表明：二倍体鸭茅结实率和千粒重分别为 78.6%±5.7% 和 0.219g±0.008g，而四倍体则分别为 71.1%±3.0% 和 0.600g±0.017g。经检验，四倍体千粒重显著高于二倍体（$P<0.05$），结实率差异不显著（$P>0.05$）。

2.3 同工酶检测

2.3.1 酯酶同工酶

在分蘖期，鸭茅嫩叶中的酯酶同工酶可在 9 个位点呈现酶带（表 3-25，图 3-28A），其中四倍体（'庐山'、'宝兴'鸭茅）有 8 个位点呈现酶带，各酶带的迁移率（Rf 值）在两个材料间完全相同，形态相似，只是着色深浅有差异，表明控制酯酶同工酶的基因位点相同，但各酶带的活性存在差异；二倍体只在 5 个位点呈现酶带，其中'越西'、'康定'、'茂县'鸭茅的酶带数及其 Rf 值完全相同，皇木鸭茅只在 Rf=0.339、0.523 和 0.774处有酶带呈现，且这 3 条带也是另 3 个材料共有的，材料间各酶带活性也存在差异。以二倍体与四倍体比较，酶谱分布特征有较大差异，除二倍体酶带数明显少于四倍体外，二倍体在 Rf=0.523 处有 1 条特有带，而在 Rf=0.409、0.443、0.643 和 0.817 处则无带呈现；但在 Rf=0.339 和 0.774 处两条带与四倍体共有，且形态相似。表明鸭茅二倍体与四倍体之间虽有一定同源性，但控制酯酶同工酶的位点存在较大遗传差异。

表 3-25 分裂期鸭茅酯酶同工酶酶带 Rf 值

供试材料	酶带 Rf 值								
	1	2	3	4	5	6	7	8	9
庐山鸭茅	0.339	0.409	0.443		0.643	0.670	0.748	0.774	0.817
宝兴鸭茅	0.339	0.409	0.443		0.643	0.670	0.748	0.774	0.817
皇木鸭茅	0.339			0.523				0.774	
越西鸭茅	0.339			0.523		0.670	0.748	0.774	
康定鸭茅	0.339			0.523		0.670	0.748	0.774	
茂县鸭茅	0.339			0.523		0.670	0.748	0.774	

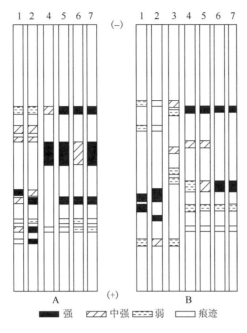

强 ■　中强 ▨　弱 ▦　痕迹 □

图 3-28　鸭茅酯酶同工酶酶谱模式

A. 分蘖期；B. 抽穗期

1. 庐山鸭茅；2. 宝兴鸭茅；3. 古蔺鸭茅；4. 皇木鸭茅；5. 越西鸭茅；6. 康定鸭茅；7. 茂县鸭茅

在抽穗期，四倍体鸭茅在 11 个位点出现酶带（图 3-28B，表 3-26），其中 Rf=0.308 和 0.820 处的两条带是 3 个四倍体共有的，其中'庐山'和'宝兴'鸭茅在 Rf=0.405 和 0.658 处还有两条共有带。各酶带的活性有差异，说明 3 个四倍体间有一定同源性，其中'庐山'和'宝兴'鸭茅的同源性较高，'古蔺'鸭茅表现出较大的遗传差异。二倍体鸭茅只在 5 个位点呈现酶带，其中只有 Rf=0.462 和 0.773 处的两条酶带有差异，其余 3 条带是二倍体共有的。'皇木'、'越西'鸭茅的 5 条带表现一致，说明'皇木'、'越西'鸭茅控制酯酶同工酶的基因位点相同，而'康定'和'茂县'鸭茅表现出一定的遗传差异。以二倍体与四倍体比较，没有任何一条带是共有的，且四倍体酶带数远远多于二倍体，表明二倍体与四倍体之间的遗传差异显著。

表 3-26　鸭茅抽穗期幼穗酯酶同工酶酶带 Rf 值

供试材料	酶带 Rf 值														
	1	2	3	4	5	6	7	8	9	10	11	12	13	14	15
庐山鸭茅	0.308			0.405							0.658	0.697			0.820
宝兴鸭茅	0.308			0.405						0.631	0.658		0.730		0.820
古蔺鸭茅	0.308		0.336			0.486	0.561	0.598							0.820
皇木鸭茅		0.328			0.462				0.622			0.697		0.773	
越西鸭茅		0.328			0.462				0.622			0.697		0.773	
康定鸭茅		0.328							0.622			0.697			
茂县鸭茅		0.328							0.622			0.697		0.773	

以分蘖期与抽穗期比较，无论是二倍体还是四倍体，其酯酶同工酶的表达都不相同。反映在酶谱上，表现出酶带数目及酶带 Rf 值的差异。四倍体抽穗期的酶带数少于分蘖期，没有任何一条带的 Rf 值相同；二倍体在两个生育期的酶带数虽然相同，但也不存在 Rf 值相同的带。结果表明酯酶同工酶在鸭茅的不同生育期的表达是不同的。

2.3.2 过氧化物酶同工酶

在分蘖期，鸭茅四倍体可在 11 个位点呈现酶带（图 3-29A，表 3-27），其中有 8 条带是公共带，其余 3 条带（Rf=0.490～0.580、0.622、0.671）为'宝兴'鸭茅特有；各公共带在不同材料中的含量相似，活性各有差异；表明控制过氧化物酶的基因在鸭茅四倍体间有一定差异。二倍体可在 10 个位点呈现酶带（图 3-29A，表 3-27），其中 Rf=0.210～0.357 的 4 条带是各材料共有，且带形相似，Rf=0.385～0.566 处各品系都呈现一条扩散形带，扩散的区域在'越西'、'康定'、'茂县'鸭茅中相同，'皇木'鸭茅扩散的范围较大（Rf=0.371～0.692）；'越西'、'康定'、'茂县'鸭茅在 Rf=0.622 和 0.650 处有 2 条带也相同，说明二倍体各品系间在过氧化物酶位点有较高的同源性，同时存在一定的遗传差异。二倍体与四倍体比较，在 Rf=0.210～0.357 的 4 条带是共有的，其余各带的形态及 Rf 值各有差异。表明二倍体与四倍体在过氧化物酶位点既有一定同源性，也存在一定遗传差异。

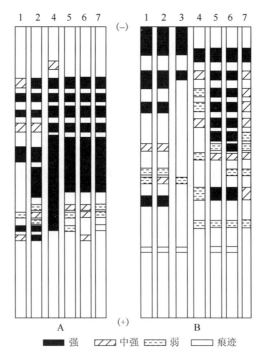

图 3-29 鸭茅过氧化物酶同工酶酶谱模式

A. 分蘖期；B. 抽穗期

1. 庐山鸭茅；2. 宝兴鸭茅；3. 古蔺鸭茅；4. 皇木鸭茅；5. 越西鸭茅；6. 康定鸭茅；7. 茂县鸭茅

表 3-27 鸭茅分蘖期过氧化物酶同工酶酶带 Rf 值

供试材料	酶带 Rf 值												
	1	2	3	4	5	6	7	8	9	10	11	12	13
庐山鸭茅		0.210	0.252	0.308	0.357	0.455		0.580		0.650		0.692	0.727
宝兴鸭茅		0.210	0.252	0.308	0.357	0.455	0.490	−0.580	0.622	0.650	0.671	0.692	0.727
皇木鸭茅	0.147	0.210	0.252	0.308	0.357	0.371	−0.692						
越西鸭茅		0.210	0.252	0.308	0.357	0.385	−0.692		0.622	0.650		0.692	
康定鸭茅		0.210	0.252	0.308	0.357	0.385	−0.692		0.622	0.650			0.727
茂县鸭茅		0.210	0.252	0.308	0.357	0.385	−0.692		0.622	0.650		0.692	

在抽穗期，鸭茅四倍体可在 11 个位点呈现酶带（图 3-29B，表 3-28），其中'庐山'、'宝兴'鸭茅的酶带数目、形态及 Rf 值均相同，唯有酶活性略有差异；'古蔺'鸭茅只有 6 条带，均与'庐山'和'宝兴'鸭茅共有。说明'庐山'和'宝兴'鸭茅控制过氧化物酶同工酶的基因相同，与'古蔺'鸭茅有一定同源性，但存在较大遗传差异。二倍体可在 12 个位点呈现酶带，其中'越西'、'康定'、'茂县'鸭茅的同源性较高，有 10 条带是共有的；'皇木'鸭茅只有 8 条带，且与其他材料共有；在 Rf=0.389、0.423、0.504 和 0.770 处的 4 条带表现出差异。表明二倍体各材料间有较高的同源性，尤其是'越西'、'康定'和'茂县'鸭茅，其过氧化物酶同工酶的遗传基础较一致，'皇木'鸭茅在该基因位点的遗传差异相对较大。

表 3-28 鸭茅抽穗期幼穗过氧化物酶同工酶酶带 Rf 值

供试材料	酶带 Rf 值																	
	1	2	3	4	5	6	7	8	9	10	11	12	13	14	15	16	17	18
庐山鸭茅	0.019	0.048	0.095		0.181	0.210		0.292			0.423		0.504	0.533		0.610		0.770
宝兴鸭茅	0.019	0.048	0.095		0.181	0.210		0.292			0.423		0.504	0.533		0.610		0.770
古蔺鸭茅	0.019	0.048	0.095		0.181									0.533				0.770
皇木鸭茅				0.125	0.181		0.243	0.292	0.347			0.451			0.590	0.688		
越西鸭茅				0.125	0.181		0.243	0.292	0.347	0.389	0.423	0.451			0.590	0.688		0.770
康定鸭茅				0.125	0.181		0.243	0.292	0.347	0.389	0.423	0.451	0.504		0.590	0.688		0.770
茂县鸭茅				0.125	0.181		0.243	0.292	0.347	0.389	0.423	0.451	0.504		0.590	0.688		

分蘖期与抽穗期相比，二倍体、四倍体在两个生育期中过氧化物酶同工酶的表达都不一致，反映在酶谱上，表现出酶带迁移率、数目和形态上的差异。因此，过氧化物酶同工酶在鸭茅不同生育期中的表达也不相同。

3 讨论与结论

1）从花粉母细胞减数分裂中期 I 染色体配对行为、花粉育性及结实性来看，二倍体鸭茅与四倍体减数分裂基本正常，但花粉育性和结实率都不高；二倍体花粉数量、种子千粒重都明显低于四倍体。表明二者的结实性与减数分裂没有直接关系，花粉育性和结实率不高，可能受其他遗传或环境因素的影响。Muntzing（1937）对四倍体鸭茅的研究表明，约有一半的染色体在减数分裂时形成了四价体，这说明亲本的染色体组之间有较高的同源性，但二价体和四价体的所有可能组合都可以找到。本试验对我国亚热带地区野生四倍体鸭茅的减数分裂研究发现，四价体频率与 Muntzing（1937）的研究结果相比明显偏低，平均仅有 0.03 个四价体，说明染色体组之间的同源性较低，可能是物种进化过程中已发生了细胞遗传学的分化。

2）同工酶是一种特异蛋白质，是基因的直接产物，它与生物的遗传、生长发育、代谢调节及抗性等都有一定关系（周光宇，1983；吴文瑜，1990）。对同工酶进行分析是从基因产物的角度来认识基因的存在与表达，由生化表现型反映基因型，酶的差异主要反映基因的差异，将宏观的遗传现象直接联系到微观的分子水平。酯酶和过氧化物酶是广泛存在于植物体内的重要酶类，且过氧化物酶是基因控制的，在一定程度上能反映供试材料间的遗传差异，用其作为鉴定依据有一定价值（梁慧敏和孙吉雄，1996）。

3）根据本试验对 7 个野生二倍体鸭茅和四倍体的酯酶和过氧化物酶同工酶的检测结果，四倍体之间，'古蔺'鸭茅的遗传差异较大，酯酶同工酶酶带与另两个材料的共有带少，活性较弱，过氧化物酶同工酶酶带数目明显少于另两个材料，且各带都与另两个材料共有；'庐山'和'宝兴'鸭茅的遗传差异很小，反映在酶谱上，表现出共有带多，酶含量相似，只是酶活性稍有差异。二倍体各材料之间的差异很小，共有酶带数约占总酶带数的 2/3。二倍体与四倍体之间却存在很大的遗传差异，同一生育期、同一种酶在二倍体与四倍体中共有酶带数很少，甚至没有，表明二者在酯酶和过氧化物酶同工酶位点的基因有本质差异。研究还表明，同工酶的表达具有时序性，即同一种酶在同一种生物的不同生育期，其表达是不同的，这与其他研究报道一致（Xian et al.，1989；刘芳等，1992；陈世农，1994）。

4）综上所述，二倍体鸭茅和四倍之间，其核型、花粉数量、种子千粒重、酯酶和过氧化物酶等都有很大差异。二者的 PMCs 减数分裂虽然正常，但花粉育性和结实率并不高。

参考文献

车永和，李立会，何蓓如. 2004. 冰草属植物遗传多样性取样策略基于醇溶蛋白的研究. 植物遗传资源学报，5：216-221

车卓一，张艳欣，孙建，等. 2009. 芝麻核心收集品中育成品种（系）的遗传多样性分析. 植物遗传资源学报，10（3）：373-377

陈世农. 1994. 内蒙古东部地区不同类型草原中羊草的同工酶研究. 中国草地，（6）：47-50

董宽虎，沈益新. 2003. 饲草生产学. 北京：中国农业出版社：7

杜金昆，姚颖垠，倪中福，等. 2002. 普通小麦、斯卑尔脱小麦、密穗小麦和轮回选择后代材料 ISSR 分子标记遗传差异研究. 遗传学报，29（5）：445-452

杜逸. 1986. 四川饲草饲用作物品种资源名录. 成都：四川民族出版社：60-64

樊江文. 1994. 红豆草和鸭茅刈割利用特性的研究. 四川草原，（4）：14-18

樊江文. 1997. 红三叶和鸭茅混播草地施肥优化模式的研究. 草业学报，6（1）：1-9

方宣均，吴为人，唐纪良. 2001. 作物 DNA 标记辅助育种. 北京：科学出版社

耿以礼. 1959. 中国植物图说——禾本科. 北京：科学出版社：111-328

郭海林，刘建秀，高鹤，等. 2007. 结缕草属优良品系 SSR 指纹图谱的构建. 草业学报，16（2）：53-59

韩国辉, 何素琼, 汪卫星, 等. 2011. 柑橘 SCoT 分子标记技术体系的建立及其在遗传分析中的应用. 园艺学报, 38 (7): 1243-1250

何庆元, 王吴斌, 杨红燕, 等. 2012. 利用 SCoT 标记分析不同秋眠型苜蓿的遗传多样性. 草业学报, 21 (2): 133-140

怀特 R O, 库帕 J P. 1989. 禾本科牧草. 段道军译. 北京: 农业出版社: 246-252

贾慎修. 1985. 中国饲用植物志. 1 卷. 北京: 农业出版社: 69-73

蒋昌顺, 马欣荣, 邹冬梅, 等. 2004. 应用微卫星标记分析柱花草的遗传多样性. 高技术通讯, 14 (4): 25-30

李杰勤, 王丽华, 詹秋文, 等. 2013. 20 个黑麦草品系的 SRAP 遗传多样性分析. 草业学报, 22 (2): 158-164

李永祥, 李斯深, 李立会, 等. 2005. 披碱草属 12 个物种遗传多样性的 ISSR 和 SSR 比较分析. 中国农业科学, 38 (8): 1522-1527

李友发, 马兴华, 富昊伟. 2009. SSR 标记技术在植物新品种保护中的应用. 农业科技通讯, (8): 106-108

梁慧敏, 孙吉雄. 1996. 几种暖季型草坪草过氧化物酶同工酶分析. 中国草地, (4): 40-42

林万全. 1993. PCR 技术操作和应用指南. 北京: 人民军医出版社: 7-14

林忠旭, 张献龙, 聂以春. 2004. 新型标记 SRAP 在棉花 F2 分离群体及遗传多样性评价中的适用性分析. 遗传学报, 31 (6): 622-626

刘芳, 孙根楼, 颜济. 1992. 普通小麦和华山新麦草及其属间杂种 F_1 同工酶分析. 作物学报, 18 (3): 167-174

刘公社, 张卫东. 2003. 禾本科牧草分子生物学及生物技术研究进展. 西北植物学报, 23 (4): 682-687

刘杰, 刘公社, 齐冬梅, 等. 2000. 用微卫星序列构建羊草遗传指纹图谱. 植物学报, 42 (9): 985-987

刘志鹏, 杨青川, 呼天明, 等. 2006. 用 SSR 标记研究不同耐盐特性四倍体紫花苜蓿的遗传多样性. 作物学报, 32 (4): 630-632

潘俊松, 王刚, 李效尊, 等. 2005. 黄瓜 SRAP 遗传连锁图的构建及始花节位的基因定位. 科学通报, 15 (2): 167-172

彭燕, 张新全. 2003. 鸭茅种质资源多样性研究进展. 植物遗传资源学报, 4 (2): 179-183

彭燕, 张新全, 刘金平, 等. 2006. 野生鸭茅种质遗传多样性的 AFLP 分子标记. 遗传, 28 (7): 845-850

彭燕, 张新全, 曾兵. 2007. 野生鸭茅植物学形态特征变异研究. 草业学报, 16 (2): 69-75

施立明. 1990. 遗传多样性及其保存. 生物科学信息, (2): 158-164

帅素容, 张新全, 白史且. 1998. 不同倍性鸭茅同工酶比较研究. 草业科学, 6: 11-16

隋晓青, 王堃. 2008. 克氏针茅 ISSR-PCR 反应体系的建立与优化. 草业学报, 17 (3): 71-78

孙岳. 2003. 五味子 DNA 指纹分析及质量相关研究. 哈尔滨: 东北农业大学硕士学位论文

汤孝宗. 1987. 横断山地区饲用植物的区系组成特点. 中国草地, 3: 7-11

万刚, 张新全, 刘伟, 等. 2010. 鸭茅栽培品种与野生材料遗传多样性比较的 SSR 分析. 草业学报, 19 (6): 187-196

汪小全, 邹喻萍, 张大明, 等. 1996. RAPD 应用于遗传多样性和系统学研究中的问题. 植物学报, 38 (12): 954-962

王凤涛, 蔺瑞明, 欧阳宏雨, 等. 2009. 利用 SRAP 标记分析河南小麦栽培品种的遗传多样性. 植物遗传资源学报, 10 (4): 517-521

王建波. 2002. ISSR 分子标记及其在植物遗传学研究中的应用. 遗传, 24 (5): 613-616

王水琦. 2003. 果蔗种质资源的 RAPD 和 ISSR 分析. 江西农业大学学报, 25 (3): 412-417

文雁成, 王汉忠, 沈金雄, 等. 2006. 用 SRAP 标记分析中国甘蓝型油菜品种的遗传多样性和遗传基础. 中国农业科学, 39 (2): 246-256

吴文瑜. 1990. 植物同工酶的研究和应用. 武汉植物学研究, 8 (2): 183-188

西蒙兹 N W. 1987. 作物进化. 赵伟军, 等译. 北京: 农业出版社: 289-300

谢文刚, 张新全, 马啸, 等. 2009a. 鸭茅种质遗传变异及亲缘关系的 SSR 分析. 遗传, 31 (6): 654-662

谢文刚, 张新全, 马啸, 等. 2009b. 中国西南区鸭茅种质遗传变异的 SSR 分析. 草业学报, (4): 138-146

谢文刚, 张新全, 彭燕, 等. 2008. 鸭茅 SSR-PCR 反应体系优化及引物筛选. 分子植物育种, 6 (2): 381-386

解新明, 卢小良. 2005. SSR 和 ISSR 标记及其在牧草遗传与育种研究中的应用前景. 草业科学, (2): 30-37

宣继萍, 周志芳, 刘建秀, 等. 2008. 结缕草属植物种间关系的 SSR 分析. 西北植物学报, 28 (2): 249-255

杨烈. 2004. 鹅观草与粗山羊草的遗传多样性研究. 雅安: 四川农业大学博士学位论文

尹少华. 1990. 神农架三峡地区牧草种质资源考察报告: 湖北畜牧兽医, 2: 29-32

尹少华. 1993. 几种栽培草种在亚热带中山地区生育特性及生产性能的研究. 牧草与饲料, (4): 14-18

于拴仓, 柴敏, 姜立纲. 2005. 主要番茄品种的分子鉴别研究. 农业生物科学, 21 (5): 84-89

曾兵. 2007. 鸭茅种质资源遗传多样性的分子标记及优异种质评价. 雅安: 四川农业大学博士学位论文

曾兵, 张新全, 范彦, 等. 2006a. 鸭茅种质资源遗传多样性的 ISSR 研究. 遗传, 28 (9): 1093-1100

曾兵, 张新全, 彭燕, 等. 2005. 鸭茅 RAPD 分子标记反应体系优化. 安徽农业科学, 7 (33): 1151-1153

曾兵, 张新全, 杨武云, 等. 2006b. SSR 在鸭茅种质资源遗传多样性研究中的应用初探. 西南农业学报, 19 (6): 1028-1033

曾兵, 左福元, 张新全, 等. 2009. 利用小麦 SSR 标记分析鸭茅种质资源的遗传多样性. 农业生物技术学报, 4: 677-683

曾汉元, 魏麟, 刘鹏, 等. 2013. 能源草芦竹遗传多样性的 ISSR 分析. 草业学报, 22 (3): 266-273

曾亮, 袁庆华, 王方, 等. 2013. 冰草属植物种质资源遗传多样性的 ISSR 分析. 草业学报, 22 (1): 260-267

张阿英, 胡宝忠, 麦述君. 等. 2002. 影响紫花苜蓿 SSR 分析因素的研究. 黑龙江农业科学, 1: 15-17

张富民, 葛颂. 2002. 群体遗传学研究中的数据处理方法 I. RAPD 数据的 AMOVA 分析. 生物多样性, 10 (4): 438-444

张利. 2004. 仲彬草属植物的细胞学和分子系统学研究. 成都: 四川大学博士学位论文

张木清, 洪艺殉, 李奇伟, 等. 2004. 中国斑茅种质资源分子多态性分析. 植物资源与环境学报, 13 (1): 1-6

张新全. 1992. 几种禾草染色体核型和开花习性的研究. 雅安: 四川农业大学硕士学位论文

张新全, 杜逸, 郑德成. 1996a. 鸭茅二倍体和四倍体 PMC 减数分裂, 花粉育性及结实性的研究. 中国草地, (6): 38-40

张新全, 杜逸, 郑德成. 1996b. 鸭茅二倍体和四倍体生物学特性的研究. 四川农业大学学报, 14 (2): 202-206

张新全, 杜逸, 郑德成, 等. 1994. 鸭茅染色体核型分析. 中国草地, 3: 55-57

张增翠, 侯喜林. 2004. SSR 分子标记开发策略及评价. 遗传, 26 (5): 763-768

钟声. 2006. 鸭茅不同倍性杂交及后代发育特性的初步研究. 西南农业学报, 19 (6): 1034-1038

钟声. 2007. 野生鸭茅杂交后代农艺性状的初步研究. 草业学报, 16 (1): 69-74

钟声, 杜逸, 郑德成, 等. 1997. 二倍体鸭茅农艺性状的初步研究. 草地学报, 1: 54-61

钟声, 段新慧, 周自玮. 2006. 二倍体鸭茅染色体加倍的研究. 中国草地学报, 4: 91-95

周光宇. 1983. 有关同工酶分析的几个问题. 植物生理通讯, (1): 1-4

周涵韬, 郑文竹, 周以廷, 等. 2002. 不同作物间共用 SSR 引物的初步研究. 厦门大学学报 (自然科学版), 41 (1): 89-93

周兆琼. 1994. 优质牧草引种试验研究. 云南畜牧兽医, (3): 7-10

周自玮, 奎嘉祥, 钟声, 等. 2000. 云南野生鸭茅的核型研究. 草业科学, 17 (6): 48-51

Arcade A, Anselin F, Faivre Rampant P, et al. 2000. Application of AFLP, RAPD and ISSR markers to genetic mapping of European and Japanses larch. Theor Appl Genet, 100: 299-307

Asya R, Yujuni K. 1997. Family of crucifurous. Planta, 34: 671-679

Budak H, Shearman R C, Parmaksiz I, et al. 2004. Moleculmar characterization of Bufalograss germplasm using sequence-related amplified polymorphism markers. TAG, 108 (2): 328-334

Bushman B S, Larson S R, Tuna M, et al. 2011. Orchardgrass (*Dactylis glomerata* L.) EST and SSR marker development, annotation, and transferability. Theor Appl Genet, 123: 119-129

Casasoli M, Mattioni C M, Cherubini M, et al. 2001. A genetic linkage map of European chestnut (*Castanea sativa* Mill.) based on RAPD, ISSR and isozyne markers. Theor Appl Genet, 102 (8): 1190-1199

Casler M D, Fales S L, McElroy A R, et al. 2000. Genetic progress from 40 years of orchardgrass breeding in North America measured under Hay management. Crop Science, 40: 1019-1025

Catalan P, Torrecilla P, Rodriguez J A L, et al. 2004. Phylogeny of the festucoid grasses of subtribe Loliinae and allies (Poeae, Pooideae) inferred from ITS and *trnL-F* sequences. Mol Phlogenet Evol, 31: 517-541

Collard B C Y, Mackill D J. 2009. Start codon targeted (SCoT) polymorphism: a simple, novel DNA marker technique for generating genetargeted markers in plants. Plant Molecular Biology Reporter, 27: 86-93

Dai X K，Zhang Q F. 1989. Genetic diversity of six isozyme loci in cultivated barley of Tibet. Theor Áppl Genet，78：281-286

Davila J A，Loarce Y，Ferrer E. 1999. Molecular characterization and genetic mapping of random amplified microsatellite polymorphism in barley. Theor Appl Genet，98：265-273

Diekmann K，Hodkinson T R，Barth S. 2012. New chloroplast microsatellite markers suitable for assessing genetic diversity of *Lolium perenne* and other related grass species. Annal of Botany，110（6）：1327-1339

Doyle J J，Doyle J L，Brown A H D. 1990. Analysis of a polyploid complex in glycine with chloroplast and nuclear DNA. Australian Systematic Botany，3：125-136

Excoffier L，Smouse P E，Quattro J M. 1992. Analysis of molecular variance inferred from metric distance among DNA haplotypes：application to human mitochondria DNA restriction sites. Genetics，131：479-491

Ferriol M，Pico B，Nuez F. 2003a. Genetic diversity of some accessions of *Cucurbita maxima* from Spain using RAPD and SBAP markers. GRCE，50（3）：2372-2381

Ferriol M，Pico B，Nuez F. 2003b. Genetic diversity of a germplasm collection of *Cucurbita pepo* using SRAP and AFLP markers. TAG，107：271-282

Gauthier P，Lumaret R，Bedecarrals A. 1998. Ecotypic differentiation and coexistence of two parapatric tetraploid subspecies of cocksfoot（*Dactylis glomerata*）in the Alps. New Phytologist，139：741-750

Gill G P，Wilcox P L，Whittaker D J，et al. 2006. A framework linkage map of perennial ryegrass based on SSR markers. Genome，49（4）：354-364

Glaszmann J C，Lumaret R，Debussche M. 1982. Ecological control of the gene flow between two subspecies of *Dactylis glomerata*：study of a contact zone in the south of the Massif Central（France）. Acta Oecologica Oecologia Plantarum，3：87-100

Gorji A M，Poczai P，Polgar Z，et al. 2011. Efficiency of arbitrarily amplified dominant markers（SCoT，ISSR and RAPD）for diagnostic fingerprinting in tetraploid potato. American Journal of Potato Research，88（3）：226-237

Guo D L，Luo Z R. 2005. Genetic relationships of some PCNA persimmons（*Diospyros kaki* Thunb.）from China and Japan revealed by SRAP analysis. GRCE，（1）：1-7

Guo D L，Zhang J Y，Liu C H. 2012. Genetic diversity in some grape varieties revealed by SCoT analyses. Molecular Biology Reports，39：5307-5313

Guo D L，Zheng R L. 2005. Genetic relationships of some PCNA persimmons（*Diospyros kaki* Thunb.）from China and Japan revealed by SRAP analysis. Geneticr Resources of Crop Evolution，52：1-7

Hand M L，Cogan N O，Forster J W. 2012. Molecular characterisation and interpretation of genetic diversity within globally distributed germplasm collections of tall fescue（*Festuca arundinacea* Schreb.） and meadow fescue（*F. pratensis* Huds.）. Theor Appl Genet，124：1127-1137

Hirata M，Yuyama N，Cai H. 2011. Isolation and characterization of simple sequence repeat markers for the tetraploid forage grass *Dactylis glomerata*. Plant Breed，130：503-506

Ho C Y，McMaugh S J，Wilton A N，et al. 1997. DNA amplification variation within cultivars of turf-type couch grasses（*Cynodon* spp.）. PCR，16：797-801

Huson D H，Scornavacca C. 2012. Dendroscope 3：an interactive viewer for rooted phylogenetic trees and networks. Systematic Biology，61：1061-1067

Inoue M，Gao Z，Hirata M，et al. 2004. Construction of a high-density linkage map of Italian ryegrass（*Lolium multiflorum* Lam.）using restriction fragment length polymorphism，amplified fragment length polymorphism，and telomeric repeat associated sequence markers. Genome，47（1）：57-65

Jafari A，Naseri H. 2007. Genetic variation and correlation among yield and quality traits in cocksfoot（*Dactylis glomerata* L.）. Journal of Agricultural Science，7145：599-610

Jiang Ch Sh，Ma X R，Zou D M，et al. 2004. SSR analysis of genetic diversity among *Stylosanthes guianensis* accessions. High Technology Letters，（4）：25-30

Jones K，Carroll C P，Borrill M A. 1961. Chromosome atlas of the genus *Dactylis* L. Cytologia，26：333-343

Kolliker R，Stadelmann F J，Reidy B，et al. 1999. Genetic variability of forage grass cultivars：a comparison of *Fetuca praensis* Huds.，*Lolium perenne* L.，and *Dactylis glomerata* L. Euphytica，106：261-270

Kubik C，Sawkins M，Meyer W A，et al. 2001. Genetic diversity in seven perennial ryegrass (*Lolium perenne* L.) cultivars based on SSR markers. Crop Science，41（5）：1565-1572

Lawrence T，Knowles R P，Childers W R. 1995. Harvest of gold：the history of field crop breeding in Canada. *In*：Slinkard A E，Knott D R. Forage Grasses. Saskatoon：Univ. Ext. Press，Univ. of Saskatchewan：128-129

Li G，Gao M，Yang B，et al. 2003. Gene for alignment between the *Brassica* and *Arabidopsis* genomes by direct transcriptome mapping. Theor Appl Genet，107：168-180

Li G，Quiros C F. 2001. Sequence-related amplified polymorphism (SRAP)，a new marker system based on a simple PCR reaction：its application to mapping and gene tagging in *Brassica*. Theor Appl Genet，103：455-461

Li Y X，Li S S，Li L H，et al. 2005. Comparison of genetic diversity of twelve *Elymus* species using ISSR and SSR markers. Scientia Agricultura Sinica，38（8）：1522-1527

Lindner R，Garcia A. 1997. Genetic differences between natural populations of diploid and tetraploid *Dactylis glomerata* spp. *izcoi*. Grass and Forage Science，52（3）：291-297

Lindner R，Garcia A. 1997. Genetic differences between natural populations of diploid and tetraploid *Dactylis glomerata* subsp. *izcoi*. Grass and Forage Science，52（3）：291-297

Lindner R，Garcia A. 1997. Geographic distribution and genetic resources of *Dactylis* in Galicia (northwest Spain). Genetic Resources and Crop Evolution，44：499-507

Litrico I，Bech N，Flajoulot S，et al. 2009. Cross-species amplification tests and diversity analysis using 56 PCR markers in *Dactylis glomerata* and *Lolium perenne*. Mol Ecol Rep，9：159-164

Litt M，Luty J A. 1989. A hypervariable microsatellite revealed by *in vitro* amplification of dinucleotide repeat within the cardiac muscle actin gene. American Journal of Human Genetics，44：397-4011

Liu J，Liu G S，Qi D M，et al. 2000. Construction of genetic ingerprints of *Aneurolepidium chinensis* using microsatellite sequences. Acta Botanica Sinica，42（9）：986-987

Lumaret R，Barrientos E. 1990. Phylogenetic relationships and gene flow between sympatric diploid and tetraploid plants of *Dactylis glomerata* (Gramineae). Plant Syst Evol，169：81-96

Lumaret R. 1988. Cytology，genetics，and evolution in the genus *Dactylis*. Critical Reviews in Plant Sciences，7：55-89

Luo C，He X H，Chen H，et al. 2012. Genetic relationship and diversity of *Mangifera indica* L. revealed through SCoT analysis. Genetic Resources and Crop Evolution，59：1505-1515

Luo C，He X H，Chen H，et al. 2010. Analysis of diversity and relationships among mango cultivars using start codon targeted (SCoT) markers. Biochemical Systematics and Ecology，38：1176-1184

Marion S，Korzun V. 1998. A microsatellite map of wheat. Genetics，149（8）：2007-2023

Metin T，Deepak K K，Madan K S，et al. 2004. Characterization of natural orchardgrass (*Dactylis glomerata* L.) populations of the Thrace Region of Turkey based on ploidy and DNA polymorphism. Euphytica，135（1）：39-46

Mian M A R，Saha M C，Hopkins A A，et al. 2005. Use of tall fescue EST-SSR markers in phylogenetic analysis of cool-Season forage grasses. Genome，48（4）：637-647

Muntzing A. 1937. The effects of chromosomal variation in *Dactylis*. Hetedltas，23：113-235

Nei M，Li W H. 1979. Mathematical model for studying the genetic variation in terms of restriction endonucleases. Proceedings of the National Academy of Sciences of the United States of America，76：5269-5273

Nei M. 1973. Analysis of gene diversity in subdivided populations. Proceedings of the National Academy of Sciences of the United States of America，70：3321-3323

Nybom H. 2004. Comparison of different nuclear DNA markers for estimating intraspecific genetic diversity in plants. Molecular Ecology，13：1143-1155

Pavlicek A，Hrda S，Flegr J. 1999. FreeTree-free ware program for construction of phylogenetic trees on the basis of distance data and bootstrap/jackknife analysis of the tree robustness. Application in the RAPD analysis of the genus *Frenkelia*. Folia Biologica，45（3）：97

Peng Y，Zhang X Q，Deng Y L，et al. 2008. Evaluation of genetic diversity in wild orchardgrass（*Dactylis glomerata* L.）based on AFLP markers. Hereditas，145：174-181

Peng Y，Zhang X Q，Liu J，et al. 2006. AFLP analysis on genetic diversity of wild *Dactylis glomerata* L. germplasm resources. Hereditas（Beijing），28：845-850

Pestsova E，Ganal M W，Roder M S. 2000. Isolation and mapping of microsatellite markers specific for the D genome of bread wheat. Genome，43：689-697

Potter R D，Southwick S M. 2004. Genotyping of peach and nectarine cultivars with SSR and SRAP molecular marker. JASHS，129（2）：204-210

Reeves G，Francis D，Davies M S. 1998. Genome size is negatively correlated with altitude in natural populations of *Dactylis glomerata*. Ann Botany，82（suppl A）：99-105

Rohlf F J. 1994. NTSYS-pc：Numerial Taxonomy and Multivariate Analysis System（Version 2.0）. New York：Exter Softwere

Rohlf F J. 2000. NTSYS-pc：Numerical Taxonomy and Multivariate Analysis System，version 2.1.User Guide. New York：Exeter Software，2000

Roldan-Ruiz I，Dendauw J，van Bockstaele E，et al. 2000. AFLP markers reveal high polymorphic rates in ryegrasses（*Lolium* spp.）. Mol Breeding，6：125-134

Rotter D，Amundsen K，Bonos S A，et al. 2009. Molecular genetic linkage map for allotetraploid colonial bentgrass. Crop Sci，49：1609-1618

Saghai-Maroof M A，Soliman K M，Jorgensen R A.1984. Ribosomal DNA spacer-length polymorphisms in barely：ribosomal inheritance，chromosomal location，and population dynamics. Proceeding-National Academy of Sciences USA，81：801

Saha M C，Mian R，Zwonitzer J C，et al. 2005. An SSR-and AFLP-based genetic linkage map of tall fescue（*Festuca arundinacea* Schreb.）. Theor Appl Genet，110：323-336

Sahuquillo E，Lumaret R. 1995. Variation in the subtropical group of *Dactylis glomerata* L. evidence from allozyme polymorphism. Biochem Syst Ecol，23：407-418

Song Y，Liu F，Zhu Z，et al. 2011. Construction of a simple sequence repeat marker-based genetic linkage map in the autotetraploid forage grass *Dactylis glomerata* L. Grassland Sci，57：158-167.

Stebbins G L，Zohary D. 1959. Cytogenetics and evolutionary studies in the genus *Dactylis* L. morphology，distribution and interrelationships of the diploid subspecies. California：University of California Press，31：1-40

Studer B，Byme S，Nielsen R，et al. 2012. A transcriptome map of perennial ryegrass（*Lolium perenne* L.）. BMC Genomics，13：140

Sugiyama S. 2003. Geographical distribution and phenotypic differentiation in population of *Dactylis glomerata* L. in Japan. Plant Ecol，169（2）：295-305

Sun G L，Salomon B，von Bothmer R. 1997. Analysis of tetraploid *Elymus* species using wheat microsatellite markers and RAPD markers. Genome，40：806-814

Tautz D，Renz M. 1984. Simple sequences are ubiquitous repetitive com ponents of eukaryotic genomes. Nucleic Acids Research，12：4127-4138

Tautz D. 1989. Hypervariability of simple sequences as a general source for polymorphic DNA markers. Nucleic Acids Search，17：6463-6471

Touil L，Guesmi F，Fares K，et al. 2008. Genetic diversity of some mediterranean populations of the cultivated alfalfa (*Medicago sativa* L.) using ISSR markers. Biotechnology，7（4）：808-812

Trejo-Calzada R，O'Connell M A. 2005. Genetic diversity of drought-responsive genes in populations of the desert forage *Dactylis glomerata*. Plant Science，168（5）：1327-1335

Tuna M，Sabanc C O. 2004. A evaluation of some agronomic characters of natural orchardgrass（*Dactylis glomerata* L.）populations collected from Thrace region of Turkey. Bulgarian Journal of Agricultural Science，10（1）：57-64

Vilhar B，Vidic T，Jogan N，et al. 2002. Genome size and the nucleoar number as estimator of ploidy level in *Dactylis glomerata* in the Solvenian Alps. Plant Systematics and Evaluation，234：1-13

Vos P，Hogers R，Bleeker M，et al. 1995. AFLP: a new technique for DNA fingerprinting. Nucleic Acids Res，23：4407-4414

Wang J B. 2002. ISSR markers and their applications in plant genetics. Hereditas（Beijing），24（5）：613-616

Williams J G K，Kubelik A R，Livak K J，et al. 1990. DNA polymorphisms amplified by arbitrary primers are useful as genetic markers. Nucleic Acids Res，18（22）：6531-6535

Wilson B L，Kitzmiller J，Rolle W. 2001. Isozyme variation and its environmental correlates in *Elymus glaucus* from the California Floristic Province. Can J Bot，79：139-153

Xie W G，Robins J G，Bushman B S. 2012. A genetic linkage map of tetraploid orchardgrass（*Dactylis glomerata* L.）and QTL for heading date. Genome，55：360-369

Xie W G，Zhang X Q，Cai H W. 2011. Genetic maps of SSR and SRAG markers in diploid orchardgrass（*Dactylis glomerata* L.）using the pseudo-testcross strategy. Genome，54：212-221

Xie W G，Zhang X Q，Ma X，et al. 2010. Diversity comparison and phylogenetic relationships of cocksfoot（*Dactylis glomerata* L.）germplasm as revealed by SSR markers. Can J Plant Sci，90（1）：13-21

Xiong F Q，Zhong R C，Han Z Q，et al. 2011. Start codon targeted polymorphism for evaluation of functional genetic variation and relationships in cultivated peanut（*Arachis hypogaea* L.）genotype. Molecular Biology Reports，38：3487-3494

Xu W W，Sleper D A，Krause G F. 1991. Genetic diversity of tall fescue germplasm based on RFLPs. Crop Science，34：246-252

Yeh F C，Yang R C，Boyle T. 1999. POPGENE VERSION 1.31. Microsoft Windows-based Freeware for Population Genetic Analysis. Quick User Guide. University of Alberta：Center for International Forestry Research

Zeng B，Zhang X Q，Fan Y. 2006. Genetic diversity of *Dactylis glomerata* germplasm resources detected by inter-simple sequence repeats（ISSR）molecular markers. Hereditas（Beijing），28：1093-1100

Zeng B，Zhang X Q，Lan Y，et al. 2008. Evaluation of genetic diversity and relationships in orchardgrass（*Dactylis glomerata* L.）germplasm Based on SRAP markers. Canadian Journal of Plant Science，88：53-60

Zhan Q W，Zhang T Z，Wang B H，et al. 2008. Diversity comparison and phylogenetic relationships of *S. bicolor* and *S. sudanense* as revealed by SSR markers. Plant Science，174（1）：9-16

Zhang A Y，Hu B Z，Jiang Sh J，et al. 2002. Establishment of reaction system for the assay and usage of SSR in alfalfa. Heilongjiang Agricultural Sciences，（1）：15-17

Zietkiewi C Z，Rafalak I A，Labud A，et al. 1994. Genome fingerprinting by simple sequence repeat（SSR）-anchored polymerase chain reaction amplification. Genomic，20（2）：176-183

第四章 鸭茅种质创新及品种选育

引　言

禾本科牧草是牧草的重要组成部分，在栽培牧草中占绝大多数，具有生长速度快，再生能力强，产量高，营养物质丰富，适口性好等优点，是草食动物的主要饲料来源。

截至 2014 年，我国共审定登记草品种 475 个，从科属类别看，其中禾本科 256 个，占53.9%，豆科 176 个，占 37.1%；从品种类型看，其中育成品种 178 个，占 37.5%，野生栽培驯化品种 100 个，占 21.1%，引进品种 144 个，占 30.3%，地方品种 53 个，占 11.1%。根据经济合作与发展组织（Organization for Economic Co-operation and Development, OECD）公布的数据，截至 2012 年其成员国互认的登记禾草品种高达 4270 个，且大多数为综合品种。从以上数据可以看出，我国禾本科牧草育种水平相对落后，育种效率低，而地方品种、引进品种、野生栽培种均为利用现有的种质资源进行简单评价筛选而得，在育成品种中多以选择育种为主，少数以杂交育种为主。但是大多数禾本科牧草为异花授粉且自交不亲和的多倍体，因此以单株选择和自交为基础的系统选育法具有极大的限制性，而现阶段诱变育种、分子标记辅助选择技术、转基因技术育种等新型手段的成功例子还相当少。

鸭茅（*Dactylis glomerata* L.）是世界重要的冷季型禾本科牧草之一，具有耐阴、叶量丰富、营养价值高、适应性强等优点。在北美种植史超过 200 年，成为美国大面积栽培牧草之一；在欧洲一些国家如英国、德国、芬兰的饲草栽培中也占有重要地位。鸭茅在我国南方亚热带山区草地畜牧业和生态建设中发挥着重要作用。截至 2014 年，国内已经有国审鸭茅品种 9 个，其中'滇北'、'古蔺'、'宝兴'和'川东'4 个为野生驯化品种，'安巴'、'草地瓦纳'、'德娜塔'、'大使'和'波特'5 个为引进品种（表 4-1）。上述品种目前主要在我国西南地区推广应用。目前鸭茅品种选育的方法主要包括常规育种、诱变育种、分子标记辅助育种、转基因育种。

表 4-1　中国审计登记鸭茅品种

品种名称	登记年份	登记号	申报单位	申报者	品种类型	适应区域
滇北	2014	464	四川农业大学、云南省草地动物科学研究院	张新全等	野生栽培	西南地区温凉湿润的丘陵山地
古蔺	1994	143	四川古蔺县畜牧食品局	郑启坤等	野生栽培	四川盆地周边地区、川西北高原部分地区及贵州、云南、湖南、江西山区
宝兴	1999	197	四川农业大学	张新全等	野生栽培	长江中游丘陵、平原和海拔 600～2500m 的地区种植

本章负责人：钟　声　黄琳凯

续表

品种名称	登记年份	登记号	申报单位	申报者	品种类型	适应区域
川东	2003	262	四川长江草业研究中心、四川省草原工作总站、四川省达州市饲草饲料站	吴立伦等	野生栽培	四川东部及气候条件类似地区
安巴	2005	308	四川金种燎原种业科技有限责任公司、四川省草原工作总站	谢永良等	引进	长江中游海拔 600～2500m 丘陵、山地温凉地区
波特	2008	361	云南省草地动物科学研究院	黄必志等	引进	云南省海拔 1500～3400m，年均温 5～16℃，夏季最高温度不超过 30℃，年降雨量＞560mm 的温带至中亚热带地区，适应性能力强
大使	2008	362	北京克劳沃草业技术开发中心	刘艺杉等	引进	我国长江流域，在海拔 600～3000m，降雨量 600～1100m，年平均气温 10.8～22.6℃温暖湿润山区
德娜塔	2009	398	云南农业大学、云南省草山饲料工作站、北京正道生态科技有限公司	毕玉芬等	引进	长江流域及以南，在海拔 600～3000m，年降雨量 600～1100mm 温暖湿润山区
草地瓦纳	2009	399	云南省草地动物科学研究院、百绿国际草业（北京）有限公司	黄梅芬等	引进	云南海拔 1500～3400m，年降雨量 ≥550mm 温带至北亚热带地区，秦岭以南中高海拔地区种植

目前鸭茅常规育种技术主要包括：引种、驯化、选择育种、综合品种、杂交育种（Sleper and Poehlman，2006）。引种（introduction）是指把外地或国外的优良品种、品系、类型或者种质资源引入当地，经过试种，作为推广品种或育种材料应用。选择育种（breeding by selection）是在自然和人工创造的变异群体中，根据个体和群体的表现型选优去劣，挑选符合人类需求的基因型，使优良基因不断累积并稳定遗传下去的过程。综合品种（synthetic variety）是指两个以上的自交系或无性系杂交、混合或混植育成的品种。杂交育种（cross breeding）是指遗传性状不同的个体之间进行杂交获得杂种，继而在杂种后代中进行选择以育成符合生产要求的新品种。

一般来讲，改良草种的育种方式取决于其繁育方式（Casler and Brummer，2008）。少数自花授粉的牧草（加拿大披碱草、扁穗雀麦、弯叶画眉草等）采用类似麦类作物的育种方法，即采用单株控制杂交、回交和选择的方法在高世代中选择遗传稳定的优良个体而育成新品种；无融合生殖的禾草一般采用与自花授粉禾草类似的育种方法，即在有性生殖状态时进行杂交并进行单株选择，在无性状态时从广泛的材料中选择优良无性系进行比较；绝大多数禾本科牧草是依靠种子繁殖的异花授粉植物，其选育方法多样，如单株选择、近交、杂交（综合品种选育法）和轮回选择。通过杂交、混播或间作两个及以上的品系（或优异单株）或无性系来育成的综合品种的方法是这类草育种的主要方法（Aastveit A H and Aastveit K，1990）。

诱变育种（mutation breeding）则是以诱发基因突变为目的，即用物理、化学因素诱导植物遗传特性发生变异，再从变异群体中选择符合要求的单株个体，进而培育成新的品种或创造新种质的育种方法，主要包括物理诱变、化学诱变、空间诱变（徐远东等，2010）。物理诱变剂主要有 γ 射线、离子束、中子、激光等。化学诱变剂主要有烷化剂、碱基类似物、叠氮化物等。空间诱变是指利用卫星、飞船等返回式航天器或高空气球将植物种质搭载到宇宙空间，在特殊的空间条件（强辐射、微重力、高真空等太空诱变因子）的作用下，使其发生遗传性状变异，经地面选择利用有益变异选育出新品种（系）（张蕴薇等，2004；刘芳等，2005）。诱变育种较适合自花传粉类植株，因鸭茅是异花授粉植物，诱变之后的优良性状容易在后代发生分离，不易固定，故诱变育种在鸭茅中应用较少。

第一节　宝兴鸭茅品种的选育及应用

20 世纪 80 年代我国亚热带地区曾大量从欧美引进鸭茅，但普遍表现不适应该地区的生态环境条件。针对国外草种的不适应及本地区又缺乏优良多年生禾本科牧草的现状，作者将目标转移到本地野生鸭茅资源上。对于我国野生鸭茅，在 50 年代分类学者曾报道西南、西北部有分布，人们先在四川天全、二郎山和宝兴卜踏山发现有广泛分布，之后在江西庐山，云南高黎贡山，云贵乌蒙山，川黔的大娄山，四川的大小凉山、大小相岭、邛崃山脉，神农架及三峡地区，新疆伊犁河谷等地均发现有野生分布，引起了课题组对开发本地种质资源的重视。张新全等对我国野生鸭茅的染色体核型分析发现，除四倍体（$2n=4x=28$）外，尚有二倍体广泛分布。之后又对其农艺学特性、生物学特性、细胞学和育种等进行了系列研究（张新全等，1994a，1994b，1996a，1996b；钟声等，1997，1998；帅素容等，1997，1998）。经过近 10 年的选育，成功选育出一个综合性状良好、高产、优质的鸭茅新品种——'宝兴'鸭茅（*Dactylis glomerata* L. cv. Baoxing），1999 年经全国牧草品种审定委员会审定通过并正式登记为新品种。由于鸭茅优质、高产且耐阴性较强，因此特别适合于当前退耕还林还草、建立林草复合植被。近年来，由于种草养畜已成为四川省农民脱贫致富奔小康的主要途径，农区和半农半牧区农民种草养畜的积极性越来越高，对新品种'宝兴'鸭茅的需求量也越来越大。更令人感到紧迫的是四川省有 76.93 万 hm^2 坡耕地（坡度大于 25°）面临退耕还林还草，'宝兴'鸭茅应用前景光明。为了让同行和广大农民更好地了解、利用本品种，现将作者多年来的育种研究成果总结如下。

1　选育方法及过程

1.1　育种目标

根据种草养畜和草山草坡改良的需要，生产上急需筛选和选育出优质、高产、高抗的鸭茅新品种。据此确定了以生长速度快、分蘖数多、抗逆性强、产草量高、抗病等作为选育的主攻目标，同时兼顾结实性良好、利用期长等优良特性，育成品种产草量比现有同类推广品种（对照）增产 10%以上，而其他性状不低于推广品种。

1.2　材料来源

鸭茅育种原始材料国内部分是 20 世纪 80～90 年代由四川农业大学牧草育种课题组采自各地，国外品种种子系四川省草原总站等单位转赠，后引种栽培于四川农业大学草业科学系牧草基地。野生资源暂以产地命名（表 4-2）。

表 4-2　主要鸭茅供试亲本材料来源、编号及染色体数

材料名称	资源编号	染色体数	产地或来源
庐山鸭茅	79-9	28	1979 年采自中国江西庐山
宝兴鸭茅	91-2	28	1991 年采自中国四川宝兴硗碛
皇木鸭茅	91-7	14	1991 年采自中国四川汉源皇木
泥巴山鸭茅	91-1	14	1991 年采自中国四川汉原泥巴山
越西鸭茅	91-103	14	1991 年采自中国四川越西
康定鸭茅	90-70	14	1990 年采自中国四川康定
茂县鸭茅	90-130	14	1990 年采自中国四川茂县
古蔺鸭茅	91-150	28	1991 年引自中国四川古蔺
巫溪鸭茅	91-180	28	1991 年引自中国四川巫溪
达托斯鸭茅	01996	28	1991 年引自瑞典
丹麦 1 号鸭茅	79-14	28	1979 年引自丹麦
丹麦 2 号鸭茅	79-15	28	1979 年引自丹麦
荷兰鸭茅	79-118	28	1979 年引自荷兰
Reola 鸭茅	87-1	28	1987 年引自西德
Lidacta 鸭茅	87-2	28	1987 年引自西德
Knaulgras 鸭茅	87-3	28	1987 年引自西德
Baraula 鸭茅（巴拉乌拉）	89-1	28	1989 年引自西德
Donise 鸭茅（道里塞）	89-2	28	1989 年引自西德
Lidacta 鸭茅（利大克塔）	89-3	28	1989 年引自西德
Oberweihst 鸭茅（奥伯尔威斯特）	89-4	28	1989 年引自西德
Reda 鸭茅（瑞达）	89-5	28	1989 年引自西德

1.3　选育方法

'宝兴'鸭茅等原始材料主要采用野生驯化，在野生驯化过程中，混合选择优良单株组成新的优良群体，淘汰明显劣株，混合选择 3 次。通过 3 次选择，性状得到稳定，基本达到育种目标要求，之后未再继续进行选择。在选择的同时，分析来自各地的鸭茅资源的营养成分、生产性能等，依据田间及室内外测定结果，对所选材料再进行筛选。之后，又对所选品系进行了品种比较试验（简称品比试验），对品种比较试验中表现优异的材料开展区域试验、生产试验等。

1.3.1 亲本材料的筛选与评价

此项工作于 1979～1992 年进行。对收集的国内外鸭茅种质资源进行产草量、营养价值、抗病性等综合评价，筛选出优良的亲本材料。对优良的亲本材料，除进行农艺性状研究外，还开展了细胞学、同工酶等研究。对国内外的鸭茅种质资源通过细胞学研究发现，除四倍体（$2n=4x=28$）外，尚有二倍体广泛分布，且所有四倍体野生鸭茅在产草量、种子质量、分蘖力、再生性、茎叶比和抗逆性方面均优于二倍体鸭茅（张新全等，1996b；钟声等，1997，1998）。

1.3.2 小区观察试验与混合选择

此项工作于 1979～1993 年进行。将引进品种及来自不同地区的野生鸭茅各种一小区，顺序排列，当地品种也各种一小区作对照。重点观察其越夏性、生育期、产草量和抗逆性等，对表现较好的品种，采用自然选择和人工选择相结合的方法，淘汰不适应的单株，混合选择优良植株组成新的优良群体，用于品种比较试验。

1.3.3 品种比较试验

此项工作于 1993～1996 年进行。试验表明，国外引进的各品种普遍存在越夏死亡率高的问题，西德引进的 'Baraula' 鸭茅（'巴拉乌拉'）、'Donise' 鸭茅（'道里塞'）、'Lidacta' 鸭茅（'利大克塔'）、'Oberweihst' 鸭茅（'奥伯尔威斯特'）、'Reda' 鸭茅（'瑞达'）及瑞典引进的'达托斯'鸭茅等几个品种越夏存活率仅为 16%～25%，而'宝兴'鸭茅、'庐山'鸭茅和'古蔺'鸭茅等越夏存活率为 80%～90%，且引进品种易感染锈病，产草量和抗病性综合评价不及从本地野生鸭茅资源中选育出来的'宝兴'鸭茅和'古蔺'鸭茅。'宝兴'鸭茅比对照品种'古蔺'鸭茅稳定增产均在 10%以上（表 4-3），比本地表现较好的二倍体茂县鸭茅平均增产 188.89%以上，比未改良的'宝兴'鸭茅原始野生材料平均增产 20%以上。此外，新品种'宝兴'鸭茅抗旱、抗病、耐瘠薄、再生性、茎叶比、耐热性等均明显优于'古蔺'鸭茅等其他品种（系）（张新全，1996b；钟声等，1997，1998）。

表 4-3　宝兴鸭茅品种比较试验、区域试验和生产试验结果

选育程序	年份	干草产量/（kg/hm²）	平均增产/%	对照品种
品种比较试验	1993～1994	8 424	17.4	古蔺鸭茅
	1994～1995	12 480	18.9	古蔺鸭茅
	1995～1996	12 495	19.1	古蔺鸭茅
区域试验	1995～1996	8 380	60.5	巫溪鸭茅
	1996～1997	12 410	19.5	古蔺鸭茅
	1997～1998	12 392	17.2	古蔺鸭茅
生产试验	1995～1996	8 365	13.1	古蔺鸭茅
	1996～1997	12 410	19.4	古蔺鸭茅
	1997～1998	12 103	29.0	巫溪鸭茅

1.3.4　区域试验和生产试验

试验于 1995～1998 年进行。将品种比较试验中表现优异的'宝兴'鸭茅结合本地区的生产条件和不同的耕作制度进行较大面积的生产试验，在自然条件和生态环境不同的地区进行区域试验，并结合栽培技术进行栽培试验。通过这 3 方面的试验，进一步考察'宝兴'鸭茅在更大范围、多种生产条件下的生产表现，系统分析该品种的特点和对栽培上的技术要求，从而确定其利用价值和最适生产区域，推广并辐射到类似生态区域（表 4-3）。

区域试验表明，新品种'宝兴'鸭茅在雅安、巫溪、凉山等地生长良好，草质柔嫩，适口性好，拔节期粗蛋白高达 21.09%，粗脂肪达 5.79%，粗纤维达 23.78%，无氮浸出物达 38.00%，粗灰分达 11.34%，粗蛋白含量比二倍体鸭茅（'康定'、'茂县'、'泥巴山'、'皇木'、'越西'等）平均高 8.17 个百分点，比国外引进品种中生长表现较好的'达托斯'鸭茅（14.29%）平均高 6.89 个百分点，故该品种具有优质、高产的特点（钟声等，1997，1998）。在川东巫溪及其周边地区，'宝兴'鸭茅平均干草产量为 12 600kg/hm² 左右，在重庆为 11 850～12 075kg/hm²，在川西宝兴、石棉等地为 12 675～13 125kg/hm²，在雅安为 12 450～12 600kg/hm²。用'宝兴'鸭茅补饲猪、牛、羊、兔等，从未发生不良后果，在丘陵山区种植，抗旱、抗病及耐瘠薄优于'古蔺'鸭茅等品种。气温 10～28℃时为最适生长温度，在 30℃ 以上时生长减缓。昼夜温差过大对鸭茅不适，以昼温 22℃、夜温 12℃ 为最好。

生产试验主要在四川省盆周山区及重庆、昆明等地进行。雅安点的生产试验是和品种比较试验同步进行的。将选育的鸭茅新品系种子提供给养殖户及邻近养殖场，采用单作、混作建立林间草地，或用于改良养殖户承包的荒山荒坡。这不仅有效地解决了牲畜的饲草问题，同时改良了草山草坡，有效地防止了水土流失。据测定，单作鸭茅在肥水较好地区干草产量可达 12 750kg/hm² 以上，一般可达 11 700～12 600kg/hm²。果草间作、林（板栗、巨桉）草间作、桑草间作、药草间作、茶草间作，即在林、果、桑、药栽植的同时间作鸭茅，栽植后 3～5 年干草产量可达 11 700～12 000kg/hm²。粮草间作是农家猪禽补饲的好牧草，由于鸭茅耐阴性强，优质、高产、抗旱、耐瘠薄，因此适合于当前退耕还林还草，建立林草复合植被，防止水土流失。与川引拉丁诺白三叶、巫溪红三叶等混播可建成优质高产的人工草地，同时可以减少草地施氮量，提高综合经济效益。从四川省盆周山区及云南昆明的试验结果来看，比现行推广品种'古蔺'鸭茅增产 13% 以上，适宜于温凉湿润地区种植。'宝兴'鸭茅耐热、抗旱、抗病，适宜的土壤范围较广，耐瘠薄，在肥沃的壤土和黏土上生长最好，且在稍贫瘠干燥的土壤上也能得到好的收成，系耐阴低光效植物，提高光照强度并不能显著提高光合效率。所以，宜与饲草间、混、套作，以充分利用光照，增加单位面积产量。在果园下或高秆作物下种植，能获得较好的效果。青饲或调制干草均可，适宜于各种畜禽饲喂，无毒无害。春季生长快，再生力强，但耐践踏性差，多作割草利用，放牧利用时间不宜过长。

1.3.5　推广应用

1993～2000 年，项目组先后向四川、重庆、云南等省（自治区、直辖市）推广育成的'宝兴'鸭茅种子。四川雅安、宝兴、汉源、石棉已建有大小不等的种子基地。雅安地区大力发展种草养牛、种草养羊，成效显著，因此被评为"全国草业先进单位"、"全国牛改先进单位"。四倍体'宝兴'鸭茅新品系根系发达，茎直立丛生，植株高大，基生叶密集，特别适宜于温凉湿润地区种植。由于'宝兴'鸭茅优质、高产、耐阴性好，受到广大养殖户的欢迎，先后累计推广面积近 0.3 万 hm^2，为长江上游退耕还草、生态重建起到了重要的示范作用。回顾近年来在各地区的推广工作，总结起来有以下几个特点。

1.3.5.1　选育、示范和推广三结合

本研究既重视选育，更着眼于生产，选育是手段，更好地服务于生产才是目的。加快示范和推广的步伐，无疑会促进生产力的发展。对品种比较试验中表现优异的材料立即进行区试，同时开始生产试验，区试又兼顾了大田推广，一定程度上缩短了选育周期。

1.3.5.2　建立不同海拔、不同生物气候带生产试验与示范基地

雅安海拔 610m，为紫色土，属盆西稻、麦（油）二熟区；洪雅海拔 900m，为夹沙土，属川西麦、玉、豆套栽三熟区；中江海拔 460m，为中壤土，属盆中麦、棉套栽二熟区；遂宁海拔 310m，为紫色小土，属盆中麦、玉、苕套栽三熟区；宝兴海拔 1000m，为黄壤，属川西南山地麦、玉二熟区；昆明高原区海拔为 1960m，红壤。

1.3.5.3　良种良法、草畜配套，促进节粮型畜牧业的发展

雅安地区是全国 6 个国家级秸秆氨化养畜示范区之一，仅秸秆氨化育肥牛羊是不可能的，只有种草+秸秆+适当饲粮才能满足牛羊对蛋白质和能量的需要。一个山上放牧、山下育肥、种草养畜、以草定畜的节粮型畜牧业正在兴起。

1.3.5.4　因地制宜，间、套、混、轮作，变"三跑土"为"三保土"

课题组科学地组合时间和空间，有效地解决了农牧矛盾，旱地四季不断青，有效地缓解了土壤地表径流，跑水跑肥跑土的"三跑土"变成了保水保肥保土的"三保土"，有效地保证了节资降耗。

1.3.5.5　经济、社会和生态效益显著

近年来，先后将选育的'宝兴'鸭茅等品种（系）广泛用于单作，轮、间、套、混作及改良草山草坡等，累计推广面积达 0.3 万 hm^2，种草养畜新增产值 600 万元，经济效益显著，大大促进了四川省及毗邻地区种草养畜业的发展和农民致富增收，对当前退耕还林还草及南方草山草坡改良起到了示范带头作用，具有重要的指导意义。根据课题组定位观测和推广区水保站校正测定结果，项目推广区水土流失面积减少 50%以上，有效地减少了地表径流，生态效益十分显著。种草养畜、草畜配套使农业增产（草多、畜

多、肥多、粮多)、农民增收,雅安地区 1997 年人平均收入水平 104 元,项目县 124.4 元,个别县 158 元,分别占农民当年现金收入的 38.5%、46%和 58.5%。项目推广区发展种草养畜,促进了农村经济繁荣,相当一部分县(市)走上了脱贫致富之路,确保了农村稳定(张新全等,1999)。

2 品种特征特性

'宝兴'鸭茅系禾本科鸭茅属多年生草本植物,疏丛型,基生叶丰富。生育期 225~230d,叶片长 35cm 左右,宽 9~13cm。茎直立,长 150~170cm。茎基压缩,成扁状。其穗状分枝成 10~20cm 长的圆锥花序,小穗 8~9mm 长,每小穗含 2~5 小花,小穗单侧簇集于硬质分枝顶端。种子长 6~7mm,中宽 1mm,千粒重 1.0g 左右。喜温凉湿润气候,耐热、抗旱、抗寒、抗病、耐瘠薄。四季常青,春季生长快,生长第 1 年单株分蘖数达 50 个,再生性强,年可刈草 5~6 次,刈牧兼用,耐阴性好。

3 栽培技术要点

种子繁殖,播种量为 15~18kg/hm^2。条播行距为 25~30cm,播深 2~3cm。在四川省温暖湿润地区一般宜秋播,种子田可适当稀播。除单播外,与白三叶、红三叶等混播可建成高产、优质的人工草地,与白三叶混播,播种量为 2~3kg/hm^2 白三叶、14~16kg/hm^2 鸭茅;与红三叶混播总播种量为 15kg/hm^2,红三叶和鸭茅混播比例为 1:2 或 1:3。种子约在 6 月中旬成熟,易于脱落,注意分期收获。因该草种需肥力强,宜选择较肥沃的土地。苗期生长快,幼苗细弱,播前须精细整地,并注意防除杂草。收草以刚抽穗时刈割最好,在瘠薄的土壤上除施足基肥外,每利用 1~2 次后还应结合灌溉施尿素 60~90kg/hm^2。除种子繁殖外,也可采用分株繁殖。

4 小结

在对国内外近 20 份鸭茅种质资源进行综合评价的基础上,筛选出了几份产量、质量和抗性较优的四倍体鸭茅。对综合性符合育种目标的'宝兴'鸭茅经过多年选育,育成了'宝兴'鸭茅新品种,该品系比现行推广品种'古蔺'鸭茅增产 10%以上,且其他性状不低于'古蔺'鸭茅,粗蛋白含量高达 21.09%,适宜于温凉湿润地区种植。'宝兴'鸭茅耐热、抗旱、抗病、耐瘠薄,果园下种植尤其能发挥出优势。青饲或调制干草均可,适宜于各种畜禽饲喂,无毒无害。适合于当前退耕还林、退耕还草与建立林草复合植被,值得进一步推广应用。

第二节　滇北鸭茅品种选育研究

近年来,鸭茅在我国的四川、重庆、山西、甘肃、黑龙江、新疆等地广泛栽培应用,为草地畜牧业和生态环境治理建设作出了重要贡献。目前,我国各地推广应用的鸭茅品种多引自美国、澳大利亚、新西兰、丹麦、德国等地,但普遍表现不适应该地区的生态环境条件。之前国内审定登记的鸭茅仅有'古蔺'、'宝兴'和'川东'3 个野生驯化品种及 5 个引进品种——'安巴'、'草地瓦纳'、'德娜塔'、'大使'、'波特'，且 3 个国内培育的品种皆源自四川的野生鸭茅栽培驯化而来，其遗传基础相对狭窄，推广应用和适应性受到限制。它们无法满足草地畜牧业发展和生态建设需求，急需选育出产量高、品质优、抗逆性强的牧草新品种。国内外对鸭茅的大量研究表明，鸭茅具有丰富的遗传多样性，不同生态型鸭茅的产量及抗逆性存在较大差异，而我国野生鸭茅分布区域广泛，生境条件多样，蕴藏着丰富的遗传基因，具有极大的研究价值和前景。因此，在更广泛的种质资源中发掘优良性状和基因，培育更多、更好的能满足生产不同需求的优良品种对于推动草地畜牧业的可持续发展，传统农业结构的调整及生态环境恢复与重建具有重要的现实意义。

四川农业大学自 20 世纪 90 年代开始对野生鸭茅种质资源的调查、收集和研究，并于 1999 年成功选育了'宝兴'鸭茅。在此基础上，课题组进一步加大了对野生鸭茅收集研究的范围和力度，特别是在野生鸭茅分布的中心区域——西南和西北地区进行了深入而广泛的收集，获得了不同海拔、不同生境的野生鸭茅近 300 份，同时展开资源评价与品种选育研究，以期培育出更加高产、优质和抗逆性强的鸭茅新品种，为促进草地畜牧业的发展提供丰富的优良种源，同时亦为牧草育种研究奠定理论基础。

1 材料来源、选育方法及过程

1.1 材料来源

02-116（'滇北'）鸭茅于 2000 年 7 月采自云南昆明寻甸（至会泽途中）高山地区灌木丛中，海拔 2250m，属暖温带气候。野生群落植被为温性灌草丛，优势种主要有：野艾蒿、知风草、黑穗画眉草、刺芒野古草等。常见种主要有：白茅、砖子苗、匍匐风轮菜。灌木优势种主要有：火棘、棣梨、白刺花、金丝桃、马桑等。

四川农业大学草育种课题组在原有种源和研究的基础上进一步深入收集了国内的野生鸭茅资源，建立鸭茅种质资源圃，先后以'宝兴'或'安巴'鸭茅等为对照，开展鸭茅优良种质资源筛选和遗传多样性研究。结果显示，不同野生鸭茅材料间，植物学形态特征、生长发育特性、物候期、牧草及种子生产性能、适应性等方面存在广泛变异。根据花序形状的不同可将其主要划分为两大类群，即花序直立类群和花序下垂类群；依据鸭茅不同时期生长速度的快慢及生育期长短，可将其生长特性划分为早熟型、中熟型、晚熟型和缓慢生长型，其中，早熟型鸭茅其分蘖能力强；不同鸭茅牧草产量及性状差异显著。通过对以上性状的综合评价，初步筛选出 02-116、01-103、90-70、02-105、01-101、91-7 共计 6 份高产型野生鸭茅。其中，02-116 是产量和适应性表现最为突出的种质。

1.2 选育方法与过程

自 20 世纪 90 年代起，四川农业大学草育种课题组对我国野生鸭茅资源进行了系统的调查、收集和研究，先后收集野生鸭茅种质共计 300 余份。

2000 年 7 月 02-116 鸭茅采自云南昆明寻甸天然草地。

2000～2002 年对收集的野生鸭茅材料进行初步评价与筛选，选出 02-116、01-103、

90-70、02-105、01-101、91-7 共计 6 份高产型野生鸭茅。2002～2005 年对优良材料分别进行连续 3 次混合选择,保优去劣,选择生长速度快、分蘖能力强的单株,混种扩繁,保种,淘汰混杂植株。选育目标是生长速度快、分蘖能力强、再生性好、产量高、品质好、适应性强。其选育程序如图 4-1 所示。

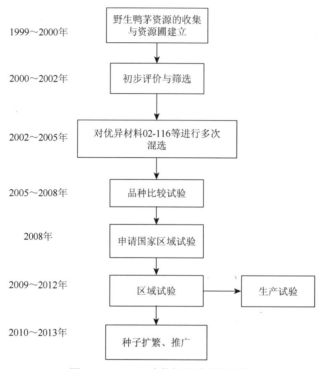

图 4-1　02-116 鸭茅新品种选育程序

2005～2008 年,以国内品种'宝兴'鸭茅和国外引进品种'安巴'鸭茅为对照,在四川雅安开展了品种比较试验。结果显示,02-116 早春生长速度快,分蘖能力强,再生性好,牧草产量高,干草产量比'宝兴'鸭茅增产 17.59%,比'安巴'鸭茅增产 33.30%。该品系草质柔嫩,茎叶比低,适口性好,牧草品质优良。在试验区生长良好,耐热、抗旱、耐阴,对锈病有较好的抗性。

2009～2012 年参加国家区域试验,区域试验结果表明 02-116('滇北')鸭茅在西南区海拔 600～2000m 区域适应性强,在云南寻甸(2011 年优于对照'安巴'和'宝兴'鸭茅)、贵阳(2011 年优于对照'安巴'和'宝兴'鸭茅,2012 年优于对照'宝兴'鸭茅)、四川洪雅(2010～2012 年连续 3 年均优于对照'安巴'鸭茅)、重庆(2010 年优于'安巴'鸭茅)、湖南邵阳(2010 年优于'宝兴'鸭茅和'安巴'鸭茅)10 个年点表现出不同增产幅度(8.17%～55.1%)。总体来看,随着种植年限延长,增产趋势越来越明显。详见区域试验报告。

2009～2012 年,为研究 02-116 鸭茅在不同地区的适应性和大田生产性能,在四川雅安、重庆巫溪、云南寻甸开展生产试验。历时 3 年的大田生产试验结果表明,02-116

鸭茅新品系生长旺盛,适应性强,表现出优良的生产性能,可正常完成整个生育期。02-116鸭茅 3 年平均鲜、干草产量分别比'宝兴'、'安巴'增产 10%以上。

在开展 02-116 鸭茅相关研究的同时,于四川雅安、云南昆明、重庆垫江等地进行了新品种的大面积示范和推广,截至目前,累计推广种植面积 4000 余亩[①],为当地的草地畜牧业发展起到了一定的促进作用。2013 年,正式定名为'滇北'鸭茅。

2　品种比较试验的方法与结果

2.1　试验地概况

试验地位于四川农业大学教学科研园区,位于北纬 30°8′,东经 103°14′,海拔 600m,属北亚热带湿润季风气候区。年均温 16.2℃,最热月（7 月）均温 25.3℃,最冷月（1 月）均温 6.1℃,极端最高气温 37.7℃,极端最低气温–3℃,年降雨量 1774.3mm,年蒸发量 1011.2mm,相对湿度 79%,日照时数 1039.6h,无霜期 304d,≥10℃年积温为 5231℃,土壤系白垩纪灌口组紫色砂页岩风化的堆积物形成的紫色土,pH 为 6.2,有机质含量为 1.46%,速效氮、磷、钾含量分别为 100.63mg/kg、4.73mg/kg、338.24mg/kg。

2.2　材料与方法

2.2.1　试验材料

以国内品种'宝兴'鸭茅及国外引进品种'安巴'鸭茅为对照,对经混合选择、栽培驯化选育的 02-116 鸭茅进行品种比较试验。

2.2.2　试验设计

采用单因素随机区组设计,测产小区面积 4m×2.5m,设 3 次重复。物候小区面积 2m×1m,重复间和小区间间隔为 50cm,大区间间隔、四周走道宽为 60cm。于 2005 年 9 月对供试材料采用盆钵育苗,待幼苗长到 3 片叶龄以上时,将幼苗移栽于测产小区,株行距 30cm×50cm,试验地实施统一田间管理。

2.2.3　观测内容与方法

2.2.3.1　农艺性状观测

1）田间观察项目包括物候期（播种、出苗、分蘖、拔节、孕穗、抽穗、开花、结实等）、生长速度、分蘖动态、茎叶比、产草量、种子生产性能、越冬越夏、抗病性等。

2）室内测定项目包括种子质量评价、营养成分分析。

2.2.3.2　核型分析

鉴定染色体倍性和数目。

---

① 1 亩≈666.7m²

2.2.3.3　DNA 分子遗传多样性研究

采用 ISSR、SRAP、AFLP 等分子标记揭示其遗传多样性，并构建该品种指纹图谱。

2.3　品种比较试验结果

2.3.1　植物学特征

连续多年观测表明，02-116 具有叶量丰富，叶片宽大，植株高大，花序发育正常，结种量大，籽粒饱满的植物学特征。参试材料各主要植物学特征如表 4-4 所示。

表 4-4　参试鸭茅主要植物学特征

鸭茅名称	叶长/cm	叶宽/cm	株高/cm	茎粗/cm	花序长度/cm	花序宽度/cm	种子长度/cm	种子宽度/cm	千粒重/g
02-116	44.41	1.33	124.13	0.20	25.96	10.87	0.26	0.08	0.87
宝兴	52.00	0.95	131.13	0.19	29.33	15.80	0.28	0.09	0.87
安巴	55.59	1.17	72.38	0.21	26.62	9.96	0.29	0.08	0.80

2.3.2　物候期

02-116 物候特征见表 4-5。由表 4-5 可知，该草营养生长期及生育期较长，成熟较晚，有利于均衡供草。

表 4-5　参试鸭茅物候期

鸭茅名称	播种期（日-月）	出苗期（日-月）	分蘖期（日-月）	拔节期（日-月）	抽穗期（日-月）	开花期（日-月）	完熟期（日-月）	生育期/d
02-116	8-9	13-9	12-11	20-3	20-4	27-4	1-6	257
宝兴	8-9	13-9	10-11	9-3	24-3	2-4	9-5	235
安巴	8-9	13-9	10-11	27-3	22-4	29-4	29-5	255

2.3.3　生长发育特性

02-116 与对照相比，早春生长、分蘖速度快，分蘖能力较强且不同时期生长速度相对平稳。参试鸭茅不同时期生长分蘖特性见表 4-6、表 4-7。

表 4-6　参试鸭茅不同时期（日-月）生长速度（单位：cm/d）

鸭茅名称	播种~28-2	28-2~9-3	10-3~20-3	21-3~2-4	3-4~18-4	19-4~28-4	29-4~8-5	9-5~18-5	19-5~28-5
02-116	0.27	1.41	1.88	1.78	0.92	0.75	0.08	0.24	0.01
宝兴	0.30	1.35	3.43	1.05	0.80	0.93	0	0	0
安巴	0.10	1.05	1.07	0.34	1.06	0.31	0.62	0.07	0.49

表 4-7　参试鸭茅不同时期分蘖数（单位：个）

日期（日-月） 鸭茅名称	21-12	27-2	1-4	30-4	28-5
02-116	29.22	82.11	85.50	106.42	106.42
宝兴	20.08	49.91	79.16	97.99	97.99
安巴	19.00	61.83	128.58	165.83	197.00

2.3.4　牧草产量

连续 3 年的品种比较试验表明，02-116 生长速度快，分蘖能力强，刈割后再生性好，牧草产量高，稳定性较好，3 年干草平均产量比'宝兴'鸭茅增产 17.59%，比'安巴'鸭茅增产 33.30%。品种比较试验牧草产量见表 4-8。

表 4-8　参试鸭茅 3 年鲜草、干草产量

鸭茅名称	观测指标	2005～2006	2006～2007	2007～2008	平均值
02-116	鲜草产量/(t/hm²)	162.343	127.103	72.637	120.69
	比宝兴增产/%	30.75	14.69	9.36	18.27
	比安巴增产/%	62.21	22.99	17.96	34.39
	干草产量/(t/hm²)	36.25	28.43	24.01	29.56
	比宝兴增产/%	31.34	16.09	5.35	17.59
	比安巴增产/%	60.90	20.67	18.33	33.30
宝兴（对照）	鲜草产量/(t/hm²)	124.16	110.83	66.42	100.47
	干草产量/(t/hm²)	27.60	24.49	22.79	24.96
安巴（对照）	鲜草产量/(t/hm²)	100.08	103.34	61.58	88.33
	干草产量/(t/hm²)	22.53	23.56	20.29	22.13

2.3.5　牧草品质

研究表明，02-116 草质柔嫩，茎叶比低，适口性好，粗蛋白含量高，牧草品质并不低于各对照品种。参试鸭茅营养成分见表 4-9。

表 4-9　参试鸭茅拔节期营养成分含量

鸭茅名称	粗蛋白/%	酸性洗涤纤维/%	中性洗涤纤维/%	可溶性碳水化合物/%
02-116	22.87	28.77	43.62	7.73
宝兴	20.87	22.70	47.29	7.90
安巴	20.05	21.67	45.49	7.32

2.3.6　抗逆性

02-116 在试验区生长良好，适应性强，耐热、抗旱、耐阴，病虫害少，与对照相比，有较强的抗锈病能力。

2.3.7 染色体倍性与数目

核型分析表明，02-116 有 28 条染色体，为四倍体鸭茅，即 $2n=4x=28$。

2.3.8 DNA 指纹图谱研究

SRAP、AFLP 等分子标记表明，中国野生鸭茅遗传多样性丰富，其研发价值巨大，聚类结果见图 4-2。利用分子标记构建了国内外主要鸭茅品种及 02-116 新品系指纹图谱，结果表明 02-116 与所有鸭茅品种均存在遗传差异，指纹图谱见图 4-3 和图 4-4。

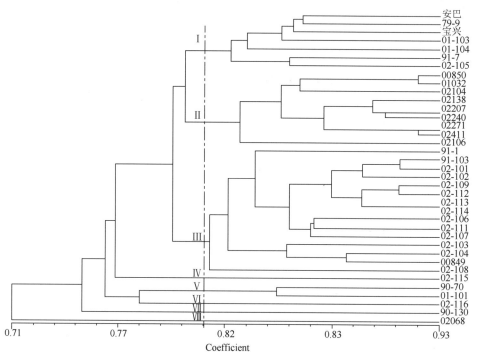

图 4-2　野生鸭茅种质 AFLP 分析聚类数状图（彭燕等，2006）

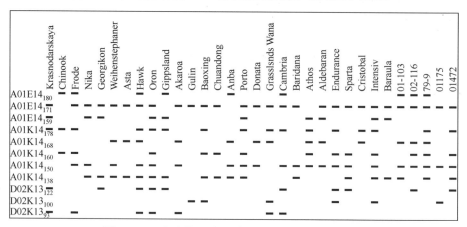

图 4-3　32 个鸭茅品种（系）的 SSR 分子指纹图谱

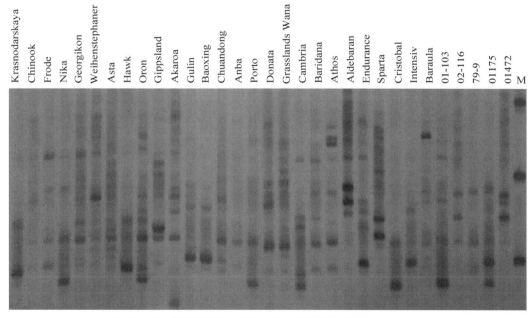

图 4-4　32 个鸭茅品种（系）SSR 电泳图谱（引物 D02K13）

2.3.9　品种比较试验小结

在对近 300 份野生鸭茅种质资源进行综合评价基础上，筛选出了几份产量高、质量好和抗性强的优良鸭茅种质。采用单株混合选择法对优良种质进行多年选育，育成了 02-116（'滇北'）鸭茅新品系。连续 3 年的品种比较试验表明，该品系叶量丰富，叶片宽大，分蘖能力强，再生性好，耐刈割，比'宝兴'鸭茅增产 17% 以上，比'安巴'鸭茅增产 30% 以上，牧草品质不低于对照鸭茅，且适应性好，抗锈病能力较强，适宜于温凉湿润地区种植。DNA 分子标记亦表明，02-116 与对照品种遗传距离相对较远，遗传基础有较大差异，其研发价值巨大。

3　区域试验结果

02-116 鸭茅是四川农业大学于 2009 年申请参加国家草品种区域试验的新品系，申报材料通过专家审核，符合参加国家区域试验条件。为了客观、公正、科学地鉴定 02-116 鸭茅的牧草产量、适应性和品质特性等综合性状，为国家草品种审定和推广提供科学依据，选用'宝兴'、'安巴'为对照分别在北京、邵阳、重庆、贵阳、寻甸、洪雅安排 6 个点开展区域试验。2012 年底，专家对各试验点 2010 年、2011 年和 2012 年数据进行核查、整理、统计，分析如下。

3.1　02-116 鸭茅适应区域分析

02-116 鸭茅及对照在四川洪雅、贵州贵阳和云南寻甸均表现出较好的适应能力和生产性能。02-116 鸭茅及对照品种在 2009 年北京种植当年不能越冬，说明其在北方适应性差。在湖南邵阳、重庆种植第 2 年越夏率低于 30%，故试验结束，说明其在南方低海拔高温地区越夏困难。故 02-116 鸭茅适宜于西南丘陵山地温凉湿润地区种植,海拔 600~2000m 为最适区。

3.2　干草产量分析

在不同年份 02-116 鸭茅和对照'宝兴'和'安巴'的干草产量结果见表 4-10。由表可知,区域试验结果表明 02-116('滇北')鸭茅在西南区海拔 600~2000m 区域适应性强,在云南寻甸(2011 年优于对照'安巴'和'宝兴'鸭茅)、贵阳(2011 年优于对照'安巴'和'宝兴'鸭茅,2012 年优于对照'宝兴'鸭茅)、四川洪雅(2010~2012 年连续 3 年均优于对照'安巴'鸭茅)、重庆(2010 年优于'安巴'鸭茅)、湖南邵阳(2010 年优于'宝兴'和'安巴'鸭茅)10 年点表现出不同增产幅度(8.17%~55.18%)。

表 4-10　品种区域试验产量结果表（国家草品种区域试验结果）

地点	年份	品种	均值/(kg/100m²)	增产百分点/%	显著性（P 值）
寻甸	2011	02-116 鸭茅	88.10		
		安巴鸭茅	56.77	55.18	0.0059
		宝兴鸭茅	76.93	14.52	0.1753
	2012	02-116 鸭茅	33.60		
		安巴鸭茅	35.27	−4.74	0.8185
		宝兴鸭茅	34.89	−3.71	0.8543
贵阳	2010	02-116 鸭茅	116.10		
		安巴鸭茅	191.36	−39.33	0.0318
		宝兴鸭茅	110.08	5.46	0.6700
	2011	02-116 鸭茅	68.05		
		安巴鸭茅	52.06	30.71	0.3467
		宝兴鸭茅	55.16	23.36	0.3562
	2012	02-116 鸭茅	41.68		
		安巴鸭茅	41.87	−0.46	0.9773
		宝兴鸭茅	34.16	22.00	0.0665
洪雅	2010	02-116 鸭茅	114.11		
		安巴鸭茅	105.49	8.17	0.0902
		宝兴鸭茅	119.24	−4.30	0.1625
	2011	02-116 鸭茅	62.89		
		安巴鸭茅	49.65	26.68	0.0027
		宝兴鸭茅	70.22	−10.44	0.2228
	2012	02-116 鸭茅	109.83		
		安巴鸭茅	81.85	34.19	0.0001
		宝兴鸭茅	107.49	2.18	0.3502

续表

地点	年份	品种	均值/(kg/100m^2)	增产百分点/%	显著性（P值）
邵阳	2010	02-116 鸭茅	40.83		
		安巴鸭茅	28.33	44.13	0.0804
		宝兴鸭茅	36.68	11.32	0.3997
重庆	2010	02-116 鸭茅	62.98		
		安巴鸭茅	54.32	15.93	0.2178
		宝兴鸭茅	65.92	−4.46	0.6532

　　总体产量来看，随着种植年限延长，增产趋势越来越明显。如在贵阳点，02-116 鸭茅第 1 年较'安巴'鸭茅减产 39.33%，但第 2 年就较'安巴'鸭茅增产 30.71%，第 3 年产量与'安巴'相当；02-116 鸭茅第 1 年较'宝兴'增产 5.46%，第 2 年、第 3 年增产幅度分别达到了 23.36%、22.00%。在洪雅点，3 年产量数据表明，02-116 鸭茅较'安巴'增产幅度分别为 8.17%、26.68%、34.19%，增产幅度逐年上升；02-116 鸭茅较'宝兴'鸭茅第 1 年、第 2 年均减产，但第 3 年较'宝兴'鸭茅增产 2.18%。

　　总体评价来看（表 4-11），02-116 综合评价为"好"、对照为"较差"。从稳定性来看，02-116 鸭茅稳定性最好。从适应地区来看，02-116 在贵州贵阳、四川洪雅、云南寻甸等区试点都比较适应。因此，02-116 鸭茅适宜于西南温凉湿润丘陵山区种植。

表 4-11　品种丰产性及其稳定性分析

品种	生产性参数		稳定性参数		适应地区	综合评价
	产量	效应	方差	变异度		
安巴鸭茅	87.045	2.799	356.519	21.692	贵阳	好
02-116 鸭茅	85.442	1.196	47.382	8.056	贵阳、洪雅	好
宝兴鸭茅	80.252	0.994	143.957	14.951	贵阳、洪雅	较差

4　生产试验结果

　　2009～2012 年，为研究 02-116 鸭茅在不同地区的适应性和大田生产性能，在四川雅安、重庆巫溪、云南寻甸开展生产试验。历时 3 年的大田生产试验结果表明，02-116 鸭茅新品系生长旺盛，适应性强，表现出优良的生产性能，可正常完成整个生育期。02-116 鸭茅 3 年平均鲜、干草产量分别比'宝兴'、'安巴'增产 10% 以上。

5　栽培技术要点

　　播种期：长江流域适宜秋播，以 9～10 月为最佳播种期。播前精细整地。

　　播种方法：种子繁殖，条播行距 25～30cm，播幅 3～5cm，播深 1～1.5cm，细土拌草木灰覆盖种子。盖后浇水，让种子与土壤充分接触，以利发芽。

播种量：15～18kg/hm^2。

水肥管理：在瘠薄的土壤上，除施足基肥外，每利用1～2次后，还应结合灌溉，每公顷施60～90kg尿素。注意早期合理的施肥和灌溉，以及选用无病虫害的种子进行播种。

田间管理：播种5d后出苗，幼苗生长较为缓慢，苗期应注意防除杂草。

病虫害防治：温暖潮湿时预防锈病。

收获利用：以抽穗期刈割较好。延期收割影响牧草品质和牧草再生，留茬高度5cm。

第三节 波特鸭茅在云南省的引种研究

波特鸭茅（*Dactylis glomerata* L. cv. Porto）为澳大利亚育成品种（澳大利亚品种登记号 Reg.No.A-1a-9），云南省肉牛和牧草研究中心于1983年从澳大利亚引进。在云南省通过多年引种栽培试验，综合表现是国外引进40个鸭茅栽培品种中最优的品种。目前是云南省温带至北亚热带草地生态建设的骨干品种。为便于该品种在我国其他地区的推广应用，本节对该品种在云南省不同气候带的引种研究结果作一总结，供引种推广者参考。

1 品种来源及特征特性

育种材料生长于葡萄牙北纬41°、海拔80m的Porto地区，该地年降雨量1150mm，1月平均气温为9℃，8月为20℃，石灰质土壤，伴生牧草有小糠草、早熟禾和白三叶等。1954年由CSIRO引入澳大利亚（资源编号CPI 19654），1972年7月在澳大利亚塔斯马利亚州获品种登记，原种由塔斯马利亚州农业部保存。四倍体，$2n=4x=28$。地中海型，叶宽中等，直立生长，分蘖多，株丛致密，抽穗期叶量丰富，茎叶比（叶/茎）大。晚熟型，冬季和夏季均生长良好。在分蘖数、株丛致密性、叶片、叶在冬季受冻害的程度及总体生长模式等方面均与北欧型鸭茅品种相似，因此，在很多时候，本品种可以看成是地中海型和北欧型的中间型品种。

2 生物学特性

喜温暖湿润气候，最适生长温度为25℃左右。耐寒性强，在云南滇西北和滇东北绝大多数高寒地区能顺利越冬。耐热性好，在云南省中亚热带地区夏季无不良反应。抗锈病能力较强。耐旱耐贫瘠。播种当年生长缓慢，但次年生长旺盛，竞争能力强。与白三叶、红三叶、紫花苜蓿等共生性均好。耐牧，良好放牧管理条件下，持久性相当好。云南省除金沙江、元江、红河等部分干热河谷流域、南部南亚热带及更热的少数地区外，其他地方基本上都可种植。

3 生长表现

3.1 物候发育

在滇中地区3月中下旬返青，6～7月抽穗，8月中下旬种子成熟。花序易感染丝核菌病，结实性差，种子产量和发芽率均较低。生长高峰期为 6～10 月，12 月中下旬开始枯黄，绿期 260d 左右，可利用天数 250d 左右。5 月高温干旱情况下，部分萎蔫。

3.2 干物质产量

不同地区的干物质产量见表 4-12，其中多年生黑麦草为澳大利亚引进的草地早袋鼠峡，苇状羊茅为'德梅特'，猫尾草为'提姆弗'，3 个品种均为云南省相应气候带草地改良的骨干品种。从表中可见：在中亚热带地区，'波特'鸭茅的 3 年平均产量明显高于多年生黑麦草和苇状羊茅，在持久性方面，'波特'鸭茅种植后第 3 年，生长仍然良好，而对照多年生黑麦草和苇状羊茅在第 3 年已无可利用干物质产量；北亚热带地区，三者的持久性表现相近，但产草量仍以'波特'鸭茅为最高；中温带至暖温带地区，'波特'鸭茅 3 年平均产量与多年生黑麦草和苇状羊茅差异不大；在寒温带地区，'波特'鸭茅饲草产量与多年生黑麦草相近，但明显低于猫尾草。从几个试验点的土壤肥力状况来看，除寻甸试验点和中甸试验点土壤肥力较高外，其他几个点均较贫瘠，从这几个点的总体表现可以看出，'波特'鸭茅在贫瘠土壤条件下的生长表现优于多年生黑麦草和苇状羊茅。

表 4-12　波特鸭茅不同地区的干物质产量（单位：t/hm^2）

试验地点	品种	1 年	2 年	3 年	平均	相当于波特鸭茅%
广南，中亚热带，年均温 16.2℃，年降雨 996.9mm，≥10℃年积温 5012℃，无霜期 291d	波特鸭茅	2.24	9.41	5.64	5.76	100.0
	多年生黑麦草	2.24	4.17	—	2.21	38.4
	苇状羊茅	1.27	4.49	—	2.88	50.0
昆明，北亚热带，海拔 1960m，年降雨 947.7mm，年均温 13.4℃，砖红壤，土壤 pH 5.4	波特鸭茅	2.41	6.08	4.11	4.20	100.0
	多年生黑麦草	2.81	4.89	2.81	3.50	83.3
	苇状羊茅	2.00	6.07	3.40	3.83	91.1
寻甸，暖温带，海拔 2040m，年均温 12.2℃，年降雨 1576mm，火成岩土壤，土壤 pH 5.7	波特鸭茅	1.76	3.49	1.03	2.09	100.0
	多年生黑麦草	2.74	3.68	0.48	2.30	110.0
	猫尾草	0.55	5.12	0.85	2.17	103.8
丽江，中温带，海拔 2560m，年均温 11.4℃，年降雨 1039.9mm，沙壤，土壤 pH 6.2	波特鸭茅	3.88	5.03	7.37	5.43	100.0
	多年生黑麦草	4.64	4.32	5.97	4.98	91.7
	苇状羊茅	3.70	4.86	5.64	4.73	87.1
会泽大海，寒温带，海拔 3450m，年均温 6.6℃，年降雨 1494mm，灰壤，土壤 pH 4.5	波特鸭茅	2.28	2.72	—	2.50	100.0
	多年生黑麦草	3.02	2.09	—	2.56	102.4
	猫尾草	5.59	3.27	—	4.43	177.2
中甸，寒温带，海拔 3100m，年均温 5.4℃，年降雨 650mm，亚高山草甸土，土壤 pH 5.8	波特鸭茅	1.00	5.08	1.70	2.59	100.0
	多年生黑麦草	1.58	4.82	1.68	2.69	103.9
	猫尾草	—	6.79	2.62	3.14	121.2

上述表明，'波特'鸭茅适宜的气候适应范围为暖温带至中亚热带。温带地区，当土壤肥力较好时，多年生黑麦草比'波特'鸭茅生长表现好，土壤肥力差时，更适于种植'波特'鸭茅，高寒山区，'波特'鸭茅生长表现不如猫尾草。

3.3　营养价值

'波特'鸭茅营养生长期草质极优,据昆明小哨的采样分析结果:拔节始期粗蛋白含量为17.68%,粗脂肪4.74%,粗纤维28.00%,无氮浸出物35.18%,粗灰分7.7%,钙0.30%,磷0.15%,镁0.10%。与相同生长天数的多年生黑麦草相近,明显优于苇状羊茅和猫尾草。适口性好,无论是调制干草,还是放牧利用,牛羊均喜食。云南本地黄牛与婆罗门牛的杂交后代,在'波特'鸭茅与白三叶混播草地上纯放牧条件下,育成牛平均日增重可达800g,18月龄牛体重可超过300kg。

4　栽培利用

'波特'鸭茅由于种子细小,苗期生长缓慢,播种前整地需精细,尽量除尽地表杂草。雨季来临后播种。与三叶草共生性极好,以收干草为目的时,可与红三叶混播,放牧利用时,适于与海法白三叶混播。通常采用撒播,播后轻耙地表,然后镇压。采用条播时,播种深度为1~2cm,播后覆土宜浅。单播用种量12~15kg/hm²,混播时,与豆科种子可按相同质量混合,混合种子的播种量为15~18kg/hm²。对氮肥反应敏感,一定范围内饲草产量与施氮量成正比,据试验,施氮量达562.5kg/hm²时,干物质产量最高,为20t/hm²。但更高的施肥水平,产量反而降低。不同氮肥来源对适口性也有影响,如羊对施硝酸铵的第1、第2刈干草较喜食,但对施尿素的第1、第2刈干草适口性较差。种植当年可在秋季一次性刈割,用于调制干草。放牧利用时,可在秋季轻度放牧。次年牧草返青后可按正常情况放牧利用。

第四节　金牛鸭茅引种研究

为满足种草养畜、退耕还草和生态建设的需求,四川农业大学牧草育种课题组与丹农国际种子公司合作,于2004年引进'金牛'鸭茅品种,开展了引种试验,重点对农艺性状、抗逆性及抗病虫性进行鉴定和评价。该品种为四倍体晚熟性品种,茎秆粗壮,叶片长而宽大,叶量丰富,饲用价值高,抗寒和耐热能力中上等,抗病性强,适应性较广,适宜于长江中上游山地温暖湿润地区种植。现将'金牛'鸭茅的引种研究情况总结如下。

1　品种来源

'金牛'鸭茅是丹农公司丹麦育种中心利用法国品种'Lutecia'和波兰品种为亲本,于1997年开始杂交选育,以产量、持久性、密度和抗寒能力为目标,最后以EL97-20A混合株系为主育成的晚熟性品种,试验编号DP65-9102。于2003年参加德国官方试验,并在2003年以'金牛'('Aldebaran')的名字被列入推荐品种名录。'金牛'适合与多种牧草混播,兼容性好,春夏秋季产量均衡,叶量大,适口性好。耐寒性好,抗锈病能力出色。目前,'金牛'已经参加了欧洲许多国家的官方试验。

2　引种技术路线

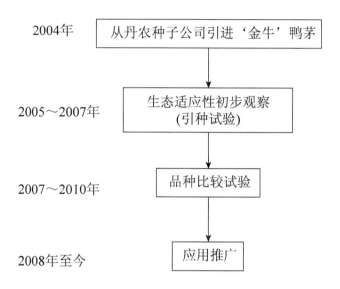

2004年	从丹农种子公司引进'金牛'鸭茅
2005～2007年	生态适应性初步观察（引种试验）
2007～2010年	品种比较试验
2008年至今	应用推广

3　试验材料与方法

3.1　试验地概况

试验地位于四川农业大学草业科学系教学科研基地，地理坐标为30°8′N，103°00′E，海拔 620m，年均气温 16.2℃，极端低温为–3℃，极端高温 37.7℃，≥5℃的年积温5770.2℃，≥10℃的年积温 5231℃。年均降雨量 1774.3mm，年蒸发量 1011.2mm。年均相对湿度79%，年均日照时数 1045h，全年无霜期 304d。土壤为白垩纪灌口组紫色砂页岩分化的堆积物形成的紫色土，土质黏重，pH 6.5，每千克土速效氮、磷、钾分别为 83.1mg、25.5mg、97.2mg。

3.2　试验材料

'金牛'鸭茅（*Dactylis glomerata* cv. Aldebaran）由丹农公司提供。
'波特'鸭茅（*Dactylis glomerata* cv. Porto）由四川农业大学提供。

3.3　试验方法

3.3.1　小区设计

条播，行距 30cm，面积 10m^2（4m×2.5m），播种量 20kg/hm^2。试验共设 8 个小区，随机区组设计，4 次重复，其中 3 个重复用于测定产草量，1 个重复用于观察物候期。

3.3.2　观察项目及方法

生育期和抗逆性观测：播种后观察苗期生长发育状况和物候期（出苗期、分蘖期、拔节期、孕穗期、开花期、成熟期），各物候期均以 50%植株进入该物候为准，同时观察记录各供试品种的抗病、抗虫和耐热能力。

株高和分蘖数测定：每个小区选取 10 株挂牌标记，每年春季第一次抽穗期测量株高（绝对高度），每年秋季最后一次割草时测分蘖数，计算平均株高和分蘖数。

产草量及茎叶比测定：2008～2010 年于孕穗期至抽穗期对每个测产小区进行刈割，测定产草量，每年依据长势割草 3～5 次，同时称取 1.0kg 鲜草测定茎叶比和鲜干比，折算干草质量（自然风干）。

4 结果与分析

4.1 引种试验

2005 年秋天将'金牛'鸭茅与'波特'鸭茅种植于四川洪雅，进行了为期两年的引种试验。试验数据详见表 4-13。由表可知，'金牛'鸭茅在四川洪雅试验点均表现出较强的适应性和产量优势。两年年平均鲜草产量 43 587kg/hm^2，比对照'波特'增产 8.08%，两年年平均干草产量 10 475kg/hm^2，比对照'波特'增产 12.40%，具有良好的生产性能。此外，'金牛'鸭茅的抗倒伏能力强，综合抗病性高，尤其抗寒性突出，同时其抗锈病能力、抗寒性和抗旱性能也较好。

表 4-13　试验品种产草量测定结果表（洪雅，2006～2007 年）（单位：kg/hm^2）

年份	金牛	对照品种	增减产/%	显著性	对照品种名称
2005	干草 10 061	干草 9 048	11.20	显著	波特
	鲜草 43 940	鲜草 38 569	13.93	显著	
2006	干草 10 888	干草 9 590	13.53	显著	波特
	鲜草 43 233	鲜草 42 089	2.72	不显著	
平均	干草 10 475	干草 9 319	12.40	显著	波特
	鲜草 43 587	鲜草 40 329	8.08	显著	

4.2 品种比较试验（雅安）

4.2.1 生育期和抗逆性

试验于 2007 年开始，9 月 15 日播种，8～10d 后各品种相继出苗，次年 3 月底进入分蘖期，4 月中下旬进入拔节期，6 月底孕穗，7 月进入完熟期，生育期约 300d（表 4-14）。试验结果表明，'金牛'鸭茅的成熟期较对照'波特'鸭茅晚 8d，在试验中还表现出出苗更快更整齐，密度更高，营养生长期更长等晚熟品种的典型特性。

表 4-14　鸭茅品种的物候期（2007～2008 年观测结果，日-月）

品种名称	播种期	出苗期	分蘖期	拔节期	孕穗期	抽穗期	开花期	完熟期	生育天数/d
金牛	15-9	24-9	21-3	18-4	2-6	23-6	30-6	10-7	298
波特（CK）	15-9	26-9	18-3	13-4	26-5	11-6	22-6	2-7	290

对各品种抗逆性的观察结果表明，'金牛'鸭茅在试验期间没有发现明显的病虫害，还表现出更好的抗旱性和耐寒性，对土壤的适应性也更强。

4.2.2　株高、分蘖数和茎叶比

抽穗期平均株高'金牛'较对照品种'波特'高 16.7cm。在株丛分蘖数测定中，'金牛'达到平均每丛 70.3 个，比对照多 17 个。在茎叶比测定中，'金牛'的茎叶比达到 1：1.03，对照是 1：0.87，充分体现了晚熟品种叶量大，分蘖多，营养生长期长的优势，上述结果可以说明'金牛'具有更好的牧草品质和更健壮的长势（表 4-15）。

表 4-15　鸭茅品种的平均株高和分蘖数测定结果（2008～2010 年）

品种名称	植株高度/cm	分蘖数/（个/丛）	茎叶比（茎：叶）
金牛	104.3	70.3	1：1.03
波特（CK）	87.6	53.3	1：0.87

4.2.3　产草量

2008 年 5 月初开始第 1 次割草测产，到 10 月 30 日共测产 5 次，2009 年和 2010 年也割草 5 次。平均干草产量见表 4-16。'金牛'鸭茅的 3 年平均干草产量达到 10 306.33kg/hm² 以上，比对照'波特'（9187.67kg/hm²）增产 12.18%，达到极显著差异水平（$P<0.01$）。另外在试验中还发现，'金牛'的产量高峰出现在中后期（后 3 茬），符合晚熟品种的特点，每年可利用的时间更长。

表 4-16　试验品种干草产量测定结果表（2008～2010 年）（单位：kg/hm²）

		金牛鸭茅			对照波特鸭茅			干草比对照增产/%
		干草	鲜草	干鲜比/%	干草	鲜草	干鲜比/%	
2008	1 茬	1 526	6 865	22.23	1 610	7 152	22.51	−5.22
	2 茬	1 237	5 598	22.10	1 668	7 316	22.80	−25.84
	3 茬	2 826	11 624	24.31	2 421	9 330	25.95	16.73
	4 茬	2 145	8 634	24.84	1 745	6 965	25.05	22.92
	5 茬	2 086	8 980	23.23	1 254	4 985	25.15	66.35
	年度总计	9 820	42 888	22.90	8 698	37 444	23.23	12.90

续表

		金牛鸭茅			对照波特鸭茅			干草比对照增产/%
		干草	鲜草	干鲜比/%	干草	鲜草	干鲜比/%	
2009	1茬	1 743	7 169	24.31	1 744	6 852	25.45	−0.06
	2茬	1 555	6 259	24.84	1 578	6 665	23.68	−1.46
	3茬	2 535	10 594	23.93	2 556	11 381	22.46	−0.82
	4茬	2 316	10 027	23.10	1 589	6 469	24.56	45.75
	5茬	2 255	10 107	22.31	1 555	6 162	25.24	45.02
	年度总计	10 404	43 020	24.18	9 022	40 076	22.51	15.32
2010	1茬	1 766	7 508	23.52	1 923	8 080	23.80	−8.16
	2茬	1 377	5 936	23.20	1 652	6 622	24.95	−16.65
	3茬	2 657	11 496	23.11	2 705	11 246	24.05	−1.77
	4茬	2 477	9 931	24.94	1 973	8 391	23.51	25.54
	5茬	2 418	11 390	21.23	1 590	7 294	21.80	52.08
	年度总计	10 695	50 695	21.10	9 843	39 452	24.95	8.66
	平均	10 306.33	45 534.04		9 187.67	38 990		12.18

4.3 小结

经过 3 年试验，对'金牛'鸭茅的物候期、生长发育特性、产草量和茎叶比的观察及测定，得出以下结论。

1）'金牛'鸭茅成熟期比对照'波特'鸭茅晚，可利用时间更长，在试验中还表现出更健壮的长势和良好的抗逆性。

2）'金牛'鸭茅在试验中株高更高，分蘖数更多，叶量更丰富。

3）3 年平均干草产量'金牛'极显著高出对照品种'波特'12.18%（$P < 0.01$），达到 10 306.33kg/hm^2，而且每年夏秋季产量更高。

5 品种特性及建植管理要点

5.1 品种特征特性

'金牛'鸭茅植株高度 90～110cm，直立。叶片蓝绿色，叶大，叶片长 15～25cm，中脉突出，断面"V"形。圆锥花序开展，长 10～15cm，每小穗含小花 3～5 朵。种子长 3.0～4.5mm，外稃具短芒，千粒重 1g 左右。

'金牛'是晚熟型鸭茅品种，具有产量高，持久性好，产量季节分布均衡，叶量大，适口性好，消化率高，抗旱，抗病，耐寒，耐阴，适应性好，分蘖多和混播融合性好等特点。'金牛'是多年生疏丛禾草，生育期 300d 左右（秋播）。种植当年生长较慢，平均分蘖 45～60 个，次年开始产量很高，每年可割草 4～6 次，再生速度快，可利用时间长。

'金牛'鸭茅属冷季型牧草，适合在年降雨量 600～1100mm，气候温和地区种植。

最适生长气温为昼夜 21℃/12℃，抗寒和耐旱能力都较好，气温高于 28℃以上生长受阻，但其耐热和耐寒能力都强于多年生黑麦草，且具有出色的耐阴能力，在全光照一半的条件下产量仍可不受影响，适宜林下种植。金牛适应多种土壤，尤其是较黏重土壤，耐酸但不耐盐碱，对氮肥反应敏感。

5.2 建植及管理技术要点

5.2.1 选整地

鸭茅耐盐碱不强，但耐阴性好，可在林下种植。但由于种子较小，苗期生长慢，播前需精细整地，并除掉杂草，贫瘠土壤施用底肥可显著增产。

5.2.2 春播或秋播

秋播一般不能晚于 9 月中下旬，以确保安全越冬，宜条播，行距 30cm 左右，播种深度 1～2cm，播种量为 18.75～22.25kg/hm^2，与三叶草等豆科牧草混播时，播量 10～13kg/hm^2。

5.2.3 苗期管理

在苗期要结合中耕松土及时除尽杂草；每刈割 2～3 次或放牧后可施尿素 60～100kg/hm^2；分蘖、拔节、孕穗期或冬春干旱时，有条件的地方要适当沟灌补水；'金牛'的病虫害较少。

5.2.4 利用

适合的割草时间为抽穗初期，是品质和产量都较好的阶段，每年的头茬刈割时间特别重要，适当提前可有效提高后茬产量和品质，留茬以 5cm 为宜。

第五节 大拿鸭茅引种研究

'大拿'鸭茅（'Baridana'）是 1995 年百绿荷兰公司登记的四倍体晚熟品种。'大拿'由极晚熟品系和高抗寒亲本杂交而成。'大拿'是在欧洲大陆性气候区培育而成的，经过特别严酷的生长条件筛选培育而成的。

1 引种过程

2006 年由百绿（天津）国际草业有限公司从皇家百绿集团荷兰分公司引进到中国。

2007～2010 年在四川成都市双流县牧草育种试验基地进行了初步生态适应性试验。以国审品种'古蔺'和'安巴'为对照品种，综合考察'大拿'鸭茅的生长性能和适应能力。试验表明，'大拿'3 年平均干草产量极显著高出对照品种'安巴'和'古蔺'分别为 10.52%、20.98%（P<0.01），达到 12 766kg/hm^2，而且每年夏秋季产量更高。'大拿'在试验中还表现出叶量大，草质柔软，耐旱抗寒，耐热性好，可利用时间长，持久性好和抗病性强等优点。

2 品种特征特性

'大拿'为多年生疏丛禾草，植株高大，花期植株高度为96～122cm，直立。叶量丰富，叶片宽0.69～0.72cm，千粒重1g左右。'大拿'每年可割草4～6次，再生速度快，'大拿'的消化率和蛋白质含量均较高，在高养护水平条件下，'大拿'干物质产量高，适口性好，营养价值高。此外，'大拿'是一个抗寒、抗锈病能力较强的晚熟型牧草品种，抽穗期要比其他品种的晚，生育期285d以上（秋播），可利用时期较长。'大拿'可以耐受寒冷的冬天和干燥、炎热的夏天。'大拿'不仅抽穗晚、抗寒能力更强，而且适口性、消化率也大大提高。在中等以上养护条件下可持续利用5～8年或更长。'大拿'能形成致密的草地，在放牧和频繁刈割利用中表现优秀，并且具有分蘖多和混播好等特点。

3 小区试验

3.1 试验地自然条件

试验在四川省双流县牧草试验基地进行。试验区地势平坦，年平均温度16.2℃，1月平均气温约6℃，7月约25℃。年平均降雨量921mm，其中70%以上降雨量集中在6～9月，雨热同季。年无霜期337d以上，海拔495m。土壤为黑色淹育型水稻土，土壤有机质3.00%，全氮0.171%，全磷0.074%，全钾1.01%，速效氮、磷和钾分别为125.9mg/kg、61.4mg/kg、99.69mg/kg，氮、磷养分较为丰富。土壤偏酸性，pH为6.4。

3.2 材料与方法

3.2.1 供试材料

供试材料为百绿（天津）国际草业有限公司提供的鸭茅引进品种'大拿'（'Baridana'）及四川燎原公司提供的'安巴'和'古蔺'。

3.2.2 试验方法

试验采用随机区组设计，每个小区面积为5m²（2m×2.5m），走道宽0.5m，保护行宽0.5m。每个材料设4个重复，3个重复测产，1个重复作物候期观测。播种方式为撒播，播种量为1.5g/m²。播前土地每亩施复合肥20kg，尿素10kg，将肥料翻入耕作层，压实平整。播种时间为2007年9月10日，覆土2cm左右。

3.2.3 观测项目及其方法

3.2.3.1 物候期

测定出苗、分蘖、拔节、孕穗、抽穗、开花、结实几个主要生育期，以50%植株进入生育期为准。

3.2.3.2　鲜干草产量测定

鲜草产量：当大部分小区鸭茅进入抽穗期（草丛高度大约 50cm）时采用人工刈割，测定各小区总产量（测产时应除去试验小区两侧边行及小区两头 50cm 之内的面积），刈割留茬高度为 5cm。

干草产量测定：每次测鲜草产量时，在各测产小区中随机选 500g 鲜草，在 105℃下杀青 15min，在 70℃烘干至恒重，测出干物质量，从而推算各小区干草产量。

3.2.3.3　生长与再生速度测定

拔节后于物候小区随机选取 20 个单株，每 10d 测定一次植株拉伸高度，连续测定 5 次，计算生长速度。刈割小区每次刈割后，随机选取 10 个单株，每 5 天测定一次植株拉伸高度，计算再生长速度。

3.2.3.4　分蘖、茎粗叶宽等农艺性状测定

最后一次刈割后，在每个小区内随机选 10 株植株，进行分蘖性观察。统计每株分蘖的枝数，求其平均值，得出每个品种单株分蘖数。茎粗与叶宽于抽穗期在物候小区随机选取 20 个单株测定，分别测定植株基部直径和植株中部叶片最宽部分宽度。

3.2.3.5　营养成分测定方法

采用概略养分分析法对牧草品质进行综合评价。

4　结果与分析

4.1　生育期和抗逆性

试验于 2007 年开始，9 月 10 日播种，8～10d 后各品种相继出苗，同年 10 月底进入分蘖期，次年 3 月下旬到 4 月初进入拔节期，4 月底孕穗，5 月进入花期，6 月进入完熟期，生育期 260～290d（表 4-17）。试验结果表明，'大拿'鸭茅生育期最长，达到 289d，成熟期较对照'安巴'、'古蔺'分别晚了 23d、17d。'大拿'在试验中还表现出密度更高，营养生长期更长等晚熟品种的典型特性。

对各品种抗逆性的观察结果表明，'大拿'鸭茅在试验期间没有发现明显的病虫害，还表现出更好的抗旱性、耐热性和耐寒性。

表 4-17　秋播鸭茅物候期观测（2007～2008 年观测结果，月-日）

品种	播种期	出苗期	分蘖期	拔节期	孕穗期	抽穗期	开花期	完熟期	生育期/d
大拿	9-10	9-19	10-23	4-3	4-24	5-5	5-25	6-25	289
安巴（CK）	9-10	9-18	10-18	3-18	4-11	4-21	5-4	6-2	266
古蔺（CK）	9-10	9-19	10-20	3-21	4-14	4-25	5-7	6-7	272

4.2　株高、分蘗数和茎叶比

抽穗期平均株高'大拿'较对照品种'安巴'和'古蔺'分别高2.5cm、8.1cm；在株丛分蘗数测定中，'大拿'达到平均每丛73.3个，比对照'安巴'和'古蔺'分别多8.7个和14个；在茎叶比测定中，'大拿'的茎叶比达到0.89，对照分别是1.06和1.14，充分体现了晚熟品种叶量大，分蘗多，营养生长期长的优势（表4-18）。

表4-18　鸭茅品种的平均株高和分蘗数测定结果（2007～2010年）

品种名称	植株高度/cm	分蘗数/（个/丛）	茎叶比（茎∶叶）
大拿	98.5	73.3	0.89
安巴（CK）	96.0	64.6	1.06
古蔺（CK）	90.4	59.3	1.14

4.3　产草量

3年的试验结果显示：'大拿'（'Baridana'）是所有参试品种中干草产量最高的，3年干草产量分别为：11 443kg/hm^2、13 278kg/hm^2、13 578kg/hm^2，分别比'安巴'增加了11.54%、10.24%和9.78%；比'古蔺'增加了17.71%、24.63%和20.61%。3年平均干草产量'大拿'极显著高于对照品种'古蔺'和'安巴'，达到10.52%、20.98%（$P<0.01$）（表4-9）。

表4-19　试验品种干草产量测定结果表（2007～2010年）（单位：kg/hm^2）

品种	2007～2008年			2008～2009年			2009～2010年			2007～2010年	
	鲜草产量	干草产量	干草增产	鲜草产量	干草产量	干草增产	鲜草产量	干草产量	干草增产	平均产量	平均增产
大拿	48 217	11 443		55 689	13 278		55 752	13 578		12 766±426cC	
安巴（CK）	44 656	10 259	11.54%	49 654	12 045	10.24%	50 625	12 368	9.78%	11 557±534bAB	10.52%
古蔺（CK）	40 950	9 721	17.71%	44 653	10 654	24.63%	46 354	11 258	20.61%	10 544±305a A	20.98%

5　结论

经过3年引种试验，对'大拿'鸭茅的物候期、生长发育特性、产草量和茎叶比的观察及测定，得出以下结论。

1）通过3年（2007～2010）引种试验表明，'大拿'（'Baridana'）能够适应试验地的气候条件和土壤条件，能够在试验地完成整个生育期，并且表现出较强的适应性。'大拿'鸭茅成熟期比对照'安巴'和'古蔺'鸭茅晚，耐寒，可利用时间更长，在试验中还表现出更强的长势和良好的抗逆性。

2）'大拿'鸭茅在参试品种中植株更高大，分蘖数更多。茎叶比分析结果显示，'大拿'的叶片比例更高，适口性会更好。

3）3 年平均干草产量'大拿'极显著高出对照品种'安巴'和'古蔺'10.52%、20.98%（$P<0.01$），达到 12 766kg/hm^2，而且每年夏秋季产量更高。

第六节　鸭茅生理、生态及育种研究进展

本节对近 20 年来国内外有关鸭茅的生理、生态及育种等基础性研究成果加以综述，以期为深化鸭茅的研究和应用提供有益参考。

1　鸭茅生理学研究

1.1　生长生理

由于刚成熟的新鲜鸭茅种子及贮藏时间较长的陈旧鸭茅种子发芽率都较低，国内外采用多种方法以提高种子发芽率，包括除去内外稃，变温处理和冷冻 3～6 周，或用 PEG（聚乙二醇）和 GA$_3$（赤霉酸）处理鸭茅种子等。如刘长娥等指出，15～25℃与 25～30℃变温处理，高温 8h 光照，低温 16h 黑暗，较适合鸭茅种子萌发（刘长娥和何剑，1999）。同时也有研究发现，早熟禾腐烂叶或相邻植株的提取液对鸭茅种子的萌发、根的延伸和幼苗生长有明显的负面效应（Lipinska and Harkot，2000）。国外对鸭茅的适宜生长条件也进行了大量研究。如 Negri 等报道，鸭茅出叶速度、叶片延伸速度和分蘖数在 19℃或 25℃时最大。用 GA$_3$ 处理时，在土温较高的条件下可提高鸭茅叶片延伸速度，而 BA 则起抑制作用（Negri et al.，1986）。Obraztsov 等认为，日均温 22～25℃，土壤田间持水量 78%～84%，土壤含氮量为 60～80mg/kg，氮：磷：钾比例为 6：1：2 是鸭茅生长的最佳条件（Obraztsov et al.，1977）。在鸭茅光合生理方面存在两种不同的结论，一种认为在高氮水平下，与正常环境相比，增加 CO_2 浓度能显著提高鸭茅生长发育（Hymus et al.，2001）；另一种则认为增加 CO_2 浓度对鸭茅生长发育没有影响，光合能力主要决定于叶片中总氮含量，增加 CO_2 浓度不能提高其光合能力，但可改变碳在植株体内的分布（Harmens et al.，2000）。在水分调节方面，Noitsakis 等认为鸭茅水平衡的维持是通过气孔的传导力调节的，叶片水压特性的可塑性更多的是受光周期影响而不是水分胁迫（Noitsakis and Berger，1984）。

1.2　营养生理

根据元素的生物吸收系列，鸭茅属氮-钾-磷型植物（杜占池和钟华平，1998）。对鸭茅的施肥研究也表明，无论是单播，还是混播，氮肥对鸭茅生长均具明显促进作用（樊江文，1997a，1997b），且当氮肥水平增加到 74kg/hm^2 时，干物质产量最高（王俊卿和董宽虎，2000）。施氮量在 0～50kg/hm^2 范围时，鸭茅中叶绿素 a 的含量随施氮量的增加

而增加，而叶绿素 a 的含量与干物质产量之间呈极显著的正相关，与叶片中氮、氨基酸、镁和钠含量呈正相关，与钾含量呈负相关（Gaborcik，1981）。同时氮素类型也会对鸭茅产生效应。鸭茅中一部分类群喜欢硝态氮，另一部分喜欢铵态氮（Honne，1990）；与施等氮量的 NH_4NO_3 和尿素相比，施用 $(NH_4)_2SO_4$ 时鸭茅中锰的含量最高（Tolgyesi et al.，1983）。这些研究表明，氮素营养对鸭茅产量和品质都会产生显著影响，因此施氮管理在鸭茅栽培、利用中占有重要地位。

1.3 生殖生理

与幼苗相比，鸭茅老枝的花诱导对温度和光照变幅的要求更宽一些。据报道，在强光（10 000lx）、低温（4.5℃）和短日照（10h）条件下，经 100d 春化作用，即能促进鸭茅开花。在短日照条件下，鸭茅花诱导迅速发生并由低温促进；在连续光照条件下，若没有低温，花诱导不会发生；且低温处理在短日照之后比之前进行更有效，适宜时间为 5～7d；短期的高温对花诱导的早期有促进作用，但对其后期有逆转作用（Buhring and Neubert，1977）。除温度、光照外，其他因素也可对鸭茅花诱导产生影响。如 Ikegaya 报道，在 12h 光照和 10℃温度且具有施肥的条件下进行花诱导，提高肥力可减少花诱导的天数；但若没有 12h 的光照，即使提供最大的施肥量也不能开花（Ikegaya et al.，1983）。

1.4 逆境生理

1.4.1 抗寒性

鸭茅起源与耐寒性密切相关（相关系数 $r=0.89$）。世界范围内不同地域的鸭茅，其抗寒性大小的排序为：俄罗斯和挪威—瑞典及日本＞东欧—欧洲中部＞法国。抗寒性与抗秆锈病、晚秋生长呈显著负相关。鸭茅生理的低温响应表现为，与 15～20℃适温条件下相比较，在 5℃的低温时，鸭茅合成聚果糖的速率更快，且叶基比叶片显著高出很多（Pollock and Ruggles，1976）。在鸭茅幼苗抗寒阶段，质膜中不饱和脂肪酸的增加量较其他膜系统明显减少；质膜中固醇与磷脂的比率变化很小，而磷脂与蛋白质的比率和多肽成分会发生较大变化（Yoshida and Uemura，1984）。

1.4.2 抗旱性

鸭茅适应夏季干旱的策略有两种：一种是半休眠，此类鸭茅表现为夏季分蘖密度大，以及叶基含有高水平的水溶性碳水化合物（＞干物质的 40%）和高浓度的果糖（＞干物质的 30%），但在生长季节对灌溉敏感，一旦恢复灌水，鸭茅生长也迅速恢复；另一种是不适应长期干旱，在长期严重干旱条件下，它们的分蘖密度明显下降，叶基贮藏的碳水化合物不断被利用，因而地上枝条死亡率高，秋季恢复力低，该类鸭茅缺乏持久性（Volaire，1995）。鸭茅在与长期干旱生境的协同进化过程中，通过降低气孔频率，或提高叶表面蜡质密度，降低呼吸速率等适应特性而实现逃避干旱的目的（Ashenden，1978）。鸭茅抗旱品种的生长表现为：茎生长速度更缓慢，深层土壤中根密度更大。生理变化表现为：能在较低的水势条件下吸水，吸水时间更长，因此在土壤含水量很低（15%～20%）时，幼叶膜的稳定性和含水量维持时间更长，叶基中具有更高的渗透压调节能力，分蘖节中的水溶性碳水化合物（WSC）浓度更高，从死亡叶片中输出 WSC 的能力更高，维持更低水平的脯氨酸量和金属离子含量，而磷的含量提高（Volaire and Thomas，1995）。

1.4.3　抗病性

通过试验观测，多数国外引进鸭茅品种或国内野生品种都易感染锈病，常常表现为在整个生长期的不同阶段都可能感病，从而对鸭茅的产量和品质带来严重影响。因此抗锈病品种的选育应该是今后我国鸭茅育种的一个重要目标。由于优良抗病基因的获得依赖于种质资源，国外也非常重视抗锈病资源的研究。如 Ittu 和 Kellner 从收集到的众多鸭茅生态型中发现，源自意大利的鸭茅生态型比丹麦的更抗锈病。同时通过大量品种（126 个）比较，发现欧洲南部的鸭茅对黑锈病具有最大的抗性，其中来自前苏联的 3 个品种对黑锈病的自然感病率不到 5%，并通过无性选择获得了抗性无性系（Ittu and Kellner，1977，1980）。这也进一步证实了更广范围内资源收集和研究的重要价值。

1.4.4　耐盐性

鸭茅的耐盐性较高羊茅（*Festuca arundiacea*）、多年生黑麦草（*Lolium perenne*）均差，属最差的一类（孙小芳等，2000）。进一步研究表明，耐盐性强弱与特殊离子效应和渗透压调节有关，其中 Na^+ 的积累，K^+/Na^+ 和 Ca^{2+}/Na^+ 与盐导致生长降低有关。在盐胁迫下，耐盐性强的鸭茅品种比耐盐性弱的品种有更高的相对含水量和渗透势下降率；可溶性碳水化合物、甜菜碱和细胞液中的 K^+ 显著增加。同时也会积累更多的 Ca^{2+}、Mg^{2+}，但 Na^+ 的积累较少（Saneoka and Nagasaka，2001）。与抗盐性较强的苇状羊茅相比，随盐胁迫的增加，鸭茅质膜的伤害程度大于苇状羊茅；鸭茅叶片中 Na^+/K^+ 增加幅度大于苇状羊茅，超氧化物歧化酶（SOD）、过氧化氢酶（CAT）活性的增长率及类胡萝卜素的相对含量小于苇状羊茅（高远辉等，1995a，1995b）。

2　鸭茅生态学研究

2.1　鸭茅竞争力

对鸭茅单播和混播的研究表明，混播中鸭茅的竞争力与单播中的活力不呈正相关（Eagles，1983）。鸭茅与红三叶（*Trifolium pratense*）混播，混播成分更多的是受氮肥影响，而不是混播的比例；在鸭茅与苜蓿（*Medicago sativa*）混播中，由于种间、种内竞争，它们的茎的数量下降，但高度和干物质产量增加，夏季施氮对苜蓿有利，而春季施氮对鸭茅有利（Puia and Heinke，1975）。在鸭茅与不同竞争力的高羊茅混播中，在第 1 年，鸭茅的竞争力与出苗率有关；第 2 年，竞争力与根的干重和平均枝重有关。鸭茅和黑麦草之间的竞争能力主要取决于分蘖速度和覆盖地面速度。在它们的混播中，鸭茅根的竞争力比黑麦草高些，并在很大程度上受施氮肥和刈割频率影响，不施氮肥，频繁刈割会降低鸭茅根的竞争力，但不影响黑麦草根的竞争力（Arens，1986）。另有研究表明，在施肥条件下，混播草地中鸭茅的生长在一定程度上受黑麦草的竞争抑制，黑麦草的竞争力明显较高，而在不施肥时，鸭茅对黑麦草的竞争影响程度呈现增加的趋势（樊江文，1977c）。在鸭茅与猫尾草混播中，鸭茅对猫尾草的茎质量具有显著的负面效应。在与猫尾草、多年生黑麦草混播中，竞争对鸭茅分蘖的影响比对株高的影响大，在潮湿地区，单播中鸭茅单株分蘖数为54.2，混播中为64～67.5（Harkot，1999）。因此，以上研究都表明鸭茅具有较强的竞争能力，在适宜的管理条件下，可与部分豆草或禾草形成稳定、优质、高产的混生群落。

2.2   放牧生态

包国章等（2003）通过长期放牧试验研究表明，适度放牧、刈割及人工摘顶干预，由于解除了牧草的顶端优势及生殖生长，可提高亚热带高山人工草地鸭茅种群的适应性，提高种群密度、热值及能量积累；在禁牧草地，鸭茅种群能量主要集中于低密度的大分蘖丛，随着放牧强度的提高，根部能量的积累逐渐减少，种群能量逐渐均摊给高密度的小分蘖丛（包国章等，2001）；并且生殖分配逐渐减少，花序密度出现明显下降，种子千粒重则呈现递增趋势（包国章等，2002）。这些研究成果对于指导鸭茅人工草地的合理利用与管理具有重要意义。

3   育种研究

3.1   鸭茅品质育种

鸭茅品种的适口性随季节和年份而变化，与叶片特性（如长度、宽度、厚度、锯齿程度和毛状物存在与否等）无关。其中钙、磷的含量高或茎、叶的柔性好，适口性将提高；而酸性洗涤纤维含量高或感染病害，适口性则会降低（Saiga et al.，2000）。鸭茅的高消化率与匍匐型、揉性叶和耳出现期晚有关，同时也与叶片更宽和感病率低有关（Saiga and Hojito，1978）。

3.2   抗性育种

Tronsmo 研究报道，在一个控制的环境中，根据表型选择抗寒性比通过田间试验更快些，进展快慢取决于遗传变异和遗传力（Tronsmo，1993）。由于鸭茅耐雾能力的真实遗传力较高（0.6），通过选择可以提高其耐雾能力（Larsen，1977）。Miller 通过 2 轮表型选择及 1 轮基因型和 1 轮表型选择，获得了相似的抗锈病水平，同时从表型 2 代选择的顶交后代比表型后代抗性更强，牧草产量和品质也随锈病抗性增强而提高（Miller，1976）。Rognli 的研究表明，鸭茅对斑点病毒（fMC）抗性表现为耐病特征。忍耐水平可以通过选择而增强，通过选育而获得的高产鸭茅综合居群对斑点病毒（fMC）的抗性高于未经选择的低产居群（Rognli et al.，1995）。因此，国外对鸭茅抗性育种的研究主要集中于抗寒、抗病及耐雾等方面，而抗热性少见报道。由于我国鸭茅的主要栽培区多属亚热带气候，因此抗热品种培育也应是我国鸭茅研究的重点内容。

3.3　组织培养

国外利用组织培养技术成功培育出鸭茅优良品种已有大量报道，而国内相关研究较少。培养选择的材料包括叶肉细胞、嫩芽、幼穗等。如 Somleva 等（2000）报道，来自鸭茅外植体的个别叶肉细胞（靠近维管束、小型、等轴、细胞质丰富）能够直接或通过愈伤组织形成胚，并用原位杂交方法在胚细胞形成的诱导阶段，发现了胚胎激活酶基因（*SERK*）的存在；用<1.2mm 的茎尖嫩芽可以培养鸭茅的脱毒植株体（Dale，1979）；取鸭茅护颖分化后期的幼穗（穗长 1～2cm）为外植体时，愈伤组织诱导及再生植株的频率高。关于培养条件的研究发现，激素种类、浓度，环境条件，微量营养元素等在鸭茅组培中均具有重要作用。附加高浓度的 2,4-D（5mg/L）和低浓度的 KT（激动素）（0.2mg/L）时，对鸭茅愈伤组织的诱导及其分化有利（刘玉红等，1995），15mmol/L 和 30mmol/L 的麦草畏和 10mmol/L 的 2,4-D 也可促进鸭茅胚的形成（Hanning，1985），在鸭茅悬浮培养基质中添加干酪素水解物（CH）也有利于胚的形成和植株再生（Lee et al.，2000）；光周期和温度显著影响愈伤组织形成的频率和程度，而初始培养温度不影响胚形成；一定浓度的铜对鸭茅愈伤组织形成后的植株再生具有促进作用（Lee et al.，2000b）。

3.4　转基因育种

有关转基因鸭茅在国外已有成功的报道。如 Lee 等（2001）以大肠杆菌受体菌（EHA101）为载体，在花椰菜花叶病毒（35S）启动子控制下，将卷心菜中的抗氧化基因（*BcGR1*）引入鸭茅中，虽然转基因植株在形态上与野生型无差异，但通过 PCR 扩增和 Southern 印迹分析证实了外源基因整合到了受体鸭茅的染色体中，并进一步用 Northern 印迹方法分析了叶片中的全部 RNA，也证实了 *BcGR1* 在转基因鸭茅中的表达。Denchev 等（1997）采用粒子枪注入法，在玉米泛肽启动子的作用下，将带有靶基因 DNA 和编码 β-葡糖苷酸酶的载体基因成功转入鸭茅的嫩叶组织，并通过 PCR 扩增和 Southern 印迹杂交加以证实。

4　对鸭茅种质资源深入研究和开发的思考

综合国内外研究成果，针对我国鸭茅栽培应用日益广泛，而相应配套技术和满足生产不同需求的品种严重缺乏的客观实际，结合近两年对上百份国内外鸭茅种质资源的试验观测所收集的基础材料分析，作者认为对鸭茅种质资源的深入研究和开发应集中于以下诸方面。

1）重视国内野生鸭茅种质资源的挖掘性研究及国外优良资源的收集性引进，为进一步开展育种工作奠定良好基础。我国野生鸭茅资源分布区域广泛，生境条件多样，蕴藏着十分丰富的遗传多样性，同时国外（特别是欧洲）是鸭茅的起源地，其中不乏各种优良抗性基因，国外的研究报道也证实了这一点。因此，有待广泛研发，建立适宜于我国的优良鸭茅种质资源库。

2）加快鸭茅生理、生态等基础性研究，为鸭茅的合理栽培应用及育种研究提供科学理论指导。如通过对鸭茅光合、水分生理的研究，可为高效育种及抗旱品种的选育提供理论依据。通过生长、营养、生殖生理等研究可为鸭茅合理栽培提供相应技术指导。

3）加强鸭茅育种工作，采用多样化育种手段，尽快培育出能满足不同生产需求的优良品种。从生产实践需求出发，我国急需适应特殊生境的特色品种（如耐热、耐瘠薄、抗旱、抗病等），以及具有不同生长模式的品种（如早熟、晚熟品种），以解决我国草畜矛盾突出、饲草供应季节性不平衡、西部退耕还林还草工程中优良牧草种源匮乏等问题。目前国内登记的鸭茅品种都是由野生材料驯化而来，而杂交优势、组织培养、转基因等育种新技术的应用，将有助于加快育种进程，创造新种质，培育出更多、更好的高产、优质品种，因此应当积极启用，推陈出新。

第七节　我国鸭茅种质资源及育种利用

我国于 20 世纪 80 年代开始大量从欧美引进鸭茅栽培品种，但普遍表现出不适应该地区的生态环境条件。针对国外草种的不适应及本地区又缺乏优良多年生禾本科牧草的现状，人们将目标转移到本地野生鸭茅资源上。张新全等对我国野生鸭茅在野外考察结合田间试验和室内分析基础上，经过 10 多年的选育，1999 年成功选育出一个综合性状良好、高产、优质的四倍体鸭茅新品种'宝兴'鸭茅。为了让同行更好地了解、利用我国鸭茅种质资源，现将有关鸭茅研究总结之后，以供参考。

1　我国鸭茅种质资源分布

鸭茅野生种在我国主要分布于新疆天山山脉的森林边缘地带，四川的峨眉山、二郎山、邛崃山脉、凉山及岷山山脉海拔 1000～3100m 的森林边缘、灌丛及山坡草地；并散见于大兴安岭东南坡地。栽种鸭茅除驯化当地野生种外，其余多引自丹麦、美国、德国、澳大利亚、新西兰、日本等国。目前青海、甘肃、陕西、山西、河南、吉林、江苏、湖北、四川及新疆等省（自治区、直辖市）均有不同面积栽培。

对于我国野生鸭茅，在 20 世纪 50 年代分类学者曾报道西南、西北部有分布，人们先在四川天全、二郎山和宝兴卜踏山发现有广泛分布，之后在江西庐山，云南高黎贡山，云贵乌蒙山，川黔的大娄山，四川的大小凉山、大小相岭、邛崃山脉，神农架及三峡地区，新疆伊犁河谷等地均发现有野生分布。张新全等对我国野生鸭茅的染色体核型分析发现，除四倍体（$2n=4x=28$）外，尚有二倍体广泛分布。之后又对其农艺学特性、生物学特性、细胞学和育种等进行了系列研究，发现四倍体鸭茅在产草量、品质、适应性和抗逆性等方面均优于二倍体，具有较大开发利用价值（张子仪，2000；张新全，1994a；樊江文，1997a，1997b，1997c；张新全等，1996；钟声等，1997，1998；帅素容等，1997，1998）。

2　生物学特性

2.1　温度要求

鸭茅适宜于湿润而温凉的气候，耐热性和抗旱性均优于多年生黑麦草。种子在

10℃左右萌发，变温可促进其后熟，提高种子的发芽率。通常播后 10d 左右即可全苗。鸭茅耐寒性中等，适于冷凉气候生长，早春晚秋生长良好。单株生长观测，对温度要求与黑麦草相似。根的适宜生长温度比地上部分所需温度低。昼夜温度变化对生长有影响，昼温 22℃，夜温 12℃最宜生长。耐热性差，高于 28℃生长显著受阻。

2.2　物候期

鸭茅是长寿命的多年生牧草，在良好的条件下，一般可生存 6～8 年，多者可达 15 年，但以第 2、第 3 年产草量最高。在几种主要多年生禾本科牧草中，鸭茅苗期生长最慢。南京、武昌、雅安 9 月下旬秋播者，越冬时植株小而分蘖少，叶尖部分常受冻凋枯，以引进品种表现尤为明显。次年 4 月中旬迅速生长并开始抽穗，抽穗前叶多而长，草丛展开，形成厚软草层。5 月上、中旬盛花，一日开花高峰在 7～9 时，6 月中下旬结实成熟。3 月下旬春播者，生长很慢，7 月上旬个别抽穗，一般不能正常开花结实。

2.3　抗性

鸭茅的抗寒能力及越冬性一般，对低温反应敏感，6℃时生长缓慢，冬季无雪覆盖的寒温带及更冷地区不易安全越冬。而在高温高湿的地区，越夏困难。据调查，鸭茅在重庆、成都越夏难，因此它是冷凉地区优良的多年生禾草。同时，尚能耐旱，也能在排水较差的土壤上生长。鸭茅耐阴，在果园下生长良好，因此又称果园草。生长在光线缺乏的地方，在入射光线 33%被阻断长达 3 年的情况下，对产量和存活无致命的影响，而白三叶在同样的情况下仅两年即死亡。据试验，鸭茅与红三叶混播，第 1 年二者比例为 1：1，第 2 年以后则鸭茅比例增加，一般为 7：3。增强光照强度和增加光照持续期，均可增加产量、分蘖和养分的积累。

2.4　水分要求

鸭茅属长日照植物，湿润、肥沃的土壤有利于此草生长。需水，但不耐水淹，其浸淹时间不能超过 28d，对地下水反应敏感，地下水深 50～60cm 时，可促进其生长。因此，在沼泽地及其湿润环境栽种时，要求疏干至 50～90cm。

2.5　土壤、肥料要求

鸭茅在生活的第 1 年能形成 6～7 个蘖，至生活的第 2 年，侧枝数量显著增加，为春季及夏秋时期的分蘖型牧草，侧枝形成的能力依草丛年龄、播种密度及生境条件而改变，一般生活的第 3 年，侧枝形成的能力最强，稀播时较密播时形成的侧枝多。对氮肥反应敏感，施用氮肥或堆肥比未施肥者侧枝可增加 1 倍。鸭茅虽然在各种土壤皆能生长，但以湿润肥沃的黏土或黏壤土为最适宜，在较瘠薄和干燥土壤也能生长，但在沙土则不甚相宜。不耐盐碱，略耐酸，在 pH 4.7～5.5 的酸性土壤上生长尚好。

3 鸭茅种质资源特点及育种利用

3.1 本地种质资源

本地种质资源主要来源于当地的地方品种和适应当地推广的其他饲草品种。其特点是对当地的自然和栽培条件，以及耕作制度具有较强的适应能力，而且对当地的自然、病虫害具有较强的抗性和耐性。该类资源可通过品种比较试验后直接用于生产或作为杂交亲本。在我国，目前尚没有鸭茅地方品种，野生或逸生分布较常见。

3.2 外地种质资源

外地种质资源包括从世界各国和国内各地收集来的种、品种或类型，如'安巴'、'楷模'等。这类资源具有丰富的生物学和经济遗传基础，其中有些是本地资源不具备的优良性状，潜力巨大。但其对本地的生态环境条件往往适应性较差，未进行试验前，不宜大面积推广。我国加入 WTO 以后，越来越多的国外种子公司将饲草新品种引入本地区种植，但应当谨慎推广。可直接用于杂交亲本或通过品种比较试验和区域试验后大面积推广。

3.3 野生种质资源

野生种质资源即本地区广泛分布的野生饲草基因资源，在长期自然选择条件下，形成了丰富多样的生态学类型。由于长期自然选择的结果，其具有对本地高度的抗逆性，如抗旱、抗病等优良性状。对于野生优良饲草可采用直接驯化后利用，或作为杂交亲本。从本地野生资源直接成功选育的品种有'宝兴'、'古蔺'鸭茅。

3.4 人工创造的种质资源

这类种质资源是指经过杂交所获得的新材料、人工诱变所获得的变异材料、植物组织培养等各种育种手段所获得的自然界不存在的新基因资源。其不一定能直接用于生产，但因其具有现存资源不具备的特殊种质，可作为培育新品种或有关理论研究的珍贵资源。这方面的研究目前国内开展得极少。

4 饲用价值

4.1 营养价值

鸭茅草质柔软，营养价值高，营养期粗蛋白含量高达 16%～21%。青饲或调制干草均可，适宜于猪、牛、羊、鱼等饲喂，无毒无害。在第 1 次刈割前，鸭茅所含的营养成分随成熟度而下降。再生草基本处于营养生长阶段，叶多茎少，所含的营养成分约与第 1 次刈割前孕穗期相当，但也随再生天数的增加而减低。不同生长时期及不同状况，鸭茅营养成分的含量见表4-20。

表4-20 不同生长时期鸭茅养成分含量

生育期	分析样品状态	占干物质/%							资料来源
		粗蛋白	粗脂肪	粗纤维	无氮浸出物	粗灰分	钙	磷	
分蘖期	绝干	21.09	5.79	23.78	38.00	11.34	—	—	宝兴鸭茅营养成分，四川农业大学分析
孕穗期	绝干	13.21	5.04	30.64	39.14	11.97	—	—	
营养期	绝干	16.13	4.72	28.32	36.18	11.80	0.63	0.24	古蔺鸭茅营养成分，四川农业大学分析
分蘖期	绝干	17.1	4.8	24.2	42.2	11.7	0.47	0.31	
抽穗期	绝干	12.7	4.7	29.5	45.1	8.0	—	—	《中国饲料》
开花期	绝干	8.5	3.3	35.1	45.2	7.9	0.07	0.06	

由表4-20可见，自营养生长向成熟阶段发展时，蛋白质含量减少；粗纤维含量增加，因而消化率下降。据研究，在处于营养生长期内的鸭茅的饲用价值接近苜蓿，盛花期以后的饲用价值只有苜蓿的一半。牧草品质与矿物质组成有关，以干物质为基础计算，鸭茅钾、磷、钙、镁等的含量随生长时期而下降，铜在整个生长期内变动不大。第1茬草含钾、铜、铁较多，再生草含磷、钙和镁较多。

4.2 饲用

鸭茅长成以后多年不衰，春季生长早，夏季稍凉爽地区仍能生长，叶多茎少，耐牧性强，最适于作放牧之用。尤宜与白三叶、红三叶混种以供放牧。鸭茅为丛生性，白三叶为匍匐蔓延生长习性，二者混播时，白三叶可充分利用其空隙生长并供给禾本科草以氮素，如管理得当，可维持多年。白三叶衰败后，可对鸭茅施行重牧，然后再于秋季补播豆科牧草使草地更新。据美国一个州10年统计，单纯鸭茅牧地（每公顷每年施氮肥225kg），每头牛每天增重490g，而鸭茅、白三叶混种草地，每头牛每天增重508g，在一个生长季节内，每公顷可获肉牛增重640.5kg。

5 栽培利用和管理

5.1 亚热带地区丰产栽培技术要点

种子繁殖，每公顷播种量15～18kg。条播行距25～30cm，播深2～3cm。在温暖湿润地区一般宜秋播。种子田可适当稀播。除单播外，其与白三叶、红三叶等混播可建成高产、优质的人工草地；如与白三叶混播，每公顷混播2～3kg白三叶，14～16kg鸭茅；如与红三叶混播，总播种量15kg/hm²，红三叶和鸭茅混播比例为1:（2～3）。种子约在6月成熟，易于脱落，注意分期收获。幼苗细弱，播前须精细整地，并注意防除杂草；收草以刚抽穗时刈割最好；在瘠薄的土壤上，除施足基肥外，每利用 1～2 次后，还应结合灌溉每公顷施 60～90kg 尿素。除种子繁殖外，也可采用分株繁殖。

5.2 田间管理

5.2.1 施肥

鸭茅是需肥较多的牧草之一，尤以施氮肥作用最为显著。在一定限度内牧草产量与施氮肥呈正比关系。据试验施氮量为 562.5kg/hm^2 时鸭茅干草产量最高，达 18t/hm^2。如施氮量超过 562.5kg/hm^2 时不仅减低产量，而且减少植株数量。氮肥种类和性质除影响牧草的产量和成分外，对适口性也有影响，因而影响牧草的消耗量和家畜的生产性能。

5.2.2 病虫害的防治

鸭茅一般虫害较少。常见病害有：锈病、叶斑病、条纹病、纹枯病等，均可参照防治真菌性病害法进行处理。引进品种夏季病害较为严重，一定要注意及时预防。提早刈割，可防治病害蔓延。

5.2.3 收草

鸭茅播种当年生长发育缓慢，草料产量以播后 2～3 年产量最高。南京地区 9 月底播种至越冬前分蘖很少，株高仅 10cm 左右。越冬以后生长较快。越夏前一般可刈割 2～3 次，每公顷产鲜草 37.5t 上下，高者可达 67.5t。春播当年通常只能刈割 1 次，每公顷产鲜草 15t 左右。刈割时期以刚抽穗时为最好，延期收割不仅茎叶粗老严重影响草料品质，且影响再生草的生长，'宝兴'鸭茅在四川省试验结果表明，种植第 2、第 3 年，干草平均可达 12 400kg/hm^2。

5.2.4 收种

为提高种子的产量和品质，以利用头茬草采种为好。鸭茅种子约在 6 月中旬成熟，当穗梗发黄，种子易于脱落时即应收割。割下全株或割下穗头，晒干脱粒。据四川农业大学在雅安以'宝兴'鸭茅等品种试验，秋播次年每公顷可收种子 350～375kg，第 3 年可达 550kg。

6 存在的问题与建议

6.1 主要问题

通过我国草业科技工作者的共同努力，种质资源收集和研究工作取得了显著成绩。但是，与其他作物相比还有很大差距，还存在不少问题。主要有 3 个：一是鸭茅基因资源还在继续丢失；草地放牧过度、滥垦滥挖等，致使一些珍贵的优良生态型及各居群的分布区正在缩小或已经消失；二是可供筛选和育种的优异种质仍然缺乏，严重影响牧草品种的选育；三是本领域的基本原理及保护和利用中的关键技术、方法尚未完全解决，研究的深度和力度不够影响到研究质量提高及本领域的发展。

6.2　建议

针对当前存在的问题，建议首先重点开展以下几方面的研究：一是继续开展种质资源的收集、整理，进一步加快四川省丰富的牧草资源开发；二是加强野生鸭茅种质资源的驯化和地方品种的整理、评价，筛选出优良鸭茅品种（系）；三是将骨干牧草品种，如'宝兴'鸭茅、'古蔺'鸭茅等品种进行纯化改良与系统育种，并建立稳定的种子（苗）基地；四是加强与国内外公司合作，大量引进国内外优良鸭茅新品种、新材料，通过试验、示范，尽快应用到生产中去，开展多学科合作研究，实现跨地区跨部门的联合攻关；五是利用现有的优良牧草资源作为育种亲本材料，开展杂交育种工作，积极探索生物新技术在牧草育种中的应用，以期解决现有品种资源无法克服的问题，进一步完善我国牧草育种及良种繁育体系，加快育种进程，培育出退耕还草急需的适应不同生态区的鸭茅系列品种。

第八节　野生鸭茅与栽培品种杂交后代农艺性状初步研究

国外研究学者已经通过有性杂交的方式获得了三倍体，并且对其同种异型酶的多样性、花粉育性、气孔形状与大小、形态特征方面进行了研究（Bretagnolle and Lumaret，1995）。鸭茅在我国南方中高海拔地区有广阔的应用前景。为了探索我国野生鸭茅资源的前景，开展了本项研究。本试验以野生鸭茅和栽培品种杂交后代为材料，系统研究生长、发育特性，为初步筛选优良品系，进行农艺性状研究及鸭茅育种工作提供科学依据。

1　材料与方法

1.1　供试材料

本试验采用的鸭茅材料见表4-21。其中二倍体鸭茅采于滇中朗目山，海拔2200m的野生二倍体鸭茅（周自玮等，2000）；同源四倍体是野生二倍体鸭茅经化学诱导所得（钟声，2006）；四倍体栽培品种是'宝兴'鸭茅；对照品种选用云南省引进的各鸭茅品种中表现最好的'波特'鸭茅（匡崇义等，2005；钟声和匡崇义，2002）。野生二倍体诱导的同源四倍体与四倍体栽培品种杂交获得的216个杂交后代单株中，观测到4株形态特征出现较大差异，这4个单株编号为1、2、13、157（钟声，2006）。野生二倍体与四倍体栽培品种杂交获得的224个杂交后代单株中，获得1个三倍体，利用这株三倍体得到的孕实种子进行实验室发芽，获得了5个三倍体后代（钟声，2006），但其中一株死亡，其余编号为37-1、37-2、37-3、37-4。

表4-21　供试鸭茅资源及其来源

资源编号	来源
K11	波特原始种子引自澳大利亚，2002年从会泽大海挖回活体保存在云南省肉牛牧草研究中心的资源圃中
1	野生二倍体诱导的同源四倍体与四倍体栽培品种杂交获得（钟声和匡崇义，2002）)
2	野生二倍体诱导的同源四倍体与四倍体栽培品种杂交获得
13	野生二倍体诱导的同源四倍体与四倍体栽培品种杂交获得
157	野生二倍体诱导的同源四倍体与四倍体栽培品种杂交获得
37-1	野生二倍体与四倍体栽培品种杂交三倍体的后代（郭启高等，2000）
37-4	野生二倍体与四倍体栽培品种杂交三倍体的后代
37-2 F_1-1	杂交三倍体后代开放授粉的后代
37-2 F_1-2	杂交三倍体后代开放授粉的后代
37-2 F_1-3	杂交三倍体后代开放授粉的后代
37-2 F_1-4	杂交三倍体后代开放授粉的后代
37-3 F_1-1	杂交三倍体后代开放授粉的后代
37-3 F_1-2	杂交三倍体后代开放授粉的后代
37-3 F_1-3	杂交三倍体后代开放授粉的后代
37-3 F_1-4	杂交三倍体后代开放授粉的后代
37-4 F_1-1	杂交三倍体后代开放授粉的后代
37-4 F_1-2	杂交三倍体后代开放授粉的后代
7-4 F_1-3	杂交三倍体后代开放授粉的后代
37-4 F_1-4	杂交三倍体后代开放授粉的后代

1.2　研究内容与方法

1.2.1　株高及生长速度

每10d测量1次拉伸状态下的最大高度，重复5次。取平均株高计算生长速度。

1.2.2　分蘖及再生率

每30d刈割1次，本试验分别于7月、8月、9月、10月共进行4次刈割处理。统计单株分蘖数，重复5次。取平均单株分蘖数，计算相邻两次刈割的比值，得出再生率。

1.2.3　生殖枝数及比例

刈割前统计单株生殖枝数，重复5次。取平均单株生殖枝数与平均单株分蘖数的比值，得出生殖枝比例。

1.2.4　干物质产量

测单株鲜重，重复5次。取平均单株干重与平均单株鲜重的比值，得出干鲜比。计算平均单株干物质产量。

1.3　试验地概况

试验地设在昆明市小哨云南省肉牛和牧草研究中心，地处 25°21′N，102°58′E，海拔 1960m，年均温 13.4℃，年降雨量 990mm，年蒸发量 2384mm，年日照数 2617.4h，无霜期为 301d，土壤为石灰母质的山地红壤，pH 5.5～5.7，有机质含量为 2.18%～3.44%，全氮 0.10%～0.66%，全磷 0.0485%～0.052%，全钾 1.82%～2.36%，每 100g 土壤含速效磷 0.034mg、速效钾 9.7mg、速效硫 1.128mg、水解氮 5.68mg。

1.4　田间管理

将各份材料的单株于 2007 年 4 月进行无性分株扩繁。由于材料的限制，每份材料扩繁成 5 个植株，株距 30cm，行距 30cm，并于 4 月 27 日分别施氮、磷、钾肥 56g/m^2、3.2g/m^2、3.2g/m^2。试验期间不再进行施肥。为了使供试材料的生长具有整齐性，试验数据统计从 2007 年 6 月 27 日刈割处理之后开始。

1.5　数据处理

采用 ANOVA 分析方法对各次刈割平均单株分蘖数、平均单株干物质产量进行分析；采用一元线性相关分析方法对 4 次刈割的平均株高、分蘖数、生殖枝数、再生率及干物质产量进行分析。试验数据用 SPSS 11.0 和 Excel 进行统计分析。

2　结果与分析

2.1　农艺性状

2.1.1　生长速度

对比 4 次刈割之后的第 1、第 2、第 3 个 10d 供试鸭茅平均生长速度（表 4-22），生长速度呈下降趋势，即刈割之后第 1 个 10d 供试鸭茅的再生速度较快，且这种较快的生长速度随着植株的生长而缓慢下降。杂交后代各次刈割的第 1 个 10d 的生长速度明显不如'波特'（K11），'波特'的生长最快，但随着植株的生长，其生长优势逐渐显现出来，第 2 个 10d 之后的生长速度有所加强，并有高于'波特'的现象，表现较为突出的有：1、2、13、157。第 3 个 10d 的生长相对较弱，但变异较大，先前生长速度不如'波特'的，此时却接近甚至超过'波特'。比较各月的生长速度得出，7 月的生长最为旺盛，随着季节气候的变化，鸭茅的生长逐渐变得缓慢。计算 4 次刈割植株平均株高的变异系数得出各杂交后代株高变异系数均低于'波特'，表现较为优良的前 3 位分别是：37-2 F_1-3 平均株高 61.58cm，变异系数 6.13%；157 平均株高 73.78cm，变异系数 7.33%；37-3 F_1-2 平均株高 60.29cm，变异系数 8.57%；'波特'平均株高为 66.05cm，变异系数 17.55%。上述结果表明，杂交后代的生长速度有丰富的变异；另外，杂交后代的变异系数小，表明其生长速度优于'波特'，这一特性具有相对稳定的遗传性。

表 4-22 供试鸭茅的生长速度（单位：cm/d）

编号	第 1 次刈割			第 2 次刈割			第 3 次刈割			第 4 次刈割		
	1st	2nd	3rd	1st	2nd	3rd	1st	2nd	3rd	1st	2nd	3rd
K11	3.71	2.66	1.13	3.15	2.72	0.95	2.75	2.65	0.78	2.81	1.64	0.52
1	3.51	2.96	0.67	2.66	3.01	1.10	2.38	3.16	0.78	2.45	1.75	0.36
2	3.39	2.98	1.26	2.44	3.02	1.05	2.30	2.70	0.95	2.14	1.43	0.50
13	3.33	3.20	0.97	2.42	2.93	0.48	2.32	2.92	0.78	2.26	1.49	0.23
157	3.48	3.66	2.06	2.35	3.59	1.36	2.36	3.13	1.43	2.63	2.09	0.73
37-1	3.16	3.63	0.70	3.53	2.20	0.37	2.17	2.98	0.40	2.22	1.58	0.14
37-4	2.80	3.26	0.77	3.32	2.56	0.50	2.19	2.86	0.41	2.05	1.34	0.16
37-2 F_1-1	3.83	2.13	0.79	2.58	2.35	1.28	2.60	2.43	0.13	2.66	0.98	—
37-2 F_1-2	3.63	3.19	1.07	2.94	3.30	0.09	2.48	3.55	0.35	2.25	1.68	—
37-2 F_1-3	3.52	3.01	1.11	2.62	2.78	0.25	2.54	2.84	0.60	2.31	1.90	—
37-2 F_1-4	3.07	2.68	0.96	2.41	2.18	0.62	2.42	2.83	0.70	1.98	2.24	—
37-3 F_1-1	3.56	2.04	0.83	2.49	2.35	1.18	2.06	2.64	0.20	2.00	1.31	—
37-3 F_1-2	3.61	2.67	1.60	2.68	2.68	0.30	2.40	2.95	0.41	2.27	1.57	—
37-3 F_1-3	3.63	3.03	0.77	2.96	2.55	1.03	2.37	2.55	0.38	2.03	1.98	—
37-3 F_1-4	3.50	2.55	1.07	2.59	2.93	0.60	1.86	2.73	0.50	1.98	1.38	—
37-4 F_1-1	3.48	3.06	0.59	2.59	2.83	0.11	2.18	2.83	0.44	2.28	1.48	—
37-4 F_1-2	3.30	2.78	1.61	2.85	2.89	0.43	2.28	2.67	0.61	2.12	1.63	—
37-4 F_1-3	2.46	3.15	1.30	2.56	2.83	0.53	2.11	2.56	1.42	2.47	1.53	—
37-4 F_1-4	3.50	2.73	0.51	2.99	2.17	0.06	2.58	2.62	0.49	2.24	1.70	—

2.1.2 分蘖及再生特性

从表 4-23 中可见，1、2、157 在 7 月、8 月的分蘖数明显低于'波特'（K11），差异极显著，随后两次统计并没有表现显著差异，为了消除在分株过程中由人为因素造成的干扰，对比各次刈割之后的再生率得出，表现最好的为 157，再生率均高于波特，说明其具有很强的再生能力。37-2 F_1-3 4 次统计的分蘖数均低于'波特'，并且差异极显著，再生率也有较大的变异。37-1、37-3 F_1-4、37-4 F_1-1、37-4 F_1-4 分蘖数较多，在 10 月其他杂交后代的分蘖能力均下降的情况下，仍能极显著高于'波特'，其分蘖数分别达到 139.60、146.60、145.20 和 117.60。此时的气候条件相对 7 月、8 月较差，但它们仍能保持较高的分蘖能力，说明低温、短光照可能是促进其分蘖的原因。

表 4-23 供试鸭茅分蘖及再生差异

编号	第 1 次刈割		第 2 次刈割		第 3 次刈割		第 4 次刈割	
	分蘖数	再生率/%	分蘖数	再生率/%	分蘖数	再生率/%	分蘖数	再生率/%
K11	49.20	69.69	75.40	153.25	62.40	82.76	69.20	110.90
1	32.20**	64.66	52.80*	163.98	81.60	154.55	78.40	96.08
2	33.60**	71.49	49.00**	145.83	47.80	97.55	55.00	115.06

编号	第1次刈割		第2次刈割		第3次刈割		第4次刈割	
	分蘖数	再生率/%	分蘖数	再生率/%	分蘖数	再生率/%	分蘖数	再生率/%
13	32.60**	68.20	59.20	181.60	63.20	106.76	55.40	87.66
157	27.00**	75.42	48.40**	179.26	44.20	91.32	52.00	117.65
37-1	77.60**	64.88	136.20**	175.52	139.60**	102.50	139.60**	100.00
37-4	57.20	83.63	58.20**	101.75	64.60	111.00	65.20	100.93
37-2 F_1-1	18.00**	67.16	23.00**	127.78	41.20	179.13	41.80**	101.46
37-2 F_1-2	34.40	—	51.80**	150.58	48.00	92.66	59.80	124.58
37-2 F_1-3	27.60**	—	31.00**	112.32	32.80**	105.81	38.60**	117.68
37-2 F_1-4	28.20**	—	57.60*	204.26	79.20	137.50	73.60	92.93
37-3 F_1-1	38.20	119.38	41.00**	107.33	54.80	133.66	74.20	135.40
37-3 F_1-2	35.00*	—	61.80	176.57	70.00	113.27	73.60	105.14
37-3 F_1-3	37.60*	—	67.80	180.32	74.40	109.73	96.40**	129.57
37-3 F_1-4	31.00**	—	104.60**	337.42	171.40**	163.86	146.60**	85.53
37-4 F_1-1	85.00**	71.28	93.60*	110.12	120.80**	129.06	145.20**	120.20
37-4 F_1-2	54.00		79.40	147.04	82.20	103.53	94.60**	115.09
37-4 F_1-3	35.60*	—	58.80	165.17	53.20	90.48	59.00	110.90
37-4 F_1-4	48.60	—	113.60**	233.74	130.80**	115.14	117.60**	89.91

注：*表示 $P=0.05$ 与对照差异显著，**表示 $P=0.01$ 与对照差异显著

2.1.3 干物质产量

各杂交后代及'波特'4次刈割的干物质产量测定结果见表 4-24，供试鸭茅各月产量逐渐下降。与'波特'相比，37-4 F_1-1 的产量表现最好，分别在 8 月、9 月、10 月高于'波特'，并且差异极显著，3 个月的单株干物质产量分别为 28.03g/株、12.81g/株、9.70g/株。其次是 37-4 F_1-4，在 9 月和 10 月的产量与'波特'差异极显著，产量分别为 15.53g/株、11.49g/株。37-2 F_1-1 的产量明显低于'波特'，其次是 37-2 F_1-3、37-2 F_1-4。累加 4 个月的产量总值可以看出，37-1、37-3 F_1-4 虽然各月平均产量并没有较'波特'有明显的优势，但总产量却高于'波特'，说明它们的产量比较稳定，受外界环境因子的影响比较小，具有很大的可塑性。总产量较高与较低的杂交后代之间的差异比较明显，37-4 F_1-4 与 37-2 F_1-1 的总产量差异极显著。

表 4-24 供试鸭茅干物质平均产量（单位：g/株）

编号	第1次刈割	第2次刈割	第3次刈割	第4次刈割	总产量
K11	24.76	18.97	8.50	6.48	58.71
1	23.14	21.63	13.17**	8.05	65.99
2	22.68	16.68	8.91	4.46	52.73
13	18.89	13.59*	7.56	5.12	45.16
157	21.70	14.95	8.59	6.99	52.23

续表

编号	第 1 次刈割	第 2 次刈割	第 3 次刈割	第 4 次刈割	总产量
37-1	27.46	23.14	12.85**	8.96*	72.41bde
37-4	20.05	14.63	6.88	5.50	47.06
37-2 F_1-1	12.68**	7.95**	4.04**	3.87*	28.54aA
37-2 F_1-2	19.23	13.99*	9.10	6.14	48.46
37-2 F_1-3	11.05**	9.38**	6.13	4.34*	30.90ac
37-2 F_1-4	13.69**	11.35**	7.34	6.19	38.57ace
37-3 F_1-1	17.55*	14.53	6.38	5.59	44.05
37-3 F_1-2	23.92	18.51	10.40	6.93	59.76
37-3 F_1-3	17.36*	16.89	9.63	7.88	51.76
37-3 F_1-4	28.29	24.18*	9.56	8.44	70.47bce
37-4 F_1-1	30.87	28.03**	12.81**	9.70**	81.41bdf
37-4 F_1-2	21.46	20.00	10.34	7.41	59.21
37-4 F_1-3	15.58*	14.43	7.34	6.51	43.86
37-4 F_1-4	30.54	24.41*	15.53**	11.49**	81.97bdfB

注：*表示 $P=0.05$ 水平差异显著，**表示 $P=0.01$ 水平差异显著；同列小写字母不同表示 0.05 水平上差异显著，同列大写字母不同表示 0.01 水平上差异显著

2.2　农艺性状相关性

由表 4-25 可见，供试鸭茅的产量与株高、再生能力呈正相关，且随着植株的生长与分蘖数呈极显著正相关，相关系数为 0.763。植株高度的增长与分蘖数的增加具有相互抑制作用，且呈显著负相关，相关系数为 –0.394，再生能力与株高呈极显著正相关，相关系数为 0.776。进入生殖生长阶段以后，生殖枝的生长及生殖枝数的增加均会对株高、分蘖数及产量产生负影响。

表 4-25　各农艺性状之间的相关系数

项目	株高	分蘖数	生殖枝数	产量	再生能力
株高	1	–0.394*	–0.168	0.085	0.776**
分蘖数	–0.394*	1	–0.152	0.763**	–0.353
生殖枝数	–0.168	–0.152	1	–0.139	–0.224
产量	0.085	0.763**	–0.139	1	0.074
再生能力	0.776**	–0.353	–0.224	0.074	1

注：*表示 $P=0.05$ 水平相关，**表示 $P=0.01$ 水平相关

3　讨论

1）通过人工杂交的方式获得鸭茅倍性育种材料，在生长速度、分蘖能力、再生率及产量等方面对其进行初步研究得出：杂交后代之间有很大的变异，尤其在杂交三倍体的

后代，虽然数目很少，但变异丰富。综合考虑各杂交后代农艺性状的表现，建议将 37-2 F_1-1、37-2 F_1-3、37-2 F_1-4 材料淘汰；37-4 F_1-1、37-4 F_1-4 在生长速度及单株干物质产量方面都有较大的优势，建议将其进行扩繁，为下一步更加深入的研究做准备。其他材料保存，对 1、2、13、157、37-1 继续观察研究，认为它们是比较宝贵的育种材料。

2）杂交后代的倍性不确定，尤其是以杂交三倍体后代为亲本，杂交获得的后代多是混倍体，不能稳定遗传，有可能发生回复突变（郭启高等，2000），因此从杂交后代中筛选出三倍体，是下一步将要开展的工作。自然选择在花粉育性、种子产量、牧草产量等方面发挥着巨大的作用（Bretagnolle and Lumaret，1995）。将杂交三倍体后代材料扩繁，增加可供选择的材料数目，更有利于优良性状的保存和体现，为今后的育种工作，提供广阔的材料基础。

3）农艺性状之间存在一定的相关性，育种工作需要一定的时间，可以通过早期植株的生长对其农艺性状进行鉴定。本研究中得出的分蘖数与产量具有极显著的正相关，可根据这一结论判断，在育种材料早期该材料是否符合育种要求，从而节约育种时间。

4　结论

本试验通过有限的研究材料，初步观察得出：注重分蘖能力可作为有效的判断依据，为今后的育种工作提供便利条件。以放牧利用为主的牧草，应注重所选育牧草的分蘖能力，分蘖能力强的牧草，其产量也相应较高；以刈割利用为主的牧草，应重视其再生能力，生长较快，再生能力强，分蘖能力适当，为比较符合要求的性状指标。

第九节　野生鸭茅杂交后代农艺性状的初步研究

鸭茅相同倍性不同亚种间普遍能够自由杂交（Lumaret and Borrill，1988；Borrill，1978）。根据起源、形态及发育特征，野生鸭茅又可进一步细分为欧洲型和地中海型，前者为冬季生长、夏季休眠型，后者则正好相反（Lumaret and Borrill，1988；Borrill，1978）。目前世界上广泛栽培的主要是起源于欧洲的四倍体普通鸭茅亚种（*Dactylis glomerata* subsp. *glomerata*）（Loticato and Rumball，1994）。其他亚种栽培利用较少，但作为育种材料，国外已培育了许多品种。例如，在云南综合表现优异，并被广泛种植的'波特'鸭茅（钟声和匡崇义，2002）就是澳大利亚利用 *Dactylis glomerata* subsp. *lusitanica* 野生资源培育而成的（Míka et al.，2002）；新西兰培育的'Grasslands Kara'也是利用普通鸭茅亚种与 *D. glomerata* subsp. *lusitanica* 杂交培育的（Rumball，1982）；上述两个品种目前也是澳大利亚和新西兰综合表现较好、应用较为广泛的品种（Lewis，1974）。其他如西班牙培育的'Adac 1'（Míka et al.，2002），捷克培育的'Tosca'（Míka et al.，2002），英国培育的'Conrad'（Míka et al.，2002）、'Calder'（Lewis，1974）、'Saborto'（全国牧草品种审定委员会，1999）等品种都是利用二倍体鸭茅其他亚种或直接选育或与普通鸭茅杂交选育而成。

我国西部野生二倍体鸭茅分布广泛（张新全等，1994a，1994b；钟声等，1997；周自玮等，2000），遗传学方面的研究结果表明，野生二倍体鸭茅在核型、花粉数量、种子千粒重、酯酶和过氧化物酶等方面都与四倍体栽培种有很大差异（帅素容等，1997）。形态发育及主要农艺传性状研究结果均表明，我国西部野生二倍体与四倍体栽培种有较大差异（钟声等，1997）。作者在相关研究中，通过对我国西部野生二倍体鸭茅进行染色体加倍，获得了混倍体鸭茅，再用混倍体隔离授粉选择，获得了同源四倍体（钟声和段新慧，2006）。为了探索所获同源四倍体的杂交育种利用价值，开展了本项研究。

1 材料和方法

1.1 试验材料

以采于滇中朗目山，海拔 2200m 的野生二倍体鸭茅化学诱导所获同源四倍体为母本（钟声等，1997；钟声和段新慧，2006），以四川省宝兴县的野生四倍体鸭茅为父本（张新全等，1994a，1994b），该野生鸭茅 1991 年采于宝兴县海拔 2100m 处，综合农艺性状表现优异，具有较大的栽培价值，1999 年通过全国牧草品种审定，登记为'宝兴'鸭茅（张新全等，2002）。本次试验所用材料于 1996 年引进，系未经任何选育的野生资源。另据英国、加拿大等国牧草资源搜集保存相关资料记载（非出版物），我国西部野生鸭茅至少存在 *Dactylis glomerata* subsp. *glomerata*、*Dactylis glomerata* subsp. *himalayensis* 和 *Dactylis glomerata* subsp. *judaica* 3 个亚种。由于《云南植物志》（中国科学院昆明植物研究所，2003）及我国其他权威植物分类文献均未对鸭茅作进一步的亚种分类，本研究的两个材料在形态及发育等方面均存在遗传上较为稳定的性状差异，其是否分属不同亚种有待进一步考证。

1.2 研究内容及方法

1.2.1 杂交

鸭茅花穗密集，小花细小，人工去雄困难。鸭茅为异花传粉植物（Loticato and Rumball，1994）。本研究中，所选亲本在形态及发育方面存在明显显著，故采用自然杂交，即在温室中将同源四倍体与野生四倍体栽培品种相间种植，并与其他鸭茅材料隔离。收集同源四倍体鸭茅植株中所获种子。

1.2.2 杂交后代鉴定

根据双亲形态及发育方面的明显差异，从同源四倍体所获后代中，选择形态及发育方面具有父本性状的植株作为杂交成功后代的依据，对杂交成功后代取根尖进行染色体倍性的细胞学鉴定。

1.2.3 生长发育及农艺性状观测

以双亲为对照，定期观测：①植株形态及生长发育，分蘖情况等；②早期生长速度，测种子萌芽后前 8 周的植株拉伸长度，每周测定一次；③干物质产量及再生性测定，测定杂交 F_2 代，每份材料测 30 个单株，单株种植间距 0.5m×0.5m，种子萌芽后 3 个月留茬 5cm 刈割，以后每两个月刈割一次。

1.2.4　繁殖性能观测

对杂交 F₁ 代 4 个单株和亲本材料进行单蘖无性繁殖,单株种植,株间距 0.5m×0.5m,每个材料均为 20 株,次年观测:①生殖枝所占比例,成熟期统计每个材料 20 个单株的分蘖数和生殖枝数,计算生殖枝所占比例;②单个花序的小花数,统计每个材料 20 个单株第一个花序的小花数,计算平均数;③孕实种子数,每个材料随机选取 5 个单株,每个单株各取第一个成熟的花序,用指尖逐粒按压,区分孕实种子和不孕小花,计算结实率;④种子质量,孕实种子贮存 3 个月后,测定种子的千粒重、发芽势和发芽率,其中,千粒重重复测定 3 次,取平均值;发芽势和发芽率测定采用 4 重复,计算平均值。

1.2.5　病害观测

重点观测由隐匿柄锈菌(*Puccinia recondite* Rob. et Desm.)引起的叶锈病,该病在云南雨季发病较为严重。8 月中旬进行定株观测,将发病情况按分级标准进行调查,分级标准为:0 级,感病叶片数<5%;1 级,感病叶片数 6%~30%;2 级,感病叶片数 31%~80%;4 级,感病叶片数>80%。依据调查数据计算发病率和病情指数。

2　结果及分析

2.1　杂交后代形态及细胞学特征

从 216 个同源四倍体后代中,获得 4 个形态发育出现较大变异的单株,编号为 F₁-1、F₁-2、F₁-13 和 F₁-157(其隔离传粉后代用 F₂-1、F₂-2、F₂-13 和 F₂-157 表示)。营养生长期,4 个单株彼此间形态特征差异较小,拔节始期的单株分蘖能力远强于母本,形成的株丛较大,这些特征与父本野生四倍体鸭茅相近。开花期 4 个单株的花序有一定差异,其中 F₁-1 和 F₁-2 两个单株穗轴较粗壮,小穗上举,与父本野生四倍体极相似;F₁-157 和 F₁-13 花序分枝中下部小穗轴粗壮,与父本相似,上部分枝细弱,与母本相似,即花序外形兼具父、母本的形态学特征。对野生二倍体鸭茅及诱导同源四倍体隔离传粉后代进行了广泛观测,未发现有类似变异出现。由此推断 4 个变异植株为同源四倍体与野生四倍体的杂交后代。对 4 个杂交后代的根尖细胞作染色体倍性观测,结果表明 4 个单株均为四倍体。

2.2　物候发育

杂交 F₁ 代的全生育期平均为 208d,比父本(247d)短 39d,但比母本(179d)长 29d;杂交后代单株间存在较大差异,其中,F₁-1 和 F₁-2 的全生育期相同(195d),比 F₁-13(214d)短 19d,比 F₁-157(227d)短 32d。从不同物候发育阶段的差异来看,父本野生鸭茅进入分蘖期的时间最早,比母本早 16d,4 个杂交后代进入分蘖期的时间比母本略早。拔节期及以后的生长发育,母本同源四倍体非常迅速,从拔节至成熟的天数平均只有 53d,而父本平均为 114d,杂交 F₁ 代平均为 77d,变化范围为 63~92d。从父、母本及杂交后代的物候发育差异来看,母本具有前期发育迟缓、后期发育迅速的特点,父本则正好相反,杂交后代物候发育总体说来介于两个亲本之间,但不同个体间存在较大差异。

2.3 分蘖特性

观测结果见表4-26。其中,次年盛花期分蘖数为单蘖无性繁殖30株的平均分蘖数。从表中可见,杂交F_1代第1蘖出现的平均值与父本野生四倍体接近,与母本同源四倍体有较大差异;统计分析结果显示,杂交F_1代拔节始期的分蘖数明显高于母本同源四倍体,但低于父本野生四倍体,且差异极显著($P<0.01$);无性繁殖盛花期杂交F_1代分蘖数与父本差异不显著($P>0.05$),但极显著高于母本同源四倍体($P<0.01$);杂交F_1代4个单株间也存在一定差异,但第1蘖出现时的叶片总数和出现的叶腋位置相对较稳定。

表4-26 杂交后代与亲本间分蘖习性差异

	父本	母本	F_1-1	F_1-2	F_1-13	F_1-157	F_1平均
第1蘖出现天数	57.55	73.00	64.00	59.00	49.00	51.00	55.75
第1蘖出现时叶片总数	5.82	7.50	7.00	6.00	6.00	6.00	6.25
第1蘖出现的叶腋位置	2.36	3.50	2.00	2.00	3.00	2.00	2.25
拔节始期分蘖数	78.60A	15.14B	38.00	47.00	75.00	50.00	52.50C
盛花期分蘖数	15.82A	5.55B	12.91	10.86	19.59	14.73	14.52A

注:同列大写字母不同表示差异显著

2.4 早期生长速度

对比观测了杂交F_1代和F_2与双亲间早期生长速度的差异,种子萌芽后连续观测了8周。其中,F_1代第4周的株高平均为15.1cm,比母本(9.1cm)高65.9%,比父本(13.3cm)高13.53%;第8周的平均株高31.0cm,比母本(22.3cm)高39.0%,比父本(26.6cm)高16.5%。F_2代每个材料均观测30个单株,其中F_2代第4周的株高平均为14.98cm,变异系数14.98%;母本平均为9.07cm,变异系数23.51%;父本平均为12.26cm,变异系数12.74%。F_2代第8周株高平均为31.12cm,变异系数11.71%;母本平均为22.27cm,变异系数14.9%;父本平均为24.06cm,变异系数9.04%。上述结果表明,杂交F_1和F_2代的早期生长速度均明显比母本快,同时,也比父本稍快。另外,F_2代的变异系数较小,表明杂交后代的早期生长速度优于双亲这一特性具有相对的遗传稳定性。

2.5 干物质产量

测定了F_2代及对照分蘖期多次刈割的干物质产量,每份材料测30个单株,结果见表4-27。从表中可见:杂交F_2代单株的干物质产量明显高于母本同源四倍体,但低于父本。统计分析结果表明,F_2-1和F_2-2与母本同源四倍体差异不显著($P>0.05$);F_1-157除第1刈差异不显著外,其余两次刈割及年总产均与母本同源四倍体有极显著差异($P<0.01$);F_2-13和F_2-157的年总产与父本无显著差异($P>0.05$);4个杂交后代间存在显著差异，其中，F_2-157 极显著高于 F_2-1 和 F_2-2（$P<0.01$），但与 F_2-13 无显著差异（$P>0.05$）。

表 4-27　杂交 F_2 与亲本的干物质平均产量（单位：g/单株）

	第 1 刈	第 2 刈	第 3 刈	总产
父本	3.43A	7.63A	8.47A	19.53A
母本	1.20B	2.64B	3.57B	7.41B
F_2-1	1.59B	3.64B	4.48B	9.71B
F_2-2	1.25B	4.18B	5.22B	10.65B
F_2-13	1.22B	4.43B	6.47A	12.12AB
F_2-157	1.93B	6.21A	7.87A	16.01A

注：同列大写字母不同表示差异显著

2.6　再生性

测定了杂交 F_2 代前两次刈割后的再生速度，结果见表 4-28。从表中可见，杂交 F_2 代再生率与父本接近，强于母本。杂交 F_2 代的再生速度总体上与父本相近，与母本有较大差异。需要说明的是，刈后再生植株进入第 3 周，母本即进入生殖生长阶段，而杂交 F_2 代和父本仍保持营养生长阶段，故第 3、第 4 周的再生速度母本比杂交 F_2 代和父本更快。杂交 F_2 不同株系间存在较大差异，F_2-13 和 F_2-157 的生长速度明显比另外两个株系快，尤其是 F_2-157 两次刈后的再生速度甚至快于父本。表明通过杂交加上合理选择可以改善野生四倍体鸭茅的再生性。

表 4-28　杂交 F_2 与亲本的再生性

		再生率/%	再生速度/（cm/d）			
			第 1 周	第 2 周	第 3 周	第 4 周
1 刈	父本	121.1	1.83	1.24	0.22	0.50
	母本	111.2	1.47	1.38	1.30	1.73
	F_2-1	120.4	1.48	1.33	0.46	0.17
	F_2-2	123.7	1.69	1.41	0.56	0.42
	F_2-13	133.1	1.62	1.40	0.42	0.41
	F_2-157	127.6	1.91	1.56	0.22	0.58
2 刈	父本	114.7	—	2.54	—	0.13
	母本	108.4	—	1.95	—	0.97
	F_2-1	112.5	—	2.46	—	0.27
	F_2-2	117.1	—	2.60	—	0.18
	F_2-13	123.2	—	2.58	—	0.06
	F_2-157	110.8	—	2.58	—	0.10

2.7 繁殖性能

观测结果见表 4-29。从表中可见，无论是生殖枝比例、结实率还是发芽率，4 个杂交后代都远强于父本。除 F$_1$-1 的千粒重略不如父本外，其他 3 个单株的千粒重都大于父本，反映了杂交后代种子表现出一定的超亲优势。贮存 3 个月后，4 个杂交后代的发芽率都高于双亲。表明通过杂交与选择相结合，可以显著改善野生四倍体鸭茅的繁殖性能。

表 4-29　杂交 F$_1$ 与亲本的繁殖性能统计

	生殖枝比例/%	每花序小花数/个	孕实种子数/个	结实率/%	千粒重/g	发芽势/%	发芽率/%
父本	19.6	753.8	127.0	16.85	0.99	40.5	68.5
母本	29.8	833.2	337.2	40.43	0.84	70.7	82.1
F$_1$-1	31.7	871.0	236.0	27.10	0.89	61.0	90.5
F$_1$-2	30.0	995.8	315.4	31.67	1.26	73.3	87.3
F$_1$-13	33.9	1190.0	509.6	42.82	1.28	85.0	93.3
F$_1$-157	23.7	969.0	168.2	17.36	1.16	66.5	88.0

2.8 病害情况

根据田间调查结果（表 4-30），母本同源四倍体的发病率最高，但病害等级普遍较轻，病情指数比父本野生四倍体略低。4 个杂交后代的抗锈病能力彼此间存在较大差异，其中 F$_1$-1 无论是发病率还是病情指数均较高，尤其病情指数远高于双亲。F$_1$-13 无论发病率还是病情指数均低于双亲，表现出良好的抗病性。F$_1$-2 和 F$_1$-157 与双亲的抗病性差异不大。上述反映了两个亲本的杂交后代对叶锈病的抗病性存在较大差异，表明通过杂交与选择相结合，可以改善栽培鸭茅的抗叶锈病的能力。

表 4-30　杂交 F$_1$ 与亲本叶锈病感病害反应调查

	调查株数	病害等级				发病率/%	病情指数
		0	1	2	3		
父本	63	52.4%	19.0%	19.0%	9.5%	47.60	28.57
母本	72	33.33%	54.17%	8.33%	4.17%	66.67	27.78
F$_1$-1	84	35.7%	17.9%	14.3%	32.1%	64.30	47.62
F$_1$-2	84	39.3%	17.9%	17.9%	25.0%	60.70	30.95
F$_1$-13	87	62.1%	20.7%	13.8%	3.4%	37.90	19.54
F$_1$-157	69	47.8%	30.4%	8.7%	13.0%	52.20	28.99

3　讨论

鸭茅小花细小，人工去雄困难。尽管鸭茅为常异花传粉植物（Loticato and Rumball，

1994)，但由于我国现有鸭茅四倍体栽培品种形态及发育特征极相似，利用天然杂交面临杂交真实性鉴定方面的困难。另据相关报道，我国的野生鸭茅四倍体和二倍体减数分裂中期Ⅰ的染色体联会均以Ⅱ＋Ⅱ为主，二者的花粉育性均不高（帅素容等，1997），结合本次试验结实性的观测结果分析，利用减数分裂中期Ⅰ的染色体联会行为和花粉育性等方面的差异鉴定我国野生鸭茅杂交后代的真实性存在一定困难。我国西部野生二倍体鸭茅的同源四倍体其形态、发育与野生二倍体基本一致，与野生鸭茅四倍体存在明显差异（钟声和段新慧，2006）。本次研究结果显示，以同源四倍体为母本时，其与野生四倍体鸭茅的杂交后代在种子萌芽后前20d的生长速度，拔节始期的分蘖数和株丛大小、花序形态特征等方面与母本存在巨大差异，田间观测中极易识别。故在育种实践中，采用以同源四倍体为母本的自然杂交方式进行杂交是可行的，不仅可以大大降低杂交工作量，而且易于获得大量杂交后代。

我国西部野生二倍体鸭茅苗期生长极度缓慢、分蘖弱、再生性差、饲草产量极低、叶量少、没有直接栽培利用价值，但野生二倍体鸭茅生长后期纤维化速度缓慢，草质较优（钟声等，1997）。二倍体鸭茅在云南绝大多数地区结实性也普遍较好，与之相比，野生四倍体鸭茅具有分蘖和再生能力强，饲草产量相对较高等优点（钟声等，1997）。但鸭茅四倍体栽培品种营养价值随生长时间延长下降非常快（钟声等，1997；尹俊，1996），此外，鸭茅四倍体栽培品种在整个云南几乎不能进行种子生产。本次研究结果显示，二倍体诱导所获同源四倍体与野生四倍体杂交后代基本上能集中双亲的优点，在繁殖性能和苗期生长两方面均优于亲本。尽管分蘖能力和单株干物质产量不如野生四倍体，但差距不大，完全可以通过进一步选择加以改善。本研究结果还显示，杂交后代个体间在苗期生长、分蘖、再生、干物质产量、繁殖及抗病性等方面均存在较大差异，为育种提供了广泛的选择范围。故我国西部的野生二倍体鸭茅具有重要的育种利用价值。

第十节　鸭茅不同倍性杂交及后代发育特性的初步研究

我国野生鸭茅主要有二倍体和四倍体两种，不同倍性常能同域共生，形态特征也相似，但彼此间很难杂交，相同倍性不同来源的野生鸭茅间则能自由杂交（Lumaret and Borrill，1998；Stebbins，1972；Borrill，1978）。根据形态及起源地，二倍体和四倍体鸭茅可分为欧洲型和地中海型两种类型：欧洲型叶片通常较宽大，株丛大，植株粗糙，生长旺盛，冬季休眠；地中海型株丛较小，叶片狭窄，冬季生长，夏季休眠（Loticato and Rumball，1994）。我国栽培四倍体鸭茅品种资源匮乏，栽培鸭茅品种严重依赖进口，是生产实践中的重要不利因素。我国西部横断山区广泛分布野生二倍体鸭茅（怀特和库帕，1989；张新全等，1994a；周自玮等，2000），其形态特征与我国引进栽培四倍体鸭茅有明显差异（钟声等，1997）。鸭茅不同倍性的杂交，国外已有报道（Bretagnolle and Lumaret，1995；Sato et al.，1993；Haan et al.，1992），但有关我国西部横断山区野生二倍体鸭茅与栽培四倍体的杂交利用研究尚未见报道。

1 材料和方法

1.1 试验材料

二倍体鸭茅为滇中曲靖朗目山，海拔 1800～2200m 的野生种。其染色体核型公式为 $2n=14=10m+4sm$（SAT）（周自玮等，2000），该鸭茅为四川省宝兴县逸生种，经多年驯化，现已作为野生栽培牧草品种获国家品种登记。

1.2 研究方法

1.2.1 杂交

采用以二倍体鸭茅为母本，以栽培四倍体为父本的杂交方式。由于二倍体鸭茅小花极小，长不及 5mm，人工去雄较为困难。鸭茅为常异花传粉植物（Loticato and Rumball，1994）。通常情况下，二倍体与四倍体的杂交后代为三倍体，具有高度不孕性。根据这些特点，本试验采用自然杂交方式进行杂交。

1.2.2 结实率观测

每个单株随机取一个花序作定性观测，对结实率极低的单株，取 5 个成熟花序统计结实率。

1.2.3 细胞学鉴定

对高度不孕的植株及其后代，取根尖放入冰水混合物中 0～4℃处理 24h。然后转入卡洛固定液中固定 24h，在 1mol/L HCl 中 60℃解离 5min，蒸馏水洗净后用改良石炭酸品红染色，在 45%的乙酸溶液中压片观测。各供试材料统计细胞数目 30 个以上，并且分属 5 个以上的根尖。在镜检的基础上选择分散相好的片子照相。

1.2.4 形态及发育观测

定期观测物候发育、分蘖和再生能力等，开花期观测花序的形态特征。

2 结果及分析

图 4-5 三倍体鸭茅（$2n=3x=21$）

2.1 杂交成功率

通过结实性和细胞学鉴定（图 4-5），从 224 个单株中获得 1 个三倍体鸭茅单株，表明云南野生二倍体鸭茅与栽培四倍体鸭茅能够通过自然方式进行杂交，但杂交率极低。

2.2 形态学特征

对比观测结果表明：营养生长期，三倍体形态学特征与二倍体相似，但生长速度稍快，与栽培四倍体差异十分明显；开花期，二倍体鸭茅花序分枝细弱，抽穗后花序即自然下垂，栽培四倍体花序分枝粗壮，小穗上举，三倍体正好介于二倍体与四倍体之间（图4-6）；从小花大小来看，二倍体小花长约为四倍体的2/3，三倍体小花比栽培四倍体稍大，远大于二倍体。

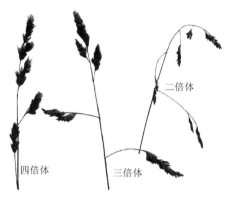

图 4-6　花序特征

2.3　物候发育

观测结果见表 4-31。从表中可见：分蘖期以前，二倍体、三倍体和栽培四倍体间差异较小；分蘖至开花期，三倍体与二倍体相近，与栽培四倍体存在较大差异；开花至结实期三倍体与栽培二倍体接近，与四倍体差异较大；全生育期三倍体比二倍体长 30d，比栽培四倍体短 51d。因此，总体说来三倍体的物候发育介于二倍体和栽培四倍体之间。

表 4-31　物候发育差异（日-月）

	2 叶	3 叶	4 叶	分蘖	拔节	孕穗	抽穗	开花	完熟	生育期/d
二倍体	18-5	1-6	10-6	2-7	25-8	3-9	8-9	24-9	15-10	166
三倍体	19-5	30-5	9-6	22-6	25-8	27-8	28-8	16-9	14-11	196
四倍体	18-5	30-5	9-6	16-6	12-9	18-9	25-9	15-10	4-1	247

2.4　分蘖能力

第 1 蘖出现情况见表 4-32。从表中可见，二倍体叶片长至第 7～8 叶时开始出现第 1 蘖，产生的位置通常在第 3 或第 4 叶的叶腋处，无论是出现时间、叶片数还是位置，二倍体的变异系数都较小，表明上述 3 个特征在二倍体中有一定的稳定性。栽培四倍体分蘖出现的时间早，第 1 蘖通常产生于第 2 或第 3 叶的叶腋处，上述 3 个指标的变异系数都较二倍体大。三倍体第 1 蘖出现情况与四倍体接近。拔节始期单株分蘖数：二倍体平均为 13.9，变化范围 7～24；三倍体为 26；四倍体平均为 78.6，变化范围 67～92。可见三倍体分蘖期分蘖能力稍强于二倍体，但明显不如栽培四倍体。次年单蘖无性繁殖盛花期分蘖数（30 株平均）及生殖枝所占比例，二倍体平均为 4.5 和 28.6%；四倍体平均为 15.82 和 19.6%；三倍体平均为 10.23 和 30.1%。显然三倍体强于二倍体但不如四倍体。

表4-32　第1蘖出现情况

	时间			叶片数			出现位置		
	天数	变化范围	变异系数CV	叶片数	变化范围	变异系数CV	叶位	变化范围	变异系数CV
二倍体	63.6	59~68	4.47%	7.75	7~8	5.84%	3.42	3~4	15.1%
四倍体	49.6	45~55	7.67%	5.7	5~7	11.84%	2.3	2~3	21%
三倍体	51	—	—	6	—	—	2	—	—

2.5　早期生长速度

以拉伸状态下的株高表示，观测结果见图 4-7。从图中可见，三倍体早期生长与四倍体相近，明显比二倍体快。次年单蘖无性繁殖成活后留茬 5cm 刈割，生长 4 周后的株高（30 株平均），二倍体为 16.7cm，四倍体为 25.9cm，三倍体为 20.9cm，可见三倍体的早期速度也介于二倍体和四倍体之间。

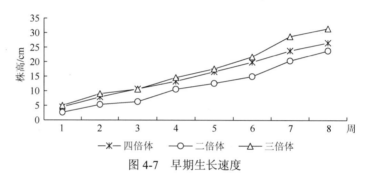

图4-7　早期生长速度

2.6　繁殖特性

统计了 5 个单穗的结实情况，结果见表 4-33。从表中可见，二倍体结实性明显优于四倍体栽培种，三倍体高度不孕。

表4-33　结实率统计

	1		2		3		4		5		平均		结实率/%
	孕实	空瘪	孕实	空瘪	孕实	空瘪	孕实	空瘪	孕实	空瘪	孕实	空瘪	
二倍体	239	240	383	337	301	251	245	238	312	312	296A	275.6A	51.78
四倍体	76	872	66	414	191	572	124	756	178	520	127B	626.8B	16.85
三倍体	0	1361	6	1076	2	2364	0	1331	1	1284	1.8C	1483.2C	0.12

注：同列大写字母不同表示差异显著

2.7　三倍体种子繁殖后代的染色体倍性鉴定

对三倍体后代 5 个单株，取根尖细胞作染色倍性观察，结果见表 4-34。从表中可见，其后代中 2 个单株为五倍体（图 4-8），1 个为四倍体（图 4-9），另 2 个为混倍体，没有发现三倍体。可见三倍体后代染色体倍性特征相当复杂。

表 4-34　染色体统计结果

	37-1	37-2	37-3	37-4	37-5
统计细胞总数	49	41	93	24	41
染色体＜28	0	0	12	4	1
染色体=28	0	0	76	13	14
染色体 29～34	6	3	5	7	26
染色体=35	40	33	0	0	0
染色体＞35	3	5	0	0	0
四倍体所占比例/%	0	0	81.72	54.17	34.15
五倍体所占比例/%	81.63	80.49	0	0	0

图 4-8　五倍体鸭茅（2n=35）

图 4-9　四倍体鸭茅（2n=28）

3　讨论

1）研究结果表明，云南野生二倍体鸭茅与栽培四倍体通过自然杂交产生杂交三倍体是可能的。本研究从 224 个单株中仅获取 1 个单株，出现率仅 0.45%，表明二者间自然杂交的发生率较低。本研究中所获得的三倍体鸭茅高度不孕，国外研究结果表明，鸭茅不同倍性杂交所获三倍体中，花序的 63% 为雄性不育，31% 为部分可育，6% 为完全可育（Sato et al.，1993），显然与本研究结果有一定差异。三倍体鸭茅在形态、物候及生长发育等方面具有双亲的某些特征。但花序开展比亲本大，单个花序所含小花数也更多。

2）杂交三倍体后代染色体倍性特征十分复杂，混倍体、四倍体和五倍体均存在，表明杂交三倍体染色体说明二倍体和四倍体杂交可以产生多种倍性的杂交后代，与相关报道结论基本一致（Roselyne et al.，1990；Lindner and Garcia，1997；Gauthier et al.，1999）。这对于遗传、进化及育种无疑都具有重要意义。

第十一节　野生二倍体鸭茅染色体加倍及杂交利用研究

我国是鸭茅的起源地之一,但我国鸭茅新品种培育目前尚为空白。已登记的鸭茅品种均为野生栽培品种,由于主要优点并不突出,实际生产中推广运用范围很小。对国外鸭茅栽培品种及种子的严重依赖,已成为我国,尤其是西部中高海拔地区草地生态建设中的重要不利因素。我国西部横断山区野生二倍体鸭茅分布广泛,但对其开发利用研究较少见于报道。

1　材料和方法

1.1　研究材料

野生二倍体鸭茅于 1998 年采于曲靖市朗目山,海拔 1800～2200m。经核型分析为二倍体,染色体核型公式为 $2n=14=10m+4sm$(SAT)。现保存于昆明小哨原种质园内。试验所用材料为云南省肉牛和牧草研究中心原种圃中新收种子。

1.2　研究方法

1.2.1　同源四倍体诱导与鉴定

选取芽长＜(1～2)cm 的萌动种子 50 粒,用 0.2%秋水仙碱处理 1d。处理后的种子用自来水冲洗数次,移栽至盆中。盆栽土为沙、腐质土和红壤土按 1∶1∶1 配制而成。植株定植成活后,对幼苗生长变化情况进行细心观察,对通过形态学特征初步判定已诱导成功的植株,进行镜检确定。对通过镜检的加倍植株进行分株扩繁。

1.2.2　杂交

将杂交材料相间种植,并与其他可能串粉的鸭茅材料隔离。分株搜集母本的种子,通过后代生长差异及形态特征差异进行初步筛选,对初选后代进行染色体的细胞学鉴定。对杂交成功后代进行扩繁和系统观测。

1.2.3　生长发育的对比观测

单株种植,株距 50cm,确保每个单株有充分的生长空间;采用相同的、较高标准的土壤和农艺措施,以保证所有单株在优越环境条件下,充分展示其固有的特征、特性;物候观察在植物生长缓慢时期每周进行一次,进入旺盛生长后每两天进行一次。其他观察内容如早期生长速度、分蘖能力、刈割后的再生能力、侵占能力、开花结实情况等视植株发育情况而定。拔节始期刈割,测定多次刈割的产量及年总产。

1.2.4　繁殖性能

采用与饲用栽培价值相同的栽培方法,观测物候发育,生殖枝所占比例。每个研究材料随机取 5 个单穗,测种子结实率。新收种子贮存 6 个月后,测种子的千粒重、发芽势、萌芽率等。

1.3　试验地概况

试验地位于云南省昆明市东郊 46km 的小哨乡，地理位置为东经 103°、北纬 25°13′、海拔 1900m，红壤土，pH 6.5，有机质 0.84%，全氮 0.16%，全磷 0.03%，全钾 0.12%。小哨多年平均气温 13.4℃，年降雨量 990m，其中雨季（6～11 月）降雨占全年降雨总量的 88%，无霜期 301d。

2　结果及分析

2.1　二倍体鸭茅染色体加倍

二倍体鸭茅染色体加倍结果显示，尽管所有诱导材料经秋水仙碱处理后都发生了不同程度的形态变异，但镜检结果显示，只有 8 株诱导成功，成功率为 16%，诱导成功的为混倍体鸭茅，即同一植株体细胞中二倍体和四倍体共存。未诱导成功的为二倍体。与二倍体相比，混倍体在气孔大小、植株形态特征和分蘖能力、物候发育等方面并无明显差异。从混倍体鸭茅隔离传粉获得的 24 个后代中，通过镜检，获得 2 个纯合同源四倍体单株。这 2 个单株的染色体计数结果均表明 $2n=28$ 的染色体数目均占统计细胞的 85% 以上，少数细胞染色体数目为 26 或 27，偶见染色体数目为 30 的细胞。其他植物学特征及农艺性状观测结果显示：纯合同源四倍体气孔长度及成熟种子明显大于二倍体，但二者间在形态学特征、物候发育、早期生长、分蘖和繁殖性能等方面差异较小。

2.2　混倍体与四倍体栽培种杂交利用研究

以诱导获得的混倍体鸭茅为母本，与'宝兴'鸭茅进行自然杂交。以花期形态特征，尤其是小穗颖片及外稃的特征差异为主要鉴定依据，结合早期生长和物候发育速度观测结果。从 216 个杂交后代中，筛选出 4 个杂交成功后代。杂交成功后代的所有形态特征，包括株型、颖及外稃表面的被毛特征均介于亲本之间，尤其是杂交成功后代的颖及外稃脊上出现了只在父本中存在的一些特征，可以作为杂交成功的主要依据。物候发育观测结果显示：杂交后代早期生长、分蘖能力等与四倍体栽培种接近，强于野生二倍体；单株干物质产量高于野生二倍体，但明显不如四倍体栽培种；繁殖性能与野生二倍体接近，强于四倍体栽培种。杂交四倍体不同株系间在植株形态、种子大小、分蘖能力、干物质产量等方面也有较大差异。

2.3　野生二倍体鸭茅与四倍体栽培种的杂交利用研究

以朗目山野生二倍体鸭茅为母本，与四倍体栽培品种进行自然杂交，从二倍体鸭茅 270 个后代中筛选到 1 个三倍体后代。表明通过不同倍性的自然杂交获得三倍体鸭茅的概率虽然极低，但仍然可行。对三倍体与二倍体和四倍倍体生长发育进行的初步观测结果表明：杂交后代高度不孕，其形态特征及物候发育介于二倍体和四倍之间，除繁殖性能外，三倍体的主要农艺性状优于二倍体，但明显不如四倍体栽培种。从三倍体自由传粉后代中，获得少量孕实种子，对孕实种子进行实验室发芽，获得了 5 个三倍体后代。分蘖期分别取根尖细胞作染色倍性观察。发现了 2 个五倍体单株，1 个四倍体单株和 2 个为混倍体。没有发现三倍体。上述表明三倍体后代染色体倍性特征相当复杂。

3　讨论与结论

1）野生二倍鸭茅采用萌动种子通过秋水仙碱处理获得同源四倍体是可行的。但本研究中，无论是混倍体的获得还是同源四倍体的获取成功率均较低，而且鉴定方法只能依赖染色体细胞学鉴定，故工作量巨大。表明二倍体鸭茅的染色体加倍方法还有待进一步研究和完善。

2）以诱导所得混倍体为母本，与四倍体栽培种进行自然杂交，获得杂交四倍体的途径是完全可行的。尽管自然发生率较低，但由于混倍体与四倍体鸭茅栽培种形态及物候发育存在巨大差异，因此筛选鉴定工作反而变得相对简单。从育种利用角度考虑，可以大大节约时间。

3）通过野生二倍体鸭茅与四倍体鸭茅栽培品种杂交，获得不同倍性的鸭茅也是可行的。尽管本研究中的发生率较低，但由于杂交 F_1 代为三倍体，具有高度不孕性，因此鉴定筛选工作相对于同源四倍体的诱导反而更简单。这对于研究鸭茅的遗传、进化及育种无疑都具有重要意义。

第十二节　二倍体鸭茅染色体加倍的研究

尽管国外相关报道认为二倍体鸭茅 $2n$ 配子的产生具有普遍性，即自然状态下可以形成多倍体（Falistocco et al.，1995；Haan et al.，1992；Maceira et al.，1992）。但横断山区的野生鸭茅中尚未观察到这一现象。出于解决横断山区野生二倍体鸭茅与四倍体栽培品种间的染色体倍性差异，为二者有性杂交创造条件，开展了本项研究。

1　材料和方法

1.1　试验材料

二倍体鸭茅为滇中朗目山，海拔 1800～2200m 的野生种。染色体核型公式为 $2n=14=10m+4sm$（SAT）（周自玮等，2000）。

1.2　试验方法

按种子不同萌芽阶段、秋水仙碱不同浓度（0.05%、0.2%、0.3%）和不同处理时间（1d、2d、3d）；共设 27 个处理和 3 个对照（表 4-35）。每处理 30 粒萌芽种子，对照为 20 粒萌芽种子。处理后的种子用自来水冲洗数次，移栽至盆中，盆栽土为沙、腐质土和红壤土按 1∶1∶1 配制而成。

表 4-35　试验方案

处理编号	处理	处理编号	处理
1A	胚根 2cm，0.05%，1d	5C	胚芽 1～2cm，0.2%，3d
1B	胚根 2cm，0.05%，2d	6A	胚芽 1～2cm，0.3%，1d
1C	胚根 2cm，0.05%，3d	6B	胚芽 1～2cm，0.3%，2d
2A	胚根 2cm，0.2%，1d	6C	胚芽 1～2cm，0.3%，3d
2B	胚根 2cm，0.2%，2d	CK2	胚芽 1～2cm，清水培养
2C	胚根 2cm，0.2%，3d	7A	胚芽＞3cm，0.05%，1d
3A	胚根 2cm，0.3%，1d	7B	胚芽＞3cm，0.05%，2d
3B	胚根 2cm，0.3%，2d	7C	胚芽＞3cm，0.05%，3d
3C	胚根 2cm，0.3%，3d	8A	胚芽＞3cm，0.2%，1d
CK1	胚根 2cm，清水培养	8B	胚芽＞3cm，0.2%，2d
4A	胚芽 1～2cm，0.05%，1d	8C	胚芽＞3cm，0.2%，3d
4B	胚芽 1～2cm，0.05%，2d	9A	胚芽＞3cm，0.3%，1d
4C	胚芽 1～2cm，0.05%，3d	9B	胚芽＞3cm，0.3%，2d
5A	胚芽 1～2cm，0.2%，1d	9C	胚芽＞3cm，0.3%，3d
5B	胚芽 1～2cm，0.2%，2d	CK3	胚芽＞3cm，清水培养

1.3　主要观察内容

1.3.1　形态变异观测

定期观察植株芽、根尖、叶片等变异情况，统计变异率。

1.3.2　生长发育观测

定期观察统计植株的成苗率，物候及生长发育，分蘖情况等。

1.3.3　细胞学鉴定

幼苗长至分蘖时，取根尖放入冰水混合物中 0～4℃处理 24h。然后转入卡洛固定液中固定 24h，在 1mol/L HCl 中 60℃解离 5min，蒸馏水洗净后用改良石炭酸品红染色，在 45% 的乙酸溶液中压片观测。各供试材料统计细胞数目 30 个以上，并且分属 5 个以上的根尖。在镜检的基础上选择分散相好的片子照相。

1.3.4　气孔大小测定

对经过细胞学鉴定的植株，选取叶龄相近的叶片，切取叶片的同一部位，用解剖刀刮去下表皮及叶肉组织，放大 400 倍时，用测微尺测定气孔的宽度，用测微尺的刻度作为相对长度表示气孔的大小，每份材料测 25 个气孔。计算平均值和变异系数。

2 结果及分析

2.1 早期形态特征变化及生长情况

1A～6C 用秋水仙碱处理 24h 后，形态特征与对照无显著变化，48h 后，处理植株根尖膨大成棒形，胚芽靠近基部处发生明显弯曲，72h 后，芽的变异类型非常丰富，有 "S" 形、螺旋形、棒形、斜三角形等。7A～9C 用秋水仙碱处理 24h 后即观察到明显变异。不同浓度间除了发生变异植株的比例不同外，变异出现的时间和变异类型无明显差异。新叶长出分两种情况：芽较长的植株从中间伸出，芽短于 1cm 的植株新叶从芽尖伸出。处理后长出的第 1 片新叶明显比对照宽，但至第 2 片叶及以后与对照无明显差异。处理 10d 后，变异植株生长速度出现较大差异，但明显都较对照慢。处理 35d 后，变异植株第 1 片叶枯死植株超过总数的 50%，对照为 0%。处理 70d 后，变异植株进入分蘖期的占 34.5%，对照植株仅 11.2%。

2.2 不同处理的变异率

统计结果见表 4-36。从表中可见，秋水仙碱浓度为 0.05% 时，变异率随处理时间的延长而增大，秋水仙碱浓度为 0.3% 时，所有处理的变异率均达到 100%，秋水仙碱浓度为 0.2% 时，胚芽超过 3cm 的处理随时间的延长变异率增大。上述表明，本试验中所考虑的 3 个因素对变异率均有一定程度的影响。

表 4-36 不同处理变异植株及成活统计

处理	处理数	变异株数	变异率/%	成活植株总数			成活变异植株			
				14d	28d	70d	120h	14d	28d	70d
1A	30	14	46.7	27	21	19	5	12	8	1
1B	30	21	70	30	17	14	17	18	10	3
1C	30	30	100	25	2	1	30	25	2	1
2A	30	30	100	28	3	2	29	27	2	1
2B	30	30	100	26	0	1	30	26	0	0
2C	30	30	100	22	0	0	30	22	0	0
3A	30	30	100	18	3	3	29	17	3	1
3B	30	30	100	22	1	0	30	22	1	0
3C	30	30	100	13	1	1	30	13	0	0
CK1	20	—	—	17	17	17	—	—	—	—
4A	31	18	60	31	27	23	16	17	12	7
4B	30	22	70.3	30	24	21	14	16	11	7
4C	30	29	99.7	30	15	10	29	29	15	5
5A	30	30	100	30	24	16	26	28	21	11
5B	30	30	100	9	5		30	30	9	5
5C	30	30	100	29	11	2	30	29	11	2
6A	30	30	100	30	16	10	30	29	16	10
6B	30	30	100	28	4	1	30	28	4	1

续表

处理	处理数	变异株数	变异率/%	成活植株总数			成活变异植株			
				14d	28d	70d	120h	14d	28d	70d
6C	30	30	100	29	5	0	30	29	5	0
CK2	21	—	—	21	21	21	—	—	—	—
7A	30	20	66.7	30	27	25	20	20	20	9
7B	30	27	90	30	21	20	27	27	19	8
7C	30	28	93.3	30	19	13	28	28	19	0
8A	30	20	66.7	30	18	17	20	20	15	5
8B	30	28	93.3	30	18	10	28	28	17	7
8C	30	29	99.7	30	17	10	29	29	18	7
9A	30	30	100	30	10	8	30	30	10	7
9B	30	30	100	30	10	7	30	30	10	4
9C	30	30	100	30	14	7	30	30	14	1
CK3	20	—	—	20	20	20	—	—	—	—

注：表中不同处理见表4-35

2.3　不同处理的成苗情况

统计结果见表4-36。从表中可见，植株成苗率随着秋水仙碱浓度的增加，处理时间的延长而降低，随植株萌芽时间的延长而增高，表明本试验中所考虑的3个因素对成苗率均有一定程度的影响。

2.4　染色体倍性鉴定

对成活植株进行根尖染色体镜检，最终发现有11株加倍成功（表4-37），均为四倍体和二倍体的混倍体（图4-10，图4-11），即同一植株的根尖细胞中既有四倍体，又有二倍体。未加倍成功者为二倍体。

表4-37　变异植株统计

处理	1B	4A	4B	5A	5B	8C
成活变异植株数（70d）	3	7	7	11	5	7
混倍体植株数	1	3	2	2	2	1

注：表中不同处理见表4-35

图4-10　二倍体鸭茅（2n=14）

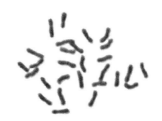

图4-11　四倍体鸭茅（2n=28）

2.5 混合四倍体与二倍之间生长发育的差异

测定结果见表4-38。总体说来，混倍体早期生长速度明显较二倍体慢。其他方面的差异不明显。混倍体内的差异甚至大于与二倍体间的差异。气孔大小方面，二倍体与四倍体差异不明显，所有材料气孔相对长度的变异系数都较小，说明气孔大小具有一定程度的稳定性。

表4-38 混倍体与二倍体生长发育及气孔差异

	处理	10周株高/cm	10周分蘖数	拔节期分蘖数	至拔节天数/d	至开花天数/d	开花期株高/cm	气孔长度/μm	气孔变异系数CV/%
二倍体	CK	37	1	13	100	130	77	8.19	1.46
混倍体									
1	1D	13	0	8	98	125	71	7.38	2.52
2	4A	51	2	15	104	141	66	8.22	1.39
3	4A	15	2	8	96	125	76	8.41	1.54
4	4A	21	1	16	92	118	81	7.76	1.91
5	4B	15	0	11	96	128	76	8.12	1.47
6	4B	52	2	13	100	135	76	7.47	2.54
7	5A	12	0	8	105	141	69	8.02	1.61
8	5B	17	1	11	100	136	71	8.17	2.16
9	5B	8	2	9	109	142	73	7.46	1.38
10	5B	15	0	12	105	130	80	7.74	1.51
11	8C	13	1	9	110	135	69	8.44	1.47
平均	—	21	1	11	101	132	73	—	—

注：表中不同处理见表4-35

3 讨论

3.1 关于二倍体鸭茅染色体加倍的适宜条件

本研究表明：秋水仙碱处理浓度和处理时间对于二倍体鸭茅染色体加倍互作效应明显，而且所有诱导成功的植株均为混倍体。这一结论与其他报道结果一致（云锦凤等，2001；雷家军等，1999；郭启高等，2000）。关于萌动种子的适宜处理时间，本研究结果显示：秋水仙碱对二倍体鸭茅的毒害作用随种子萌芽时间的延长而降低，但诱导效果也随之而降低。综合考虑变异率、成苗率及最终筛选结果等因素，可以认为：①以芽长1～2cm的萌芽种子作为处理材料较为理想；②适宜的处理浓度和时间分别为秋水仙碱0.05%、2d或0.2%、1d。

3.2 混倍体鸭茅的鉴定依据

本研究中，二倍体鸭茅和诱导成功的混倍体在气孔大小、植株形态特征、分蘖能力、物候发育等方面并无明显差异，故用上述方面的特征来鉴定诱导成功与否不可靠；尽管多数诱导成功的植株早期生长较二倍体缓慢，但大量变异明显，同时早期生长缓慢的植株经细胞学鉴定加倍并不成功，也有少数生长速度比二倍体更快的植株最终证明染色体加倍成功。故早期生长速度也不是判断染色体加倍是否成功的可靠依据。因此，二倍体鸭茅是否加倍成功只能依赖于染色体的倍性鉴定。

3.3　混倍体鸭茅的利用

由于混倍体不能稳定遗传，有可能发生回复突变（云锦凤等，2001；雷家军等，1999；郭启高等，2000），因此迅速从其自交后代中筛选出纯合同源四倍体才能确保加倍植株的有效保存。另外，由于混倍体植株形态学特征与二倍体无差异，但二倍体与四倍体栽培种间差异巨大（钟声等，1997；张新全等；1996），因此可以直接用混倍体与四倍体栽培种自然杂交，依据形态特征差异鉴定杂交后代的真实性。

第十三节　云南野生二倍体鸭茅同源四倍体形态及发育特性的初步研究

鸭茅是云南省目前栽培面积最大的禾本科牧草品种之一。但云南现有鸭茅当家品种主要为澳大利亚和新西兰育成品种，这些品种在云南各地结实性普遍极差，不能进行种子生产（奎嘉祥等，2003）。云南省野生二倍体鸭茅资源十分丰富，分布地理范围广泛（周自玮等，2000；钟声等，1999），普遍具有良好的结实性。另外，有关我国鸭茅四倍体栽培种遗传学特性研究结果表明，不同品种间同源性高，遗传差异较小（帅素容等，1997，1998），这一点间接反映了我国鸭茅栽培种基因相对匮乏。因此，加强云南野生二倍体鸭茅资源相关研究，对于解决鸭茅在云南的结实性问题及丰富我国鸭茅基因资源均具有重要意义。

1　材料和方法

1.1　试验材料

野生二倍体鸭茅为滇中朗目山，海拔 1800～2200m 的野生种。其染色体核型公式为 $2n=14=10m+4sm$（SAT）（奎嘉祥等，2003）。混倍体为 2002 年用秋水仙碱处理获得的混合四倍体单株。四倍体栽培种为我国登记的野生栽培种'宝兴'鸭茅。

1.2　研究方法

1.2.1　同源四倍体的筛选和鉴定

将混倍体单株盆栽于温室，与其他鸭茅材料隔离，对混倍体自由传粉后代进行实验室发芽，单株盆栽种植，进入分蘖期时，分别取根尖放入冰水混合物中 0～4℃处理 24h。然后转入卡洛固定液中固定 24h，在 1mol/L HCl 中 60℃解离 5min，蒸馏水洗净后用改良石炭酸品红染色，在 45%的乙酸溶液中压片观测。各供试材料统计细胞数目 30 个以上，并且分属 5 个以上的根尖。将通过细胞学鉴定的同源四倍体与其他鸭茅隔离，同源四倍体间自由传粉，用所收种子播种，作为进一步形态、发育观测的材料。

1.2.2 试验材料的种植及管理

所有材料均采用实验室发芽，单株盆栽种植。花盆为瓦质花盆，直径 35cm，盆栽土为沙、腐质土和红壤土按 1∶1∶1 配制而成。将所有花盆下部 2/3 埋入地中，以减少浇水。整个试验期间均不施肥。

1.2.3 观测内容

形态学特征观察：在苗期、分蘖期、拔节期、孕穗期、抽穗期、开花期和完熟期分别观测比较同源四倍体的营养或生殖器官形态、大小等方面的差异，每份材料观测 15～20 个单株。物候发育：生长发育缓慢期每周观测一次，生长旺盛期 2～3d 观测一次。气孔比较：植株抽出第 4 片叶时，取第 3 片叶的同一部位，用测微尺测定气孔的相对长度，每份材料测 40 个气孔，计算平均值和变异系数。早期生长：种子萌芽后连续测定 8 周，测植株的拉升长度，以 30 株的平均数表示。分蘖特性：种子萌芽后，观测第 1 蘖出现的时间、出现的叶腋位置、幼苗的叶片总数，拔节始期统计单株分蘖数。繁殖特性：成熟期统计单株生植枝和营养植的数量，计算生殖枝所占比例，每份材料随机取 5 个花序统计单个花序的小花数和孕实种子数，计算结实率。种子贮存 3 个月后，测定种子的千粒重、发芽势和发芽率，其中，千粒重采用 10 个重复，每重复 100 粒的测定方法进行测定，发芽率采用 4 个重复，每重复用 100 粒纯净饱满种子。对相关试验数据进行方差分析和显著性检验。

2 结果及分析

2.1 染色体倍性鉴定

从 24 个混倍体自由传粉后代中获得 2 个纯合同源四倍体单株。这 2 个单株的染色体计数结果表明，$2n=28$ 的染色体数目的细胞均占统计细胞的 85%以上，少数细胞染色体数目为 26 或 27，偶见染色体数目为 30 的细胞。将 2 个单株与其他鸭茅隔离收种，获得了供进一步试验所需的同源四倍体种子。

2.2 形态特征

观测结果表明，同源四倍体开花期花序比二倍体大，小花比二倍体长 1/3～1/2。其株丛形态特征及直径在苗期、分蘖期、拔节期、抽穗期、开花期与二倍体均极相似，尤其是开花结实期，同源四倍体与二倍体的穗轴均细弱，使得花序分枝自然下垂，状如成熟的稻穗，与四倍体栽培种花序分枝上举的形态学特征区别较大。

2.3 气孔比较

观测结果见表 4-39。方差分析结果表明，二倍体、混倍体、同源四倍体及四倍体栽培种间，气孔相对长度均存在极显著差异（$P<0.01$）。尽管本次研究中显示，同源四倍体气孔与四倍体栽培种存在极显著差异,但考虑到四倍体栽培种出叶速度更快（表4-40），故同一天取样时，四倍体栽培种的实际生长时间更长。鉴于观测中发现鸭茅的气孔长度随叶龄增加而变短，但气孔密度则随之增加。因此，不能单纯依靠统计结果判定相同条件下同源四倍体的气孔较四倍体栽培种大。但同源四倍体与二倍体和混倍体的出叶速度相同，故其统计结果的可靠性较高。从变异系数（CV）来看，所有研究材料气孔长度的变异系数均较小，表明气孔相对长度具有较好的稳定性。上述结果说明：相同条件下，鸭茅同源四倍体的气孔远大于二倍体是一个可靠性较高的结论，实践中可用作同源四倍体筛选鉴定的初步依据。

表4-39 气孔差异

	二倍体	混倍体	同源四倍体	四倍体栽培种
平均相对长度	8.19A	7.38B	11.07C	9.87D
CV/%	1.46	2.52	3.93	2.49
相当于二倍体/%	100	90.05	135.18	120.52
相当于四倍体栽培种/%	82.95	74.72	112.17	100

注：同一行不同大写字母表示差异显著

表4-40 物候期（日-月）

	2叶	3叶	4叶	分蘖	拔节	孕穗	抽穗	开花	成熟	生育天数/d
二倍体	18-5	1-6	10-6	2-7	25-8	3-9	8-9	24-9	15-10	166Aa
同源四倍体	19-5	1-6	14-6	2-7	5-9	7-9	11-9	28-9	28-10	179Aa
四倍体栽培种	18-5	30-5	9-6	16-6	12-9	18-9	25-9	15-10	4-1	247Bb

注：同列小写字母不同表示0.05水平上差异显著，同列大写字母不同表示0.01水平上差异显著

2.4 物候发育

观测结果见表4-40。从表中可见，同源四倍体的物候发育比二倍体略迟，但二者差异甚微。与四倍体栽培种相比较，野生二倍体及其同源四倍体分蘖期出现时间较晚，但以后的物候发育更快。全生育期短两个月以上。对全生育进行统计分析结果显示，同源四倍体与二倍体间无显著差异（$P>0.05$），二者均与四倍体栽培种存在极显著差异（$P<0.01$）。

2.5 分蘖特性

观测结果见表4-41。从表中可见，同源四倍体第1蘖出现的时间比二倍体稍晚，其他方面差异不大。与四倍体栽培种相比，野生二倍体及其同源四倍体第1蘖出现的时间晚10d以上；第1蘖出现时，幼苗的叶片数多1~2片；第1蘖出现的部位也有较大差异；拔节始期的分蘖数不及四倍体栽培种的20%。统计分析显示，第1蘖出现的时间和

出现的叶腋位置，二倍体和同源四倍体间没有显著差异（$P>0.05$），二者都与四倍体栽培种存在显著差异（$P<0.05$）。第 1 蘖出现时植株的叶片总数及拔节始期分蘖数，二倍体和同源四倍体间也无显著差异（$P>0.05$），但二者都与四倍体栽培种存在极显著差异（$P<0.01$）。上述表明，云南野生二倍体鸭茅的分蘖特性与四倍体栽培种间的差异并非由染色体倍性差异造成。

表 4-41　分蘖特性

	第 1 蘖出现时间/d	第 1 蘖出现叶片总数	第 1 蘖出现叶腋处	拔节始期分蘖数
二倍体	68.1a	7.70Aa	3.50a	13.9Aa
同源四倍体	73.00b	7.50Aa	3.50a	15.14Aa
四倍体栽培种	57.55a	5.82Bb	2.36b	78.6Bb

注：同列小写字母不同表示 0.05 水平上差异显著，同列大写字母不同表示 0.01 水平上差异显著

2.6　早期生长速度

以拉伸状态下的株高表示，观测结果表明同源四倍体早期生长比二倍体略慢，但二者差异极微，均与四倍体栽培种有较大差异。说明云南野生二倍体及其同源四倍体的早期生长不如四倍体栽培种。

2.7　繁殖特性

观测结果见表 4-42。统计分析结果表明：同源四倍体的生殖枝比例、单个花序平均孕实种子数、发芽势和发芽率均与二倍体无显著差异（$P>0.05$），二者都显著高于四倍体栽培种（$P<0.01$）；同源四倍体单个花序的平均小花数与四倍体栽培种无显著差异（$P>0.05$），二者都极显著高于二倍体（$P<0.01$）；同源四倍体的结实率与四倍体栽培种差异极显著（$P<0.01$），与二倍体差异显著（$P<0.05$）；同源四倍体、二倍体及四倍体栽培种的千粒重彼此间均差异极显著（$P<0.01$）。综合考虑成熟期生殖枝比例、单个花序平均孕实种子数、种子发芽势、发芽率等重要指标，同源四倍体的繁殖能力总体上与二倍体接近，明显优于四倍体栽培种。同源四倍体单个花序的平均小花数及成熟种子的千粒重均与二倍体差异极显著（$P<0.01$），表明同源四倍体的花序和种子都较二倍体更大。

表 4-42　繁殖特性

	生殖枝比例/%	每花序小花数	孕实种子数	结实率/%	千粒重/g	发芽势/%	发芽率/%
四倍体栽培种	19.6Aa	753.8Aa	127Aa	16.85Aa	0.99A	40.5Aa	68.5Aa
二倍体	28.1Bb	571.6Bb	296Bb	51.78Bb	0.60B	72.5Bb	85.3Bb
同源四倍体	29.8Bb	833.2Aa	337.2Bb	40.43Bc	0.84C	70.7Bb	82.1Bb

注：同列小写字母不同表示 0.05 水平上差异显著，同列大写字母不同表示 0.01 水平上差异显著

3　讨论

1）鸭茅同源四倍体的气孔、花序、小花和种子等与二倍体相比表现出一定的巨大性，实践中可用作同源四倍体筛选鉴定的初步依据。但无论是营养期还是生殖期，同源四倍体的株丛形态特征均与二倍体相似，即并不表现出某种程度的巨大性。

2）二倍体鸭茅的分蘖、再生及年均干草产量均与四倍体栽培种存在巨大差异，因此，不适于生产中直接栽培利用（钟声等，1997）。尽管本研究并未进行有关鸭茅同源四倍体再生性及干物质产量等方面的观测，但仅从早期生长、物候发育、分蘖特性，以及相同生长天数单株株丛形态特征等方面考虑，可以认为同源四倍体与二倍体一样，直接栽培利用的前途不大。从繁殖特性角度考虑，同源四倍体较好地保留了二倍体结实性好的优点，为解决云南省鸭茅栽培品种结实性差的问题提供了良好的育种中间材料。

3）有关鸭茅属的分种，普遍认为该属存在数个种（怀特和库帕，1989；王栋和任继周，1989；侯宽昭，1998；Stuczynskl et al.，1992），国外还普遍将二倍体鸭茅当作亚种处理（Lindner et al.，1999；Bretagnolle and Lumaret，1995）。国内最新较权威的观点认为"鸭茅属只有一个多型种"（中国科学院昆明植物研究所，2003）。本研究中，云南野生二倍体鸭茅及其同源四倍体与分布于四川境内的野生二倍体鸭茅花序形态特征（钟声等，1997）基本一致，均与鸭茅四倍体栽培种有较大的区别。加之同源四倍体在分蘖特性、生长发育、繁殖特性等他方面与四倍体栽培种间所存在的较大差异，有理由认为，广泛分布于我国横断山区的野生二倍体鸭茅与鸭茅四倍体栽培种在起源和进化方面可能存在明显分化和较大差异。尤其是同源四倍体并不具备四倍体栽培种的许多特征，反映出鸭茅四倍体栽培种并非简单地由二倍体鸭茅自然加倍形成，其起源和进化可能较为复杂，与相关文献论述较一致（怀特和库帕，1989）。据此也可以判定在横断山区发现的许多农艺性状较优异的四倍体鸭茅资源（帅素容等，1997，1998；钟声等，1997）与起源于当地的野生二倍体鸭茅联系并不密切。因此，加强横断山区野生二倍体鸭茅相关研究对于认识鸭茅的起源、进化及鸭茅新品种培育具有重要意义。

第十四节　两种牧草种子空间诱变效应研究

近地空间环境具有微重力、高真空、强烈的空间辐射及弱地球磁场。这些特殊的条件对进入其中的生物材料具有特殊的复合诱变作用（王雁等，2002）。空间诱变育种是近年来迅速发展起来的空间技术与植物育种相结合的交叉学科，利用卫星或高空气球搭载、携带植物种子等生物样品，经特殊的空间环境条件作用，引起生物体畸变，进而导致生物体遗传变异，经地面种植、选育试验培育新品种（系）（江丕栋，2000）。已有研究表明，利用空间条件进行作物诱变育种具有变异频率高、变异幅度大、多数性状的变异能够遗传的特点，有些变异是迄今地球上用其他诱变因素难以得到的。空间诱变育种作为一种新的育种途径已受到国内外遗传育种界的重视。

我国自 1987 年以来先后进行 10 次植物种子搭载，涉及水稻、小麦、棉花、青椒等50 多个品种（密士军和郝再彬，2002）。牧草及草坪草空间诱变方面的研究开始于 1994

年。草种具有质量轻、体积小、包装简单、便于携带等优点，而且草类植物主要是以收获和利用营养器官为主，相对于以收获籽实为主的农作物而言，可能更易在太空条件引起变异。所以进行牧草空间诱变研究，不但可以获得新品种，同时还能结合现代分子生物技术对其突变基因进行定位和克隆，这对牧草育种是十分重要的（张蕴薇等，2004；任卫波等，2004）。

本试验对四川农业大学选育的国审牧草品种'长江 2 号'多花黑麦草（*Lolium multiflorum* Lam. cv. Changjiang No.2）、'宝兴'鸭茅（*Dactylis glomerata* L. cv. Baoxing）这两种牧草空间诱变的当代生物学特性进行分析研究，探索空间条件对牧草种子的诱变效应。

1 供试材料与方法

1.1 试验地概况

试验地位于四川省雅安市青衣江流域二级阶地后缘四川农业大学草业科学系试验基地内，海拔 600m，属北亚热带湿润季风气候区。年平均气温 16.2℃，最热月（7 月）均温 25.3℃，最冷月（1 月）均温 6.1℃，极端最高气温 37.7℃，年降雨量 1774.3mm，年蒸发量 1011.2mm，相对湿度 79%，日照时数 1039.6h，无霜期 304d。试验地土壤系白垩灌口组紫色砂页岩风化的堆积物形成的紫色土，pH 为 6.2。

1.2 供试材料

'长江 2 号'多花黑麦草、'宝兴'鸭茅种子均由四川农业大学草业科学系提供，利用"实践八号"卫星搭载干种子，未搭载种子作为对照。

1.3 试验方法

2006 年 10 月回收搭载种子和地面对照种子做标准发芽试验。发芽后采用盆栽，进行物候期及农艺性状的观察。

1.3.1 发芽试验

将搭载种子和对照种子一起置于光照培养箱中进行标准发芽试验（韩建国，1997），温度保持在 23℃左右。每皿 50 粒种子，4 次重复；种子以胚根长至种子一半时认定为发芽。每隔 24h 统计发芽种子数，在种子发芽高峰时测定发芽种子数，计算种子的发芽率。

1.3.2 物候期观测

物候期的观测于 2006 年 10 月开始，至 2007 年 5 月结束。主要包括播种期、出苗期、拔节期、抽穗期、开花期、完熟期。各生育期均以 50%该植株进入生育期为准。

1.3.3 农艺性状测定

农艺性状测定指标包括株高、分蘖数、叶长、叶宽、花序长、小穗数。其中株高分别于拔节期、抽穗期、开花期、完熟期测定其绝对株高，叶长和叶宽为旗叶长和旗叶宽。各项指标均随机选取 10 株进行测定。

1.4　数据处理

试验数据结果用 Excel 和 SAS 统计软件分析。

2　结果与分析

2.1　种子标准发芽率分析

空间搭载对'长江 2 号'多花黑麦草种子标准发芽率的影响如图 4-12 所示。黑麦草对照的发芽高峰出现在 3d 后，但经航空处理的种子发芽高峰出现在第 4 天。对照材料的发芽率为 97.50%，航空处理材料的发芽率为 98.34%。两者之间无明显差异。说明空间条件虽推迟了黑麦草种子发芽高峰出现时间，对其发芽势有一定影响，但对其发芽率无显著影响。

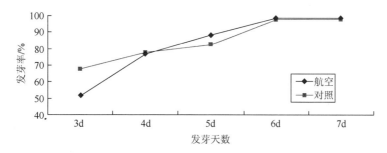

图 4-12　长江 2 号多花黑麦草航空材料与对照发芽率比较

空间搭载对'宝兴'鸭茅种子发芽率的影响如图 4-13 所示。鸭茅的航空处理材料明显在后期发芽情况比对照好。对照和处理均出现了 2 次发芽高峰期，出现的时间略有不同：对照为发芽第 6 天和第 8 天，航空处理材料为第 7 天和第 9 天，比对照略有推迟。对照材料的发芽率为 68%，经航空处理材料为 78.66%。空间条件影响了鸭茅的发芽势，推迟了材料发芽高峰出现时间，但能使材料的总体发芽率得到一些提高。

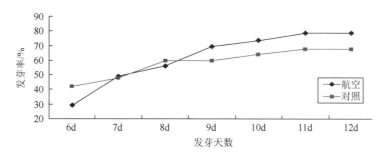

图 4-13　宝兴鸭茅航空材料与对照发芽率比较

2.2 物候期观测

两种牧草于 2006 年 10 月出苗后,11 月进入分蘖期。'长江 2 号'多花黑麦草于 2007 年 2 月进入拔节期,4 月初孕穗,5 月底进入完熟期。航空处理材料与对照的生育天数分别为 221d 和 219d。与对照相比,航空材料抽穗期与开花期延迟,生育天数无明显差异。'宝兴'鸭茅于 2007 年 3 月初进入拔节期,3 月底孕穗,5 月底进入完熟期。航空处理材料与对照的生育天数分别为 223d 和 225d。与对照相比,'宝兴'鸭茅航空材料的孕穗期、抽穗期、开花期、完熟期都有所提前,生育天数无明显差异,这说明空间条件对这两种牧草的物候期及生育天数并未产生显著影响。对两种牧草航空材料与对照的物候期观察记录于表 4-43。

表 4-43 物候期比较(月-日)

牧草品种		播种期	出苗期	分蘖期	拔节期	孕穗期	抽穗期	开花期	完熟期	生育天数/d
长江 2 号多花黑麦草	处理	10-15	10-21	11-5	2-28	4-5	4-21	5-5	5-25	221
	对照	10-15	10-21	11-5	2-27	4-3	4-18	5-1	5-23	219
宝兴鸭茅	处理	10-16	10-28	11-20	3-3	3-26	4-11	4-28	5-28	223
	对照	10-16	10-28	11-20	3-2	3-27	4-13	5-1	5-30	225

2.3 植株高度

在各个生育期测定两种牧草的植株高度,'长江 2 号'多花黑麦草航空材料与对照的株高比较见图 4-14。图 4-14 显示其处理与对照在拔节期至孕穗期之间并无差异,孕穗期后,航空材料生长速度比对照快,至完熟期,航空材料的株高为 110.9cm,对照为 103.8cm,对照与处理之间的差异不大。空间环境能加快'长江 2 号'多花黑麦草后期的生长速度,但并未产生显著影响。

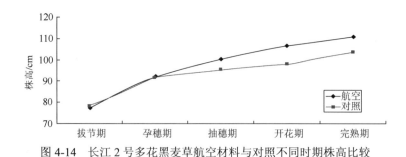

图 4-14 长江 2 号多花黑麦草航空材料与对照不同时期株高比较

'宝兴'鸭茅对照与航空的株高比较见图 4-15。拔节期至孕穗期,'宝兴'鸭茅航空材料的生长速度比对照快,孕穗期后,生长速度减慢。至完熟期航空材料的株高为 98cm,对照为 108.2cm。空间条件对'宝兴'鸭茅生长速度产生的影响表现为:

在试验期间'宝兴'鸭茅航空材料相对于对照在生长上表现为先快后慢，到最后完熟期的株高是低于对照的。

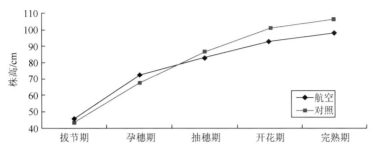

图 4-15　宝兴鸭茅航空材料与对照不同时期株高比较

2.4　农艺性状

在抽穗期和开花期对两种牧草的航天材料和对照的各项农艺性状进行调查，其结果见表 4-44。

表 4-44　农艺性状比较

		长江 2 号多花黑麦草		宝兴鸭茅	
		平均数	变异系数/%	平均数	变异系数/%
花序长/cm	航空	27.77a	22.86	20.92a	17.21
	对照	27.87a	20.72	21.5a	18.45
小穗数	航空	33.33a	17.56	251.82b	4.15
	对照	31.93a	15.56	264.3a	3.67
小花数	航空	7.89a	22.36	4.36a	0.23
	对照	8.63a	19.99	3.82a	0.22
第 1 片叶长/cm	航空	20.85a	30.58	37.71a	28.50
	对照	20.51a	15.19	34.55a	28.61
第 1 片叶宽/mm	航空	10.88a	16.91	6.57a	18.58
	对照	10.42a	11.84	7.67a	17.63
分蘖	航空	8.18a	40.85	20.7b	15.78
	对照	7.9a	35.02	25.8a	23.46

注：同列小写字母不同表示 0.05 水平上差异显著，同列大写字母不同表示 0.01 水平上差异显著

'长江 2 号'多花黑麦草航空材料的各项指标与对照均无显著差异（$P > 0.05$）。其中，除花序长和小花数平均数低于对照外，其余各农艺性状都高于对照。经搭载后，各农艺性状的变异系数也远远大于对照。观测中发现 1 株花序比较长的植株，花序长

达到了 40.9cm，比对照平均水平高 13cm，该植株的小穗数、叶长及叶宽也明显高于对照。说明空间条件对黑麦草的小穗数、叶长、叶宽及分蘖有一定的促进作用，而且空间搭载还能增加黑麦草各项农艺性状的变异度，从中经过选育可能得到有价值的突变体。

'宝兴'鸭茅航空材料除小花数和叶长高于对照，其余各项农艺性状均低于对照。其中小穗数及分蘖的方差结果显示差异显著（$P<0.05$）。其余农艺性状与对照比较均为差异不显著（$P>0.05$）。经搭载后，'宝兴'鸭茅的各项指标的变异程度不大，只有其分蘖的变异系数大大低于对照。空间条件导致了'宝兴'鸭茅的小穗数及分蘖数发生了变化，降低了其小穗数和分蘖数，同时也降低了'宝兴'鸭茅分蘖的变异度。

3 讨论与结论

1）与对照相比，空间搭载后的'长江 2 号'多花黑麦草的标准发芽率和田间的各项农艺性状没有显著差异，这说明空间搭载对牧草种子生理损伤较轻，发芽势虽被降低，种子活力下降，但其最终发芽率并未受到影响。经搭载后，各项田间的农艺性状的变异度呈增加趋势，表现为变异系数大幅度增加，其中还发现了花序长度比对照平均长度高 46%及分蘖数比对照高 1 倍的变异植株。通过对这些变异植株的选育，有可能获得一些多花、多分蘖等有价值的育种材料。表明空间搭载对牧草种质进行改良是可行的。

2）'宝兴'鸭茅航空材料种子的发芽率及物候期和对照比较并没有显著差异，但同样发芽势降低，空间条件影响了种子活力。空间条件使'宝兴'鸭茅在拔节期至孕穗期之间的生长速度加快，这样可以增加'宝兴'鸭茅的刈割次数。'宝兴'鸭茅航空材料的分蘖数与小穗数与对照差异显著，空间条件降低了'宝兴'鸭茅的分蘖数和小穗数。已有研究表明（王广进等，2004），小麦空间搭载后，SP2 代的株高、分蘖数增加，说明空间条件有可能使植株的后代发生正向变异。可继续栽培研究'宝兴'鸭茅航空材料的后代，有可能选育出优良的变异植株，获得有价值的育种材料。

3）空间环境中的强辐射、微重力、超真空等特殊环境可引起植物及其后代发生变异。从本试验结果可以看出，空间条件对植株的损伤较小，对植株的生长发育并无显著影响，更无明显的抑制作用，但对搭载材料的变异度有一定影响，表现为个别植株的农艺性状与对照存在着显著差异。这些变异产生的原因可能是由于搭载后因空间条件而引起的在基因表达方面产生的变异。因此，航空搭载对于诱导植株变异，特别是一些表型性状上的变异具有一定的效果，通过对这些变异植株的选育，有望获得有价值的育种材料。

第十五节 鸭茅品种（系）DUS 测试及农艺性状评价筛选

植物品种的特异性（distinctness）、一致性（uniformity）和稳定性（stability）（简称DUS）测试，由国际植物新品种保护联盟（International Union for the Protection of New Varieties of Plants，UPOV）提出，其是植物新品种保护的技术基础和授权依据（Baum，

1998)，以美国、欧洲和日本等地研究较早（李晓辉等，2003），其正确有序的开展，将极大地有利于植物新品种的登记、管理、更新和使用，是植物新品种保护体系的重要组成部分，主要包括植物部分表型性状，是品种描述与鉴定的必备特征（王黎明等，2011），在使用时应具体结合不同地域的植物育种进展（王彦荣等，2002），以充分利用育种资源。自1961年UPOV成立以来，DUS测试得到不断的改进和完善，各国针对DUS测试设立了不同的标准和法规（李晓辉等，2003），以更好地实现对植物品种的管理和运用，目前DUS已被广泛用于玉米（*Zea mays*）（赵春明等，2009）、小麦（*Triticum aestivum*）（王立新等，2010）、大麦（*Hordeum vulgare*）（Jones et al.，2013）、水稻（*Oryza sativa*）（唐浩等，2012，2013）、洋葱（*Allium cepa*）（Ahmed et al.，2013）、西瓜（*Citrullus lanatus*）（范建光等，2013）、欧洲栗（*Castanea sativa*）（Furones-Perez and Fernandez-Lopez，2009）、唐菖蒲（*Gladiolus gandavensis*）（孙延智和义鸣放，2002）、菊（*Chrysanthemum morifolium*）（管志勇等，2013）、草地早熟禾（*Poa pratensis*）（王彦荣等，2004）等农作物、观赏园艺和牧草的品种鉴定、特征描述和差异分析等，对于植物新品种知识产权保护的健康持续发展有着重要的现实作用。

近年来，通过国内外科研工作者的共同努力，鸭茅种质资源收集和研究等工作取得了显著成效，国外已通过多种选育手段获得了一大批优异的鸭茅品种资源，同时，国内登记的鸭茅品种也不断增加，鸭茅种质资源研究工作得到了较为迅速的发展。钟声等（2007）对鸭茅杂交后代开展了优异种质评价和筛选；彭燕等（2007）对野生鸭茅种质资源开展了表型评价，但结合我国现有的栽培品种和引进品种，开展DUS测试和农艺性状评价，筛选优异鸭茅种质资源，截至目前，还未见有报道。

本研究在四川雅安对鸭茅重要种质资源（28个品种，4个新品系）进行农艺性状评价，筛选适合我国南方地区、长江流域及相似生态区域种植的鸭茅品种（系），并对鸭茅重要种质资源开展DUS测试(参照UPOV标准：http://www.upov.int/edocs/tgdocs/fr/tg031.pdf)。研究结果将为有效利用我国现有鸭茅资源，进一步加快我国鸭茅育种进程及为品种鉴定保护等提供依据。

1　材料与方法

1.1　试验地概况

试验地位于四川农业大学草学系农场科研基地（30°08′N，103°14′E），海拔600m。年均气温16.2℃，极端高温37.7℃，极端低温−3℃，年降雨量1774.3mm，年蒸发量1011.2mm，年相对湿度79%，年日照数1039.6h。试验地系紫色土，土质黏重，pH 5.6，土壤速效氮、磷、钾分别为100.63mg/kg、4.73mg/kg、338.24mg/kg。

1.2　试验材料

试验材料包括32个鸭茅品种(系)，均为课题组从材料申报单位收集而来(表4-45)。28份品种收集自21个国家，4份为国内栽培驯化新品系。采用培养皿发芽移栽，常规田间管理。

表 4-45 供试鸭茅名称及来源

序号	名称	来源	备注
1	Krasnodarskaya	俄罗斯	引进品种
2	Chinook	罗马尼亚	引进品种
3	Frode	瑞典	引进品种
4	Nika	波兰	引进品种
5	Georgikon	匈牙利	引进品种
6	Weihenstephaner	德国	引进品种
7	Asta	立陶宛	引进品种
8	Hawk	美国	引进品种
9	Oron	加拿大	引进品种
10	Gippsland	澳大利亚	引进品种
11	Akaroa	新西兰	引进品种
12	古蔺	中国四川古蔺	栽培驯化品种
13	宝兴	中国四川宝兴	栽培驯化品种
14	川东	中国四川达州	栽培驯化品种
15	安巴	丹麦	引进品种
16	波特	意大利	引进品种
17	德娜塔	德国	引进品种
18	草地瓦纳	新西兰	引进品种
19	楷模	西班牙	引进品种
20	大拿	斯洛伐克	引进品种
21	阿索斯	卢森堡	引进品种
22	金牛	德国	引进品种
23	远航	美国	引进品种
24	斯巴达	英国	引进品种
25	Cristobal	法国	引进品种
26	Intensiv	捷克	引进品种
27	Baraula	荷兰	引进品种
28	01-103	中国四川	栽培驯化新品系
29	滇北	中国云南寻甸	栽培驯化品种
30	79-9	中国江西庐山	栽培驯化新品系
31	01175	中国贵州独山	栽培驯化新品系
32	01472	中国重庆巫山	栽培驯化新品系

1.3　观测指标

研究采用单因素随机区组设计，每个重复 10 株，6 次重复，株行距 50cm×1m，以单株为观测单位，在 2012～2013 年整个生育期观测指标有：物候期、抗锈病、越夏、生长速度、鲜干草产量、鲜干草茎叶比、鲜干比、分蘖数和叶片细密程度、叶片绿色程度、植株生长习性、花序抽出度、形成花序趋势、小穗密度、花序姿态、主轴基部分枝数、颖片花青甙显色、桔梗花青甙显色、花药花青甙显色、外稃被毛、叶鞘花青甙显色、节花青甙显色 14 个 DUS 性状。DUS 性状为群体目测（http://www.upov.int/edocs/tgdocs/fr/tg031.pdf），每个品种 6 次重复，其余性状每个品种 60 次重复。

1.4　数据分析

利用 Excel 2007 对观测性状的变异程度及规律等进行统计和分析。

2　结果与分析

2.1　供试鸭茅物候期观测

生育期计算始于 9 月 1 日，对结果统计分析表明，各供试鸭茅间物候期分化明显，生育期介于 230～307d，可根据生育期将各鸭茅主要分为早、中、晚熟 3 种类型（图 4-16）。其中，01-103、01472、'宝兴'、'川东'、'古蔺'、'波特' 和 '滇北' 属早熟型，3 月中旬左右抽穗，下旬至 4 月上旬开花，5 月中旬左右完熟，生育期约 260d，植株较为高大，株型多为直立型；79-9、01175、'楷模'、'草地瓦纳'、'安巴'、'Chinook'、'Hawk'、'Oron'、'Akaroa'、'Krasnodarskaya'、'Asta'、'远航'、'Weihenstephaner' 和 'Nika' 为中熟型，4 月上旬至中旬抽穗，下旬至 5 月上旬开花，下旬至 6 月上旬完熟，生育期约 275d；'Georgikon'、'金牛'、'Frode'、'大拿'、'Gippsland'、'阿索斯'、'斯巴达'、'德娜塔'、'Intensiv'、'Baraula' 和 'Cristobal' 为晚熟型，5 月上旬至中旬抽穗，下旬至 6 月上旬开花，下旬至 7 月上旬完熟，生育期约 300d。中、晚熟型较为低矮，株型多为半直立或平卧型（图 4-16）。

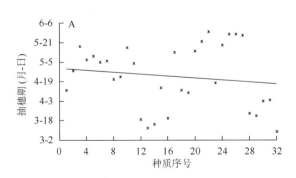

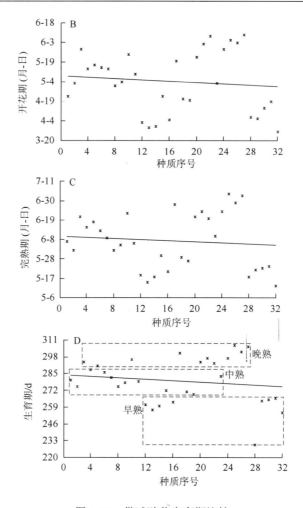

图 4-16　供试鸭茅生育期比较

2.2　供试鸭茅抗锈病观测

通过有效了解鸭茅的锈病发生机制，采取措施减少锈病发生概率，可大幅改善鸭茅品质，提高产量。本研究参考曾兵等（2010）对锈病病情指数（disease index，DI）的统计分析法，对各鸭茅研究发现，'Cristobal'（DI=12.6，HR）和'阿索斯'（DI=14.8，HR）抗锈病最强，其次为'远航'（DI=27.4，R）和'Baraula'（DI=28.9，R），而品种'Gippsland'（DI=69.6，S）和'Weihenstephaner'（DI=74.1，S）表现较差，品种'Krasnodarskaya'（DI=83.0，HS）、'Chinook'（DI=81.0，HS）和'Oron'（DI=80.7，HS）表现最差，其余品种（系）抗锈病居中，DI 值为 30.0～70.0，表现为锈病中感或中抗（图 4-17）。

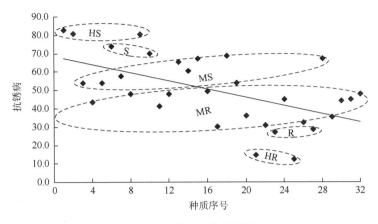

图 4-17　供试鸭茅抗锈病

HR. 高抗；R. 抗病；MR. 中抗；MS. 中感；S. 感病；HS. 高感

2.3　供试鸭茅越夏率观测

盛夏结束后，对各鸭茅越夏率（summering rate，SR）统计分析发现，01472（SR=83.33%）和'波特'（SR=80.00%）越夏率最高，其次为 01-103（SR=76.67%）、'滇北'（SR=75.00%）、'川东'（SR=73.33%）和'Baraula'（SR=70.00%），而品种'Gippsland'（SR=23.33%）、'Asta'（SR=33.33%）、'Oron'（SR=33.33%）、'安巴'（SR=36.67%）和'Cristobal'（SR=36.67%）表现较差（图 4-18），其余鸭茅表现较为一般，为 40.00%～70.00%（图 4-18）。

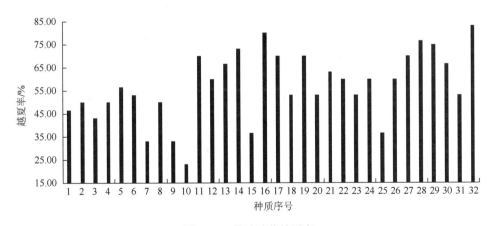

图 4-18　供试鸭茅越夏率

2.4　供试鸭茅生长速度观测

对供试鸭茅生长动态的分析表明，各鸭茅在秋季入冬前生长较为缓慢，材料间差异较小，在春季返青后，各鸭茅生长变化较为迅速，拉伸高度（stretching height，SH）

呈现出不同程度的变幅（图 4-19）。其中，01472（SH=115.1）、'滇北'（SH=105.7）和'宝兴'（SH=101.4）生长速度变化快，拉伸高度最大，株型为直立型；其次为'Cristobal'（SH=99.2）、'川东'（SH=95.2）、'古蔺'（SH=93.2）和'波特'（SH=92.1），株型多为直立或半直立型；而品种'Chinook'（SH=59.0）、'Weihenstephaner'（SH=60.8）、'德娜塔'（SH=66.9）和'Oron'（SH=67.7）等生长较为缓慢，植株拉伸高度小，株型为平卧型；其余鸭茅生长速度变化表现居中，SH 值为 68.7～89.0，株型多为半平卧或中间型（图 4-19）。

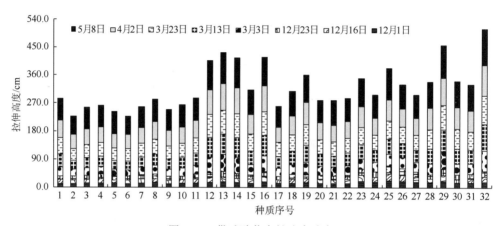

图 4-19 供试鸭茅生长速度动态

2.5 供试鸭茅单株生物量观测

产量是衡量牧草品种的重要标准，具有优异产量的品种可为鸭茅育种提供丰富的育种材料。对供试鸭茅鲜草产量（green yield，GY）和干草产量（hay yield，HY）的分析表明，'Cristobal'（GY=783.9）和'滇北'（GY=575.0）的鲜草产量最高，其次为 01175（GY=513.1）、'Baraula'（GY=472.6）、'远航'（GY=470.0）、'阿索斯'（GY=447.2）和'Intensiv'（GY=403.6），品种'Weihenstephaner'（GY=130.8）、'Krasnodarskaya'（GY=173.8）、'Chinook'（GY=198.1）鲜草产量较低，其余鸭茅 GY 值为 200.0～400.0（图 4-20A）；'Cristobal'（HY=258.5）和'滇北'（HY=211.1）的干草产量最高，其次为'远航'（HY=169.6）、'阿索斯'（Y=151.8）、'宝兴'（HY=144.2）、'Baraula'（HY=143.8）和 01472（HY=142.0），品种'Weihenstephaner'（HY=53.5）、'Krasnodarskaya'（HY=63.6）、'Chinook'（HY=52.5）和'Oron'（HY=61.9）草产量较低，其余鸭茅 HY 值为 67.0～140.0（图 4-20B）。总体而言，GY 值变幅大于 HY 值。'Cristobal'和'滇北'均表现出优越的生产性能。

2.6 供试鸭茅草品质观测

对供试各鸭茅的鲜干比分析表明，各鸭茅间差异较为明显（图 4-21）。'斯巴达'（3.52）、'大拿'（3.24）、'金牛'（3.11）比值较高，表现为牧草品质优良，其次为'滇北'（3.09）、'德娜塔'（3.06）、'阿索斯'（3.02），而品种'宝兴'（2.21）、01175（2.22）、'Oron'（2.31）、01-103（2.34）比值较低，表现为品质粗糙，其余鸭茅比值为2.35～2.88，品质较为一般（图4-21）。

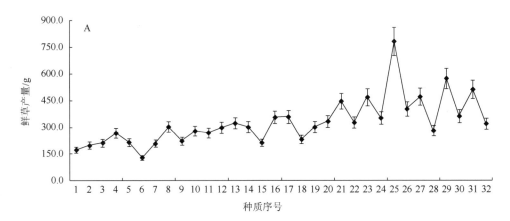

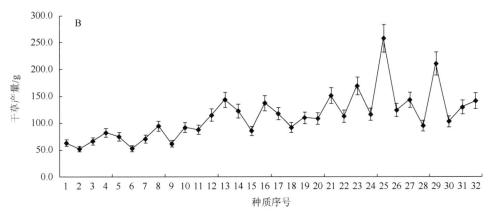

图4-20　供试鸭茅草产量

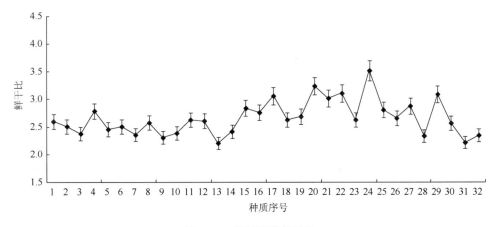

图4-21　供试鸭茅鲜干比

对供试各鸭茅的鲜、干茎叶比研究分析表明，各材料间比值差异明显（图4-22）。其中，'宝兴'（1.04）、'波特'（1.01）、'川东'（1.01）的鲜茎叶比值较大，其次为79-9（0.68）、'滇北'（0.64）、'古蔺'（0.63），而'Chinook'（0.10）、'大拿'（0.10）比值较低，其余鸭茅比值为 0.15～0.51（图 4-22A）；从干茎叶比值看，'宝兴'（1.03）和'波特'（1.00）比值较大，其次为79-9（0.69）、'川东'（0.68）、'古蔺'（0.68），而'Chinook'（0.09）、'大拿'（0.08）、'Georgikon'（0.09）比值较低，其余鸭茅比值为 0.11～0.59（图 4-22B）。总体而言，'Chinook'和'大拿'比值较低，具较好的适口性，而'宝兴'和'波特'相对品质较差，适口性有待提高。

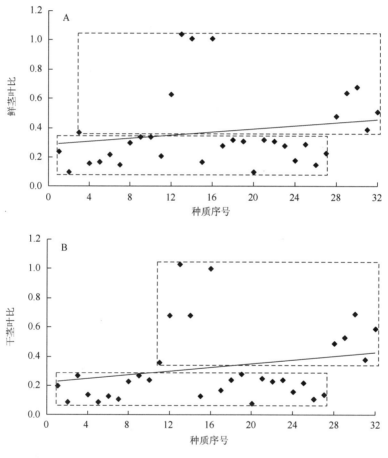

图 4-22　供试鸭茅鲜、干茎叶比

2.7　供试鸭茅分蘖观测

对供试各鸭茅分蘖数的分析表明，'Cristobal'（185.6）、'滇北'（158.8）和'Baraula'（153.9）分蘖最高，生产性能较强，'阿索斯'（147.9）、'远航'（146.5）和'德娜塔'（142.8）次之，而品种'Weihenstephaner'（65.7）、'Krasnodarskaya'（72.8）、'草地瓦

纳'（76.8）和'Georgikon'（79.5）分蘖数最小，其余鸭茅分蘖为 80.0～139.0，产量表现较为中庸（图 4-23）。

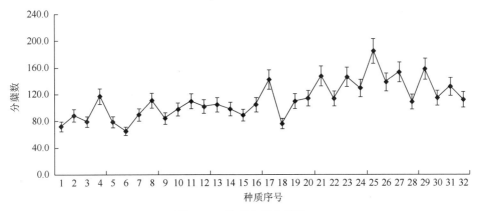

图 4-23　供试鸭茅分蘖数

2.8　供试鸭茅 DUS 测试

对供试各鸭茅 DUS 性状的统计分析表明，桔梗花青甙显色、花药花青甙显色、节花青甙显色、主轴基部分枝数 4 个 DUS 性状在各供试鸭茅间均无表达，其余 10 个性状则在各鸭茅间呈现出不同程度差异（表 4-46）。

其中，花序姿态、颖片花青甙显色、外稃被毛、叶鞘花青甙显色性状 4 个性状在绝大部分供试鸭茅上表现为花序直立、外稃有毛、无颖片和叶鞘花青甙显色；而'Krasnodarskaya'、'Chinook'、'宝兴'、'川东'、'安巴'、'阿索斯'、01-103 发现部分花序弯曲现象；'Intensiv'外稃被毛较少；'古蔺'、'大拿'、01-103 存在较浅叶鞘花青甙显色；'大拿'、01-103、'Frode'、'Nika'存在较浅颖片花青甙显色，'滇北'颖片花青甙显色较深。叶片细密程度和叶片绿色程度 2 个 DUS 性状在供试鸭茅间差异较小，以品种'滇北'和'斯巴达'叶色表现较深，品种'Krasnodarskaya'叶色表现较浅；以'Chinook'、'Oron'、'阿索斯'、'Cristobal'、'Baraula'、01472 等品种（系）质地较为粗糙（表 4-46）。

其余 4 个 DUS 性状（生长习性、花序抽出度、形成花序趋势、小穗密度）在各供试鸭茅间差异较大，品种（系）01472、01175、'滇北'、79-9、01-103、'楷模'、'波特'、'川东'、'宝兴'、'古蔺'为直立型，其余为平卧或中间型；以品种（系）'滇北'、01175、01472、'波特'、'川东'、'宝兴'、'古蔺'花序抽出度好，'Georgikon'、'Weihenstephaner'花序抽出度较差；以品种（系）'滇北'、01175、01472、'波特'、'川东'、'宝兴'、'古蔺'、'楷模'形成花序趋势强，品种'Chinook'、'Frode'形成花序趋势较弱；以品种'川东'小穗密度高，'安巴'、'Intensiv'、'远航'小穗密度相对较低，其余表现较为中庸。在表 4-46 中，各鸭茅均具有不同的 DUS 特征，以'金牛'为例，其特征表现为叶色和质地中等，半直立株型，花序抽出度良好，形成花序趋势较强，小穗密度较高，主轴基部单生分枝数，外稃被毛，在颖片、桔梗、花药、叶鞘、节均表现为无花青甙显色（表 4-46）。综上，DUS 性状在各供试鸭茅间呈现出不同程度的差异，可有效区分不同鸭茅品种（系）。

表 4-46　供试鸭茅 DUS 性状

名称	叶片细密程度 FF	叶片绿色程度 LIGC	生长习性 PGH	花序抽出度 DH	形成花序趋势 TFI	小穗密度 SD	花序姿态 IG	主轴基部分枝数 SBN	颖片花青甙显色 GCGC	桔梗花青甙显色 NPCGC	花药花青甙显色 ACGC	外稃被毛 LP	叶鞘花青甙显色 LSCGC	节花青甙显色 NCGC
表达分级	光滑3 中等5 粗糙7	浅3 中5 深7	直立1 中间5 平卧9	部分2 正好3 较好4	弱3 中5 强7	低1 中3 高5	直立1 弯曲9	单生1 孪生9	无1 有9	无1 有9	无1 有9	无1 有9	无1 有9	无1 有9
Krasnodarskaya	5	3	7	2	3	2	5	1	1	1	1	9	1	1
Chinook	6	4	7	2	2	2	5	1	1	1	1	9	1	1
Frode	4	5	7	2	2	2	1	1	3	1	1	9	1	1
Nika	5	5	5	3	4	1	1	1	4	1	1	9	1	1
Georgikon	4	5	7	1	3	2	1	1	1	1	1	9	1	1
Weihenstephaner	5	4	7	1	3	2	1	1	1	1	1	9	1	1
Asta	4	4	7	2	3	2	1	1	1	1	1	9	1	1
Hawk	4	4	7	2	3	2	1	1	1	1	1	9	1	1
Oron	6	4	5	3	3	2	1	1	1	1	1	9	1	1
Gippsland	5	4	5	2	4	3	1	1	1	1	1	9	1	1
Akaroa	5	4	7	2	3	2	1	1	1	1	1	9	1	1
古蔺	5	5	2	5	7	4	1	1	4	1	1	9	6	1
宝兴	4	4	1	5	8	4	5	1	1	1	1	9	1	1
川东	4	5	1	5	7	5	5	1	1	1	1	9	1	1
安巴	5	4	7	2	3	1	5	1	1	1	1	9	1	1
波特	5	4	1	5	7	4	1	1	1	1	1	9	1	1
德娜塔	4	5	7	2	3	2	1	1	1	1	1	9	1	1
草地瓦纳	5	4	6	3	5	3	1	1	1	1	1	9	1	1
楷模	4	5	3	4	7	4	1	1	1	1	1	9	1	1
大拿	4	6	7	2	4	3	5	1	3	1	1	9	5	1
阿索斯	6	5	7	2	3	2	1	1	1	1	1	9	1	1
金牛	4	4	4	4	6	4	1	1	1	1	1	9	1	1
远航	5	4	9	2	3	1	1	1	1	1	1	9	1	1
斯巴达	5	7	5	2	4	2	1	1	1	1	1	9	1	1
Cristobal	6	4	8	2	3	2	1	1	1	1	1	2	1	1
Intensiv	4	5	8	2	3	1	1	1	1	1	1	9	1	1
Baraula	6	4	8	4	4	3	1	1	1	1	1	9	1	1
01-103	5	6	3	2	4	3	5	1	3	1	1	9	4	1
滇北	5	7	1	5	8	4	1	1	8	1	1	9	1	1
79-9	4	4	2	3	6	3	1	1	1	1	1	9	1	1
01175	4	4	2	3	7	3	1	1	1	1	1	9	1	1
01472	6	5	1	5	8	2	1	1	1	1	1	9	1	1

注：FF，叶片细密程度 foliage fineness；LIGC，叶片绿色程度 leaf intensity of green color；PGH，植株生长习性 plant growth habit at inflorescence emergence；DH，花序抽出度 degrees of heading；TFI，形成花序趋势 tendency to form inflorescences；SD，小穗密度 spikelet density；IG，花序姿态 inflorescence gesture；SBN，主轴基部分枝数 spindle base branch number；GCGC，颖片花青甙显色 glumes cyanine glucoside color；NPCGC，桔梗花青甙显色 node peduncle cyanine glucoside color；ACGC，花药花青甙显色 anther cyanine glucoside color；LP，外稃被毛 lemma puberulous；LSCGC，叶鞘花青甙显色 leaf sheath cyanine glucoside color；NCGC，节花青甙显色 node cyanine glucoside color

2.9　供试鸭茅综合评价筛选

根据在雅安试验点获得的试验数据，分析与鸭茅产量、抗性、品质相关的各项农艺性状指标，结合 DUS 性状，得出关于产量、抗性、品质的各供试鸭茅品种（系）综合排序为：'Weihenstephaner' < 'Chinook' < 'Krasnodarskaya' < 'Asta' < 'Oron' < 'Frode' < '德娜塔' < 'Georgikon' < 'Gippsland' < '斯巴达' < 'Nika' < 'Akaroa' < '安巴' < '大拿' < 'Hawk' < 'Intensiv' < 'Baraula' < '金牛' < '草地瓦纳' < 01175 < '阿索斯' < 01-103 < '楷模' < 79-9 < '远航' < '古蔺' < 'Cristobal' < '川东' < 01472 < '宝兴' < '波特' < '滇北'。

根据各供试鸭茅在研究区的田间具体表现，结合测得的试验数据，最终综合筛选出适合我国南方地区、长江流域及相似生态区域种植的鸭茅品种（系）17 个，即'滇北'、01472、'宝兴'、'Cristobal'、'川东'、'波特'、'古蔺'、'金牛'、'楷模'、79-9、01-103、'阿索斯'、01175、'远航'、'Baraula'、'Intensiv' 和'草地瓦纳'，以'滇北'、'波特'、'宝兴'、01472、'川东'、'Cristobal' 表现最为突出，可为我国南方地区草地农业系统提供优良种源。

3　讨论

3.1　基于 DUS 和农艺性状的供试鸭茅评价

农艺性状或 DUS 性状，均为植物学表型的有机组成元素，能最直观地反映植物的品种特性，是植物种质描述与鉴定的必备特征（王黎明等，2011），对于植物种质资源具有重要作用，且植物品种改良在农业生产上往往依赖于其检测结果，因而，即便在分子技术快速发展的当代，其依然在植物育种中占有不可或缺的地位，可有效指导不同植物种质间的区分，也可作为其他鉴定法可靠性的衡量标准（刘遵春等，2012）。农艺性状和 DUS 测试因其重要性被广泛用于农作物、观赏园艺、牧草等植物的品种鉴定或种质筛选等研究（孙延智和义鸣放，2002；彭燕等，2007；唐浩等，2012）。

本研究中，供试鸭茅品种（系）在农艺和 DUS 性状间变异丰富，表现出不同程度的群体差异。各鸭茅在物候期、抗锈病、越夏率、生长速度、草产量、鲜干比、茎叶比、分蘖数等差异明显，同时可根据物候期分为早、中、晚熟 3 种类型，可有效满足不同市场生产需求。另外，在本研究供试的 14 个 DUS 性状中，桔梗花青甙显色、花药花青甙显色、节花青甙显色、主轴基部分枝数 4 个性状无特异性表达，花序姿态、颖片花青甙显色、外稃被毛、叶鞘花青甙显色性状、叶片细密程度、叶片绿色程度 6 个性状在各供试鸭茅间差异较小，以品种'滇北'表现较为突出，具有较深的叶色和颖片花青甙显色。生长习性、花序抽出度、花序形成趋势、小穗密度 4 个性状在供试鸭茅间差异较大。通过对供试鸭茅各项农艺性状和 DUS 指标的分析，综合筛选出 17 份表现较为优异的鸭茅品种（系），为我国鸭茅新品种选育提供了较为丰富的优异亲本材料。但因本试验数据仅限于川西南雅安点，为了更准确地评价相关鸭茅重要种质资源，未来需要在鸭茅其他生产区域开展更为广泛的研究测试，同时可结合我国丰富的野生鸭茅种质资源，开展进一步的鸭茅杂交、混合选择等工作，针对抗性、产量、适应性、越夏、品质等，综合选育出更为优越的优异鸭茅品种，推进我国草地畜牧业的发展。

3.2 我国 DUS 测试的应用前景

1999 年我国正式加入《国际植物新品种保护公约》，成为第 39 个 UPOV 成员国，2001 年，我国正式推出植物新品种保护立法程序（李晓辉等，2013），并逐步形成较为完善的审查服务体系。截至目前，DUS 测试已在我国得到广泛的推广应用（孙延智和义鸣放，2002；王彦荣等，2004；管志勇等，2013），在植物新品种管理和应用中占有重要地位。但不同类型、不同性质的性状，在品种间的表达均有所差异，质量性状主要受主效基因控制，数量性状多受微效基因控制，后者受环境影响较大，栽培程度和田间管理措施均能较大程度对其造成影响。但也并非每个性状表达均为如此，因而在使用时，应具体结合数量性状和质量性状在种属间的分布差异，作出适当调整（孙延智和义鸣放，2002）。同时，应尽可能地以质量性状测试为主，数量性状测试为辅，并在一定程度上加大样本容量，以 UPOV 为准，尽量减小测试系统误差，以提高研究的准确性。且 DUS 测试最终追求的始终是植物品种的特异性，这既是育种者的终极目标，也是植物品种登记的衡量标准，故 DUS 测试性状的筛选显得至关重要，务必筛选出能够有效区分各种属不同品种的 DUS 性状。

在未来我国的 DUS 测试中，制定的 DUS 测试指南将逐步地融入我国民族育种特色，并保持与国际 UPOV 接轨，同时，由于 DUS 测试始终存在测试误差等因素，未来其极有可能与 DNA 指纹图谱、遗传连锁图谱等科学方法相结合，共同打造植物新品种登记、管理、应用为一体的保护网络。建立的 DUS 体系将大力推动我国植物的育种进程，加大我国与 UPOV 成员国间的合作，成为我国新品种保护的重要举措，并保护消费者和育种者的切身利益。

参考文献

包国章，康春莉，李向林. 2002. 不同放牧强度对人工草地牧草生殖分配及种子产量的影响. 生态学报，22（8）：1362-1366

包国章，李向林，谢忠雷，等. 2001. 放牧对鸭茅能量及分配的影响. 草业科学，3（13）：6-10

包国章，陆光华，郭继勋，等. 2003. 放牧、刈割及摘顶对亚热带人工草地牧草种群的影响. 应用生态学报，14（8）：1327-1331

杜占池，钟华平. 1998. 川东红池坝红三叶和鸭茅人工草地土壤和植物营养元素含量特征的研究. 植物生态学报，27（4）：350-355

樊江文. 1997a. 氮肥对红三叶和鸭茅草地生产性能影响研究. 四川草原，4：12-19

樊江文. 1997b. 红三叶和鸭茅混播草地施肥优化模式的研究. 草业学报，6（1）：1-9

樊江文. 1997c. 在不同压力和干扰条件下鸭茅和黑麦草竞争的研究. 草业学报，6（3）：23-31

樊江文. 2000. 红三叶和鸭茅混播草地综合管理优化模式的研究. 四川草原，（4）：14-19

樊江文，刘玉红，廖国藩，等. 1994. 红三叶和鸭茅牧草刈割利用特性的研究. 四川草原，（4）：14-18

范建光，张海英，宫国义，等. 2013. 西瓜 DUS 测试标准品种 SSR 指纹图谱构建及应用. 植物遗传资源学报，14（005）：892-899

高远辉，李卫军，何永革，等. 1995a. Na_2SO_4 胁迫对四种抗盐性不同牧草膜脂过氧化物和活性氧清除系统的影响. 植

物生态学报, 19 (2): 192-196

高远辉, 李卫军, 吐尔逊娜依, 等. 1995b. Na_2SO_4 胁迫对苇状羊茅和鸭茅 Na^+、K^+ 吸收与分配的影响. 中国草地, 5: 43-48

耿以礼. 1959. 中国植物图说——禾本科. 北京: 科学出版社

管志勇, 王江民, 陈发棣, 等. 2013. 基于 DUS 测试性状的切花菊品种亲缘关系研究. 园艺学报, 40 (7): 1399-1406

郭启高, 宋明, 梁国鲁. 2000. 植物多倍体诱导育种研究进展. 生物学通报, 35 (2): 8-10

韩建国. 1997. 实用牧草种子学. 北京: 中国农业大学出版社

侯宽昭. 1998. 中国种子植物科属词典. 2 版. 北京: 科学出版社: 145

怀特 R O, 库帕 J P. 1989. 禾本科牧草. 段道军译. 北京: 农业出版社: 246-247

贾慎修. 1985. 中国饲用植物志. 1 卷. 北京: 农业出版社: 69-73

江丕栋. 2000. 空间生物学. 青岛: 青岛出版社

匡崇义, 薛世明, 吕兴琼, 等. 2005. 十五个鸭茅品种在云南不同气候带的品比试验研究. 四川草原, (1): 1-5

奎嘉祥, 钟声, 匡崇义, 等. 2003. 云南牧草品种与资源. 昆明: 云南科技出版社: 61-67

雷家军, 吴禄平, 代汉萍, 等. 1999. 草莓茎尖染色体加倍研究. 园艺学报, 26 (1): 13-18

李晓辉, 李新海, 张世煌. 2003. 植物新品种保护与 DUS 测试技术. 中国农业科学, 36 (11): 1419-1422

刘长娥, 何剑. 1999. 对鸭茅种子发芽条件的探讨. 种子, 6: 63

刘芳, 云锦凤, 侯建华, 等. 2009. 化学诱变对羊草与灰色赖草杂种 F_1 愈伤组织生长和分化的影响. 内蒙古农业科技, (3): 39-41

刘玉红, 王淑强, 王善敏. 1995. 鸭茅组织培养及植株再生的研究（简报）. 草地学报, 2 (3): 171-172

刘遵春, 刘大亮, 崔美, 等. 2012. 整合农艺性状和分子标记数据构建新疆野苹果核心种质. 园艺学报, 39 (6): 1045-1054

密士军, 郝再彬. 2002. 航天育种研究的新进展. 黑龙江农业科学, (4): 31-33

彭燕, 张新全. 2007. 鸭茅生理生态及育种学进展. 草业学报, 14 (4): 8-14

彭燕, 张新全, 刘金平, 等. 2006. 野生鸭茅种质遗传多样性的 AFLP 分析. 遗传, 28 (7): 845-850

全国牧草品种审定委员会. 1999. 中国牧草品种登记集. 北京: 中国农业大学出版社: 17

任卫波, 张蕴徽, 韩建国. 2004. 空间诱变研究进展及其在我国草育种上的应用前景. 草业科学, 增刊: 454-459

帅素容, 张新全, 白史且. 1998. 不同倍性鸭茅同工酶比较研究. 草业科学, 15 (6): 11-15

帅素容, 张新全, 杜逸. 1997. 二倍体和四倍体野生鸭茅遗传特性比较研究. 草地学报, 5 (4): 261-268

孙小芳, 江海东, 林峥, 2000. 等. NaCl 胁迫下禾本科草坪草和牧草萌发特性的研究. 中国草地, 6: 26-29

孙延智, 义鸣放. 2002. 唐菖蒲品种的特异性、一致性和稳定性研究. 中国农业大学学报, 7 (5): 7-13

唐浩, 刘洪, 余汉勇, 等. 2013. 基于 DUS 测试的标准品种形态性状稳定性和重要性分析. 作物学报, 39 (4): 632-641

唐浩, 余汉勇, 肖应辉, 等. 2012. 基于 DUS 测试的水稻标准品种形态性状多样性分析. 植物遗传资源学报, 12 (6): 853-859

王栋, 任继周. 1989. 牧草学各论. 南京: 江苏科学技术出版社: 73-76

王广进, 闫文艺, 孙岩, 等. 2004. 春小麦航天育种效果的研究. 核农学报, 18 (4): 257-260

王俊卿, 董宽虎. 2000. 施肥水平和刈割制度对鸭茅生产性能的影响. 草原与草坪, 2: 29-31

王黎明, 焦少杰, 姜艳喜, 等. 2011. 142 份甜高粱品种的分子身份证构建. 作物学报, 37 (11): 1975-1983

王立新, 常利芳, 李宏博, 等. 2010. 小麦区试品系 DUS 测试的分子标记. 作物学报, 36 (7): 1114-1125

王彦荣, 崔野韩, 南志标, 等. 2002. 植物新品种 DUS 测试指南中的性状选择与标样品种确定. 草业科学, 19 (2): 44-46

王彦荣, 南志标, 孙建华, 等. 2004. 草地早熟禾新品种特异性、一致性和稳定性测试指南初报. 草业科学, 20 (12): 58-67

王雁, 李潞滨, 韩雷. 2002. 空间诱变技术及其在我国花卉育种上的应用. 林业科学研究, (15): 229-234

希斯 M E, 巴恩斯 R F, 梅尔卡夫 D S. 1992. 牧草——草地农业科学. 4 版. 黄文惠, 苏加楷, 张玉发译. 北京: 农

业出版社

徐远东，何玮，王琳，等.2010. 辐射诱变育种在牧草和草坪草中的应用. 草业与畜牧，（6）：1-4

尹俊.1996. 云南牧草有害生物. 昆明：云南科技出版社：23

云锦凤，于卓，郭立华.2001. 蒙古冰草染色体加倍的研究//洪绂曾. 21世纪草业科学进展——国际草业（草地）学术大会论文集. 北京：中国农学会及中国草原学会：315-318

曾兵，兰英，伍莲.2010. 中国野生鸭茅种质资源锈病抗性研究. 植物遗传资源学报，11：278-283

张新全.1999. 退耕还草，种草养畜，促进我省农业经济的发展. 长江中上游退耕还林（牧）种草养畜产业化与保护生态环境学术研讨. 四川成都

张新全，杜逸，蒲朝龙，等.2002. 宝兴鸭茅品种的选育及应用. 中国草地，24：22-27

张新全，杜逸，郑德成.1994a. 几种禾草的开花习性. 草业科学，11（3）：42-45

张新全，杜逸，郑德成.1996a. 鸭茅二倍体和四倍体减数分裂的研究. 中国草地，（6）：38-40

张新全，杜逸，郑德成.1996b. 鸭茅二倍体和四倍体生物学特性研究. 四川农业大学学报，14：202-206

张新全，杜逸，郑德成，等.1994b. 鸭茅染色体核型分析. 中国草地，（3）：55-57

张蕴薇，韩建国，任为波，等.2004. 植物空间诱变育种及其在牧草上的应用. 草业科学，22（10）：59-63

张子仪.2000. 中国饲料. 北京：中国农业出版社

赵春明，韩仲志，杨锦忠，等.2009. 玉米果穗DUS性状测试的图像处理应用研究. 中国农业科学，42（11）：4100-4105

郑家团，谢华安，王乌齐，等.2003. 水稻航天诱变育种研究进展与应用前景. 分子植物育种，1（3）：367-371

中国科学院昆明植物研究所.2003. 云南植物志.9卷. 北京：科学出版社：317

中国牧草育种学会.1999. 中国牧草品种集. 北京：中国农业出版社：17

钟声.2006. 鸭茅不同倍性杂交后代发育特性的初步研究. 西南农业学报，19（6）：1034-1038

钟声.2007. 野生鸭茅杂交后代农艺性状的初步研究. 草业学报，16（1）：69-74

钟声，杜逸，郑德成，等.1997. 二倍体鸭茅农艺性状的初步研究. 草地学报，5（1）：54-61

钟声，杜逸，郑德成，等.1998. 野生四倍体鸭茅农艺性状的初步研究. 草业科学，15（2）：20-23

钟声，段新慧.2006. 云南野生鸭茅同源四倍体形态及发育特性. 草地学报，14（1）：92-94

钟声，匡崇义.2002. 波特鸭茅在云南省的引种研究. 草食家畜，6（2）：44-46

钟声，奎嘉祥，薛世明.1999. 滇西滇南牧草种质资源考察与搜集. 作物品种资源，（4）：40-42

周自玮，奎嘉祥，钟声，等.2000. 云南野生鸭茅的核型研究. 草业科学，17：11-14

Aastveit A H，Aastveit K. 1990. Theory and application of open-pollination and polycrossinforage grass breeding. Theor Appl Genet，79：618-624

Ahmed N，Khan S H，Afroza B，et al. 2013. Morphological characterization in onion（*Allium cepa* L.）for preparation and implementation of plant variety protection（PVP）legislation and distinctness，uniformity and stability（DUS）testing under temperate conditions of Kashmir. African Journal of Agricultural Research，8（14）：1270-1276

Annese V，Cazzato E，Corleto A. 2006. Quantitativeand qualitative traits of natural ecotypes of perennialgrasses（*Dactylis glomerata* L.，*Festuca arundinacea* Schreb.，*Phalaris tuberosa* L.，*Brachypodium rupestre*（Host）R. et S.）collected in Southern Italy. Genet Resour Crop Evol，（53）：431-441

Arens R. 1986. Studies of the competitive behaviour of cultivars of perennial ryegrass（*Lolium perenne* L.）and cocksfoot（*Dactylis glomerata* L.）during early development in relation to sowing rate，use and nitrogen application. Eichhof Berichte，7：72

Ashenden T W. 1978. Drought avoidance in sand dune populations of *Dactylis glomerata*. J Ecol，66：943-951

Baum B R. 1998. DNA fingerprinting of cereal cultivars for intellectual property rights protection. Proceedings of the Third International Symposium on the Taxonomy of Cultivated Plants Edinburgh，UK. 7：20-26

Beddows A R. 1959. Biological flora of the British Isles *Dactylis glomerata* L. J Ecol，（47）：223-239

Bland B F，Dent J W. 1964. Animal preference in relation to the chemical composition and digestibility of varieties of cocksfoot. J Br Grassl Soc，（19）：306-315

Bondesen O B. 2007. Seed production and seed trade in a globalised world, seed production in the northern light. Proceedings of the 6th International Herbage Seed Conference. Norway: 9-12

Borrill M. 1978. Evolution and genetic resources in cocksfoot. Annual Report of the Welsh Plant Breed Station, Aberystwyth, 12: 190-209

Bretagnolle F, Lumaret R. 1995. Bilateral polyploidization in *Dactylis glomerata* L. subsp. *lusitanica*: occurrence, morphological and genetic characteristics of first polyploids. Euphytica, 84: 197-207

Buhring J, Neubert K. 1979. Results of accelerated raising of complete generations of forage grasses(*Lolium perenne* L. and *Dactylis glomerata* L.) under artificial climatic conditions. Proceedings of the 13th International Grassland Congress. Leipzig, Sectional Papers, Sections 1-2: 437-442

Bushman B S, Larson S R, Tuna M, et al. 2011. Orchardgrass (*Dactylis glomerata* L.) EST and SSR marker development, annotation, and transferability. Theoretical and Applied Genetics, 123 (1): 119-129

Casler M D, Brummer E C. 2008. Theoretical expected genetic gains for among-and-within-family selection methods in perennial forage crops. Crop Sci, 48: 890-902

Casler M D, Fales S L, McElroy A R, et al. 2000. Genetic progress from 40 years of orchardgrass breeding in north America measured under hay management. Crop Science, 40 (4): 1019-1025

Dale P J. 1979. The elimination of cocksfoot streak virus, cocksfoot mild mosaic virus and cocksfoot mottle virus from *Dactylis glomerata* by shoot tip and tiller bud culture. Ann Appl Biol, 93: 285-288

de Haan A, Maceira N O, Lumaret R, et al. 1992. Production of 2*n* gametes in diploid subspecies of *Dactylis glomerata* L. 2. Occurrence and frequency of 2*n* egg. Annals of Botany (London), 69: 345-350

Denchev P D, Songstad D D, McDaniel J K, et al. 1997. Transgenic orchardgrass (*Dactylis glomerata*) plants by direct embryogenesis from microprojectile bombarded leaf cells. Plant Cell Rep, 16: 813-819

Eagles C F. 1983. Relationship between competitive ability and yielding ability in mixtures and monocultures of populations of *Dactylis glomerata* L. Grass Forage Sci, 38: 21-24

Falistocco E, Tosti N, Falcinelli M. 1995. Cytomixis in pollen mother cells of diploid *Dactylis*, one of the origins of 2*n* gametes. J Hered, 86: 448-453

Furones-Perez P, Fernandez-Lopez J. 2009. Usefulness of 13 morphological and phenological characteristics of sweet chestnut (*Castanea sativa* Mill.) for use in the DUS test. Euphytica, 167 (1): 1-21

Gaborcik N. 1981. The quantity of chlorophyll in the leaves of cocksfoot (*Dactylis glomerata* L.) grown under contrasting nitrogen nutrition. Vedecke Prace Vyskumneho Ustavu Luka Pasienkov Banskej Bystrici, 16: 15-26

Gauthier P, Lumaret R, Bédécarrats A. 1999. Genetic introgression between tetraploid *Dactylis glomerata* subsp. *reichenbachii* and *glomerata* in the French Alps. Insight from morphological and allozyme variation. Plant Syst Evol, 21: 219-234

Hanning G E. 1985. Callus formation and somatic embryogenesis from leaf cultures of orchardgrass (*Dactylis glomerata* L.). Dissertation Abstracts International, B Sciences and Engineering, 46: 1, 15

Harkot W. 1999. Influence of environmental factors on growth and development of *Dactylis glomerata* L. in mixtures with *Phleum pratense* L. and *Lolium perenne* L. Lakarstwo Polsce Grassland Science in Poland, 2: 51-58

Harmens H, Stirling C M, Marshall C, et al. 2000. Does down-regulation of photosynthetic capacity by elevated CO_2 depend on N supply in *Dactylis glomerata*. Physiol Plant, 108: 43-50

Honne B I. 1990. Experiments with clones of cocksfoot (*Dactylis glomerata* L.). Interaction between selected clones and nitrogen fertilizer. Norwegian Journal of Agricultural Sciences, 4: 129-143

Hymus G J, Baker N R, Long S P. 2001. Growth in elevated CO_2 can both increase and decrease photochemistry and photoinhibition of photosynthesis in a predictable manner, *Dactylis glomerata* grown in two levels of nitrogen nutrition. Plant Physiol, 127: 1204-1211

Ikegaya F, Sato S, Kawabata S. 1983. Control of flowering of cocksfoot (*Dactylis glomerata* L.). X. Influence of floral induction of main stem on heading behaviour of lateral tiller buds and its difference among genotypes. Journal of Japanese Society of Grassland Science，29：9-16

Ittu M，Kellner E. 1977. Studies on the response to black rust of varieties of cocksfoot（*Dactylis glomerata* L.）. Analele Institutului de Cercetari pentru Cereale si Plante Tehnice，42：23-29

Ittu M，Kellner E. 1980. Sources of resistance to black rust（*Puccinia graminis* Pers.）in cocksfoot（*Dactylis glomerata* L.）. Probleme de Genetica Teoretica si Aplicata，12：511-517

Jones H，Norris C，Smith D，et al. 2013. Evaluation of the use of high-density SNP genotyping to implement UPOV model 2 for DUS testing in barley. Theoretical and Applied Genetics，126（4）：901-911

Larsen A. 1977. Testing and selection for frost tolerance within populations of *Lolium perenne* and *Dactylis glomerata*. Internat，Graslandkongr，Sekt Vortrage，Leipzig，13：286-291

Lee H S，Bae E Y，Kim K Y. 2001. Transformation of orchardgrass（*Dactylis glomerata* L.）with glutathione reductase gene. Journal of the Korean Society of Grassland Science，21：21-26

Lee H S，Kwon Y S，Lee B H，et al. 2000a. Plant regeneration from embryogenic suspension culture of orchardgrass（*Dactylis glomerata* L.）. Journal of the Korean Society of Grassland Science，20：7-12

Lee H S，Lee B H，Won S H，et al. 2000b. Effect of copper on the plant regeneration from seed derived callus of orchardgrass（*Dactylis glomerata* L.）. Journal of the Korean Society of Grassland Science，20：259-264

Lewis E J. 1974. An alternative technique for the production of amphiploids. Annual report of the Welsh Plant Breed Station，Aberystwyth

Lindner R，Garcia A，Velasco P. 1999. Differences between diploid and tetraploid karyotypes of *Dactylis glomerata* subsp. *izcoi*. Caryologia，52：147-149

Lindner R，Garcia A. 1997. Geographic distribution and genetic resources of *Dactylis* in Galicia. Genet Resour Crop Evol，44：499-507

Lipinska H，Harkot W. 2000. Allelopathic influence of dead leaves of *Poa pratensis* L. on an initial growth and development of *Dactylis glomerata* L.，*Festuca pratensis* Huds. and *Phleum pratense* L. Lakarstwow Polsce Grassland Science in Poland，3：95-104

Loticato S，Rumball W. 1994. Past and present improvement of cocksfoot（*Dactylis glomerata* L.）in Australia and New Zealand. N Z J Agric Res，37：379-390

Lumaret R，Barrientos E. 1990. Phylogenetic relationships and gene flow between sympatric diploid and tetraploid plants of *Dactylis glomerata*. Plant Syst Evol，169：81-96

Lumaret R，Borrill M. 1988. Cytology，genetics，and evolution in the genus *Dactylis*. Critical Reviews in Plant Sciences，7（1）：55-91

Maceira N O，de Haan A ，Lumaret R，et al. 1992. Production of 2*n* gametes in diploid subspecies of *Dactylis glomerata* 1. Occurrence and frequency of 2*n* pollen. Ann Bot，69：335-343

Míka V，Kohoutek A，Odstrčilová V. 2002. Characteristics of important diploid and tetraploid subspecies of *Dactylis* from point of view of the forage crop production. Rostlinna Vyroba，48：243-248

Miller T L. 1976. Evaluation of material selected for rust resistance in orchardgrass，*Dactylis glomerata* L. Dissertation Abstracts International，36：7，3159

Negri V，Wilson D，Veronesi F，et al. 1986. Effect of temperature on leaf development and shoot regrowth of four contrasting populations of *Dactylis glomerata* L. Genet Agraria，1：73-82

Noitsakis B，Berger A. 1984. Water relations of *Dactylis glomerata* and *Dichanthium ischaemum* cultivated under two different moisture regimes. Acta Oecologica，Oecologia Plantarum，5：75-88

Obraztsov A S，Kovalev V M，Golovatyi V G，et al. 1977. The influence of temperature，soil moisture content and mineral supply on growth and some features of the chemical composition of *Dactylis glomerata* L. Proceedings of the 13th International Grassland Congress. Leipzig，Sectional Papers，Sections 1-2：131-137

Oram R N. 1990. Register of Australian Herbage Plant Cultivar. Canberra：CSIRO Australia

Pollock C J，Ruggles P A. 1976. Cold-induced fructosan synthesis in leaves of *Dactylis glomerata*. Phytochemistry，15：1643-1646

Puia I，Heinke K. 1975. Reaction to fertilizer applications of the species *Dactylis glomerata* and *Medicago sativa* grown alone and in mixtures，1. Dry matter yield and composition of mixtures as a function of cultural technique and material sown，function of cultural technique and material sown. Lucrari Stiintifice ale-Statiunii Centrale de Cercetari pentru Cultura Pajistilor，Magurele Brasov，1：59-68

Rawnsley R P，Donaghy D J，Fulkerson W J，et al. 2002. Changes in the physiology and feed quality of cocksfoot（*Dactylis glomerata* L.）during regrowth. Grass and Forage Science，57（3）：203-211

Rognli O A，Aastveit K，Munthe T. 1995. Genetic variation in（*Dactylis glomerata* L.）populations for mottle virus resistance. Euphytica，83：109-116

Rumball W. 1982. 'Grasslands Kara' cocksfoot（*Dactylis glomerata* L.）. N Z J Crop Hortic Sci，（10）：49-50

Saiga S，Hojito S，Mizuno K，et al. 2000. Varietal differences in palatability of orchardgrass（*Dactylis glomerata* L.）and breeding for palatability and quality. JARQ，34：55-62

Saiga S，Hojito S. 1978. Relationship between in vitro digestibility and some plant characters in aftermath of space-planted cocksfoot（*Dactylis glomerata* L.）. Journal of Japanese Society of Grassland-Science，24：191-196

Sanada Y，Gras M C，van Santen E. 2010. Cocksfoot. New York：Fodder Crops and Amenity Grasses：317-327

Sanada Y，Tamura K，Yamada T. 2010. Relationship between water-soluble carbohydrates in fall and spring and vigor of spring regrowth in orchardgrass. Crop Science，50（1）：380-390

Saneoka H，Nagasaka C. 2001. Responses to salinity of orchardgrass（*Dactylis glomerata* L.）cultivars differing in salt tolerance. Grassl Sci，47：39-44

Sato T，Maceira N，Lumaret R，et al. 1993. Flowering characteristics and fertility of interploidy progeny from normal and 2*n* gametes in *Dactylis glomerata* L. New Phytol，124：309-319

Sleper D A，Poehlman J M. 2006. Breeding Field Crops. 5th ed. Ames，Iowa，USA：Blackwell

Somleva M N，Schmidt E D L，Vries S C，et al. 2000. Embryogenic cells in *Dactylis glomerata* L.（Poaceae）explants identified by cell tracking and by SERK expression. Plant Cell Reports，19：718-726

Stebbins G L. 1972. The evolution of the grass family. *In*：Younger V B，Mckell C M. The Biology and Utilization of Grasses. New York：Academic Press：1-17

Stewart A V，Ellison N W. 2010. The Genus *Dactylis*. Wealth of Wild Species：Role in Plant Genome Elucidation and Improvement. New York：Springer

Stuczynskl M. 1992. Ocena przydatosci kupkowki A schersona（*Dactylis aschersoniana* Graebn.）do uprawy Polowej；Hodowla Roslin. Aklimatyzaciai Nasiennictwo，36：7-42

Tolgyesi G，Varga J，Schmidt R. 1983. Increase of manganese content of cocksfoot（*Dactylis glomerata*）by fertilization. Magyar Allatorvosok Lapja，38：593-597

Tronsmo A M. 1993. Resistance to winter stress factors in half-sib families of *Dactylis glomerata*，tested in a controlled environment. Acta Agriculturae Scandinavica，Section B，Soil and Plant Science，43：89-96

Volaire F，Thomas H. 1995. Effects of drought on water relations，mineral uptake，water-soluble carbohydrate accumulation and survival of two contrasting populations of cocksfoot（*Dactylis glomerata* L.）. Ann Bot，75：513-524

Volaire F. 1995. Growth，carbohydrate reserves and drought survival strategies of contrasting *Dactylis glomerata* populations in a Mediterranean environment. J Appl Ecol，32：56-66

Yoshida S，Uemura M. 1984. Protein and lipid compositions of isolated plasma membranes from orchard grass（*Dactylis glomerata* L.）and changes during cold acclimation . Plant Physiol，75：31-37

第五章　鸭茅分子育种

引　言

分子育种就是将现代分子生物学技术尤其是基因工程技术应用于育种中，通过基因导入，从而培育出满足一定要求、具有改良性状的新品种的育种方法。近年来，随着基因组测序等多种技术实现突破，转录组学、基因组学、代谢组学、蛋白质组学及生物信息学的迅猛发展，牧草育种的理论和技术也发生了重要变革，以分子标记辅助育种、转基因育种、遗传连锁图谱和 QTL、基因克隆等为代表的现代分子育种技术已在牧草育种中广泛应用并取得显著成果，大大缩短了牧草育种周期、加快了我国牧草分子育种进程。

1　分子标记辅助育种

分子标记辅助育种是指通过在分子水平上分析与目标基因（性状）紧密连锁（或关联）的分子标记的基因型来判别目标基因是否存在和对其进行间接选择的育种方法。其基本原理是利用与目标基因紧密连锁或表现共分离关系的分子标记对选择个体进行目标区域及全基因组筛选，从而减少连锁累赘，获得期望的个体，达到提高育种效率的目的。如果目标基因与某个分子标记紧密连锁，那么通过分子标记基因型的检测，就能获知目标基因的基因型，因此，借助分子标记对目标性状的基因型进行选择，称为分子标记辅助选择（marker assisted selection，MAS）（Xu et al.，2003）。分子育种的理论和技术研究是近年来的研究热点。常用的分子标记包括：限制性片段长度多态性（restriction fragment length polymorphism，RFLP）、微卫星 DNA（microsatelite DNA）或称简单重复序列（simple sequence repeat，SSR）、随机扩增片段长度多态性 DNA（random amplified polymorphic DNA，RAPD）、扩增片段长度多态性（amplified fragment length polymorphism，AFLP）、单核苷酸多态性（single nucleotide polymorphism，SNP）等。由于大多数禾草为异花授粉的多倍体，多为综合品种，存在自交衰退、遗传背景复杂、基因交流和遗传渐渗频繁等现象，限制了分子标记辅助育种的开展和利用（Riday et al.，2011）。鸭茅育种中，许多研究者利用分子标记技术鉴定鸭茅杂交种的真实性（谢文刚等，2010），Zhao 等（2013）利用分子标记来预测鸭茅杂交优势。

2　分子遗传连锁图谱及 QTL 研究

牧草育种实践表明，突破性饲草品种的选育往往取决于重要基因资源的发掘利用和正确育种理论体系的实施。多基因聚合分子育种将是今后突破性饲草选育的开拓性研究

本章负责人：谢文刚　张新全　黄琳凯

领域（Ebitani et al.，2005）。由于多数重要性状多为数量性状，需要对基因聚合育种进程中的分离世代建立多目标基因/性状鉴定和选择的方法体系，以提高育种选择的效率（Hayward et al. 1998）。分子标记辅助选择（MAS）技术为多基因聚合选择提供了强有力的工具。而分子遗传连锁图谱和重要农艺性状 QTL 鉴定分析是分子标记辅助选择育种的重要基础（Slate，2005；Skøt et al.，2007），在遗传图谱的基础上检测供试群体内数量性状和分子标记的关联性，解析复杂性状和探究表型变异的遗传力，寻找与主效 QTL 紧密连锁的分子标记进行辅助选择育种（Doerge，2002）。

迄今为止，国内外已构建了 30 多张牧草遗传连锁图谱,主要涉及多年生黑麦草（*Lolium perenne*）（Jones et al.，2002；Gill et al.，2006）、高羊茅（*Festuca arundinacea*）（Saha et al.，2005）和草地羊茅（*Festuca pratensis*）（Chen et al.，1998；Alm et al.，2003）等常见草种。并在此基础上对牧草重要农艺性状进行 QTL 定位。黑麦草属 QTL 研究已涉及多个主要的农艺性状，如种子产量相关性状（Studer et al.，2008；Brown et al.，2010）、产量相关性状（Barre et al.，2009）、品质相关性状（Cogan et al.，2005；Turner et al.，2010）、抗病性（Muylle et al.，2005；Curley et al.，2005；Schejbel et al.，2007）、开花期（Armstead et al.，2005）等。对多年生黑麦草的开花期研究发现：在多年生黑麦草第 2、第 4、第 6 和第 7 染色体上存在 5 个与春化反应相关的 QTL,它们能解释高达 80%的表型变异（Jensen et al.，2005）。控制多花黑麦草抽穗期的一个主效 QTL 与水稻抽穗期 *Hd3* 位点具有共线性关系（Armstead et al.，2004）。此外，黑麦草 3 个与春化反应相关的候选基因被鉴定，DNA 序列比对表明它们与二倍体小麦（*Triticum monococcum*）的 *TmVRN2* 基因及水稻（*Oryza sativa*）的 *Hd1* 基因具有高度的同源性（Andersen et al.，2006）。草地羊茅控制抽穗时间和春化需求的 QTL 被分别定位在第 1 和第 4 染色体上（Ergon et al.，2006）。丁成龙等（2010）构建了日本结缕草遗传连锁图谱，并对与抗寒性状相关的可溶性碳水化合物、可溶性蛋白质含量及 SOD 活性进行了 QTL 定位分析。此外，在百喜草（Oritiz et al.，2001）、赖草（Wu et al.，2003）和冰草（Mott et al.，2011）上也有 QTL 研究报道。

有关鸭茅遗传图谱构建研究的报道甚少，截至目前，国内外仅构建了 3 张鸭茅遗传图谱（Xie et al.，2011，2012；Song et al.，2011），其中四川农业大学构建了世界上首张二倍体鸭茅遗传连锁图谱，Song 等利用鸭茅基因组 SSR 标记构建了同源四倍体鸭茅的遗传连锁图谱。Xie 等综合利用鸭茅 EST-SSR 和 AFLP 分子标记构建了四倍体鸭茅高密度遗传连锁图谱，利用区间作图法在连锁群 2、5 和 6 上共检测到 7 个影响开花性状的QTL，解释的表型变异在 7.85%～24.19%。该研究结果为鸭茅分子标记辅助育种，重要农艺性状遗传改良，混播草地晚熟鸭茅品种选育及近一步开展功能基因和比较基因组研究奠定了重要基础。近年来，随着鸭茅基因组 SSR 标记及 EST-SSR 标记的相继大量开发（Hirata et al.，2011；Bushman et al.，2011），将为高密度鸭茅遗传图谱构建、重要农艺性状的 QTL 定位及功能基因研究提供了有力工具。

3　转基因育种技术

转基因育种技术是采用基因工程技术中的各种方法将外源目的基因（或特定的 DNA 片段）人为地导入目的细胞或生物个体，并使其在细胞或生物体内稳定地表达或遗传。

优质牧草鸭茅种质资源发掘及创新利用研究

这种技术克服了植物有性杂交的限制，基因交流的范围无限扩大，应用前景广阔，现已逐步成为新品种培育的重要途径（Bouton et al.，2007）。转基因技术目前在国内外牧草育种中主要用于提高抗逆性和品质改良。植物基因工程中常用的外源基因的遗传转化方法主要包括农杆菌介导的转化（agrobacterium-mediated transformation）和直接的基因转移两种方式，后者又包括基因枪法（gene gun bombardment）、原生质体转化（direct gene transfer to protoplast）、电击法（elctrotransfer）及硅碳纤维介导法（silicon carbide fiber-mediated transformation）。

有关转基因鸭茅在国外已有成功的报道。早在 20 世纪 80 年代 Horn 等（1988）建立了鸭茅组培体系和转基因体系。Denchev 等（1997）采用粒子枪注入法，在玉米泛肽启动子的作用下，将带有靶基因 DNA 和编码 β 葡糖苷酸酶的报告基因载体成功转入鸭茅的嫩叶组织，GUS 基因能在叶片中表达，并通过 PCR 扩增和 Southern 印迹杂交对遗传转化进行了验证。Lee 等（2001）以根瘤土壤杆菌 EHA101 为载体，在花椰菜花叶病毒（35S）启动子控制下，将卷心菜中的抗氧化基因（BcGR1）引入鸭茅中，虽然转基因植株在形态上与野生型无差异，但通过 PCR 扩增和 Southern 印迹分析证实了外源基因整合到了受体鸭茅的染色体中，Northern 印迹方法分析了叶片中的全部 RNA，也证实了 BcGR1 在转基因鸭茅中的表达。同年，Lee 等（2001）用农杆菌介导法，将水稻中分离出的热激蛋白（HSP）基因 OsHSP17.9 导入鸭茅愈伤组织中，通过培养基上筛选，获得了抗潮霉素植株。Cho 等（2001）利用潮霉素磷酸转移酶（hpt）基因，乙酰转移酶（bar）基因和 β 葡萄糖苷酸酶（GUS）基因的混合微粒轰击鸭茅再生组织，建立了四倍体鸭茅高效可再生转化体系，通过在 T0 代植株的表达检测发现，3 个基因共表达的占 20%，2 个基因同时表达的占总数的 45%～60%，同时发现 T0 代转基因植株倍性常发生改变，3 个转基因系为四倍体，另有 7 个植株变成了八倍体，且发生了明显的形态变异。Kim 等（2005）通过农杆菌转化法将耐热基因 DgP23 转入鸭茅，RT-PCR 和 Southern 印迹分析了整个 mRNA，特定的 DNA 条带和杂交信号能被检测到。Kim（2008）也将 DgHSP17.2 耐热基因转入鸭茅，为检测转基因植株的耐热性，将转基因植株中叶片材料在 60 基因条件下处理 50min，约 80% 的叶片材料只受到损伤，而没有致死。Lee 等（2006）用胚愈伤组织与含有双元载体 pIG121Hm 的菌株进行共培养，对影响农杆菌介导 DNA 转化的因素进行了研究，认为根瘤土壤杆菌 EHA101 载体对 GUS 基因的表达最有效，其次是 GV3101 和 LBA4404，农杆菌介导的遗传转化可以得到含有重要农艺性状基因的转基因鸭茅。

第一节　鸭茅杂交种 SRAP 分子标记鉴定及遗传分析

杂交育种是一种传统有效的育种方法，是植物遗传改良中常用的技术策略（薛丹丹等，2009）。国外通过杂交育种已培育出多个优良的鸭茅品种，如新西兰培育的'Grasslands Kara'就是利用普通鸭茅亚种 D. glomerata subsp. glomerata 与 D. glomerata subsp. lusitanica 杂交培育的（Rumball，1982）。而国内鸭茅杂交育种的研究报道较少。鸭茅是异花授粉植物（Lolticato and Rumball，1994），在杂交过程中易造成种子生物学混杂，利

296

用分子标记对鸭茅杂交种进行早期判定可缩短鸭茅育种进程，其遗传多样性信息对鸭茅资源的合理利用和保护具有重要意义。

相关序列扩增多态性（sequence-related amplified polymorphism，SRAP），是由美国加州大学蔬菜作物系 Li 和 Quiros 于 2001 年开发的一种基于 PCR 的新型分子标记，该标记具备了 RFLP、RAPD、SSR 和 AFLP 等分子标记的优点，又克服了它们的缺点，已在许多植物研究中得到应用，如遗传图谱构建（李媛媛等，20007；林忠旭等，2003；马红勃等，2008）、遗传多样性分析（凌瑶等，2010；文雁成等，2006；高丽霞等，2008）、QTL 定位（吴洁等，2005；陈碧云等，2006），并已在落雨杉属（*Taxodium*）（於朝广等，2009）、结缕草（*Zoysia japonica*）（薛丹丹等，2009；陈宣等，2008）、假俭草（*Eremochloa ophiuroides*）（郑轶琦等，2009）、多花黑麦草（*Lolium multiflorum*）（季杨等，2009）等植物的杂交种鉴定中得到应用。目前国内外研究者已采用 RAPD（Kölliker et al.，1999）、AFLP（Peng et al.，2008）、ISSR（曾兵等，2006）、SSR（Xie et al.，2010）等分子标记技术对鸭茅遗传多样性进行了研究，但尚未见 SRAP 标记技术在鸭茅杂交种鉴定中的应用。鸭茅为异花授粉植物，同一种质内普遍存在遗传基因杂合状态，遗传变异研究对于了解其遗传分化信息及资源的合理利用与开发具有重要意义，因此开展鸭茅杂交种群体遗传变异研究十分必要。本研究对 2 份株高性状存在明显差异的亲本材料 01996 和 YA02-103 进行杂交，并采用 SRAP 分子标记对获得的杂交种进行鉴定和遗传分析，筛选适合鸭茅杂交种鉴定的 SRAP 引物，为鸭茅杂交后代的快速鉴定提供依据。

1　材料与方法

1.1　试验材料

供试材料为鸭茅亲本 01996 和 YA02-103 及其 140 个鸭茅杂交种（表 5-1）。

表 5-1　材料及其来源

亲本	材料来源	特征
01996♂	中国农业科学院畜牧研究所	材料 4 月初抽穗，株高 90cm
YA02-103♀	贵州纳雍	材料 4 月下旬抽穗，株高 55cm
01996♂×YA02-103♀ F₁	140 个 F₁ 单株	材料 4 月中旬抽穗

1.2　试验方法

1.2.1　杂交材料的获得

鸭茅为异花传粉植物，花序密集、小花细小、人工去雄困难。本研究选用在形态及发育方面存在明显差异的亲本，将 2 份材料进行套袋杂交，并与其他鸭茅材料严格隔离，收获母本 YA02-103 的种子，2009 年 9 月将健康饱满的种子在温室中育苗，2 周后随机选取 140 个单株进行 SRAP 鉴定。

1.2.2 鸭茅基因组 DNA 的提取及纯度检测

取生长良好的鸭茅杂交种及亲本材料的幼嫩叶片，采用 CTAB 法（Doyle et al.，1991）提取 DNA，并用 0.8%琼脂糖凝胶电泳检测 DNA 的纯度，放置 4℃冰箱保存备用。

1.2.3 鸭茅 SRAP-PCR 扩增

参考 Zeng 等（2008）的方法，采用适合于鸭茅 SRAP 分子标记的 25μL 最优化反应体系：Mg^{2+} 为 1.6mmol/L、dNTP 为 200μmol/L、*Taq* 酶为 1.0U、引物浓度为 0.3μmol/L、模板 DNA 量为 60ng。PCR 扩增在 Thermo Hybaid PCR 仪上进行，SRAP-PCR 扩增程序为：94℃预变性 4min，94℃变性 1min，35℃退火 1min，72℃延伸 1min，5 个循环；94℃变性 1min，50℃退火 1min，72℃延伸 1min，35 个循环；循环结束后 72℃延伸 10min。扩增产物用 6%的变性聚丙烯酰胺凝胶电泳分离和银染检测。

1.2.4 鸭茅 SRAP 标记引物的筛选

本试验共有上游引物 16 条，下游引物 12 条（表 5-2），可自由组合为 192 对引物。试验用亲本和一个杂交种的 DNA 进行引物筛选。将能扩增出清晰、可重复性条带的引物用于下一步杂交种鉴定及多态性分析。

表 5-2 SRAP 标记引物序列

编号	正向引物（5′—3′）	编号	反向引物（5′—3′）
em1	GACTGCGTACGAATTAAT	me1	TGAGTCCAAACCGGATA
em2	GACTGCGTACGAATTTGC	me2	TGAGTCCAAACCGGAGC
em3	GACTGCGTACGAATTGAC	me3	TGAGTCCAAACCGGAAT
em4	GACTGCGTACGAATTTGA	me4	TGAGTCCAAACCGGACC
em5	GACTGCGTACGAATTAAC	me5	TGAGTCCAAACCGGAAG
em6	GACTGCGTACGAATTGCA	me6	TGAGTCCAAACOGGTAA
em7	GACTGCGTACGAATTCAA	me7	TGAGTCCAAACCGGTCC
em8	GACTGCGTACGAATTCTG	me8	TGAGTCCAAACCGGTGC
em9	GACTGCGTACGAATTCGA	me9	TGAGTCCAAACCGGTAG
em10	GACTGCGTACGAATTCAG	me10	TGAGTCCAAACCGGTTG
em11	GACTGCGTACGAATTCCA	me11	TGAGTCCAAACCGGTGT
em12	GACTGCGTACGAATTATG	me12	TGAGTCCAAACCGGTCA
em13	GACTGCGTACGAATTAGC		
em14	GACTGCGTACGAATTACG		
em15	GACTGCGTACGAATTTAG		
em16	GACTGCGTACGAATTTCG		

1.2.5 杂交种真实性鉴定

用筛选出的多态性高、父母本间有特征带的引物组合对杂交后代进行真假鉴定。杂交种扩增结果中具有父本特征带的即为真杂交种，而只具有母本特征带无父本特征带的后代为假杂交种或自交种（季杨等，2009）。

1.2.6　杂交种 SRAP 多态性分析

将 SRAP 扩增产物的每条带视为一个位点，按条带有或无分别赋值，有带记为 1，无带记为 0，统计总条带数、多态性条带数，并计算多态性百分比。

1.2.7　杂交种群体表型多样性分析

以双亲为对照，在盛花期测定杂交种的叶长、叶宽、株高、旗叶长度和分蘗数等与鸭茅产量相关的指标，每个指标重复测定 10 次，计算平均值，分析杂交种群体的表型多样性。

2　结果

2.1　鸭茅杂交种及其亲本间多态性引物的筛选

从 192 对 SRAP 引物中，筛选出 64 对带型稳定并在杂交种及其亲本间具有多态性的引物，多态性引物百分比为 33.33%（图 5-1）。并利用 em1+me1、em3+me1、em3+me3、em4+me4、em5+me9、em5+me10、em6+me12、em7+me1、em7+me12、em9+me2、em9+me12、em10+me4、em12+me1、em12+me2、em14+me1、em14+me2 共 16 对引物对杂交种群体进行多态性分析。

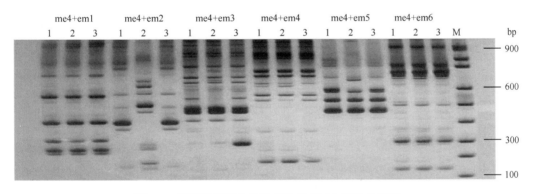

图 5-1　利用鸭茅亲本及杂交种对 SRAP 引物的筛选

1. 父本；2. 母本；3. 杂交种；M. Marker

2.2　鸭茅杂交种鉴定

根据杂交亲本及其杂交种的电泳谱带特征，对杂交种进行鉴定。并将后代分为如下 2 类：①父本与母本有特征带，且后代也具有父本特征带，则后代为真杂交种；②父本与母本有特征带，但后代不具有该特征带，且与母本的电泳条带有差异，此类不能确定其为自交种还是杂交种，需结合其他引物进一步分析。

2.2.1 有父本特征谱带的杂交种鉴定

利用能扩增出父本特征带的引物组合 em1+me1 对 140 份杂交种进行鉴定,将能扩增出父本特征带的判定为真杂交种。从扩增结果(图 5-2)可以看出,01996 具有 5 条 YA02-103 不具有的特征带,通过对 140 份杂交种进行鉴定,获得 3 种扩增带型:父本型、杂合型、其他型。其中 5 份杂交种具有 1 条特征带,60 份杂交种具有 2 条特征带,29 份杂交种具有 3 条特征带,而 13 号、14 号材料由于父本特征不明显还不能判定是否为真杂交种,需要利用其他引物再次鉴定。SRAP 鉴定结果表明,杂交后代在任何 1 对引物扩增后具有父本 1 条或多条特征带,均能证明杂交种的真实性。由此初步判定,在 140 份杂交后代中已有 94 份真杂交种。

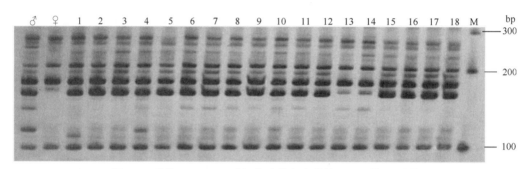

图 5-2　引物 em1+me1 对部分鸭茅杂交种的 SRAP 检测图谱

2.2.2 无父本特征带的杂交种鉴定

引物对 em1+me1 扩增出无父本特征带或父本特征谱带不明显的 46 份杂交种,利用另一个引物对 em7+me1 进行再次扩增,将同样具有父本特征带的 12 份后代判定为真杂交种(图 5-3)。从鉴定结果看,图 5-3 中的 13 号和 14 号材料,利用 em1+me1 鉴定时特征带不明显,而利用引物对 em7+me1 鉴定则可分别得到 1 条和 2 条特征带,被判定为真杂交种。因此,当仅有 1 对引物无法判断杂交种的真实性时,需要结合多对引物相互补充以提高鉴定的效率和杂交种的获得率。

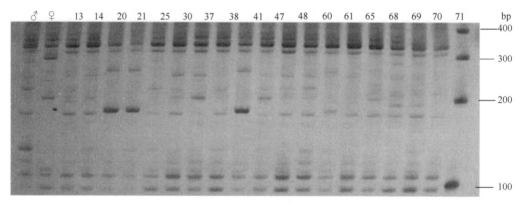

图 5-3　引物 em7+me1 对部分鸭茅杂交种的 SRAP 检测图谱

2.3　鸭茅杂交种群体 SRAP 扩增产物的多态性分析

利用 16 对 SRAP 引物对 106 份鸭茅杂交种单株的基因组 DNA 进行扩增（图 5-4），共得到 151 条清晰可辨条带，其中多态性条带 71 条，平均每对引物扩增出 9 条带，其中 4 条具有多态性；引物的多态性百分比为 33.33%（em9+me12、em7+me12、em3+me1）～66.67%（em7+me1），平均多态性位点百分比为 47.24%（表 5-3）。因此 SRAP 在杂交种后代中检测的多态性百分比相对较低。

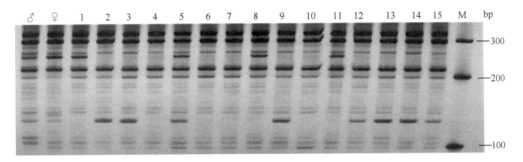

图 5-4　引物 em4+me4 对部分鸭茅杂交种的 SRAP 检测图谱

表 5-3　16 对 SRAP 引物的多态性

引物编号	扩增总条带	多态性条带数	多态性比率/%
em4+me4	14	5	35.71
em9+me12	12	4	33.33
me5+me10	10	6	60.00
em7+me12	12	4	33.33
em12+me1	7	4	57.14
em14+me1	7	3	42.85
em7+me1	15	10	66.67
em10+me4	11	6	54.54
em12+me2	7	4	57.14
em14+me2	8	4	50.00
em3+me1	9	3	33.33
em3+me3	8	4	50.00
em5+me9	7	3	42.85
em6+me12	6	3	50.00
em9+me2	9	4	44.44
em1+me1	9	4	44.44
总和	151	71	
平均	9	4	47.24

2.4 杂交种表型多样性分析

通过对鸭茅杂交种及亲本 5 个与产量有关的形态指标的测定，结果表明，鸭茅杂交种群体存在着较大的形态变异（表 5-4）。其中分蘖数变异最大，变异系数达 23.96%，其次是旗叶长度，变异系数为 13.05%。株高、叶长和叶宽也存在不同程度的变异，变异系数均大于 10%。在所有杂交种中叶片最长为 45.23cm，最短为 24.21cm；叶片宽度最大值为 1.52cm，最小值为 0.91cm；单株分蘖数最多达 75 个，最少 12 个；最高株高为 137.42cm，最低为 74.35cm。与父母本相比，除株高和旗叶长度 2 个指标表现出明显的超亲优势外，其余指标的平均值均在父母本观测值之间。

表 5-4　鸭茅杂交种及亲本形态特征及变异

测定指标	株高/cm	叶长/cm	叶宽/cm	旗叶长/cm	分蘖数/个
父本 01996	94.54	42.45	1.35	25.56	54
母本 02-103	54.35	25.34	0.75	21.35	45
杂交种（平均）	102.94	40.35	1.15	31.42	50
变异范围	74.35～137.42	24.21～45.23	0.91～1.52	15.23～43.15	12～75
标准差 SD	13.3	12.2	0.12	4.6	12.1
变异系数 CV/%	12.92	12.14	10.43	13.05	23.96

3　讨论

3.1 分子标记技术是植物杂交种鉴定的重要手段

目前，用于植物杂交后代的鉴定方法主要有形态学、细胞学、同工酶及分子标记等（薛丹丹等，2009）。鸭茅杂交种的鉴定多采用花序、株高、叶长等形态标记，钟声（2007）的研究表明，在形态及发育方面，具有父本性状的植株可作为杂交成功的依据。本试验鉴定出的 106 份杂交种一代单株表现为植株高大，在株高方面具有父本 01996 的特征，部分杂交后代具有明显的超亲优势，其余性状如叶长、叶宽和分蘖介于两亲本之间，从形态特征可初步判定它们为真杂交种。但数量性状易受环境条件影响，单纯依靠表型变异进行真实性鉴定有一定困难。为了更准确地对杂交后代进行鉴定，更全面地了解鸭茅杂交后代的变异情况，还必须从分子水平上进行研究。SRAP 分子标记技术具有简便、成本低、产率中等、稳定、高共显性、易于得到测序所需的分离条带及扩增 ORFs 区域等优点，已应用到多种植物的杂种鉴定研究。

3.2 SRAP 标记对鸭茅杂交种的鉴定

本研究通过对 192 对鸭茅 SRAP 引物的筛选，得到了 64 对具有多态性的引物，可用于鸭茅杂交种的多态性分析，并用扩增具有父本特征带的 2 对引物对鸭茅杂交种进行了鉴定。由于所选引物的限制，多数引物的扩增产物不能使 SRAP 谱带呈现双亲互补带型。同时杂交后代即使被判定为真杂交种，其扩增谱带也不一定是双亲条带之和，而会出现谱带的消失，或出现新的谱带。这可能是由于在配子体形成过程中，染色体减数分裂时同源染色体发生配对与交换，染色体复制过程中存在碱基突变等，这也证明通过杂交可使鸭茅后代发生丰富的变异。本研究在利用单个 SRAP 特异引物对杂交种鉴定的基础上，又利用其他 SRAP 特异引物对第一次不能鉴定为真杂交种的材料进行二次鉴定，最终从 140 份杂交后代中鉴定出真杂交种 106 个。所用引物中没有一对引物能将杂交种和亲本完全分开，因此，利用 SRAP 引物组合进行鸭茅杂交种鉴定十分必要，该技术能结合多对引物相互补充，全面有效地对杂交种进行检测，可提高检测的准确度。

3.3　鸭茅杂交种群体遗传分析

鸭茅是异花授粉植物，同一种质内普遍存在遗传基因杂合的状态。鸭茅种质遗传变异研究对于了解物种的起源、遗传分化及资源的合理利用与开发具有重要意义。本研究用 16 对 SRAP 引物对 106 份鸭茅杂交种基因组 DNA 进行扩增，共得到 151 条清晰可辨条带，其中多态性条带 71 条，多态性位点百分比为 47.24%。这一结果与鸭茅杂交种群体 SSR 遗传变异的研究结论有一定差异，13 对 SSR 引物在 111 份杂交种中共扩增出多态性条带 76 条，平均每对引物扩增出 6 条，多态性百分比为 84.24%（谢文刚等，2010）。虽然 2 种标记技术均能检测出较多的遗传位点，并能揭示出杂交种群体遗传变异信息，但相对于 SSR 标记而言，SRAP 揭示的多态性相对较低。可能有以下几个原因：一是 2 种标记系统本身在检测多态性方面可能存在差异，王华忠等（2008）利用 SRAP 与 SSR 标记分析不同类型甜菜的遗传多样性证实了这一点，在他的研究中，11 对 SRAP 引物共获得 199 条扩增带，其中 86 条多态性条带，多态性条带比率平均为 43.7%，而 SSR 的 9 对引物共产生 35 条扩增带，多态性条带比率为 100%，远远高于 SRAP；二是对试验结果的评价带有主观性，由于扩增的某些条带较弱，在试验数据统计时难免出现人为误差；三是试验材料本身遗传多样性水平不高。本试验利用 16 对 SRAP 引物对 106 份材料进行扩增，获得的多态性条带比率为 47.24%，这与 Zeng 等（2008）使用 SRAP 研究鸭茅种质资源遗传多样性的研究结果有一定差异，在他的研究中，21 对 SRAP 引物组合对 45 份鸭茅进行 PCR 扩增，多态性条带比率高达 82.08%。可能是由于试验材料的不同，前者所用试验材料来自 4 大洲，具有不同的生态类型和遗传基础且材料多为四倍体，Xu 等（1994）研究表明多倍体植物存在更高的遗传变异和多样性。而本试验所用供试材料为 1 对亲本杂交所得的杂交种群体，其群体遗传基础相对狭窄，遗传变异程度较低。

4　结论

本研究利用 SRAP 分子标记对 140 份鸭茅杂交种进行鉴定，获得 106 份真杂交种，遗传多样性研究发现鸭茅杂交种的 SRAP 多态性相对较低，但部分变异材料表现出较大的利用潜力，可进行针对性保护利用。SRAP 技术用于鸭茅杂交种鉴定和遗传分析是可行的。

第二节　鸭茅杂交种的 SSR 分子标记鉴定及其遗传变异分析

杂交育种是植物遗传改良中常用的技术策略，利用性状差异明显的亲本进行杂交育种是选育高产、优良品种的重要途径。国外通过杂交育种已培育出了多个优良品种，如新西兰培育的'Grasslands Kara'就是利用普通鸭茅亚种（*D. glomerata* subsp. *glomerata*）与 *D.glomerata* subsp. *lusitanica* 杂交培育的（钟声，2006）。而国内鸭茅杂交育种的研究报道较少，钟声对鸭茅不同倍性杂交及后代发育特性进行了初步研究（钟声，2007）。鸭茅是异花授粉植物（Loticato and Rumball，1994），在杂交过程中由于隔离不严等原因，不同来源花粉造成种子生物性混杂时有发生，因此对杂交种的真实性鉴定十分必要。植物杂种的鉴定方法主要有植株形态、细胞学和同工酶及分子标记等，RAPD、SRAP、AFLP 等分子标记在植物杂交育种的后代鉴定中得到广泛应用（李涵等，2007；薛丹丹等，2009；江莹芬等，2007）。然而这些分子标记都有其不足，如 RAPD 标记重复性差、AFLP 标记操作程序复杂且对 DNA 纯度要求严格等。简单重复序列（simple sequence repeat，SSR）标记因具有数量丰富、多态性高、共显性、扩增稳定、引物序列易于交流等优点，已在水稻（*Oryza sativa*）、玉米（*Zea mays*）、棉花（*Gossypium herbaceum*）、甜瓜（*Cucumis melo*）、西瓜（*Citrullus lanatus*）等作物的杂种鉴定中应用（辛业芸等，2005；李汝玉等，2005；吴玉香等，2007；李菊芬等，2008；艾呈祥等，2005）。而在草业上 SSR 分子标记应用不多，仅见于披碱草（*Elymus dahuricus*）、柱花草（*Stylosanthes* spp.）、苜蓿（*Medicago sativa*）、结缕草（*Zoysia japonica*）等少数草种（蒋昌顺等，2004；李永祥等，2005；张阿英等，2002；郭海林等，2007）。

试验对株高这一性状上存在明显差异的两份亲本材料 01996 和 YA02-103 进行杂交，得到的杂交种材料利用 SSR 分子标记技术进行鉴定和遗传变异分析。以期筛选出适合鸭茅杂种鉴定的 SSR 引物，为鸭茅杂种的快速鉴定提供依据。

1　材料与方法

1.1　试验材料

供试材料为鸭茅亲本 01996 和 YA02-103 及其 140 个鸭茅杂种材料（表 5-5）。所用鸭茅 SSR 引物序列由日本草地畜产种子协会饲料作物研究所才宏伟教授提供，由上海生工生物技术有限公司合成。PCR 所用的 Mg^{2+}、*Taq* 酶、dNTP、buffer 均购自博瑞克生物技术公司。

表 5-5　亲本名称及其来源

亲本	材料来源	特征
01996 ♂	中国农业科学院畜牧研究所	材料 4 月初抽穗，株高 90cm
YA02-103♀	贵州纳雍	材料 4 月下旬抽穗，株高 55cm

1.2　研究内容及方法

1.2.1　杂交

鸭茅为异花传粉植物，花序密集，小花细小，人工去雄困难。本研究所选亲本在形态及发育方面存在明显差异，故采用自然杂交，即将两份材料相间种植，并与其他鸭茅材料严格隔离，收获 YA02-103 植株中所获得的种子，选取种子在温室发芽，两周后随机选取 140 个单株进行 SSR 鉴定。

1.2.2　鸭茅 DNA 的提取

取生长良好的鸭茅杂种及亲本材料幼嫩叶片采用 CTAB（cetyl trimethyl ammonium bromide，十六烷基三甲基溴化铵）方法提取 DNA（Saghai-Maroof et al.，1984）。用 0.8% 琼脂糖凝胶电泳和紫外分光光度计分别检测 DNA 的浓度和纯度，合格的 DNA 样品于 4℃冰箱中保存备用。

1.2.3　SSR 反应体系的建立与优化

利用正交设计 L16（4^4），对 Mg^{2+} 浓度、dNTP、引物浓度、Taq 酶浓度进行 4 因素 4 水平的正交试验。并在 Thermo Hybaid PCR 仪上进行引物最佳退火温度的筛选。最终获得适合于鸭茅 SSR 分析的优化反应体系，反应液总体积 15μL：模板 DNA10ng/μL，dNTP 240μmol/L，引物浓度 0.4μmol/L，Taq 酶 1.0U，Mg^{2+} 2.5mmol/L。

1.2.4　SSR 分子标记的 PCR 扩增及电泳检测

PCR 反应程序为：94℃预变性 4min，94℃变性 30s，48～52℃退火 30s，72℃延伸 1min，共 35 个循环，72℃延伸 10min，4℃保存。扩增产物用 6%聚丙烯酰胺凝胶（丙烯酰胺：甲叉=19：1，7.5mol/L 尿素，1×TBE 缓冲液）进行检测。样品点样 10μL，以博瑞克公司的 D1500 Marker 为对照，200V 电压下预电泳 30min，然后在 400V 电压下电泳 2h，胶板用 0.1%的 $AgNO_3$ 进行银染并在 NaOH 液中显色，凝胶用数码相机照相保存。

1.2.5　SSR 引物的筛选

随机选择的两个杂种及其双亲共 4 份材料的 DNA 对 100 对引物进行 SSR 多态性筛选，将扩增条带清晰、带型稳定、后代表现出双亲互补带型的引物，用于杂种鉴定。选择在双亲和杂交后代具有多态性的引物，用于杂种的遗传变异分析。

2　结果与分析

2.1　鸭茅杂交种及其亲本的 SSR 多态性分析

从 100 对 SSR 引物中，筛选出 13 对带型稳定并在杂种及其亲本间具有多态性的引物，分别为 A01B10、A01G20、A01L12、A01L14、A01E14、A03C08、A03K22、A03N16、A03H11、A03M21、B01B08、B01C15 和 B01F08，多态性引物占 13%（表 5-6）。这些引

物扩增的带型大致可分为 3 种类型：双亲互补型、父本型和其他型（图 5-5），其中 A03K22、A01G20 和 A03N16 呈双亲互补型图谱，可利用它们对鸭茅杂交种进行快速鉴定。

表 5-6　13 对 SSR 引物序列

引物编号	引物序列（5′—3′）	扩增总条带	多态性条带数	多态比率/%
A01B10	TCTTCCTTGGAAAACATCAA ACTTGCTTACACGGTATCATG	6	6	100
A01G20	CTGTTTAAAGGGAAGGCTG AACTTCCGACTACTCCGG	7	5	71.43
A01L12	GGCTCAATCCTTAGACACTG ACGAGAAATCGTCGTATTGT	7	6	85.71
A01L14	GCACAATGACACCAAATATG ATCAGCATTGTGACCACC	7	7	100
A01E14	ACCCGTTTTCTATCTCCAG GTTCTAGCGTCGTGAGGG	6	5	83.33
A03C08	TCGCAGTTTGATGTAGGTC ACACTCACACATACGCATACA	6	6	100
A03K22	AGACTCTAGGGTGGCACAC GTAGCACGCTAACGAGAGAT	6	5	83.33
A03N16	AACGCAACGTCTATGGTTAT ACACGCACCCACACATAC	6	3	50
A03H11	TCACACACATAACACGCAG CGCGTGTATTTATTATCTTTCA	8	8	100
A03M21	TTCTACAGCTTGCACTGATG AAGTGGACAGTTGACACTCC	8	4	50
B01B08	TAATCATCATCTTGAGGAGTGA CAGTCCTGATGCTGGAAG	6	6	100
B01C15	GTCGATTGATGGTGTACGTA TCTAGTGCTACTTGTATGCACC	10	10	1
B01F08	ATTAGTCCGTGTCTCCCAC TTATCGAGACCTCCAGGAG	7	5	71.43
总和		90	76	
平均		7	6	84.24

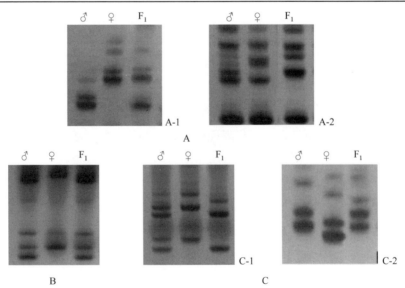

图 5-5　引物的 SSR 图谱类型

A. 双亲互补型 A03K22（A-1）、A01G20（A-2）；B. 父本型 A01L12；C. 其他型，A03C08（C-1）、A01L14（C-2）

2.2 鸭茅杂交种鉴定

根据杂交组合的亲本及其杂种的电泳谱带特征，对杂交后代进行鉴定。将杂种分为3种类型：①父本与母本比较都有特征带，其后代具有双亲的特征带，则后代为真杂种（图 5-5A-1、A-2）；②后代除具有双亲特征带外，还具有一条双亲没有的条带，此类需要结合其他引物进一步分析（图 5-5C-2）；③父本与母本比较有特征带，后代具有父本特征带，无母本特征带，且带型与母本带型完全不同（图 5-5C-1），此类也需要用不同引物进一步分析。

利用筛选的 3 对双亲互补引物对亲本和 140 个杂种进行鉴定，第一次用 A01G20 对 140 个杂种进行鉴定，亲本和杂种都能扩增出 5 条带，扩增片段 100~200bp。其中亲本间共有带 3 条，父母本特征带各 2 条（图 5-6）。对 140 个杂种的扩增图谱进行分析，具有双亲特征带的有 80 份，将它们鉴定为真杂种。其余 60 个杂种与父本带型相同，即其中 3 条为父母本共有带，2 条为父本特征带，无母本特征带，此类不能立即鉴定为真杂种，需要结合其他引物进一步分析。对 A01G20 不能确定的 60 个杂交后代，用 A03N16 进行再次鉴定，引物在亲本和杂交后代中都能扩增出 4 条带，杂交后代的扩增片段表现出 3 种类型，一种为带型与父本相同；一种为 2 条来自父本，1 条来自母本，1 条为父母本均不具有的新条带；另一种类型为 2 条来自父本，2 条为父母本均不具有的新条带。将具有父母本特征带又具有一条新带的鉴定为真杂种，共鉴定出真杂种 31 个。对 A01G20 和 A03N16 鉴定出的真杂种进行再次确定，用 A03K22 对所有 111 个杂种进行扩增，所有后代都表现为双亲互补的类型，但扩增出的条带数不完全相同，最多为 6 条，即 2 条来自父本，4 条来自母本；最少为 3 条，2 条来自父本，1 条来自母本。这 111 个杂种因在不同引物中都具有父母本的特征带被确定为真杂种（图 5-7）。

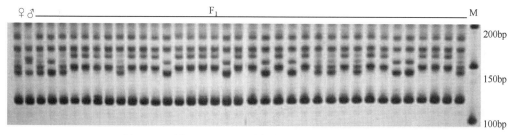

图 5-6　引物 A01G20 对鸭茅杂交种的 SSR 检测图谱

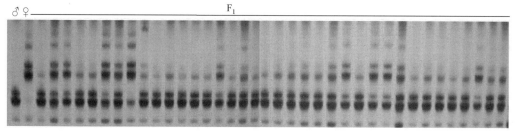

图 5-7　引物 A03K22 对鸭茅杂交种的 SSR 检测图谱

2.3 鸭茅杂种群体 SSR 扩增产物多态性

用 13 对引物对 111 份鸭茅杂种基因组 DNA 进行 SSR 扩增，共得到 90 条清晰可辨条带，其中多态性条带 76 条，多态性位点百分率为 84.24%（图 5-8）。平均每对引物扩增出 7 条带，其中 6 条具有多态性，扩增的 DNA 片段集中在 100～200bp（表 5-6）。表明 SSR 能检测出较多的遗传位点，获得多态性较好的 PCR 结果，鸭茅杂种间具有丰富的遗传变异。

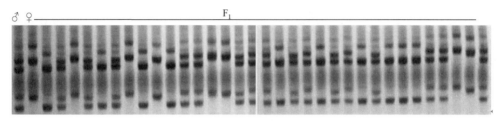

图 5-8　引物 A03C08 对鸭茅杂交种的 SSR 检测图谱

3　讨论

1）鸭茅杂种的鉴定，多采用一些形态标记，如花序、株高、叶长等，钟声的研究表明通过选择在形态及发育方面具有父本性状的植株可作为杂交成功后代的依据（钟声，2006），但数量性状易受环境条件的影响，使单纯依靠表型差异进行真实性鉴定有一定的困难。SSR 标记由于其具有共显性、遗传方式简单、多态性好、操作简便、重复性好、稳定可靠等优点，广泛应用于种质鉴定和分子标记辅助育种等研究领域。如辛业芸等从 144 对 SSR 引物中筛选出 47 对能够在 5 个超级杂交稻组合中显示稳定多态性的引物，利用 RM337 和 RM154 将 5 个杂交稻组合与其亲本区分开（辛业芸等，2005）。Tommasini 利用 3 组 SSR 引物组合能够有效地把 10 个油菜品种区分开（Tommasini et al.，2003）。艾呈祥等筛选出 8 对特异引物能很好地对 2 个甜瓜品种及其亲本进行鉴定，检测结果与田间试验结果吻合（艾呈祥等，2005）。而 SSR 标记技术用于鸭茅杂种鉴定的研究未见报道。本试验通过对 100 对鸭茅 SSR 引物的筛选，得到了 13 对具有多态性的引物，用于鸭茅杂种的遗传变异分析，并用其中的 3 对特异引物对鸭茅杂种进行了鉴定。由于所选引物的限制，多数引物的扩增产物不能使 SSR 谱带呈现双亲互补带型。同时杂交后代即使被判定为真杂种，其扩增谱带也不一定是双亲条带之和，而会出现谱带的消失，或出现新的谱带。这可能是由于在配子体形成过程中，染色体减数分裂时同源染色体发生配对与交换，染色体复制过程中存在碱基发生突变等，均有可能产生"多带"或谱带消失，这也证明通过杂交可使鸭茅后代发生丰富的变异。本试验在利用单对 SSR 特异引物对杂交种鉴定的基础上，又利用其他 SSR 特异引物对第一次不能鉴定为真杂种的材料进行二次鉴定，最后再用 1 对呈双亲互补型的引物对前 2 对引物所鉴定的杂种进行再次确认，最终从 140 个杂交后代中鉴定出真杂种 111 个。本研究中没有 1 对引物能将杂种和亲本完全分开，可见利用 SSR 引物组合进行鸭茅杂种鉴定十分必要，该方法能结合多对引物相互补充，全面有效地对杂种进行检测，可提高检测的准确度。

2）遗传多样性指数是反映材料多样性的重要指标。遗传多样性丰富，说明种质类型多样，遗传差异较大，在品种选育及改良中有更多可选择和利用的基因。鉴于鸭茅是异花授粉植物，同一种质内普遍存在遗传基因杂合的状态，即品种内个体间的遗传基因不同，对鸭茅种质遗传变异的分析对于了解物种的起源、遗传分化及资源的合理利用与开发具有重要意义。本试验中利用 13 对 SSR 引物对 111 个鸭茅杂种进行扩增，得到多态性条带 76 条，多态性百分率为 84.24%。该结果与 Kolliker 等（1999）用 RAPD 方法研究发现的鸭茅种质内具有较高的遗传变异（85.1%）的结论吻合。同时本研究所得到的鸭茅种质内的遗变异模式与那些多年生且具有异交繁育系统的植物具有相似的遗传变异模式（Nybom，2004）。这也说明通过杂交可获得丰富的遗传变异，可为鸭茅新品种的选育提供优良的遗传育种中间材料。

第三节　鸭茅杂种 F_1 代 SSR 分析

虽然形态标记在杂种后代遗传分析、遗传多样性分析中是最直观、简便、应用最广泛的手段，但容易受到环境因素的影响。分子标记可以弥补形态标记的不足，二者相结合可以提高杂种后代遗传分析的准确度，对此国内外已有大量报道（Dmitar et al.，2009；Ida et al.，2008；Young et al.，2011）。本研究通过对四倍体鸭茅优良品种（系）间的杂种 F_1 代进行分子标记与形态学性状标记，通过 SSR 分析，揭示杂种 F_1 代的遗传特点，并与鸭茅杂交 F_1 代农艺性状作出相关性分析，以期为日后快速筛选杂交亲本提供一定理论基础。

1　材料与方法

1.1　试验材料

供试材料为鸭茅属的 9 个亲本鸭茅品种（系）所组成的 16 个 F_1 杂交组合，其中四倍体与四倍体杂交组合 12 个，二倍体与二倍体杂交组合 4 个。杂种 F_1 代于 2010 年播种，经过 SSR 分子标记鉴定真假杂种后筛选出的 16 个组合 116 个单株。F_1 代杂交组合及其后代见表 5-7。所有亲本材料均由四川农业大学草业科学系种质资源库提供，亲本及杂种后代均保存在四川农业大学老板山种质资源圃。

表 5-7　杂种 F_1 代组合编号

组合类型	编号	母本	父本
四倍体与四倍体 杂交组合	T1	川东	古蔺
	T2	古蔺	川东
	T3	01076	古蔺
	T4	古蔺	01076
	T5	01076	川东

续表

组合类型	编号	母本	父本
四倍体与四倍体杂交组合	T6	川东	01076
	T7	宝兴	YA02-116
	T8	YA02-116	宝兴
	T9	川东	宝兴
	T10	宝兴	川东
	T11	宝兴	楷模
	T12	楷模	宝兴
二倍体与二倍体杂交组合	D1	YA02-107	YA02-102
	D2	YA02-102	YA02-107
	D3	YA02-107	YA90-130
	D4	YA90-130	YA02-107

1.2　试验方法

利用 SSR 标记对杂交 F_1 代组合进行分子水平上的遗传分析，比较 F_1 与亲本的遗传差异，并对不同杂交组合群体后代遗传特点进行比较，分析杂种优势原因。

1.2.1　亲本及杂种 F_1 代基因组 DNA 提取

采集亲本原始单株及 F_1 代植株幼嫩叶片组织，于采集箱放置硅胶、冰袋冷却干燥，带回实验室提取 DNA。采用 CTAB 法提取 DNA，并在 0.8%琼脂糖凝胶上电泳检测 DNA 浓度，提取 DNA 全部合格，稀释到备用浓度 10ng/μL，于 4℃冰箱保存备用（Saghai-Maroof et al.，1984）。

1.2.2　SSR-PCR 扩增及电泳

采用谢文刚优化的鸭茅 SSR-PCR（15μL）反应体系（谢文刚等，2008）：50ng 模板 DNA，240μmol/L dNTP，0.4μmol/L SSR 引物，1.0U *Taq*DNA 聚合酶，1.5μL 10×PCR buffer，2.5mmol/L MgCl₂。参考的 PCR 扩增程序为：94℃预变性 4min，94℃变性 30s，52℃复性 30s，72℃延伸 1min，共 35 个循环，72℃延伸 10min，4℃保存。全部反应都在 Thermo Hybaid PCR 仪上进行。扩增产物在 6%聚丙烯酰胺凝胶上（丙烯酰胺：甲叉=19：1，7.5mol/L 尿素，1×TBE 缓冲液）电泳。每个点样孔中上样量为 8μL，以天根公司的 Marker I 为对照。点样前，先在 200V 恒定电压下预电泳 30min，并用注射器冲洗点样孔，点样后在 400V 恒定电压下电泳 2h。然后利用 0.1%的 AgNO₃ 进行银染 12~15min，NaOH 液中显色 10min 以上，直到条带显现为止，5%乙酸溶液固定。最后凝胶在白色灯板下用数码相机照相保存，供数据统计和分析。

1.2.3　SSR 标记引物筛选

所用 SSR 引物由美国和日本专家针对鸭茅开发设计，由上海生工生物技术服务有限公司合成。选取前人发表的多态性较好的 44 对 SSR 引物用于 F₁ 代的遗传分析，引物序列见表 5-8（谢文刚等，2008；Xie et al.，2009）。

表 5-8　鸭茅 SSR 遗传分析的引物序列

引物编号	正向引物序列（5′—3′）	反向引物序列（5′—3′）
A01E02	AGCTGTGGAGAAAAAAATGA	GATGCCATTAAGTTCAAAATG
B01A05	GAGAGCGGCAGAGTTATTC	AAAGGTCGATATCTCTATTCCA
A01K14	AAGGATGGCCTGATCTTC	GCAGAGGTCTTTCTCTTGG
B01C15	GTCGATTGATGGTGTACGTA	TCTAGTGCTACTTGTATGCACC
A01B10	TCTTCCTTGGAAAACATCAA	ACTTGCTTACACGGTATCATG
A01E14	ACCCGTTTTCTATCTCCAG	GTTCTAGCGTCGTGAGGG
A02B24	GACGAGGCATGTTTGTTG	CTCTATAAAACCCATGAGCG
A03M21	TTCTACAGCTTGCACTGATG	AAGTGGACAGTTGACACTCC
A02G09	TACACGAGAGGGCAGATACT	CGTAACTTGAATCTTCCAGG
A04C24	AGCAACATATCTTACTGCAATG	ATCAAACTCGAAAAGTTGTCA
A02I05	GCAAATGTCCACACCATT	CTACCACAGCGACATCAAG
A02N22	AAACATGTCGTGGTCGTC	ATCATTTGTTATGCCGGTAG
A03K22	AGACTCTAGGGTGGCACAC	GTAGCACGCTAACGAGAGAT
A03B16	TCTGGAATCTCTCTGAAATCA	ATCTTGACCCTGATGTTCTG
A04O08	AGAGGTTAGATGGATGTAGGC	ATAGACCCATAGCATGTTGG
A03C05	TAAGAATCGATCCTCCCG	ACCTTCTTCCACTCCGTC
B01B19	AGAAGTTGGCCTGTCTCC	CTCTTCCTTCCTCCTTGG
A01F24	AAAATGTTTTATTCTCAGCCC	TGCAAGATGGAATGCTCT
B01E09	ACAACTCACAAACTCAAGAACA	GTGGACTCGGAGGAGAAG
A02A10	AGGTTACCGATAGTAAGTGGG	AGGGGATGGTTGGTTAGTAT
A01I11	CATCGTAATGACTGCTAGTCC	ACAGATCCATCGGTGGTT
B01C11	GCCATGTAACCAGAATCCTA	TGTTTGTGCATAGATCAAGC
B01D10	GGGAGATCTCAGTGGAGG	CCGTGATAACTCATAAACAGC
A02J20	TCCAATGTTACACACATAGCA	TGTGTGCGATTTTCTGTG
B01F08	ATTAGTCCGTGTCTCCCAC	TTATCGAGACCTCCAGGAG
A01L12	GGCTCAATCCTTAGACACTG	ACGAGAAATCGTCGTATTGT
A01L14	GCACAATGACACCAAATATG	ATCAGCATTGTGACCACC
A03C08	TCGCAGTTTGATGTAGGTC	ACACTCACACATACGCATACA
A03N16	AACGCAACGTCTATGGTTAT	ACACGCACCCACACATAC
A03H11	TCACACACATAACACGCAG	CGCGTGTATTTATTATCTTTCA
B01B08	TAATCATCATCTTGAGGAGTGA	CAGTCCTGATGCTGGAAG
B01A02	TTCTCCATTAAGCCTCCAG	CAGCGAGTCCTTGTCGAC
A01I13	ATGCTGTTTGATCACAGTCA	GTTGGACTGCCATTACTAGC

引物编号	正向引物序列（5′—3′）	反向引物序列（5′—3′）
A01C20	AACCAGTTGTTGATCTGCTT	TACGATATGTGCGTGTTGAT
A03C03	AAGGAATTAGTTTAACATGCATAA	ATGGGTCCATGTTAGTAGTTTC
B04P11	ACGAGAGCAATCTCCTATCA	TATGGGAAGGGCTCTCTC
C02C19	TGAAGCGTTGTTTGTACTTG	CTTGGTTGGCAAAGTGTC
B05P14	TGTGAGGGCTTGCTTAAG	ATTTGTTGCCATCACCAC
B06G13	TCGATCTAATTACCCTGGC	TTATGTTTGTACGTTGCCTG
B05O17	GTTTATGGGTTCTCTTGATCTC	TATGATTTACAACTGTTGAGGG
B05I09	CATGGAAAGAAGGGGATC	AGTCTGGGGTTAAACATGC
B06G12	ATGCATTCAGTTGGTTTAAGA	AATAAGCAAAGCAAGTCTGC
B05G17	AAGAGACATGCTCTTTCACG	GTACCCCACCCTCATTTC
B05L12	TTAGAGGTGAAAATTGATCACA	GTGCTTGGATTATGCTGG

1.2.4 数据分析

SSR 标记的数据处理：根据记录影像，按点样顺序对不同 SSR 引物扩增分子质量范围内的多态性条带逐条记录，有带赋值为 1，无带赋值为 0。利用 POPGENE 进行 Shannon 指数、平均基因杂合度、群体间遗传一致性等分析（Yeh et al.，1999）。通过 Nei's 遗传相似性系数（genetic similarity，GS）计算遗传相似系数和遗传距离（genetic distance，GD，GD=1–GS）（Nei and Li，1979），并利用 NTSYS-pc 2.10 分析软件，根据 UPGMA 方法进行聚类分析（Rohlf，2000）。

1.2.5 鸭茅杂种 F_1 代分子标记与表型性状相关分析

利用鸭茅 SSR 标记对亲本遗传距离与表现性状超亲优势通过 SPSS 17.0 进行相关性分析，分析遗传距离是否可以对鸭茅杂种优势进行预测。

2 结果

2.1 鸭茅杂种 F_1 代 SSR 分析

2.1.1 四倍体鸭茅材料间杂交 F_1 代 SSR 分析

本研究中选取了 44 对 SSR 引物对鸭茅杂种 F_1 代进行扩增，这 44 对引物均选自前人发表文章中多态性较好的引物。经过多态性检测，44 对引物在亲本间均可以稳定扩增。其中，27 对引物在亲本间表现出多态性，17 对引物没有多态性；多态性引物出现的频率为 61.4%，非多态性引物出现的频率为 38.6%，亲本间遗传差异较大。而在亲本间有差异的引物存在着 33.6% 的同源位点，表明亲本间也存在着一定的同源性。对四倍体、二倍体鸭茅材料间的杂交 F_1 代扩增 SSR 条带进行检测：F_1 子代中既包含父本特征带，也包含母本特征带，且子代间差异条带较多，整齐度较低，呈杂合态，可能与亲本不完全纯合有关。SSR 扩增有效片段大小为 100～200bp，表 5-9 列出了 SSR 对 12 个四倍体鸭茅材料间杂交组合 F_1 代的遗传差异分析。所有四倍体杂交 F_1 代的平均有效等位基因变异范围为 81～121，多态性位点百分率变异范围为 50.7%～93.6%，平均多态性位点百分率为 72%，正反交组合间多态性位点百分率相差最大的为 T3（01076×'古蔺'）、T4（'古蔺'×01076）组合。平均多态性位点百分率最高的为 T9（'川东'×'宝兴'）和 T10（'宝兴'×'川东'）正反交，T9、T10 杂交 F_1 代变异幅度较大。在 27 对引物中，单对引物扩增条带数最少为 2 条，最多为 7 条，引物 A03C05 扩增条带最多，A01L12 扩增条带最少。平均每对引物在四倍体鸭茅杂交组合中扩增产生 5.1 条有效带。SSR 引物在 12 个杂交组合中能够扩增出丰富的条带，但多态性条带比率差异较大，可能是由于亲本间的差异造成。

表 5-9　鸭茅杂交组合 F_1 代 SSR 遗传多样性和亲本间遗传距离

组合	平均有效等位基因	平均 Nei's 基因多态性	Shannon 遗传多态性指数	多态性位点	多态性位点百分率/%	亲本遗传距离	子代间平均遗传距离
	N_a	H	I	P_L	P_P	GD_p	GD_h
T1	99	0.27	0.40	90	70.9	1.02	0.09
T2	100	0.27	0.41	98	77.2		
T3	121	0.37	0.53	113	88.3	0.72	0.17
T4	91	0.20	0.30	67	52.3		
T5	104	0.31	0.45	90	72.0	0.86	0.22
T6	113	0.26	0.40	99	79.2		
T7	93	0.22	0.31	69	50.7	0.77	0.09
T8	99	0.25	0.37	89	65.4		
T9	106	0.42	0.60	102	93.6	0.91	0.19
T10	98	0.34	0.49	90	82.6		
T11	81	0.27	0.39	73	65.2	0.85	0.03
T12	83	0.27	0.40	75	67.0		
D1	42	0.19	0.28	40	46.5	0.22	0.14
D2	37	0.07	0.11	20	23.3		
D3	44	0.28	0.41	39	55.7	0.47	0.22
D4	42	0.28	0.41	36	53.2		

Nei's 基因多态性和 Shannon 遗传多态性指数是能够反映群体的均匀度、遗传多样性丰富程度、群体变异程度的指标。四倍体鸭茅杂交 F_1 代平均 Nei's 基因多态性为 0.29，平均 Shannon 遗传多态性指数 0.42。在 12 个正反交组合中，T3、T9、T10 的 Nei's 基因多态性和 Shannon 遗传多态性指数要明显大于其他组合。其 F_1 代群体具有更丰富的遗传多样性，产生更多变异。对亲本的遗传距离进行比较，亲本遗传距离最大的为 T1（'川东'×

'古蔺')、T2('古蔺'ב川东')的亲本'川东'和'古蔺',其次为T9、T10的亲本'宝兴'和'川东',T5(01076ב川东')、T6('川东'×01076)的亲本01076和'川东'与T11('宝兴'ב楷模')、T12('楷模'ב宝兴')的亲本'宝兴'和'楷模'的遗传距离相差较小,再次为T7('宝兴'×YA02-116)、T8(YA02-116ב宝兴')的亲本'宝兴'和YA02-116,亲本遗传距离最小的为T3、T4组合的亲本01076和'古蔺'。F_1代正反交间的遗传距离均小于亲本间的遗传距离,且各杂交组合与亲本的遗传距离均介于双亲遗传距离之间,较均匀地继承了亲本的遗传物质。子代间遗传距离最大的组合为T9、T10,联系鸭茅杂种F_1代农艺性状变异分析,叶片的最高超亲优势,抗病、越夏能力表现优势强的组合均为T9、T10,应进一步通过相关性分析,分析亲本间的遗传距离与优势性状组合的相关程度。

2.1.2 二倍体鸭茅材料间杂交 F_1 代 SSR 分析

从44对引物中,筛选出14对引物可以在二倍体亲本间扩增出稳定而有差异的多态性条带,有30对引物无多态性条带出现。多态性引物出现频率为31.8%,非多态性引物出现频率为68.2%。二倍体鸭茅多态性引物出现频率低于四倍体鸭茅,且亲本间有差异的引物存在着57.9%的同源位点,亲本间同源性较强。在14对引物中,单对引物扩增条带数最少为3条,最多为10条,相对高于四倍体杂交组合,而有效等位基因数远远小于四倍体杂交组合,可能由于亲本与子代间同源性较强,共有带较多。相同引物在二倍体 F_1 代中扩增的多态性明显下降。平均每对引物在二倍体鸭茅杂交组合中扩增产生4.6条有效带。在4个杂交组合中SSR引物能够扩增条带数较四倍体减少,但多态性条带比率差异较小,可能由亲本间的差异较小引起。与四倍体鸭茅杂交 F_1 代相比,二倍体鸭茅杂交 F_1 代的有效等位基因数、平均Nei's基因多态性、Shannon遗传多态性指数、多态性位点、多态性位点百分率、亲本间遗传距离均低于四倍体鸭茅杂交 F_1 代,相似度较高。平均Nei's基因多态性为0.21,平均Shannon遗传多态性指数为0.30。

2.2 鸭茅杂种 F_1 代 SSR 聚类分析

2.2.1 四倍体鸭茅材料间杂交 F_1 代 SSR 聚类分析

利用UPGMA法对杂交 F_1 代及其亲本进行SSR聚类分析,从分子水平对 F_1 代与亲本的遗传倾向作出直观划分。根据亲本与子代的聚类情况可以划分为A类、B类。A类:双亲与子代聚为一类。B类:一亲本独自为一类而另一亲本与子代聚为另一类。A类以T7('宝兴'×YA02-116)、T8(YA02-116ב宝兴')为例(图5-9)。在相似系数为0.71时,T7、T8正反交 F_1 代与亲本被划分3类,母本YA02-116与反交 F_1 代T8-1、T8-3聚为Ⅰ类;父本'宝兴'与反交 F_1 代T8-5、T8-6、T8-7聚为Ⅱ类;Ⅲ类为所有正交 F_1 代与两个反交 F_1 代T8-2、T8-4,且在亚类中正交与反交 F_1 代都聚在一起,说明部分正交与反交 F_1 代可能已经出现基因交流。在相似系数为0.63时,T1('川东'ב古蔺')、T2('古蔺'ב川东')与亲本被划分为两类,与T7、T8类似,亲本各聚其中一类,且在相似系数为 0.77 时，T1-4、T2-4 分别与各自的母本'川东'、'古蔺'聚为一起，表现为母性遗传，而在相似系数 0.67 时又与正反交 F_1 代混聚为一起，部分正反交 F_1 代在亚类中不能完全区分。T3（01076×'古蔺'）、T4（'古蔺'×01076），T5（01076×'川东'）、T6（'川东'×01076）的 SSR 聚类形式均属 A 类。

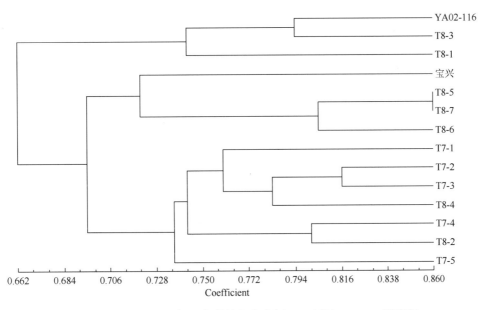

图 5-9　T7、T8 正反交 F_1 代单株与亲本间 SSR 标记 UPGMA 聚类图

T9（'川东'×'宝兴'）、T10（'宝兴'×'川东'），T11（'宝兴'×'楷模'）、T12（'楷模'×'宝兴'）的 SSR 聚类形式属于 B 类，以 T9、T10 为例（图 5-10）。在相似系数为 0.65 时，子代和亲本被划分为 4 类：Ⅰ类为亲本'川东'与 5 个 T9 正交 F_1 代，10 个 T10 反交 F_1 代；Ⅱ类包含 7 个 T10 反交 F_1 代与 T9-5；Ⅲ类只有 T9-1 和 T10-4 相聚在一起；亲本'宝兴'独自划为Ⅳ类。在亚类中大部分正交与反交 F_1 代可以区分开来。T11、T12 与 T9、T10 聚类情况类似，在相似系数为 0.70 时，被划分为 4 类，'楷模'单独为一类，'宝兴'与 T11 两个正交 F_1 代相聚在一起，另两类正反交子代相聚一起，且在亚类中有部分正反交相聚在一起，频率高于 T9、T10。

2.2.2　二倍体鸭茅材料间杂交 F_1 代 SSR 聚类分析

二倍体鸭茅杂交 F_1 代聚类形式属于 A 类，与 T7、T8 相似，即亲本分别与 F_1 代相聚为一类，但正反交 F_1 代间的聚类情况与 T7、T8 较不同，D1（YA02-107×YA02-102）和 D2（YA02-102×YA02-107）及 D3（YA02-107×YA90-130）和 D4（YA90-130×YA02-107）在亚类中正反交 F_1 代都可以区分且两个正反交组合子代都与各自的母本相聚为一起，表现为母性遗传。图 5-11 为 D3、D4 的聚类情况。

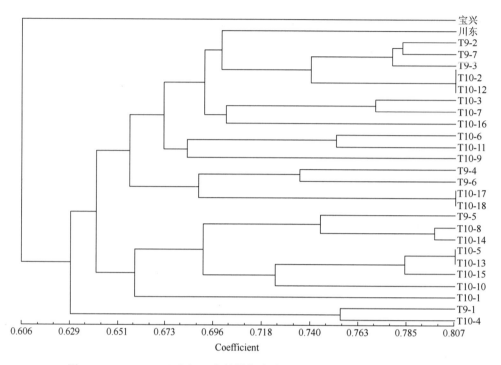

图 5-10　T9、T10 正反交 F_1 代单株与亲本间 SSR 标记 UPGMA 聚类图

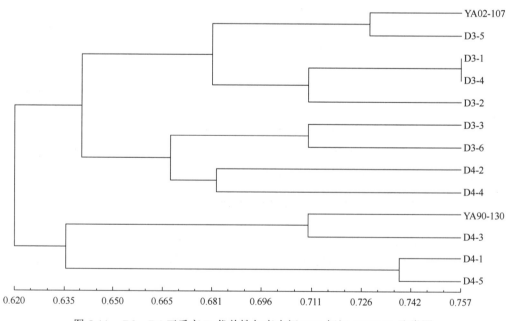

图 5-11　D3、D4 正反交 F_1 代单株与亲本间 SSR 标记 UPGMA 聚类图

2.3 亲本间遗传距离和农艺性状杂种优势的相关性分析

通过 SSR 分析对 2 种倍性鸭茅材料间杂交组合亲本的遗传距离进行确定后，与杂交 F_1 代的杂种优势性状进行相关性分析，试图找出亲本遗传距离与性状杂种优势的关系，分析结果见表 5-9。亲本遗传距离变幅为 0.22～1.02，平均遗传距离为 0.73。从表 5-10 的结果看，亲本间遗传距离与分蘖数呈显著正相关 $r = 0.869$（$P < 0.05$），与株高呈显著负相关 $r = -0.892$（$P < 0.05$）。在剩余 7 个农艺性状中，亲本遗传距离与旗叶长度、旗叶宽度、倒二叶长、倒二叶宽、茎粗、节长、单株生物量均呈正相关趋势，但没有达到显著水平。在未达到显著性相关的农艺性状中，单株生物量杂种优势与遗传距离相关值最大 $r = 0.619$，但仍不显著。而分蘖数杂种优势随亲本遗传距离增大而优势增强，株高随亲本遗传距离增大优势降低，可能株高杂种优势与遗传距离的关系并非线性相关，而是在遗传距离达到某一值时杂种优势达到最大，而后随着遗传距离继续增大株高优势反而下降，具体遗传距离与杂种优势呈正相关的临界值还有待进一步研究。遗传距离可预测株高和分蘖数的杂种优势，而其他性状优势通过遗传距离预测效果较差。

表 5-10　遗传距离与杂种优势的相关性分析

相关性状	遗传距离	相关性状	遗传距离
旗叶长度	0.472	茎粗	0.532
旗叶宽度	0.132	节长	0.365
倒二叶长	0.316	分蘖数	0.869*
倒二叶宽	0.203	单株生物量	0.619
株高	−0.892*		

注：*表示 $P < 0.05$ 显著差异

3　讨论

3.1　四倍体、二倍体鸭茅材料间杂交 F_1 代 SSR 比较

对四倍体和二倍体鸭茅材料间杂交 F_1 代进行 SSR 比较分析，结果显示二倍体鸭茅 F_1 代中多态性引物出现频率明显低于四倍体鸭茅，二倍体鸭茅杂交 F_1 代的有效等位基因数、平均 Nei's 基因多态性、Shannon 遗传多态性指数、多态性位点、多态性位点百分率、亲本间遗传距离均低于四倍体鸭茅。二倍体鸭茅亲本、子代间相似度较高。四倍体和二倍体鸭茅的正交 F_1 代和反交 F_1 代间的遗传距离介于双亲之间，遗传距离均较小。

3.2　亲本遗传距离与杂种优势相关性

只靠形态性状描述杂种后代遗传特性准确度较低，结合分子标记描述亲本间遗传距离、子代和亲本间的遗传分化、亲缘关系等，从 DNA 水平上完善杂种后代的遗传特性描述（Aitken et al.，2006；Selvi et al.，2006）。F_1 条带类型呈杂合态。T9（'川东'×'宝兴'）、T10（'宝兴'×'川东'）的 Nei's 基因多态性和 Shannon 遗传多样性指数要明显

大于其他组合，具有更丰富的遗传多样性，产生更多的变异。T9、T10 正反交间遗传距离在四倍体杂交 F_1 代中最大，且具高抗病、高越夏率能力。结合表型性状比较分析，应对 T9、T10 的 F_2 进一步研究。

对亲本 SSR 标记遗传距离与 12 个杂交组合的农艺性状超亲优势进行相关性分析，结果显示亲本间遗传距离与分蘖数性状优势呈显著正相关 $r=0.869$（$P<0.05$），与株高性状优势呈显著负相关 $r=-0.892$（$P<0.05$），可能由于株高性状优势在亲本达到一定遗传距离后相关性随遗传距离增大而减小，但具体临界值还有待考证。而其余 7 个农艺性状优势与亲本间遗传距离均呈正相关关系，但无显著性关系。Raidy 等对黄花苜蓿与紫花苜蓿基因型间的遗传距离进行计算，发现遗传距离与杂种优势之间没有相关性（Riday et al.，2003），刘荣霞对 25 株苜蓿亲本农艺学、形态学性状和 SSR 分子标记进行相关分析，结果表明 SSR 分子标记和农艺学、形态学性状也呈不显著相关，且相关性系数变化较大（刘荣霞，2009）。亲本遗传距离与杂种优势的相关性程度低，或者遗传距离不能够作为预测杂种优势的一个指标，可能是由于形态性状表现受环境影响较大，而分子标记不因环境变化改变性状；也可能由于所选用的标记与测量形态性状关联度小，没有足够表现出形态性状与分子标记的联系（Reed and Frankham，2001；Roldan-Ruiz et al.，2001）。Boppenmaier 解释这种情况可能是由于所用分子标记位点与影响杂交后代某特异性状的 QTL 杂合性没有密切关系，或受到上位性效应的影响（Boppenmaier et al.，1992）。

3.3 聚类分析

分子聚类结果中有些组合亲本双方没有均匀与子代相聚在一起，而是一方单独为一类，另一方与子代聚在一起的情况。可能是由于 SSR 标记存在连锁效应的原因。

4 结论

本试验对 12 个四倍体鸭茅材料间正反交杂交 F_1 代和 4 个二倍体鸭茅材料间正反交杂交 F_1 代进行 SSR 分子标记比较分析，结合表型性状分析得出结论：亲本间的遗传距离可预测分蘖数与株高性状的优势产生，而其他性状优势通过遗传距离预测效果较差。但这只是初步判断，需要日后进一步试验，确定遗传距离与杂种优势的相关性。

第四节　鸭茅杂种 F_2 代 SSR 分析

四倍体鸭茅通常较二倍体鸭茅更具栽培价值，且通过前人比较试验发现，相同物种的四倍体纯合速度较其二倍体缓慢，容易在其杂交后代中保持甚至超越 F_1 代杂种优势（罗耀武等，1987；李树贤，2003）。一般情况下，F_1 代的杂种优势在杂交世代中优势值最大，基因型高度杂合，在 F_2 代，基因型发生分离，后代优势度衰减程度与 F_1 杂合位点数量呈正相关。四倍体水平上对杂种优势的固定是四倍体物种大都具有的特性，因此，四倍体杂交种可以在杂种优势相当稳定、固定的情况下连续利用多代，可以提高制种效率，减少年年制种的不便。因此异花授粉植物杂种优势的多代利用、杂种后代稳定性研究是植物育种中值得重视的问题。鸭茅属于异花授粉植物，关于其杂种优势稳定性的研究较少，本研究意图通过四倍体鸭茅杂交 F_2 代农艺性状分析，与 F_1 代进行比较，分析稳定性差异，为今后鸭茅杂种优势多代利用提供参考依据。

1　材料与方法

1.1　试验材料

本试验通过对 2012 年配制的 12 个四倍体鸭茅正反交组合进行筛选，获得 6 个性状优良的正反交组合，同一组合用隔离网隔离群体内自由传粉，得到 6 个杂交 F_2 组合，共 45 单株株行，所选 F_2 植株列于表 5-11。杂种后代均种植于四川农业大学老板山种质资源圃。

表 5-11　鸭茅杂交 F_2 代材料编号

编号	父本	母本	子代编号				
FT7	宝兴	YA02-116	FT7-1	FT7-2	FT7-3	FT7-4	FT7-5
FT8	YA02-116	宝兴	FT8-2	FT8-4	FT8-5	FT8-6	FT8-7
FT9	川东	宝兴	FT9-1	FT9-3	FT9-5	FT9-6	FT9-7
FT10	宝兴	川东	FT10-1	FT10-2	FT10-3	FT10-4	FT10-6
			FT10-7	FT10-8	FT10-9	FT10-11	FT10-12
			FT10-13	FT10-14	FT10-17	FT10-18	
FT11	宝兴	楷模	FT11-1	FT11-2	FT11-3	FT11-5	FT11-6
FT12	楷模	宝兴	FT12-2	FT12-4	FT12-5	FT12-7	FT12-8
			FT12-10	FT12-11	FT12-12	FT12-13	FT12-14
			FT12-15				

1.2　试验地概况

试验地位于四川省雅安市四川农业大学老板山，东经 102°59′，北纬 29°58′，海拔608.4m。平均气温 16.7℃，1 月最冷平均气温为 6.6℃，7 月最热平均气温 25.7℃。年降水量 1774.3mm，全年日照时间 1039.6h，平均湿度为 79%，平均日照时数 1039.6h。试验地土壤为紫色土，土质黏重，土壤 pH 为 5.6，偏酸。该地气候温和，雨量充沛，适合多种牧草生长，在四川盆地丘陵平原气候中具有代表性。

1.3　试验设计

各杂交组合种植于不同株行，株行划分面积 0.8m×2m，每株行采用条播方式种植杂交 F_2，株行距分别为 0.5m 和 1m，单株占地面积 $0.5m^2$（1m×0.5m），四周走道宽 1m，试验地施行统一管理。

1.4 试验方法

1.4.1 鸭茅杂种 F_1 代单株和 F_2 群体内单株的 SSR 表现对比

1.4.1.1 亲本及杂交 F_2 基因组 DNA 提取

通过对亲本和子代都采用单株提取法。

1.4.1.2 SSR-PCR 扩增及电泳

SSR-PCR 扩增及电泳的方法。

1.4.1.3 SSR 标记引物筛选

选取筛选的多态性好的 44 对引物对亲本及四倍体鸭茅杂交 F_2 子代进行扩增，引物编号、序列见表 5-12。

表 5-12 鸭茅 SSR 遗传分析的引物序列

引物编号	正向引物序列（5′—3′）	反向引物序列（5′—3′）
A01E02	AGCTGTGGAGAAAAAAATGA	GATGCCATTAAGTTCAAAATG
B01A05	GAGAGCGGCAGAGTTATTC	AAAGGTCGATATCTCTATTCCA
A01K14	AAGGATGGCCTGATCTTC	GCAGAGGTCTTTCTCTTGG
B01C15	GTCGATTGATGGTGTACGTA	TCTAGTGCTACTTGTATGCACC
A01B10	TCTTCCTTGGAAAACATCAA	ACTTGCTTACACGGTATCATG
A01E14	ACCCGTTTTCTATCTCCAG	GTTCTAGCGTCGTGAGGG
A02B24	GACGAGGCATGTTTGTTG	CTCTATAAAACCCATGAGCG
A03M21	TTCTACAGCTTGCACTGATG	AAGTGGACAGTTGACACTCC
A02G09	TACACGAGAGGGCAGATACT	CGTAACTTGAATCTTCCAGG
A04C24	AGCAACATATCTTACTGCAATG	ATCAAACTCGAAAAGTTGTCA
A02I05	GCAAATGTCCACACCATT	CTACCACAGCGACATCAAG
A02N22	AAACATGTCGTGGTCGTC	ATCATTTGTTATGCCGGTAG
A03K22	AGACTCTAGGGTGGCACAC	GTAGCACGCTAACGAGAGAT
A03B16	TCTGGAATCTCTCTGAAATCA	ATCTTGACCCTGATGTTCTG
A04O08	AGAGGTTAGATGGATGTAGGC	ATAGACCCATAGCATGTTGG
A03C05	TAAGAATCGATCCTCCCG	ACCTTCTTCCACTCCGTC
B01B19	AGAAGTTGGCCTGTCTCC	CTCTTCCTTCCTCCTTGG
A01F24	AAAATGTTTTATTCTCAGCCC	TGCAAGATGGAATGCTCT
B01E09	ACAACTCACAAACTCAAGAACA	GTGGACTCGGAGGAGAAG

引物编号	正向引物序列（5'—3'）	反向引物序列（5'—3'）
A02A10	AGGTTACCGATAGTAAGTGGG	AGGGGATGGTTGGTTAGTAT
A01I11	CATCGTAATGACTGCTAGTCC	ACAGATCCATCGGTGGTT
B01C11	GCCATGTAACCAGAATCCTA	TGTTTGTGCATAGATCAAGC
B01D10	GGGAGATCTCAGTGGAGG	CCGTGATAACTCATAAACAGC
A02J20	TCCAATGTTACACACATAGCA	TGTGTGCGATTTTCTGTG
B01F08	ATTAGTCCGTGTCTCCCAC	TTATCGAGACCTCCAGGAG
A01L12	GGCTCAATCCTTAGACACTG	ACGAGAAATCGTCGTATTGT
A01L14	GCACAATGACACCAAATATG	ATCAGCATTGTGACCACC
A03C08	TCGCAGTTTGATGTAGGTC	ACACTCACACATACGCATACA
A03N16	AACGCAACGTCTATGGTTAT	ACACGCACCCACACATAC
A03H11	TCACACACATAACACGCAG	CGCGTGTATTTATTATCTTTCA
B01B08	TAATCATCATCTTGAGGAGTGA	CAGTCCTGATGCTGGAAG
B01A02	TTCTCCATTAAGCCTCCAG	CAGCGAGTCCTTGTCGAC
A01I13	ATGCTGTTTGATCACAGTCA	GTTGGACTGCCATTACTAGC
A01C20	AACCAGTTGTTGATCTGCTT	TACGATATGTGCGTGTTGAT
A03C03	AAGGAATTAGTTTAACATGCATAA	ATGGGTCCATGTTAGTAGTTTC
B04P11	ACGAGAGCAATCTCCTATCA	TATGGGAAGGGCTCTCTC
C02C19	TGAAGCGTTGTTTGTACTTG	CTTGGTTGGCAAAGTGTC
B05P14	TGTGAGGGCTTGCTTAAG	ATTTGTTGCCATCACCAC
B06G13	TCGATCTAATTACCCTGGC	TTATGTTTGTACGTTGCCTG
B05O17	GTTTATGGGTTCTCTTGATCTC	TATGATTTACAACTGTTGAGGG
B05I09	CATGGAAAGAAGGGGATC	AGTCTGGGGTTAAACATGC
B06G12	ATGCATTCAGTTGGTTTAAGA	AATAAGCAAAGCAAGTCTGC
B05G17	AAGAGACATGCTCTTTCACG	GTACCCCACCCTCATTTC
B05L12	TTAGAGGTGAAAATTGATCACA	GTGCTTGGATTATGCTGG

1.4.1.4 数据分析

SSR 标记的数据处理：根据记录影像，按点样顺序对不同 SSR 引物扩增分子质量范围内的多态性条带逐条记录，有带赋值为 1，无带赋值为 0。通过条带统计对 F_1、F_2 条带类型进行对比，位点相似性比较等；利用 POPGENE 进行 Shannon 多态性指数、平均基因杂合度、遗传分化系数 F_{st}、群体间遗传一致性等分析。通过 Nei's 计算遗传相似系数和遗传距离，度量群体间的遗传分化。

1.4.2 鸭茅杂种 F_2 代单株和 F_2 群体内单株的形态特征比较

1.4.2.1 形态性状观测

为了便于同 F_1 代杂交单株进行比较，仍然选取 9 个形态性状对 F_2 代单株进行观测。观测指标和具体操作方法见"鸭茅杂种 F_1 代农艺性状变异分析"。

1.4.2.2 生物学特征观测指标

对杂种 F_2 代 2 个生物学性状观测：生育期与单株产量。具体计量方法见"鸭茅杂种 F_1 代农艺性状变异分析"。

1.4.2.3 数据分析

1）通过 SPSS 17.0 对鸭茅四倍体杂交 F_2 代进行均值、变异系数计算，并与 F_1 对应性状进行比较。

2）对鸭茅四倍体杂交 F_1 代与 F_2 代通过 SPSS 17.0 进行最小显著差数法进行显著性分析。

3）F_2 群体整齐度检验：通过 SPSS 17.0，对各性状的变异度与 F_1 代相比进行 LSD 多重比较分析，分析群体性状的一致性、整齐度。

2 结果

2.1 鸭茅杂种 F_1 代单株和 F_2 群体内单株的 SSR 表现对比

2.1.1 条带类型对比

杂交 F_1 代与亲本的遗传差异是杂种优势表现的重要因素。而杂交 F_2 代与 F_1 代间遗传差异的程度度量了在分子水平上两群体间遗传稳定性变化的程度。

通过条带类型统计，对 6 个四倍体鸭茅杂交组合 F_1、F_2 的条带类型做划分，并计算该类型条带数占总条带数的百分比。试图通过结果分析杂交 F_2 代在条带类型上与 F_1 产生的变化。

具有条带的记为"+"，不具该类型条带的记为"−"。条带类型可被划分为 7 类：第 I 类是条带在父本、母本、子代中都出现；II 类是在双亲中均出现了条带而子代中却没有出现；III 是父本具有特征带，母本没有，在子代中出现了父本的特征带；IV 类为父本具有特征带，而在母本和子代中都没有出现；V 类为母本具有特征带，父本没有，在子代中出现了母本的特征带；VI 类为母本具有特征带，在父本和子代中均没有出现的类型；最后一类 VII 为子代特征带，在父母本中均没有出现的类型。

通过条带类型所占条带总数百分比来看，除 T7 具 6 种条带外，其他组合后代均具有这 7 种条带类型。第 I 类占据 F_1、F_2 条带总数百分比最大，且 F_2 I 类条带百分比大于相对应的 F_1，且正反交间相差较小，表明杂交 F_1、F_2 后代与亲本的相似性较大，且 F_2 比 F_1 更趋于稳定，更多继承双亲的分子特性。从 II 类占条带总数百分比可以看出子代对双亲条带的缺失情况：FT7＜T7，FT8＜T8，FT9＜T9，FT10＜T10，而 FT11＞T11，FT12＞T2，也就是说 T11、T12 的 F_2 代子代条带缺失情况要显著大于另 2 个正反交组合，值得针对 FT11、FT12 条带缺失情况作出进一步研究（表 5-13）。

表 5-13 四倍体鸭茅杂交 F_1、F_2 条带类型统计

| 类型 | F_1 | | | | | | | | F_2 | | | | | | | |
| | T7 | | | | T8 | | | | FT7 | | | | FT8 | | | |
	父本	母本	子代 F_1	百分比/%	父本	母本	子代 F_1	百分比/%	父本	母本	子代 F_2	百分比/%	父本	母本	子代 F_2	百分比/%
I	＋	＋	＋	39.5	＋	＋	＋	37.0	＋	＋	＋	48.8	＋	＋	＋	46.7
II	＋	＋	－	2.8	＋	＋	－	3.8	＋	＋		0.0	＋	＋	－	1.5
III	＋	－	＋	23.3	＋	－	＋	13.1	＋	－	＋	19.5	＋	－	＋	15.4
IV	＋	－	－	10.0	＋	－	－	11.1	＋	－	－	9.8	＋	－	－	5.8
V	－	＋	＋	14.4	－	＋	＋	20.8	－	＋	＋	16.6	－	＋	＋	23.2
VI	－	＋	－	10.0	－	＋	－	12.4	－	＋	－	4.9	－	＋	－	5.8
VII	－	－	＋	0.0	－	－	＋	1.6	－	－	＋	0.5	－	－	＋	1.5

| 类型 | F_1 | | | | | | | | F_2 | | | | | | | |
| | T9 | | | | T10 | | | | FT9 | | | | FT10 | | | |
	父本	母本	子代 F_1	百分比/%	父本	母本	子代 F_1	百分比/%	父本	母本	子代 F_2	百分比/%	父本	母本	子代 F_2	百分比/%
I	＋	＋	＋	35.9	＋	＋	＋	36.3	＋	＋	＋	37.8	＋	＋	＋	38.5
II	＋	＋	－	6.8	＋	＋	－	6.4	＋	＋	－	4.0	＋	＋	－	4.1
III	＋	－	＋	15.5	＋	－	＋	18.0	＋	－	＋	22.2	＋	－	＋	13.8
IV	＋	－	－	12.5	＋	－	－	11.3	＋	－	－	12.4	＋	－	－	4.8
V	－	＋	＋	17.4	－	＋	＋	14.2	－	＋	＋	12.0	－	＋	＋	24.2
VI	－	＋	－	11.8	－	＋	－	13.8	－	＋	－	6.2	－	＋	－	11.0
VII	－	－	＋	0.0	－	－	＋	0.0	－	－	＋	5.5	－	－	＋	3.6

| 类型 | F_1 | | | | | | | | F_2 | | | | | | | |
| | T11 | | | | T12 | | | | FT11 | | | | FT12 | | | |
	父本	母本	子代 F_1	百分比/%	父本	母本	子代 F_1	百分比/%	父本	母本	子代 F_2	百分比/%	父本	母本	子代 F_2	百分比/%
I	＋	＋	＋	34.2	＋	＋	＋	33.9	＋	＋	＋	39.1	＋	＋	＋	41.4
II	＋	＋	－	2.5	＋	＋	－	2.5	＋	＋	－	6.9	＋	＋	－	4.1
III	＋	－	＋	13.3	＋	－	＋	21.0	＋	－	＋	10.3	＋	－	＋	21.9
IV	＋	－	－	12.0	＋	－	－	14.2	＋	－	－	5.0	＋	－	－	10.3
V	－	＋	＋	20.9	－	＋	＋	14.0	－	＋	＋	24.5	－	＋	＋	10.2
VI	－	＋	－	14.6	－	＋	－	11.1	－	＋	－	8.0	－	＋	－	5.0
VII	－	－	＋	2.5	－	－	＋	3.3	－	－	＋	6.1	－	－	＋	7.1

只具父本特征带的子代与只具母本特征带的子代相比，即Ⅲ类与Ⅴ类相比，正交 F_1 代与正交 F_2 代，反交 F_1 代与反交 F_2 代差异较小。在 F_1、F_2 世代中均可发现一个规律，即如果正交的父本特征带百分比数高于反交的，那么反交的母本特征带百分比数即高于正交的母本特征带百分比数。而从 F_1、F_2 具父本或母本特征带的百分比数目来看，没有明显的规律可循，也就是说父本与母本特征带这种"此消彼长"的趋势在 F_2 代仍然保持，是否与第二章所述正反交旗叶长宽的"此消彼长"模式相关联，值得日后深入讨论。从 F_1、F_2 子代缺失父本或母本的特征带来看，即Ⅳ类与Ⅵ类相比，F_1 代中Ⅳ类条带百分比数 T8>T7，T9>T10，T12>T11，而在 F_2 代的Ⅳ类中 FT7>FT8，FT9>FT10，FT12>FT11；Ⅵ类在 T8>T7，T10>T9，T11>T12，而在 F_2 代的Ⅵ类 FT8>FT7，FT10>FT9，FT11>FT12，杂交方式的不同杂种后代的缺失性条带也有差异，且 F_2 条带缺失的趋势比 F_1 有所降低，缺失条带所占百分比减小。可能随世代更替的增大，缺失性条带会呈减少的趋势，直至杂种优势完全消失。值得注意的一个方面是在第Ⅶ类条带类型中，F_2 子代的特有条带百分率比 F_1 有所增多，这种在 F_2 代仍可以出现一定频率新条带的现象值得与后代相对比进一步观察。缺失性条带的减少及特征带出现频率增多可能是影响杂种优势的重要原因。

从带型来看，F_2 群体具有多种带型，有的组合条带类型种类甚至超过 F_1，单株分子水平表现不完全一致，说明 F_2 群体稳定性较弱，依然是不稳定群体。

2.1.2 SSR 扩增表现对比

通过对 F_2 群体内单株进行 SSR 分子标记扩增，与 F_1 单株扩增结果进行对比，F_2 群体在分子水平上已经发生一些变化，表现与 F_1 代较为不一致。图 5-12、图 5-13 中 F_2 后代 FT7、FT8 较多保留了 F_1 代稳定的条带，如所有的 FT7、FT8 后代均保留了 Marker 在 100bp 附近时亲本'宝兴'的特征带，且 F_1 中的 T7-5 其 F_2 代 FT7-5 亲本'宝兴'的特征带更为明显，表现为可以稳定扩增的条带。F_2 在具父母本共有带的方面比 F_1 表现更为整齐一致，FT7-1、FT8-5、FT8-6、FT8-7 均较 T7-1、T8-5、T8-6、T8-7 新增了父母本共有带。F_2 代分子水平的整齐度较 F_1 代高，表现为不稳定群体正逐渐向稳定群体过渡。

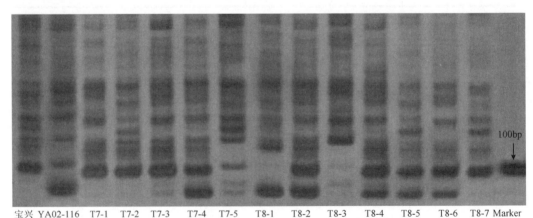

图 5-12　引物 A01E02 对 T7、T8 正反交 SSR 电泳扩增图

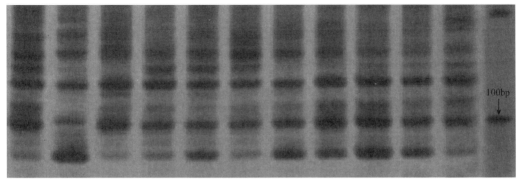

宝兴　YA02-116　FT7-1　FT7-2　FT7-4　FT7-5　FT8-2　FT8-4　FT8-5　FT8-6　FT8-7　Marker

图 5-13　引物 A01E02 对 FT7、FT8 正反交 SSR 电泳扩增图

F_2 代选种时要考虑 F_1 的农艺性状、产量等因素,而 T8-1 和 T8-3 没有在 F_2 代进行播种是由于人工选择时被淘汰掉的单株,从图 5-12 和图 5-13 看,T8-1 和 T8-3 在 100bp 时亲本'宝兴'、YA02-116 的特征带缺失,而其他单株均具有双亲的特征带。这说明条带的缺失可能会引起植株表现不良,也说明 SSR 在育种过程与形态相结合进行良种筛选是可行的。

2.1.3　四倍体鸭茅杂交 F_2 代 SSR 分析

将前期预备试验所得的 44 对引物作为本研究中备筛选引物,通过对亲本连同子代的筛选,从 44 对引物中选取了 15～18 对 SSR 引物对鸭茅杂种后代进行扩增。经过多态性检测,这些引物在亲本间、子代间均可以稳定扩增,平均多态性引物出现的频率为 37.5%,非多态性引物出现的频率为 62.5%,低于四倍体杂交 F_1 代多态性引物频率,可见 F_2 子代间同源性高于 F_1 代。

SSR 扩增有效片段大小为 100～200bp,表 5-14 列出了基于 SSR 对 6 个四倍体杂交组合 F_2 代的遗传差异分析结果。所有四倍体杂交 F_2 代的平均有效等位基因变异范围为 28～44,F_2 代组合间差异较小,但平均有效等位基因数比 F_1 代减小很多;多态性位点百分率变异范围为 32.1%～71.9%,从各组合多态性位点百分率看,只有 T12 的后代 FT12 的多态性百分率大于其 F_1 代,其他 5 个组合的 F2 代多态性位点百分率均低于其 F_1 代,降低幅度在 4.5%～37.5%,T11、T12 正反交组合的 F_2 的降低幅度较小且 FT12 有所增加;在所用扩增引物中,单对扩增条带数最少为 1 条,最多为 5 条,引物 A01I13 扩增条带最多,A02B24 扩增条带最少。平均每对引物在四倍体鸭茅杂交 F2 中扩增产生 3.4 条有效带,低于 F_1 代的平均扩增有效带数,多态性条带比率差异仍较大。

表 5-14　四倍体鸭茅 F_2 代遗传多样性分析和正反交间遗传距离分析

组合	平均有效等位基因	平均 Nei's 基因多态性	Shannon 遗传多态性指数	多态性位点	多态性位点百分率/%	遗传分化系数	子代间遗传距离
	N_a	H	I	P_L	P_P	F_{st}	GD_h
FT7	28	0.13	0.18	17	32.1	0.0031	0.11
FT8	30	0.16	0.23	19	35.9	0.0052	

续表

组合	平均有效等位基因	平均 Nei's 基因多态性	Shannon 遗传多态性指数	多态性位点	多态性位点百分率/%	遗传分化系数	子代间遗传距离
	N_a	H	I	P_L	P_P	F_{st}	GD_h
FT9	40	0.24	0.34	32	56.1	0.0157	0.07
FT10	43	0.3	0.44	41	71.9	0.0183	
FT11	44	0.27	0.38	34	60.7	0.0179	0.13
FT12	40	0.29	0.42	38	67.9	0.0215	

Nei's 基因多态性和 Shannon 遗传多样性指数是能够反映群体的均匀度、遗传多样性丰富程度、群体变异程度的指标。对比 F_1 与 F_2 的 Nei's 基因多态性和 Shannon 遗传多样性指数可以发现，在 6 个正反交组合中，FT7、FT8、FT9 和 FT10 的这 2 个指标值都分别小于其 F_1 组合 T7、T8、T9、T10，F_2 后代群体遗传多样性程度下降，群体变异度程度有所减小。而 FT12 组合的 Nei's 基因多态性和 Shannon 遗传多样性指数比 T12 的值更大，产生了更多的变异，FT11 和 T11 的 Nei's 基因多态性和 Shannon 遗传多样性指数与 T11 的值相等。再结合表 5-13 的条带类型分析来看，FT11 和 FT12 的Ⅶ型条带百分比超过 F_1，Nei's 基因多态性和 Shannon 遗传多样性指数比 F_1 大的原因可能是由于子代特征带的增多，较好地保留了群体杂合度，有利于杂种优势的保持。

遗传分化效应 F_{st} 反映了 F_2 群体间的遗传分化，FT7 的遗传分化系数最小（$F_{st}=0.0031$），FT12 的最大（$F_{st}=0.0215$），其他组合的遗传分化效应居中，且正反交间遗传分化系数也有差别，说明不同杂交组合间 F_2 代间存在差别，分化效应的大小随组合不同、杂交组配方式不同而变化。

对 F_1、F_2 的子代间遗传距离分析来看，FT7、FT8 和 FT11、FT12 的正反交间的子代遗传距离大于其 F_1 代 T7、T8 和 T11、T12。且 FT11、FT12 的子代间遗传距离（$GD_h=0.13$）远远大于 T11、T12（$GD_h=0.03$），说明其正反交间的遗传距离可能会随世代更替逐渐扩大，从而产生更为显著的差异。

2.1.4 四倍体鸭茅杂交 F_1 代与 F_2 代 SSR 聚类情况分析

通过 NTSYS 软件对 6 个四倍体鸭茅杂交组合的 F_1、F_2 代情况进行聚类分析，聚类结果将 F_1 代与 F_2 代后代单株很明显地区分开来。图 5-14 为 T7、T8、FT7、FT8 和亲本的聚类情况，在相似系数为 0.71 时，两个世代与其亲本被划分为 3 类，第一类为两个亲本与所有的 FT7、FT8 后代聚在一起；所有的正交 T7 代与大部分反交 T8 后代一起聚为第二类；第三类只包含两个反交 F_1 代 T8-1 和 T8-3。在相似系数分别为 0.62、0.61 时，T9、T10、T11、T12 与 FT9、FT10、FT11、FT12 都明显地划分为不同两类，且亲本均和 F_2 代聚在一起，F_2 正反交间亚类水平下比 F_1 正反交间聚在一起的情况更为增多。综合 6 个组合两个世代间的聚类情况可以看出，F_2 个体在分子水平上与亲本的亲缘关系更近，可能是由于群体的稳定性加强，与亲本共有带增多的缘故。

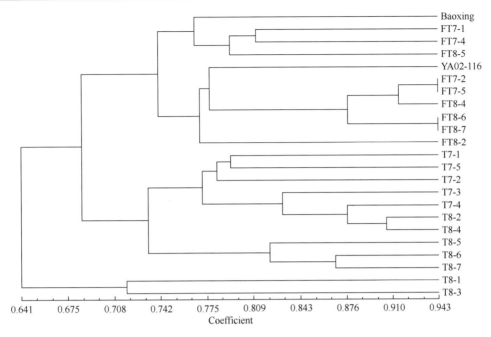

图 5-14　T7、T8、FT7、FT8 SSR 分子标记 UPMGA 聚类图

2.2　鸭茅杂种 F_1 代单株和 F_2 群体内单株的农艺学性状表现对比

2.2.1　四倍体鸭茅杂交 F_1 代与 F_2 代变异系数比较

变异系数可以对不同样本间的变异程度进行比较，在杂交育种过程中，变异系数不仅可以反映后代群体性状的变异情况、整齐度，还可以反映通过杂交可改良性状的难易程度（Xie et al.，2009）。性状变异系数越大，群体整齐度越小，性状改良程度越容易，可塑性越强，反之，可塑性越弱。利用变异系数衡量总体数据的分散程度，有两个优良特性：尺度不变性和数据原点无关性。

表 5-15 列出 11 个测试农艺性状的变异系数，只有旗叶长在所有 F_2 代中具有比 F_1 更高的变异系数，增高程度最小的是 FT11（△CV=0.6%），增高程度最大的是 FT7（△CV=12.9%）。F_2 其他 3 个叶部性状：旗叶宽、倒二叶长、倒二叶宽的变异系数与 F_1 相比减少幅度并不大，大部分高于 F_1，说明 F_2 在叶部性状上整齐度仍然较低且与 F_1 相差不大，是具有可塑性的性状。

表 5-15　四倍体鸭茅杂交 F_2 代变异系数比较

	FT7	FT8	FT9	FT10	FT11	FT12
LF/cm	22.5	19.4	20.9	20.8	17.0	25.4
WF/cm	15.3	16.7	14.1	10.2	9.5	13.7
LL/cm	11.8	13.5	15.5	13.9	13.4	23.6
WL/cm	9.9	12.7	10.6	9.8	11.4	17.5

续表

	FT7	FT8	FT9	FT10	FT11	FT12
LC/cm	3.7	3.4	7.5	8.6	21.5	10.5
CD/cm	6.5	5.3	14.5	11.7	14.3	15.0
NI（No.）	21.7	20.2	18.3	17.9	11.2	5.9
LI/cm	7.5	6.3	9.6	13.2	21.5	18.9
T（No.）	10.4	9.5	6.7	28.5	22.9	23.1
Y/kg	5.1	4.1	1.2	1.9	2.8	8.1
GP/d	2.1	0.9	1.1	1.1	0.8	0.6

注：LF，旗叶长；WF，旗叶宽；LL，叶长；WL，叶宽；LC，茎长；CD，茎粗；NI，节数；LI，节长；T，分蘖；Y，单株产量；GP，生长期

4 个 F_2 茎部性状：植株高度、茎粗、节数和节间长度的变异系数与 F_1 相比有所下降，株高仍保持较高的变异系数有 FT7 和 FT12，CV 增长分别为 1.8%、0.7%。6 个组合的茎粗、节间长的变异系数 F_2 均比 F_1 下降，下降程度变幅为 0.4%～12.5%。

FT11 的分蘖数的变异系数比 T11 增高 12.2%，FT7 的单株产量的变异系数比 T7 增高 0.3%。其他组合这两个性状的变异系数均比 F_1 下降，呈现大部分组合稳定程度升高，小部分组合稳定程度下降的趋势。而在生育期的变异程度对比上，所有组合 F_2 的生育期表现比 F_1 更为稳定。

2.2.2 四倍体鸭茅杂交 F_1 代与 F_2 代农艺性状比较

表 5-16 将 FT7、FT8、FT9、FT10、FT11、FT12 与其 F_1 代组合分别进行 11 个农艺性状的多重比较。

表 5-16 鸭茅杂交组合内 F_1、F_2 农艺性状多重比较

	旗叶长度/cm	旗叶宽度/cm	倒二叶长/cm	倒二叶宽/cm	株高/cm	茎粗/cm	节数/个	节长/cm	分蘖数	单株产量/kg	生育期/d
T7	42.57aA	1.36aAB	43.80aA	1.43aA	115.39bA	0.50abAB	3.1aA	21.83bB	105.6aA	1.30aA	244.1aA
T8	34.70bBC	1.39aA	40.21bAB	1.36aA	99.86cB	0.54aA	2.9aA	20.06cB	55.1cC	1.11bB	235.7cC
FT7	36.43bB	1.25aAB	42.58abAB	1.25bB	121.58aA	0.47bB	3.1aA	23.38abAB	107.7aA	1.30aA	238.6bcBC
FT8	29.78cC	1.21bB	38.87bB	1.21bB	121.57aA	0.47bB	3.1aA	24.55aA	91.9bB	1.24aA	329.9bB
T9	30.20bB	1.43aA	39.35abAB	1.42aA	98.76bAB	0.49aA	2.6aA	19.75aAB	37.4bB	1.19bB	230.3bAB
T10	36.74aA	1.43aA	42.29aA	1.38aA	96.72bB	0.49aA	2.5aA	19.10bB	40.1bB	1.22bB	222.0cB
FT9	30.65bB	1.19bB	37.64bAB	1.19bB	107.54aA	0.47aA	2.7aA	20.98aAB	42.5abAB	1.18bB	237.7aA
FT10	30.31bB	1.24bB	36.78bB	1.24bB	106.03aA	0.51aA	2.7aA	21.48aA	48.3aA	1.35aA	232.7abAB
T11	38.94aA	1.43aA	39.80bAB	1.48aA	102.24bB	0.59aA	2.7bB	17.33bAB	53.3abAB	1.65aA	229.0bB
T12	40.03aA	1.26aA	44.50aA	1.43aAB	110.82bAB	0.54bA	2.8bB	16.60bB	46.5bB	1.58aA	229.5bB
FT11	35.95aA	1.26aA	43.62abAB	1.31bB	116.20abAB	0.59abAB	3.1aA	20.81aA	58.6aA	1.64aA	238.0aA
FT12	30.01bB	1.92aA	36.18bB	1.16cC	119.39aA	0.54abA	3.0aAB	20.12aA	48.9bB	1.65aA	239.7aA

注：相同的大写字母表示在 0.01 水平上无显著差异；相同的小写字母表示在 0.05 水平上无显著差异

对 F_1 与 F_2 4 个叶部性状：旗叶长宽和倒二叶长宽均值进行比较，F_1 代的叶部性状多数优于其 F_2 代。在 $P<0.05$ 显著性水平下，T7 与 FT7 的旗叶宽度和倒二叶长相差不显

著，而 FT7 的旗叶长和倒二叶宽均显著低于 T7；FT8 除倒二叶长与 T8 无显著差异外，其他 3 个叶部性状均显著低于 T8；FT9 的旗叶长度和倒二叶长与 T9 无显著性差异，旗叶宽度和倒二叶宽均显著低于 T9；FT10 的 4 个叶部性状均显著低于 T10；FT11 只有倒二叶宽与 T11 无显著性差异，其他 3 个叶部性状均显著低于 T11；FT12 只有旗叶宽与 T12 无显著性差异，其他 3 个叶部性状均显著低于 T12。从叶部性状比较来看，F_2 的叶部性状大多劣于 F_1 代，杂种优势的保持程度较小。对 F_1 与 F_2 4 个茎部性状：植株高度、茎粗、节数和节间长度均值进行比较，F_2 的株高和节间长度均高于其 F_1 代。在 $P<0.05$ 显著性水平下，FT7 的株高显著高于 T7，茎粗、节数、节间长度均与 T7 无显著性差异；FT8 的株高和节间长度均显著高于 T8，茎粗显著低于 T8，节数与 T8 无显著性差异；FT9、FT10 的株高和节间长度均分别显著高于 T9、T10，茎粗和节数两代间均无显著性差异；FT11 的节数和节间长度均显著高于 T11，株高和茎粗两代间无显著性差异；FT12 的株高和节间长度显著高于 T12，节数和节间长度与 T12 无显著性差异。说明 F_2 在茎部性状的杂种优势保持较高的程度，尤其株高比 F_1 的优势程度更大。对 F_2 的分蘖数、单株产量、生育期与 F_1 进行比较，FT7 的分蘖数、单株产量与 T7 无显著性差异，生育期显著短于 T7；FT8 的分蘖数和单株产量均显著高于 T8、生育期显著短于 T8；FT9 的分蘖数、单株产量与 T9 无显著性差异，生育期显著长于 T9；FT10 的分蘖数和单株产量均显著高于 T10、生育期显著长于 T10；FT11 的分蘖数显著高于 T11、生育期显著长于 T11、单株产量间两代无显著差异；FT12 的生育期显著长于 T12，分蘖数、单株产量间无显著差异。由此可见，F_2 在叶部性状与 F_1 相比，产生杂种优势衰退现象，而茎部性状、分蘖数、单株产量均保留了 F_1 的杂种优势性状，有的甚至高于 F1 的生产状况，生育期的变化可能是由两年的气候条件有所差异而造成了显著性差异。

从正反交农艺性状差别比较来看，一种情况是 F_1 代正反交有差异的性状在其 F_2 代表现为无差异，如 T7、T8 这对正反交的倒二叶长在 $P<0.05$ 水平下呈显著差异，而其 F_2 代 FT7、FT8 在同样的显著性水平下无差异，这种情况在 F_2 代普遍发生；第二种情况是 F_1 正反交间无显著差异，而在其 F_2 代产生显著差异，如 T11、T12 的旗叶长度在 $P<0.05$ 水平下无显著差异，而其 F_2 代正反交间产生差异；最后一种情况出现最少，即 F_2 正反交间保留其 F_1 正反交间的显著性差异，如 T7、T8 的旗叶长度在 $P<0.05$ 水平下有显著性差异，其 F_2 代在同样的显著性水平下也具显著性差异。从正反交显著性差异变化来看，F_2 代正反交间形态性状比 F_1 更为相似，即正反交间整齐度高于 F_1。

3　讨论

本试验通过对 2012 年配制的 12 个四倍体鸭茅正反交组合进行筛选，筛选出 6 个性状优良的正反交组合，对其 F_2 代进行 SSR 分子标记分析和田间农艺性状综合分析研究。

3.1　鸭茅杂种 F_2 代 SSR 标记表现

通过对 F_2 代 SSR 标记扩增出的条带类型百分比、扩增情况进行分析，值得注意的结果有以下几点：①F_2 子代与亲本的共有带相比 F_1 增多、亲本缺失带减少、子代稳定性有所提高；②F_2 子代的特征带比 F_1 增多，F_2 仍然保持较高的杂合程度；③SSR 分子标记可以结合形态标记对杂交后代进行筛选、在条件成熟的情况下甚至可以作为筛选优异后代的主要参考条件。

SSR 为共显性标记，亲本共有带在子代中出现与否的表现，可能与子代接受亲本显性或隐性位点的原因有关，如果子代接受亲本的显性位点则在后代表现为在后代显现出亲本共有带，如果子代接受的是亲本的隐性位点则在后代表现为双亲共有带的缺失带。仅表现为父本特征带或母本特征带则可能是由于染色体重组使引物结合位置丢失，或是由于引物结合位点间、模板基因组间竞争造成的（Hallden et al., 1996）。F_2 代中子代的特异性位点的增多可能是由于亲本 DNA 在多位点发生互换，也可能是由减数分裂重组、突变所导致，或 PCR 反应过程中异链杂合的发生（吴学蔚等，2009）。Aylifle 等认为子代的特征带出现频率为 0.16%～10%，本试验中特征带出现频率也在这个范围之内（Aylifle，1994）。这些 DNA 序列的变化、多位点间的混杂也是产生杂种优势的源泉，亲本中启动子或外显子的封闭和暴露使基因表达方式产生变化，从而产生杂种优势。子代特异条带的增多或亲本共有条带缺失与杂种优势产生可能存在某种内在联系。

3.2 鸭茅杂种 F_2 代田间表现及杂种优势多代利用

本试验中选取 4 个叶部性状、4 个茎部性状、分蘖数、单株产量、生育期共 11 个农艺性状对 F_2 群体田间表现进行评估。杂种优势的多代利用也是杂交育种中重要的研究课题。一般到 F_3 代群体间主要优势性状无显著性差异时，群体整齐度表现较高、杂种优势即被固定。F_2 代与 F_1 代相比，叶部性状大部分均显著低于 F_1 代而茎部性状大多与 F_2 代无显著性差异且株高均显著高于 F_2 代，分蘖数、单株产量也大多高于 F_1 代，茎部性状和其他与生物量相关性状在世代间的显著性差异说明基因间进行了充分的分离和重组。多数性状变异系数有所减小，杂交后代保留了较高的生物量和整齐度。且正反交组合间存在显著差异的情况与 F_1 代相比有所减少，说明父母本互换选配在 F_2 代甚至后代的影响已经开始渐弱。

可能由于本试验是由人工选取 F_1 代表现优良的子代进行播种而组建产生的 F_2 代，使这种稳定性表现更为明显，对杂种优势的稳定保持也是有意义的。

3.3 SSR 分子标记与田间农艺性状评估

鸭茅是异花授粉植物，自交授粉结实率很低，采用 SSR 标记辅助鸭茅杂交后代选择、群体改良等方法对鸭茅优选后代具有重要作用。SSR 分子标记与田间农艺性状评估相结合，从分子角度揭示了鸭茅杂交 F_2 群体存在向稳定群体过渡的趋势，从田间农艺性状评估来看 F_2 群体存在株高、单株产量、分蘖数显著高于 F_1 群体的趋势，而正反交间差异减小，也印证了 SSR 分子标记表现的向稳定群体过渡趋势的现象，并且表现了 F_2 群体保持杂种优势的稳定性，值得对其后代进行进一步观测、研究。

4 结论

通过对 F_1、F_2 两世代 SSR 扩增条带类型对比来看，F_2 代的条带类型虽然较 F_1 代没有减少，但子代中父母本共有带所占百分比较 F_1 代有所增多，子代中父母本缺失带较

F₁ 代有所减少，而 F₂ 代的特征带百分比比 F₁ 代增多；大部分组合的 Nei's 基因多态性和 Shannon 遗传多样性指数比其 F₁ 代有所减少；亲本、F₁ 代、F₂ 代的聚类结果显示亲本与 F₂ 代聚在一起的机会大于 F₁ 代，说明 F₂ 代已经有向稳定群体过渡的趋势。

通过对 F₁、F₂ 两世代农艺性状进行比对，F₂ 代的农艺性状变异系数大多较 F₁ 代有所减小，群体整齐度有所提高。F₂ 代的叶部性状与 F₁ 代相比，产生杂种优势衰退现象，而茎部性状、分蘖数、单株产量均保留了 F₁ 代的杂种优势性状，有的甚至高于 F₁ 的生产状况，而生育期的显著性差异可能是由两年的气候条件有所差异而造成。

F₂ 代中正反交间形态差异较 F₁ 代的正反交差异有所减小，从形态学水平上印证了 F₂ 群体整齐度较 F₁ 代有所提高，并且有向稳定性群体过渡的趋势。

第五节　中国鸭茅主栽品种 DNA 指纹图谱构建

植物品种特异性、一致性和稳定性（distinctness，uniformity，stability，DUS）测试由国际植物新品种保护联盟（International Union for the Protection of New Varieties of Plants，UPOV）提出，主要包括植物部分表型性状，是品种描述与鉴定的必备特征（王黎明等，2011）。但表型鉴定所需周期长，易受环境影响（Roldan-Ruiz et al.，2001；Degani et al.，2003；Bolaric et al.，2005），且多为数量性状，存在连续变异（Yamamoto et al.，2001），实际操作局限性大，难以大幅度推广和快速鉴定植物品种。随着 DNA 技术不断发展，应用 DNA 指纹标记对品种进行高效、快捷、准确鉴定的应用模式已逐渐成熟（贾继增，1996；Gustavo，1998）。

简单重复序列（simple sequence repeat，SSR），又名微卫星 DNA，由 Litt 和 Luty（1989）及 Tautz（1989）创立，其串联重复序列分布于基因组不同位置（严学兵等，2008），具有稳定性高、重复性好、多态丰富等优点，是 UPOV 构建植物品种 DNA 指纹数据库的首选标记（UPOV，2007），被广泛用于玉米（*Zea mays*）（李晓辉等，2005）、小麦（*Triticum aestivum*）（李根英等，2006；李莉等，2013）、甘蓝型油菜（*Brassica napus*）（赵卫国等，2011）、香菇（*Lentinula edodes*）（叶翔等，2012）、西瓜（*Citrullus lanatus*）（范建光等，2013）、桃（Gabriela et al.，2008）、结缕草（郭海林等，2007）、苏丹草（*Sorghum sudanense*）（詹秋文等，2008）、苜蓿（*Medicago sativa*）（魏臻武，2004）等植物和牧草的 DNA 指纹图谱构建，是目前用于种子纯度和品种真实性鉴定最适宜的技术（Morgante and Olivieri，1993）。

目标起始密码子多态性（start codon targeted polymorphism，SCoT），由 Collard 和 Mackill（2009）创立，其扩增产生的显性多态性偏向候选功能基因区（韩国辉等，2011），具有引物通用、稳定性好、重复性好等优点，同时能有效产生相关性状多态（熊发前等，2010），被广泛用于水稻（*Oryza sativa*）（Collard and Mackill，2009）、花生（*Arachis hypogaea*）（熊发前等，2010）、柑橘（*Citrus*）（韩国辉等，2011）、葡萄（*Vitis vinifera*）（Guo et al.，2012）、芒果（*Mangifera indica*）（Luo et al.，2010）、割手密（*Saccharum spontaneum*）（罗霆等，2013）、苜蓿（何庆元等，2012）等农作物、水果及牧草遗传分

析和品种资源研究，是能够更好反映物种遗传多样性和亲缘关系的标记技术（熊发前等，2010）。

本研究首次利用 SSR 标记和 SCoT 标记技术对国内主栽的 21 个鸭茅品种（系）进行鉴定和指纹图谱构建，建立尽可能多的鸭茅品种指纹数据库，以期为我国鸭茅品种的保护和利用及未来鸭茅新品种选育提供理论依据。

1　材料与方法

1.1　试验材料

所有供试 21 个鸭茅品种（系）资源来源见表 5-17，均为四川农业大学草业科学系从国内采集或收集而来，每份品种（系）种子经过低温处理（3℃），恒温培养箱（25℃）发芽，温室盆栽后于 2013 年 2 月取样。

表 5-17　分子标记供试鸭茅来源

序号	材料编号	产地及来源	备注
1	古蔺	中国四川古蔺	栽培品种
2	宝兴	中国四川宝兴	栽培品种
3	川东	中国四川达州	栽培品种
4	安巴	丹麦	引进品种
5	波特	意大利	引进品种
6	德娜塔	德国	引进品种
7	草地瓦纳	新西兰	引进品种
8	楷模	西班牙	引进品种
9	大拿	斯洛伐克	引进品种
10	阿索斯	卢森堡	引进品种
11	金牛	德国	引进品种
12	远航	美国	引进品种
13	斯巴达	英国	引进品种
14	Cristobal	法国	引进品种
15	Intensiv	捷克	引进品种
16	Baraula	荷兰	引进品种
17	01-103	中国四川	新品系
18	02-116	中国云南寻甸	新品系
19	79-9	中国江西庐山	新品系
20	01175	中国贵州独山	新品系
21	01472	中国重庆巫山	新品系

注：后续图中的材料编号与该表一致

1.2　鸭茅基因组 DNA 的提取

每份品种（系）随机选取 25 个单株（Xie et al., 2010）幼嫩植株心叶等量混合，液氮冷冻研磨处理后，采用 CTAB 法提取 DNA（Doyle et al., 1990），0.8%琼脂糖凝胶电泳和紫外分光光度计检测其 DNA 质量和浓度，试验开始前，取合格样品用 ddH$_2$O 稀释至 10ng/μL，4℃冰箱保存备用。

1.3　SSR-PCR 引物筛选和扩增

应用田间表型性状差异较大的 4 个鸭茅品种（系）（'宝兴'、'安巴'、'德娜塔'和 02-116），对 180 对 SSR 引物进行筛选，所用鸭茅 SSR 序列由中国农业大学才宏伟教授提供（Hirata et al., 2011），引物由上海生工生物技术有限公司合成（表 5-18）。PCR 所用 Mix 混合液（含有 10×PCR buffer、Mg^{2+}、dNTPs），Taq 酶和 50bp DNA ladder Marker 均购自天根科技生化公司。鸭茅 PCR 程序在前人的基础上有所改动（Litt and Luty, 1989; Tautz, 1989; Xie et al., 2012），扩增体系优化为 15μL：包括 DNA 模板 5μL（50ng/μL），上下游引物各 0.6μL（10pmol/μL），Mix 7.5μL，Taq 酶 0.3μL（2.5U/μL），ddH$_2$O 1μL。PCR 反应程序为：94℃预变性 4min；94℃变性 1min，56℃退火 1min，72℃延伸 1min，共 35 个循环；72℃延伸 10min，4℃保存。PCR 扩增在 Thermo Hybaid PCR 仪上进行。扩增产物在 6%聚丙烯酰胺凝胶上（丙烯酰胺：甲叉=19：1，7.5mol/L 尿素，1×TBE 缓冲液）进行检测。电泳上样 6μL，Marker 上样 4μL，在北京 DYY-6C 电泳仪上 200V 恒定电压预电泳 30min，400V 恒定电压电泳约 2h，0.1% AgNO$_3$ 银染后，数码相机拍摄保存。

表 5-18　鸭茅 SSR 标记引物序列

引物	引物序列（5′—3′）	引物	引物序列（5′—3′）
A03C05	TAAGAATCGATCCTCCCG		AGGGGATGGTTGGTTAGTAT
	ACCTTCTTCCACTCCGTC	A01E02	AGCTGTGGAGAAAAAAATGA
A01I13	ATGCTGTTTGATCACAGTCA		GATGCCATTAAGTTCAAAATG
	GTTGGACTGCCATTACTAGC	A01B10	TCTTCCTTGGAAAACATCAA
A01F24	AAAATGTTTTATTCTCAGCCC		ACTTGCTTACACGGTATCATG
	TGCAAGATGGAATGCTCT	B04O13	TTCAGGTACATGGCTTCTCT
B04H05	AACAAGAAGGGAGGAAGAAC		ACGGCCTATAGATCAAGTCA
	TTGAGTTGCGTATGCATG	B06N03	TCTCTATAGCCGCTCGTG
B03E14	CAGCCTCCAATGTGATAGTT		CTCCTTTCTCTTGCTCGG
	ATATTTCCTCTTTCCATGATTG	A01K14	AAGGATGGCCTGATCTTC
B02N20	CATATTGAGGAGACTGTCAGC		GCAGAGGTCTTTCTCTTGG
	CAGACACACCAAGTTTGCTA	A03K22	AGACTCTAGGGTGGCACAC
A01L14	GCACAATGACACCAAATATG		GTAGCACGCTAACGAGAGAT
	ATCAGCATTGTGACCACC	B01E09	ACAACTCACAAACTCAAGAACA
A02A10	AGGTTACCGATAGTAAGTGGG		GTGGACTCGGAGGAGAAG

续表

引物	引物序列（5′—3′）	引物	引物序列（5′—3′）
B01A02	TTCTCCATTAAGCCTCCAG		ATCTTGACCCTGATGTTCTG
	CAGCGAGTCCTTGTCGAC	A01I11	CATCGTAATGACTGCTAGTCC
A01E14	ACCCGTTTTCTATCTCCAG		ACAGATCCATCGGTGGTT
	GTTCTAGCGTCGTGAGGG	B01C11	GCCATGTAACCAGAATCCTA
A02B24	GACGAGGCATGTTTGTTG		TGTTTGTGCATAGATCAAGC
	CTCTATAAAACCCATGAGCG	B01D10	GGGAGATCTCAGTGGAGG
A02N22	AAACATGTCGTGGTCGTC		CCGTGATAACTCATAAACAGC
	ATCATTTGTTATGCCGGTAG	D02K13	TTGTTGTTCCGTTGCAAC
A03B16	TCTGGAATCTCTCTGAAATCA		CGCAGGTTTCAATTTAATAGT

1.4 SCoT-PCR 引物筛选和扩增

应用田间表型性状差异较大的 4 个鸭茅品种（系）（'宝兴'、'安巴'、'德娜塔'和 02-116），对 80 个 SCoT 引物进行筛选，所用 SCoT 序列由 Collard 和 Mackill（2009）和 Luo 等（2010）提供，引物由上海生工生物技术有限公司合成（表 5-19）。PCR 所用 Mix 混合液，Taq 酶和 DL2000 Marker 均购自天根科技生化公司。鸭茅 PCR 程序在前人的基础上有所改动（Collard and Mackill，2009；Luo et al.，2010），扩增体系优化为 15μL：包括 DNA 模板 1μL（10ng/μL），引物 1.5μL（10pmol/μL），Mix 7.5μL，Taq 酶 0.4μL（2.5U/μL），ddH$_2$O 4.6μL。PCR 反应程序为：94℃预变性 3min；94℃变性 50s，50℃退火 1min，72℃延伸 2min，36 个循环；72℃延伸 10min，4℃保存。PCR 扩增在 Thermo Hybaid PCR 仪上进行。扩增产物在含 0.05μL/mL Gelred（10 000×水溶液）的 1.8%琼脂糖凝胶中电泳约 3h，凝胶成像系统拍摄保存。

表 5-19 鸭茅 SCoT 标记引物序列

引物	引物序列（5′—3′）	G/C 含量/%	引物	引物序列（5′—3′）	G/C 含量/%
6	CAACAATGGCTACCACGC	56	30	CCATGGCTACCACGGCG	72
7	CAACAATGGCTACCACGG	56	36	GCAACAATGGCTACCACC	56
8	CAACAATGGCTACCACGT	50	40	CAATGGCTACCACTACAG	50
9	CAACAATGGCTACCAGCA	50	44	CAATGGCTACCATTAGCC	50
10	CAACA ATGGCTACCAGCC	56	45	ACAATGGCTACCACTGAC	50
11	AAGCAATGGCTACCACCA	50	54	ACAATGGCTACCACCAGC	56
12	ACGACATGGCGACCAACG	61	59	ACAATGGCTACCACCATC	50
20	ACCATGGCTACCACGCG	67	60	ACAATGGCTACCACCACA	50
23	CACCATGGCTACCACCAG	61	61	CAACAATGGCTACCACCG	56
26	ACCATGGCTACCACCGTC	61	62	ACCATGGCTACCACGGAG	61
28	CCATGGCTACCACCGCCA	67	63	ACCATGGCTACCACGGGC	67
29	CCATGGCTACCACCGGCC	72	65	ACCATGGCTACCACGGCA	61

1.5 数据统计与分析

根据 PCR 扩增产物的电泳结果，对获得的清晰可重复 DNA 条带进行统计，在凝胶的某个相同迁移位点上，有带记为 1，无带记为 0，生成由 0，1 构成的原始数据矩阵。利用 POPGENE 1.31（Yeh et al.，1999）软件计算 Shannon 信息多样性指数（I，Shannon's information index of diversity）和 Nei's 基因多样性指数（H，Nei's gene diversity）（Nei，1973），并观察等位基因数（N_a，observed number of alleles）和有效等位基因数（N_e，effective number of alleles）等群体遗传参数。POPGEN 数据输入文件由软件 DCFA 1.1（张富民等，2002）生成。多态性信息含量（PIC，polymorphic information content）参考 Nei（1973）的方法计算，PIC=$1-\sum P_i^2$，其中，P_i 为基因座位上第 i 等位基因的频率。PCR 扩增产物的片段大小参考刘新龙等（2010）的方法进行估算，参考陈昌文等（2011）的方法构建我国鸭茅主栽品种（系）的 DNA 指纹编码，并根据编码生成供试鸭茅品种（系）的 DNA 指纹图谱。

2 结果与分析

2.1 SSR 标记多态性分析

前期筛选出 24 对 SSR 引物（表 5-18），进一步对 21 份国内主栽鸭茅品种（系）扩增（图 5-15），共扩增出 186 个条带，其中多态性条带 175 个，扩增条带（NB）变幅为 5（B03E14、B06N03、A01E02、A01B10）～11（A01K14），多态性条带（NPB）变幅为 4（B06N03）～10（B01C11、A01K14），平均每对引物扩增出 7.8 个条带和 7.3 个多态性条带，多态性条带比率（PPB）变幅为 75%～100%，平均 94.03%，多态性信息含量（PIC）变幅为 0.774（B03E14）～0.892（B01C11），均值 0.845，表明供试鸭茅品种（系）间存

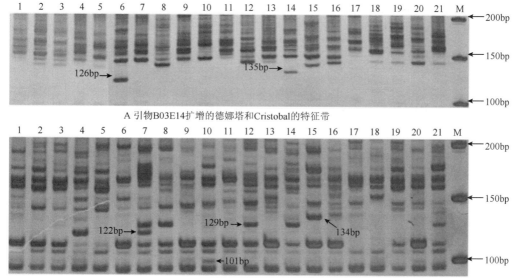

A 引物B03E14扩增的德娜塔和Cristobal的特征带

B 引物A01K14扩增的Intensiv的特征带

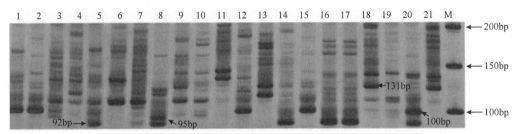

C 引物D02K13扩增的楷模的特征带

图 5-15 鸭茅品种部分特征 SSR 引物扩增结果

在较丰富的遗传多样性,其遗传背景也较复杂。Shannon 指数(I)变幅为 0.4479～0.6549,均值为 0.5919,基因多样性指数(H)变幅为 0.2946～0.4633,均值为 0.4100,其最大值分布于引物 A01E14,最小值分布于引物 A03B16,表明供试 SSR 引物能够较好地用于鸭茅品种的遗传研究和品种指纹图谱构建(表 5-20)。

表 5-20 SSR 引物扩增结果及多态性信息

引物	基序	统计条带数 NB	多态性条带数 NPB	多态性条带比率/% PPB	多态性信息含量 PIC	Shannon 指数 I	基因多样性指数 H	区分材料数 DV
A03C05	(CA) 11	9	9	100.00	0.873	0.5793	0.3951	11
A01I13	(TG) 23	8	6	75.00	0.865	0.5381	0.3586	12
A01F24	(CA) 11	6	5	83.33	0.826	0.4732	0.3175	6
B04H05	(GA) 15	7	7	100.00	0.833	0.5971	0.4159	11
B03E14	(GA) 33	5	5	100.00	0.774	0.6401	0.4495	8
B02N20	(GA) 28	9	9	100.00	0.853	0.6177	0.4280	11
A01L14	(TG) 26	8	8	100.00	0.867	0.4695	0.3199	13
A02A10	(TG) 16	7	7	100.00	0.841	0.5686	0.3965	13
A01E02	(TG) 18 (GA) 8	5	5	100.00	0.781	0.5834	0.4038	10
A01B10	(CA) 13 (TC) 28	5	5	100.00	0.789	0.6081	0.4267	9
B04O13	(GA) 34	6	6	100.00	0.811	0.6296	0.4392	10
B06N03	(TC) 25	5	4	80.00	0.775	0.5752	0.3962	2
A01K14	(CA) 18	11	10	90.91	0.891	0.6530	0.4612	21
A03K22	(CA) 19	9	8	88.89	0.873	0.6139	0.4256	21
B01E09	(GA) 27	8	7	87.50	0.862	0.6205	0.4330	17
B01A02	(GA) 16	8	8	100.00	0.870	0.6246	0.4360	15
A01E14	(CA) 17 (CGCA) 3 (CA) 15	9	9	100.00	0.850	0.6549	0.4633	18
A02B24	(TG) 30	7	6	85.71	0.805	0.6126	0.4237	12

续表

引物	基序	统计条带数 NB	多态性条带数 NPB	多态性条带比率/% PPB	多态性信息含量 PIC	Shannon 指数 I	基因多样性指数 H	区分材料数 DV
A02N22	（CA）13	9	8	88.89	0.871	0.6477	0.4562	19
A03B16	（CA）12	8	7	87.50	0.871	0.4479	0.2946	11
A01I11	（CA）13（TC）28	9	8	88.89	0.881	0.6217	0.4327	15
B01C11	（GA）19（TG）5	10	10	100.00	0.892	0.6195	0.4314	19
B01D10	（TC）12	9	9	100.00	0.867	0.6303	0.4397	15
D02K13	（TA）5（TCTA）5	9	9	100.00	0.850	0.5793	0.3951	15
	平均	7.8	7.3	94.03	0.845	0.5919	0.4100	13.1
	合计	186	175	—	—	—	—	—

2.2 SCoT 标记多态性分析

前期筛选出 24 个重复性较好的 SCoT 引物（表 5-19），进一步对 21 份鸭茅品种（系）扩增（图 5-16），共扩增出 321 个条带，其中多态性条带 249 个，扩增条带数变幅为 6（SCoT10）～19（SCoT40），扩增多态性条带数变幅为 4（SCoT10）～17（SCoT65），平均每个引物扩增出 13.4 个条带和 10.4 个多态性条带，多态性条带比率变幅为 50.00%（SCoT6、SCoT11、SCoT12）～100.00%（SCoT7、SCoT54），平均 76.33%，多态性信息量变幅为 0.829（SCoT7）～0.942（SCoT40），均值 0.907。Shannon 指数变幅为 0.2588（SCoT10）～0.6329（SCoT28），均值为 0.5323，基因多样性指数变幅为 0.1695（SCoT6）～0.4451（SCoT28），均值 0.3586，表明供试鸭茅品种（系）的遗传变异较丰富，且 SCoT 标记适于鸭茅品种的指纹图谱构建（表 5-21）。

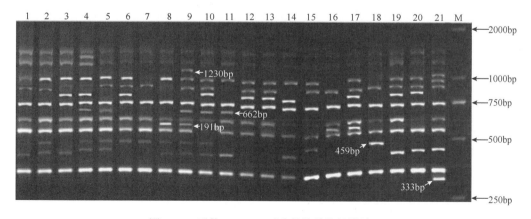

图 5-16 引物 SCoT23 对鸭茅品种的扩增结果

表 5-21　SCoT 引物扩增结果及多态性信息

引物	统计条带数 NB	多态性条带 NPB	多态性条带 比率/% PPB	多态性信 息含量 PIC	Shannon 指数 I	基因多样性 指数 H	区分材料数 DV
SCoT6	10	5	50.00	0.898	0.2733	0.1695	3
SCoT7	7	7	100.00	0.829	0.5915	0.4043	8
SCoT8	9	7	77.78	0.882	0.4636	0.2939	10
SCoT9	9	5	55.56	0.876	0.4964	0.3222	6
SCoT10	6	4	66.67	0.831	0.2588	0.1720	4
SCoT11	10	5	50.00	0.883	0.5200	0.3438	1
SCoT12	10	5	50.00	0.897	0.3197	0.1952	5
SCoT20	9	6	66.67	0.863	0.5741	0.3880	9
SCoT23	17	11	64.71	0.929	0.5937	0.4053	14
SCoT26	18	16	88.89	0.938	0.6038	0.4153	21
SCoT28	14	11	78.57	0.897	0.6329	0.4451	7
SCoT29	17	10	58.82	0.931	0.5546	0.3711	12
SCoT30	15	12	80.00	0.923	0.5721	0.3877	14
SCoT36	11	9	81.82	0.901	0.5560	0.3731	13
SCoT40	19	16	84.21	0.942	0.5423	0.3598	18
SCoT44	16	11	68.75	0.927	0.6127	0.4237	19
SCoT45	17	16	94.12	0.932	0.6135	0.4245	19
SCoT54	13	13	100.00	0.918	0.5706	0.3877	19
SCoT59	15	14	93.33	0.924	0.6013	0.4140	21
SCoT60	14	13	92.86	0.925	0.5231	0.3469	21
SCoT61	18	10	55.56	0.938	0.4817	0.3060	14
SCoT62	15	14	93.33	0.926	0.6204	0.4309	19
SCoT63	14	12	85.71	0.914	0.6288	0.4402	21
SCoT65	18	17	94.44	0.937	0.5714	0.3851	21
平均	13.4	10.4	76.33	0.907	0.5323	0.3586	13.3
合计	321	249	—	—	—	—	—

2.3　SSR 和 SCoT 标记引物高效性分析

在前期筛选出的 SSR 和 SCoT 多态性引物中，每个引物扩增出的多态性条带数不同，其能够区分的鸭茅品种数也不同，其中 SSR 引物能够区分的鸭茅品种数为 2～21个，平均为 13.1 个（表 5-20），SCoT 引物能够区分的鸭茅品种数为 1～21 个，平均 13.3个（表 5-21）。引物 A01K14 能扩增出 10 条多态性条带，引物 A03K22 能扩增出 8 条多态性条带，引物 SCoT26 能扩增出 16 条多态性条带，引物 SCoT59 能扩增出 14 条多态性条带，引物 SCoT60 能扩增出 13 条多态性条带，引物 SCoT63 能扩增出 12 条多态性条带，引物 SCoT65 能扩增出 17 条多态性条带，均能一次性区分全部供试的 21 个鸭茅品种；而引物 B06N03 仅能扩增出 4 条多态性条带，可鉴定出 2 个鸭茅品种（表 5-20）；引物 SCoT11 能扩增出 5 条多态性条带，仅可鉴定出 1 个鸭茅品种（表 5-21）。通过不同引物的组合，可以提高其对不同鸭茅品种的鉴别能力，同时，通过不同标记的不同引物有效组合，更可以大幅度地增加鉴别鸭茅品种的数量，利于构建鸭茅品种的指纹图谱数据库。

　　采用以上 SSR 和 SCoT 多态性引物对 21 个鸭茅品种（系）进行分析，10 个品种（系）具有特征谱带（表 5-22），即仅用 1 个特征引物即可与其他品种区分开。其中，品种（系）'楷模'、'大拿'、'阿索斯'、'远航'、'斯巴达'、'Cristobal'、'Baraula' 和 01175 具有 1 个特征引物，品种（系）'德娜塔' 和 01472 具有 2 个特征引物。另外，供试 SSR 和 SCoT 引物分别产生 6 个特征谱带，且 SSR 引物 B03E14 在品种 '德娜塔' 和 'Cristobal' 上同时表现出特征谱带（图 5-15，表 5-22），引物 SCoT23 在品种（系）'大拿' 和 01472 上表现特征谱带（图 5-16，表 5-22），表明供试 SSR 和 SCoT 引物不仅多态性较为丰富，且产生特征谱带也较多，可有效用于构建鸭茅品种的指纹图谱。

表 5-22　部分鸭茅品种（系）的特征引物及特征带

品种（系）	特征引物	品种特征带条带大小/bp	品种（系）	特征引物	品种特征带条带大小/bp
德娜塔	B03E14	126	斯巴达	SCoT11	381
	SCoT9	389	Cristobal	B03E14	135
楷模	D02K13	95	Baraula	SCoT62	464
大拿	SCoT23	1230	01175	SCoT54	278
阿索斯	A01K14	101	01472	A01I11	109
远航	A01I13	131		SCoT23	333

2.4　鸭茅品种 DNA 指纹图谱构建

　　植物品种指纹图谱数据库的构建应以较少数量的引物组合和较高效率的鉴定方法为准，最终目的是达到尽可能多地可鉴别鸭茅品种数量，本试验参考陈昌文等（2011）的方法构建鸭茅品种 DNA 指纹图谱并有所改动，首先对 24 对 SSR 和 24 个 SCoT 引物进行筛选，综合考虑扩增多态性条带数、扩增带型统计难易程度、PIC 值、基因多样性指数、引物重复性及对品种鉴定时效性等因素，从中选出更为高效的 4 个 SSR 引物和 1 个 SCoT 引物，即引物 A01E14、A01K14、B03E14、D02K13 和 SCoT23。在对这 5 个引物各自的扩增多态条带进行赋值时，首先只选择对供试鸭茅品种（系）区分能力较高的扩增多态性条带，根据每个引物扩增多态性条带分子质量的大小，从小到大依次赋值为有序整数，从 1 开始，不同引物选择的条带数可能有所不同，赋值不超过 9，对于多态性条带数超过 9 的引物，只考虑选择其中更为高效的 9 条带进行赋值（表 5-23）。最终，从 5 个引物中共筛选了 37 个扩增多态性谱带用于赋值，其中 6 个为引物的特征谱带，可直接鉴定其中某个品种。不同引物的扩增谱带选择和赋值结果见表 5-23。

表 5-23　特征谱带选择和条带赋值标准

引物	编码/bp								
	1	2	3	4	5	6	7	8	9
A01E14	142	154	159	171	180	189	197	—	—
A01K14	101*	114	122	129	134	150	160	168	—
B03E14	126*	135*	145	151	157	172	—	—	—
D02K13	92	95*	100	112	121	131	140	—	—
SCoT23	333*	428	459	591	662	813	876	982	1230*

注：*表示引物特征谱带，"—"表示无

根据引物扩增谱带的选择与赋值标准（表 5-23），以 02-116 为例，构建单个鸭茅品种（系）在 5 个引物下的扩增条带标准模式图（图 5-17）。在 02-116 标准模式图中，横坐标表示不同的多态性引物，排列顺序为 B03E14-A01K14-A01E14-D02K13-SCoT23，纵坐标表示引物的扩增条带分子质量，表现为在引物 B03E14 的 157bp，A01K14 的 150bp 和 168bp，A01E14 的 180bp 和 189bp，D02K13 的 100bp 和 140bp，SCoT23 的 459bp 和 876bp 位点有多态性条带出现（图 5-17），可与其他品种区分。品种（系）的标准模式图应主要选择对其具有较强甄别能力的多态性谱带，表现直观，便于快速区别其他品种，构建 DNA 指纹数据库。

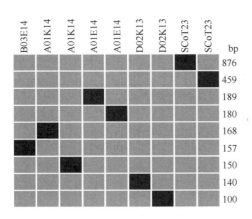

图 5-17　02-116 扩增条带的标准模式图

根据引物扩增谱带的选择与赋值标准（表 5-23），构建供试鸭茅品种的 DNA 指纹数据库（表 5-24）。为了提高品种的鉴别效率，构成的 DNA 指纹数据位数应尽可能得少。因而，在构建的鸭茅指纹数据库中，每个品种（系）的 DNA 指纹数据确定为 9 位数字（表 5-24），代表 5 个引物上的 9 个谱带（图 5-17），其中，引物 A01E14、A01K14、D02K13 和 SCoT23 分别提供 2 个谱带，引物 B03E14 提供 1 个谱带（图 5-17），引物排列顺序见图 5-17，数字 1~9 与扩增条带分子质量和引物的对应关系见表 5-23。如'宝兴'的指纹编码为 672645332，参考表 5-23 和图 5-17，即指'宝兴'在引物 B03E14 的 172bp(6)，A01K14 的 160bp（7）和 114bp（2），A01E14 的 189bp（6）和 171bp（4），D02K13 的 121bp（5）和 100bp（3），SCoT23 的 459bp（3）和 428bp（2）位点有扩增谱带出现。结果显示，在构建的鸭茅品种 DNA 指纹数据库中，每份鸭茅品种(系)均具有特异的指纹编码（表 5-24）。

表 5-24　21 份鸭茅品种的指纹数据库编码

品种名称	指纹编码	品种名称	指纹编码
古蔺	562215372	安巴	443517553
宝兴	672645332	波特	672313153
川东	672647362	德娜塔	186627463

续表

品种名称	指纹编码	品种名称	指纹编码
草地瓦纳	443765373	Intensiv	372735373
楷模	342522143	Baraula	362327174
大拿	452617494	01-103	585755164
阿索斯	481316353	02-116	586657373
金牛	586327652	79-9	687655362
远航	364726476	01175	352643162
斯巴达	476626576	01472	674727461
Cristobal	284725162		

根据 DNA 指纹数据库（表 5-24），构建鸭茅品种 DNA 指纹图谱（图 5-18）。图 5-18 中黑色条带代表有扩增谱带出现，每个品种的指纹图谱均与表 5-24 中的指纹编码相对应，供试 37 个位点具体见表 5-23，由图可知，每个品种（系）均具有不同的扩增图谱，可与其他品种区分（图 5-18）。

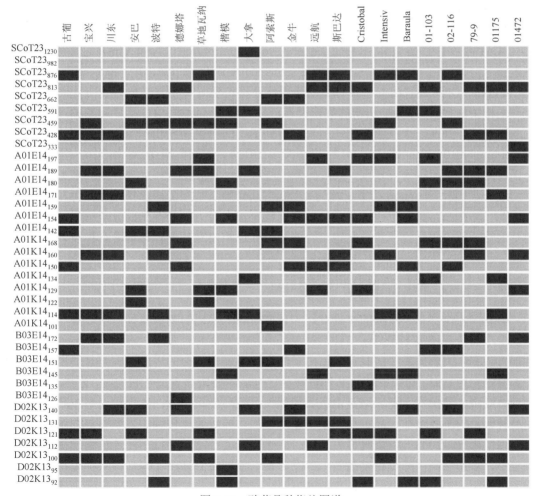

图 5-18　鸭茅品种指纹图谱

3　讨论

3.1　SSR 和 SCoT 标记多态性分析

SSR 特异引物在不同品种间的每个特定大小的等位基因序列一致且不需酶切等步骤（陈昌文等，2011），前人研究表明，其具有简便快速、稳定性高、重复性好、数量丰富、多态性好等优点（Morgante and Olivieri，1993；魏臻武，2004；李晓辉等，2005；李根英等，2006；郭海林等，2007；Gabriela et al.，2008；詹秋文等，2008；赵卫国等，2011；叶翔等，2012；范建光等，2013；李莉等，2013），其高分辨力的特性及共显性的遗传方式使其逐渐成为植物品种 DNA 指纹分析较为理想的技术（段艳凤等，2009）。本研究应用 24 对 SSR 多态性引物共在 21 个我国主栽鸭茅品种中扩增出 186 个清晰可辨条带，其中多态性条带 175 个，平均多态性条带比率 94.03%，多态性信息量均值 0.845，Shannon 指数为 0.4479～0.6549，基因多样性指数为 0.2946～0.4633，表明我国鸭茅主栽品种在其栽培管理和遗传进化过程中基因组 DNA 发生了较为丰富的变异，同时也说明 SSR 指纹标记可以较好地用于鸭茅品种遗传多样性分析和研究。

SCoT 指纹标记是基于 SRAP（sequence-related amplified polymorphism）的新型目的基因技术，其结合了 ISSR（inter simple sequence repeat）和 RAPD（randomly amplified polymorphic DNA）的优点，具有引物通用性、稳定性好、重复性好等优点，同时能有效产生相关性状多态，其单引物的独特设计巧妙利用了基因中 ATG 翻译起始位点侧翼序列的保守性，开发以来在农作物和植物上得到了广泛应用（Collard and Mackill，2009；Luo et al.，2010；Guo et al.，2012；罗霆等，2013）。本研究应用 24 个 SCoT 引物对 21 个国内主栽鸭茅品种研究发现，供试鸭茅品种间平均多态性比率为 76.33%，多态性信息量均值为 0.907，Shannon 指数变幅为 0.2588～0.6329，基因多样性指数变幅为 0.1695～0.4451，表明 SCoT 标记在鸭茅品种鉴定中具有较大潜力，其得到的分子标记可能是功能基因的一部分，是进一步开发特定功能基因标记和建立分子标记辅助育种技术体系的基础。

3.2　DNA 指纹图谱构建方法分析

随着国内经济和畜牧业的快速发展，目前市场上出现的鸭茅品种日益增多，但品种资源生产和经营还很不规范，品种引种混乱或品种造假时有发生，极大地损害了品种专利拥有者和广大农民的经济利益，阻碍了经济的发展和社会的进步，因而开展鸭茅品种资源鉴定尤为重要。传统的植物品种资源鉴定方法主要依靠表型性状观测，虽然其简便、直观、经济、易操作，但表型鉴定所需周期长，受环境影响大，鉴别错误率较高，且伴随品种数量的不断增加，品种相似度也逐步增加，导致通过传统的表型鉴定方法日趋艰难（缪恒彬等，2008；王黎明等，2011；葛亚英等，2012）。而 DNA 遗传物质受环境影响较小、多态性高，开发稳定高效、信息丰富、鉴别能力强的 DNA 指纹标记已逐渐成为鸭茅乃至其他植物品种鉴定最有效的方法，对植物遗传育种、品种保护及亲缘关系分析至关重要。

目前构建植物品种指纹图谱的主要方法有：特征谱带法（王凤格等，2003）、单引物法（缪恒彬等，2008；徐宗大等，2011）和引物组合法（段艳凤等，2009；汪斌等，2011）。在实际应用中，需要大规模地进行品种鉴定区分时，一般需借助引物组合法完成，其通过不同引物的有限组合，从而大幅度提高了对品种的鉴别能力，且多态性越高的引物越快捷经济，极有可能通过几个多态性高的引物组合就能完成大量品种的鉴定（Fang and Roose，1997；Archak et al.，2003）。本研究中，采用 4 对 SSR 引物和 1 个 SCoT 引物组合鉴别 21 个主栽鸭茅品种，结果表明所有供试鸭茅品种能够完全区分开，且随着引物组合数量的适当增加，其代表的 DNA 水平信息量将更为丰富、全面和准确，具备更强的鸭茅品种鉴别能力，适于大规模数量的鸭茅品种鉴别。另外，在本研究的鸭茅品种中，10 个品种在 10 个引物的 12 个条带上具有特征谱带，其中，分布于 SSR 和 SCoT 多态性引物各 6 个，仅采用 1 个特征引物即可鉴别相应的鸭茅品种，在进行品种 DNA 指纹鉴定时，时效性高，方便易行。但就本研究而言，因筛选的引物数量有限，产生的特征引物谱带还远远不够，不足以用于大规模鸭茅品种数量的 DNA 指纹数据库构建，另外，极有可能在鸭茅数量大幅度增加后，特征谱带也在其他品种出现，即目前的引物特征谱带具有一定的材料范围前提（匡猛等，2011），因而，品种鉴定方法的应用仍受到极大限制，在未来仍需筛选大量的引物，以寻求得到更多的品种特征谱带，区分更多的鸭茅品种，为鸭茅的品种保护提供支持。

3.3 DNA 指纹图谱数据库的扩充和应用

明确品种或种质资源的遗传背景是利用种质资源进行育种研究的重要基础（王黎明等，2011）。DNA 指纹技术自 1984 年开发以来，先后在移民身份确认、罪犯身份确定中得到大量使用（郭晓强等，2008），同时对于农作物、水果、牧草等植物的品种及种质资源的遗传特异性、种子质量鉴定、遗传资源评价、亲缘关系分析、品种权益保护等均有重要意义（汪斌等，2011）。DNA 指纹图谱也可认为是一种 DNA 指纹身份证，其赋值方法是人为制定的标准，不一定反映引物扩增的实际结果，但其要求非常高的可重复性和简便性，并且不影响平均每对引物的区分效率。同时，唯一性是 DNA 指纹图谱的终极目标（汪斌等，2011），本研究中所建立的每个鸭茅品种的指纹图谱能够代表该品种的特异性。同时，从所构建的品种指纹编码可以看出，遗传背景差异较大的品种指纹编码相差较大，而遗传背景相近的品种指纹编码相似度较高。如品种'宝兴'和'川东'的指纹编码分别为 672645332 和 672647362，其表现出在分子水平上一定的相似性，这与万刚等（2010）的研究报道结果一致。因而，品种资源的指纹编码可为种质创新和新品种选育提供参考。

但显而易见，我国乃至是世界的鸭茅品种数量并不是固定的，随着我国农牧产业的快速发展，国家对牧草体系的重视度日益增高，每年都有从国内育成的新品种扩充到国家品种资源库，这就导致构建的鸭茅品种指纹图谱数据库势必会不断地扩大，从而会从某种角度影响现有引物组合的鉴定效率（刘新龙等，2010），因此，构建的鸭茅品种指纹图谱数据也应该像我国居民身份证一样具有可扩充性。在今后还应继续选择和增加鉴定所需的核心引物，以便适当时机扩充新的有效核心引物数据进入指纹图谱数据库，从而保证数据的准确性和实用性。同时，未来还可将品种指纹图谱数据与品种的同工酶标记、表型性状、细胞学特征等有机结合（缪恒彬等，2008），可从多层次更好地分析并解决目前生产中面临的诸多问题，为鸭茅品种简便、准确、快速的管理、保护及应用提供理论依据。

本研究构建的鸭茅DNA指纹图谱可作为鸭茅品种资源鉴定和知识产权保护的保障，为直观揭示鸭茅品种资源间的遗传多样性和亲缘关系、鸭茅杂交育种等提供科学依据，为挖掘鸭茅重要功能基因方面提供分子标记基础，同时为我国鸭茅品种资源指纹图谱数据库的建设和完善奠定基础。

第六节　二倍体鸭茅遗传连锁图谱构建

目前，利用各种分子标记构建的植物遗传图谱已成为遗传育种的重要工具。分子遗传图谱有助于定位和克隆重要的农艺性状基因（如抗病基因）、检测和标记数量性状位点（QTLs），并应用于分子标记辅助育种以改良植物的重要农艺性状，大幅度提高植物的育种水平和育种效率。

大多数牧草物种的多倍性、异花授粉和自交衰退等生物学特性使牧草遗传图谱构建相对困难，如苜蓿（*Medicago sativa*）、白三叶（*Trifolium repens*）、鸭茅（*Dactylis glomerata*）、羊草（*Leymus chinensis*）等。迄今为止，国内外已有30多张饲草连锁图谱被构建，所构图谱主要涉及苜蓿属（Echt et al.，1994；Tavoletti et al.，1996；Kalo et al.，2000）、三叶草属（Isobe et al.，2003；Jones et al.，2003；Isobe et al.，2009）、黑麦草属（Hayward et al.，1998；Bert et al.，1999；Inou et al.，2004；Hirata et al.，2006）、羊茅属（Xu et al.，1995；Alm et al.，2003；Saha et al.，2005）等常见草种，而百喜草（*Paspalum notatum*）（Oritiz et al.，2001）、赖草（Wu et al.，2003）、冰草（Mott et al.，2011）也有研究报道。但目前国内外尚未见二倍体鸭茅遗传图谱构建的报道。

异交多倍体牧草存在分离基因型众多、不同DNA片段共分离、杂交后代表现为四倍体遗传等特点，造成其在遗传分析上存在很多困难。研究表明，克服多倍体植物构图困难的有效途径之一是创造二倍体构图亲本。利用二倍体材料产生的群体作图可大大提高作图效率和图谱的准确度（Echt et al.，1994）。二倍体鸭茅与草地羊茅、多花黑麦草非常类似，同为异花授粉冷季型禾草，国外学者已采用双拟测交法对草地羊茅（Alm et al.，2003）、多花黑麦草（Inou et al.，2004）等异花授粉禾草进行了遗传图谱构建，这为鸭茅遗传图谱构建提供重要参考。

目前用于植物遗传作图的主要分子标记有RFLP、RAPD、AFLP、SRAP、SSR等。对于异交植物，亲本为高度杂合的个体，从亲本到子代需要传递多至4个等位基因，因此共显性的、能够检测多个等位点的标记才最适合于检测在异交亲本中最大量的多态性。已构建的牧草遗传图谱主要的遗传标记是DNA分子标记，偶有形态、细胞和生化等标记。SSR（simple sequence repeat）标记由于具有操作简单、通用性强及在基因组内广泛分布等优点，因而在遗传图谱构建等研究中被广泛采用。目前鸭茅基因组SSR标记及EST-SSR标记已大量开发（Hirata et al.，2011；Bushman et al.，2011），也为鸭茅遗传图谱构奠定了技术基础。SRAP（sequence-related amplified polymorphism）标记是Li和Quiros最近发展的一种针对外显子区域进行扩增的新型标记（Li and Quiros，2001），具有操作简单、稳定性好、多态性高等优点，已被应用于其他物种的图谱构建（Li and Quiros，2001；林忠旭等，2003；潘俊松等，2005），这两种标记的联合应用将有助于构建高质量的鸭茅遗传连锁图谱。

本研究将以不同来源的国产二倍体鸭茅基因型 F_1 代作图群体，采用双拟测交方法，构建包含 SRAP、SSR 两种不同类型标记的二倍体鸭茅遗传图谱，为鸭茅重要农艺性状的 QTL 定位研究搭建了一个良好平台，同时也为与其他物种比较分析奠定一定基础。

1 材料与方法

1.1 试验材料

试验材料包括作图亲本 01996 和 YA02-103 及包含 111 个鸭茅杂交后代的 F_1 群体（表 5-25）。以 01996 为父本、以 YA02-103 母本进行杂交，得到杂交一代（F_1）。两个亲本在农艺性状方面存在差异：01996 抽穗早（4 月初）、阔叶、植株高大（90cm）；而 YA02-103 抽穗迟（4 月下旬）、叶片窄、植株低矮（55cm）。同时先前遗传多样性研究表明两亲本遗传距离适中，易杂交成功（彭燕等，2006；万刚等，2010）。

表 5-25　亲本名称及其来源

亲本	材料来源	特征
01996 ♂	中国农业科学院畜牧研究所	材料 4 月初抽穗，株高 90cm
YA02-103 ♀	贵州纳雍	材料 4 月下旬抽穗，株高 55cm

1.2 试验方法

1.2.1 作图群体的构建

亲本单株自然杂交并与其他鸭茅材料严格隔离。收获 YA02-103 植株中所获得的种子。杂交种子在温度 22℃左右、光照时间为 16h 的温室发芽，8 周后将 F_1 群体移栽到四川农业大学教学科研基地中。提取单株 DNA 用于分子标记杂交后代鉴定，真杂种用于作图群体构建，最终获得含 111 个单株的 F_1 作图群体。

1.2.2 鸭茅基因组 DNA 的提取及纯度检测

取生长良好的鸭茅 F_1 代杂种及亲本材料幼嫩叶片采用 CTAB（cetyl trimethyl ammonium bromide，十六烷基三甲基溴化铵）方法提取 DNA。通过 0.8%琼脂糖凝胶电泳和紫外分光光度计检测 DNA 的浓度和纯度，合格的样品于 4℃冰箱保存备用。

1.2.3 SSR 分析

275 对 SSR 引物用于引物筛选。其中，150 对鸭茅基因组 SSR 引物由中国农业大学的才宏伟教授提供；50 对玉米 EST-SSR 引物、15 对小麦 EST-SSR 引物、30 对高粱 EST-SSR

引物、30 对高粱基因组 SSR 引物见 Wang 等（2005）的报道。鸭茅 SSR 引物的 15μL 反应体系为：模板 DNA 量为 50ng，dNTPs 240μmol/L，引物浓度 0.4mmol/L，*Taq* 酶 1.0U，Mg^{2+}1.5mmol/L。扩增反应在 PTC-200（Bio-Rad Laboratories，Hercules，California）PCR 仪上进行，其反应程序为：94℃预变性 5min，94℃变性 1min，48～52℃退火 1min，72℃延伸 1min，共 35 个循环，72℃延伸 10min，4℃保存。

其他作物 EST-SSR 引物的 12.5μL 反应体系为：模板 DNA 量为 10ng，1×PCR 缓冲液，引物浓度 0.8μmol/L，dNTP 0.2μmol/L，$MgCl_2$ 1.5mmol/L，*Taq* 酶 0.05U。PCR 扩增程序为：94℃预变性 4min，94℃变性 1min，50℃退火 30s，72℃延伸 40s，共 10 个循环，每次循环增加 0.5℃；94℃变性 1min，45℃退火 30s，72℃延伸 40s，共 35 个循环；72℃延伸 10min，4℃保存。

扩增产物用 6%的变性聚丙烯酰胺凝胶（丙烯酰胺：甲叉=19：1，1×TBE 缓冲液）进行检测。电泳后，用 0.1%的 $AgNO_3$ 进行银染并在 NaOH 液中显色，凝胶在灯光下用数码相机照相保存以供分析。

1.2.4　SRAP 分析

参考 Li 和 Quiros（2001）的方法，采用适合于鸭茅 SRAP 分子标记的 25μL 最优化反应体系：模板 DNA 量为 60ng，dNTPs 200μmol/L、$MgCl_2$ 1.6mmol/L、*Taq* 酶 1.0U、引物浓度 0.3μmol/L、buffer 2.5μL。SRAP-PCR 扩增程序为：94℃预变性 3min；94℃变性 30s，35℃退火 45s，72℃延伸 1min，共 5 个循环；94℃变性 30s，50℃退火 45s，72℃延伸 1min，共 35 个循环；72℃延伸 10min，4℃保存。扩增产物用 6%变性聚丙烯酰胺凝胶电泳分离，电泳条件与银染显色方法皆与 SSR 分析相同。

1.2.5　数据分析及遗传图谱构建

基于拟测交（pseudo-testcross）策略，由于鸭茅的高度杂合性，许多基因位点在 F_1 代即发生分离。显性标记可利用的分离如下：①Aa×aa 或 aa×Aa，1：1 分离；②Aa×Aa，3：1 分离。扩增产物经电泳检测后，进行数据收集，有带记为 1，无带记为 0，模糊不清的或数据缺失的赋值为"—"。利用 χ^2 检验，符合孟德尔分离规律（指那些在一个亲本呈杂合状态而另一个亲本表现为缺失的标记在 F_1 中按 1：1 的比率分离和那些在两个亲本间均为杂合状态的标记呈现 3：1 分离）的标记将用于遗传图谱的构建。采用 Map Manager QTX b20（Meer et al.，2003）软件分别构建父本和母本的遗传连锁图谱。构图概率值设为 0.001（LOD=3），采用 Kosambi 函数（Kosambi，1944）将重组率转换为图距（cM），最后用 Mapchart 2.0 软件绘制遗传连锁图谱。

2　结果与分析

2.1　标记多态性

在 192 对 SRAP 引物中 61 对具有多态性，其中多态性最好的 36 对（19%）引物用于图谱构建。共获得 108 个多态性条带，其中 48 个条带来自 01996，45 个来自 YA02-103，15 个为双亲共有带。引物扩增的多态性条带在 2（E3M3）～4（E9M1），平均每对引物有 3 条多态性带。

经过引物筛选，构图所用 SSR 引物中包含 40 对鸭茅 SSR 引物（图 5-19）、11 对玉米 EST-SSR 引物、9 对高粱 EST-SSR 引物、11 对高粱基因组引物和 7 对小麦 EST-SSR 引物（表 5-26）。鸭茅引物共扩增出 74 个多态性条带，平均为 1.9 条；玉米 EST-SSR 引物扩增出 22 个多态性条带，平均为 2 条；小麦引物扩增出 17 个多态性条带，平均为 2.5 条；高粱 EST-SSR 引物扩增出 18 个多态性条带，平均为 2 个；高粱基因组 SSR 引物扩增出 33 个多态性条带，平均为 3 个。67 对多态性引物共扩增出 142 个多态性条带，平均为 2.1 个。这些多态性引物中，其中 75 个来至 01996，70 个来自 YA02-103，19 个为双亲共有。符合 1∶1 和 3∶1 的标记被用于亲本遗传图谱的构建，最终 63 个 SSR 标记用于父本图谱构建，62 个 SSR 标记用于母本图谱构建。

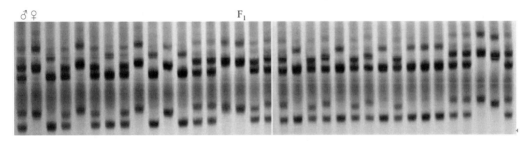

♂♀　　　　　　　　　　　　　　　F₁

图 5-19　引物 A03C08 对部分鸭茅杂交种的 SSR 检测图谱

表 5-26　用于鸭茅遗传作图的 SRAP 和 SSR 引物组合

SRAPs[1]			SSRs						
			O[2]			M[3]	SG[4]	S[5]	W[6]
E1M1	E16M5	E6M12	A01B10	A03B16	B01E19	M5	SG1	S1	W23
E10M4	E1M2	E6M9	A01C20	A03C05	B02M24	M7	SG2	S2	W31
E11M2	E2M1	E7M1	A01E02	A03C08	B02N06	M11	SG5	S3	W33
E11M5	E2M4	E7M12	A01E14	A03H11	B02N20	M22	SG8	S5	W39
E12M1	E3M1	E8M1	A01E14	A03K22	B02P17	M31	SG12	S10	W43
E12M2	E3M3	E9M1	A01F24	A03M21	B02P24	M32	SG14	S12	W45
E13M11	E3M5	E9M12	A01G20	A03N16	B03E14	M34	SG22	S13	W46
E13M4	E4M4	E9M2	A01I13	A04C24	B04H05	M36	SG23	S14	
E14M1	E4M9		A01K14	A04O08	B04O13	M41	SG25	S30	
E14M2	E5M10		A01L14	B01A02	B05C01	M45	SG26		
E14M3	E5M11		A02A10	B01A05	B06O19	M48	SG27		
E15M2	E5M12		A02G09	B01B08	B06N03				
E16M3	E5M4		A02I05	B01B19					
E16M4	E5M9		A03B16	B01C15					

注：SRAP[1] 表示引物来源于 Li 和 Quiros（2001）；O[2] 表示鸭茅 SSR 引物；M[3] 表示玉米 EST-SSR 引物；SG[4] 表示高粱 SSR 引物；S[5] 表示高粱 EST-SSR 引物；W[6] 表示小麦 EST-SSR 引物

2.2 标记分离比例分析

根据孟德尔遗传规律，标记的期望分离比一般为 1∶1 或者 3∶1。共有 272 个标记位点用于遗传图谱构建，其中 86% 的位点（Aa×aa 或 aa×Aa）在 F_1 中呈 1∶1 的比率分离，剩下的 14% 为两亲本间均为杂合状态的标记（Aa×Aa）。对所有标记位点进行卡方检验，85% 符合孟德尔分离规律，其中 89% 的分离比为 1∶1，剩下的 11% 则为 3∶1；剩下的 15% 表现为偏分离现象，其中 11% 来自一个呈杂合状态而另一个表现为纯和的亲本（Aa×aa 或 aa×Aa），剩下的 4% 来自均为杂合状态的亲本（Aa×Aa）。

2.3 作图亲本遗传图谱构建

父本的遗传图谱包含 9 个连锁群，涉及 33 个 SRAP 和 57 个 SSR 标记位点，共 90 个位点（表 5-27，表 5-28）。SRAP 标记位点除 LG4 外，其余连锁群都有分布。SSR 标记位点主要分布在 LG1、LG3 和 LG4 上。鸭茅 SSR 引物标记位点在父本的所有连锁群上均出现了，占总 SSR 标记位点数 56%。高粱的 4 个 EST-SSR 标记位点分布在 LG2、LG3 和 LG4 上。高粱的 7 个基因组 SSR 标记位点分布在 LG1、LG5、LG8 和 LG9 上。小麦的 EST-SSR 标记位点分布在 LG1、LG6、LG8 和 LG9 上。但没有一个连锁群同时包含 5 种 SSR 标记。还有 8 个 SRAP 标记和 6 个 SSR 标记未进入连锁。该图谱基因组总长度 866.7cM，每个连锁群的平均长度为 90.0cM。长度最长的连锁群 LG1 为 197.0cM，有 17 个位点；长度最短的连锁群 LG9 为 45.1cM，只有 5 个位点。每个连锁群的平均标记位点数为 10 个，每个标记位点间平均图距为 9.6cM。

表 5-27 鸭茅遗传图谱构建所用多态性标记数，包括偏分离标记数、未连锁标记数和上图标记数（$P<0.001$）

参数		父本（01996）	母本（YA02-103）
SRAP	获得总标记数	41	39
	上图标记数	33（81）[a]	33（85）
	未连锁标记数	8（19）	6（15）
SSR	获得总标记数	63	62
	上图标记数	57（90）	54（87）
	未连锁标记数	6（10）	8（13）
总和	获得总标记数	104	101
	上图标记数	90（87）	87（86）
	未连锁标记数	14（13）	14（14）
偏分离标记[b]	SRAP	10	9
	SSR	17	13
	总和	27	22

注：a 为括号内的数字表示标记数在获得的总标记数中所占的百分比；b 表示在 $P=0.01$ 条件下，预期分离比不符合 1∶1 或者 3∶1 的标记，即偏分离标记

表5-28 SRAP标记和SSR标记在亲本连锁群上的分布

连锁群	亲本图谱																	
	01996									YA02-103								
	SRAP[1]	O[2]	SG[3]	M[4]	S[5]	W[6]	Total	Map length /cM	Marker density (cM/marker)	SRAP	O	SG	M	S	W	Total	Map length /cM	Marker density (cM/marker)
1	4	11	2	1	0	1	19	197.0	10.4	3	7	1	1	1	2	15	131.1	8.7
2	8	4	0	3	2	0	17	142.4	8.4	5	5	2	2	1	0	15	133.9	8.9
3	4	2	0	3	1	1	11	115.2	10.5	2	9	0	1	0	1	13	100.1	7.7
4	0	7	0	0	1	0	8	102.8	12.9	8	3	0	1	1	0	13	112.4	8.6
5	5	3	1	1	0	0	10	85.5	8.6	8	2	1	0	1	0	12	125.6	10.5
6	3	1	0	0	0	1	5	66.5	13.3	4	1	2	0	0	0	8	51.2	6.4
7	5	1	0	0	0	0	6	56.1	9.4	1	0	0	0	0	1	2	21.1	10.6
8	3	2	3	0	0	1	9	56.1	6.2	1	2	0	0	0	0	3	40.2	13.4
9	1	1	1	1	0	1	5	45.1	9.0	0	1	0	1	0	0	2	21.1	10.6
10	—	—	—	—	—	—	—	—	—	1	1	2	0	0	0	4	35.3	8.8
总和/平均	33	32	7	9	4	5	90	866.7	9.6	33	31	8	7	4	4	87	772.0	8.9

注: SRAP[1] 表示 SRAP 引物序列来自 Li 和 Quiros（2001），O[2] 表示鸭茅 SSR 引物序列由中国农业大学才宏伟教授提供，M[3] 表示玉米 EST-SSR 引物序列来自 Wang 等（2005），SG[4] 表示高粱基因组 SSR 引物序列来自 Wang 等（2005），S[5] 表示高粱 EST-SSR 引物序列来自 Wang 等（2005），W[6] 表示小麦 EST-SSR 引物序列来自 Wang 等（2005）

母本的遗传图谱包含 10 个连锁群，涉及 33 个 SRAP 和 54 个 SSR 标记位点，共 87 个位点（表 5-27，表 5-28）。除 LG4 和 LG5 外，其余连锁群大部分由 SSR 标记位点构成。SRAP 标记位点只在 LG9 中缺失，其余连锁群均有分布。还有 6 个 SRAP 标记和 8 个 SSR 标记未进入连锁。该图谱基因组总长度 772.0cM，每个连锁群的长度为 21.1～133.9cM。长度最长的连锁群 LG2 为 133.9cM，有 55 个位点；长度最短的连锁群 LG7 和 LG9 为 21.2cM，只有 2 个位点。每个连锁群的标记位点数为 2～15 个，每个标记位点间平均图距为 8.9cM。

2.4 亲本图谱间同源连锁群

从图 5-20、图 5-21 和表 5-29 可以看出，两个亲本图谱之间共有 10 个共显性标记（8 个鸭茅 SSR 标记、1 个玉米 EST-SSR 标记、1 个高粱基因组 SSR 标记）。它们可作为"桥

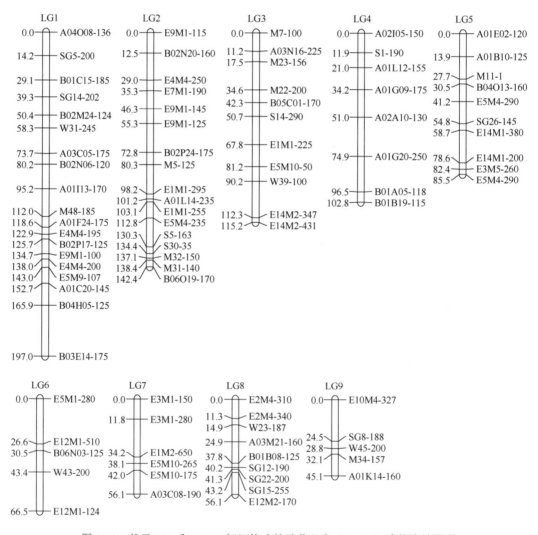

图 5-20 基于 SSR 和 SRAP 标记构建的鸭茅父本（01996）遗传连锁图谱

标记"以确定双亲连锁图中的同源连锁群。结果显示：两亲本图谱的连锁群 1 有 3 个共同的标记；连锁群 2、连锁群 3 和连锁群 5 分别有 2 个共同的标记；连锁群 6 有 1 个共同的标记。基于这 10 个"桥标记"在亲本图谱间共发现 5 个同源连锁群。但由于可供利用的"桥标记"数量有限，未能构建仅包含 7 个连锁群的图谱。在所构建的图谱中，其中 5 个连锁群小于 50cM，仅包括 2～4 个标记。

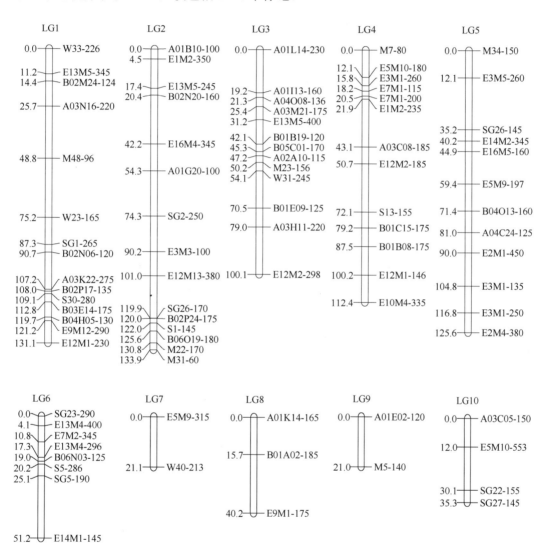

图 5-21　基于 SSR 和 SRAP 标记构建的鸭茅母本（YA02-103）遗传连锁图谱

表 5-29　利用共显性标记检测双亲遗传图谱间的同源连锁群

父本遗传图谱	母本遗传图谱	共显性桥标记数目
LG1	LG1	3
LG2	LG2	2
LG3	LG3	2
LG5	LG5	2
LG6	LG6	1

3　讨论

3.1　图谱构建

鸭茅是多年生异花授粉植物，具有自交不亲和性和严重自交衰退现象，难以产生自交系，使其遗传图谱构建相对困难。双假测交（two-way pseudo-test cross）的构想最先是 Grattapaglia 等（1994）在林木的图谱构建中提出的克服亲本异质性作图的有效方法，是克服自交不育植物偏分离现象对遗传图谱构建不利影响的有力途径。"双假测交"指双亲均为杂合体，杂合位点会在 F_1 代中分离，其分离现象与测交分离现象一样为 1∶1，该方法适合两亲本都是杂合子的群体。双假测交构想中，对于父本表现为杂合而对于母本表现为纯合隐性的标记用于父本作图，对于母本表现为杂合父本表现为纯合隐性的标记用于母本作图。而对于父母本均表现为杂合的标记可用于确定双亲连锁图中的同源连锁群。目前已经获得的牧草分子连锁图谱大部分均是利用 F_1 为作图群体，基于"拟测交"作图策略获得的，如草地羊茅（*Festuca pratensis*）、多花黑麦草（*Lolium multiflorum*）、多年生黑麦草（*L. perenne*）、百喜草（*Paspalum notatum*）、赖草（*Leymus secalinus*）等。本次研究采用双拟测交方法成功构建了首张二倍体鸭茅遗传连锁图谱，该图谱包含 177 个标记。其中，父本图谱 9 个连锁群上有 90 个位点分布，母本图谱 10 个连锁群上有 87 个位点分布。然而，所有标记位点并不均匀分布在连锁群上。在父本图谱中，标记位点数超过 10 个的有 3 个连锁群（LG1、LG2、LG3）。标记位点数在 5～10 个的有 6 个连锁群（LG4～LG9），且 SSR 标记位点主要分布在 LG1、LG3 和 LG4 上。在母本图谱中，标记位点数超过 10 个的有 5 个连锁群（LG1～LG5），标记位点数在 2～8 个的有 5 个连锁群（LG5～LG10）。同时在亲本图谱间共发现 10 个相同共显性的标记，以此作为"桥标记"可获得 5 个同源连锁群。但由于可供利用的"桥标记"数量有限，未能构建仅包含 7 个连锁群的图谱。在所构建的图谱中，其中 5 个连锁群小于 50cM，仅包括 2～4 个标记。这些小的连锁群是否真实存在，同时所获得的连锁群和鸭茅染色体间的是否具有一致性，还有待于借助细胞遗传学信息和荧光原位杂交技术进一步研究。

3.2　SSR 和 SRAP 标记构图的高效性

高质量的分子遗传图谱是研究基因遗传和变异规律、定位和克隆数量性状位点及标记辅助选择育种的有效工具，同时也是生物系统学、物种进化和分类等研究的有效手段。衡量遗传图谱质量的一个重要标准之一是标记分布的均匀程度，而标记类型则是影响连锁群上的标记均匀分布与否的重要因素之一。结合使用扩增基因组不同区域的分子标记，将有助于降低图谱标记分布的不均匀程度。SSR 标记是一种图谱构建的理想标记，该类标记在基因组内的广泛分布，大部分标记位于染色体的近端或末梢的基因丰盈区域（Morgante et al.，2002）。SRAP 标记则主要是对基因编码区扩增，具有操作简单、多态性产率高，在图谱构建方面更为有效（李媛媛等，2007）。本研究发现，SSR 和 SRAP 标记在图谱上呈间隔分布，两种标记的一定程度上增加了鸭茅遗传连锁图谱的饱和度。

3.3　作物 EST-SSR 引物的多态性和通用性

大量研究表明，EST-SSR 引物在水稻（Zhao and Kochert，1993）、小麦（Röder et al.，1995）、玉米（Brown et al.，1996；Cordeiro et al.，2001）和大麦（Thiel et al.，2003）等主要粮食作物中具有很高的通用性，可作为标记信息来源，评价牧草的遗传多样性和亲缘关系。如 Wang 等（2005）从主要谷类作物中（主要是自花授粉的小麦、水稻、高粱和异交型玉米）开发获得 210 条 SSR 标记引物，用以评价其在牧草中的通用性，结果表明这些 EST-SSR 标记具有较好的通用性，可用于近缘物种或 SSR 标记开发较少的物种。因此，这些 EST-SSR 引物和相关物种的基因组序列为鸭茅基因组分析提供了大量可供选择的 SSR 引物。本次研究遗传图谱构建涉及 78 个 SSR 引物组合，包括 40 个鸭茅 SSR 引物组合，11 个玉米 EST-SSR 引物组合，9 个高粱 EST-SSR 引物组合，7 个小麦 EST-SSR 引物组合和 11 个高粱基因组 SSR 引物组合。共扩增出 164 个 SSR 标记位点，其中 111 个位点最终用于双亲遗传连锁图谱构建。4 种来源的 SSR 引物进行比较，其多态率分别为：玉米 EST-SSR 引物为 22%，高粱基因组 SSR 引物为 37%，高粱 EST-SSR 引物为 30%，小麦 EST-SSR 引物为 46%。而 SSR 引物的通用性主要取决于物种间的基因相关性（包括 DNA 序列差异、基因组大小和进化速度），PCR 扩增条件（包括模板 DNA 数量和离子浓度）也对扩增结果有影响。本研究中来自玉米、小麦和高粱的 EST-SSR 引物在鸭茅中的转移效率和通用性低于黑麦草等物种。可能的原因主要有以下两个方面：第一，本研究所选的 EST-SSR 引物数量有限；第二，鸭茅与作物的遗传基础相差较远，即亲缘关系远。所以，这些作物的 SSR 引物用于鸭茅双亲遗传图谱构建受到了限制。不过，本研究中这些异源 EST-SSR 引物的加入提高了遗传图谱密度，同时为下一步开展不同物种间比较基因组研究、检测各种与重要农艺性状相关的基因位点、加快牧草育种进程和开展分子标记辅助育种奠定了基础。

第七节　四倍体鸭茅遗传图谱构建及抽穗期 QTL 定位

鸭茅因多年生常规育种周期长，效率低，而利用各种分子标记构建的植物遗传图谱已成为遗传育种的重要工具。分子遗传图谱有助于定位和克隆重要的农艺性状基因（如抗病、开花基因）、检测和标记数量性状位点（QTL），并应用于分子标记辅助育种以改良植物的重要农艺性状，大幅度提高植物的育种水平和育种效率（Alm et al.，2003）。但长期以来，由于技术手段的限制，该物种分子育种基础研究滞后，育种效率低，急需加快鸭茅分子育种步伐。

迄今为止，国内外已构建了 30 多张牧草遗传连锁图谱，主要涉及多年生黑麦草（*Lolium perenne*）（Hayward et al.，1998；Bert et al.，1999；Jones et al.，2002；Gill et al.，2006）、高羊茅（*Festuca arundinacea*）（Xu et al.，1995；Saha et al.，2005）和草地羊茅（*Festuca pratensis*）（Chen et al.，1998；Alm et al.，2003）等常见草种，而百喜草（*Paspalum notatum*）（Qrtiz et al.，2001）、赖草（*Leymus secalinus*）（Wu et al.，2003）、高丹草（*Sorghum bicolor*×*S. sudanense*）（Lu et al.，2011）也有研究报道。截至目前，有关鸭茅遗传图谱构建的研究报道甚少（Song et al.，2011），在先前试验中作者已利用二倍体 F_1 群体，构建了首张鸭茅遗传连锁图谱，填补了鸭茅遗传图谱研究的空白，为该物种 QTL 定位及功能基因研究奠定了重要基础。随后 Song 等利用 SSR 标记基于 F_1 群体构建了第一张四倍体鸭茅遗传连锁图谱（Song et al.，2011）。所构图谱都均由于作图群体偏小，作图标记数量有限，图谱并不能覆盖鸭茅全基因组，因此，为加快鸭茅分子育种进程，急需构建高密度鸭茅遗传连锁图谱。

鸭茅为同源四倍体（$2n=4x=28$）高度异花授粉植物，两亲本杂交形成的 F_1 代群体在多个位点上都会发生分离，被认为是较好的作图群体。目前国际上通常采用双拟测交理论对异花授粉类植物（如大部分牧草、林木等）利用 F_1 代群体进行遗传作图。近年来，鸭茅基因组 SSR 标记及 EST-SSR 标记的相继大量开发（Hirata et al.，2011；Bushman et al.，2011）为构建高密度鸭茅遗传图谱构建、重要农艺性状的 QTL 定位及功能基因研究提供了有力依据。

开花性状 QTL 定位及开花控制的遗传与分子机制在模式植物拟南芥（Michaels and Amasino，1999；Sheldon et al.，1999；Gendall et al.，2001）及水稻（Yano et al.，2000；Izawa et al.，2002；Sun et al.，2012）、小麦（Nemoto et al.，2003）、大麦（Griffiths et al.，2003）等主要农作物中有较为系统深入的研究。而相关研究在牧草上仅见于多年生黑麦草、草地羊茅等少数草种。在多年生黑麦草上共检测到 5 个与春化反应相关的 QTL，它们被定位在第 2、第 4、第 6 和第 7 号染色体上，共解释了高达 80% 的表型变异（Jensen et al.，2005）。黑麦草上一个控制抽穗期的主效 QTL 与水稻抽穗期 *Hd3* 位点具有共线性关系（Armstead et al.，2004）。此外，据不完全统计，黑麦草上发现了至少 3 个与春化反应相关的候选基因。DNA 序列比对表明它们与二倍体小麦（*Triticum monococcum*）的 *TmVRN2* 基因及水稻（*Oryza sativa*）的 *Hd1* 基因具有高度的同源性（Andersen et al.，2006）。另外，草地羊茅第 1 和第 4 号染色体上也发现了控制抽穗时间和春化需求的 QTL（Ergon et al.，2006）。截至目前，国内外尚未见鸭茅开花性状相关 QTL 研究的报道。

本研究将利用双拟测交策略，以在开花性状上存在显著差异的鸭茅基因型杂交所得的 F_1 代为作图群体，利用 SSR 和 AFLP 标记构建高密度鸭茅遗传连锁图谱，定位与开花时间相关的 QTL。该研究结果将为下一步开展鸭茅功能基因研究、比较基因分析及分子育种奠定坚实基础。

1　材料与方法

1.1　作图亲本及作图群体

作图亲本来源于四倍体鸭茅亚种 *D. glomerata* subsp. *himalayensis* Domin（PI 295271，后称 *him*271）和 *D. glomerata* subsp. *aschersoniana*（Graebn.）Thell（PI 372621，后称 *asch*621）。前者来源于印度，抽穗开花晚；后者来源于德国，抽穗开花早。将这两个居群中目标性状差异最大的单株自然杂交并与其他材料严格隔离，收获 F_1 代种子，并在室温发芽。作图群体包含 284 个单株，2 周后将幼苗全部移栽到在美国农业部犹他试验站（USDA_FRRL）温室培育。8 周后（温度设定为白天 25℃，夜晚 15℃）再移栽到犹他州立大学 Evans 试验农场（41°39′N，111°48′W，海拔 1350m）。每株材料间隔 0.5m，行距 1m。同时取单株叶片冻干保存于−20℃备用。

1.2　DNA 提取

每株材料取大约 20mg 冻干的植物组织，利用 Qiagen 植物基因组试剂盒（Qiagen，Valencia，CA）提取 DNA。通过 1%的琼脂糖电泳和 Nanodrop ND-1000 紫外分光光度计（Thermo Scientific，DE，USA）检测 DNA 的浓度和纯度，样品稀释至 25ng/μL 备用。

1.3　AFLP 和 SSR 标记分析

1.3.1　AFLP 分析

试验共用 20 对 AFLP 引物，PCR 程序参照 Vos 等（1995）的方法。PCR 样品在犹他州立大学生物技术中心（CIB）的 ABI3730 DNA 分析仪（Life Technologies，Foster City，Calif）上进行分析。试验数据采用 Genescan 软件（Life Technologies）分析，并利用 Gene Marker v1.9 软件（SoftGenetics LLC，State College，PA）进行条带统计。

1.3.2　SSR 标记分析

1.3.2.1　SSR 引物

试验所用的 1060 对鸭茅 EST-SSR 引物由美国农业部犹他试验站（USDA-ARS FRRL）

Bushman 等（2011）开发设计。从 284 个 F$_1$ 单株中随机选取 10 份材料用于 SSR 引物筛选，将在亲本和后代中存在分离的多态性引物用于标记分析。SSR 引物的相关信息：SSR 引物序列、重复类型及对应的水稻染色体位置详见美国伊利诺伊大学生物技术中心（University of Illinois Carver Biotechnology Center）网站（http：//titan.biotec.uiuc.edu/）和 NCBI 基因库（序列号 HO118416～HO184029）。

1.3.2.2　SSR 扩增

SSR 扩增总体积为 10μL，反应体系为：50ng 模板 DNA，5μmol/L 引物，1.5mmol/L MgCl$_2$，2mmol/L dNTP，1μmol/L R110-5dCTP（PerkinElmer，Waltham，MA）和 0.5U 的 Jumpstart *Taq* 聚合酶（Sigma-Aldrich，St. Louis，MO）。PCR 反应程序为：94℃变性 30s，65～60℃的梯度退火 30s，72℃延伸 1min 共 5 个循环；后 35 个循环包括 94℃变性 30s，60℃退火 30s，72℃延伸 1min；最后 72℃延伸 10min，4℃保存。PCR 扩增完毕后，每个样品取 2μL PCR 产物加入 10μL 甲酰胺（formamid）和 0.15μL 500 LIZ Size Standard（Life Technologies），放入 PCR 仪 94℃变性 5min，处理后样品用于 ABI3730 分析。扩增片段采用 Gene Marker v 1.9（SoftGenetics LLC，State College，PA）分析统计。

1.4　数据分析及遗传图谱构建

根据 AFLP 和 SSR 分子标记的扩增结果，对于亲本间存在差异的条带（等位基因），按条带的有无（有带计为 1，无带计为 0）对 DNA 扩增产物按两亲本进行统计。经过卡方 χ^2 检验，将分离比例符合 1：1、5：1 和 3：1 的标记导入 TetraploidMap 软件（Hackett et al.，2007）分别构建两亲本的包含 7 个连锁群的整合连锁图谱。然后，经过相位估计（phase estimation），基于标记间的重组率及 LOD 值将每个连锁群分成 4 个同源共分离连锁群。最后利用 3：1 分离的标记检测两个亲本之间的同源连锁群。作图参数设定为 LOD≥3.0，重组率小于 0.5。利用 Mapchart 2.0 软件（Voorrips，2002）分别绘制两亲本连锁图谱。NCBI BLASTx 和 Blastn 同源序列比对结果表明，包括作图 SSR 标记的鸭茅 EST 序列与水稻基因序列（Bushman et al.，2011）和黑麦草 EST 序列（Studer et al.，2012）具有一定的同源性，根据作图 SSR 标记在水稻和黑麦草染色体的位置推测其在鸭茅染色体上的相应位置并决定连锁群编号。

1.5　QTL 分析

于 2010 年和 2011 年在 Evans 试验农场对鸭茅亲本及 F$_1$ 群体的抽穗时间进行连续两年田间观测。抽穗所用时间计为从每年的 1 月 1 日到植株第一个花序完全伸出旗叶所用的时间（Bushman et al.，2012）。利用 TetraploidMap 软件基于区间作图法对 QTL 进行鉴定。首先利用两年的表型数据分别对亲本每个连锁群进行分析，再用两年表型数据的平均值对每个连锁群进行分析，比较不同年份的数据是否能检测出同样的 QTL 位点。根据 TetraploidMap 软件所做的 1000 次置换检验结果（permutation test），只有 LOD 值大于 95%置信值的 QTL 位点被认为是显著性的位点。由于 TetraploidMap 软件对每一个连锁群一次只能报告一个 QTL 位点，即使区间作图扫描表明在同一连锁群有多个 QTL 存在。这种情况下，标记和性状的简单线性回归分析被用于 QTL 的辅助检测。

2　结果分析

2.1　标记多态性

20 对 AFLP 引物共扩增出 1632 个多态性条带，经卡方检验将符合 1∶1、5∶1 和 3∶1 的条带用于图谱构建（表 5-30）。符合孟德尔分离规律的 236 标记来自 *him*271，其中图上标记 134 个。来自 *asch*621 的标记中符合孟德尔分离规律的标记有 202 个，其中图上标记 140 个。6 个 AFLP 标记在父母本图谱中同时存在。筛选的 174 对 SSR 引物中，有 65 对引物能扩增出具有合适分离比率的条带（表 5-31）。65 对 SSR 引物产生了 102 个用于作图 SSR 标记，其中 *him*271 图谱上有 49 个 SSR 标记，*asch*621 图谱上有 53 个。102 个 SSR 标记中 32 个标记在群体中具有 3∶1 的分离比率，属于双亲共有的标记且在亲本图谱中均匀分布，这些标记可作为"桥标记"，用于亲本间同源连锁群的检测。

2.2　图谱构建

*him*271 图谱包含 7 个连锁群，图谱总长 947cM，包含 183 个标记位点，连锁群长度为 98c（LG4）～176cM（LG6），标记平均密度为 5.2cM。在 *asch*621 图谱中，193 个标记覆盖了 7 个连锁群，图谱全长 1038cM，各连锁群长度为 118（LG7）～187cM（LG3），标记平均密度为 5.5cM。在亲本遗传图谱间，各连锁群共有"桥标记"为 5～9 个，被用于构建亲本整合连锁图谱。同时根据亲本 7 个连锁群内各标记的连锁关系，将亲本图谱分成 28 个共分离连锁群。

2.3　比较作图

2.3.1　鸭茅与水稻基因组比较作图

65 对鸭茅 EST-SSR 标记中，有 63 对与定位在水稻 12 条染色体上的基因具有同源性（表 5-32）。LaRota 和 Sorrells（2004）通过对小麦 EST 序列与水稻基因序列的同源性研究，揭示了基因组包含 7 条染色体的禾本科物种和水稻基因组序列间的基本关系，为比较分析鸭茅染色体与水稻染色体位置关系提供了重要依据和参考。本研究中位于鸭茅亲本第 1 连锁群的 SSR 标记主要与水稻染色体 5 和 10 的基因序列具有同源性；亲本第 2 连锁群的标记主要与水稻染色体 4 和 7 的基因序列具有同源性；

亲本第 3 连锁群的标记主要与水稻染色体 1 的基因序列具有同源性；亲本第 4 连锁群的标记主要与水稻染色体 3 和 11 的基因序列具有同源性；亲本第 7 连锁群的标记主要与水稻染色体 6 和 8 的基因序列具有同源性（表 5-32）。但鸭茅连锁图谱上的一些标记也与水稻基因序列具有非线性的关系。如理论上，鸭茅第 6 连锁群上包含的 SSR 标记应主要是与水稻染色体 2 的序列具有同源性的标记，虽然 him271LG6 包含了 6 个与水稻染色体 2 的序列具有同源性的标记，但在 asch621LG6 中也包含了 5 个与水稻染色体 3 的序列具有同源性的标记。而鸭茅第 5 连锁群上则包含了多个其他水稻染色体上的 SSR 标记。

2.3.2 鸭茅与黑麦草基因组比较作图

通过对鸭茅 EST 序列和黑麦草 EST 序列的同源比对发现：鸭茅连锁图谱上的 8 个 SSR 标记与黑麦草连锁图谱上的标记具有同源性（表 5-31）。其中，鸭茅连锁群 1、2、3、4 的部分 SSR 标记与黑麦草相同连锁群上的标记序列具有同源性。而鸭茅连锁群 5 的 SSR 标记与黑麦草第 7 连锁群的 EST 序列具有同源性。本研究中所有的 SSR 引物序列、相关的 EST 序列、SSR 重复类型和 SSR 在水稻染色体上的预期位置，详见 NCBI 基因库及 ESTIMA 数据库（http: //titan.biotec.uiuc.edu/）。

2.4 鸭茅抽穗期 QTL 定位

对亲本及 F_1 群体连续两年的田间表型观测结果表明：2010 年亲本 asch621 抽穗所需时间为 140d，而 him271 抽穗所需时间为 157d；2011 年 asch621 抽穗需 144d 而 him271 需要 164d；在 2010 年 F_1 群体表型值范围为 140~161d，2011 年表型值变异范围为 147~164d。利用区间作图法基于 2010 年表型数据，共检测到 4 个抽穗期 QTL（表 5-33），它们分别位于 him271LG2、him271LG5 和 asch621LG2、asch621LG6。位于 him271LG2 的 QTL 能解释 9.5% 的表型变异，表型值为 148~151d，而 him271LG5 的 QTL 解释了 20% 的表型变异，表型值为 146~151d。位于 asch621LG2 的 QTL 解释的表型变异高达 22%，表型值在 148~154d，asch621LG6 上的 QTL 能解释 11% 的表型变异，表型值在 147~152d。位于 asch621LG2 上的 QTL 基因型 Q34 和位于 asch621LG6 上的 QTL 基因型 Q14 均表现为早开花。2011 年表型数据分析表明，在 him271LG2、him271LG6 和 asch621LG6 共检测到 3 个 QTL。它们解释的遗传变异分别为 8%、24% 和 11%，表型值在 152~157d。位于 him271LG6 上的 QTL 基因型 Q12、Q13 和 Q14 平均表型值分别为 155d、155d 和 157d。这些基因型都包括了共分离群 Q1，这表明 Q1 基因型可能与鸭茅晚开花性状相关。由于 TetraploidMap 软件对每一个连锁群一次只能报告一个 QTL 位点，即使区间作图扫描表明在同一连锁群有多个 QTL 存在。如区间作图法在 him271LG2 上可检测到另一个 QTL。同时简单线性回归分析表明：SSR 标记 contig66 与抽穗 QTL 具有显著性关系（$P \leqslant 0.001$），该标记位于 him271LG2 第二个 QTL 相邻区域。

表 5-30 用于鸭茅遗传图谱构建的 AFLP 标记

引物名	扩增条带	作图标记
E.aca-M.ctg	64	7
E.aca-M.ctt	77	12
E.agt-M.cag	93	15
E.agt-M.cta	123	13
E.agg-M.ctc	68	11
E.agg-M.cat	72	14
E.acg-M.cag	75	15
E.acg-M.cac	90	13
E.act-M.cgg	107	20
E.act-M.caa	99	21
E.atc-M.ctg	110	21
E.atc-M.ctt	118	27
E.aat-M.cgg	147	29
E.aat-M.cta	135	15
E.ata-M.cca	98	17
E.ata-M.cgt	73	13
E.agc-M.ccg	18	1
E.agc-M.cgc	21	1
E.aag-M.cga	11	2
E.aag-M.cct	33	7

表5-31 65对SSR引物序列所在鸭茅染色体位置及同源的水稻和黑麦草染色体

标记名	上游引物	下游引物	鸭茅染色体	水稻染色体 [a]	黑麦草染色体 [b]
BG04098B2A06	AAACCTGATTTTGACAAGGAAGAT	ATCACCATCCACAAGCTCTTTATT	1	5	
contig5700	AAAGAGGAGAGCGGACAAAAA	ATGTACAGATCGTAGCGGGGACT	1	5	
contig9162	TTCTACGGCGTATCAGTAATTGAA	TGCTAGTGTCATAAAACAAAGGA	1	5	1
contig2187	AAACTGTCGAAAGAGGACATTAGG	TCGGTATGTGTGAGTTCTGATAGG	1	5	
contig5979	AGCAACTCCAACAGAATTCACAG	ATCACCAAATGACTGTTGTGAGC	1	10	
contig10797	AGCGCCTCATTTTCTCCTCT	CTTGAGGTCCTTGAGCTGACC	2	4	
contig11847	GCCACAAATACAAGTTTGATGAAG	AAAAGGACTTGAAGCTCAAGAGAA	2	4	
contig12453	CTGAGATTCAAAGTCAACTGTCCA	AAGTTACCGGACCCGATCTC	2	4	
contig7975	TTGAACATAAAAGTGCTTCCCCT	TAACAGCTGCTTCTTCCTCTCTT	2	6	
contig66	AGGTAAACATTGGAGAGAAAGGCT	CTACTAGTTCCGTCATCTCCTGGT	2	7	
contig8524	AGCAAGAGGAGGAGCGATGAAC	GTGTTGAGCCAGTCCTCGAC	2	7	2
contig926	TCAACAAGGTATGATGGTATGTTTG	CAAAGTACATGCTTTGGTCATTC	2	7	
contig3046	GACGACGAACATCTCTAATTTGGT	CTTCTCCTTGTCGAGGATCTTG	2	7	
contig3498	AGGTTTTCTCCTCGTGTTTGGTACA	ACAGTAGTTCATCCAGGAATCTC	2	7	
contig3121	ATTCAGTTTGACTGATAAGCCCTC	ACATCTACGTCTACGCCTACTTCC	2	7	
contig3114	ACAGCAGCAGCTTCATAGTCATAG	CTGGTTCACTGCATCAGAAAAA	2	7	
contig3546	AGTGTAGAAGCCTAGCTGTTTGCT	AGTTCAGCTGCTTGGAGGACT	2	7	
contig5038	GAATAGCGAAGAGGAAGGACAAG	CAAAAACTAGGTACAAACAGCGAA	3	1	
contig11557	GAGGAACGTCTGATGAAGATGAT	TGATCAGGTCTGAGAGCACTATGT	3	1	3
contig4974	AACTGCCTCTGAAGAGGAAACATA	TCTTTCCTTTCTCCCCTCTACCTTT	3	1	
contig4556	TCTGGAGAAATATGCTGAGAGTTG	TTGACTTCCTTTCATAGCGTTACA	3	1	3
contig122	CAGAACACTACGAAAGGCACATAC	TGCAAGTGATCCATAAAACTCAAC	3	1	3
contig9099	GTCGAGTCCACCGACTTCTC	GGTGAGGAACTTGAATATCTTCGT	3	1	
contig10375	GTGCAGGACCATTCCTCTGT	GCTTCAGGGACTGCAAGTAGTAAG	3	no hit	
contig6359	TCACTGATCATTGTAAACACTAGCAA	CCATTCTTGCTTGGTCTGAAG	4	3	

续表

标记名	上游引物	下游引物	鸭茅染色体	水稻染色体 [a]	黑麦草染色体 [b]
contig1744	GCTGTTGCACAGTTAGTAGTTCGT	CTAACACTGACAGGCGTGTTCTTCT	4	3	
contig7660	GACAAGCGGAAATGGATGAG	GTCGGTCTCTGATGAAGAATTCAGA	4	3	4
contig2558	GACGCGATTTTTGATCGTCT	GTCAAGTTACTAAAGCTTCACCGC	4	3	
contig12539	ATCCGTGACCTCAAAGCCAG	GCTCCTTGATCAGCTTTGTCTTCT	4	9	
contig12146	GAAAAGAAGAGAAAGGTGGGAGG	AGATGTAAACTGGAGGAGAAGTTGC	4	11	
contig2942	AGACAAACACACGCTCAAGTCTC	ATGAAGGAAGGACTGGAGAGAAG	4	11	
contig5242	TAAGATCTGCTGCCACACAGTGTAA	ATATACTTTCGCCTTTTTGAATGC	5	2	
contig2533	TAATTAGAGGAAGAGCAGTAGCGG	CCACACCGTTTGTACATAAGTAGG	5	2	
contig9970	CATAGACGAGGTCATTGAGTTCC	TTAACCTGTTGCTGTATGACGAAT	5	2	
contig4430	TACTGAGATCGAGATCTTCCACAC	CTCCTCAATTCTCTTCTTCCAC	5	3	
contig7910	TATTGCAGAGTCTTTTCAGTCAGG	GGAAGAATACGTTGGCAGTACATT	5	5	
contig6870	ACGAAGAAAAGAAACACCTACCG	CCATATTGGAGGCGAATCAG	5	6	
contig5407	CTGATGCAAGAAGCCAAGAATAC	GTTACTCATGTGCTGTGCCTG	5	6	
contig8158	CACCCAAACTATTCATTGTAGCAG	ACATCCTATCTAGTCGCCAGTTTC	5	6	
contig3622	GCACCAACATGAGATAACAAAATC	CTACATGGCAGTCGACAATAGTTT	5	8	7
contig1284	GCTTCTCTCATAGGAAGAACCAAC	TTCTAGTTCTCCTCCTCCTGTTC	6	1	
BG04046A2B07	CTGCACCTCAAGCAAAGTGG	AGAACAGGAGGAGCAGGAGC	6	2	
BG04050A2B01	CAACAAAATAAGCCTTCCTTTCC	CGTTTCATAGGTCCCGTCTATC	6	2	
contig8723	CCTAGGGATACTCACGAAAAATGG	GATCTCGACGAGGAGGTCGT	6	2	
contig3836	CTTTTCGATAAGAAGAGAGCAGCC	ATAGCTGGGAGTGGTTGGTG	6	2	
contig7046	GTATCATCACCATCATCATTGCTT	AAGAGGTACAGAGTCTCGGAAGAA	6	2	6
contig988	AAAGTTAAGAGCTCTCGACGACTG	CTCCTCCTTCCTCCCATCTG	6	3	
contig10184	ATCTTCCACAGAAAAAGTATTGGC	AAAGTTGTACTTCTGCACATACGC	6	3	
contig2748	GTCTAGCCTATCCAGTGAGGACAG	GAAGTTGGTCTTGTGCATCCTC	6	3	
contig7321	AAATTAAGGTTCTTCGTCCTCCTC	GTGGAAGGATAAACAGAAACCAAG	6	3	

续表

标记名	上游引物	下游引物	鸭茅染色体	水稻染色体 a	黑麦草染色体 b
contig4921	AAATTTGAGAAAAGAAACGACCAG	ACGCATAGACATAACCGATGTAGA	6	3	—
contig10135	ATGAGGAGGAGATAGAGAAGCTCA	ATCTGATGTTATTCCAAGGAAACG	6	2	—
contig12397	TGCTGCCTGCTAATTTATGTGTAG	AACTCAGGAACCAAGCCGTC	7	6	
contig9979	GTGTGTTCTTCGATCAATCAAACT	CAGTAATTAAACATGGCAATGAGG	7	6	
BG04046B2B05	GGCCGAACTACAGATTACAAAAGA	CTAGGTTGAGCAAAGTTTGTGTTG	7	8	
contig6037	GTATCGCTTCGTCATCGACAT	GACCAACGTAGATCGTAATCACTG	7	8	
contig7964	ACATGGTCAGGACACGGCTACTT	CGTAGCTAGCTTTCTACTGGCG	7	8	
contig1585	GGAGAAGAGGCTTTTCCGTCT	AGGTGTGTGACCTTGAAGATGAAG	7	1	
BG04107B2B04	CGGGATATCATACTATCTTCTGTGC	AAACCCAAAAGTACAGATTCAAGG	7	10	
contig46	GATGAAGGAGAAGATCAAGGAGAA	GAGCGAGCAGACATAGCTTAGTG	7	11	
contig2542	AAAGACAGCGTAAAGAAAGACAGG	CACTACATTTCCAACCGTGCTAT	1, 3	6	
conig4852	TAGCAGGTTTCAACTTGTCATCTT	TATGGCTGTGAGTATGGAGGTCTA	1, 4	10	
contig6742	AGTTATAGCTGGGTCTCCTTCCCA	GACTTCTCGCCATCTCCTCC	2, 3		
contig10006	ATCGTTGTAGTTTTAGTCGTCGGT	CCTCAACACATCTCTCAACCTCTA	3, 7	no hit	
contig8712	GTACGAGGGATTGAAGCCAC	GTGGGAAAGGAAGCGTCA	5, 7	6	

注：a 是与水稻同源序列的比对（BLASTx）于 2007 年 12 月进行；b 是与黑麦草同源序列的比对，Dr. Bruno Studer 利用 Blastn 于 2011 年 10 月进行

表 5-32 鸭茅亲本连锁群标记、连锁群长、平均标记密度、同源的水稻序列所在的染色体位置

连锁群	标记数	图幅/cM	图距 (cM/Marker)	水稻染色体位置 2	LG1	LG2	LG3	LG4	LG5	LG6	LG7	LG8	LG9	LG10	LG11	LG12
							him271									
1	27 (6) 1	154	5.7	5, 10	—	—	—	—	3	1	—	—	—	2	—	—
2	21 (7)	127	6.1	4, 7	—	—	—	1	1	1	4	—	—	—	—	—
3	27 (7)	144	5.3	1	5	—	—	—	—	—	—	—	—	—	2	—
4	20 (6)	98	4.9	3, 11	1	—	2	—	—	—	—	—	1	—	—	—
5	26 (7)	118	4.5	9, 12	—	2	—	—	1	2	—	1	—	1	—	—
6	32 (9)	176	5.5	2	1	6	2	—	—	—	—	—	—	—	—	—

续表

连锁群	标记数	图幅/cM	图距/(cM/Marker)	水稻染色体位置²	LG1	LG2	LG3	LG4	LG5	LG6	LG7	LG8	LG9	LG10	LG11	LG12
him271																
7	30（7）	130	4.3	6, 8	—	—	—	—	—	2	—	3	—	1	1	—
总和	183（49）	947														
asch621																
1	22（6）	138	6.3	5, 10	—	—	—	—	4	—	—	—	—	2	—	—
2	33（10）	176	5.3	4, 7	—	—	—	3	—	—	7	—	—	—	—	—
3	37（7）	187	5.1	1	5	—	—	—	1	1	—	—	1	—	1	—
4	28（7）	141	5.0	3, 11	—	—	4	—	—	—	—	—	1	—	1	—
5	21（7）	149	7.1	9, 12	—	3	1	—	1	2	—	—	1	—	—	—
6	27（8）	129	4.8	2	1	2	5	—	—	—	—	—	—	1	—	—
7	25（8）	118	4.7	6, 8	1	—	—	—	—	1	—	4	—	1	1	—
总和	193（53）	1038														

注：1 表示括号内数字为每个连锁群上的 SSR 标记数

表 5-33　鸭茅抽穗期 QTL 位置、相邻标记、最大的 LOD 值、解释的表型变异百分率及 6 个 QTL 基因型的表型值

连锁群	年份	QTL 位置/cM	LOD 值	解释的表型变异/%	QTL 基因型的平均表型值					
					Q12[1]	Q13	Q14	Q23	Q24	Q34
*him271*LG2	2010	124	6.3	9.52	149±0.65	148±0.48	151±0.48	150±0.51	150±0.69	151±0.51
*him271*LG5	2010	92	5.4	20.16	148±0.95	151±0.78	151±0.41	147±0.83	146±1.23	150±0.95
*him271*LG2	2011	124	5.4	7.85	153±0.56	152±0.41	154±0.41	154±0.44	155±0.60	155±0.44
*him271*LG6	2011	80	5.7	24.19	155±0.66	155±0.65	157±0.59	152±0.84	154±0.48	153±0.43
*asch621*LG2	2010	88	4.6	21.96	153±0.74	150±0.57	152±0.55	154±0.66	151±0.59	148±1.32
*asch621*LG6	2010	98	5.3	10.69	149±0.55	150±0.70	147±0.62	152±0.61	151±0.77	150±0.65
*asch621*LG6	2011	120	5.1	13.25	155±0.56	153±0.71	152±0.48	154±0.56	153±0.64	155±0.44

注：1 表示在每一个 QTL 的 6 个可能的基因型的平均表型值，如 Q12 表示包含了同源群 1 和 2 的基因型的平均表型值，2 的基因型的平均抽穗时间

3　讨论

3.1　图谱构建

鸭茅为多年生异花授粉植物，和其他很多牧草一样具有自交衰退和多倍性现象，使遗传图谱构建相对困难。双拟测交被认为是解决多倍性异花授粉植物遗传图谱构建的有效方法（Humphrey et al.，2005）。在本研究中作者利用该方法构建了四倍体鸭茅基因型的遗传连锁图谱。鸭茅属于同源四倍体，后代分离基因型众多，杂交后代表现为四倍体遗传等特点，造成其在遗传分析上存在很多困难（Lumaret，1988）。对于同源多倍体物种利用传统遗传作图模式构图相对困难。而基于同源四倍体物种遗传特性开发的 TetraploidMap 作图软件为四倍体鸭茅遗传图谱提供了有力的工具。在本研究中，共获得 1806 个 AFLP 标记和 SSR 标记，其中 376（21%）个标记符合孟德尔遗传规律，被用于构建鸭茅遗传图谱。目前已有四倍体鸭茅遗传图谱构建的报道，Song 等基于含 76 单株的 F_1 作图群体、利用 314 个 SSR 标记分别构建了含 24 和 26 个连锁群的四倍体鸭茅亲本遗传连锁图。由于作图群体偏小，所用标记有限，所构图谱并没有完全覆盖鸭茅基因组（Song et al.，2011）。在本研究中，作者基于 284 个单株的 F_1 作图群体，利用 376 个的遗传标记，构建了覆盖鸭茅 7 个染色体的遗传连锁图谱，标记间平均距离为 5.3cM。

其中 32 个 3∶1 分离的标记被用于"桥标记"检测亲本图谱间的同源连锁群。由于这些标记在图谱间分布较均匀，共检测到了 7 个同源连锁群（图 5-22）。鸭茅同源连锁群上的桥标记分布顺序也表明鸭茅染色体间可能发生了遗传重组，这可能是由于基因组的不完全覆盖或四体遗传作图模式存在一些缺陷（如偏分离的存在），也可能由于鸭茅作图亲本染色体间遗传重组真实存在。如同源连锁群 2 和 6 的 SSR 标记分布表明，在检测的 QTL 区域可能发生了片段的交换。细胞遗传学方法或序列分析将有助于进一步了解和分析这些 QTL 区域。

作图标记在染色体上的分布并非随机，如 AFLP 标记在染色体特殊区域常被发现有聚类分布的现象。标记的聚类分布在大麦（Ramsey et al.，2000）、水稻（McCouch et al.，2002）、荞麦（Konishi and Ohnishi，2006）等物种上也有报道。EST-SSR 标记也常被发现聚集在染色体的基因丰盈区（Morgante et al.，2002）。在本研究中，SSR 标记多分布在每条染色体的前端或末端，而多数的 QTL 也能在这些 SSR 标记分布的基因丰盈区被检测到，这进一步说明所检测到的 QTL 的真实性。

在序列水平上，63 对鸭茅 EST-SSR 引物与水稻基因序列具有同源性。先前的研究表明水稻基因组与其他基因组含 7 个染色体的物种具有线性关系（Gale and Devos，1998；Jones et al.，2002b；LaRota and Sorrels，2004；Salse et al.，2008）。因此，可根据鸭茅连锁群上 SSR 标记与水稻染色体的位置关系，可大致判定该标记所处连锁群与鸭茅染色体间的对应关系。本研究中鸭茅连锁群 1、2、3、4、7 与水稻染色体组具有较好的线性关系。但这也并非绝对，如鸭茅连锁群 6 上的 5 个 SSR 标记预期所处的位置应为连锁群 4，但和连锁群 4 相比这 5 个标记与连锁群 6 上的其他标记连锁更为紧密，具有更高的 LOD

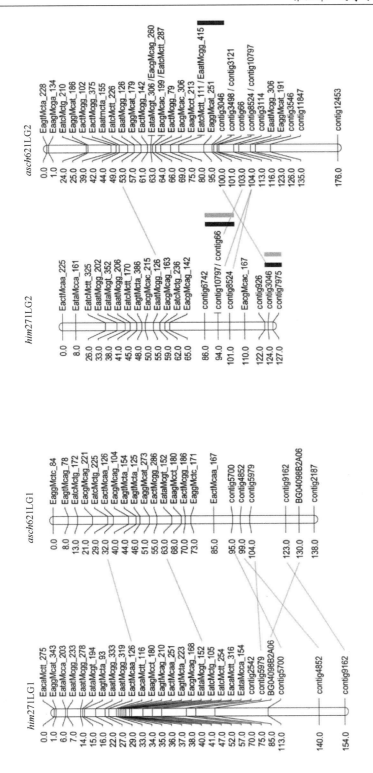

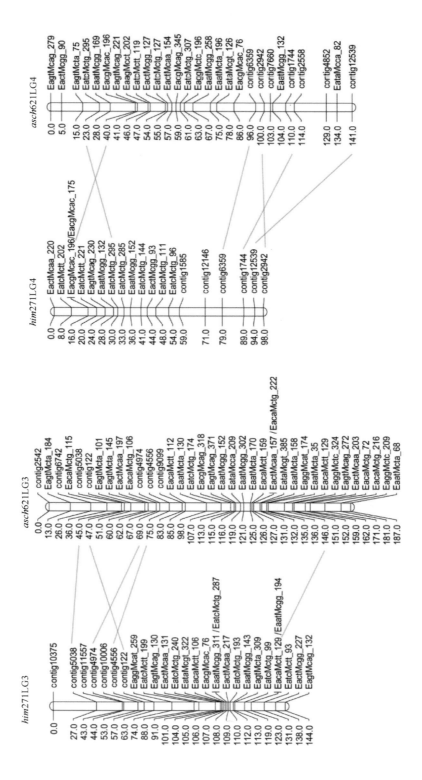

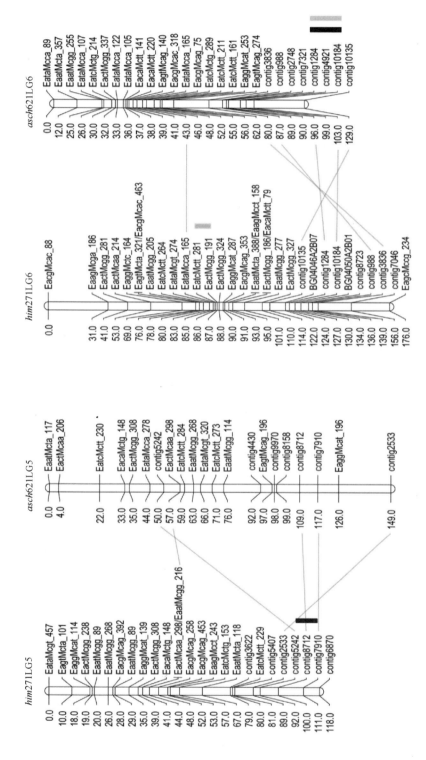

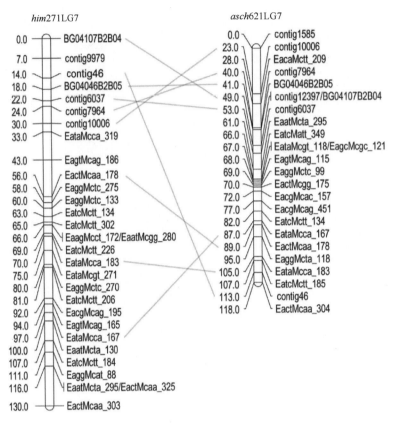

图 5-22　亲本 *him*271 和 *asch*621 的遗传连锁图谱

图谱间的桥标记用直线连接，区间作图法所检测的 QTL 位置在图谱右边用粗实线表示

值。而连锁群 5 上的大多数 SSR 标记却与多个水稻染色体上的基因序列具有同源关系。这些现象均表明，鸭茅在杂交的过程中可能发生了部分染色体重组，这也为该物种的遗传进化提供了动力和遗传基础。对连锁群 5 和 6 的基因组测序分析将有助于更深入地了解这些连锁群与水稻基因的同源性关系。

3.2　QTL 定位

开花时间是植物从营养生长向生殖生长转换的主要决定因素。牧草的栽培目的主要以收获营养体为主，尤其在混播草地中，晚熟鸭茅品种的使用将对牧草的产量、品质及混播草地的利用时间和生产效率有重要影响。先前研究表明鸭茅亚种 *D. glomerata* subsp. *himalayensis* 具有晚花的特征（Stabbins and Zohary，1959），Bushman 等（2012）对几个鸭茅亚种开花时间田间观测发现，来自该亚种的单株 *him*271 是其中最晚开花的基因型（Bushman et al.，2012）。相反，来自亚种 *D. glomerata* subsp. *aschersoniana* 的 *asch*621 属于早花和中等时间开花基因型，与大多数鸭茅品种开花时间接近（Bushman et al.，2011）。2010 年鸭茅作图群体开花时间表明（图 5-23），在杂交后代中没有一个基因型的开花时间早于早花亲本 *asch*621，但有 7 份材料的开花时间等于或晚于晚花亲本 *him*271，这表明晚花性状可能更易遗传。因此，在鸭茅育种研究中利用晚花基因型检测和定位开花 QTL 将为培育晚熟鸭茅品种提供有益的基因资源。

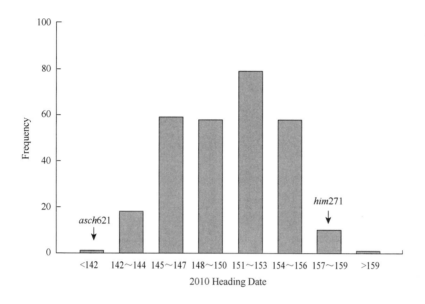

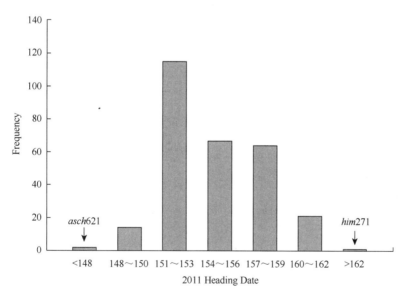

图 5-23　亲本及作图群体 284F₁ 代个体在 2010 年和 2011 年的表型值分布

　　区间作图法在连锁群 2、5 和 6 检测到与开花时间相关的 QTL。LG2 上的 QTL 定位在两亲本同源连锁群相同区域，且都与标记 contig3046 紧密连锁（图 5-22，图 5-24），QTL 分别解释了 8%和 22%的表型变异。本研究中定位的 QTL 位置与近缘物种所定位的开花 QTL 位置基本一致。水稻开花 QTL *Hd-2* 定位在水稻染色体 7 的末端（Yano et al.，

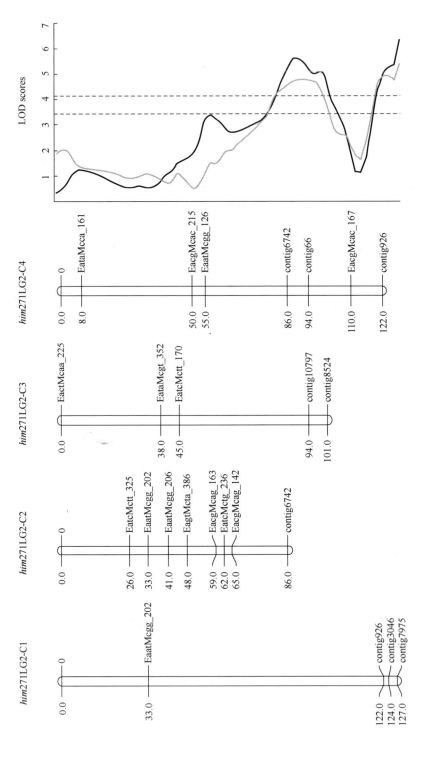

A 2010年和2011年数据在*him271*第2连锁群检测到的QTL所在的同源共分离群体和LOD曲线图

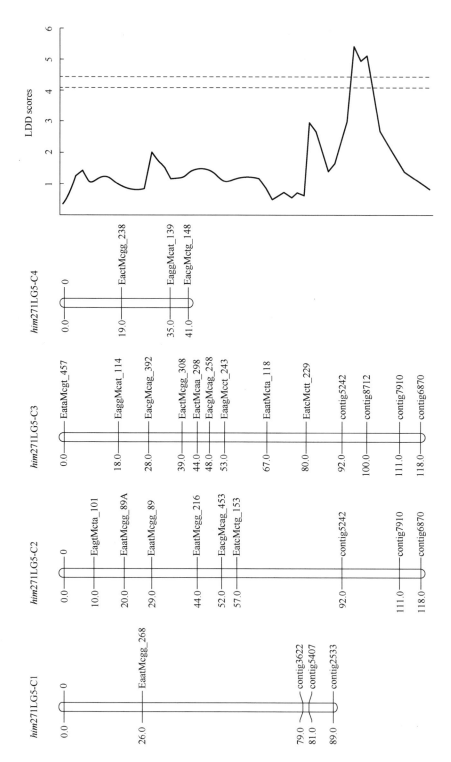

B 2010年数据在him271第5连锁群检测到的QTL所在的同源共分离群体和LOD曲线图

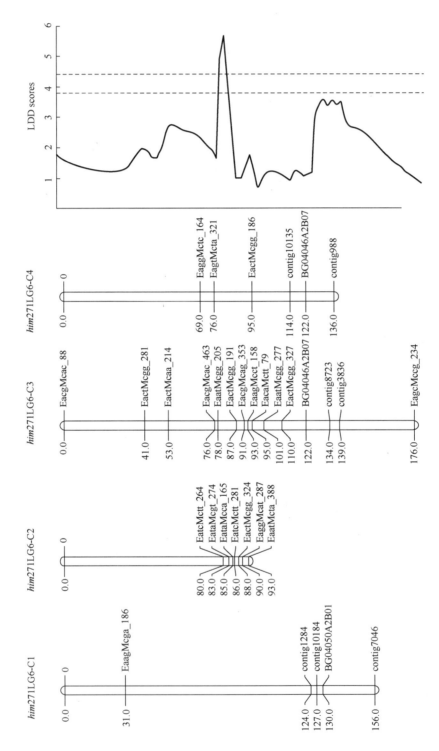

C 2011年数据在him271第6连锁群检测到的QTL所在的同源共分离体和LOD曲线图

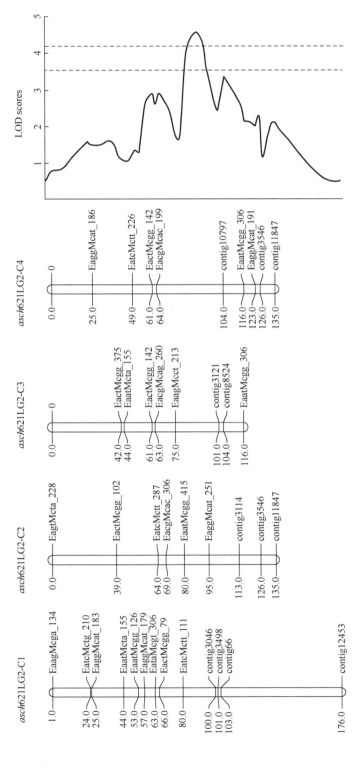

图D 2010年数据在asch621第2连锁群检测到的QTL所在同源共分离群体和LOD曲线图

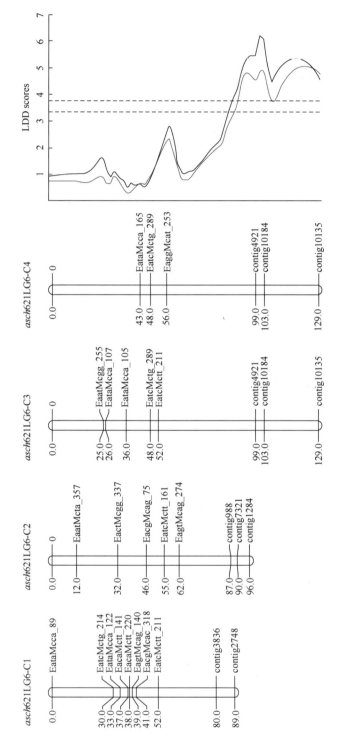

图 5-24　鸭茅连锁群 2、5 和 6 上的抽穗期 QTL 所在同源共分离锁群和 LOD 曲线图

E　2010年和2011年数据在 *asch621* 第6连锁群检测到的QTL所在同源共分离群体和LOD曲线

基于标记间的连锁关系（LOD≥3.0），各等位基因被安排在共分离群体上。虚线表示1000次置换检验情况下 90%和 95%的置信值。在 LOD 线型图中黑色曲线表示 2010 年数据检测的 QTL，灰色曲线表示 2011 年数据检测的 QTL

1997），从序列同源性来看，该染色体正好对应于鸭茅的染色体 2（LoRota and Sorrells，2004）。而黑麦草（Jensen et al.，2005；Byrne et al.，2009）和小麦族物种（Laurie et al.，1995；Lundqvist et al.，1997；Chen et al.，2009）与开花时间相关的 QTL 也定位在第 2 染色体上。而鸭茅连锁群 6 上检测到的 QTL 没有定位在两亲本连锁群的同一区域，它们可能是两个不同的 QTL，而简单回归分析也表明在该连锁群上可能有其他 QTL 存在（图 5-24），这表明位于该连锁群上的两个 QTL 可能真实存在。在黑麦草第 6 染色体上也检测到控制春化反应的 QTL（Jensen et al.，2005）。据 Yamamoto 等（2000）报道，一个水稻开花 QTL 定位在水稻第 2 染色体上，对应于小麦、黑麦草、鸭茅等物种的第 6 染色体（LoRota and Sorrells，2004）。基于 2010 年表型数据，在 him271 连锁群 5 上也检测到另一个与开花相关的 QTL，解释了 21% 的表型变异。另外，一些影响抽穗时间和开花时间的 QTL 和候选基因也被定位在基因组含 7 个染色体的物种的第 5 染色体上，如草地羊茅开花相关的 QTL 定位在第 5 染色体上（Ergon et al.，2006）。开花基因 *VRN-H1*、*Ppd-H2* 和 *Vrn-B1* 被分别定位在大麦（Laurie et al.，1995；Wang et al.，2010）和小麦（Tóth et al.，2003）的第 5 染色体上。这些结果表明：本研究检测到的 QTL 是有效的。基于所检测到的 QTL 并结合其他近缘物种基因组的比较分析，将为进一步有效地检测和发掘与开花时间相关基因、鸭茅分子育种和遗传改良奠定坚实基础。

第八节　鸭茅开花基因发掘与定位

鸭茅品质优良、适应性好、产量高，是我国西南区混播草地中的主推草种，也是禾-豆混播草地模式的优势草种。开花期是牧草重要农艺性状，对牧草产量、饲用品质及利用价值有重要影响。抽穗开花后饲草品质往往快速下降，生产上应根据不同需要培育不同生育期的早晚熟品种，尤其在混播草地中培育晚熟的鸭茅品种能大大提高草地生产能力和利用效率，对于推进南方草地畜牧业发展，维护粮食安全，增加农民收入，改善生态环境具有十分重要而深远的意义。通过定位鸭茅开花期的 QTL、克隆相关开花基因，在分子水平上对生育期等农艺性状进行改良，可大幅度提高牧草育种效率，为生产服务。

植物开花时间受春化作用、光周期、赤霉酸反应（GA）和自主途径诱导（Steinhoff et al.，2012）。自主途径和赤霉酸途径与植物本身状况密切相关，如植物的年龄、叶片数量及能量水平等；而光周期和春化作用则与环境信号诱导有关，它们是影响植物开花时间的主要因素（Seppanen et al.，2010）。无论是双子叶还是单子叶植物，春化作用能通过抑制位于开花诱导基因上游调控基因的转录而促使植物开花（Greenup et al.，2009）。春化作用的分子机制在拟南芥、小麦、大麦、黑麦草等物种均有报道。研究表明，普通小麦（*Triticum aestivum*）的春化作用至少受 *Vrn-A1*、*Vrn-B1*、*Vrn-D1*、*Vrn4* 和 *Vrn-B35* 等 5 个基因位点控制，其中 *Vrn-D1* 的启动子区域存在一个 SNP，并证实了 *Vrn-D1* 启动子区域序列变异可能影响不同小麦品种的春化反应（Zhang et al.，2012）。而大麦（*Hordeum vulgare*）的春化需求主要受 *VRN-H1*、*VRN-H2* 和 *VRN-H3* 3 个基因控制（Takahashi and Yasuda，1971），*VRN-H2* 是开花抑制基因，其开花抑制效应在显性开花诱导基因 *Vrn-H1*

存在的情况下完全消失（Dubcovsky et al.，2005）。大麦的春化和光周期基因表达分析也表明在长日照条件下 *VRN-H2* 抑制 *PPDH2*（*HvFT3*）的表达（Casca et al.，2011）。而黑麦草上已发现 3 个与春化反应相关的候选基因，DNA 序列比对表明它们与二倍体小麦（*Triticum monococcum*）的 *TmVRN2* 基因及水稻（*Oryza sativa*）的 *Hd1* 基因具有高度的同源性（Andersen et al.，2006）。另外拟南芥（*Arabidopsis thaliana*）开花基因 *FLOWERING LOCUS T*（FT）及其在其他植物上的同源基因（如水稻 *OsFTL2/Hd3a* 和黑麦草 *LpFT3* 基因）在植物开花反应的光周期诱导有重要作用。Skøt 等（2011）研究发现黑麦草 *FLOWERING LOCUST* 基因等位变异与黑麦草居群的开花时间变异相关。水稻的抽穗期基因 *Hd1*，即 *Se-1*，光周期响应位点，影响水稻的抽穗期和成熟，对水稻的抽穗有促进作用。比较基因作图和微线性分析表明黑麦草 *LpHd1* 和草地羊茅 *FpHd1* 基因是水稻 *Hd1* 基因的同源基因。预测的蛋白质序列表明 *LpHd1* 和 *FpHd1* 是类似 *CONSTANS* 基因锌指蛋白，它们与水稻 *Hd1* 的序列同源性分别为 61%～62%，而与大麦 *HvCOl* 的序列同源性为 72%。同时 *LpHd1* 基因在黑麦草第 7 条染色体的定位区域，与水稻 *Hd1* 基因所在的第 6 条染色体和大麦 *HvCOl* 基因所在的第 7 条染色体的基因组间具有一定的共线性（Armstead et al.，2005）。此外，多花黑麦草抽穗期的主效 QTL 与水稻抽穗期基因 *Hd3* 位点具有共线性关系（Armstead et al.，2004）。鸭茅与多年生黑麦草、草地羊茅、小麦和大麦等物种的基因组间也具有一定的共线性关系。通过近缘物种基因组间线性关系分析及序列同源性比较，可有效地鉴定与开花时间等重要农艺性状相关的候选基因，此方法对于像鸭茅等基因组研究较少的物种具有重要借鉴意义。

本研究在鸭茅遗传连锁图谱和开花性状 QTL 研究基础上，利用同源开花基因保守序列设计基因探针捕获鸭茅基因组开花基因。基于 454 高通量测序平台对鸭茅候选开花基因测序，然后设计基因引物并在四倍体 F₁ 作图群体进行扩增，定位相关的鸭茅开花基因。本研究结果为进一步开展鸭茅开花基因研究及功能分析奠定重要基础。

1 材料与方法

1.1 植物材料

作图亲本：四倍体鸭茅亚种 *D. glomerata* subsp. *himalayensis* Domin（PI 295271，后称 *him*271）和 *D. glomerata* subsp. *aschersoniana*（Graebn.）Thell（PI 372621，后称 *asch*621）。包含 284 个单株的作图群体。试验材料种植于犹他州立大学 Evans 农场（41°39′N，111°48′W，海拔 1350m）。每株材料间隔 0.5m，行距 1m。

1.2 DNA 提取

每株材料取新鲜幼嫩的叶片，在−70℃的超低温冰箱中冷冻过夜，然后移至冷冻真空干燥机（Millrock，Kingston，NY）中处理 48h。每株材料取大约 20mg 冻干的植物组织，利用 Qiagen 植物基因组试剂盒（Qiagen，Valencia，CA）提取 DNA。通过 1%琼脂糖凝胶电泳和紫外分光光度计检测 DNA 的浓度和纯度，由于 454 快速 DNA 文库构建的需要，样品浓度控制在 300～500ng/μL，OD₂₆₀/₂₈₀≥1.8。

1.3　DNA 文库构建

454 快速 DNA 文库构建由犹他州立大学生物技术中心（CIB）完成。首先将待测序列用喷雾法（nebulization）打断成 300~800bp 的小片段，再对片段末端进行修饰，然后在片段两端加上 454 测序所需的特殊的 A、B 接头序列（该序列包含了 PCR 扩增及测序所需的引物区域，4 个独特的核苷酸非回文序列作为测序关键碱基序列和含 10 个碱基的识别序列 MID），连接载体，构建单链 DNA（ssDNA）文库。

adaptor A：5′CCATCTCATCCCTGCGTGTCTCCGACTCAG+[MID]3′

adaptorB：5′CCTATCCCCTGTGTGCCTTGGCAGTCTCAG+[MID]3′

1.4　鸭茅开花基因序列捕获

在 NCBI 数据库（http：//www.ncbi.nlm.nih.gov/）查询水稻、小麦、拟南芥、黑麦草等物种的开花期基因（如 *FT*、*Hd*、*VRN* 基因等）的保守序列，设计基因探针。并利用 Myselect Sequence Enrichment for Targeted Sequencing 基因序列捕获试剂盒（MYcroarray，Ann Arbor，MI，USA）进行鸭茅基因组开花基因序列的捕获。

1.4.1　试验材料及仪器设备

试验材料：作图亲本 *him*271 和 *asch*621 高浓度基因组 DNA，MYselect 试剂盒。

仪器设备：PCR 仪、微型振荡器、磁粒吸附器（magnetic particle stand）、水浴锅及无菌 PCR 管。

1.4.2　试验步骤

主要步骤严格按照试剂盒操作说明，主要步骤包括：①杂交 DNA 文库与基因探针；②目标序列的捕获；③目标序列的释放；④目标序列文库的纯化；⑤文库的 PCR 扩增。

1.5　测序及序列分析

样品测序由美国犹他州立大学生物技术中心（CIB）采用 Roche 454 测序平台（454 life sciences，CT）完成。

1.5.1　乳液（emulsion）PCR

将经目标基因序列结合后的单链 DNA 文库与水油包被且表面含有与单链 DNA 接头序列互补的寡聚核苷酸序列的磁珠在一起孵育、退火，随即单链 DNA 序列将特异地连接到磁珠上。由于孵育体系中含有 PCR 反应试剂，这保证了每一条与磁珠结合的小片段都会独立扩增，且扩增产物仍可以结合到磁珠上。当反应完成后，破坏孵育体系并富集带有 DNA 的磁珠。

1.5.2　测序

带有 DNA 的磁珠用嗜热脂肪芽孢杆菌（*Bacillus stearothermophilus*）聚合酶和单链结合蛋白预处理，然后将磁珠放置在 Pico Titer Plate（PTP）平板上。该 PTP 板上含有很多小孔，且每个小孔仅能容纳一个磁珠，这有助于独立监测测序反应的进行。测序反应采用焦磷酸测序法，该方法以磁珠上大量扩增的单链 DNA 为模板，每次反应加入一种 dNTP 进行合成反应。当 dNTP 与待测序列配对时，则会释放焦磷酸基团，释放的焦磷酸基团会与反应体系中的 ATP 硫酸化酶反应形成 ATP，然后生成的 ATP 和荧光素酶共同氧化反应体系中的荧光素分子并发出荧光并被捕获，荧光信号再经过计算机分析转换为测序结果。试验中每种 dNTP 在反应中产生的荧光颜色不同，因此可以根据不同的荧光的颜色可确定被测分子的序列。

1.5.3 序列分析

所得序列利用新一代的基因序列分析软件 CLC Genomics workbench（CLC Bio，USA）进行相似序列的富集、序列的比对及 NCBI 数据库同源序列的搜索。

1.6 基因引物设计

引物设计利用在线引物设计软件 Primer 3（http://frodo.wi.mit.edu/）。引物参数设为：引物尺寸为 18~27bp；引物 T_m 57~63℃；GC 含量为 40%~60%。

1.7 基因引物 PCR 扩增

扩增总体积为 10μL，反应体系为：50ng 模板 DNA，5μmol/L 引物，1.5mmol/L MgCl$_2$，2mmol/L dNTP，1μmol/L R110-5dCTP（PerkinElmer，Waltham，MA）和 0.5U 的 Jumpstart *Taq* 聚合酶（Sigma-Aldrich，St. Louis，MO）。PCR 反应程序为：94℃变性 30s，55~60℃的梯度退火 30s，72℃延伸 1min 共 5 个循环。后 35 个循环包括 94℃变性 30s，60℃退火 30s，72℃延伸 1min。最后 72℃延伸 10min，4℃保存。PCR 扩增完毕后，每个样品取 2μL PCR 产物加入 10μL 甲酰胺（formamid）和 0.15μL 500 LIZ Size Standard（Life Technologies），放入 PCR 仪 94℃变性 5min，处理后样品用于 ABI3730 DNA 分析仪分析（Life Technologies，Foster City，Calif）。扩增片段采用 Gene Marker v 1.9（SoftGenetics LLC，State College，PA）分析统计。

1.8 开花基因定位

对于亲本间存在差异的条带（等位基因），按条带的有无（有带计为 1，无带计为 0）对 DNA 扩增产物按两亲本进行统计。经过 χ^2 检验，将分离比例符合 1∶1、5∶1 和 3∶1 的标记导入 TetraploidMap 软件（Hackett et al.，2007），定位基因标记于亲本遗传连锁图谱上。

2 结果分析

2.1 基因探针文库

通过 NCBI 数据库查询相关物种开花基因序列。利用保守序列设计基因探针。基因编号为 EU331763、AY485977、DQ898515、DQ108934 和 GQ227989 等来自黑麦草、大麦等物种的春化基因的保守及编码序列用于 *VRN*（vernalization）基因探针设计。基因编号为 AB094488、AB564447、AB35198、AJ833019 等基因保守序列用于控制植物抽穗的 *Hd*（heading date）基因探针设计。基因编号为 HM133579、DQ309592 和 DQ297407 等基因保存序列用于控制开花时间的 *FT*（flowering time）基因探针设计。对于一个候选基因而言，一般至少 2 个基因区域（外显子区域）被用于探针设计以增加对该基因的捕获能力。最终设计开花相关基因探针 28 条，包括春化基因 *VRN*、控制抽穗的基因 *Hd*、开花基因 *FT*（表 5-34）。

表 5-34　开花基因探针信息

基因	基因编号	序列区域	探针长度/bp
HvFT1	HM133579	exon 1	200
HvFT1	HM133579	exon 3	259
LpFT3	DQ309592	exon 1	201
LpFT3	DQ309592	exon 3	271
HvFT2	DQ297407.1	exon 1	211
HvFT2	DQ297407.1	exon 4	223
LpHd1	AJ833019	exon1-segments 1	140
LpHd1	AJ833019	exon1-segments 2	352
LpHd1	AJ833019	exon1-segments 3	289
LpHd1	AJ833019	exon 2	363
TaHd1-2	AB094488.1	exon 1	754
TaHd1-2	AB094488.1	exon 2	346
Hd3a	AB564447.1	exon1	207
Hd3a	AB564447.1	exon4	230
Ehd2	AB35198.1	CDS	732
VRN-H1	EU331763.1	exon 1	185
VRN-H2	AY485977	exon 1	330
VRN-H2	AY485977	exon 2	309
VRN-H3	DQ898515	exon 1	200
VRN-H3	DQ898515	exon 3	270
FeVRN1	DQ108934.1	CDS segment	161
LpVRN1	GQ227989.1	exon1	183
LpVRN1	GQ227989.1	exon7	110
LpVRN1	GQ227989.1	exon 8	105
ScVRN1	HQ730773.1	CDS	172
TuVRN1	GQ482975.1	exon1	185
vrn-B3	DQ890165.1	exon 1	200
vrn-B3	DQ890165.1	exon 3	270

2.2 开花基因捕获

2.2.1 鸭茅 EST 数据库开花基因搜索

首先在现有的鸭茅 EST 数据库（http：//titan.biotec.uiuc.edu/dactylis/）（Bushman et al.，2011）中通过输入关键词，如春化（vernalization）、抽穗期（heading date）及开花时间（flowering time）等查找与鸭茅开花基因相关的 EST 序列，然后利用黑麦草候选开花基因序列通过核酸序列搜索核酸的方法（Blastn）进行搜索，均未在现有的鸭茅 EST 数据库中找到同源的开花基因序列。

2.2.2 鸭茅开花基因

通过 454 高通量测序，共获得大约 21 000 读长（reads），利用 CLC Genomics Workbench 的 high throughput assembly 程序对所有读长进行装配，共获得 2094 个叠连群序列（contig），序列长度在 105～1975bp。经 Blastn 对所有获得序列进行同源序列搜索，最终 106 个叠连群在 NCBI 数据库中能找到相似的基因序列，其中 contig404、contig441 和 contig558 为鸭茅基因组中与目标基因 *VRN*、*Hd* 和 *FT* 探针序列同源性最高的序列（图 5-25，表 5-35）。如 contig558 部分序列与小麦抽穗期基因 *TaHd1-2*（AB094488）和 *TaHd1-3*（AB094491）的第 2 个外显子区域具有同源性，该叠连群序列与基因探针 *TaHd1-2* 外显子区域的序列同源性为 85%。contig404 部分序列与小麦、黑麦草、高羊茅等物种的开花时间基因 *FT* 的第 3 个外显子序列及 3′UTR 同源。序列同源比对结果显示：contig404 与基因探针 *LpFT3* 基因（DQ309592）和 *HvFT1* 基因（HM133579）的第 3 个外显子序列的同源性分别为 97% 和 93%。虽然本研究设计的春化基因探针涉及 *VRN1*、*VRN2* 和 *VRN3* 基因，但最终只获得与 *VRN1* 和 *VRN3* 基因同源的序列。重叠群 contig441 的部分序列与小麦、黑麦草、高羊茅等物种的春化基因 *VRN1* 的第一个外显子同源，与基因探针 *VRN-H1*（EU331763）外显子 1 的序列同源性为 97%。contig404 也与大麦 *VRN-H3* 基因的第 3 个外显子具有同源性。

```
OG       38    TGCACTGAACCATAGGATTACTGAGCCCATCATCCTATACTCCATGTGTCTGTCAACAC-    96
               ||||| |||||||| |||| ||  |  ||| | | || || ||  |||||||||||||||
TaHd1-2  2008  TGCAC-GAACCATATGATTACGGTG-CC--CAT-C-AT--TCCATGTGTCTGTCAACACA   1957

OG       97    TTTTTCCTCATCTCATTACATCAGAATTCA-GAACCATGGAACAGTATC-ATGACTATCT   154
               |||||  | | |||||||||||||||   |  ||||||| |  |  ||  |  | |||||
TaHd1-2  1956  TTTTTGTTATCTCATTACATCAGAA-CCATGGAGCA-GTATTA-TAACTACTAGTATCT   1900

OG       155   GGTAGGGCTGGTGTTGTCAACATGTGGTCTACTTCATCCTCTATATCTGATCTTTTAGCG   214
               ||||||||||||| || ||| |||||||| |  || ||| | |||||||||||||||||||
TaHd1-2  1899  TGTAGGGCTGGTGGTGACAGCATGTGGTCCTCCTCATGCTCTATATCTGATCTTTTAGCG   1840

OG       215   AAGCGACCCTTGATCCGTGGCCGTGCTTCTGCATATGCTTTCCTTGTTGCATACCTTATG   274
               || ||||||||||||||| |||| |||||||||||||||||||||||||||||||||||||
TaHd1-2  1839  AATCGACCCTTGATCCGCGGTCGTGCTTCTGCATATGCTTTCCTTGTTGCATACCTTATG   1780

OG       275   GTCTTCTGAAACTTCCTCGCCTGCTTCTTCTCCTTGTA   312
               || |||||||||||||||| | ||||||||||||||||
TaHd1-2  1779  GTTTTCTGAAACTTCCTCGTCTGCTTCTTCTCCTTGTA   1742
```

A contig558 与基因探针 *TaHd1-2*(AB094488) 外显子 2 的序列同源性比对，序列同源性为 85%

```
OG        10    TCCTCCTGCCGCCGGAGCCAGCCTCGCGCTGGCAGTTGAAGTAGACGGCGGCGACGGGCG    69
                ||||||||||||||||||||||| ||||||||||||||||||||||||||||||| ||||||
HvFT1   3975    TCCTCCTGCCGCCGGAGCCGGCCTCGCGCTGGCAGTTGAAGTAGACGGCGGCAACGGGCT  3916

OG        70    GGCCGAGGTTGTAGAGCTCGGCGAAGTCCCTGGTGTTGAAGTTCTGGCGCCAGCCGGGCG   129
                |||||||||||||||||||||| |||||||||||||||||||||||||||||| |||||| |
HvFT1   3915    GGCCGAGGTTGTAGAGCTCGGCAAAGTCCCTGGTGTTGAAGTTCTGGCGCCACCGGGGG   3856

OG       130    CGTACACCGTCTGGCGGCCCAGCTGCTGGAAGAGCACGAGCACGAAGCGGTGGATCCCCA   189
                ||||||||||||| || |||||||||||||||||||||||||||||||||||||||||||
HvFT1   3855    CGTACACCGTCTGCCGCCCCAGCTGCTGGAAGAGCACGAGCACGAAGCGGTGGATCCCCA   3796

OG       190    TGTTGGGGCGAGGGCTCTCGTAGCACATCACCTCCTGCCCGAAGGAAGCTGCAGTTGTCC   249
                || || ||||||||||||||||||||||||||||||||||||| || || |||||||||
HvFT1   3795    TGGTTGGACGAGGGCTCTCGTAGCACATCACCTCCTGCCCGAACGACGCCCCAGTTGTAC   3736

OG       250    CAGGAATATCTGTCACCAACCTGCGCAC   277
                ||| ||| ||||||||||||||||||| |||
HvFT1   3735    CCGGGATATCTGTCACCAACCTGCACAC   3708
```

B　contig404与基因探针HvFT1(HM133579)外显子3的序列同源性比对，序列同源性为93%

```
OG         3    TTATACATCCTCCTGCCGCCGGAGCCAGCCTCGCGCTGGCAGTTGAAGTAGACGGCGGCG    62
                ||||||||||||||||||||||||||||| |||||||||| |||||||||||||||||||||
LpFT3   1090    TTATACATCCTCCTGCCGCCGGAGCCGGCCTCGCGCTGACAGTTGAAGTAGACGGCGGCG  1031

OG        63    ACGGGCGGGCCGAGGTTGTAGAGCTCGGCGAAGTCCCTGGTGTTGAAGTTCTGGCGCCAG   122
                |||||||||||||||||||||||||||||||||||||||| |||||||||||||||||||
LpFT3   1030    ACGGGCGGGCCGAGGTTGTAGAGCTCGGCGAAGTCCCTGGTATTGAAGTTCTGGCGCCAC   971

OG       123    CCGGGCGCGTACACCGTCTGGCGGCCCAGCTGCTGGAAGAGCACGAGCACGAAGCGGTGG   182
                |||||||||||||||||||||| ||||||||||||||||||||||||||||||||||||||
LpFT3    970    CCGGGCGCGTACACCGTCTGCCGGCCCAGCTGCTGGAAGAGCACGAGCACGAAGCGGTGG   911

OG       183    ATCCCCATGTTGGGGCGAGGGCTCTCGTAGCACATCACCTCCTGCCCGAAGGAAGCTGCA   242
                |||||||||||||||||||||||||||||||||||||||||||||||||||||||||| ||
LpFT3    910    ATCCCCATGTTGGGGCGAGGGCTCTCGTAGCACATCACCTCCTGCCCGAAGGAAGCACCA   851

OG       243    GTTGTCCCAGGAATATCTGTCACCAACCTGCGCACGCA--CCAGCAG   287
                ||||||||||||||||||||||||||||||| ||||||| |||||||
LpFT3    850    GTTGTCCCAGGAATATCTGTCACCAACCTGTGCACGCATACCAGCAG   804
```

C　contig404与基因探针LpFT3(DQ309592)外显子3的序列同源性比对，序列同源性为97%

```
OG         1    CCATGAGTCGGTGGCGAACTCGTAGAGCTTGCCCTTGGTGGAGAAGATGATGAGGCCGAC    60
                ||||||| |||| || |||||||||||||||| ||||||||||||||||||||||||||||
VRN-H1   527    CCATGACTCGGTGGAGAACTCGTAGAGCTTTCCCTTGGTGGAGAAGATGATGAGGCCGAC   468

OG        61    CTCGGCGTCGCAGAGCACGGAGATCTCGTGCGCCTTCTTGAGCAGCCCGGAGCGGCGCTT   120
                |||||||||||||||||||||||||||||||||||||||||||||||||||||||||||||
VRN-H1   467    CTCGGCGTCGCAGAGCACGGAGATCTCGTGCGCCTTCTTGAGCAGCCCCGAGCGGCGCTT   408

OG       121    GGAGAAGGTGACCTGGCGGTTGATCTTGTTCTCGATCCGCTTGAGCTGCACCTTCCCGCG   180
                ||||||||||||||||| ||||||||||||||||||||||||| |||||||||||||||||
VRN-H1   407    GGAGAAGGTGACCTGGCGGTTGATCTTGTTCTCGATCCGCTTCAGCTGCACCTTCCCGCG   348

OG       181    CCCCATCTC   189
                |||||||||
VRN-H1   347    CCCCATCTC   339
```

D　contig441与基因探针VRN-H1（EU331763）外显子1的序列同源性比对，序列同源性为97%

图 5-25　鸭茅基因序列与亲缘物种开花基因序列的同源比对

表 5-35　3 种开花基因、同源的叠连群、靶基因编号及与鸭茅基因序列同源的基因区域

基因	靶基因	叠连群	靶基因编号	靶基因同源区域/bp	备注
Hd	TaHd1-2	contig558	AB094488	1742～2008	exon2
	TaHd1-3	contig558	AB094491	1077～1310	exon2
FT	LpFT3	contig404	FN993928	1120～1397/1423～1505/1603～1738	exon3 and 3′UTR
	LpFT3	contig404	DQ309592	804～1090	exon3
	FeFT3	contig404	FN993915	1107～1393/1419～1503/1598～1701	exon3 and 3′UTR
	HvFT1	contig404	HM133579	3708～3975	exon3
VRN	FeVRN1	contig441	FJ793194	148～336	exon1
	LpVRN1	contig441	GQ227990	638～826	exon1
	VRN-H1	contig441	EU331763	339～527	exon1
	VRN1	contig441	FJ687750	1999～2189	exon1
	VRN-H3/FT1	contig404	EU007834	800～1066	exon3

注：AB094488、DQ309592、HM133579 和 EU331763 为用于开花基因探针设计的基因编号

2.3　开花基因 Vrn3/FT3 定位

本研究利用 Primer3 在线引物设计软件（http：frodo.wi.mit.edu/）与 NCBI 基因库开花基因序列同源的鸭茅叠连群保守序列设计了 20 对候选开花基因引物。这些基因包括 FT、VRN 和 Hd（表 5-36）。从 4 倍体鸭茅作图亲本和 F$_1$ 分离群体中随机挑选 10 个单株对基因引物进行扩增以检测其分离比例。最终来自于 VRN、FT 和 Hd 基因的 4 对引物：FT3-2、FT3-5、TaHd1-5 和 VRN-H3-2（Vrn3）在对样品的扩增中具有多态性被用于 F$_1$ 群体的扩增（图 5-26）。Vrn3 基因引物在 F$_1$ 作图群体中，具有 1∶1 的分离比例，最终成功定位在 him271 的第 3 个连锁群上（图 5-27）。但该基因并没有定位在任何一个鸭茅抽穗期 QTL 区域。

表 5-36　多态性开花基因引物信息

基因	引物编号	引物序列	目标扩增子长度/bp	扩增子序列同源基因区域
Hd	TaHd1-5	F：ACCTGCAAGTTGCGAGATTT	160	TaHd1 基因 exon1，LpCoL1 基因 exon1 等
		R：GAGATACGCAGCATCAGCAC		
FT3	FT3-2	F：CGAAGTCCCTGGTGTTGAAG	150	FT3 基因 exon3，TaFT 基因 exon3 等
		R：GACAACTGCAGCTTCCTTCG		
	FT3-5	F：CGAAGTCCCTGGTGTTGAA	150	FT3 基因 exon3，VRN3 基因 exon3 等
		R：GACAACTGCAGCTTCCTTCG		
VRN	VRN-H3-2	F：GGCAGGAGGTGATGTGCTAC	140	VRN-H3 基因 exon3，FT 基因 exon3 等
		R：GTTGTAGAGCTCGGCGAAGT		

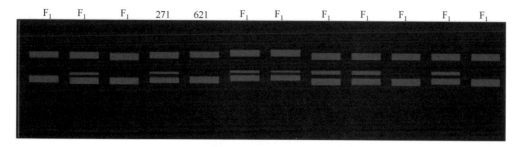

图 5-26 开花基因引物 *VRN-H3* 多态性

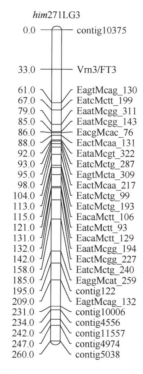

图 5-27 *Vrn3/FT3* 基因定位

3 讨论与结论

开花调控的分子机制一直是植物分子育种领域研究热点。目前，植物开花期 QTL 及开花调控的分子机制在模式植物拟南芥（Kim et al.，2012）、水稻（Tamaki et al.，2007）、小麦（Nemoto et al.，2003）、大麦（Griffiths et al.，2003）等主要农作物及部分观赏植物（Oda et al.，2012）和蔬菜上都有研究（Xiao et al.，2012）。研究表明：光周期、春化作用等对植物开花调控有重要影响（Hayama and Coupland，2004；Baurle and Dean，2006）。在水稻上至少 3 个 *FT-like* 基因促进植物开花（Izawa et al.，2002）。*Hd1* 作为影响水稻开花的主效基因被定位在水稻第 6 条染色体上（Yano et al.，2000）。*VRN1*（Levy et al.，2002）、*VRN2*（Gendall et al.，2001）和 *VRN3*（Sung and Amasino，2004）3 个基因被证明与植

物春化密切相关。在小麦、大麦等物种上已成功定位部分春化基因并研究了其功能。控制面包小麦春化反应的 *Vrn-B1* 基因定位在 5B 染色体上，且该区域与染色体 5A 和 5D 的春化基因位点 *Vrn-A1* 和 *Vrn-D1* 区域具有线性关系（Tóth et al.，2003）。另一个与开花相关的基因 *CO-like* 同时定位在大麦（Griffiths et al.，2003）和小麦（Nemoto et al.，2003）的遗传图谱上。*VRN1* 和 *VRN3* 是开花诱导基因，*VRN2* 是开花抑制基因受春化和短日照的下游调控，对 *VRN1* 和 *VRN3* 具有负调控。在短日照条件下，所有 3 个春化基因表现出较低的转录水平，但当植物从短日照转移到长日照时，*VRN1* 和 *VRN3* 上游调控水平快速提升（Yan et al.，2006）。本研究通过在 NCBI 数据库查询水稻、小麦、拟南芥、黑麦草等物种的开花期基因（如 *FT*、*Hd*、*VRN* 基因等）的保守序列，设计基因探针，通过与鸭茅基因组杂交进行目标基因的捕获。454 测序获得了大量的读长，其中近 100 个重叠群在 NCBI 数据库中能找到同源的基因序列，其中包括与开花相关的 *VRN*、*Hd* 和 *FT* 基因。大部分重叠群与开花基因的编码区序列具有同源性，如重叠群序列 contig44 与 *Vrn1* 基因的第 1 个外显子同源，contig404 与 *Vrn3* 的第 3 个外显子同源。因此，作者进一步根据这些保守的鸭茅基因序列设计引物 20 对，包括 *VRN*、*Hd* 和 *FT* 基因。通过对 F$_1$ 作图群体进行扩展，*VRN3* 基因在群体中具有 1 : 1 分离比例，最终定位在 him271 第 3 个连锁群上，非定位在抽穗期 QTL 所在的第 2、第 5 和第 6 号的连锁群。由于前期的 QTL 定位分析是以抽穗期为研究性状，在设计的基因引物中虽然包括了 *Hd* 基因，但由于该基因在 F$_1$ 群体中没有合适的分离比例，最终没有抽穗基因被定位。植物开花性状受微效多基因控制，如在小麦上，一系列的同源基因控制并影响其开花，其中春化反应受 *Vrn-A1*、*Vrn-B1* 和 *Vrn-D1* 控制，它们分别定位在小麦染色体 5A、5B 和 5D 的长臂端（Sarma et al.，1998；Leonova et al.，2003；Shindo et al.，2003）。因此，鸭茅开花也可能受多个基因位点控制，本研究定位的春化基因位点可能说明在鸭茅上除定位在第 2、第 5 和第 6 号连锁群上的 QTL 位点外在第 3 个连锁群也可能存在另一些影响鸭茅开花基因的位点。这也在小麦开花基因的研究中得到证实，Pankova 在小麦的第 3 号染色体上也发现了一个新的开花基因（Pankova et al.，2008）。研究表明 *VRN3* 基因是 *FT* 基因的同源基因（Yan et al.，2006），其促进开花的功能在草本植物中相对保守。目前该基因对鸭茅开花的影响尚有待通过等位基因变异分析和基因表达分析进一步研究。

参考文献

艾呈祥，陆璐，马国斌，等.2005.SSR 标记技术在甜瓜杂交种纯度检验中的应用.园艺学报，32（5）：902-904

陈碧云，伍晓明，陆光远，等.2006.甘蓝型油菜花瓣缺失基因的图谱定位.遗传，28（6）：707-712

陈昌文，曹珂，王力荣，等.2011.中国桃主要品种资源及其野生近缘种的分子身份证构建.中国农业科学，44（10）：2081-2093

陈绍江，杨庆凯，王金陵，等.1996.大豆育种过程中亲子遗传关系的 RAPD 研究初报.东北农业大学学报，27（2）：137-141

陈宣，郭海林，薛丹丹，等.2008.结缕草属植物杂交后代的 SRAP 分子标记鉴定.分子植物育种，6（6）：1233-1238

邓启云.2000.超级杂交水稻形态性状特征及其遗传规律的研究.长沙：湖南农业大学博士学位论文

丁成龙，刘颖，许能祥，等.2010.日本结缕草抗寒相关性状的 QTL 分析.草地学报，18（5）：703-707

段艳凤，刘杰，卞春松，等.2009.中国 88 个马铃薯审定品种 SSR 指纹图谱构建与遗传多样性分析.作物学报，

35（8）：1451-1457

范建光，张海英，宫国义，等.2013.西瓜 DUS 测试标准品种 SSR 指纹图谱构建及应用.植物遗传资源学报，14（5）：
　　892-899

高丽霞，胡秀，刘念，等.2008.中国姜花属基于 SRAP 分子标记的聚类分析.植物分类学报，46（6）：899-905

葛亚英，张飞，沈晓岚，等.2012.丽穗凤梨 ISSR 遗传多样性分析与指纹图谱构建.中国农业科学，45（4）：726-733

郭海林，刘建秀，高鹤，等.2007.结缕草属优良品系 SSR 指纹图谱的构建.草业学报，16（2）：53-59

郭晓强，冯志霞.2008.杰弗里——DNA 指纹图谱的创造者.生物学通报，43（1）：60-61

韩国辉，向素琼，汪卫星，等.2011.柑橘 SCoT 分子标记技术体系的建立及其在遗传分析中的应用.园艺学报，38
　　（7）：1243-1250

何庆元，王吴斌，杨红燕，等.2012.利用 SCoT 标记分析不同秋眠型苜蓿的遗传多样性.草业学报，21（2）：133-140

贺欣，刘国道，刘迪秋，等.2008.利用 ACGM 和 EST-SSR 标记对云贵高原野生山蚂蝗属种质的遗传多样性分析.草
　　业学报，17（6）：102-111

侯建华，云锦凤.2005.羊草与灰色赖草杂交后代遗传学特性及育性恢复的研究.草地学报，13（1）：82-83

侯荷亭，侯旭冬，仪治本，等.1997.高粱抗旱性状的变异系数与杂种优势.山西农业科学，25（3）：9-11

季杨，张新全，马啸，等.2009.多花黑麦草品种（系）间杂交及其杂种后代 SRAP 遗传分析.草业学报，18（4）：
　　260-265

贾继增.1996.分子标记种质资源鉴定和分子标记育种.中国农业科学，29（4）：1-10

江莹芬，田恩堂，陈伦林，等.2007.埃塞俄比亚芥和白菜型油菜远缘杂种 F₁ 的鉴定.中国油料作物学报，29（2）：
　　103-106

蒋昌顺，马欣荣，邹冬梅，等.2004.应用微卫星标记分析柱花草的遗传多样性.高技术通讯，14（4）：25-30

匡猛，杨伟华，许红霞，等.2011.中国棉花主栽品种 DNA 指纹图谱构建及 SSR 标记遗传多样性分析.中国农业科
　　学，44（1）：20-27

李根英，Dreisigacker S，Warburton M L，等.2006.小麦指纹图谱数据库的建立及 SSR 分子标记试剂盒的研发.作
　　物学报，32（12）：1771-1778

李涵，殷云龙，徐朗莱，等.2007.落羽杉属树种及其杂交后代亲缘关系的 RAPD 分析.林业科学，43（2）：48-51

李菊芬，许玲，马国斌.2008.应用 SSR 分子标记鉴定甜瓜杂交种纯度.农业生物技术学报，16（3）：494-500

李莉，王俊峰，颜廷进，等.2013.基于 SSR 标记的山东省小麦 DNA 指纹图谱的构建.植物遗传资源学报，14（3）：
　　537-541

李汝玉，李群，谭振馨，等.2005.利用 SSR 标记技术检测玉米杂交种纯度.玉米科学，13（1）：15-18

李树贤.2003.植物同源多倍体育种的几个问题.西北植物学报，23（10）：1829-1841

李先芳，丁红.2000.鸭茅生物学特性及栽培技术.河南林业科技，20（3）：24-25

李晓辉，李新海，高文伟，等.2005.玉米杂交种 DNA 指纹图谱及其在亲子鉴定中的应用.作物学报，31（3）：386-391

李永祥，李斯深，李立会，等.2005.披碱草属 12 个物种遗传多样性的 ISSR 和 SSR 比较分析.中国农业科学，
　　38（8）：1522-1527

李媛媛，沈金雄，王同华，等.2007.利用 SRAP、SSR 和 AFLP 标记构建甘蓝型油菜遗传连锁图谱.中国农业科学，
　　40（6）：1118-1126

林忠旭，张献龙，聂以春，等.2003.棉花 SRAP 遗传连锁图构建.科学通报，48：2063-2067

凌瑶，张新全，齐晓芳，等.2010.西南五省区及非洲野生狗牙根种质基于 SRAP 标记的遗传多样性分析.草业学报，
　　19（2）：196-203

刘宏伟，刘秉华，张改生，等.2005.RAPD 分子标记与小麦杂种优势相关性研究.麦类作物学报，25（6）：1-5

刘荣霞.2009.杂花苜蓿杂种优势遗传分析.兰州：甘肃农业大学硕士学位论文

刘欣，慕平，赵桂琴.2008.基于 AFLP 的燕麦遗传多样性研究.草业学报，17（6）：121-127

刘新龙，马丽，陈学宽，等.2010.云南甘蔗自育品种 DNA 指纹身份证构建.作物学报，36（2）：202-210

罗霆，杨海霞，岑华飞，等.2013.SCoT 分子标记在割手密遗传图谱构建中的应用.植物遗传资源学报，14（4）：704-710

罗小金,贺浩华,彭小松,等.2006.利用 SSR 标记分析水稻亲本间遗传距离与杂种优势的关系.植物遗传资源学报,7(2):209-214

罗耀武,阎学忠,陈世林,等.1987.高粱同源四倍体及四倍体杂交种.遗传学报,12(5):339-343

马红勃,祁建民,李延坤,等.2008.烟草 SRAP 和 ISSR 分子遗传连锁图谱构建.作物学报,34(11):1958-1963

梅鹏,别治法.1991.种用鸭茅锈病的防治.中国草地,(2):76

缪恒彬,陈发棣,赵宏波,等.2008.应用 ISSR 对 25 个小菊品种进行遗传多样性分析及指纹图谱构建.中国农业科学,41(11):3735-3740

倪先林,张涛,蒋开锋,等.2009.SSR 分子标记与水稻杂种优势的相关性研究.安徽农业科学,37(23):10913-10916

潘俊松,王刚,李效尊.2005.黄瓜 SRAP 遗传连锁图的构建及始花节位的基因定位.自然科学进展,15:167-172

彭燕.2006.野生鸭茅种质资源遗传多样性及优异种质筛选.雅安:四川农业大学博士学位论文

彭燕,张新全.2003.鸭茅种质资源多样性研究进展.植物遗传资源学报,4(2):179-183

石凤翎.2000.苜蓿雄性不育系的生殖特性及其分子遗传基础.呼和浩特:内蒙古农业大学博士学位论文

石凤翎,吴永敷,王明枚,等.2001.苜蓿雄性不育系的生殖特性及其分子遗传基础.21 世纪草业科学展望——国际草业(草地)学术大会.呼和浩特

隋晓青,王堃.2008.克氏针茅 ISSR-PCR 反应体系的建立与优化.草业学报,17(3):71-78

万刚,张新全,刘伟,等.2010.鸭茅栽培驯化品种与野生材料遗传多样性比较的 SSR 分析.草业学报,19(6):187-196

汪斌,祁伟,兰涛,等.2011.应用 ISSR 分子标记绘制红麻种质资源 DNA 指纹图谱.作物学报,37(6):1116-1123

王凤格,赵久然,郭景伦,等.2003.比较三种 DNA 指纹分析方法在玉米品种纯度及真伪鉴定中的应用.分子植物育种,1(5/6):655-661

王华忠,吴则东,王晓武,等.2008.利用 SRAP 与 SSR 标记分析不同类型甜菜的遗传多样性.作物学报,34(1):37-46

王黎明,焦少杰,姜艳喜,等.2011.142 份甜高粱品种的分子身份证构建.作物学报,37(11):1975-1983

魏臻武.2004.利用 SSR、ISSR 和 RAPD 技术构建苜蓿基因组 DNA 指纹图谱.草业学报,13(3):62-67

文雁成,王汉中,沈金雄,等.2006.用 SRAP 标记分析中国甘蓝型油菜品种的遗传多样性和遗传基础.中国农业科学,39(2):246-256

吴洁,谭文芳,何俊蓉,等.2005.甘薯 SRAP 连锁图构建淀粉含量 QTL 检测.分子植物育种,3(6):841-845

吴卫,郑有良.1999.利用 RAPD 技术分析小麦强优势组合亲本遗传差异.四川农业大学学报,17(2):123-125

吴学尉,崔光芬,吴丽芳,等.2009.百合杂交后代 ISSR 鉴定.园艺学报,36(5):749-754

吴玉香,高燕会,祝水金.2007.4 个栽培棉种间四元杂种的 SSR 标记鉴定.浙江大学学报,33(1):56-60

谢文刚,张新全,陈永霞.2010.鸭茅杂交种的 SSR 分子标记鉴定及其遗传变异分析.草业学报,19(2):212-217

谢文刚,张新全,彭燕,等.2008.鸭茅 SSR-PCR 反应体系优化及引物筛选.分子植物育种,6(2):381-386

辛业芸,张展,熊易平,等.2005.应用 SSR 分子标记鉴定超级杂交水稻组合及其纯度.中国水稻科学,19(2):95-100

熊发前,蒋菁,钟瑞春,等.2010.目标起始密码子多态性(SCoT)分子标记技术在花生属中的应用.作物学报,36(12):2055-2061

徐宗大,赵兰勇,张玲,等.2011.玫瑰 SRAP 遗传多样性分析与品种指纹图谱构建.中国农业科学,44(8):1662-1669

薛丹丹,郭海林,郑轶琦,等.2009.结缕草属植物杂交后代杂种真实性鉴定——SRAP 分子标记.草业学报,18(1):72-79

严学兵,周禾,王成章,等.2008.不同来源 SSR 标记在我国披碱草属植物的通用性和效率评价.草业学报,17(6):112-120

叶翔,黄晨阳,陈强,等.2012.中国主栽香菇品种 SSR 指纹图谱的构建.植物遗传资源学报,13(6):1067-1072

於朝广,殷云龙,徐建华.2009.用 SRAP 标记鉴定落羽杉属植物杂种.林业科学,45(2):142-146

袁力行,傅骏骅,刘新芝,等.2000.利用分子标记预测玉米杂种优势的研究.中国农业科学,33(6):6-12

詹秋文,李杰勤,汪得华,等.2008.42 份高粱与苏丹草及其 2 个杂交种 DNA 指纹图谱的构建.草业学报,17(6):85-92

曾兵，兰英，伍莲. 2010. 中国野生鸭茅种质资源锈病抗性研究. 植物遗传资源学报，11（3）：278-283

曾兵，张新全，范彦，等. 2006. 鸭茅种质资源遗传多样性的 ISSR 研究. 遗传，28（9）：1093-1100

张阿英，胡宝忠，姜述君，等. 2002. 影响紫花苜蓿 SSR 分析因素的研究. 黑龙江农业科学，1：15-17

张富民，葛颂. 2002. 群体遗传学研究中的数据处理方法 I. RAPD 数据的 AMOVA 分析. 生物多样性，10：438-444

张培江，才宏伟，李焕朝，等. 2001. 利用 RFLP 标记水稻亲本遗传差异及其在杂种优势中的利用. 安徽农业科学，29（1）：6-11

张新全，杜逸，郑德成，等. 1996. 鸭茅二倍体和四倍体生物学特性的研究. 四川农业大学学报，1（2）：202-206

张新全，彭燕，曾兵，等. 2010. 鸭茅种质资源描述规范和数据标准. 北京：中国农业出版社：63-64

赵卫国，王灏，李殿荣，等. 2011. 甘蓝型特高含油量油菜种质及其主栽品种的指纹图谱构建. 植物遗传资源学报，12（6）：904-909

郑轶琦，宗俊勤，薛丹丹，等. 2009. SRAP 分子标记在假俭草杂交后代真实性鉴定中的应用. 草地学报，17（2）：135-140

钟声. 2006. 鸭茅不同倍性杂交及后代发育特性的初步研究. 西南农业学报，19（6）：1034-1038

钟声. 2007. 野生鸭茅杂交后代农艺性状的初步研究. 草业学报，16（1）：69-74

钟声，黄梅芬，段新慧. 2010. 中国两南横断山区的野生鸭茅资源. 植物遗传资源学报，11（1）：1-4

周昌隆，吴瑞明. 1997. 变异系数的抽样分布. 运筹与管理，6（1）：14-17

Aitken K S，Li J C，Jackson P，et al. 2006. AFLP analysis of genetic diversity within Saccharum officinarum and comparison with sugarcane cultivars. Aust J Agric Res，57：1167-1184

Alm V，Fang C，Busso C S，et al. 2003. A linkage map of meadow fescue（*Festuca pratensis* Huds.）and comparative mapping with other Poaceae species. Theor Appl Genet，108：25-40

Andersen J R，Jensen L B，Asp T，et al. 2006. Vernalization response in perennial ryegrass（*Lolium perenne* L.）involves orthologues of diploid wheat（*Triticum monococcum*）*VRN1* and rice（*Oryza sativa*）*Hd1*. Plant Mol Biol，60：481-494

Archak S，Gaikwad A B，Gautam D，et al. 2003. DNA fingerprinting of Indian cashew（*Anacardium occidentale* L.）varieties using RAPD and ISSR techniques. Euphytica，230：397-404

Armstead I P，Skøt L，Turner L B，et al. 2005. Identification of perennial ryegrass（*Lolium perenne*（L.））and meadow fescue（*Festuca pratensis*（Huds.））candidate orthologous sequences to the rice *Hd1*（*Se1*）and barley *HvCO1 CONSTANS*-like genes through comparative mapping and microsynteny. New Phytol，167：239-247

Armstead I P，Turner L B，Farrell M，et al. 2004. Synteny between a major heading-date QTL in perennial ryegrass（*Lolium perenne* L.）and the *Hd3* heading-date locus in rice. Theor Appl Genet，108：822-828

Aylifle M A. 1994. Heteroduplex molecules forward between allelic sequences cause nonparental RAPD bands. Nucleic acids Res，22：1632-1636

Barre P，Moreau L，Mi F，et al. 2009. Quantitative trait loci for leaf length in perennial ryegrass（*Lolium perenne* L.）. Grass Forage Sci，64：310-321

Bert P F，Charmet G，Sourdille P，et al. 1999. A high-density molecular map for ryegrass（*Lolium perenne*）using AFLP markers. Theor Appl Genet，99：445-452

Bolaric S，Barth S，Melchinger A E，et al. 2005. Genetic diversity in European perennial ryegrass cultivars investigated with RAPD markers. Plant Breeding，124：161-166

Boppenmaier J，MelchingerA E，Seitz G，et al. 1992. Genetic diversity for RFLPs in Europeanmaize inbreds. Crop Sci，32：895-902

Bouton J H. 2007. Molecular breeding of switchgrass for use as biofuel crop. Curr Opin Genet，17：553-558

Brown R N，Barker R E，Warnke S E，et al. 2010. Identification of quantitative trait loci for seed traits and floral morphology in a field-grown *Lolium perenne*×*Lolium multiflorum* mapping population. Plant Breed，129：29-34

Brown S M, Hopkins M S, Mitchell S E, et al. 1996. Multiple methods for the identification of polymorphic simple sequence repeats (SSRs) in sorghum[*Sorghum bicolor* (L.) Moench.]. Theor Appl Genet, 93 (93): 190-198

Bushman B S, Larson S R, Tuna M, et al. 2011. Orchardgrass (*Dactylis glomerata* L.) EST and SSR marker development, annotation, and transferability. Theor Appl Genet, 123: 119-129

Chen C, Sleper D A, Johal G S. 1998. Comparative RFLP mapping of meadow and tall fescue. Theor Appl Genet, 97: 255-260

Cogan N O I, Smith K F, Yamada T, et al. 2005. QTL analysis and comparative genomics of herbage quality traits in perennial ryegrass (*Lolium perenne* L.). TheorAppl Genet, 110: 363-380

Collard B C Y, Mackill D J. 2009. Start codon targeted (SCoT) polymorphism: a simple, novel DNA marker technique for generating gene-targeted markers in Plants. Plant Mol Biol Rep, 27: 86-93

Cordeiro G M, Casu R, McIntyre C L, et al. 2001. Microsatellite markers from sugarcane (*Saccharum* spp.) ESTs cross transferable to erianthus and sorghum. Plant Sci, 160 (6): 1115-1123

Curley J, Sim S C, Warnke S, et al. 2005. QTL mapping of resistance to gray leaf spot in ryegrass. Theor Appl Genet, 111: 1107-1117

Degani C, Deng J, Beiles A, et al. 2003. Identifying lychee (*Litchi chinensis* Sonn.) cultivars and their genetic relationships using inter-simple sequence repeat (ISSR) markers. J Am SocHorticSci, 128 (6): 838-845

Denchev P D, Songstad D D, McDaniel J K, et al. 1997. Transgenic orchardgrass (*Dactylis glomerata*) plants by direct embryogenesis from microprojectile bombarded leaf cells. Plant Cell Rep, 16 (12): 813-819

Dmitar L, Tamara R, Saša S. 2009. *Edraianthus*×*lakusicii* (Campanulaceae) a new intersectional natural hybrid: morphological and molecular evidence. Plant Systematics and Evolution, 280: 77-88

Doyle J J. 1991. DNA protocols for plants-CTAB total DNA isolation. *In*: Hewitt G M, Johnston A. Molecular Techniques in Taxonomy. Berlin: Springer-Verlag: 283-293

Doyle J J, Doyle J L, Brown A H D. 1990. Analysis of a polyploid complex in glycine with chloroplast and nuclear DNA. Aust Syst Bot, 3: 125-136

Dubcovsky J, Chen C, Yan L. 2005. Molecular characterization of the allelic variation at the *VRN-H2* vernalization locus in barley. Mol Breeding, 15: 395-407

Echt C S, Kidwell K K, Knapp S J, et al. 1994. Linkage mapping in diploid alfalfa (*Medicago sativa*). Genome, 37: 61-71

Ergon A, Fang C, Jørgensen Ø, et al. 2006. Quantitative trait loci controlling vernalisation requirement, heading time and number of panicles in meadow fescue (*Festuca pratensis* Huds.). Theor Appl Genet, 112: 232-242

Fang D Q, Roose M L.1997. Identification of closely related *Citrus* cultivars with inter-simple sequence repeat markers. Theor Appl Genet, 95: 408-417

Gabriela R, Marco A M, Carlos M, et al. 2008. Identification of a minimal microsatellite marker panel for the fingerprinting of peach and nectarine cultivars. Electron J Biotechn, 11 (5): 1-12

Gale M D, Devos K M. 1998. Comparative genetics in the grasses. Proc Natl Acad Sci USA, 95: 1971-1974

Gendall A R, Levy Y Y, Wilson A, et al. 2001. The *VERNALIZATION* 2 gene mediates the epigenetic regulation of vernalization in *Arabidopsis*. Cell, 107 (4): 525-535

Gill G P, Wilcox P L, Whittaker D J, et al. 2006. A framework linkage map of perennial ryegrass based on SSR markers. Genome, 49: 354-364

Gladun I V, Karpov E A. 1993. Distribution of assimilates from the flag leaf of rice during the reproductive period of development. Russ J Plam Physiol，40：215-219

Grattapaglia D，Sedemff R. 1994. Genetic linkage maps of *Eucalyptus grandis* and *Eucalyptus urophylla* using a pseudo-testcross：mapping strategy and RAPD markers. Genetics，137（4）：1121-1137

Greenup A，Peacock W J，Dennis E S，et al. 2009. The molecular biology of seasonal flowering-responses in *Arabidopsis* and cereals. Ann Bot，103：1165-1172

Guo D L，Zhang J Y，Liu C H. 2012. Genetic diversity in some grape varieties revealed by SCoT analyses. Mol Biol Rep，39：5307-5313

Gustavo. 1998. DNA Markers. New York：Wiley-vch Press

Hackett C A，Milne I，Bradshaw J E，et al. 2007. Tetraploid map for windows：linkage map construction and QTL mapping in autotetraploid species. J Hered，98（7）：727-729

Hallden C，Hansen M，Nilsson N O，et al. 1996. Competition as a source of errors in RAPD analysis. Theor Appl Genet，93：1188-1192

Hayward M D，Forster J W，Jones J G，et al. 1998. Genetic analysis of Lolium. Ⅰ Identification of linkage groups and the establishment of a genetic map. Plant Breed，117：451-455

Hirata M，Cai H W，Inoue M，et al. 2006. Development of simple sequence repeat（SSR）markers and construction of an SSR-based linkage map in Italian ryegrass（*Lolium multiflorum* Lam.）. Theor Appl Genet，113：270-279

Horn M E，Shillito R D，Conger B V. 1988. Transgenetiv plants of orchardgrass（*Dactylis glomerata* L.）from protoplasts. Plant Cell Reports，7：469-472

Humphreys M W，Yadav R S，Cairns A J，et al. 2005. A changing climate for grassland research. New Phytol，169：9-26

Ida A，Astarini J A，Plummer Rachel A. 2008. Lancaster Identification of 'Sib' plants in hybrid cauliflowers using microsatellite markers. Euphytica，164：309-316

Inoue M，Gao Z S，Cai H W. 2004. QTL analysis of lodging resistance and related traits in Italian ryegrass（*Lolium multiflorum* Lam.）. Theor Appl Genet，109：1576-1585

Inoue M，Gao Z，Hirata M，et al. 2004. Construction of a high-density linkage map of Italian ryegrass（*Lolium multiflorum* Lam.）using restriction fragment length polymorphism，amplified fragment length polymorphism，and telomeric repeat associated sequence markers. Genome，47：57-65

Isobe S，Klimenko I，Ivashuta S，et al. 2003. First RFLP linkage map of red clover（*Trifolium pratense* L.）based on cDNA probes and its transferability to other red clover germplasm. Theor Appl Genet，108：105-112

Isobe S，Kölliker R，Hisano H，et al. 2009. Construction of a consensus linkage map for red clover（*Trifolium pratense* L.）. BMC Plant Biol，9：57

Izawa T，Oikawa T，Sugiyama N，et al. 2002. Phytochrome mediates the external light signal to express *FT* orthologs in photoperiodic flowering of rice. Genes Dev，16：2006-2020

Jensen L B，Andersen J R，Ursula F，et al. 2005. QTL mapping of vernalization response in perennial ryegrass（*Lolium perenne* L.）reveals co-location with an orthologue of wheat *VRN1*. Theor Appl Genet，110：527-536

Jones E S，Mahoney N L，Hayward M D，et al. 2002. An enhanced molecular marker based genetic map of perennial ryegrass（*Lolium perenne*）reveals comparative relationships with other Poaceae genomes. Genome，45：282-295

Kim K Y，Jang Y S，Cha J Y，et al. 2008. Acquisition of thermo tolerance in transgenic orchardgrass plants with *DgHSP17.2* gene. Asian Austral J Anim，21（5）：657-662

Kim K Y，Jang Y S，Park G J，et al. 2005. Production of transgenic orchardgrass overexpressing a thermotolerant gene，*DgP23*. Korean Society of Grassland Science，25（4）：267-274

Kölliker R，Stadelmann F J，Reidy B，et al. 1999. Genetic variability of forage grass cultivars：a comparison of *Festuca pratensis* Huds.，*Lolium perenne* L.，and *Dactylis glomerata* L. Euphytica，106：261-270

Kosambi D D. 1944. The estimation of map distance from recombination values. Ann Eugen，12：172-175

LaRota M，Sorrels M E. 2004. Comparative DNA sequence analysis of mapped wheat ESTs reveals the complexity of genome relationships between rice and wheat. Funct Integr Genomics，4：34-46

Laurie D A，Pratchett N，Bezant J H，et al. 1995. RFLP mapping of five major genes and eight quantitative trait loci controlling flowering time in a winter × spring barley（*Hordeum vulgare* L.）cross. Genome，38：575-585

Lee H S，Bae E Y，Kim K Y. et al. 2001. Transformation of orchardgrass（*Dactylis glomerata* L.）with glutathione reductase gene. Korean Society of Grassland Science，21（1）：21-26

Lee S H，Lee D G，Woo H S，et al. 2006. Production of transgenic orchardgrass via Agrobacterium-mediatedtransformation of seed-derived callus tissues. Plant Science，171（3）：408-414

Li G，Quiros C F. 2001. Sequence-related amplified polymorphism（SRAP），a new marker system based on a simple PCR reaction：its application to mapping and gene tagging in *Brassica*. Theoretical and Applied Genetics，103：455-461

Li I H，Yun J F，Durisihala，et al. 2009. Genetic analysis on chromosome of hybrid F$_1$ between *Elymus canadensis* and *Elymus sibiricus*. Agricultural Science & Technology，10（5）：67-71

Litt M，Luty J A. 1989. A hypervariable microsatellite revealed by in vitro amplification of a dinucleotide repeat within the cardiac muscle actin gene. Am J Hum Genet，44：397-401

Lolticato S，Rumball W. 1994. Past and present improvement of cocksfoot（*Dactylis glomerata* L.）in Australia and New Zealand. New Zealand Journal of Agricultural Research，37：379-390

Lu X P，Yu J P，Gao C P，et al. 2011. Quantitative trait loci analysis of economically important traits in *Sorghum bicolor×Sorghum sudanenes* hybrid. Can J Plant Sci，91（1）：81-90

Lumaret R. 1982. Protein variation in diploid and tetraploidorchardgrass（*Dactylis glomerata* L.）：formal genetics and population polymorphism of peroxidases and malate dehydrogenases. Genetica，57：207-215

Lumaret R. 1998. Cytology，genetics，and evolution in the genus *Dactylis*. Crit Rev Plant Sci，7：55-89

Luo C，He X H，Chen H，et al. 2010. Analysis of diversity and relationships among mango cultivars using Start Codon Targeted（SCoT）markers. Biochem Syst Ecol，38：1176-1184

Michaels S D，Amasino R M. 1999. FLOWERING LOCUSC encodes a novel MADS domain protein that acts as a repressor of flowering. Plant Cell，11：949-956

Morgante M，Olivieri A. 1993. PCR-amplified microsatellites as markers in plant genetics. Plant J，3（1）：175-182

Morgante M，Hanafey M，Powell W. 2002. Microsatellites are preferentially associated with nonrepetitive DNA in plant genomes. Nature Genet，30：194-200

Mott I W，Larson S R，Jones T A，et al. 2011. A molecular genetic linkage map identifying the St and H subgenomes of *Elymus*（Poaceae：Triticeae）wheatgrass. Genome，54：819-828

Muylle H，Baert J，Bockstaele EV，et al. 2005. Four QTLs determine crown rust（*Pucciniacoronata* f. sp. *lolii*）resistance in a perennial ryegrass（*Lolium perenne*）population. Heredity，95：348-357

Nei M，Li W H. 1979. Mathematical model for studying the genetic variation in terms of restriction endonucleases. Proc Natl Acad Sci USA，76：5269-5273

Nei M. 1973. Analysis of gene diversity in subdivided populations. Proc Natl Acad Sci USA，70：3321-3323

Nybom H. 2004. Comparison of different nuclear DNA markers for estimating intraspecific genetic diversity in plants. Molecular Ecology，13：1143-1155

Ortiz J A，Pessino S C，Bhat V. 2001. A genetic linkage map of diploid *Paspalumnotatum*. Crop Sci，41：823-830

Pankova K，Milec Z，Simmonds J，et al. 2008. Genetic mapping of a new flowering time gene on chromosome 3B of wheat. Euphytica，164：779-787

Peng Y，Zhang X Q，Deng Y L，et al. 2008. Evaluatin of genetic diversity in wild orchardgrass（*Dactylis glomerata* L.）based on AFLP markers. Hereditas，145（4）：174-181

Qrtiz J P A，Pessino S C，Bhat V，et al. 2001. A linkage map of diploid *Paspalum notatum*. Crop Sci，41：823-830

Reed D H，Frankham R. 2001. How closely correlated are molecular and quantitative measures of genetic variation A meta anlysis. Evolution，55（6）：1095-1103

Riday H，Brummer E C，Campbell T A，et al. 2003. Comparisons of genetic and morphological distance with heterosis between *Medicago sativa* subsp. *sativa* and subsp. *falcate*. Euphytica，131：37-45

Röder M S，Plaschke J，König S U，et al. 1995. Abundance，variability andchromosomal location of microsatellites in wheat. Mol Gen Genet，246（3）：327-333

Roldan-Ruiz I，van Eeuwijk F A，Gilliland T J，et al. 2001. A comparative study of molecular and morphological methods of describing relationships between perennial ryegrass（*Lolium perenne* L.）varieties. Theor Appl Genet，103：1138-1150

Ross J P. 1986. Response of early and late-planted soybeans to natural infection by bean podmottle virus. Plant Disease，70：222-224

Rumball W. 1982.'Grasslands Kara'，cocksfoot（*Dactylis glomerata*）. New Zealand Journal of Experimental Agriculture，（10）：49-50

Saghai-Maroof M A，Soliman K M，Jorgensen R A，et al. 1984. Ribosomal DNA spacer-length polymorphisms in barley：mendelian inheritance，chromosomal location，and population dynamics. Proceedings of the National Academy of Sciences，81（24）：8014-8018

Saha M C，Mian R，Zwonitzer J C，et al. 2005. An SSR-and AFLP-based genetic linkage map of tall fescue（*Festuca arundinacea* Schreb.）. Theor Appl Genet，110：323-336

Salse J，Bolot S，Throude M，et al. 2008. Identification and characterization of shared duplications between rice and wheat provide new insight into grass genome evolution. Plant Cell，20：11-24

Sarma R N，Gill B S，Sasaki T，et al. 1998. Comparative mapping of the wheat chromosome 5A *Vrn-A1* region with rice and its relationship to QTL for flowering time. Theor Appl Genet，97：103-109

Schejbel B，Jensen L B，Asp T，et al. 2007. QTL analysis of crown rust resistance in perennial ryegrass under conditions of natural and artificial infection. Plant Breed，126：347-352

Selvi A，Nair N V，Noyer J L，et al. 2006. AFLP analysis of the phenetic organization and genetic diversity in the sugarcane complex，*Saccharum* and *Erianthus*. Genet Resour Crop Evol，53：831-842

Seppanen M M，Pakarinen K，Jokela V，et al. 2010. Vernalization response of *Phleum pretense* and its relationship to stem lignifications and floral transition. Ann Bot，106（5）：697-707

Sheldon C C，Burn J E，Perez P P，et al. 1999. The *FLF* mads box gene：a repressor of flowering in arabidopsis regulated by vernalization and methylation. Plant Cell，11：445-458

Skøt L，Humphreys J，Humphreys M O，et al. 2007. Association of candidate genes with flowering time and water-soluble carbohydrate content in *Lolium perenne*（L.）. Genetics，177：535-547

Skøt L，Sanderson R，Thomas A，et al. 2011. Allelic variation in the perennial ryegrass *FLOWERING LOCUS T* gene is associated with changes in flowering time across a range of populations. Plant Physiol，155：1013-1022

Slate J. 2005. QTL mapping in natural populations：progress，caveats and future directions. Mol Ecol，14：363-379

Song Y，Liu F，Zhu Z，et al. 2011. Construction of a simple sequence repeat marker-based genetic linkage map in the autotetraploid forage grass *Dactylis glomerata* L. Grassland Sci，57：158-167

Steinhoff J，Liu W，Reif J C，et al. 2012. Detection of QTL for flowering time in multiple families of elite maize. Theor Appl Genet，doi：10.1007/s00122-012-1933-4

Studer B, Byme S, Nielsen R, et al. 2012. A transcriptome map of perennial ryegrass(*Lolium perenne* L.). BMC Genomics, 13: 140

Studer B, Jensen L B, Hentrup S, et al. 2008. Genetic characterisation of seed yield and fertility traits in perennial ryegrass (*Lolium perenne* L.). Theor Appl Genet, 117: 781-791

Tautz D. 1989. Hypervariability of simple sequences as a general source for polymorphic DNA markers. Nucleic Acids Res, 17 (16): 6463-6471

Tavoletti S, Veronesi F, Osborn T C. 1996. RFLP linkage map of an alfalfa meiotic mutant based on an F1 population. J Hered, 87: 167-170

Thiel T, Michalek W, Varshney R K, et al. 2003. Exploiting EST databases for the development and characterization of gene-derived SSR-markers in barley (*Hordeum vulgare* L.). Theor Appl Genet, 106 (3): 411-422

Tommasini L, Batley J, Arnold G M, et al. 2003. The development of multiplex simple sequence repeat (SSR) markers to complement distinctness, uniformity and stability testing of rape (*Brassica napus* L.) varieties. Theoretical and Applied Genetics, 106: 1091-1101

Tóth B, Galiba G, Fehér E, et al. 2003. Mapping genes affecting flowering time and frost resistance on chromosome 5B of wheat. Theor Appl Genet, 107: 509-514

Turner L B, Farrell M, Humphreys M O, et al. 2010. Testing water-soluble carbohydrate QTL effects in perennial megrass (*Lolium perenne* L.) by marker selection. Theor Appl Gnenet, 121: 1405-1417

Wang M L, Barkley N A, Yu J K, et al. 2005. Transfer of simple sequence repeat (SSR) markers from major cereal crops to minor grass species for germplasm characterization and evaluation. Plant Genet Resour, 3 (1): 45-57

Xie W G, Lu X F, Zhang X Q, et al. 2012. Genetic variation and comparison of orchardgrass (*Dactylis glomerata* L.) cultivars and wild accessions as revealed by SSR markers. Genet Mol Res, 11: 425-433

Xie W G, Zhang X Q, Cai H W, et al. 2010. Genetic diversity analysis and transferability of cereal EST-SSR markers to orchardgrass (*Dactylis glomerata* L.). Biochem Syst Ecol, 38: 740-749

Xie W G, Zhang X Q, Cai H W, et al. 2011. Genetic maps of SSR and SRAP markers in diploid orchardgrass (*Dactylis glomerata* L.) using the pseudo-testcross strategy. Genome, 54: 212-221

Xie W G, Zhang X Q, Ma X, et al. 2010. Diversity comparison and phylogenetic relationships of cocksfoot (*Dactylis glomerata* L.) germplasm as revealed by SSR markers. Canadian Journal of Plant Science, 90 (1): 13-21

Xie W G, Zhang X Q, Ma X. 2009. Genetic variation and relationship in orchardgrass (*Dactylis glomerata* L.) germplasm detected by SSR markers. HEREDITAS (Beijing), 31 (6): 654-662

Xu W W, Sleper D A, Chao S. 1995. Genome mapping of polyploidy tall fescue (*Festuca arundinacea* Schreb.) with RFLP markers. Theor Appl Genet, 91: 947-955

Xu W W, Sleper D A, Krause G F. 1994. Genetic diversity of tall fescue germplasm based on RFLPs. Crop Science, 34: 246-252

Yamamoto T, Kimura T, Sawamura Y, et al. 2001. SSRs isolated from apple can identify polymorphism and genetic diversity in pear. Theor Appl Genet, 102: 865-870

Yamamoto T, Lin H, Sasaki T, et al. 2000. Identification of heading date quantitative trait locus *Hd6* and characterization of its epistatic interactions with *Hd2* in rice using advanced backcross progeny. Genetics, 154: 885-891

Yano M, Katayose Y, Ashikari M, et al. 2000. *Hd1*, a major photoperiod sensitively quantitative trait locus in rice, is closely related to the Arabidopsis flowering time gene *CONSTANS*. Plant Cell, 12: 2473-2483

Yeh F C, Yang R, Boyle T. 1999. Microsoft window -based freeware for population genetic analysis popgene, version 1.31. Canada: University of Alberta

Young H J，Deric P，Jae O P. 2011. Molecular evidence for the interspecific hybrid origin of *Ilex×wandoensis*. Hort Environ Biotechnol，52（5）：516-523

Zeng B，Zhang X Q，Lan Y，et al. 2008. Evaluation of genetic diversity and orelationships in orchardgrass（*Dactylis glomerata* L.）germplasm based on SRAP markers. Canadian Journal of Plant Science，88（1）：53-59

Zhang J，Wang Y，Wu S，et al. 2012. A single nucleotide polymorphism at the *Vrn-D1* promoter region in common wheat is associated with vernalization response. Theor Appl Genet，125（8）：1697-1704

Zhao X，Kochert G. 1993. Phylogenetic distribution and geneticmapping of a（GGC）$_n$ microsatellite from rice（*Oryza sativa* L.）. Plant Mol Biol，21（4）：607-614

Zhao Y F，Zhang X Q，Ma X，et al. 2014. Morphological and genetic characteristics of 3 hybrid combinations of *Dactylis glomerata*. Genetic and Molecular Research，13（2）：2491-2503

第六章　鸭茅栽培管理技术

引　言

1　鸭茅在国外栽培利用概述

鸭茅具有耐阴性好、饲草品质优良、耐牧、抗寒、耐贫瘠及与多种牧草共生性好等优点。鸭茅引入美洲的栽培已逾 200 多年（Casler et al., 2000），是目前全球温带和亚热带地区广泛栽培牧草之一。目前，鸭茅被美国、英国、加拿大、新西兰、土耳其等国家大量用于多年生混播人工草地建植，尤其在新西兰禾本科栽培牧草中的地位仅次于多年生黑麦草（王栋，1989；希斯等，1992）。在美国东北部湿润寒温带海拔较高地区，鸭茅也是主要栽培牧草之一（谭超夏，1986）。鸭茅适合与白三叶、红三叶、紫花苜蓿、苇状羊茅、多年生黑麦草等混播放牧或刈割利用（Sanderson et al., 2005）。

2　鸭茅在国内栽培利用现状

目前鸭茅在我国南方，尤其是西南中高海拔地区应用非常广泛，已经成为云贵高原、三峡库区、武陵山区、乌蒙山区等发展草食牲畜重点区域的人工草地建植和天然草地改良不可或缺的禾本科草种。此外，在青海、甘肃、陕西、江苏、新疆及纬度较高的吉林、辽宁、黑龙江等省（自治区、直辖市），鸭茅也有一定的种植规模。在品种使用方面，国内栽培鸭茅品种多引自丹麦、美国、澳大利亚等国，主要品种有'安巴'、'楷模'等。国产鸭茅品种中，'宝兴'、'滇北'、'川东'等目前种植面积相对较大。

鸭茅作为多年生牧草，在我国南方 800m 以上的中高海拔地区有着广阔的栽培前景。在重庆，鸭茅单播种植产量高于多年生黑麦草，但低于低海拔地区种植的多花黑麦草和杂交狼尾草等，故其主要利用优势区域为中高海拔混播草地。在重庆鸭茅主要混播搭配草种为紫花苜蓿、白三叶，适宜的混播组合每亩土地年可提供 4000~5000kg 优质牧草供肉牛利用。

国外大量的研究及生产实践已经证明，以鸭茅和白三叶为主的混播牧草组合无论在牧草鲜草和干草产量、营养品质还是在利用年限方面都具有明显的优势，适合广泛的放牧及刈割利用。鸭茅的混播利用在加拿大、新西兰和法国等地利用尤其普遍。在国内，鸭茅和白三叶、紫花苜蓿混播广泛应用于西南地区的石漠化地区和高海拔地区天然草地改良。在重庆市巫溪红池坝的研究表明，鸭茅和红三叶等豆科牧草的混播草地最佳施氮

本章负责人：曾　兵　梁小玉

量为 $30\sim160kg/hm^2$，磷肥的施用量为 $160\sim490kg/hm^2$。

鸭茅种子的生产主要集中于美国的俄勒冈州、华盛顿州和爱达荷州等地，该地区鸭茅种子生产的专业化程度很高，而且区域界限十分明显，还建有完善的高标准的配套试验基地。在国内，重庆市曾建立了鸭茅种子生产基地；四川的宝兴县也建立了'宝兴'鸭茅种子生产基地，研究表明在宝兴县最适宜的氮、磷、钾配比为 3∶1∶2（氮 $120kg/hm^2$+磷 $40kg/hm^2$+钾 $80kg/hm^2$），其产量最高达到 $611kg/hm^2$，种子生产的最佳播量为 $2g/m^2$，$45\sim60cm$ 为最适行距；2011 年，重庆市垫江县和四川农业大学草业科学系合作建立了千亩'宝兴'鸭茅种子生产基地。

由于受山地地形和土地面积限制，鸭茅在重庆和四川等地多以刈割利用为主，而在云南、贵州则有部分区域种植鸭茅用于肉牛和山羊的放牧利用。三峡库区大量农户通过改良建植中高海拔山区 10 余亩鸭茅及白三叶混播人工草地结合酒糟、红薯渣等非常规饲料资源家庭养殖 $10\sim20$ 头肉牛，建立"庭院牧场"，实现万元增收。云南开展了鸭茅和白三叶草地型肉牛放牧系统研究，通过实施全日制划区轮牧、载畜量季节性调控、维持肥施用、草地除杂、枯草期补饲等措施优化并对草地的土壤养分、牧草生长强度、现存量、组分、养分及肉牛体重、日增体重等进行监测，实现了肉牛的养殖增收和草地的可持续利用。贵州晴隆、毕节等地则通过利用鸭茅与白三叶、苇状羊茅、多年生黑麦草等多年生牧草改良草地发展山羊养殖，取得了较好的种养结合经济效益。

第一节 不同品系鸭茅种子生产性能的比较研究

鸭茅为禾本科多年生草本植物，是我国温带及南方中高海拔地区草地生态建设和畜牧生产的骨干草种（彭燕和张新全，2003）。鸭茅具有蛋白质含量高、适口性好、产草量高、耐阴、耐湿、病虫害少等特性，是世界著名的温带优良牧草之一（张新全等，2002）。优良的牧草种子是获得高产、优质牧草的基础，是扩大牧草栽培面积的前提。我国牧草种子生产起步较晚，主要依赖进口。

近年来鸭茅品种在国内大量推广栽培，但种子来源主要依靠进口。本研究在重庆荣昌开展，通过对 5 个常见的鸭茅品系在本地的表现，特别是对荣昌地区土壤环境和气候环境的适应性，种子生产性能，物候期等方面开展观测研究，选出适合在重庆荣昌本地进行种子生产且种子生产性能高的鸭茅品系，为鸭茅种子的高产提供依据。

1 材料与方法

1.1 试验材料

本试验选择了国内外常见的 5 个鸭茅品系，种子来源及资源编号详见表 6-1。

表 6-1 供试鸭茅资源及其来源

序号	材料编号	材料来源地	品种（系）名
1	79-9	中国江西庐山	野生材料
2	01-103	美国纽约	野生材料
3	宝兴	中国四川宝兴	宝兴
4	01076	中国西安植物园	81-Justus
5	02123	中国湖北省畜牧兽医研究所	Portorn

1.2 试验地环境条件概况

试验地位于西南大学荣昌校区动物科学系草业科学教学科研示范园区内，土壤类型为沙壤土。试验地地处东经 105°17′~105°44′，北纬 29°15′~29°41′，年降雨量为 1099mm，年活动积温 6383℃，年日照 1083h，相对湿度 72%，年均温 17℃，超过 40℃的天气有 15d 左右。1 月最低温–4℃，最热 7 月平均气温 27℃。试验地土质为沙壤土，土壤 pH 为 6.9，有机质含量小于 0.5%，其中，含铵态氮 16.0ppm，有效磷 12.5ppm，速效钾 85.6ppm。

1.3 试验时间和地点

本试验于 2008 年 10 月至 2009 年 7 月在西南大学荣昌校区动物科学系草业科学试验地、温室及实验室进行，包括田间观测、种植和实验室分析两个部分。

1.4 试验设计

试验采用随机区组设计，小区面积为 3m×3m，每个品系 3 个重复，共 15 个小区，小区间距为 50cm。大区间间隔、四周走道宽均为 70cm。

于 2008 年 10 月 22 日将种子条播于试验地，播种量为 1.5g/m²，即每个小区的播种量为 13.5g。试验地实行专人田间管理，主要包括除草、施肥、浇水、病虫害的防除等。

1.5 测定指标及方法

1.5.1 物候期观测

物候期观测项目包括出苗期、分蘖期、拔节期、抽穗期、开花期和完熟期。各生育期各以 50%的植物出现为度，并计算整个生育天数。

1.5.2 种子产量构成因子的测定

在各个生育期测定各个小区的种子产量构成因子，其具体内容和方法如下。

1）生殖枝数：在试验小区内随机选取面积为 1m² 样方，重复 3 次，记录样方内的所有枝条或生殖枝数。

2）花序数和分蘖数：收种后，在各试验小区内随机选取 20 株，测出每株的花序数和分蘖数。

3）小穗数：在各试验小区内随机选取 15 个生殖枝，分别记录每生殖枝的小穗数，取平均值。

4）小花数：在 20 个随机选取的生殖枝上随机选取 20 个小穗，记录每小穗小花数，取平均值。

1.5.3 种子产量

于 2009 年 5 月 26 日至 2009 年 6 月 14 日种子成熟后以小区为单位进行收获，收种后放于温室中晾干后搓出种子，去除杂质后用台秤称出各小区种子的产量。

1.5.4 种子质量的测定

1）千粒重：各品系随机数 1000 粒种子，用分析天平称重，每个品系重复 4 次。

2）种子发芽势及发芽率：种子发芽势、发芽率试验按照国际种子协会标准（ISTA）的标准进行（韩建国，1997）。各品系随机取 100 粒种子，3 个重复。放入培养皿中并置于温度控制在 25℃左右的恒温光照培养箱中，每隔 2～3d 浇水一次，培养 7d 测出各品系的发芽势，培养 21d，测出各品系的发芽率。

3）发芽指数：发芽指数（GI）$=\sum G_t/D_t$，式中，G_t 指浸种后 t 日的发芽数；D_t 指相应的发芽日数。

1.6 数据分析

采用 Excel 进行数据分析。

2 结果与分析

2.1 物候期分析

物候期观测见表 6-2，供试鸭茅种质生育期最短的为'宝兴'，仅为 221d，最长的为鸭茅 02123，为 235d，前后相差 14d，生育期次长的为鸭茅 01076，为 231d。根据生育期总天数，可以将 5 个种质大致划分为早熟型和晚熟型。国内鸭茅'宝兴'生育期非常短，仅为 221d，属于早熟品种，湖北野生材料 02123 全部生育期 235d，为晚熟品种。从表 6-2 可以发现，5 个种质材料在试验地气候条件下均能正常完成生育期，说明其均能较好地适应荣昌地区的生态气候条件。进一步观察还发现，早熟型进入拔节、抽穗、开花的时间早，完成生育期所需时间短。早熟型具有营养生长期比晚熟型短，而生殖生长期比晚熟型长的特点（彭燕等，2007）。

表 6-2 物候期的观测（年-月-日）

资源编号	出苗期	分蘖期	拔节期	抽穗期	开花期	完熟期	生育期天数/d
02123	2008-10-30	2008-12-15	2009-4-15	2009-4-25	2009-5-17	2009-6-16	235
01076	2008-10-30	2008-12-11	2009-4-7	2009-4-21	2009-5-8	2009-6-12	231
79-9	2008-10-30	2008-12-9	2009-3-31	2009-4-18	2009-5-3	2009-6-10	229
01-103	2008-10-30	2008-12-5	2009-3-25	2009-4-13	2009-4-30	2009-6-5	224
宝兴	2008-10-30	2008-12-2	2009-3-20	2009-4-8	2009-4-26	2009-6-2	221

注：播种期为 2008 年 10 月 22 日

2.2 各品系鸭茅花序数、种子产量及其构成因子的分析

从图 6-1 看出，这 5 个品系中花序数最高的是'宝兴'，最低的是 02123，再对各品系鸭茅的花序数进行多重比较，结果如表 6-3 所示。

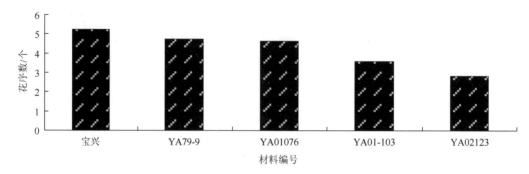

图 6-1 开花期各个鸭茅品系花序数对照图

表 6-3 花序数多重比较结果表（SSR 法）

品种	花序数	$a=0.05$	$a=0.01$
宝兴	5.25	A	A
79-9	4.75	A	A
01076	4.65	Ab	A
01-103	3.6	Ab	A
02123	2.85	B	A

注：同列中不同大写字母间差异极显著（$P<0.01$），不同小写字母间差异显著（$P<0.05$）

从表 6-3 得知：不同品系鸭茅的花序数存在较大差异。试验的 5 个鸭茅品系中，花序数最多的是'宝兴'，其次是 79-9，它们花序数显著高于 02123，分别高达 5.25 和 4.75 个，花序数最少的为 02123，仅有 2.85 个。由多重比较结果可知，'宝兴'和 79-9 的花序数显著高于 02123；01076 和 01-103 的花序数与 02123 差异不显著，鸭茅 01076 和 01-103 间差异也不显著。

从表 6-4 得知，不同品系鸭茅的生殖枝、每生殖枝小穗数、每小穗小花数、千粒重、种子长度、宽度存在较大差异。生殖枝最高的品系为 01076，最低的品系为 01-103，分别达到 347.67 枝/m²、195.67 枝/m²，01076 极显著高于其他 4 个品系，而 02123 和 79-9 显著高于'宝兴'和 01-103，'宝兴'与 01-103 差异极显著。每生殖枝小穗数最高和最低的品系分别是 02123 和 01076，即 189.53 个、140.87 个，两者间差异达到显著水平，但 02123 和 01-103、'宝兴'差异不显著。每小穗小花数最高的是 01076，极显著高于 02123 和 79-9，显著高于'宝兴'，01-103 与'宝兴'、79-9 和 02123 差异不显著。千粒重最高的为'宝兴'，即 0.847g，与 01-103 差异极显著，与 02123、01076 和 79-9 无显著差异，其中千粒重最低的是 01-103。种子产量最高的是 01076，高达 512.03kg/hm²，极显著高于 01-103、'宝兴'，与其他 4 个品系存在显著差异，02123、79-9 与'宝兴'、01-103 存在显著差异，02123 与 79-9 差异不显著，'宝兴'与 01-103 差异也不显著。

表 6-4 各品系种子产量及其构成因子的多重比较（SSR 法）

品种	生殖枝/m²	每生殖枝小穗数	每小穗小花数	千粒重/g	种子产量/（kg/hm²）
01076	347.67aA	140.87bA	4.35aA	0.84aA	512.03aA
79-9	331.33bB	144.73bA	3.6bB	0.7533aA	421.78bA
02123	321.33bB	189.53aA	3.55bB	0.7467aA	404.22bA
宝兴	241.33cC	163.4abA	3.8bAB	0.847aA	327.14cB
01-103	195.67dD	165.8abA	4abAB	0.4817bB	264.38cB

注：同列中不同大写字母间差异极显著（$P<0.01$），不同小写字母间差异显著（$P<0.05$）

2.3 各品系各性状的变异度分析

从表 6-5 得知：不同品系 5 个性状的变异系数大小顺序是：$y>x_1>x_4>x_2>x_3$，其中，x_3、x_2 的变异系数最低分别为 8.50%、12.09%，尤其是小花数变幅为 3.55~4.35 个。其余 3 个性状的变异系数为 20.55%、22.84% 和 24.50%。不同品系，种子产量的变异最大，其次是生殖枝，生殖枝的变异主要是对各品系的基本苗及分蘖影响很大，从而影响植株的生长发育及有效分蘖，对种子的产量造成影响。因此在生产中应选择生殖枝作为主攻目标，以提高鸭茅种子产量，实现其生产潜力（Larsen，1977）。

表 6-5 不同品系各性状的变异度

性状	变幅	平均值（$\bar{x}$）	标准差（sd）	变异系数（CV）/%
种子产量 y/g	264.38~512.03	385.91	94.54	24.50
生殖枝 x_1/个	195.67~347.67	287.47	65.67	22.84
千粒重 x_4/g	0.48~0.85	0.73	0.15	20.55
小穗 x_2/个	140.87~189.53	160.87	19.45	12.09
小花 x_3/个	3.55~4.35	3.86	0.33	8.50

2.4 各品系种子质量分析

从图 6-2 和图 6-3 可以看出，不同品系鸭茅种子的发芽势、发芽率、发芽指数存在差异，种子发芽势、发芽率最高的是 01076，最低的是 01-103，再对发芽势、发芽率、发芽指数进行多重比较，结果如表 6-6 所示。

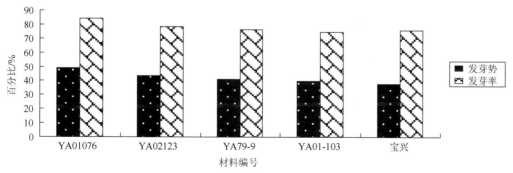

图 6-2 不同品系鸭茅种子发芽势及发芽率对照图

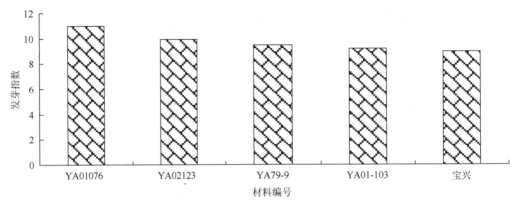

图 6-3　不同品系鸭茅种子发芽指数对照图

表 6-6　不同品系种子生活力不同测定方法的平均值

指标	01076	02123	79-9	01-103	宝兴
发芽势/%	49aA	43.33bAB	41bAB	39.67bB	37.67bB
发芽率/%	84aA	78.33bB	76bcB	74.67cB	75.67bcB
发芽指数	11aA	9.92bAB	9.47bB	9.22bB	8.98bB

注：同列中不同大写字母间差异极显著（$P<0.01$），不同小写字母间差异显著（$P<0.05$）

从表 6-6 得知：不同品系鸭茅种子质量存在差异，通过对种子发芽势的测定得出 01076 的发芽势最高，达到 49%，极显著高于 01-103 和'宝兴'，而 02123、79-9、01-103 和'宝兴'之间差异不显著。通过对发芽率的测定得出发芽率最高的品系是 01076，达 84%，01076 极显著高于其他 4 个品系，02123 与 79-9 差异不显著，01-103、'宝兴'与 79-9 差异不显著。而发芽指数最高和最低分别是 01076、'宝兴'，其中 01076 极显著高于 79-9、01-103 和'宝兴'，与 02123 差异显著，而 02123、79-9、01-103 和'宝兴'之间差异不显著。综上可以看出 01076 在发芽势、发芽率、发芽指数这 3 个指标中表现显著，说明 01076 在种子质量上表现优秀。

2.5　各品系各性状与产量的相关分析

不同品系相关分析（表 6-7）显示，生殖枝是构成产量的第一因子，与产量相关系数为 0.871，达到极显著水平；对种子产量有影响的第二因子是分蘖数，与产量相关系数是 0.881，达到显著水平；从产量构成因子分析可以看出小花数是一个稳定的因素，受品种的影响小，是产量构成因子中贡献最小的，与产量的相关系数仅为 0.212，可见它主要受遗传基因控制。

表 6-7　不同品系各性状与产量的相关系数

	发芽率	小花数	小穗数	千粒重	花序数	发芽势	生殖枝	实际种子产量
分蘖数	0.416	0.246	−0.191	0.555	0.341	0.558	0.857	0.881*
发芽率		0.464	−0.136	0.220	−0.024	0.793*	0.372	0.609
小花数			−0.642	0.023	0.257	0.427	−0.026	0.212
小穗数				−0.118	−0.739	−0.146	−0.033	0.256

续表

	发芽率	小花数	小穗数	千粒重	花序数	发芽势	生殖枝	实际种子产量
千粒重					0.513	0.313	0.577	0.461
花序数						−0.096	0.143	0.246
发芽势							0.618	0.737*
生殖枝								0.871**

注：*表示在 0.05 水平显著相关；**表示在 0.01 水平极显著相关

2.6　不同品系产量预测模型的建立

从以上分析可以看出，生殖枝数的变异很大，在此基础上利用 Excel 作逐步回归分析，筛选出了生殖枝数（x_1）和发芽势（x_5）2 个性状，以此为参数建立产量回归模型为

$$y=165.62+0.938x_1+5.776\,x_5$$

此方程预测这 5 个品系鸭茅种子产量可靠性达到 95%（$r^2=0.95$），F 值为 10.330，在 0.01 水平上显著。

3　讨论与结论

3.1　物候期比较分析

物候期的观测可以掌握各种牧草生长与开花结实规律，了解其在一定地区内生长发育各时期的进展及其与环境条件的关系，同时也便于进一步掌握植物的特征（周兆琼，1994）。本次试验观测到的鸭茅生育天数较其他专家研究的少了 10d 左右，可能与观测地的环境条件存在一定的差异有关。鸭茅种质在物候期内观测的生育天数在冬天较暖和的情况下会较寒冷的冬天少一些（彭燕和张新全，2003）。荣昌地区冬天气温较高，这可能是导致本次鸭茅的实际生育天数较其他地区少了 10 余天的主要原因。

3.2　种子产量及其构成因子的比较分析

本次试验种子产量普遍较低且差异较大，主要是在收种的过程中遭遇降水，导致种子的产量减少，特别对晚熟品种的影响较大。所以在实际生产过程中要注意在收种过程中尽量避开雨水天气，提早收种以减少损失。通过对种子产量及其构成因子的多重比较和变异度分析得出：鸭茅 01076 在生殖枝、小花数、千粒重、种子产量 4 个指标中表现显著，说明 01076 是这 5 个品系中在种子产量及其构成因子中表现最优秀。通过变异度的分析得出对种子产量影响最大的指标是生殖枝，生产中应选择生殖枝作为主攻目标，以提高鸭茅种子的产量，实现其生产潜力，小花数的变异度最小，说明小花数比较稳定，主要受遗传的影响，受环境的影响不大。

3.3　鸭茅种子质量的比较分析

种子质量主要表现在千粒重、发芽势、发芽率和发芽指数上，这些指标反映的是种

子的饱满度和结实率。收种当年灌浆期降水较多，造成土壤养分流失较大（姜薇，2003），花授粉困难，此外，太阳辐射较低也是导致种子灌浆能力减弱、种子发芽率普遍降低的主要原因。

千粒重也是种子质量的重要指标，它标志着种子的发育程度，千粒重越大种子越饱满，发育越完全，种子质量相对较高。本试验由于灌浆期遭遇降水等原因，种子千粒重降低，生活力也普遍降低（梁小玉等，2005）。

3.4 鸭茅各性状与产量的相关分析及产量预测模型建立的比较分析

通过对各品系鸭茅各性状与产量进行相关分析得出生殖枝对种子产量的影响最大，而小花数是一个稳定的因子，主要受遗传基因控制，这与前面变异度分析的结果一致，并且这一结果与梁小玉在'宝兴'鸭茅种子生产关键技术研究及质量评价中的结论是一致的（梁小玉，2006）。产量预测模型的建立可以预测一个品系的种子产量，但本试验得出的产量预测模型只是针对这5个品系在荣昌地区的产量预测。

3.5 结论

本次试验结果可知，鸭茅在荣昌地区均有较好的种子生产性能，可以大面积地进行种子生产。特别是01076不仅种子产量高且质量好，它的产量、千粒重、发芽势、发芽率、发芽指数（分别达到512 kg/hm^2、0.84g、49%、84%和11）都显著高于其他品系，是最适合荣昌地区进行种子生产的品系。

第二节　不同播量对宝兴鸭茅种子生产性能的影响

'宝兴'鸭茅（*Dactlis glomerata* L. cv. Baoxing）是利用四川本地资源选育出的综合性状良好、高产的优质品种，在我国南方中高海拔地区有着广阔的栽培前景（张新全等，2002；周自玮等，2000）。但是，由于该品种是由野生种驯化而来，因此，其种子生产中存在一些问题，如种子千粒重较小，饱满度不均匀。国外对鸭茅种子生产技术的研究进行得较早。根据美国俄勒冈州的经验，鸭茅种子生产以行距45cm条播，播量以3.5～5.7kg/hm^{2}为宜。韩国的条播用量多为12kg/hm^{2}左右（Popov and Tomov，1974；Tomov et al.，1975；Kellner et al.，1979）。我国常用播量为7.5～15kg/hm^2，这是一个较大的范围，而且具体到不同品种、不同生境，播量又有差异。不适宜的播量也可能是造成'宝兴'鸭茅种子收获困难和低产低质的原因。因此，研究适宜的播量对'宝兴'鸭茅种子生产具有十分重要的现实意义。

1　材料与方法

1.1　试验地概况

试验在四川省宝兴县灵关镇上坝（农业部"鸭茅种子基地建设"项目原种基地）

进行，北纬 30°8′，东经 103°23′，海拔 725m，属河谷暖湿气候，冬季寒冷少雨，夏季温暖多雨，年均降水量 1328.8mm，主要集中在 6～8 月。收种当年测得 4～6 月的降水量较高，分别为 107.7mm、81.2mm、163.1mm。年均气温 15.2℃，1 月和 7 月平均气温 4.5℃和 22.6℃。≥10℃年积温 4508.2℃，无霜期 320.9d。土壤为河滩土，肥力中等。

1.2　供试材料

2001 年采集于四川农业大学育种基地，播前实验室测定发芽率 94.2%，不作任何特殊处理。

1.3　播种与种子田管理

试验地耕深 15cm，耙细整平，去除杂物 1 周后于 10 月 1 日按照设计播量分别播种，条播，行距 30cm，随机区组排列，3 次重复，小区面积为 3m×2m，保护行宽 50cm。播种时施种肥，播种后及时浇灌以利出苗。在整个生长观测期中，适时中耕除草，注意防治病虫害等。

1.4　试验设计

共设 5 个处理，以每平方米用种量计，分别为：1g、2g、3g、4g、5g，用字母 A1、A2、A3、A4、A5 表示。

1.5　观测项目及测定方法

1.5.1　种子产量构成因子的测定

2002 年秋季分蘖期、2003 年春季分蘖期和盛花期在各试验小区随机选取面积为 0.5m×2m 的样方（不包括小区第 1 行和第 10 行 2 个边际行），重复 3 次，分别测定分蘖数和生殖枝，2003 年盛花末期和乳熟期在各小区随机选取 20 株生殖枝和 20 个小穗分别测定每生殖枝小穗数、每小穗小花数和每小穗种子数。并计算种子潜在产量。

1.5.2　种子实际产量及质量评价指标的测定

2003 年收获期在各小区随机选取面积为 0.5m×2m 的样方（同上）刈割，重复 3 次，晒干、脱粒、清选后称重，并选取净种子 1000 粒称重，重复 3 次，计算平均质量。收种 2 个月后，选取大小均匀健康的净种子 200 粒，参照国标《牧草种子检验规程》，采用纸上发芽的方法测定种子发芽势、发芽率和发芽指数，重复 3 次（GB/T 2930.4—2001）（宋淑明，1997）。

1.6　数据处理

采用 Excel 2000、DPS 统计分析软件进行数据分析。

2 结果与分析

2.1 播量处理对分蘖的影响

2002年秋季和2003年春季对播量处理的分蘖进行观测。当播量从1g/m²增加到4g/m²时，秋季分蘖密度与播量呈正比，A5处理分蘖密度开始下降但与A3无明显差异，即秋季分蘖密度最高的处理是A4，为535枝/m²；对春季分蘖进行分析，可见A2处理显著高于其他处理，为1104枝/m²，A1处理则显著低于其他处理，其余处理间差异不显著（图6-4）。这是因为鸭茅第1年分蘖弱，次年秋季分蘖与基本苗数呈正比，因此单位面积分蘖与播量基本上呈正比关系；2003年春季是鸭茅分蘖盛期，由于鸭茅属疏丛型禾草，第2年和第3年，鸭茅分蘖在遗传和环境的作用下有利于自身生长的调整，播量过高时，影响群体营养生长，因此，单位面积基本苗数虽高，但分蘖密度差异却不大。

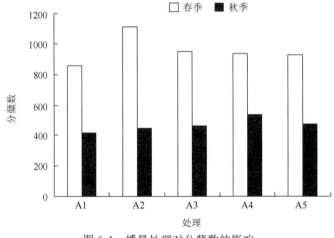

图6-4 播量处理对分蘖数的影响

2.2 种子产量及其构成因子的方差分析与多重比较

对产量及其构成因子进行方差分析与多重比较见表6-8，结果显示：播量处理对每小穗种子数、每小穗小花数、结实率均无显著影响，对生殖枝、每生殖枝小穗数、千粒重、实际种子产量都具有极显著影响；生殖枝最高和最低的处理分别是A2和A1，播量过大或过小都会降低生殖枝数，因为鸭茅的有效分蘖主要是由其秋季分蘖及部分春季分蘖形成的，而A1和A5秋季、春季分蘖均较少；每生殖枝小穗数最高和最低的处理分别是A2和A4，两者间差异达极显著水平；播量处理中千粒重最高的处理为A1，与A2差异不显著，与A4、A5差异极显著，其中千粒重最低的处理是A5；处理A2潜在产量和实际产量最高，分别为1224kg/hm²、293kg/hm²，其实际产量与其他处理间差异极显著，潜在产量和实际产量最低的处理是A5，当播量大于3g/m²时，潜在产量和实际产量都显著下降，而且达不到低播量时的水平。可见，在特定的行距条件下，播量过高导致鸭茅对光、温、水分、营养的争夺，反而会影响种子的产量和品质。

表 6-8　播量处理种子产量及其构成因子的多重比较

处理	生殖枝	每生殖枝小穗数	每小穗小花数	每小穗种子数	千粒重/g	结实率/%	潜在种子产量/（kg/hm²）	实际种子产量/（kg/hm²）
A1	195Ee	165ABa	4.2a	2.2a	0.520Aa	51.8a	701	218Cc
A2	331Aa	170Aa	4.3a	2.3a	0.507ABa	52.3a	1224	293Aa
A3	264Bb	161ABab	4.3a	2.2a	0.464ABb	52.2a	841	257Bb
A4	227Cc	147Bc	4.2a	2.1a	0.451BCb	50.2a	629	199CDd
A5	211Dd	150Bbc	4.3a	2.2a	0.398Cc	49.8a	544	184Dd

注：同列不同小写字母表示差异显著（$P<0.05$），不同大写字母表示差异极显著（$P<0.01$）

2.3　播量处理对种子质量的影响

播量处理对鸭茅种子质量有一定影响。通过种子千粒重的测定发现，播量越低，种子千粒重越高。这是由于播量增高时影响了鸭茅的营养生长和生殖生长，植株间对光、温、水等的竞争加强，影响了种子内容物的积累，降低了种子的成熟度。此外，对种子发芽测定显示，播量处理对鸭茅种子发芽势有较大影响。发芽势最高的处理是 A1，为46.4%，发芽势随播量增加而略有降低，但当播量增加到 4g/m² 时，发芽势变化极小，与最低发芽势处理 A5，即 36.2% 几乎无差异。从发芽指数看，A1 略高于 A2，但无显著差异，A3、A4、A5 发芽指数显著降低，A5 最低。播量处理对鸭茅种子发芽率几乎无影响，发芽率最高与最低的处理分别是 A1、A4（表 6-9）。可见，播量过高，生产出的种子活力有所降低，虽然对发芽率几乎无影响，但对以后出苗的整齐度有较大的影响，从而可能会给以后的生产带来一系列的影响。

表 6-9　播量处理种子生活力不同测定方法的平均值

指标	A1	A2	A3	A4	A5
发芽势/%	46.4	43.4	38.4	36.4	36.2
发芽率/%	83.2	82.9	81.6	79.9	80.5
发芽指数	12.0	11.7	9.8	7.7	7.3

3　讨论与结论

播量处理对鸭茅种子产量有显著影响，对发芽势和发芽指数有较大影响，对发芽率影响不大，其中影响产量的主要构成因子是生殖枝数和小穗数，小花数是受环境影响最为稳定的因子，主要由遗传因子决定。研究表明，当播量为 1g/m² 时，潜在产量和实际产量都较低，但种子品质较好；当播量大于 3g/m² 时，潜在产量、实际产量、千粒重和小穗数都急剧降低。分析其原因为：当播量太低时，基本苗很少，有效分蘖少，最后形成的生殖枝也就少,在这种情况下,单株植物生态条件好,所得种子质量好,但由于不能获得较高的产量,因此该播量不适宜;当播量超过 3g/m² 时,基本苗较多,单位面积分蘖多,群体过大,遮光蔽荫,光合效应差,个体发育不良,使有效分蘖减少,由于养分缺乏,分蘖成穗也少,最终导致产量低而且质量差。因此,权衡利弊,鸭茅种子生产最适宜的播量为 2g/m²。

根据试验,建议在宝兴当地'宝兴'鸭茅的实际种子生产中,以 2g/m² 为播量,有利于鸭茅种子产量和品质的提高。而且以后的生产中应主攻生殖枝和结实率来提高种子产量。

第三节 不同行距对宝兴鸭茅种子生产性能的影响

鸭茅是世界著名的仅次于黑麦草的温带优良牧草,也是林下草地和高效人工草地优良的混播草种之一(张新全等,2002)。对于我国当前的退耕还林还草、林草复合植被建设具有积极的意义。国外对鸭茅种子生产技术的研究不仅进行得早而且多。根据美国俄勒冈州的经验,条播行距为 45cm,机械收获则多采用 90cm 行距(梁小玉等,2005)。

'宝兴'鸭茅是杜逸、张新全等利用本地资源选育出的综合性状良好、高产、质优的品种,在我国南方中高海拔地区有着广阔的栽培前景。但是,由于该品种是由野生种驯化而来,因此,其种子生产中存在许多问题,如种子千粒重较小,饱满度不均匀。此外,不适宜的播种方式也造成了种子收获困难和低产低质。因此,研究适宜的行距对'宝兴'鸭茅种子生产具有十分重要的现实意义。

1 材料与方法

1.1 试验地概况

试验在四川省宝兴县灵关镇上坝(农业部"鸭茅种子基地建设"项目原种基地)进行,30°8′N,103°23′E,海拔 725m。属河谷暖湿气候,冬季寒冷少雨,夏季温暖多雨,年均降水量 1328.8mm,主要集中在 6~8 月,收种当年测得 4~6 月的降水量较高,分别为 107.7mm、81.2mm 和 163.1mm。年均气温 15.2℃,1 月和 7 月平均气温 4.5℃和 22.6℃;≥10℃年积温 4508.2℃,无霜期 320.9d。土壤为河滩土,氮和钾为中上水平,但全磷和速效磷较低,分别为 0.018%和 10.46mg/kg。

1.2 供试材料

田间试验材料均为 2001 年采集于四川农业大学育种基地的原种——'宝兴'鸭茅。实验室测定发芽率 94.2%。播前不作任何特殊处理。

1.3 播种与种子田管理

试验地耕深 15cm,耙细整平,去除杂物 1 周后分别按照设计时间播种,播量 20kg/hm²,

条播，行距 30cm，随机区组排列，3 次重复，小区面积为 3m×2m，保护行宽 50cm。播种时施种肥，播种后及时浇灌以利出苗。在整个生长观测期中，适时中耕除草，注意防治病虫害等。

1.4　试验设计

行距试验共设 5 个处理，即 15cm、30cm、45cm、60cm、90cm，分别用字母 A1、A2、A3、A4、A5 表示。

1.5　观测项目及测定方法

1.5.1　种子产量构成因子的测定

2002 年秋季分蘖期、2003 年春季分蘖期和盛花期在各试验小区随机选取面积为 0.5m×2m 的样方（不包括小区第 1 行和第 10 行 2 个边际行），重复 3 次，分别测定分蘖数和生殖枝，2003 年盛花末期和乳熟期在各小区随机选取 20 株生殖枝和 20 个小穗分别测定每生殖枝小穗数、每小穗小花数和每小穗种子数。

1.5.2　种子实际产量

2003 年收获期在各小区随机选取面积为 0.5m×2m 的样方（方法同上）刈割，重复 3 次，晒干、脱粒、清选后称重，并选取净种子 1000 粒称重，重复 3 次，计算平均质量。种子潜在产量=每平方米生殖枝数×每生殖枝小穗数×每小穗小花数×平均种子重。

1.5.3　种子质量评价指标的测定

选取大小均匀健康的净种子 200 粒，采用纸上发芽的方法测定种子标准发芽势、发芽率，具体方法见 GB/T 2930.4—2001，重复 3 次。另外，选取大小均匀健康的净种子 200 粒，采用 DDS-307 型电导仪测定种子电导率，方法参见白宝璋和汤学军的《植物生理学测试技术》（白宝璋和汤学军，1999），重复 3 次。

1.6　数据处理

采用 Excel 2000、APS 及 SPSS 统计分析软件进行数据分析。

2　结果与分析

2.1　行距处理对鸭茅春秋季分蘖的影响

行距对春秋季分蘖的影响基本上呈相反的趋势。30～15cm 时，春季分蘖最低，为 662 蘖/m²，随行距增加，分蘖逐渐增加，30～45cm 时，春季分蘖最高，为 799 蘖/m²，然后随行距增加显著下降，但仍略高于 A1 和 A2 处理，而且 A4 和 A5 差异不显著；秋季分蘖随行距增加呈降低趋势，其中分蘖数最高和最低的处理分别是 A1 和 A5，即 516 枝/m² 和 454 枝/m²（图 6-5）。

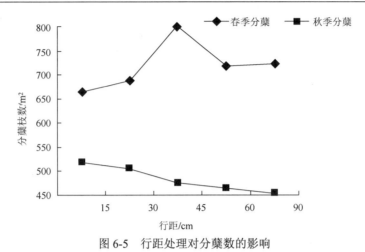

图 6-5　行距处理对分蘖数的影响

2.2　对鸭茅种子产量及其构成因子的分析

2.2.1　鸭茅种子产量及其构成因子的方差分析与多重比较

对鸭茅种子产量及其构成因子进行方差分析与多重比较。结果显示：行距处理对鸭茅的生殖枝、千粒重、实际种子产量都具有极显著影响 [F 值分别为 21.739、25.549、35.283，$F_{0.01}$（4，14）=5.03]，对每小穗种子数具有显著影响 [F 值为 4.008，$F_{0.05}$（4，14）=3.11]；其中生殖枝最高和最低的处理分别是 A3 和 A5，分别达 225 枝/m²、176 枝/m²，两者间差异极显著，但 A1、A2 和 A5 间差异不显著；千粒重最高的为 A4 处理（0.587g），与 A3、A5 无显著差异，与 A1、A2 差异极显著，其中千粒重最低的是处理 A1，0.487g；每小穗种子数最高的处理是 A4，为 2.7 个，与 A3、A5 无显著差异，但与最低的 A1（2.1 个）和 A2（2.2 个）处理差异显著；在行距处理中，A3 处理潜在产量和实际产量最高，分别为 986kg/hm²、265kg/hm²，其实际产量与 A4 处理的差异显著，与其他处理间差异极显著，潜在产量和实际产量均最低的处理是 A1，分别是 643kg/hm²、180kg/hm²，随行距增大，潜在产量和实际产量均增加，当行距增加到 45cm 时，A4 和 A5 产量开始下降，但仍然高于 A1 和 A2 处理。行距处理处理对小穗数、结实率无显著影响（表 6-10）。可见，不同行距处理影响鸭茅分蘖及其以后的生长，从而在一定程度上影响鸭茅产量和质量。

表 6-10　行距处理种子产量及其构成因子的多重比较

处理	生殖枝/m²	每生殖枝小穗数	每小穗小花数	每小穗种子数	种子千粒重/g	结实率/%	潜在种子产量/（kg/hm²）	实际种子产量/（kg/hm²）
A1	180Bc	169Ab	4.4a	2.1Ac	0.487Cc	47.9b	643	180Ae
A2	188Bbc	176Aab	4.3a	2.2Abc	0.549Bb	50.5ab	786	224BCc
A3	225Aa	179Aab	4.4a	2.5Aab	0.563ABab	58.0a	986	265Aa
A4	194Bb	182Aa	4.5a	2.7Aa	0.587Aa	59.3a	926	242ABb
A5	176Bc	174Aab	4.5a	2.4Aabc	0.575ABa	52.6ab	788	205CA

注：同列不同大写字母表示差异极显著（$P<0.01$），不同小写字母间表示差异显著（$P<0.05$）

2.2.2　各性状变异度分析

行距处理下，6 个性状的变异系数大小顺序是：$y>x_1>x_4>x_5>x_2>x_3$，其中 x_2、x_3、x_5 的变异系数最低；其余 3 个性状的变异系数为 10.03%、10.09%、14.74%（表 6-11）。可见，每生殖枝小穗数、每小穗小花数和千粒重在遗传上表现较为保守，受行距影响的作用较小，而生殖枝、每小穗种子数的变异则较大。

表 6-11　行距处理下各性状的变异度

性状	变幅	平均值（$\bar{x}$）	标准差（sd）	变异系数（CV）/%
x_1/个	176～225	192.55	19.44	10.09
x_2/个	169～182	175.86	4.85	2.76
x_3/个	4.3～4.5	4.40	0.07	1.53
x_4/个	2.1～2.7	2.36	0.24	10.03
x_5/g	0.487～0.587	0.55	0.04	7.06
y 种子产量/（kg/hm²）	180～265	223.40	32.94	14.74

2.2.3　行距处理下各性状与产量的相关分析

行距处理相关分析显示：每生殖枝小穗数和结实率是构成产量的关键因子，相关系数分别为 0.879 和 0.878，在 0.05 水平上达显著影响。生殖枝也是构成产量的重要因子之一，与产量的相关系数为 0.875，接近 0.05 显著水平。行距试验相关分析再次证明，小花数是一个较稳定的因素，受农艺措施的影响极小，主要受遗传基因控制（表 6-12）。

表 6-12　行距处理种子产量与其构成因子的相关系数

因素	生殖枝/m²	千粒重/g	每小穗种子数	每小穗小花数	结实率/%	实际种子产量/（kg/hm²）
每生殖枝小穗数	0.563	0.866	0.888*	0.410	0.907*	0.879*
生殖枝/m²		0.284	0.579	−0.216	0.680	0.875
千粒重/g			0.824	0.685	0.792	0.681
每小穗种子数				0.632	0.990*	0.796
每小穗小花数					0.519	0.087
结实率/%						0.878*

注：*表示在 0.05 水平显著相关；**表示在 0.01 水平极显著相关

2.3　产量预测模型的建立

从以上分析可以看出，生殖枝数、每小穗种子数变异较大，而每生殖枝小穗数变异小。在此分析基础上，采用逐步回归分析，筛选出了生殖枝数（x_1）和每生殖枝小穗数（x_2）2 个性状，其简单相关系数和偏回归系数都达显著水平。以此为参数建立回归模型为

$$y=-633.367+0.943x_1+3.839x_2$$

此方程预测播期处理下鸭茅种子产量可靠性达 99%（$r^2=0.9918$），F 值为 60.556，在

0.05 水平上达显著。

2.4 田间处理收获的种子的质量综合评价

目前测定种子生活力最简单易行的方法,就是测定电导率、发芽势和发芽率(图 6-6,图 6-7)。电导率低则种子细胞膜保护性较好,种子内渗物少,生活力强;发芽势高则种子生活力强,出苗整齐。

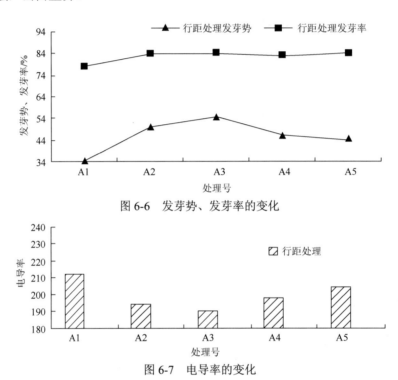

图 6-6　发芽势、发芽率的变化

图 6-7　电导率的变化

行距处理对鸭茅种子电导率影响均很大,电导率最高的处理是 A1,为 212μs/cm,其次是 A5 处理,204μs/cm;电导率最低的是处理 A3,为 191μs/cm,与 A2、A4 差异不显著。行距对鸭茅种子发芽势也有较大影响,A1 到 A3 处理,发芽势逐渐增高,随后下降并且 A4 与 A5 处理发芽势非常接近,其中发芽势最高与最低的处理分别是 A3、A1,分别为 55.1%、34.4%。发芽率差异极小,最高与最低的处理分别是 A5、A1,分别为 84.4%、77.9%。

3 讨论与结论

产量构成因子中受影响最大的是每生殖枝小穗数,其次为生殖枝/m²。当行距为 15cm时,鸭茅的每生殖枝小穗数、千粒重均最低,而且生殖枝/m² 也较低(与最低值无显著差异),最终导致种子产量最低;在 30～60cm,随行距增加鸭茅的每生殖枝小穗数、生殖枝/m²、千粒重、产量均呈增加趋势,但当行距增加到 90cm 时,每生殖枝小穗数、千粒重略有降低而生殖枝/m² 显著降低,致使产量也显著降低。国外大都进行机械化操作,他们认为，在合理的施肥条件下，鸭茅种子生产行距为 90cm 时，可以获得最高产量。究其原因，可能是国外播量相对本试验较小，而且所使用品种对生长环境的反应也不同，当行距较宽、播量较大时能够比较合理地利用地力和光能，也有利于幼苗均匀分布，营养面积合理，有利于生殖枝的形成并获得饱满优质的种子。而本研究中，当地力、肥水条件、播量不变的情况下，行距过宽意味着宽行密植，导致单位面积基本苗较多产生种内竞争，不能充分地利用肥、水和光能，鸭茅长势较弱变，容易倒伏、单株分蘖力也降低，因而产量降低。再有，行距过大，出现过多裸露地表，不利于土地和空间的合理利用。因此，在当地耕作条件下，初步认为行距过窄或过宽都不利于鸭茅种子生产，最适宜的行距为 45cm，其次为 60cm。

在同一播量条播条件下，加大行距实质上是加大了株距。但又由于鸭茅属疏丛性强的禾草，在行距大条件下，鸭茅自身对环境的适应使其生长的边际效应很好，故 2003 年春季分蘖略高于低行距的。

由于实际生产中不同的环境条件及收获方式对种子生产具体行距的选择有所不同，因此，在生产中应选择适宜的行距，以利于提高鸭茅种子产量和质量，而且在行距下应选择生殖枝和每小穗种子数作为主攻目标，最大限度地实现其生产潜力（表 6-12）。总的来看，各种田间技术对种子电导率、发芽势影响较大，而对发芽率影响极小，可能是由测定方法不同及发芽过程中更容易受一些不确定因素，如光照、湿度等影响造成的，还有待研究。

第四节　不同海拔对宝兴鸭茅种子生产的影响初探

'宝兴'鸭茅系四川农业大学张新全、杜逸等通过多年努力利用本地野生资源选育而成的一个优良品种。1999 年通过全国牧草品种审定委员会审定登记。该品种具有综合性状良好、适应性强、蛋白质含量高、适口性好、产草量高、耐阴耐湿、病虫害少等优点，在我国南方中高海拔地区有着广阔的栽培前景（张新全等，2002；周自玮等，2000）。目前，'宝兴'鸭茅种子产量供不应求。为建立'宝兴'鸭茅良种繁育基地提供生态依据，在宝兴县进行了不同海拔的种子生产试验。

1　材料和方法

1.1　供试材料

试验材料为四川农业大学育种基地采集的'宝兴'鸭茅原种。

1.2　播种与种子田管理

试验地选择在宝兴县不同海拔的乡、镇进行，土壤肥力均为中等。采用随机区组设计，3 次重复，小区面积 6m×5m，行距 30cm，播种量 15kg/hm²，播前每小区分别施过磷酸钙和硫酸钾 150kg/hm² 和 45kg/hm² 作基肥。播种后及时浇灌以利出苗，分蘖、拔节和抽穗期分别追施尿素和磷酸钙 65kg/hm²。在整个生长观测期中，适时中耕除草，注意防治病虫害等。试验地海拔及其相应的基本状况见表 6-13。

表 6-13　不同海拔区各试验地基本状况与气象资料

试验地点	海拔/m	播期（月-日）	年均降水量/mm	年均气温/℃	年均日照时间/h	无霜期/d
中坝	800	10-10	1328.8	15.0	850	334
五龙镇	1100	10-10	1054.5	13.7	925	321
民治	1200	10-10	1028.7	13.2	850	317
五龙战斗	1400	9-20	870.0	12.1	1250	323
盐井	1550	9-9	800.0	10.5	750	291
尧基	1900	9-8	776.0	9.0	1400	302

1.3　观测项目及测定方法

1.3.1　种子产量构成因子的测定

收种当年春季在各试验小区随机选取面积为 1m×1m 的样方，重复 3 次，测定生殖枝，盛花末期和乳熟期在各小区随机选取 20 株生殖枝和 20 个小穗分别测定每生殖枝小穗数、每小穗小花数和每小穗种子数。

1.3.2　种子实际产量

收获期在各小区随机选取 1m×1m 的样方刈割，重复 3 次，晒干、脱粒、清选后称量，并选取净种子 1000 粒称量，重复 3 次，计算平均质量。种子潜在产量=每平方米生殖枝数×每生殖枝小穗数×每小穗小花数×平均种子质量。

1.3.3　种子质量评价指标的测定

选取大小均匀健康的净种子 200 粒，参照牧草种子检验规程采用纸上发芽的方法测定种子标准发芽势和发芽率，重复 3 次（GB/T 2930.4—2001）。另外，选取大小均匀健康的净种子 200 粒，采用 DDS-307 型电导仪测定种子电导率［方法参见文献（白宝璋和汤学军，1999）］，重复 3 次。

1.4　数据处理

采用 Excel 统计分析软件进行数据分析。

2　结果与分析

2.1　不同海拔对种子产量构成因子的影响

从表 6-14 看，中坝、民治和盐井 3 个试验点单位面积鸭茅的生殖枝、每小穗种子数、种子千粒重及结实率等主要产量构成因子表现最差，而且它们之间无明显差异或差异不大，但和尧基等其他 3 个试点均差异较大，特别是千粒重表现出明显的差异，其中盐井的千粒重仅 0.388g，而表现最好的五龙镇试点千粒重达到了 0.925g。五龙镇、五龙战斗和尧基 3 个试点的情况反之，单位面积生殖枝、每小穗种子数、种子千粒重及结实率表现均好，而且每生殖枝小穗数、每小穗种子数，结实率基本上随着这 3 个试点海拔的升高而提高，千粒重呈略微下降的趋势。

表 6-14　不同海拔区宝兴鸭茅种子产量及其构成因子

试验地点	生殖枝/m²	生殖枝小穗数/个	每小穗小花数/个	每小穗种子数/个	种子千粒重/g	结实率/%	潜在种子产量/（kg/hm²）
中坝	400	185	4.4	2.1	0.491	48.5	1600
五龙镇	553	150	4.2	2.3	0.925	54.8	3223
民治	491	174	4.2	1.8	0.69	43.7	2473
五龙战斗	617	149	4.6	2.6	0.918	56.2	3854
盐井	409	207	4.6	2.1	0.388	46.7	1505
尧基	492	258	4.6	2.9	0.749	63	4376
变异系数/%	0.169	0.22	0.044	0.172	0.317	—	—

2.2　不同海拔对种子产量的影响

种子产量除产量最低的盐井仅 308kg/hm² 外，基本上是随海拔的升高而增加，其中产量最高的是海拔 1400m 的五龙战斗乡为 709kg/hm²，其次为海拔 1900m 的尧基乡，其产量 639kg/hm²（表 6-15）。

表 6-15　不同海拔区宝兴鸭茅种子产量及其各项活力指标测定

试验地点	生育期/d	第 2 年产量/（kg/hm²）	发芽势/%	发芽率/%	电导率/（μs/cm）	千粒重/g
中坝	254	316	34.1	76.1	197.6	0.491
五龙镇	279	447	57.7	89	151.5	0.925
民治	279	401	42.0	78.6	167	0.690
五龙战斗	304	709	59.7	85.6	136.8	0.918
盐井	304	308	31.1	72.2	204	0.388
尧基	284	639	40.2	78.2	172.8	0.749

2.3　不同海拔对种子品质的影响

方差分析表明，6 个试点种子的千粒重及各项活力指标均存在显著或极显著差异（五龙镇和五龙战斗除外）。研究显示，千粒重最高的是五龙镇和五龙战斗，分别为 0.925g 和 0.918g；其次为尧基 0.749g，最低的是盐井 0.388g。发芽势最高的是五龙战斗和五龙镇，其次为民治 42.0%，最低的是盐井和中坝，两者差异不显著。发芽率最高的也是五龙镇和五龙战斗；最低的是盐井 72.2%，与其他试验点的种子发芽率比较均达极显著水平。各试点之间种子电导率均达极显著水平，最高为盐井 204.0μs/cm，最低为五龙战斗 136.8μs/cm。

3 讨论

试验主要对第 2 年的收种情况进行研究（梁小玉等，2005）。试验结果表明，海拔 1400m 的五龙战斗是'宝兴'鸭茅种子在宝兴县最适宜的种子生产地，海拔 1900m 的尧基种子产量也很高，仅次于五龙战斗，但其活力则显著低于五龙战斗。而海拔 1500m 的盐井所收获的种子不仅产量极低，而且千粒重也最低。由此认为不同海拔点所处的气候条件的显著差异可能是造成这种状况的最大原因。研究表明，牧草种子生产中气候是决定种子产量和质量的基本因素，种子生产者必须根据不同草种生长特性选择最佳气候区进行种子生产，才能最大限度地提高牧草种子产量。宝兴县地形复杂，立体气候差异明显，因此给种子生产地的选择带来了很大的困难。当地多年的气象资料表明，中坝的年均降水量、年均气温显著高于其他地方，尤其是从 5 月底到 8 月底鸭茅扬花到收种期间雨水特别多，鸭茅整个生育期间温度较高，植株生长发育快，生育期短，种子灌浆期也较短，致使种子千粒重减轻，成熟度差，活力低，产量低而不稳。五龙镇、民治也存在降水较多的问题，而且这 2 个地方年均日照时间是所有试验点中最低的。盐井虽然年均降水量较为适中，但年均气温较低，而且作为种子生产地盐井最不利的条件在于其处于背阴坡，年均日照时间为所有试验点最低。尧基是年均降水量和年均气温最低，而年均日照时间最高的试点，灌浆期间温度、日照均很适宜，但可能由于前期温度偏低，有效积温不高，导致分蘖不平稳，分蘖成穗率相对较低。海拔 1400m 的五龙战斗年均降水量、年均气温较为适中，全生育期最长，达 304d，这对植株营养体的建成、同化器官的增多、干物质积累的增加是有利的，而且开花期天气晴朗、多光照有利于开花授粉，种子灌浆期较长，昼夜温差较大，因此该试验点不仅种子产量最高，而且品质也较好。

4 结论

鸭茅种子产量和品质是遗传基础、生态条件和种子收获方式等多种综合效应的结果。从试验结果看，海拔的不同导致了气候条件的差异，而日照、温度是变化最大的因子，也是影响鸭茅在不同试点种子产量和活力最为重要的因素，同时，开花期至种子收获期降水的多寡也是种子品质与产量的关键。总之鸭茅种子生产适宜选择在海拔 1000m 以上，年日照时间 1000h 以上，而且年降水在 870～1000mm，年均温在 9～12℃的地区。

第五节 氮磷钾平衡施肥对鸭茅种子生产性能的影响

优良的牧草种子是获得高产、优质牧草的基础，是扩大牧草栽培面积的前提。我国牧草种子生产起步较晚，每公顷平均为 300～400kg，主要依赖进口（徐荣等，2001）。世界发达国家的牧草种子产量每公顷平均在 1000kg 以上，他们认为草种子产量增幅达 200%，很大程度归功于合理的施肥。'宝兴'鸭茅是杜逸、张新全等利用本地资源选育出的综合性状良好、高产、质优的品种，在我国南方中高海拔地区有着广阔的栽培前景。

但是，由于该品种是由野生种驯化而来，因此，其种子生产中存在许多问题，如种子千粒重较低，饱满度不均匀，生产地域选择较困难等，量低质劣的种子给种子生产者造成了很大的经济损失。因此，通过选择适宜种子生产区研究平衡施肥对'宝兴'鸭茅种子产量的影响，探索优质高产种子生产技术措施，以期为'宝兴'鸭茅种子生产的地域选择和实际生产管理技术提供依据。

1　材料和方法

1.1　试验地概况

试验在四川省宝兴县灵关镇上坝（农业部"鸭茅种子基地建设"项目原种基地）进行，北纬30°8′，东经103°23′，海拔725m。属河谷暖湿气候，冬季寒冷少雨，夏季温暖多雨，年均降水量1328.8mm，主要集中在6~8月，收种当年测得4~6月的降水量较高，分别为107.7mm、81.2mm、163.1mm。年均气温15.2℃，1月和7月平均气温4.5℃和22.6℃；≥10℃年积温 4508.2℃，无霜期320.9d。土壤为河滩土，氮和钾为中上水平，而全磷和速效磷较低，分别为0.018%和10.46mg/kg。

1.2　供试材料

试验材料为四川农业大学育种基地采集的原种——'宝兴'鸭茅。实验室测定发芽率94.2%。播前不作任何特殊处理。

1.3　播种与种子田管理

试验地耕深15cm，耙细整平，去除杂物1周后于2001年10月1日播种，播量20kg/hm²，条播，行距30cm，随机区组排列，3次重复，小区面积为3m×2m，保护行宽50cm。播种时施种肥，播种后及时浇灌以利出苗。在整个生长观测期中，适时中耕除草，注意防治病虫害等。

1.4　施肥试验设计

分秋季和春季两次施肥（秋施 1/3，春施 2/3）。肥料为尿素，过磷酸钙和硫酸钾，实际施肥量以纯氮，纯 P_2O_5 和纯 K_2O 折合计算。按氮、磷、钾配施分为 6 个不同的比例，同一比例中又以氮肥为主要因素分为 3 个水平，磷肥和钾肥作为副因素依次变化，处理见表 6-16。

表 6-16　鸭茅施肥处理

施氮量/（kg/hm²）	氮、磷、钾比例					
	3∶3∶3	3∶2∶2	3∶1.5∶1.5	3∶2∶1	3∶1∶2	3∶1∶1
60	A01	A04	A07	A10	A13	A16
90	A02	A05	A08	A11	A14	A17
120	A03	A06	A09	A12	A15	A18

1.5 观测项目及测定方法

1.5.1 种子产量构成因子的测定

2002 年秋季分蘖期、2003 年春季分蘖期和盛花期在各试验小区随机选取面积为 0.5m×2m 的样方（不包括小区第 1 行和第 10 行两个边际行），重复 3 次，分别测定分蘖数和生殖枝，2003 年盛花末期和乳熟期在各小区随机选取 20 株生殖枝和 20 个小穗分别测定每生殖枝小穗数、每小穗小花数和每小穗种子数。

1.5.2 种子实际产量

2003 年收获期在各小区随机选取面积为 0.5m×2m 的样方（方法同上）刈割，重复 3 次，晒干、脱粒、清选后称重，并选取净种子 1000 粒，重复 3 次，计算平均质量。种子潜在产量=每平方米生殖枝数×每生殖枝小穗数×每小穗小花数×平均种子重。

1.5.3 种子质量评价指标的测定

1.5.3.1 种子标准发芽势、发芽率测定

选取大小均匀健康的净种子 200 粒，采用纸上发芽，重复 3 次［具体方法见文献（韩建国，1997）］。

1.5.3.2 种子电导率测定

选取大小均匀健康的净种子 200 粒，重复 3 次，采用 DDS-307 型电导仪测定电导率，方法参见白宝璋和汤学军的《植物生理学测试技术》。

1.6 数据处理

采用 Excel 2000、DPS 及 SPSS 统计分析软件进行数据分析。

2 结果与分析

2.1 施肥对分蘖数的影响

比较不同配方施肥对春、秋季分蘖的影响（图 6-8）可知，施肥处理对春季和夏秋季分蘖均有很大影响，前者极显著高于后者。方差分析显示，氮、磷、钾配比因子对两次的分蘖数影响均不大，未达 5%显著水平（F 值分别为 2.18 和 2.01）；而氮水平因子则影响极大，处理间达极显著水平（F 值分别为 92.00 和 75.02），并且分蘖数随施氮量的增加而增加。

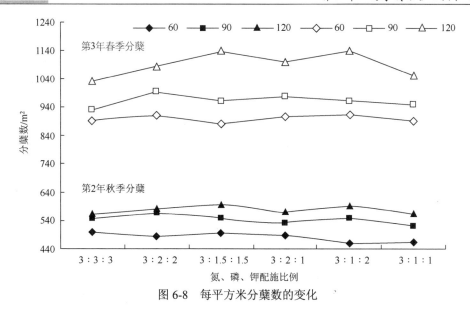

图 6-8 每平方米分蘖数的变化

2.2 施肥对种子产量及其构成因子的影响

2.2.1 生殖枝

方差分析与多重比较结果显示,施肥处理中氮水平因素和两个因素交互作用对生殖枝数均具有极显著影响（F 值分别为 159.29 和 2.78），氮、磷、钾配比因素对生殖枝数具有显著影响（F=2.38）。在氮、磷、钾配比相同情况下,生殖枝随氮肥水平提高而增加。所有处理中 A18 生殖枝数最多,为每平方米 467 个,反之,A10 为 304 个。从产量构成因子分析可知,生殖枝是决定产量的重要因子之一,相关系数为 0.762,达极显著水平（表 6-17,表 6-18）。

表 6-17 施肥对种子产量及其构成因子的影响

处理	每平方米生殖枝	每生殖枝小穗数	每小穗小花数	每小穗种子数	种子千粒重/g	结实率/%	潜在种子产量/（kg/hm²）	实际种子产量/（kg/hm²）
A1	330HIij	167BCDefg	4.2a	2.1BCcde	0.502DEFfg	50.5ABCcdef	1160	237Fg
A2	369EFGHfh	175ABCDabcdefg	4.3a	2.6ABCabcde	0.539CDEFdefg	60.3ABCabcde	1484	335CDEFefg
A3	424ABCDbd	188ABCDabcde	4.2a	2.5ABCabcde	0.605BCDEFbcde	60.2ABCabcde	2040	391BCDEFcdef
A4	355FGHghi	159Dg	4.3a	2.5ABCabcde	0.585BCDEFcdefg	58.3ABCabcdef	1418	329CDEFefg
A5	380DEFeg	175ABCDbcdefg	3.9a	2.4ABCbcde	0.625BCDEbcd	61.8ABCabcd	1620	398BCDEFcdef
A6	424ABCDbd	190ABCabcd	4.1a	2.7ABCabcd	0.573BCDEFcdefg	67.2ABab	1896	475ABCDbcd
A7	308Ii	163CDfg	4.0a	1.8Ce	0.582BCDEFcdefg	44.2Cf	1177	303DEFfg
A8	403CDEcdf	182ABCDabcdef	4.5a	2.7ABCabcd	0.643BCbc	59.5ABCabcdef	2139	451ABCDEbcde
A9	431ABCbc	189ABCDabcde	4.6a	3.0ABab	0.636BCDbcd	64.8ABCabc	2364	506ABCabc
A10	304Ii	169ABCDcdefg	4.3a	1.9BCde	0.566BCDEFcdefg	44.7Cef	1261	228Fg
A11	407BCDEce	171ABCDcdefg	4.1a	2.2ABCbcde	0.619BCDEFbcd	53.9ABCbcdef	1777	381CDEFcdef
A12	432ABCbc	192ABCabc	4.4a	2.8ABCabc	0.603BCDEFbcdef	63.9ABCabc	2203	566ABab

处理	每平方米生殖枝	每生殖枝小穗数	每小穗小花数	每小穗种子数	种子千粒重/g	结实率/%	潜在种子产量/（kg/hm²）	实际种子产量/（kg/hm²）
A13	343GHIhi	170ABCDcdefg	4.2a	2.1BCcde	0.647BCbc	51.5ABCbcdef	1569	321DEFefg
A14	393CDEFdf	177ABCDabcdefg	3.9a	2.3ABCbcde	0.881Aa	58.9ABCabcdef	2407	475ABCDbcd
A15	450ABab	198Aa	4.7a	3.3Aa	0.692Bb	70.2Aa	2892	611Aa
A16	330HIij	168ABCDdefg	4.5a	2.2ABCbcde	0.484Fg	47.6BCdef	1219	229Fg
A17	401CDEcdf	186ABCDabcde	4.4a	2.4ABCbcde	0.509CDEFefg	54.9ABCabcdef	1677	285EFfg
A18	467Aa	196ABab	4.5a	2.6ABCabcde	0.495Fg	57.6ABCabcdef	2018	363CDEFdefg

注：同列不同大写字母间代表差异极显著（$P<0.01$），不同小写字母间代表差异显著（$P<0.05$）

表 6-18·种子产量与其构成因子的相关系数

因素	每平方米生殖枝	千粒重/g	每小穗种子数	每小穗小花数	结实率/%	实际种子产量/（kg/hm²）
每生殖枝小穗数	0.892**	0.109	0.778**	0.450	0.724**	0.706**
每平方米生殖枝		0.202	0.818**	0.347	0.817**	0.762**
千粒重/g			0.203	−0.284	0.349	0.589*
每小穗种子数				0.563*	0.928**	0.829**
每小穗小花数					0.222	0.211
结实率/%						0.863**

注：*和**分别表示相关达显著（$P<0.05$）和极显著（$P<0.01$）水平（$r_{0.05}=0.468$，$r_{0.01}=0.590$）

2.2.2 小穗数

氮肥水平因素对每生殖枝小穗数具有极显著影响（$F=22.389$）；氮、磷、钾配比因素和两个因素交互作用对每生殖枝小穗数影响不显著。随氮肥水平提高，小穗呈增加趋势，其中处理 A15 最高，为每平方米 198 个。从产量构成因子分析可知，小穗数也是决定产量的重要因子之一，相关系数为 0.706，达到极显著水平（表 6-17，表 6-18）。

2.2.3 小花

施肥处理对小花数无显著影响，处理间差异不显著。各处理小花数变幅在每小穗 3.9～4.7 个，A15 处理小花数最高为每小穗 4.7 个。从产量构成因子分析可知，小花数与产量间相关系数为 0.211，无显著相关（表 6-17，表 6-18）。

2.2.4 种子

施肥处理中氮肥水平因素对每小穗种子数具有极显著影响（$F=13.18$）；氮、磷、钾配比因素和两个因素交互作用对每小穗种子数影响不显著。随氮肥水平提高，种子呈增加趋势，其中 A15 最高，为每小穗 3.3 个。从产量构成因子分析可知，每小穗种子数是决定产量的第二个关键因子，相关系数为 0.829，达极显著水平（表 6-17，表 6-18）。

2.2.5　千粒重

施肥处理中氮、磷、钾配比因素，氮肥水平因素对千粒重影响均极显著（F 分别为 21.26、8.97），两个因素交互作用对千粒重影响达显著水平（$F=2.65$）。当氮、磷、钾配比为 3∶1∶2，氮肥水平不同时，千粒重均较高，其中 A14 是所有处理中最高的（0.881g），氮、磷、钾配比为 3∶1∶1 时反之。在氮、磷、钾配比相同的情况下，氮肥水平为 90kg 时，千粒重最高（A02 除外）。从产量构成因子分析可看出，千粒重也是构成产量的重要因子之一，相关系数为 0.589，达显著水平（表 6-17，表 6-18）。

2.2.6　结实率

施肥处理中氮肥水平因素对结实率具有极显著影响（$F=14.94$），氮、磷、钾配比因素和两个因素交互作用对结实率影响不显著。结实率随氮肥水平提高而提高，在相同氮水平下，提高磷钾比例时，结实率也略有提高，在 60kg/hm^2 氮水平下，这种效果更明显，所有处理中结实率最高和最低的分别为 A15（70.2%）和 A07（44.2%）。产量构成因子分析可看出，结实率是构成产量的最重要的因子，其相关系数最大为 0.863，达极显著水平（表 6-18，表 6-19）。

2.2.7　种子实际产量

施肥处理中氮、磷、钾配比因素和氮肥水平因素对种子实际产量影响均极显著（F 分别为 7.67 和 40.30），两个因素交互作用对种子实际产量影响不显著。产量随氮肥水平提高而提高，当氮肥水平达 90kg/hm^2 以上时，氮、磷、钾配比以（3∶1.5∶1.5）～（3∶1∶2）为宜，其中以 3∶1∶2 最高，当施氮水平为 60kg/hm^2 时，氮、磷、钾配比以 3∶2∶2 和 3∶1∶2 最高。所有处理中 A15 产量最高，达 611kg/hm^2，A10 和 A16 产量最低，分别为 228kg/hm^2、229kg/hm^2。

2.3　施肥对种子质量的影响

目前测定种子生活力最简单易行的方法，就是测定电导率、发芽势和发芽率。电导率低则种子细胞膜保护性较好，种子内渗物少，生活力强；发芽势高则种子生活力强，出苗整齐。对施肥处理种子电导率、发芽势和发芽率进行测定，并对氮肥水平和氮、磷、钾配比两个因子作方差分析可知：施肥处理间发芽势差异不显著（F 值分别为 1.93 和 1.33）；施肥处理中氮肥水平因素对种子电导率和发芽率影响均显著（F 值分别为 5.00 和 4.67），而氮、磷、钾配比因素对种子电导率和发芽率影响均不显著（F 值分别为 1.24 和 1.30）。总的来看，随氮水平的提高，种子电导率略有增加，而发芽率略有降低（表 6-19）。

表6-19 种子生活力不同测定方法的平均值

指标\处理	A1	A2	A3	A4	A5	A6	A7	A8	A9	A10	A11	A12	A13	A14	A15	A16	A17	A18
电导率/(μs/cm)	42.9	43.1	44.7	42.1	42.9	44.0	43.3	44.5	44.8	44.5	43.9	45.7	42.6	42.9	45.6	42.7	46.3	43.9
发芽势/%	39.1	39.0	31.5	48.7	43.0	37.7	55.0	41.6	39.4	37.0	41.0	37.6	37.0	45.5	37.0	38.0	49.0	44.0
发芽率/%	82.7	86.8	71.4	89.6	84.0	80.3	94.2	84.8	77.3	86.2	85.4	88.4	82.5	86.2	72.1	77.3	82.8	77.8

3 讨论

3.1 施肥对鸭茅种子产量构成因子的影响

鸭茅是多年生禾草,其第1年种子产量较低,不能很好反映施肥情况,因此本试验主要对第2年的收种情况进行研究。在本试验范围内,氮水平对生殖枝、小穗、种子、结实率影响均极显著,它们均随氮水平提高而提高,根据试验结果及参考国外试验(张锦华等,2001)可以看出,鸭茅是一种对氮肥很敏感的禾草,而本试验所设计的氮水平应该可以再高一些。千粒重总的来看不是很理想而且变化较为复杂,可能与施肥及环境等诸多因素影响有关,由于当年灌浆期降雨较往年多,太阳辐射较低等原因导致种子灌浆能力减弱,千粒重普遍降低。不过仍可看出氮肥水平过低不利于提高千粒重,氮肥水平过高千粒重略有提高或者降低。大量研究也表明氮素影响禾草营养蘖、生殖蘖和小花发育及干物质积累和种子形成等一系列产量构成因子,可以增加每小穗上种子数及单位面积内种子数,最终影响种子的产量和质量(Habovstiak and Pater,1977;毛培胜等,2001)。

磷肥具有促进植物生长发育,加速生殖器官的形成和果实发育的作用,磷肥不足或过量都会降低种子产量和品质,造成种子空瘪粒增加,千粒重降低;钾是许多酶的活化剂,不但能促进光合作用,也能促进碳水化合物的代谢和合成,还能增强作物的多种抗性(施劲松,1999),对于增强禾草茎秆的粗壮具有极大的作用,而茎秆粗壮、营养条件好是穗大、千粒重高的重要因素之一。充足的钾对于氮转化成蛋白质是很重要的,许多研究也表明在氮磷配合施用的情况下,增施钾肥能明显提高有效穗数、结实率和千粒重(王月琴等,1999)。本试验中氮、磷、钾配比因素对单株生殖枝、千粒重均具有显著影响,但对单个生殖蘖的小穗数影响不显著,总的看来,以3∶1∶2最适宜。试验地土壤肥力测定为中上等,磷含量稍微偏低,钾含量属中上但钾的效果却明显高于磷,这可能与鸭茅的吸肥特性有关。国外许多研究也得到了类似的结果,Gaborcik认为120～150kg/hm² 氮(+32kg/hm² 磷+68kg/hm² 钾)最有利于种子生产(张锦华等,2001),Henning 和 Risner 认为在未进行土壤测试的情况下氮水平为 89.6～134.4kg/hm² 氮,氮、磷、钾配比为 4∶2∶5 最有利于种子生产(Gaborcik,1983)。氮水平和氮、磷、钾配比两个因素交互作用对生殖枝和千粒重影响也显著。每小穗小花数是个稳定的因子,各施肥处理间无显著差异。可见,每小穗小花数主要由遗传因素决定,虽然环境条件可以对它产生一定的作用,但其作用效果很微小,而且对种子产量也不形成决定性影响。

3.2　施肥对鸭茅种子产量及其相关性的影响

氮、磷、钾配比因素和氮水平因素对种子实际产量影响均极显著。本次试验各处理最高和最低产量分别为 611kg/hm^2 和 228kg/hm^2。产量间变幅较大，实际产量与理论产量和潜在产量也有很大的差距，这是因为'宝兴'鸭茅由野生种栽培驯化而来，灌浆期气候条件影响及种子为人工收获等多种因素造成的。产量的提高主要依赖于小花结实率和每小穗种子数的提高。小花败育是基因和环境因子共同作用的结果，环境造成小花不育的主要原因是同化物供应不足。合理施肥、延长光合时间、控制植物病害等措施都可以提高小花结实率（张锦华等，2000）。生殖枝是限制鸭茅种子产量的第 3 个关键因子，而平衡施肥可以促进夏-秋有效分蘖（生殖枝主要源于这次的分蘖），控制春季无效分蘖而且避免生育期营养生长与生殖生长竞争营养，从而提高种子产量和质量。每生殖枝小穗数也是一个比较活跃的因子，对提高种子产量有较大贡献，李青云等研究发现，施肥量及施肥时期对老芒麦生长产生影响，从而影响穗的生长发育（李青云等，2004）。千粒重代表了种子个体的发育过程，它在一定程度上影响着种子产量，但总体来讲种子千粒重的变异度较小，在各产量构成因子中对增产的贡献率比较小。

3.3　施肥对鸭茅种子质量的影响

氮肥水平因素对种子电导率和发芽率影响显著，对发芽势无显著影响。氮、磷、钾配比因素处理间无显著差异。可以看出施氮水平为 60kg/hm^2、90kg/hm^2 时种子生活力较高。千粒重也是种子质量的重要指标，千粒重越大种子越饱满，种子质量相对较高。本试验由于灌浆期遭遇异常降雨等原因，种子千粒重降低，生活力也普遍降低。

总之，根据土壤测试、不同鸭茅品种吸肥特性等，在环境适宜的种子生产地区，氮、磷、钾平衡施肥有利于鸭茅种子产量和品质的提高。在以后的生产中应主攻结实率、每小穗种子数和生殖枝来提高产量，还应注意分期施肥和氮、磷、钾与微肥平衡施肥，特别是硫肥配施对鸭茅种子产量和质量的提高。

第六节　PEG渗调处理改善鸭茅种子活力的研究

种子在贮藏过程中会逐步劣变、老化、活力降低，给农业生产带来很大损失，因此如何提高种子活力对于种源的利用、育种工作、生产及经济效益等方面具有重要意义。国外在测定种子活力之前，常对种子进行预处理，Heydecker对种子播前的各种生理预处理进行了总结，认为应用聚乙二醇（简称 PEG）渗透调节法对促进种子萌发和幼苗生长的效果最好（Heydecker et al.，1973）。目前，国内外 PEG 渗调研究用于果蔬、粮食作物类的较多，而用于牧草的较少。许多专家认为 PEG 渗调尤其适合于小粒种子，不仅效果好而且经济，对于大面积生产具有极高的价值（阮松林和薛庆中，2002）。因此，近几年我国用 PEG 处理牧草种子的研究也时有报道（马春晖等，2001；韩建国等，2000）。

由于不同 PEG 渗调条件对改善不同种子活力的效果差异很大，故本节针对 PEG 处理改善'宝兴'鸭茅种子活力进行初步研究，为推广和利用'宝兴'鸭茅及其相关技术提供可靠的理论与实践基础。

1 材料与方法

1.1 供试材料

参试材料为 2002 年采收于宝兴县原种基地、在常温下塑料袋封装、自然贮藏 1 年的'宝兴'鸭茅种子。PEG 试剂为日本进口天津化工公司分装的 PEG-6000（分析纯）。

1.2 试验设计

试验按浓度、时间、温度交叉设计（分别用 A、B、C 表示），共 32 个处理（表 6-20），3 次重复。每处理称取 2g 健康均匀的种子置于直径 10cm 小培养皿中，各加入 10mL 相应浓度的 PEG 溶液，搅拌均匀后加盖以防止水分的蒸发散失，并置于不同的恒温箱中避光进行渗透处理（韩建国等，2000）。对照 CK 于 25℃恒温箱中作 24h 蒸馏水预浸处理。参试种子到达规定时间后均用自来水反复冲洗干净，再用蒸馏水洗 3 遍，晾 10min 后分别选取 200 粒健康均匀的种子进行发芽势、发芽率、芽长、电导率和丙二醛含量的测定。

表 6-20　PEG 处理组合对贮藏 1 年的鸭茅种子发芽和生理指标的影响

温度/℃	浓度/%	时间/h	处理	发芽势/%	发芽率/%	苗长/cm	简化活力指数	活力比	MDA 含量/(μmg/FW)	电导率/(μs/cm)
		24	A1B1C1	73.06±0.91	88.33±2.43	5.13±0.21	4.53	286	11.25±0.49	75.83±4.54
	15	48	A1B1C2	65.56±0.59	85.77±1.35	5.27±0.31	4.52	287	12.41±0.32	69.00±2.65
		72	A1B1C3	69.07±0.61	90.97±1.38	5.83±0.25	5.3	334	10.45±0.27	67.17±3.00
		96	A1B1C4	67.17±0.99	86.30±2.46	4.73±0.31	4.09	259	12.40±0.65	74.67±2.02
		24	A1B2C1	65.04±0.46	85.43±1.81	3.37±0.32	2.88	183	13.17±0.20	93.17±6.66
	20	48	A1B2C2	57.46±0.65	81.97±1.21	3.77±0.31	3.08	194	12.35±0.44	76.67±3.51
		72	A1B2C3	61.88±0.98	85.43±2.06	3.53±0.15	3.02	191	13.29±0.30	72.50±2.65
15		96	A1B2C4	65.61±0.33	84.40±1.47	3.93±0.12	3.32	210	13.33±0.29	80.83±5.39
		24	A1B3C1	62.66±1.45	82.63±0.86	4.77±0.25	3.94	248	12.37±0.13	91.67±4.51
	25	48	A1B3C2	59.45±0.84	82.33±0.40	4.23±0.45	3.48	220	12.23±0.03	82.00±3.61
		72	A1B3C3	59.32±1.17	84.93±0.31	3.83±0.15	3.26	206	12.95±0.17	79.60±3.91
		96	A1B3C4	65.35±2.66	85.77±0.74	3.77±0.38	3.23	204	13.61±0.50	78.67±6.21
		24	A1B4C1	62.01±0.81	79.87±1.36	3.47±0.31	2.77	175	16.32±0.75	94.17±2.25
	30	48	A1B4C2	57.20±0.91	80.50±1.74	3.47±0.55	2.78	175	14.54±0.58	93.17±2.36
		72	A1B4C3	55.21±1.18	82.70±1.25	3.57±0.21	2.95	186	15.98±0.47	87.83±2.93
		96	A1B4C4	61.01±0.27	81.43±1.64	3.37±0.21	2.74	173	16.45±0.34	88.50±3.12

处理组合			处理	发芽势/%	发芽率/%	苗长/cm	简化活力指数	活力比	MDA 含量/(μmg/FW)	电导率/(μs/cm)
温度/℃	浓度/%	时间/h								
25	15	24	A2B1C1	58.50±2.06	86.17±1.99	4.50±0.30	3.87	245	12.09±0.24	67.50±2.29
		48	A2B1C2	74.97±2.93	91.83±0.71	5.47±0.31	5.02	317	10.67±0.33	71.00±4.36
		72	A2B1C3	65.00±1.97	81.67±0.81	4.30±0.10	3.51	222	11.97±0.52	91.17±3.25
		96	A2B1C4	53.21±1.33	78.77±1.54	4.43±0.06	3.49	221	12.29±0.22	99.00±2.50
	20	24	A2B2C1	57.76±0.98	86.17±1.86	4.33±0.31	3.74	238	14.01±0.34	68.50±2.84
		48	A2B2C2	70.03±0.79	88.87±0.71	5.47±0.42	4.86	308	13.71±0.46	71.33±1.44
		72	A2B2C3	65.22±2.33	81.00±0.95	4.00±0.20	3.24	206	13.41±0.62	84.33±4.80
		96	A2B2C4	52.04±2.29	77.07±1.25	3.20±0.26	2.47	155	13.75±0.10	108.00±4.50
	25	24	A2B3C1	58.07±0.54	85.07±0.90	3.50±0.30	2.98	189	14.36±0.59	71.50±2.18
		48	A2B3C2	68.21±1.65	87.33±0.97	3.73±0.32	3.26	205	14.81±0.64	71.50±3.12
		72	A2B3C3	61.97±2.54	81.67±0.72	3.37±0.15	2.75	173	14.42±0.50	87.00±4.77
		96	A2B3C4	52.48±1.30	78.07±0.84	3.07±0.21	2.39	150	16.38±0.21	98.00±2.65
	30	24	A2B4C1	61.97±2.71	81.03±1.17	3.40±0.20	2.75	174	15.93±0.29	87.33±4.16
		48	A2B4C2	69.25±4.59	86.70±0.60	3.47±0.06	3.01	190	15.33±0.18	89.67±3.75
		72	A2B4C3	56.25±0.87	82.37±1.29	3.17±0.21	2.61	164	15.63±0.16	90.00+2.50
		96	A2B4C4	51.78±0.61	78.07±0.67	3.03±0.25	2.37	150	16.82±0.29	99.83±3.79
25	0	24	CK	29.57±2.64	60.73±0.65	2.33±0.31	1.41	100	18.74±0.75	302.67±8.95

1.3　观测项目及测定方法

1.3.1　标准发芽势、发芽率测定

发芽试验采用直板发芽，具体方法参见颜启传（2001）的《种子检验原理和技术》。按照国家农作物种子检验规程规定的时间测定种子发芽势、发芽率、苗长、简化活力指数及活力比（韩建国，1997；汪晓峰和丛滋金，1997）。

1.3.2　电导率测定

采用 DDS-307 型电导仪测定，方法参见白宝璋和汤学军（1999）的《植物生理学测试技术》。

1.3.3　丙二醛含量测定

丙二醛含量测定具体方法参见白宝璋和汤学军（1999）的《植物生理学测试技术》。

1.4　数据处理

采用 Excel 2000 及 DPS 统计分析软件进行数据分析。

2 结果与分析

2.1 PEG 渗透调节对鸭茅种子发芽指标的影响

从表 6-20 可见，PEG 处理后种子的各项发芽指标比对照均有显著改善。这表明，当 PEG 预处理条件适宜时，处理鸭茅种子活力明显高于对照，得到了早苗、齐苗的效果，而且苗长和活力指数也反映出幼苗较健壮。PEG 处理种子对应各项发芽指标平均值最低的处理为 A2B2C4，分别为 50.92%、73.70%、3.2cm、2.36、117，也比对照相应增加了 15.12%、4.93%、0.27cm、0.34、17。可见，在本处理范围内，即使发芽情况表现最差的处理也比对照发芽情况好。但不能据此推断无论在什么条件下 PEG 预处理都能提高种子的发芽能力，彭光天研究发现，当 PEG-6000 预处理美丽紫金牛种子时，结果降低了发芽率（彭光天等，2003）。

对处理种子的各项发芽指标分别进行方差分析和多重比较，结果显示，温度、浓度、时间 3 个单因素及因素间的交互作用对种子的各项发芽指标均具有极显著影响（F 值见表 6-21）。不同温度因子水平间多重比较显示，在 15℃ 条件下处理的种子，其平均发芽势、发芽率、芽长均极显著高于 25℃ 处理的。作者推测温度较高加速了种子对水分的吸收，不利于种子膜系统的修复，导致种子活力不如 15℃ 处理下的高。浓度因子多重比较显示，15% 浓度处理下的各项发芽指标均极显著优于高浓度处理的，这可能是提高浓度的同时也提高了 PEG 的渗透能力，不能使种子最大限度地水合，致使种子不能很整齐地停留在萌发的萌动阶段。时间因子多重比较显示，24h 和 48h 的处理均值均最佳，两者间无显著差异，随时间延长，各项发芽指标值均极显著降低（表 6-22）。从发芽整体情况看，改善效果最佳的 PEG 处理条件组合是：A1B1C3。

表 6-21　PEG 处理对贮藏 2 年的鸭茅种子各项发芽指标的方差分析

变异来源	测定指标	自由度	平方和	均方	F 值
温度	A	1	86.51	86.51	30.80**
	B	1	26.88	26.88	14.77**
	C	1	1.22	1.22	16.02**
浓度	A	3	547.83	182.61	65.02**
	B	3	261.50	87.17	47.89**
	C	3	32.83	10.94	144.33**
时间	A	3	541.58	180.53	64.28**
	B	3	248.24	82.75	45.46**
	C	3	5.48	1.83	24.11**
温度×浓度	A	3	143.45	47.82	17.03**
	B	3	51.98	17.33	9.52**
	C	3	6.34	2.11	27.86**
温度×时间	A	3	1788.79	596.26	212.30**
	B	3	558.76	186.25	102.32**
	C	3	2.90	0.97	12.74**

续表

变异来源	测定指标	自由度	平方和	均方	F 值
浓度×时间	A	9	211.07	23.45	8.35**
	B	9	62.17	6.91	3.80**
	C	9	2.60	0.29	3.81**
温度×浓度×时间	A	9	110.45	12.27	4.37**
	B	9	50.06	5.56	3.06**
	C	9	5.00	0.56	7.32**
误差	A	64	179.75	2.81	
	B	64	116.49	1.82	
	C	64	4.85	0.08	
总变异	A	95	3609.42		
	B	95	1376.09		
	C	95	61.22		

注：表中 A、B、C 字母分别表示测定指标中的发芽势、发芽率和芽长；*和**分别表示相关性达显著（$P<0.05$）和极显著（$P<0.01$）水平

表6-22　浓度、时间、温度单因子处理下鸭茅种子发芽指标的多重比较

处理	浓度/%				时间/h				温度/℃	
指标	15	20	25	30	24	48	72	96	15	25
发芽势/%	65.82Aa	61.88Bb	60.94Bb	59.33Cc	62.39Bb	65.27Aa	61.74Bb	58.58Cc	62.94Aa	61.04Bb
发芽率/%	86.23Aa	83.79Bb	83.48Bb	81.58Cc	84.34Bb	85.66Aa	83.84Bb	81.23Cc	84.3Aa	83.24Bb
芽长/cm	4.96Aa	3.95Bb	3.78Bc	3.37Cd	4.06Bb	4.36Aa	3.95Bb	3.69Cc	4.13Aa	3.90Bb

注：同列中不同大写字母间差异极显著（$P<0.01$），不同小写字母间差异显著（$P<0.05$）

2.2　PEG渗透调节对宝兴鸭茅种子丙二醛、电导率的影响

电导率大小能够显示膜的透性程度，而丙二醛是膜脂过氧化的产物之一。因此，丙二醛含量或电导率的降低意味着种子活力的提高。本研究表明，PEG渗透调节能显著降低贮藏鸭茅种子的丙二醛含量和电导率值，而且是受温度、浓度、时间3个因素及因素间交互作用的影响。从图6-9、图6-10可见，PEG处理后的种子的MDA和电导率值均远远低于对照。所有处理中，MDA含量、电导率最高的处理是A2B2C4，其相应值分别为17.52μmg/FW、132.00μs/cm，MDA含量、电导率最低的处理均是A1B1C2，其相应值分别为10.94μmg/FW、76.89μs/cm。由于时间、温度、浓度的交互影响，MDA含量和电导率的变化较为复杂。温度为15℃，同一浓度水平处理下的MDA含量、电导率变化差异不大（A1B1C2除外），但随时间的增加略有增加，而且在所有相同时间处理下的MDA含量和电导率均随浓度的增加呈增加趋势。当温度为25℃时，处理种子的MDA含量、电导率基本上要高于15℃处理的，而且温度、时间、浓度的交互影响更大，因此变化也较15℃处理的更为复杂。该温度下，24h和48h处理在同一浓度水平下的MDA含量和电导率的差异不大，但随浓度的增加而略有增加，显著低于72h

和 96h 对应浓度处理（A2B4C1）；而 72h 和 96h 处理在同一浓度水平下的 MDA 含量和电导率的差异更小。从以上两个生理指标的测定情况来看，改善效果最佳的 PEG 处理条件组合也是 A1B1C2。

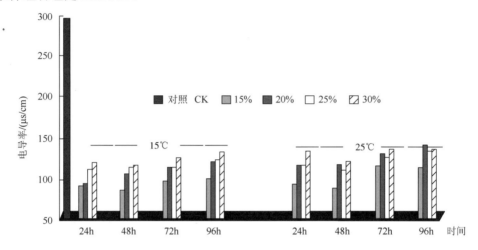

图 6-9　不同 PEG 处理组合对贮藏 1 年的鸭茅种子电导率的影响

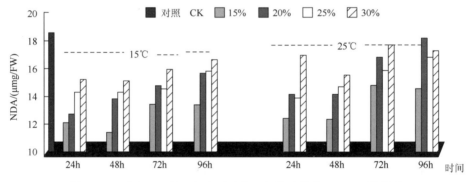

图 6-10　不同 PEG 处理组合对贮藏 1 年的鸭茅种子 MDA 的影响

3　讨论

　　研究结果显示，PEG 预处理贮藏 1 年的鸭茅种子，效果十分显著。处理后的种子活力均得到显著改善，而且种子内部发生的生理生化反应与种子的外观发芽表现是一致的，均明显优于对照。表明在本试验范围内 PEG 预处理能显著改善种子的活力，最适宜的 PEG 组合条件为温度 15℃，浓度 15%，处理时间 48h。这与马春晖处理贮藏多年的高冰草种子，条件不适宜时种子活力大大降低的结果有所差异。推测可能与种子的遗传特性或与种子的活力程度有关，有人认为，即使是同一品种、同一条件下采收、贮藏的种子，贮藏年限不同，PEG 处理条件也有所不同（韩建国等，2000）。

　　研究发现，浸种时间过长对改善鸭茅种子活力不利。有研究认为 PEG 是一种黏稠状液体，存在不透气问题，处理时间不能过长，否则会造成氧气缺乏，有氧呼吸受到抑制，进而破坏膜的结构，导致电导率相应增加（曹帮华和李玉敏，1995）。在不同温度条件下，浓度增加，活力基本上也呈降低趋势。作者认为，在某种意义上 PEG 处理对种子萌发来说是一种水分胁迫的作用，当浓度超出植物体耐受范围便增加了种子萌发过程中的不利因素，降低了种子活力水平。当温度为 25℃时，不同浓度、时间组合处理的 MDA 及电导率平均值均高于 15℃ 条件下的，而发芽指标则相反。可见，PEG 预处理在低温条件下对鸭茅种子的改善效果更好。

研究结果还显示，浓度、温度与时间交互作用极显著，当低温度、低浓度组合时，处理浸种时间较高温、低浓度组合处理的稍长才能更有效地改善种子活力。有研究认为，对具体作物而言，关键是处理时间的选择（孙建华等，1999）。但本研究结果则显示，浓度是最关键的因子，而且温度与浓度的交互效应远远大于温度与时间的交互效应。总的来说，PEG 预处理种子的条件选择是一个复杂的过程，但是在生产中作预处理时应更加注意 PEG 浓度的选择。

第七节　不同施氮量和时间对鸭茅生产利用的影响

鸭茅系多年生草本植物，现在全世界温带地区均有分布。鸭茅具有较强的抗寒性、抗旱性和耐阴性，同时具有适应范围广、饲用价值高等特点。国外许多研究表明，鸭茅是需肥最多的牧草之一，尤其以施氮肥作用最为显著，在施氮量高的条件下，鸭茅是产量最高的冷季牧草之一，氮肥不仅显著影响鸭茅产量而且显著影响其品质（希斯等，1992；樊江文，1997a，1997b）。合理施用氮肥是提高鸭茅生产力的主要途径。目前，我国农业生产中氮肥用量和消耗量位于世界第一位（王夏珲等，2002），但是普遍存在盲目的施肥现象。针对这一现象，作者讨论了不同氮源和氮肥配施两种施氮方式对鸭茅生产性能影响的研究现状，以期为我国鸭茅生产中氮肥研究和合理施肥提供参考依据。

1　不同氮源对鸭茅的影响

1.1　鸭茅对不同氮源有不同的吸收性能

植物能够吸收多种无机态和有机态氮肥，但是鸭茅对不同种类和性质的氮肥的吸收性能有所不同，从而影响鸭茅的产量和品质。研究表明，草地土壤根际对氮肥的吸收主要是以氮离子的形式，即硝酸盐，铵离子也易被根吸收，特别是在贫瘠的草地或土壤温度较低（<8℃）时，牧草对硝酸盐的吸收很少，几乎所有进入根的氮元素都是以铵离子的形式存在（希斯等，1992）。因此，根据硝酸盐和铵离子的状态，在春、秋、冬 3 季施尿素和铵态氮肥好，而在夏季施硝态氮更为有效。Kozlowski（1974）以白垩硝、硫酸铵、尿素、硝酸铵和硝酸钙为氮源进行试验，结果显示，氮肥的施用量和施用形式与鸭茅体内硝态氮含量有密切关系，鸭茅对硝酸盐和白垩硝的硝态氮吸收性好，故其体内硝态氮含量高于相同氮水平下硫酸铵和尿素处理。Maass 和 Behnke（1975）进行有机和无机肥施肥试验，结果证明鸭茅对粪肥的吸收效果优于无机肥。

1.2 不同氮源对鸭茅吸收矿质营养的影响

许多研究表明，不同氮源和氮水平常会促进或抑制植物对其他矿质营养的吸收，这主要是因为不同的肥料对土壤性质产生的作用不同，同时不同营养元素间的拮抗、互补、替代等作用也影响各种营养元素的吸收利用。如硫酸铵比其他氮肥更容易使土壤 pH 下降，从而影响牧草对某些微量元素（特别是钼）的利用。

作物过量吸收铵态氮，对 Ca^{2+}、Mg^{2+}、K^+ 等的吸收产生抑制作用，从而引起植物营养失调。家畜体内缺镁引起抽搐症，这是在很多地区常发生的营养性疾病。鸭茅对镁的积聚较差，凉爽的温度下尤其这样，过量吸收铵态氮引起氮和钾的过度吸收导致牧草缺镁，从而影响饲草的品质，不利于家畜的生产（希斯等，1992）。Tolgyesi等（1983）用硝酸铵、硫酸铵和尿素为氮源进行试验（施氮量为 400kg/hm^2），结果表明，施硫酸铵后鸭茅植株体内锰的浓度最高，达到 110mg/kg，硝酸铵和尿素处理后锰的浓度仅分别为 58mg/kg 和 45mg/kg；但是在提高氮素水平（200～400kg/hm^2）的过程中，只有硝酸铵能提高鸭茅体内锰浓度，可见硝态氮能促进鸭茅对锰的吸收；在相同的施氮处理下，再分别增施铜和锌能降低鸭茅对锰的吸收，这说明铜和锌抑制鸭茅对锰的吸收。杜占池和钟华平（2002）的研究表明，红三叶鸭茅草地中，施尿素能显著提高鸭茅氮、镁含量，适度提高铜、钙、钾含量，但是显著降低磷和锰含量，铁、锌和硼则基本未变。

1.3 不同氮源对鸭茅品质的影响

在不同生长阶段，不同氮源对植物生长的促进作用表现不同，可能影响作物的品质。徐坤（2000）在研究生姜对不同氮肥品种效应时，发现 NaNO$_3$ 处理的生姜品质不及其他氮肥处理的高。据试验，施用硝酸铵后的鸭茅在第 1、第 2 次刈割时调制成干草，羊较喜欢吃，施尿素后的鸭茅干草适口性则较差，至于以后的再生草采食量，则不因氮肥种类、性质的不同而产生明显的差异。氮肥施用过多，液泡会大量积累硝酸盐，从而对牲畜造成危害（潘全山和张新全，2000）。Kozlowski（1974）研究发现，施氮水平达到 1500kg/hm^2 时，鸭茅中的硝态氮达到毒害水平，其中危害程度最高的是硝酸铵，毒害程度最低的是硫酸铵。因此，合理选用氮肥种类对提高饲草品质是十分重要的。

2 氮肥配施对鸭茅的影响

植物在适宜比例下吸收养分，可以充分发挥营养元素间的相互促进作用，否则植物就会养分失调（黄德明，1993）。平衡营养需要平衡施肥，根据各国草地施肥试验的结果，认为肥料单施比混施效果差得多，氮素与其他元素配施有益于提高作物增产率和肥料利用率（贾慎修，1999）。

2.1 氮肥和磷、钾肥配施对鸭茅的影响

与氮肥相同，磷肥是植物生长发育必不可缺的营养元素之一。磷肥与氮肥配合施

用能促进氮素的代谢和氮、磷肥的利用率，还能促进作物根系的生长发育，提高作物在全生育期吸收养分的能力。这是因为磷是植物体内氮素代谢过程中多种酶的组分，这些酶能促进氨基化、脱氨基和氨基转移作用等过程的进行，通过氨基转移作用可合成氨基酸；此外，磷肥还有利于植物体内硝态氮的转化与利用（陆欣，2002）。许多研究表明，牧草对氮肥的吸收与土壤含磷量有很大的关系，在满足了牧草对磷肥的需求后，氮肥才能发挥更大的作用。樊江文（1997）将鸭茅与红三叶混播研究氮、磷间相互关系，得到了类似的结果。磷肥的施用在鸭茅种子生产中与在饲草生产中相比，显得更为重要，不适当的氮、磷比将严重影响其种子品质。钾、氮和磷相同，也是植物生长发育必不可少的营养元素之一，其重要的生理功能之一就是促进硝态氮吸收与运转，促进 NH_4 的同化，避免氨中毒，以及促进蛋白质核酸的形成。Habovstiak 和Pater（1977）将鸭茅分别单播于落叶土和黑钙土的试验地中研究氮、磷和钾肥配比施用的效应，结果表明，在土壤肥力高的情况下，施磷肥对鸭茅产量影响很小，再增施氮肥，干物质产量随之增加，而施用 K_2O 则有利于提高氮肥的效应，特别是在肥力较好的试验地，鸭茅干物质产量提高更为明显。这说明氮肥对鸭茅增产起主导作用，配施钾有利于提高氮肥利用率。Kulich 和 Lihan（1977）的施肥试验得到了不同的结果，秋施磷、钾肥的鸭茅干物质产量略高于施磷肥的，施氮、磷、钾肥的又略高于施氮、磷肥的，但是施氮、磷肥与施氮、磷、钾肥干物质产量显著高于仅施磷肥的。各处理再增施氮肥，鸭茅的产草量、粗蛋白和硝态氮含量随之增加，在此基础上进一步增施钾肥则反之，钾肥的含量表现出和磷肥相反的效应。总的来分析，根据栽培条件的不同 N/P 范围为（3∶1）～（15∶1），而 P/K 在（1∶2）～（3∶1）（潘全山和张新全，2000；希斯等，1992；樊江文，1997；Kozlowski，1974；Habovstiak and Pater，1977；Kulich and Lihan，1977）。

2.2　氮肥和其他矿质营养元素配施对鸭茅的影响

矿物质是牲畜维持正常生长和发育所必不可少的，它的需要量不多，但对于通过植物而进入食物链的动物是必需的，尤其应该重视对幼畜、孕畜及高产家畜矿物质的补给。补给牲畜矿物质的有效途径之一就是通过施肥补充或提高牧草中的矿物质含量。Kozakiewicz 等（1976）将硝酸铵、硫酸铵、尿素分别配施硫酸铜和硫酸锌研究鸭茅次生生长，发现氮素与硫酸铜施用水平比值较大会降低植物对铜的吸收；反之，则明显提高，而氮肥形态对植株吸收铜无明显的影响。此外，Kozakiewicz 等（1976）还发现，硫酸锌和硫酸铜配施会降低土壤铜的浓度，提高植株体内铜的浓度；硫酸铜和硫酸铵配施可以提高鸭茅干草中铜和锰的含量。近年来，由于高纯度化肥（单位氮或磷肥中不含或含很少硫）的使用，开始出现缺硫现象，植物缺硫会影响其产量和质量，因为硫可以促进含硫氨基酸的合成，进而影响蛋白质的品质和质量（鲍尔等，2001）。在严重缺硫的情况下，氮肥与硫肥配施可以增加植物体内硫的含量、干物质产量和氮的含量。植物对硫的需求量与其对氮、磷的需求量有很大的关系，有人认为植物需硫量与需磷量相当，也有人认为需硫量为供氮量的 1/15～1/10（希斯等，1992）。不同氮肥配施，不仅可能获得高产、稳产、优质，而且还可能提高作物对氮肥的利用率。王珂和杨玉爱（1992）的研究表明，在 pH 较高的土壤条件下，以硝态氮为单一氮源时，常造成植物缺铁，而铵态氮和硝态氮配合施用则是缓解作物缺铁甚至矫正缺铁的可行方法。当然，不适宜的氮肥品种配施也可能不利于作物生长。Barcsak 等（1983）研究发现，尿素单施时，随氮肥的增加，鸭茅鲜草产量和粗蛋白含量明显增加；尿素与硫酸铵配施时鸭茅体内含氮量降低，而且随硫酸铵水平的提高，这种效果越明显。

3 氮肥施用量及施用时间对鸭茅影响

3.1 对鸭茅饲草生产的影响

3.1.1 对鸭茅地上部和地下部生物量的影响

鸭茅为春季及夏秋时期的分蘖型牧草，在这几个时期施用氮肥或堆肥比未施肥者侧枝可增加 1 倍。据报道，鸭茅施氮达 $1400kg/hm^2$ 时仍能保持其最高产量的 90%，但氮肥利用率则急速下降，而施氮量为 $0\sim168kg/hm^2$ 时鸭茅牧草产量与施氮量呈正比关系，氮肥利用率和回收率最高。章静雅等（2003）认为，在太平洋西北部地区，秋季和晚冬时施肥量超过 1/3 的年厩肥用量时，能够有效地提高鸭茅牧草的产量，对于利用厩肥作为鸭茅主要氮源的农场，至少保证春、夏、秋 3 个季节分别施入厩肥才会带来最大的农业效益。Davies（1980）利用不同鸭茅栽培种进行成熟营养蘖单位节间长度和质量的研究，发现在氮为 $0\sim60kg/hm^2$ 的低氮条件下，营养蘖单位节长从基部到上部呈增长趋势，随氮的增加营养枝的比例加大，而近茎基部营养蘖的节比其上部的节长，抽穗晚的蘖的节长受氮素水平的影响最大。两个品种营养枝节的单位长度的质量都随氮的增加而增加。Duru 等（2000）认为缺氮会明显降低茎叶的比例，主要是因为减弱或延缓了鸭茅在二棱期营养枝的数量；氮对茎的伸长具有显著作用。植物根系的类型和深度也受矿物营养和氮素的影响。大部分植物在土壤增施氮肥时，如果氮素的含量低，植物地上部的生长大于地下部，根系发育良好，根部贮藏大量的碳水化合物；另外，大量供氮有利于幼芽的发育，并会减少根和残株中的碳水化合物的含量，还使叶面积指数增加，因此禾本科牧草在施氮肥后获得较高的生长速度，不过叶面积指数增加，会导致牧草蒸腾作用速度加快，其结果使后来的牧草生长所需水分不足（贾慎修，1999）。

3.1.2 对鸭茅品质的影响

施氮对植物成分影响很大，施用氮肥的牧草适口性高于未施氮。有的研究指出，施用氮肥可以增加鸭茅类胡萝卜素、叶绿素、维生素、粗蛋白含量，但同时也促进鸭茅木质素的合成，使牧草消化率有所降低，有时还能导致某些牧草硝酸盐、亚硝酸盐及生物碱含量的增加（贾慎修，1999；鲍尔等，2001）。Davies 在 1976 年也得出了相似的结论。有研究表明，施入大量氮肥（>$120kg/hm^2$）或氮、磷、钾配施通常可使禾草的蛋白质含量提高 20%～30%，施肥量不足时，对牧草中蛋白质含量改变不大。Gaborcik（2000）认为氮水平对鸭茅叶片中叶绿素 a 和叶绿素 b 影响很大。提高氮水平（$0\sim300kg/hm^2$），叶绿素（a+b）含量也相应增加，特别是从 $0\sim50kg/hm^2$ 这一阶段。叶绿素（a+b）与叶片中的氮、氨基酸、镁和钠的含量呈正相关关系，而与钾的含量呈负相关关系。1992 年有研究指出，当行距和氮水平同步提高时鸭茅干物质产量较仅提高氮水平处理的呈明显增长的现象。Falkowski 等（1976）认为随着年龄的增大和施氮量的增加（0～200kg/hm²），鸭茅体内总氮量和硝态氮含量增加；不施氮肥，总氮量则随时间的推移而降低，而且施氮肥条件下，鸭茅干物质中碳水化合物的平均含量呈增长趋势，施氮水平达 100kg/hm²时碳水化合物的含量最高。Noller 认为，冷季禾本科草水溶性碳水化合物主要是果聚糖，其含量随氮肥的施用而降低（希斯等，1992）。

3.2　对鸭茅种子生产的影响

追肥和灌溉是提高鸭茅种子产量和品质的重要措施。鸭茅对氮肥特别敏感（在不同地区春季施氮 60～180kg/hm²而秋季减半常可获得最高种子产量），除施足基肥外，春季以追施氮肥为主，这对于茎叶的迅速生长和幼穗的分化具有重要作用，秋季分蘖期可适当追施一些氮肥（一般为春季的 1/2），有利于形成较多的秋冬分蘖，进而增加种子的产量。进入拔节期和抽穗期，是鸭茅整个生育期内需氮肥最多的时期，拔节期多施氮肥，有利于小穗和小花的发育，促进穗大粒多。抽穗期多施磷、钾肥和少量氮肥主攻籽粒，促进光合产物向生殖器官运输，使籽粒饱满，种子生活力提高，若追施过量氮肥则会造成贪青晚熟，影响种子品质。Moen 和 Nor（1982）进行鸭茅种子生产研究，结果发现春季施氮肥（60～180kg/hm²）的鸭茅种子最高产量（640kg/hm²）明显高于秋季施氮肥（30～90kg/hm²）的产量（560kg/hm²），秋季施肥的又略高于未施肥的。可见，春季增施氮肥对鸭茅种子产量的影响大于秋季增施氮肥的，通过试验，他们还得出该地区栽培鸭茅对氮肥的需求规律：第 1 年需氮比第 2 年和第 3 年少。Nordestgaard（1981）在经过 8 年的试验研究后，认为鸭茅种子生产比较适宜的时间和施用量为：3 月施氮 120kg/hm²，秋季施氮 50kg/hm²。Gaborcik 等所得结果则有不同，他们认为不同水平氮肥（60～180kg/hm²）全部在春季施用所得种子产量均高于相同氮素水平下在不同生育期分期施用处理，各处理种子产量均随氮水平的增加而增加，种子发芽率则反之，而且在同一氮素水平下，春季一次性施氮的种子发芽率均比分期施用的高。

4　展望

总之，氮肥的施用是鸭茅生产管理中的一个重要环节，是提高鸭茅产量的主导因素。我国应该立足于本国的现状，参考国外研究，应用植物营养和生理生化研究方法和手段，进一步研究氮素营养及与氮素存在交互作用的其他营养，以明确鸭茅特殊的需肥规律及其利用方式，在植物营养学的基础上，研究鸭茅平衡施肥技术，以降低施肥成本，维持土壤肥力，保护生态环境，提高鸭茅的经济价值和生态价值。

第八节　南方地区优良牧草优势草种及种植模式

我国南方地区泛指秦岭和淮河以南、青藏高原以东的广大地区，山地和丘陵面积占

70%以上，大多数地区属于亚热带（少部分热带）湿润气候，热量丰富，雨量充沛，主要包括四川、重庆、云南、贵州、江苏、湖南、湖北、安徽、浙江、福建、江西、广西、广东、海南及陕西南部、河南南部等省（自治区、直辖市），适宜于优良牧草栽培及人工草地种植以促进畜牧业的良好发展。以巫山—武陵山—云贵高原东缘一线为界可分为东南和西南两个区域，区内地形多样，有大面积的草山草坡、疏林草地、果园隙地、冬闲田等土地资源。东南部以丘陵、平原为主，西南部以山地、丘陵和高原为主。平原地区多为水稻产区，作物一年两熟或三熟；丘陵山地则多为林地、草地和旱作农田。从低地平原到丘陵山地，常具有显著的垂直气候变化。

1 南方牧草产业发展现状

1.1 牧草种植相关技术需求现状

从品种需求角度考虑，豆科牧草品种匮乏、多年生牧草品种及冬闲田牧草品种单一，良种繁育体系不健全，生产用种仍然依赖进口等是亟待解决的问题。从栽培技术角度考虑，当前冬闲田人工种草技术体系较为完善，天然草地改良与人工草地建设在豆禾混播、杂草控制、病虫害防治、高效施肥、持续利用等方面均存在许多技术问题。其中，急需解决的技术难题有热带人工草地豆禾混播中适宜豆科品种选择、人工草地建植当年杂草的有效防控、平衡施肥、牧草合理利用、适宜南方地区草产品加工技术研发等。

1.2 牧草利用技术现状

南方地区牧草以当地草食家畜利用为主，尚未形成商品形式的草产品开发。其中，冬闲田种植的多花黑麦草和光叶紫花苕以青刈利用为主，主要用于猪、鹅、鱼及奶牛、肉牛和羊等的青绿饲料；紫云英主要用于绿肥肥田。多年生人工草地中，象草和杂交狼尾草基本上以刈割利用为主，多用于饲养奶水牛和肉牛；其他多年生牧草如白三叶、鸭茅、多年生黑麦草等则以放牧利用为主。从利用角度看，一年生牧草多花黑麦草的利用较为合理，多年生牧草利用存在问题较多，主要有：象草、杂交狼尾草等刈割型牧草未能有效处理好产量与品质的相互关系；放牧利用草地未能有效控制合理放牧强度，加上管理方面的其他原因，导致人工草地退化严重，不能较好发挥人工草地的高效作用。

1.3 存在的主要问题

1）优质高产豆科牧草匮缺。在亚热带地区，柱花草是较好的豆草牧草，但越冬性较差；在长江中下游地区，适宜的豆科牧草有三叶草和紫花苜蓿，但都存在耐热性差和耐湿性不好的问题。

2）引进品种越冬或越夏性不良。许多品质优良的冷季型牧草越夏性能不良，而暖季型牧草在该地区又越冬性较差。

3）牧草种子生产滞后，生产成本较高。由于牧草生产是以收获植物营养体为目的，牧草种子生产技术相对落后，种子易脱落，田间损失大，产量低，国产种子生产因机械化程度低、劳动力成本高，生产成本与国外相比往往高，因此牧草种子生产滞后严重制约牧草种植及牧草产业化发展。

4）牧草收获机具缺乏。由于南方部分丘陵和山区地形限制，牧草多利用人工收获导致牧草生产成本居高不下，且效率低下，严重制约牧草规模化生产利用。

近年来我国南方草产业逐渐兴起，部分地区的牧草种植面积正逐年增加，但总体上还存在不少突出问题，就优良牧草栽培及种植方面主要问题有：牧草种质资源重研究、轻利用，具广泛适应性的本地牧草品种相对缺乏；草产业化发展中，种植、收获、加工调制一系列流程中的部分链接技术尚未突破；牧草的种植空间受到农、经济作物的严重挤压，加上种草无补贴，老百姓种草积极性不高。

2 南方不同生态区当家草种及优良牧草栽培区划

2.1 长江中下游白三叶、黑麦草、苇状羊茅、雀稗栽培区

本区位于我国中南部，包括江西、浙江和上海3省（直辖市）全部，湖南、湖北、江苏、安徽4省的大部，以及河南南部的一小部分，共辖561个县（市、区）。本区属中亚热带和北亚热带，气候温暖湿润，冬冷夏热，四季分明，水热资源丰富，气候具有明显的过渡性，冷季型牧草越夏难，暖季型牧草又越冬难，土壤为黄棕壤、红壤和黄壤，多呈酸性，pH 4～6.5，缺磷少钾，土壤肥力较低。

2.1.1 人工草地

1）人工草地当家饲草：多花黑麦草和青贮玉米。

2）人工草地其他优良草种：白三叶、高丹草、苇状羊茅、鸭茅、多年生黑麦草、红三叶、扁穗牛鞭草、墨西哥玉米、象草、黑籽雀稗、杂交狼尾草、光叶紫花苕、紫花苜蓿、菊苣和籽粒苋。

2.1.2 草地改良和生态建设

1）草场改良和生态建设当家草种：白三叶、苇状羊茅、多花木蓝、巴哈雀稗和狗牙根。

2）草场改良和生态建设其他优良草种：鸭茅、紫花苜蓿、多年生黑麦草、胡枝子、红三叶、葛藤。

2.2 西南白三叶、黑麦草、鸭茅、苇状羊茅栽培区

本区位于秦岭以南，北回归线以北，宜昌、溆浦一线以西，川西高原以东。包括陕西南部、甘肃东南部、四川、重庆、云南大部、贵州、湖北、湖南南部，共辖434个县（市、区）。地处亚热带，全区95%的面积是丘陵山地和高原，气候为亚热带湿润气候，冬季气候温和，生长期较长，雨量充沛，年降雨量1000mm以上，土质多为黄壤、紫色土、红壤等，冬无严寒，夏无酷暑（图6-11）。

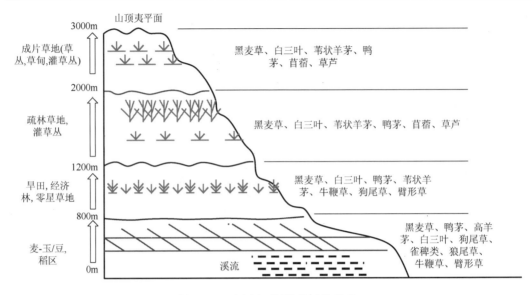

图 6-11　西南区不同海拔适栽草种

2.2.1　人工草地

1）人工草地当家草种：多花黑麦草、光叶紫花苕和青贮玉米。

2）人工草地其他优良草种：白三叶、多年生黑麦草、扁穗牛鞭草、红三叶、苇状羊茅、鸭茅、高丹草、杂交狼尾草、东非狼尾草、扁穗雀麦、黑籽雀稗、光叶紫花苕、箭筈豌豆、紫花苜蓿、菊苣和籽粒苋。

2.2.2　草地改良和生态建设

1）草场改良和生态建设当家草种：白三叶、苇状羊茅、多年生黑麦草、多花黑麦草、红三叶、鸭茅、雀稗。

2）草场改良和生态建设其他优良草种：鸭茅、多年生黑麦草、扁穗牛鞭草、鹅观草和红三叶、非洲狗尾草、多花木蓝、胡枝子、紫花苜蓿、俯仰臂形草。

2.3　华南柱花草、银合欢、黑籽雀稗、王草栽培区

本区是我国水热资源最充足的地区，北回归线穿越大部分地区，包括闽、粤、桂、台湾、海南 5 省区及云南南部，共辖 190 个县（市、区）。光照强烈，海洋性季风使得雨量充沛，绝大部分地区呈现长夏无冬、温热多雨的热带、南亚热带气候。土壤为山地红壤、赤红壤、砖红壤，pH 多为 4.5～5.5，氮含量低，磷普遍缺乏。

2.3.1　人工草地

1）人工草地当家草种：柱花草、杂交狼尾草和青贮玉米。

2）人工草地其他优良草种：银合欢、杂交狼尾草、高丹草、象草、东非狼尾草、多花黑麦草、墨西哥玉米、杂交狼尾草、俯仰臂形草、非洲狗尾草、黑籽雀稗、决明、大

翼豆、山蚂蝗。

2.3.2　草地改良和生态建设

1）草场改良和生态建设当家草种：柱花草、非洲狗尾草、珊状臂形草、坚尼草和狗牙根。

2）草场改良和生态建设其他优良草种：象草、东非狼尾草、圆叶决明、大翼豆、平托落花生、山蚂蝗、多花木兰和银合欢。

综述表明，南方主推牧草有多花黑麦草、柱花草、苇状羊茅、鸭茅及青贮玉米等。

3　南方地区优良牧草种植模式

针对当前南方牧草资源开发及栽培、利用现状，以牧草产业化为导向，优选出南方优良牧草栽培当家草种，即长江中下游区和西南区首推多花黑麦草，华南区首推柱花草和多花黑麦草。

从南方现有粮经作物生产、畜牧生产及牧草高产栽培的实际情况，结合地域特点，初步遴选出 5 种种植模式。

3.1　稻草轮作区

适宜秋播冷季型越年生牧草或牧草绿肥兼用草品种，改稻-麦复种为稻-草或稻-草（肥）复种，当家草种有多花黑麦草、紫云英、金花菜等。也可采用饲料作物与牧草轮作的方式，改稻-麦为饲-草、草-饲或草-草复种，其当家草种有饲用玉米、苏丹草，秋播的有多花黑麦草、冬牧 70 黑麦、饲用甘蓝、芜菁、胡萝卜等。

3.2　旱田轮作区

由原来棉-麦调为草-麦或草-草（肥）复种，适宜春播的当家草种有饲用玉米、苏丹草、苦荬菜、籽粒苋等，适宜秋播的当家草种有多花黑麦草、冬牧 70 黑麦等。

3.3　经济林、果区

可利用幼龄林、果、茶、桑园间植较耐阴牧草或速生绿肥。北部中性偏碱土壤，适宜草种有紫花苜蓿等；中部中性偏酸土壤，适宜草种有白三叶、红三叶、鸭茅、苇状羊茅、巴哈雀稗；南部适宜草种有柱花草、爪哇葛藤、毛蔓豆、蝴蝶豆等。

3.4　沿海滩涂区

可种植紫花苜蓿、草木樨等豆科牧草和多花黑麦草、苏丹草、苇状羊茅、象草等禾本科牧草，宜以豆科牧草与黑麦草、苇状羊茅混播。

3.5　丘陵山区

对大面积的草山草坡主要是更新、改良原有草地，以提高鲜草产量和质量。宜选择耐热、耐旱、耐瘠、覆盖性好的多年生牧草和豆科科牧草混播。如四川在退耕还林还草中广泛采用的"310.2"模式，即苇状羊茅、鸭茅、黑麦草各 1 斤[①]+0.2 斤白三叶（白三叶种植区）；云南亚热带丘陵山区大面积人工草地普遍应用的种植模式为非洲狗尾草+东非狼尾草+白三叶，亩用量（千克）：0.8：0.2：1；在湖北的中山地区人工草地，如放牧利用以早熟禾 20%+鸭茅（草芦）20%+苇状羊茅（或紫羊茅）40%+白三叶 15%+红三叶 5%的组合为好；如刈割利用则以多年生黑麦草 40%+鸭茅（早熟禾）40%+白三叶 15%+红三叶 5%为佳；贵州海拔 900~1300m 的黔中地区草地混播模式"220.22"模式，即鸭茅、苇状羊茅各 2 斤+黑麦草、白三叶各 0.2 斤；低海拔 300~900m 地区草地混播模式"220.22"模式，即宽叶雀稗 2 斤（或牛鞭草、皇草）+白三叶 0.5 斤（或多花黑麦草 3 斤）；高海拔 1400~2900m 地区草地混播模式"140.5"模式，即黑麦草 4 斤（或苇状羊茅、鸭茅、草芦）+白三叶 0.5 斤。

参考文献

白宝璋，汤学军. 1999. 植物生理学测试技术. 北京：中国科学技术出版社

鲍尔 D M，郝福兰 C S，莱斯费尔德 G D. 2001. 南方牧草. 李向林，等译. 北京：中国农业出版社：11

曹帮华，李玉敏. 1995. PEG 渗透处理对刺槐种子的影响. 山东林业科技，100（5）：36-38

杜逸. 1986. 四川饲草饲用作物品种资源名录. 成都：四川民族出版社：60-64

杜占池，钟华平. 2002. 施肥对红三叶草地营养元素含量的影响. 中国草地，24（1）：29

樊江文. 1997a. 红池坝. 野生鸭茅生物学和生产特性的研究. 四川草原，3：14

樊江文. 1997b. 红三叶和鸭茅混播草地施肥优化模式的研究. 草业学报，（3）：6-9

耿以礼. 1959. 中国植物图说——禾本科. 北京：科学出版社：111-328

郭万祥，李元华. 1998. 发展四川草业，促进四川草食牲畜的发展. 四川草原，（2）：6-9

郭万祥，李元华. 1999. 林草结合是长江上游地区保持水土的重要途径. 四川草原，（2）：11-13

韩建国. 1997. 实用牧草种子学. 北京：中国农业大学出版社

韩建国，钱俊芝，刘自学. 2000. PEG 渗调处理改善结缕草种子活力的研究. 中国草地. （3）：22-28

黄德明. 1993. 作物营养和科学施肥. 北京：农业出版社

贾慎修. 1999. 草地学. 北京：中国农业出版社

姜薇，关秀清，于井朝. 2003. 生物固氮在集约化草地畜牧业中的作用. 草业学报，12（6）：22-27

李大雄，龚福春，李科云. 1997. 高产优质饲草——皇草的开发利用. 草业科学，14（1）：72-73

李青云，施建军，马玉寿，等. 2004. 三江源区人工草地施肥效应研究. 草业科学，21（4）：35-38

梁小玉. 2006. 宝兴鸭茅种子生产关键技术研究及质量评价. 雅安：四川农业大学硕士学位论文

梁小玉，张新全，陈元江，等. 2005. 氮磷钾平衡施肥对鸭茅种子生产性能的影响. 草业学报，14（5）：69-74

陆欣. 2002. 土壤肥料学. 北京：中国农业大学出版社

马春晖，张玲，段黄金，等. 2001. PEG 渗调处理改善高冰草种子活力的研究. 中国草地，23（5）：38-40

毛培胜，韩建国，王颖，等. 2001. 施肥处理对老芒麦种子质量和产量的影响. 草业科学，18（4）：78

潘全山，张新全. 2000. 禾本科优质牧草黑麦草、鸭茅. 北京：台海出版社

---

① 1 斤=0.5kg

彭光天，黄上志，傅家瑞.2003.紫金牛属植物种子贮藏和萌发的初步研究.中山大学学报（自然科学版），42（4）：79-83

彭燕，张新全.2003.鸭茅种质资源多样性研究进展.植物遗传资源学报，4（2）：179-183

彭燕，张新全，曾兵.2007.野生鸭茅植物学形态特征变异研究.草业学报，4（2）：69-75

蒲朝龙.1994.草业生态工程.成都：成都科技大学出版社

阮松林，薛庆中.2002.植物的种子引发.植物生理学通讯.38（2）：198-202

施劲松.1999.钾与氮磷配施在枞阳县的增产效应及补钾途径.安徽农学通报，5（4）：33-34

宋淑明.1997.钙、赤霉素对小冠花种子萌发的效应.草业科学，14（3）：46-48

孙建华，王彦荣，余玲，等.1999.聚乙二醇引发对几种牧草种子发芽率和活力的影响.草业学报，8（2）：34-42

谭超夏.1986.牧草在美国农业中的地位及其利用.饲料研究，（10）：17-19

汤孝宗.1984.禾本科新种——纤毛鸭茅.四川草原，（4）：31-38

汤孝宗.1987.横断山地区饲用植物的区系组成特点.中国草地，（3）：7-11

汪晓峰，丛滋金.1997.种子活力的生物学基础及提高和保持种子活力的研究进展.种子，（6）：36-39

王栋.1989.牧草学各论.南京：江苏科技出版社：76-78

王珂，杨玉爱.1992.氮肥形态和碳酸氢根对花生铁营养的影响.浙江农业大学学报，18（3）：75-78

王夏晖，刘军，王益权.2002.不同施肥方式下土壤氮素的运移特征研究.土壤通报，33（3）：202

王月琴，廖臻瑞，刘文锋.1999.黔东南州土壤钾素变化及补钾措施.贵州农业科学，27（4）：33-35

希斯ＭＥ，巴恩斯ＲＦ，梅特卡夫ＤＳ.1992.牧草——草地农业科学.黄文惠，苏加楷，张玉发译.北京：农业出版社

徐坤.2002.生姜对不同氮肥品种的效应.土壤肥料，（4）：17-19

徐荣，韩建国，毛培胜，等.2001.施肥对草坪型高羊茅种子产量及其组成的影响.草地学报，9（2）：137-142

颜启传.2001.种子检验原理和技术.北京：中国科学技术出版社

尹少华.1990.神农架三峡地区牧草种质资源考察报告.湖北畜牧兽医，（2）：29-32

章静雅，陈伏生，高鹏.2003.不同排水条件下厩肥施用时间及施量选择研究.水土保持科技情报，1：11

张锦华，李青丰，李显利.2000.旱作老芒麦种子产量构成因子的研究.中国草地，（6）：34-37

张锦华，李青丰，李显利.2001.氮、磷肥对旱作老芒麦种子生产性能作用的研究.中国草地，23（3）：38-41

张新全，杜逸，蒲朝龙，等.2002.宝兴鸭茅品种的选育及应用.中国草地，24（1）：22-27

张新全，帅素容，陈华兵.1998.杂交狼尾草宁牧3号区域试验总结报告.四川草原，（1）：18-20

张新全，张锦华，杨春华，等.2002.四川省牧草种质资源现状及育种利用.四川草原，（1）：6-9

张新全，祝牧，张国荣.1994.雅安地区种草养畜现状调查.四川草原，（4）：36-38

张新跃.1994.以场带户种草养奶牛综合技术示范与推广项目人工种草技术总结.四川草原，（3）：6-10

张新跃，李元华，龙光录.1992.四川省养鹅业现状与种草养鹅综合技术的推广.草业科学，9（1）：8-10

中国科学院中国植物志编写组.2002.中国植物志.39卷.北京：科学出版社：89-90

钟声，杜逸，郑德成，等.1998.野生四倍体鸭茅农艺性状的初步研究.草业科学，15（2）：20-23

钟声，匡崇义.2002.波特鸭茅在云南省的引种研究.草食家畜，（2）：44-45

周兆琼.1994.优良牧草引种试验研究.云南畜牧兽医.3：7-10

周自玮，奎嘉祥，钟声，等.2000.云南野生鸭茅的核型研究.草业科学，17（6）：48-51

Barcsak Z，Bobrzecka D，Domska D，et al.1983. Influence of fertilization on yield and crude protein content in *Dactylis glomerata* and *Bromus inermis*. Novenytermeles，32（2）：163-173

Casler M D，Fales S L，McElroy A R，et al. 2000. Genetic progress from 40 years of orchardgrass breeding in North America measured under hay management. Crop Science，40：1019-1025

Davies I. 1976. Developmental characteristics of grass varieties in relation to their herbage production. 1. An analysis of high- digestibility varieties of *Dactylis glomerata* at three stages of development. Journal of Agricultural Science，87：25-32

Davies I. 1980. Developmental characteristics of grass varieties in relation to their herbage production. 5. The effects of nitrogen treatment on the relative development of upper and lower internodes of mature reproductive tillers of *Dactylis glomerata* and *Lolium perenne*. Journal of Agricultural Science，UK，94（1）：125-136

Duru M，Delprat V，Fabre C，et al. 2000. Effect of nitrogen fertilizer supply and winter cutting on morpholog ical. Journal of the Science of Food and Agriculture，80：33-42

Falkowski J，Lyduch L，Tyrakowska U，et al. 1976. The influence of increasing rates of urea on the contents of nitrogen compounds and soluble sugars in *Dactylis glomerata* and *Arrhenatherum elatius*. Zeszyty naukowe Akademii Ro-lniczej w Szczecinie，Rolnictwo，53：59-67

Gaborcik N. 2000. Chlorophyll concentration（SPAD values）in leaves of cocksfoot（*Dactylis glomerata* L.）as an indicator of nitrogen concentration and product ion of grassland. Acta Fytotechnica et Zoo Technica，3（1）：21-24

Gaborcik S.1983. Influence of nitrogen nutrition on seed production in cocksfoot（*Dactylis glomerata* L.）. Zbornik prednasok z conferencie，Vyznam a uloha dusika v sucasnom lukarstve a pasienkarstve，Banska Bystrica，12：86-95

Habovstiak J，Pater S. 1977. Effect of varying PK fertilization with high rates of nitrogen on some biological characters of cocksfoot（*Dactylis glomerata* L.）. Vedecke PraceVyskumneho Ustavu Luk a Pasienkov v Banskej Bystrici，12：65-71

Heydecker W，Higgins J，Gulliver R L. 1973. Accelerated germination by osmotic seed treament. Nature，（246）：42-44

Kellner E，Balan C，Banciu T，et al. 1979. Experimental results with time，distance and density of sowing cocksfoot（*Dactylis glomerata*）grown for seed production. Analele Institutului de Cercetari pentru Cerealesi Plante Tehnice，Fundulea，44：91-99

Kozakiewicz J，Priebe M，Jankowiak J. 1976. Effect of irrigation and increasing mineral fertilization on yield and quality of cocksfoot（*Dactylis glomerata* L.）. Zeszyty Problemowe Postepow nauk Rolniczych，181：441-451

Kozlowski S. 1974. Attempts to determine a relationship between nitrate content and the rate of N applied to *Dactylis glomerata* and *Poa pratensis*. Roczniki Nauk Rolniczych F，78（3）：7-18

Kulich J，Lihan E. 1977. The effect of high N and K rates on the productivity and quality of cocksfoot（*Dactylis glomerata* L.）. Vedecke Prace Vyskumneho Ustavu Luk a Pasienkov v Banskej Bystrici，15：105-114

Larsen A. 1977. Testing and selection for frost tolerance within populations of *Lolium perenne* and *Dactylis glomerata*. Internet，Grasslandkongr. Sekt Vortrage.Leipzig，13（1-2）：286-291

Maass G，Behnke V. 1975. The effect of heavy slurry and mineral nitrogen rates，with and without sprinkler irrigation，on cocksfoot（*Dactylis glomerata*）. Archiv fur Acker und Pflanzenbau und Bodenkunde，19（11）：827-836

Moen K T，Nordestgaard A. 1982. Fertilizer application for *Dactylis glomerata* seed meadows. Engfroavl，31：166-170

Nordestgaard A. 1981. Effect of different times of application of nitrogen in the spring on seed production by cocksfoot（*Dactylis glomerata*），red fescue（*Festuca rubra*），smoothstalked meadow grass（*Poa pratensis*），timothy（*Phleum pratense*）and small timothy（*Phleum bertolonii*）. Tidsskrift for Planteavl，85（4）：357-388

Popov I，Tomov P. 1974. Effect of time and pattern of sowing on irrigated orchardgrass（*Dactylis glomerata*）seed production in northern Bulgaria. Plant introduction，breeding and seed production. Des Moines：Wallace - Homested Book company：283-288

Sanderson M A，Soder K J，Muller L D，et al. 2005. Forage mixture productivity and botanical composition in pastures grazed by dairy cattle. Gronomy Journal，97：1465-1471

Tolgyesi G，Varga J，Schmidt R. 1983. Increase of manganese content of cocksfoot（*Dactylis glomerata*）by fertilization. Magyar Allatorvosok Lapja，38：593-597

Tomov P. 1975. Dates of sowing *Dactylis glomerata* for seed production in northern Bulgaria. Rast enievdni-Nauki，12（3）：112-124

Zohary D，Nur U. 1959. Natural triploids in the orchardgrass（*Dactyiis glomerata* L.），polyploid complex and their significance for gene flow from diploid to tetraploid levels. Evolution，13：311-317

E

TG/31/8

UPOV

鸭茅品种特异性、一致性和稳定性（DUS）测试指南

GUIDELINES
FOR THE CONDUCT OF TESTS
FOR DISTINCTNESS，UNIFORMITY AND STABILITY

COCKSFOOT
（*Dactylis glomerata* L.）

张新全　蒋林峰　译自 UPOV
INTERNATIONAL UNION FOR THE PROTECTION OF
NEW VARIETIES OF PLANTS

* * * * * * *

目　录

Ⅰ. 测试范围 Subject of these Guidelines

本标准适用于所有鸭茅品种的特异性、一致性、稳定性测试和结果判定。

These Test Guidelines apply to all varieties of Cocksfoot（*Dactylis glomerata* L.）.

Ⅱ.材料要求 Material Required

1. 按要求需测试的鸭茅品种，主管部门决定何时、何地和以何种质量及多少数量提交该品种种子。若提交的品种来自其他不同国家，须保证除测试地外，符合相应的海关手续。提交的种子数量至少为：1kg。

The competent authorities decide when，where and in what quantity and quality the plant material required for testing the variety is to be delivered. Applicants submitting material from a State other than that in which the testing takes place must make sure that all customs formalities are complied with. The minimum quantity of seed to be supplied by the applicant：1kg.

提交的种子必须满足主管部门规定的鸭茅正常研究所需的发芽率、纯净度、活力、健康度和含水量，为了方便种子贮存，种子应保证尽可能高的发芽率。

The seed should meet the minimum requirements for germination，species and analytical purity，health and moisture content，specified by the competent authority. In cases where the seed is to be stored，the germination capacity should be as high as possible and should be stated by the applicant.

2. 除主管部门允许或特别要求的处理外，提交的繁殖材料不能进行任何处理。如果材料已处理，必须提供处理的详细说明。

The seed must not have undergone any treatment unless the competent authorities allow or request such treatment. If it has been treated，full details of the treatment must be given.

Ⅲ. 测试规范 Conduct of Tests

1.鸭茅品种测试的时间应至少为两个独立的鸭茅生长周期。

The minimum duration of tests should normally be two independent growing cycles.

2. 一般来说，鸭茅品种的测试必须在同一试验地点进行。如果某些品种的重要性状在该地点不能表达或充分表达，可在符合条件的其他地点对其进行补充观测。

The tests should normally be conducted at one place. If any important characteristics of the variety cannot be seen at that place，the variety may be tested at an additional place.

3. 所有参试的鸭茅品种必须种植于能够保证其完成正常生长周期和正常性状表达的试验地。试验小区面积的选择必须满足单株之间有足够的间距，以便保证其正常的生长和进行有效的测量。每个试验穴播小区至少应包括 60 个单株，每个试验条播小区至少应为 10m。用于观察和测量的鸭茅品种单株，必须是其处于相似的自然环境条件下方可进行。

The tests should be carried out under conditions ensuring satisfactory growth for the expression of the relevant characteristics of the variety and for the conduct of the examination. The size of the plots should be such that plants or parts of plants may be removed for measuring and counting without prejudice to the observations which must be made up to the end of the growing period. Each test should be designed to result in a total of at least 60 spaced plants and 10 meters of row plot. Separate plots for observation and for measuring can only be used if they have been subject to similar environmental conditions.

4. 穴播测试。每个测试小区至少包括 60 个单株，设置 3 个或者 3 个以上的小区重复。

Plots with spaced plants. Each test should consist of 60 single spaced plants arranged in 3 or more replicates.

5. 条播测试。每个测试小区至少种植 10m，设置 2～3 个重复，条播密度应为每米 160～200 株。

Row plots. Each test should consist of at least 10 meters of row arranged in 2 or 3 replicates. The density of sowing should be such that about 160 to 200 plants per meter can be expected.

6. 必要时，也可对本指南未列出的性状进行附加测试。

Additional tests for special purposes may be established.

Ⅳ. 测试方法 Methods and Observations

1. 除非另有说明，否则所有穴播测试的性状观测和评价必须在试验小区的 60 个单株上进行，或者选择每 60 个单株小区的部分材料进行观测和评价。

Unless otherwise stated，all observations on spaced plants should be made on 60 plants or parts taken from each of 60 plants.

2. 条播测试观测时，必须把试验小区的每一行作为一个整体来观测。

Observations on rows should be made on each row as a whole.

3. 条播和穴播都可以作为品种测试观测的对象，但是它们的性状表达和观测方式可能是有差别的，因为穴播的测试方法中，单株可以作为一个离散单元。

Where observations can be made in both spaced plants and row plots，it is likely that the expression of the characteristic and its method of recording are different because in single spaced plants the plants can be examined as discrete units.

4. 鸭茅作为异花授粉植物，其品种的一致性检验必须参照主管部门管理的通用规范说明。

The assessment of uniformity for cross-pollinated varieties should be according to the recommendations in the General Introduction.

V. 分组性状 Grouping of Varieties

1. 参与测试的不同鸭茅品种必须分成不同的小组，以便区分它们的特异性性状。那些可以作为品种分组的性状，是基于经验发现，其在鸭茅品种间一般不发生变化，或者仅在品种内部存在非常细微的变化。各种性状表达状态的记录，应相当均匀地分布于整个品种的试验小区。

The collection of varieties to be grown should be divided into groups to facilitate the assessment of distinctness. Characteristics which are suitable for grouping purposes are those which are known from experience not to vary，or to vary only slightly，within a variety. Their various states of expression should be fairly evenly distributed throughout the collection.

2. 较为常用的品种分组性状如下。

It is recommended that the competent authorities use the following characteristics for grouping varieties：

（a）倍性（性状1）

Ploidy（characteristic 1）

（b）植株：抽穗期（春化处理后）（性状5）

Plant：time of inflorescence emergence（after vernalization）（characteristic 5）

（c）茎：包括花序的最长茎高度（当花序完全展开后）（性状7）

Stem：length of longest stem including inflorescence（when fully expanded）（characteristic 7）

VI. 术语定义 Characteristics and Symbols

1. 所有鸭茅基本性状表中列出的性状都应使用，以便更好地评价鸭茅品种的特异性、稳定性和一致性。

To assess distinctness，uniformity and stability，the characteristics and their states as given in the Table of Characteristics should be used.

2. 每个性状的每个表达状态，均赋予一个相应的数字代码，以便于数据记录、处理和品种描述的建立与交流。

Notes（numbers），for the purposes of electronic data processing，are given opposite the states of expression for each characteristic.

3. 图例 Legend。

（*）标注性状为 UPOV 用于统一品种描述所需要的必测性状，除非受环境条件限制，其性状的表达状态无法测试，否则，在鸭茅品种测试的每个完整的生长周期，所有这些性状均应进行测试。

Characteristics that should be used on all varieties for UPOV in every growing period over which the examinations are made and always be included in the variety description except when the state of expression of a preceding characteristic or regional environmental conditions render this impossible.

（+）标注内容在附录章节Ⅷ中进行了详细解释。

See Explanations on the Table of Characteristics in ChapterⅧ.

评定类型 Type of assessment

群体测量：对一批植株或植株的某器官或部位进行群体测量，获得一个群体记录数据。

MG：measurement of a group of plants or parts of plants.

个体测量：对一批植株或植株的某器官或部位进行个体逐个测量，获得一组个体记录数据。

MS：measurement of a number of individual plants or parts of plants.

群体目测：对一批植株或植株的某器官或部位进行群体目测，获得一个群体记录数据。

VG：visual assessment by a single observation of a group of plants or parts of plants.

个体目测：对一批植株或植株的某器官或部位进行个体逐个目测，获得一组个体记录数据。

VS：visual assessment by observation of individual plants or parts of plants.

测试类型 To be observed on:

A=穴播 Spaced plants

B=条播 Row plots

C=特殊测试 Special tests

VII. 测试性状 Table of Characteristics

序号 Code	性状 Characteristics	观测方法 Methods	表达状态 Expression states	标准品种 Example Varieties	代码 Note
1	倍性 Ploidy	C	二倍体 Diploid 四倍体 Tetraploid	Konrad Athos	2 4
2	叶片：质地（春化处理前营养生长阶段） Foliage：fineness（at vegetative growth stage without vernalization）	B VG	光滑 Fine 中等 Medium 粗糙 Coarse	Medly Athos Saborto	3 5 7
3 (+)	植株：花序形成趋势（无春化处理） Plant：tendency to form inflorescences（without vernalization）	A MS B VG	极弱到弱 Absent or very weak 弱 Weak 中 Medium 强 Strong 极强 Very strong	Kid，Oberweihst Porthos	1 3 5 7 9
4	叶片：绿色程度（春化处理后） Leaf：intensity of green color（after vernalization）	B VG	浅 Light 中 Medium 深 Dark	Mobite Athos Lupre	3 5 7
5 (*) (+)	植株：抽穗期（春化处理后） Plant：time of inflorescence emergence（after vernalization）	A MS B MG	极早 Very early 早 Early 中 Medium 晚 Late 极晚 Very late	Florel，Treano Lude Athos，Baraula Mobite	1 3 5 7 9
6 (+)	植株：抽穗期生长习性 Plant：growth habit at inflorescence emergence	A VS	直立 Upright 半直立 Semi-upright 中间 Intermediate 半平卧 Semi-prostrate 平卧 Prostrate	Porthos Abar，Medly Cambria	1 3 5 7 9
7 (*)	茎：包括花序的最长茎高度（当花序完全展开后） Stem：length of longest stem including inflorescence（when fully expanded）	A MS	短 Short 中 Medium 长 Long	Lucifer Athos Lude	3 5 7
8 (+)	茎：茎上部节间长度（观测时期同7） Stem：length of upper internode（as for 7）	A MS	短 Short 中 Medium 长 Long	Porthos Athos Lude	3 5 7
9	花序：长度（观测时期同7） Inflorescence：length（as for 7）	A MS	短 Short 中 Medium 长 Long	Athos Lude Porthos	3 5 7
10 (*)	旗叶：长度（观测时期同7） Flag leaf：length（as for 7）	A MS	短 Short 中 Medium 长 Long	Lucifer Saborto Porthos	3 5 7
11 (*)	旗叶：宽度（测定叶片同10） Flag leaf：width（same flag leaf as that used for 10）	A MS	窄 Narrow 中 Medium 宽 Wide	Athos，Baraula Saborto	3 5 7

Ⅷ. 性状注释 Explanations on the Table of Characteristics

性状 3：植株——花序形成趋势（无春化处理）

Ad. 3：Plant：tendency to form inflorescences（without vernalization）

对鸭茅品种抽穗情况进行调查，应至少出现 3 个抽穗植株的品种才作记录，并且是该性状在该品种上充分表达时，才进行判定。

The number of plants showing at least three inflorescences should be recorded for each variety. To be assessed on one occasion on the whole trial when the varieties are judged to have reached their full expression of this characteristic.

性状 5：植株——抽穗期（春化处理后）

Ad. 5：Plant：time of inflorescence emergence（after vernalization）

A. 穴播测试 Plots with spaced plants

每个品种的每个单株的抽穗期都必须测定和记录，单株的抽穗期定义为当有 3 个花序的顶端都抽出旗叶的日期，每个小区的单株抽穗期的平均值用于作为评价该品种的抽穗期。

The date of inflorescence emergence of each single plant should be assessed. A single plant is considered to have headed when the tip of three inflorescences can be seen protruding from the flag leaf sheath. From the single plant data a mean date per plot and a mean date per variety is obtained.

B. 条播测试 Row plots

观测主要集中在以下几个成长阶段。

At each observation date the average plot stage should be expressed in one of the following growth stages：

1）孕穗期 Boot swollen；

2）花序初现期 Tip of inflorescence just visible；

3）25%抽穗 1/4 of inflorescence emerged；

4）50%抽穗 1/2 of inflorescence emerged.

品种的抽穗期一般以达到第 2 个阶段来算。如果必要，这个时期需要引入。

The date of inflorescence emergence is the date at which the average plot stage 2 has been reached. This date should，if necessary，be obtained by interpolation.

性状 6：植株——抽穗期生长习性

Ad. 6：Plant：growth habit at inflorescence emergence

植株抽穗期生长习性的观测，必须把植株叶片的姿态作为一个整体来观察，而且，从植株最大叶密度到地面的垂直线和虚拟构成的区域也应作为测量依据。

The growth habit should be assessed visually from the attitude of the leaves of the plant as a whole. The angle formed by the imaginary line through the region of greatest leaf density and the vertical should be used.

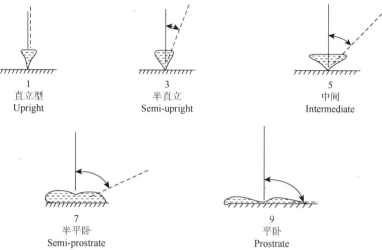

性状 8：茎——茎上部节间长度（观测时期同 7）

Ad. 8：Stem：length of upper internode（as for 7）

该性状必须在节间充分伸长的情况下测定，茎上部节间长度测量时具体为从穗颈节向下到第一节间的长度。

The length should be measured when the internode is fully expanded. The longest upper internode of each plant should be measured as the distance between the upper node and the base of the inflorescence.

IX. 参考文献 Literature

（无特殊文献 No specific literature）

X. 技术问卷 Technical Questionnaire

	申请号 Reference Number
	由审批机关填写 （not to be filled in by the applicant）

技术问卷 TECHNICAL QUESTIONNAIRE 与品种育种者的权益保护密切相关 to be completed in connection with an application for plant breeders' rights
1. 物种 Species　　　　　　　　　鸭茅 *Dactylis glomerata* L. COCKSFOOT
2. 申请人（姓名和地址）Applicant（Name and address）
3. 推荐或育种者证明 Proposed denomination or breeder's reference
4. 品种的来源、栽培和繁殖等信息 Information on origin，maintenance and reproduction of the variety 4.1 来源 Origin   4.2 其他信息 Other information

5. 品种鉴别性状（括号里的数字表示测试指南里的相关性状，请根据性状的表现选择最合适的指标）Characteristics of the variety to be indicated（the number in brackets refers to the corresponding characteristic in Test Guidelines；please mark the state of expression which best corresponds）.

性状 Characteristics	标准品种 Example Varieties	级别 Note
5.1 倍性 Ploidy （1）		
二倍体 Diploid	Konrad	2[ ]
四倍体 Tetraploid	Athos	4[ ]
5.2 植株：抽穗期（春化处理后） （5）Plant：time of inflorescence emergence（after vernalization）		
极早 Very early		1[ ]
早 Early	Floreal，Trerano	3[ ]
中 Medium	Lude	5[ ]
晚 Late	Athos，Baraula	7[ ]
极晚 Very late	Mobite	9[ ]
5.3 茎：包括花序的最长茎高度（当花序完全展开后） （7）Stem：length of longest stem including inflorescence（when fully expanded）		
短 Short	Lucifer	3[ ]
中 Medium	Athos	5[ ]
长 Long	Lude	7[ ]

6. 相似品种及其差异 Similar varieties and differences from these varieties

相似品种名称 Denomination of similar variety	鉴别相似品种的性状 Characteristic in which the similar variety is different [o)	相似品种表达状态 State of expression of similar variety	参试品种表达状态 State of expression of candidate variety

---

o)以防品种间具有相同的性状表述，请说明不同品种间差异的大小。
In the case of identical states of expressions of both varieties，please indicate the size of the difference.

7. 其他附加甄别信息 Additional information which may help to distinguish the variety

7.1 抗病虫能力 Resistance to pests and diseases

7.2 品种测试的特殊条件 Special conditions for the examination of the variety

7.3 其他信息 Other information

8. 授权品种登记 Authorization for release

（a） 该品种登记是否符合已发布的环境、人文、动物健康的保护协议？
Does the variety require prior authorization for release under legislation concerning the protection of the environment，human and animal health?
是 Yes[ ]   否 No [   ]

（b） 是否已经获得授权？
Has such authorization been obtained?

是 Yes[   ]   否 No [   ]

如果上述问题答案为"是"，请附上授权文件的复印件。
If the answer to that question is yes，please attach a copy of such an authorization.

[文件到此完毕 End of document]

ICS

B

备案号：

DB50

重 庆 市 地 方 标 准

DB　50/T　477-2012

鸭茅种植技术规范

Technical Standard for Forage Production of Orchardgrass

2012-12-30 发布　　　　　　　　　　　2013-03-01 实施

重庆市质量技术监督局 发布

目　次

前　言

本标准按照 GB/T 1.1—2009《标准化工作导则第一部分：标准的结构和编写》给出的规则进行起草。

本标准由重庆市农业委员会提出并归口。

本标准起草单位：西南大学、四川农业大学、重庆市畜牧科学院。

本标准主要起草人：曾兵、左福元、张新全、张健、黄琳凯、尹权为、王保全、韩玉竹、伍莲、梁欢。

鸭茅种植技术规范

1 范　　围

本标准规定了鸭茅种植技术规范的范围、规范性引用文件、术语和定义、特征特性、土地选择及整理、种子选择及处理、草地建植、管理及利用等各项技术规范。

本标准适用于鸭茅牧草生产。

2 规范性引用文件

下列文件对于本文件的应用是必不可少的。凡是注日期的引用文件，仅所注日期的版本适用于本文件。凡是不注日期的引用文件，其最新版本（包括所有的修改单）适用于本文件。

GB 4285　农药安全使用标准

GB/T 2930.10—2001　牧草种子检验规程

3 术语和定义

下列术语和定义适用于本标准。

3.1 青草　Fresh forage

用于放牧家畜、刈割青饲料或加工成青干草、草块、草颗粒或青贮的新鲜、绿色饲草。

3.2 青干草　Green hay

指适时收割的牧草或饲料作物,经自然或人工干燥调制而成能长期贮存的青绿干草。

3.3 青贮饲料　Silage

指在厌氧条件下,经过乳酸菌发酵调制而成的可以长期保存的发酵饲料。

4 特　征　特　性

鸭茅（*Dactylis glomerata* L.）为禾本科鸭茅属多年生草本植物，抗寒力中等，部分品种在 1500m 越冬率小，抗旱，耐阴，但耐热性较差。耐瘠薄，不耐碱，不耐淹。

再生性强，青草期长，叶层高，叶量丰富；叶质柔嫩，品质好；产量高，易栽培；根系发达，保持水土能力强。植株疏丛型，须根系，茎直立或基部膝曲，基部扁平。抽穗期高 70～150cm。植株基部叶片密集，幼叶成折叠状，叶面及边缘粗糙，断面呈"V"形，披针形叶片无叶耳，叶舌膜质。圆锥花序展开，小穗长 8～15cm，着生于穗轴一侧，簇生于穗轴顶端，状似鸡爪。含小花 2～5 朵，外稃顶端有短芒。种子梭形或扁舟形，黄褐色。千粒重 1.0～2.0g。鸭茅在海拔 300～2000m，年降雨量 500～1200mm 地区均能生长。

5 土地选择及整理

5.1 土地选择

选择耕层深厚，土质良好的黏壤土或沙壤土。要求 pH 5.5～7.5，最适土壤 pH 为 6.0～7.0，肥力中等。

5.2 土地整理

播种前采取人工除杂草或者在播前半个月用灭生性除草剂喷洒，防治杂草，同时清除石块、铁屑等杂物。土地翻耕深度为 25～30cm，耕后耙平，要求土块细碎，土块直径≤1.5cm，地面平整，墒情好，使种子与土壤紧密接触，并挖好排水沟。耕作前应施基肥。基肥多为人畜粪尿，应充分腐熟，施肥量根据土壤肥力状况，亩施有机肥 1000～1500kg/hm^2，或者施复合肥 20.00～35.00kg/hm^2。

6 草地建植

6.1 播种时间

春播 3～4 月，秋播 9 月下旬～10 月中旬，800m 海拔以下地区以秋播为宜。

6.2 播种方式

条播，行距 25～40cm，播幅 3～5cm。要求均匀。播深 1～1.5cm，覆盖细土，有条件的可用细土拌草木灰覆盖种子。播后覆土浇水，让种子与土壤充分接触，以利发芽。要求浇水轻缓，防止种子冲积成堆。适宜与白三叶混种。

6.3 播种量

单播 15.00～18.75kg/hm^2。以供放牧鸭茅与豆科牧草混种时，禾豆比按 2∶1 计算，鸭茅用种量为 7.50～10.00kg/hm^2。

7 草地管理

7.1 草地除杂

鸭茅苗期应注意适时中耕除草。

7.2 浇水追肥

根据苗情，在分蘖、拔节期及每次刈割后每亩分别追施 5~10kg 速效性氮肥。依土壤水分情况适时排灌，有灌溉条件的地方，应在拔节期灌溉一次，结合追肥或单独进行。若遇涝灾影响鸭茅正常生长，要求及时排涝。

7.3 病虫害防治

鸭茅常见病害为锈病、叶斑病、条纹病、纹枯病等，均可参照防治真菌性病害法进行处理，可用国家规定的药物防治，如对锈病可喷施粉锈灵、代森锌等。同时注意早期合理的施肥和灌溉，以及选用无病虫害的种子进行播种。

7.4 利用

鸭茅生长发育缓慢，产草量以播后 2~3 年产量最高，播后前期生长缓慢，后期生长迅速。秋季播种，翌年返青后生长较快。越夏前一般可刈割 2~3 次，鲜草产量 60000kg/hm²，高者可达 75 000kg/hm²。春播当年鲜草产量 30 000kg/hm² 左右。刈割时期以刚抽穗时为宜，延期收割影响牧草品质和牧草再生，留茬高度 5cm。

8 草产品调制

鸭茅既可刈割青饲，又可调制干草、青贮。在重庆，多雨、湿度大、天气变化无常，不利于晒制干草，多采用鲜喂，其次是晒制干草，鸭茅青贮较少。

8.1 青贮调制

8.1.1 青贮设施

青贮前要根据养殖规模及种草面积按计划修建好青贮设施，购买相关的青贮设备。

8.1.2 青贮原料准备

组织力量在短期内将适宜收割的青贮原料收割，摊晒，运输到青贮设施旁。将原料切短为 4~6cm，装填的青贮原料平均水分含量达 60%~65%。

8.1.3　青贮料装填与密封

将切短的青贮原料即时装填入窖内。装填时应逐层装入，每次装 20~30cm 厚，踩实压紧，直至装填到高出窖面 0.5m 后，覆盖塑料薄膜密封，并盖重物压实，最好当天装填完成。

8.1.4　开窖使用

青贮 30~40d 后可开窖使用。一旦开窖要连续使用，每次取用厚度在 20~30cm 以上，取料后要立即用塑料薄膜密封。

8.2　鸭茅青饲和青贮利用注意事项

鸭茅青贮饲料使用时应无发霉、变质、污染及异味等；青贮好的鸭茅要注意密封保存，以防透水和漏气；不合格和变质饲料应作无害化处理，运输饲草料的工具应定期清

ICS
备案号：

DB

四 川 省 地 方 标 准

DB51/T1095—2010

鸭茅种子生产技术规程

Seed Production Technology Standard of *Dactylis glomerata* L.

2010-06-01 发布   2010-07-01 实施

四川省质量技术监督局 发布

目　次

前　　言

本标准由四川省畜牧食品局提出并归口。

本标准由四川省质量技术监督局批准。

本标准起草单位：四川省畜牧科学研究院、四川农业大学。

本标准主要起草人：梁小玉、张新全、彭燕、付茂忠、季杨、陈天宝、陈永霞、曾聪。

鸭茅种子生产技术规程

1 范 围

本标准规定了鸭茅种子生产的各项技术规范及种子质量控制要求等。

本标准适用于鸭茅种子生产。

2 规范性引用文件

下列文件对于本文件的应用是必不可少的。凡是注日期的引用文件,仅注日期的版本适用于本文件。凡是不注日期的引用文件,其最新版本(包括所有的修改单)适用于本文件。

GB/T 1936.8—2003 草坪草种子生产技术规程

DB51/T 668.6—2007 牧草种子质量分级

GB 4285—1989 农药安全使用标准

GB 7415—1987 主要农作物种子贮藏

GB 20464—2006 农作物种子标签通则

3 术语和定义

下列术语和定义适用于本标准。

3.1 隔离 Isolation

为防止同种不同品种或近缘种之间的相互传粉造成品种混杂而采取的一种措施。

3.2 原种 Breeder's seed

经全国牧草品种审定委员会认定,由育种者(或单位)育成的用于生产其他级别种子的原始材料。

3.3 基础种 Foundation seed or basic seed

由原种直接生产出的种子。

3.4 审定种 Certified seed

由基础种生产出的,用于建植草地的种子。由原种直接生产出的,不能满足基础种质量要求,但尚可满足审定种质量要求的种子,可降级作为审定种。

3.5　人工辅助授粉　Artificial pollination

为提高异花授粉植物或常异花授粉植物的授粉率而采取的一种辅助授粉方法。

4　区　域　选　择

在海拔 500～2000m，年降雨量 500～1200mm 地区均能种植生产种子，生长最适宜温度为白天 21℃、夜间 12℃，温度高于 28℃时生长显著受阻。成熟期以稳定、干燥、无风的天气为宜。

5　地　块　选　择

5.1　地段

选择平地或者平缓坡地、地势开旷、通风良好、光照充足、集中成片、排灌方便、交通便利地段。

5.2　土壤

土层深厚、黏壤土或沙壤土、肥力中等、pH6.5～8.2。

6　隔　　离

6.1　时间隔离

生产鸭茅种子的原种、基础种子、审定种子对不同种或近缘种前作间隔时间分别是4 年、3 年、1 年。

6.2　空间隔离

与其他鸭茅草地间隔距离应在 400mm 以上。

7　种　　植

7.1　整地

7.1.1　地面清理

土地翻耕前，采取人工或化学除草剂，清除毒害植物，同时清除石块等杂物。

7.1.2 基肥

在耕作前应施基肥。基肥多为人畜粪尿，要求充分腐熟，施肥量根据土壤肥力状况，施有机肥 15 000～22 500kg/hm^2，或者施复合肥 300～525kg/hm^2。

7.1.3 翻耕

深度为 35～40cm。

7.1.4 耙平

翻耕后整平、整细并耙平土地，要求土块细碎，土块直径≤1.5cm。

7.2 播种

7.2.1 种子选择

所用种子要符合世代要求，种子质量要求达到国家一级标准，颗粒饱满。

7.2.2 播种时间

高海拔地区春播，低海拔地区春播、秋播均可。春播 3～4 月，秋播 8 月下旬～10 月中旬。

7.2.3 播种方式

条播，行距 45～60cm，播幅 3～5cm。要求均匀。

7.2.4 播种量

15～18.75kg/hm^2。

7.2.5 播种深度

播深 1.0～1.5cm，播后覆盖细土，耙平，有条件的可用细土拌草木灰覆盖种子。

7.2.6 灌溉

播种覆土后应轻缓浇水。种子未发芽前保持土壤湿润，田间持水量达到 70%～80%。

8 田间管理

8.1 除杂去劣

抽穗后即可进行去杂去劣工作，蜡熟期再根据穗部特征，植株高矮，成熟迟早等进行最后一次去杂。凡除去的杂劣株一律拔起带出田间毁掉。

8.2　追肥

根据苗情，在分蘖、拔节期追施 75～150kg/hm^2 速效性氮肥。幼穗形成期可酌情施用磷肥、钾肥，同时施以适量含钙、钼和锰等微量元素的肥料。

8.3　灌溉与排涝

有灌溉条件的地方，应在拔节期灌溉一次，结合追肥或单独进行。孕穗至开花期灌溉 1～2 次。若遇涝灾影响鸭茅正常生长，要求及时排涝。

8.4　病虫害防治

鸭茅常见病害为锈病、叶斑病等，虫害为蝗虫等，防治过程中农药使用按照国标《农药安全使用标准》的有关规定执行。

8.5　适度刈割

春播鸭茅入夏前，视草层高度适度刈割，以利越夏；再生草，早秋视草层高度及生殖枝发育状况适度刈割。

8.6　人工辅助授粉

一般人工辅助授粉 1～2 次，间隔时间 3～4d。

8.6.1　时间

盛花期，晴天上午 6～7 点最佳。

8.6.2　工具

绳索或竹竿。

8.6.3　方法

两人一组，将绳拉直，并排朝前走，轻轻从花序的二分之一处平行掠过。竹竿同理。

9　种子收获、贮藏与包装

9.1　收种

9.1.1　时间

种子蜡熟期，种株茎秆接近穗序部分由青变黄，种穗黄褐色，种子有 70% 成熟时即可收割种穗。

9.1.2　方式

采用机械或人工收获。人工收获时可以从植株基部进行刈割，留茬高度为 5～7cm；或只收生殖枝；机械收获选择无露水、晴朗天气进行。

9.2　干燥

脱粒后的种子及时干燥。种子干燥可采用自然干燥和人工干燥。

自然干燥是利用日光晾晒的方法。晾晒时要清扫干净晒场。

机械干燥采用干燥设备烘干或风干。机械干燥种子出机温度应保持 30～40℃。种子含水量较高时，进行两次干燥。

种子含水量达到 14%以下。

9.3　清选

用风筛清选或者机械清选，达到国家规定的标准。

9.4　分级

参照 DB51/T 668.6—2007 执行。

9.5　贮藏

种子的含水率应在 14%以下。贮藏条件、种子堆放与贮存期间管理主要按照国标《农作物种子贮藏》的有关规定执行。

9.6　包装

9.6.1　标签、标识

遵照《农作物种子标签通则》执行。

9.6.2　规格

每袋质量以 25kg、50kg 为宜，每袋种子质量允许误差为±0.5%，不足质量的零散包装，应在标签上作出明显标记。

《鸭茅种子生产技术》规程编制说明

一、任 务 来 源

本标准是根据 2001～2010 年实施的四川省"十五"及"十一五"农作物育种攻关项目——优质牧草新品质种引进、选育与示范基地建设，结合四川农区牧草生产和使用的实际情况而编制的。

二、编制目的意义

鸭茅是四川农区广泛应用的温带多年生禾本科牧草，其草质优良，产量高，适应性强，抗逆性强，尤其耐阴，是世界著名的果园草，在种草养畜、园林绿化、生态保护上起着重要的作用。随着农区"粮-经-饲"三元结构的调整和大家畜奶牛等的逐步南迁，四川畜牧业的发展有了更大的机遇。鸭茅品种选育及生产上的推广也加强了更深入的研究与应用。

四川省地处我国西南地区长江中上游，气候温和，日照较好，降雨量较为丰沛。适宜多种植物生长，牧草种质资源丰富。现已经选育出'川东'和'宝兴'两个鸭茅地方品种，并在四川农区大面积的广泛应用。目前，生产上鸭茅种子供不应求，需要大量进口。为了缓解我省鸭茅种子的需求，同时进一步提高鸭茅种子生产水平，增加鸭茅生产效益，提高鸭茅种子品质，为推动鸭茅种子生产的规范化、标准化，推动我省畜牧业发展，保护和建设生态环境，特制订本标准。

三、编制过程

1. 鸭茅种子生产试验

编写者在 2001～2004 年参加了农业部'宝兴'鸭茅原种基地建设项目，承担了"宝兴鸭茅种子丰产关键技术研究及种子质量评价"工作。在宝兴县进行了不同海拔、不同播量、不同播期、不同播种行距及氮磷钾平衡施肥对鸭茅种子生产性能的研究，为鸭茅种子生产技术规程提供了重要依据。

2. 编写小组成立

在收到四川省质量技术监督局川质监函[2009] 106 号关于下达《2009 年度制、修订四川省地方标准项目计划》的通知后，标准起草单位成立了标准起草小组。

3. 相关文献

GB/T 19368—2003　　草坪草种子生产技术规程

GB/T 2930.2—2001　　牧草种子检验规程净度分析

GB/6142—1985　　　　禾本科主要栽培牧草种子质量分级

DB34/T 417-2004　　　安徽省牧草种子生产技术规程标准

梁小玉，张新全，张锦华. 2004. 不同氮肥施用方式对鸭茅生产性能的影响.草原与草坪，105（2）：8-12.

梁小玉，张新全，陈元江，等. 2005. 氮磷钾平衡施肥对鸭茅种子生产性能的影响. 草业学报. 14（5）：69-74.

梁小玉，张新全，陈元江，等. 2007. 不同海拔对宝兴鸭茅种子生产的影响初探. 草业科学，24（12）：64-66.

梁小玉，张新全. 2006. 不同播量对宝兴鸭茅种子生产性能的影响. 草业科学，23（11）：58-60.

彭燕，张新全. 2005. 鸭茅生理生态及育种学研究进展.草业学报，14（4）：8-14.

张德胜，龙继洪. 2009. 川东鸭茅种子生产试验研究. 草业与畜牧，159（2）：28-29.

Popov I，Tomov P. 1974. Effect of time and pattern of sowing on irrigated orchard grass（*Dactylis glomerata* L.）seed production in northern Bulgaria. Proceedings of the 12th International Grassland Congress. Des Moines：Wallace-Homestead Book Company：283-288.

Tomov P. 1975. Planting date of Dactylis glomerata for grain production，in the prevalent conditions of northern Bulgarla. Rastenievudni，Plant Science，12（3）：112-124.

Kellner E，Balan C，Banciu T，Florea A，Popa T，Timirgaziu C. 1979. Experimental results with time，distance and density of sowing cocksfoot（*Dactylis glomerata* L.）grown for seed production. Analele Institutului de Cercetari pentru Cereale si Plante Tehnice Fundulea，44：91-99.

4. 标准草案形成

标准起草小组根据对鸭茅种子的生产试验及近几年来鸭茅在省内外的种子生产技术和栽培试验经验，征求省内外牧草专家对鸭茅生产管理的意见。起草了《鸭茅种子生产技术规程》标准草案，起草小组组织技术人员对标准草案进行了多次讨论，根据讨论结果结合国家和行业对农产品无公害生产要求对标准草案中的部分内容作了多次修改完善，形成了本标准送审稿。

四、编制原则及依据

（一）编制原则

在标准编制过程中重在标准的可操作性和实用性，参考了中华人民共和国农业行业标准《草坪草种子生产技术规程》、《牧草种子检验规程》等国内外的多种相关资料，结合四川地域的特殊气候条件，鸭茅种子生产现状，本着反映实际生产水平又能促进提高原则，制订鸭茅种子生产技术规程，尽力做到应用规程简便、易行、实用。

（二）标准编制依据

四川省质量技术监督局川质监函[2009] 106 号关于下达《2009 年度制、修订四川省地方标准项目计划》的通知，成为编制该标准的依据。

按照 GB/T 1.1—2009《标准化工作导则第 1 部分：标准的结构和编写》编制。

（三）编制内容的确定

通过认真整理和总结'宝兴'鸭茅种子生产技术试验研究结果，参照国内外鸭茅种子生产技术资料，结合鸭茅特有的生长发育特性及四川省的实际情况，以鸭茅在四川省种子生产技术中的的生产环境、种源要求、栽培技术、田间管理、病草害防治、种子贮藏、种子包装等形成本标准中的技术内容。

2009 年 8 月

图　　版

鸭茅植物学特征

鸭茅拔节期

鸭茅开花期

鸭茅种子

国审品种　古蔺鸭茅

国审品种　川东鸭茅

国审品种 宝兴鸭茅（张新全 摄）

国审品种 宝兴鸭茅结实期（张新全 摄）

国审品种 滇北鸭茅（张新全 摄）

国审品种 滇北鸭茅分蘖（张新全 摄）

国审品种 滇北鸭茅（张新全 摄）

滇北鸭茅国审牧草品种证书

鸭茅品种轮回改良

鸭茅选种圃

四倍体鸭茅遗传图谱作图群体（谢文刚 摄）

鸭茅 DUS 测定

鸭茅、白三叶等混播草地山羊放牧（贵州长顺）

鸭茅在退耕还林还草中应用（四川）

鸭茅混播放牧草地（瑞典，张新全 摄）

鸭茅混播放牧草地（英国 Wales，张新全 摄）

鸭茅草捆生产

鸭茅混播草地放牧

鸭茅与紫花苜蓿混播草地

鸭茅种子生产基地